卓越工程师教育培养计划食品科学与工程类系列教材

食品机械与设备

康　旭　主编

科学出版社
北　京

内 容 简 介

食品机械与设备是食品科学与工程专业的主干课程，也是一门理论性和实践性很强的课程。本书按设备类别进行讲解，用典型生产线举例讲解了以工艺为依据进行设备选型配套的方法，最后讲解了设备的自动控制。限于篇幅，每一类型设备都经过严格挑选，既注重设备的典型性，又注重其先进性；知识体系从机械到电气，从预处理到各种精深加工，高新技术全覆盖；设备按结构、原理、设计、应用模式介绍，讲解深入浅出，清晰透彻。书中配有设备彩图、视频、动画及典型案例等，读者可扫描二维码查看。本书配套课件，同时更多资源可登录“中科云教育”平台搜索本课程进一步学习和获取。

本书可作为食品科学与工程专业及其相关专业学生的教材或参考书，也可供从事食品机械行业工作的企业工程技术人员参考。

图书在版编目（CIP）数据

食品机械与设备/康旭主编. —北京：科学出版社，2020.11

卓越工程师教育培养计划食品科学与工程类系列教材

ISBN 978-7-03-066022-0

Ⅰ. ①食… Ⅱ. ①康… Ⅲ. ①食品加工设备-高等学校-教材 Ⅳ. ①TS203

中国版本图书馆 CIP 数据核字（2020）第 167812 号

责任编辑：席 慧 韩书云／责任校对：严 娜

责任印制：张 伟／封面设计：蓝正设计

科学出版社 出版

北京东黄城根北街 16 号

邮政编码：100717

http://www.sciencep.com

北京凌奇印刷有限责任公司 印刷

科学出版社发行 各地新华书店经销

*

2020 年 11 月第 一 版 开本：787×1092 1/16

2022 年 8 月第五次印刷 印张：23 1/2

字数：610 000

定价：79.00 元

《食品机械与设备》编写委员会

主　　编　康　旭

副 主 编　康智强

编写人员　康　旭（湖北工业大学）

周　然（上海海洋大学）

司徒文贝（华南农业大学）

王建国（西北农林科技大学）

吴金鸿（上海交通大学）

袁江兰（湖北工业大学）

肖　凯（四川大学）

严志明（福建农林大学）

蒋　卓（华南农业大学）

康智强（西安建筑科技大学）

前　言

民以食为天，纵观人类食品发展史：第一个阶段是茹毛饮血的远古时代；第二个阶段是200万～100万年前火的发现和利用阶段，人类开始吃熟食；第三个阶段是能够用于工业化生产的食品机械的发明和使用的阶段，使人类能够大规模生产易于保藏和贮运的食品。

中国食品机械与设备的发展主要是在1949年中华人民共和国成立以后，大踏步的发展是在20世纪80年代以后，通过引进、消化、吸收、创新，现在一些先进的食品生产设备可以实现国产，但技术上与国外发达国家相比，仍然落后15～20年，一些关键装备或者核心技术基本依赖进口。中国食品机械的发展任重道远，需要我们一代又一代人持续努力。

食品工艺是食品机械与设备设计的依据，食品机械与设备是实现食品工艺的手段，在现代工业生产上，二者是密不可分的一个整体，食品机械与设备课程是食品科学与工程专业的主干（或必修）课程，特别是在现代重视工程能力培养的教育理念下显得尤为重要。

食品机械与设备的教材或专著很多，各具特色，但在多年的教学实践中，已经不能完全契合教学的需要，特别是不能符合专业认证所提出的以培养目标为导向、重视培养解决复杂工程问题能力的需要。在这样的背景下，促成了本书的出版。

本书成书过程颇为艰辛，历时三载。首先是整本书的架构，我们力求全面，能够满足不同学校教学特色的需要，但限于篇幅，同类型设备只挑选最有代表性的进行介绍，设备的讲解从结构到原理，再到设计和使用，既注重知识点的宽度又注重理论深度，以满足不同层次学生学习的要求。

编写本书，积蓄了编者多年的努力，可以说是编者多年在企业的工作实践和在讲台上授业解惑的总结。此外，编者参考了尽可能多及新的教材、专著、国内外文献、工厂设备说明书等，尽可能做到紧跟学术发展前沿，集专业之大成。

本书由国内8所有影响力大学的10名从事食品机械及其相关领域教学的一线教师编写而成，其中多位教师有工程背景。本书编写人员分工如下：第一、三、四、七、八、十一、十二、十三、十四、十六章由康旭编写；第二章由周然编写；第五章第一、二、三节由司徒文贝编写，第五章第四、五节由王建国编写；第六章第一、二、四、五节由吴金鸿编写，第六章第三节由袁江兰编写；第九章由肖凯编写；第十章由严志明编写；第十五章由蒋卓编写；第十七章由康智强编写。康旭负责全书的统稿工作。此外，康智强和西安航空学院的程瑞锋承担了本书部分绘图工作。

本书配套的数字资源——课件、微课、习题、视频、彩图等可登录“中科云教育”平台搜索本课程获取。

本书除可作为高校食品科学与工程专业及其相关专业学生的教材或参考书外，还可供从事食品机械行业工作的企业工程技术人员参考。

本书出版得到了湖北省“荆楚卓越人才”协同育人计划项目的资助，在此表示感谢。

由于编者水平所限，书中不足之处在所难免，恳请广大读者批评指正。

编　者

2020年8月

目　　录

《食品机械与设备》教学课件索取单

凡使用本书作为教材的主讲教师，可获赠教学课件一份。欢迎通过以下两种方式之一与我们联系。本活动解释权在科学出版社。

1. 关注微信公众号“科学 EDU”索取教学课件

关注 →“教学服务”→“课件申请”

2. 填写教学课件索取单并拍照发送至联系人邮箱

姓名：	职称：	职务：
学校：	院系：	
电话：	QQ：	
电子邮件（重要）：		
通讯地址及邮编：		
所授课程：		学生数：
课程对象：□研究生 □本科（____年级） □其他________		授课专业：
使用教材名称 / 作者 / 出版社：		
贵校（学院）开设的食品专业课程有哪些？使用的教材名称/作者/出版社？ 扫码获取食品专业教材最新电子目录		

联系人：席慧　　咨询电话：010-64000815　　回执邮箱：xihui@mail.sciencep.com

第一章　绪　　论

内容提要

本章对食品机械与设备进行了概括性的介绍，分别介绍了其分类和特点、材料及发展，其中食品机械与设备的材料是重点，要求学生在设计食品机械与设备时，在保证食品安全和卫生的前提下，会根据实际生产对材料力学性能的要求正确地选用材料。食品机械与设备的发展作为了解内容，希望学生能认识到在食品机械、设备等技术方面，我国与国外先进国家的差距，重视研发与创新。

食品机械与设备是指把食品原料加工成食品成品或半成品的一类专业机械与设备。人类食品的两大技术革命：一是源于火的发明，使人类从茹毛饮血变成食用熟制食品；二是食品机械与设备特别是灭菌机械的发明，使食品从熟制后必须即食即用转变为可在不同的时间及空间食用，而且出现了传统手工业根本无法做出的新食品，如奶粉、挤压食品等。随着人类生活水平的提高及对营养健康及高品质生活的追求，注重营养和安全的现代食品加工技术将会起到越来越重要的作用，作为衣、食、住、行四大人类生存必需品之一的食品加工业也已成为国民经济支柱产业。其中，现代化的食品机械与设备起着决定性的作用，可以说，没有现代化的食品机械与设备就没有现代食品加工技术，没有现代食品加工技术就没有现代食品加工业。食品机械与设备知识是食品加工从业人员不可或缺的基本知识。

第一节　食品机械与设备的分类和特点

食品工业涉及的原料、产品种类繁多，加工工艺各异，其涉及的食品机械与设备的种类很多，且各有特点。

一、食品机械与设备的分类

关于食品机械与设备的分类，我国尚未制定统一的分类标准，行业内根据工作方便常有不同的分类方法，目前主要有两种分类方法：一是根据原料或产品类型分类；二是根据食品机械与设备的功能分类。

按原料或产品类型分类，可将食品机械与设备分为制糖机械、豆制品加工机械、焙烤食品机械、乳品机械、果蔬加工和保鲜机械、罐头食品机械、糖果食品机械、酿造机械、饮料机械、方便食品机械、调味品和添加剂制品机械等。

按其功能分类，可将食品机械与设备分为筛分与清洗机械、粉碎和切割机械、混合机械、分级分选机械、成型机械、分离机械、搅拌及均质机械、蒸煮煎熬机械、蒸发浓缩机械、干燥机械、烘烤机械、冷冻和冻结机械、挤压膨化机械、包装机械、输送机械、换热设备和容器等。

从研究、设计、制造和使用的角度看，以上两种分类方法对食品机械与设备的生产、发展都有一定的指导意义。以原料或产品进行分类，可以通过对各类食品加工生产涉及的各种作业机械的内部联系的研究，促进配套生产线的发展。以功能作为分类基础，有利于对各种设备或单元操作的机械原理、结构和生产率进行比较研究，从而可以在技术上以局部突破带动全面发展。

本书主要以食品机械与设备的功能进行分类，按照食品加工的一般流程，对原料预处理、加工、灭菌、包装一直到附属设备、控制等进行详细介绍。

二、食品机械与设备的特点

食品机械与设备具有以下特点。

1）品种多样：食品机械与设备类型多、品种杂，单机设备多。

2）多功能性：食品机械与设备具有一定程度的通用性，可用来加工不同的物料。此外，其还具有容易调节、调整模具方便和一机多用的特点。

3）卫生要求高。

4）清洗与拆装方便。

5）自动化程度越来越高。

6）与食品和腐蚀性介质直接接触，对食品机械与设备的材质磨损较大等。

7）工作环境特殊：如与水接触多，机械与设备所承受的湿度大；常处在高温或低温下工作，工作环境温差大。

第二节　食品机械与设备的材料

针对上面所介绍的食品机械与设备的特点，在选择其用材，特别是其与食品接触的材料时，除考虑一般的机械设计所需满足的如强度、刚度、耐震动等的机械特性外，生产质量管理规范（GMP）规定与食品半成品或成品直接接触的零部件应采用无毒、无腐蚀性、不与食品发生化学反应、不释放微粒或吸附食品的材质。

一、材料的性能

食品机械与设备材料的性能有机械性能、物理性能、耐腐蚀性能及制造工艺性能，其中前三项与食品加工应用关系较为密切。

1. 机械性能　机械性能包括强度、刚度和硬度。机械性能关系到食品机械与设备整机或部件的使用寿命。食品机械与设备一般属于轻型机械，大多数零部件受力较小，但由于轻型机械要求尽量降低整机质量和体积，零部件尺寸要尽量小，对材料的机械性能要求也不低。此外，食品机械与设备中涉及要用蒸汽加热的设备，属于压力容器或设备范畴，对设备材料的强度（许用应力）有比较高的要求。在食品机械与设备中处理大批量成件物品的机会较多，常能遇到高速往复运动的构件，对构件材料的疲劳强度要求比较高。食品机械与设备中的一些零部件常常要和大量物料相接触，而接触部位非常容易磨损，如锤片式粉碎机的锤片，对材料的耐磨性要求极高；食品切割设备中所使用的刀片容易钝化，对材料的耐磨性和硬度也有极高的要求。食品机械与设备在高温下（如烘烤机械）或是在低温下工作（如冻结机械，温度可达–40～–30℃，以液氮为介质的冻结机械工作温度更低），温度升高或降低，都会降低材料的许用应力，所以对关键部件的材料的强度都提出了更高的要求。

材料的强度取决于材料的材质，在材质一定的情况下，取决于材料的厚度。材料的厚度可以根据受力情况进行计算，如根据使用压力计算罐体材料厚度。

2. 物理性能 材料的物理性能包括材料的相对密度、比热容、热导率、软化温度、线膨胀系数、热辐射波谱、磁性、表面摩擦特性、抗黏附性等。不同的使用场合要求材料有不同的物理性能。例如，传热装置要求有高的热导率；食品的成型装置则要求有好的抗黏附性，以便脱模。

3. 耐腐蚀性能 食品机械与设备接触的食品物料大多带有酸性或弱碱性，有些本身就是酸或碱，如乙酸、柠檬酸、苹果酸、酒石酸、琥珀酸、乳酸、酪酸、脂肪酸、盐酸、纯碱、小苏打等，这些物料对许多金属材料都有腐蚀作用，即使是普通食盐，非酸、非碱，对许多金属也会产生电化学腐蚀。有些食品物料本身没有腐蚀性，但是在微生物生长繁殖时会产生带有腐蚀性的代谢物，如碳酸等。如果材料因选择不当而遭受腐蚀，不仅会容易对机器本身造成破坏，更重要的是会造成食品的污染。例如，有些金属离子溶出进入食品中，会有损食品风味、营养甚至有损人体健康。所以食品机械与设备必须选用耐腐蚀性的材料，尤其需要注意食品与接触面材料的作用关系。

食品机械与设备的耐腐蚀程度取决于：①材料的化学性质、表面状态和受力状态；②物料介质的种类、浓度和温度等参数。在设备设计和选型时应予以重点考虑。

二、常用材料

食品机械与设备行业常用材料有钢铁材料、不锈钢、有色金属和非金属材料。

1. 钢铁材料 钢铁材料在耐磨、耐疲劳、耐冲击力等方面有其独特的优越性，因此在我国仍大量地被应用于食品机械与设备，特别是制粉机械、制面机械、膨化机械等中。在所使用的钢材中，碳素钢（含碳量＜1.35%）用量最多，主要是45和A3钢。这些钢材主要用于食品机械与设备的结构件中。铸铁材料（含碳量＞2%）用得最多的是灰口铸铁，用在机座、压辊及其他要求耐振动、耐磨损的地方。球墨铸铁和白口铸铁则分别被用于对综合机械性能要求较高和耐磨性要求较高的地方。表1-1是我国食品机械与设备关键零部件的钢铁材料使用情况。

表1-1 我国食品机械与设备关键零部件的钢铁材料使用情况（蒋迪清和唐伟强，2005）

机械名称	钢铁	铸铁
冷藏柜	16MnR，39CrMnSi	HT200，HT250，KT350
饼干机、软糕点机	45	HT200
和面机	45	HT200
旋转压片机	GCrl5	QT500
馒头机	A3，45	HT200
桃子自动去皮机	A3，45	HT250
绞肉机	45，T8，40Cr	HT200
灌肠机	45	HT200
多切机	A3，45，65Mn	HT150

续表

机械名称	钢铁	铸铁
糕点烘烤机	45 硅钢片	HT200
切肉机	45，65Mn	
面条机	20，45	白口铸铁
食品膨化机	A3，45，A1A，38CrMo	HT200
香肠拌料机	45	HT150
牛奶分离器	08F，A3，40Cr	HT150，HT200
灭菌器	A3	
烘干组合机	40Cr	
压滤机	20	HT200
洗瓶机	A3，45，40Cr	HT150，HT200
粉碎机	A3，65Mo，45	

2. 不锈钢　不锈钢是指在空气中或化学腐蚀介质中能够抵抗腐蚀的合金钢。不锈钢的基本成分为铁-铬合金和铁-铬-镍合金，另外还可以添加其他元素，如锆、钛、钼、锰、银、铌、铂、钨、铜、氮等。由于成分不同，不锈钢耐腐蚀的性能也不同。铁和铬是各种不锈钢的基本成分，实践证明，当钢中含铬量在12%以上时，就可以抵抗各种介质的腐蚀，一般不锈钢中的含铬量不超过28%。

（1）不锈钢的牌号及标识　不锈钢通常可按化学组成、性能特点和金相组织进行分类。对不锈钢的标识规则（命名规则），各国标准有所不同。我国现有国家标准对不锈钢进行标识的基本方法是化学元素符号与含量数字组合。这种标识符号中，铁元素及含量不标出，而主要标识出反映不锈钢防腐性和质构性的元素及其含量。例如，Cr18、Ni9 分别表示不锈钢中铬和镍的质量分数是18%和9%。但是，碳元素及含量的标识较特殊，其元素符号“C”不进行标识，而只标识代表其含量的特定数字，并且放在其他元素标识符序列的前面。例如，1Cr18Ni9Ti、0Cr18Ni9 和 00Cr17Ni14Mn2 三种铬镍不锈钢标识代号中，第一个数字 1、0 和 00 分别表示一般含碳量（≤0.15%）、低碳（≤0.08%）和超低碳（≤0.03%）。其后的元素符号及数字分别表示含铬 18%和 17%，含镍 9%和 14%，含锰 2%。

国际上，一些国家常采用三位序列数字对不锈钢进行标识。例如，美国钢铁学会（AISI）分别用 200、300 和 400 系来标识各种标准级的可锻不锈钢。

常用不锈钢牌号的国内外标准标识对应关系如表 1-2 所示。

表 1-2　常用不锈钢牌号的国内外标准标识对应关系

中国（GB）	日本（JIS）	美国（AISI/UNS）	中国（GB）	日本（JIS）	美国（AISI/UNS）
1Cr18Ni9Ti	SUS321	321	00Cr18Ni9	SUS304L	304L
1Cr13	SUS410	410	0Cr17Ni12Mn2	SUS316	316
0Cr18Ni9	SUS304	304	00Cr17Ni14Mn2	SUS316L	316L

注：JIS 表示日本工业标准；UNS 表示“金属和合金统一数字编号系统”；L 表示超低碳不锈钢，常用于采用焊接工艺制造的部件

不锈钢具有耐腐蚀、不锈、不变色、不变质和附着食品易于去除，以及良好的高、低温机械性能等优点，因而在食品机械与设备中被广泛应用。但不锈钢的抗腐蚀能力的大小是随其本身化学组成、加工状态、使用条件及环境介质类型而改变的。一些牌号的不锈钢一般情况下有优良的抗腐蚀能力，但条件改变后就很容易生锈。表 1-2 所列的 304 型和 316 型不锈钢是食品接触表面构件常用的不锈钢，前者可以满足一般的防腐要求，但耐盐（主要是其中的氯离子）性差，后者因成分中镍元素含量较前者高而具有良好的耐腐蚀性。因此，在食品机械与设备中，对耐腐蚀要求较高的接触表面材料多采用 316 型或 316L 型不锈钢。

（2）不锈钢的力学性能　材料的力学性能是指材料的屈服强度、抗拉强度、伸长率、断面收缩率、硬度。材料的组成成分不同，则其力学性能也不同。以 SUS321 即 1Cr18Ni9Ti 为例，其力学性能如表 1-3 所示。

表 1-3　SUS321 不锈钢的力学性能

牌号	屈服强度（$\sigma_{0.2}$）/MPa	抗拉强度（σ_b）/MPa	伸长率（σ_5）/%	断面收缩率（ψ）/%	硬度（HV）
SUS321	≥205	≥520	≥40	≥50	≤200

（3）不锈钢材料的应用　不锈钢主要应用于食品机械与设备的罐、锅、热交换器、浓缩装置、真空容器及泵、阀门、管等方面。此外，食品清洗机械和食品运输、保存、贮藏罐，以及因生锈将会影响食品卫生的器具，也使用不锈钢。我国食品机械与设备零部件不锈钢的使用情况见表 1-4。

表 1-4　我国食品机械与设备零部件不锈钢的使用情况

机械名称	零部件名称	材料
加热灭菌器	全部	1Cr18Ni9Ti
消沫泵	泵壳、叶轮	ZG1Cr17
	消沫筒	1Cr18Ni9Ti
牛奶分离机	分离片	1Cr18Ni9Ti
胶体磨	定子、转子	2Cr13
液体灌装封盖机	灌装罐	1Cr18Ni9Ti
装瓶压盖机	酒阀	1Cr18Ni9Ti
浸油设备	冷凝器管子	1Cr18Ni9Ti
热交换器	板、片	1Cr18Ni9Ti
过滤机	上、下盖	1Cr18Ni9Ti
和面机	搅拌轴	1Cr18Ni9Ti
冰淇淋机	料斗	1Cr18Ni9Ti
磨浆机	支承座	ZG1Cr13
	主轴	3Cr13

3. 有色金属　食品机械与设备中的有色金属材料主要是铝合金和铜合金。铝合金具有耐腐蚀和导热性能、低温性能、加工性能好及质量轻等优点，但有机酸等腐蚀性物质在一定

的条件下可以造成对铝及铝合金的腐蚀。食品机械与设备中铝及铝合金的腐蚀，一方面影响机械的使用寿命，另一方面因腐蚀产物进入食品而有害于人们的身体健康。

铜合金的特点是热导率特别高。虽然铜具有一定的耐腐蚀性，但铜对一些食品成分，如维生素 C 有破坏作用。另外，有些产品（如乳制品）也因使用铜制容器而产生异味。所以，铜合金一般不用于直接接触食品，而是用于诸如制冷系统中的热交换器或者空气加热器等的设备中。

总之，以上有色金属材料基本都应用于不直接与食品接触的零部件或结构中。

4. 非金属材料 在食品机械与设备的结构中，除使用良好的金属材料之外，还广泛地使用非金属材料。

使用于食品机械与设备上的非金属材料主要是塑料。常用的塑料有聚乙烯、聚丙烯、聚苯乙烯、聚四氟乙烯塑料及含粉状和纤维填料的酚醛塑料、层压塑料（酚醛夹布胶木、酚醛夹玻璃纤维塑料）、环氧树脂、聚酰胺、各种规格的泡沫塑料、聚碳酸酯塑料、氯化聚醚有机玻璃等。此外，还使用各种天然和合成的橡胶。

与传统的结构材料相比，塑料有一系列的优点：密度不大；化学稳定性高；有良好的摩擦特性；有良好的吸收噪声和隔音性能；有好的耐震性和抗附着特性等。但其也存在缺点：耐热性和导热性低；在液体环境中工作时有老化和膨胀的趋势等。

塑料材料在食品机械与设备上有广泛的应用。例如，在输送机械上，使用于螺旋式和刮板式斜槽、风机罩、料斗等中；食品加工机械、包装机械中的套筒、圆盘、叶轮、漏斗、分瓶螺旋、星轮等零部件上也广泛地使用塑料。对于不能使用润滑剂的饼干模子、轧面机轴衬、空心面压制机的型模及用于高温或要求耐磨的零件，则聚四氟乙烯塑料为理想的非金属材料。

但是，在食品机械与设备上选用塑料和聚合物材料，应根据国家卫生检疫机关的有关规定，允许使用的材料才能选用。一般来说，凡直接与食品接触的聚合材料应该确保对人体绝对无毒无害，不应给食品带来不良的气味和影响食品的味感，不应在食品介质中溶化或膨胀，更不能和食品产生化学反应。

第三节 食品机械与设备的发展

一、我国食品机械与设备工业的发展现状

我国食品机械与设备工业的发展经历了三个主要阶段：20 世纪 50～70 年代的起步发展阶段，以计划经济为主要特征，形成了产业发展的雏形，建立了一批重点骨干企业，重点设计并生产了以小型生产规模为主，相对简陋的粮、油、米、面、饮料等食品加工简易设备；20 世纪八九十年代的快速发展阶段，完成了由计划经济向市场经济的过渡，以市场拉动为主要特征，奠定了产业发展的良好基础，重点发展了以中型生产规模为主的初步加工成套技术和设备，在引进、消化与吸收的基础上，自主研发出了粮、油、米、面、茶、啤酒、饮料、肉类等加工与包装成套设备，初步具备和形成了完备的工业化装备食品工业的能力与体系；进入 21 世纪的全面发展阶段，国家加大了对农业投入的力度，我国食品与包装机械工业也因此迎来了产品结构调整、质量提高、技术创新和能力提升的高速发展战略机遇期，注重了由初级加工向资源综合利用技术的深入，更加强化现代高新技术的应用。尤其是在“十五”期间，国家通过组织实施一批以食品加工为主的农产品深加工重大科技专项，研制出一批包括

48 000 瓶/h 的啤酒灌装生产线、36 000 瓶/h 不含气饮料塑料灌装生产线、20 万包/班的方便面生产线、4200 袋/h 的牛乳无菌包装生产线、工业机器人、双瓶吹瓶机、冷冻干燥设备等技术含量高的食品加工装备，缩小了我国食品加工装备与国际先进水平的差距，部分领域接近国际先进水平，个别领域达到国际领先水平。

二、我国食品机械与设备和国外先进国家之间的差距

我国食品机械与设备工业由于起步较晚、基础薄弱，就其整体技术和装备水平而言仍然较远落后于发达国家。不少高技术含量和高附加值产品主要依赖进口，部分重大产业核心技术与装备基本依赖进口。食品机械与设备的自给率目前只有需求的 60%～70%。我国食品机械与设备工业和国外先进国家的技术差距，具体表现在以下几个方面。

1. 产品质量　发达国家食品机械与设备产品无论内在质量还是外观质量都大大超过我国的食品机械与设备产品。我国食品机械与设备产品的内在质量主要表现在产品性能差、关键零部件和易损件寿命短、稳定性和可靠性差；外观质量主要是造型不美观、表面粗糙。例如，我国生产的隧道式干燥机的热效率仅为国外同类产品的 50%；浓缩装置的能耗比国外先进水平高 2～5 倍。

2. 技术水平　发达国家生产食品机械与设备的历史长，基础工业强，技术水平先进，具有代表性的国家为美国、德国、日本、瑞士、丹麦、意大利等。发达国家研制开发的食品机械与设备是集机、电、光、声、磁、化、生、美等为一体的高技术、高智能产品。食品机械与设备产品的技术水平优势体现在产品高度自动化、生产高效率化、食品资源高利用化、产品高度节能化和高新技术实用化方面。目前，我国食品与包装机械的技术差距主要表现在控制技术和产品可靠性方面，技术更新速度慢，新技术、新材料、新工艺推广应用的范围太窄。我国食品机械与设备主要产品中，60%处于发达国家 20 世纪六七十年代的水平，20%处于发达国家 20 世纪七八十年代的水平，只有 5%达到了发达国家 20 世纪八九十年代的水平。新产品的开发还处于跟在发达国家之后进行消化吸收的阶段，特别是在产品的综合利用、环境保护等方面还缺乏深入研究。从整体水平上讲，要比发达国家落后 15～20 年。

3. 产品种类　目前国外食品机械与设备产品品种有 5300 多种，成套数量多，基本上可满足当前食品工业的需要。我国目前食品机械与设备（包括包装机械）品种大约有 4000 种（其中食品机械约 2300 种，包装机械约 1700 种），成套数量少，高新技术产品欠缺。

4. 研发能力　发达国家把科技开发投入，科技队伍、实验基地的建设放在重要的位置，食品机械与设备企业科研开发费用占企业销售额的 8%～10%，科研人员占企业总人数的比例也相当高，为 30%～50%，而我国大部分食品机械与设备企业由于规模小、科研意识不强，基本上没有自己的科研力量，科研投入平均不到销售额的 1%。政府科研计划食品机械与设备方面的项目较少。在食品机械与设备人才培养方面，食品科学与工程专业学生在食品机械与设备方面理论学习及能力训练严重不足。原来的食品机械与设备专业被归并或者撤销，导致目前食品机械与设备专门人才极度缺乏，退而求其次的是让学机械工程的人才来开发食品机械与设备，专业的交叉及知识的储备不足制约了他们研发能力的发挥。

三、食品机械与设备技术发展的趋势

我国食品工业作为朝阳产业，有着巨大的发展潜力。食品工业的高速发展很大程度上依赖了食品机械与设备的发展，同时也给食品机械与设备工业的发展带来了巨大的推动力。随

着科学技术的发展和人类社会的进步，食品机械与设备行业充满了技术发展的活力，并表现出以下主要趋势。

（1）生产高效率化和自动化　纵观食品机械与设备的发展史，特别是21世纪以来，食品机械与设备本身并未发生十分明显的变化，最明显的变化是产生了机电一体化产品，自动控制水平越来越高。这些产品不但生产率高，而且工艺参数控制准确，产品质量好，还具有自动保护装置，遇到故障会自动停机。例如，丹麦生产的圆盘式雪糕成型机，其灌料、配料、插签、冻结、升温脱模、拔签、出成品全在一台机器上完成。日本生产的一种ADW型系列自动包装机能在瞬间（100ms内）从511种质量组合中选定最近似目标值质量组合进行包装，而对质量不足的料斗通过计算机反馈，自动达到目标质量，效率提高了几倍。

（2）食品资源高利用化　近年来，资源的综合利用已逐渐向全方位、深层次发展，在工艺取得突破的基础上已开发出相应的设备，如从萃取油脂后的豆粕中提取大豆蛋白、大豆活性炭及大豆纤维；此外，食品机械与设备在加工过程中要尽可能降低食物及营养成分的损失率，如采用不对食品直接加热、加热时间短或用低温度加热等新技术，最大限度地保持食品的“原样”。

（3）产品高度节能化　大力开发高效节能产品，特别是热处理产品，是当前食品机械与设备发展的重点。美国FMC公司设计的七效蒸发器，每千克蒸汽可蒸发5.7kg水，蒸汽耗量比四效蒸发器降低了42%，比一效蒸发器降低了84%。日本二日株式会社开发的内藏式流化床三级喷雾干燥机，与一级、二级喷雾干燥机相比，可节能30%，且占用空间小，具有造粒功能。

（4）高新技术实用化　在食品机械与设备中推广应用微电子技术、光电技术、真空技术、膜分离技术、挤压膨化技术、微波技术、超微粉碎技术、超临界萃取技术、超高压灭菌技术、低温杀菌技术、智能技术等高新技术，有着广阔的应用前景，有的已经实用化或取得相当的应用成果。高新技术已经成为食品机械与设备竞争力的决定性因素。

（5）产品标准趋于国际化　食品机械与设备国际（或欧洲）标准越来越被世界各国所接受和采纳，并逐步成为全球性普遍采用的技术标准。这一点也有利于国际食品机械与设备技术的交流和贸易往来的顺利发展。

（6）新设计方法实用化　发达国家十分重视将现代的设计理念与方法引入食品机械与设备中，以增强产品的竞争力，这已成为食品机械与设备设计发展的趋势。

总之，目前我国食品机械与设备的设计、制造、研究和使用的水平都较低。为了满足国民经济发展的需要及人们对食品的实际要求，必须着重在引进新技术的基础上，努力完成现有技术改造和老产品的更新换代，研制和开发适合于我国实际的新机种、新型食品生产线，并且要加强食品机械与设备基础理论的研究。

思考题

1. 食品机械与设备用材的基本要求是什么？食品机械与设备材料的性能包括哪些方面？

2. 课外查资料，结合教材介绍，从食品机械与设备质量、技术、能耗方面分析我国与发达国家之间的差距，并分析我国应该从哪些方面着手去努力。

第二章 物料输送机械

内容提要

本章主要讲述固体物料输送机械和液体物料输送机械，设备的结构、工作原理、生产能力及功率计算是重点。要求学生掌握设备的正确使用方法，具备选型、维护和初步设计能力。

在食品工厂生产食品时，有大量的生产物料如食品的原料、辅料或废料，以及成品或者半成品和物料装载器需要输送，为此，需采用各种不同类型的输送机械。输送机械按输送时的运动方式可以分为直线式和回转式；按输送过程的连续与否可以分为间歇式和连续式；按驱动方式可以分为电磁驱动、气压驱动、液压驱动和机械驱动；按输送物料的性质可以分为固体物料输送和液体物料输送。本书按最后一种分类进行讲解。

第一节 固体物料输送机械

在食品生产过程中，固体物料基本都采用散装或包装的形式进行输送。目前食品工厂中应用最为广泛的固体物料输送机械是带式输送机、斗式提升机、螺旋式输送机、振动输送机和气力输送设备。

一、带式输送机

（一）带式输送机的结构

带式输送机主要由输送带、驱动装置、托辊、张紧装置及支架等组成，各部分的主要作用和结构如图 2-1 所示。

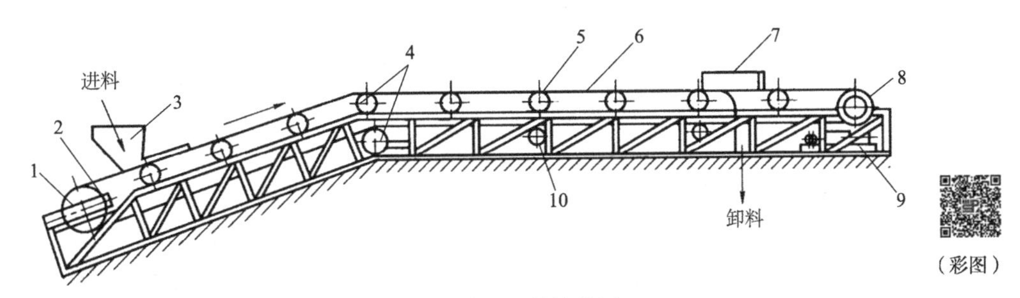

图 2-1 带式输送机结构简图

1. 张紧滚筒；2. 张紧装置；3. 装料漏斗；4. 改向滚筒；5. 上托辊；6. 环形输送带；7. 卸载装置；8. 驱动滚筒；9. 驱动装置；10. 下托辊

1. 输送带 在带式输送机中，输送带既是牵引构件，又是承载构件。它应具有强度高、自重轻、耐磨性好、挠性好、伸长性小、吸水性小、输送物料的适应能力强、使用寿命长等优点。常用的输送带有橡胶带，各种纤维编织带，塑料、尼龙、强力锦纶带，板式带，钢带和钢丝网带。用得最多的是普通型橡胶带。

2. 驱动装置　驱动装置一般由一个或若干个驱动滚筒、减速器、联轴器等组成。驱动滚筒是传递动力的主要部件，除板式带的驱动滚筒为表面有齿的滚轮外，其他输送带的驱动滚筒通常为直径较大、表面光滑的空心滚筒。滚筒通常用钢板焊接而成。滚筒的宽度比带宽 100～200mm。驱动装置有两种结构形式：一种是闭式，电动机和减速器都装在主动轮内；另一种是开式，电动机经敞开的齿轮或链轮减速后传动主动轮。闭式结构紧凑，易于安装布置。

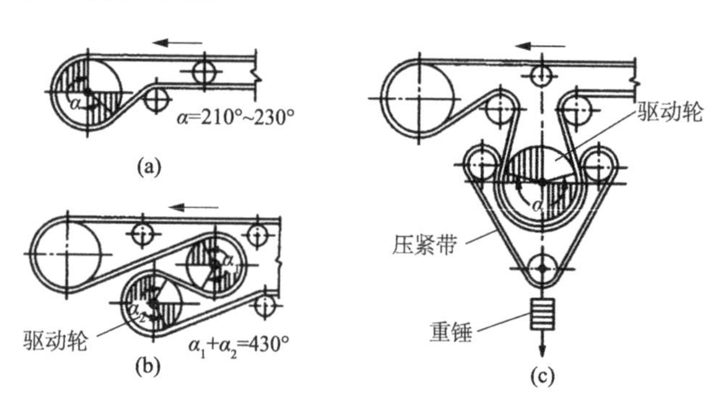

图 2-2　驱动滚筒布置方案

（a）利用导向轮加大包角（α）；（b）利用两个驱动轮加大包角（$\alpha_1+\alpha_2$）；（c）利用压紧带增大牵引力

输送带在运行的过程中容易跑偏和打滑。克服跑偏的措施是驱动滚筒应设计有一定的中高度，即中间部分直径比两端直径稍大，这样能自动纠正胶带的跑偏。克服输送带打滑的措施有：加大初张力；增加驱动滚筒表面的摩擦系数，如给滚筒表面包上木材、皮革或橡胶；加大包角（从正视图看，皮带与滚筒接触面所对应的夹角）。克服输送带打滑的驱动滚筒的几种布置方案如图 2-2 所示。

3. 托辊　托辊的作用是承托输送带及它所装载的物料，使输送机能够平稳运行。托辊可分为上托辊（载运段托辊）和下托辊（空载段托辊）。托辊的形式有如图 2-3 所示的几种。

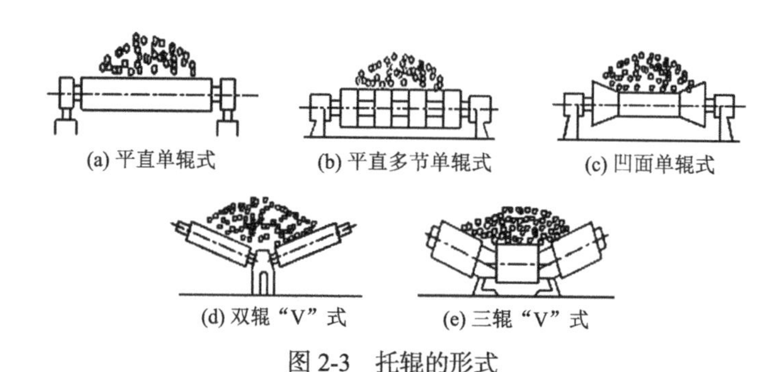

图 2-3　托辊的形式

4. 张紧装置　有些输送带（如帆布带、塑料带和橡胶带等）具有一定的延伸性，在拉力的作用下，其本身的长度会略微增加。输送带需要及时张紧，否则输送带与驱动滚筒之间就不能紧密接触而容易打滑。目前一般用于工业的张紧装置有拉力螺杆、压力螺杆、重锤式、弹簧和调节螺钉螺旋式及压力弹簧式等，如图 2-4 所示。对于输送距离较短的输送机，张紧装置可直接装在输送带的从动滚筒的支承轴上，而对于输送距离较长的输送机则需设专用的张紧辊。

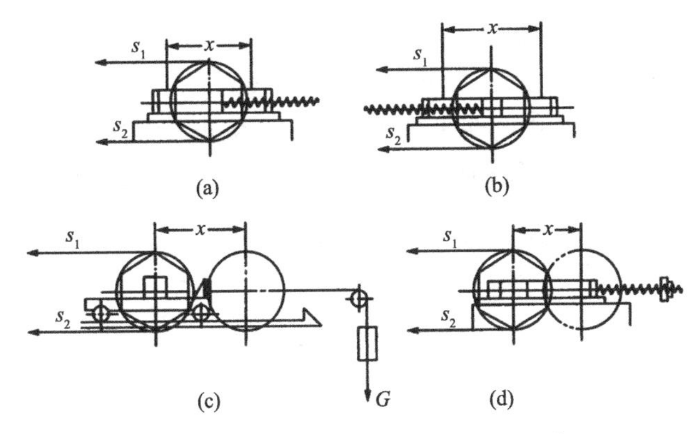

图 2-4　张紧装置简图（张裕中，2012）

（a）拉力螺杆；（b）压力螺杆；（c）重锤式；（d）弹簧和调节螺钉螺旋式；*s* 表示皮带；*x* 表示滚筒可调节的距离

（二）带式输送机生产能力的计算

带式输送机输送散体物料的生产能力 Q 由下式计算。

$$Q = 3.6 \times A \cdot v \cdot \rho \cdot \phi$$

式中，Q 为生产能力，t/h；A 为物料在运输机带上的横断面积，m^2；v 为运输带的速度，m/s；ρ 为松散物料的平均密度，kg/m^3；ϕ 为输送系数（可取 0.8～0.85）。

二、斗式提升机

在食品工厂中垂直方向上输送粉状、颗粒状散体物料常用斗式提升机。它的主要特点为：结构简单、输送量大、拉升高度长、输送效率高、能量消耗少（为气力输送设备的 10%～20%）。但其也存在一些缺陷，如工作时易超载、易堵塞。斗式提升机按牵引部件可分为带式斗式提升机和链式斗式提升机。

（一）斗式提升机的结构和工作原理

斗式提升机的整体结构如图 2-5 所示，一般是用胶带或链条作牵引件，将一个个料斗用螺钉固定在牵引件上，牵引件由主动鼓轮（或链轮）和从动鼓轮（或链轮）张紧并带动运行。物料从提升机下部加入料斗内，料斗口向上，随牵引件提升至顶部时，料斗绕过鼓轮（或链轮）、变料斗口向下，物料便从斗内卸下，从而达到将低处物料送至高处的目的。为防止灰尘飞出，这种机械的运行部件（除电动机和变速器外）均装在机壳内。在适当的位置，可安装观察口。

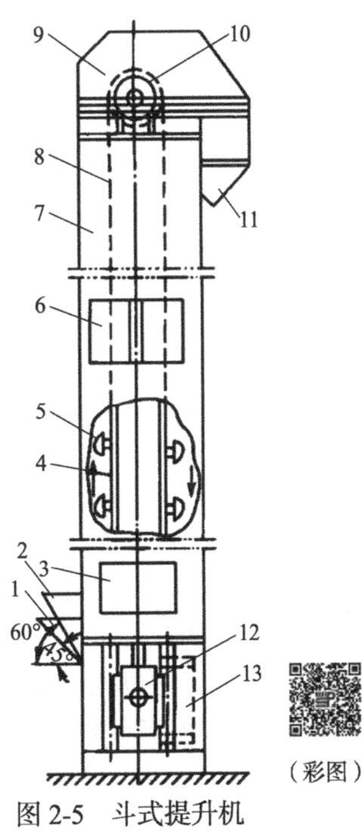

图 2-5　斗式提升机

1. 低位装载套管；2. 高位装载套管；3、6、13. 孔口；4、8. 带子；5. 料斗；7. 外壳；9. 上鼓轮外壳；10. 鼓轮；11. 下料口；12. 张紧装置

料斗是斗式提升机的承载构件，一般用 2～6mm 厚度的钢板焊接或冲压而成。为了使料斗边唇的磨损程度降低，常常在料斗边唇的外沿附加焊一条斗边。根据物

料的特性及装、卸物料方式的不同，料斗分成三种形式：深斗、浅斗和有导向槽的尖角形斗（图 2-6）。深斗和浅斗的底部为圆角，以便物料卸尽不残留，为了不阻碍卸料，料斗排列时需有一定间隔，两斗间的垂直间距一般为斗深的 2.3～3 倍。尖角形斗的侧壁延伸到底板外，成为挡边，料斗安装时一般没有间隔，侧壁相接，形成一导向槽，卸料时物料顺导向槽而下，不易侧滚。

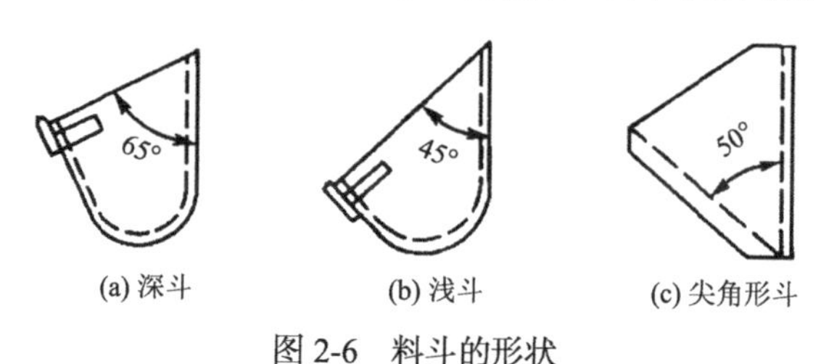

图 2-6　料斗的形状

深斗适用于干燥、松散、易撒落的颗粒物料；浅斗适用于输送潮湿、较黏或易结块、难以卸出的物料；尖角形斗适用于输送各类较重、磨琢性较大的块状物料。

（二）斗式提升机的卸料方式

斗式提升机的卸料受力分析如图 2-7 所示。假设装有物料的料斗重心为 M，重力（mg）和离心力（F'，对应的力的作用线为 Ma）的合力 F（所对应的力的作用线为 Mb）的大小和方向都随着料斗的回转而改变，当料斗到达卸料位置时，合力的作用线与驱动轮的垂直中心线相交于一点 P，此点称为极点。极点到驱动轮中心之间的距离称为极距 h。

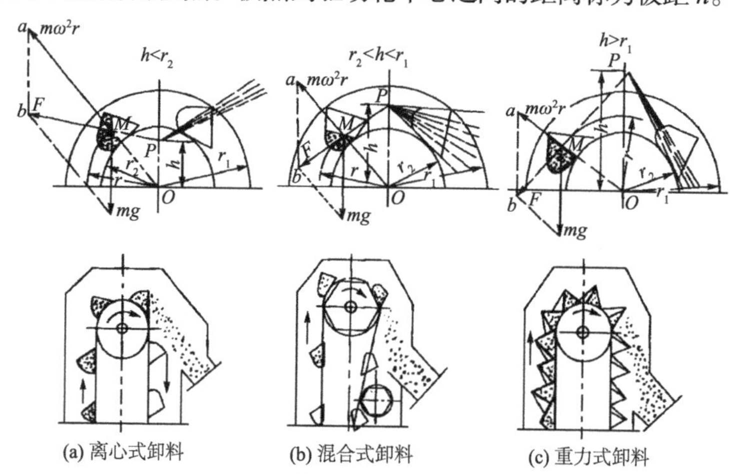

图 2-7　斗式提升机的卸料受力分析简图（崔建云，2006）
字母代表含义见正文

极距的实际意义在于它可以校核斗式提升机的卸料方式。反之，当决定了卸料方式后，即可根据极距的大小来决定转速 n 和驱动轮半径 r_2 的范围，所以极距是决定斗式提升机转速及驱动轮半径等参数的主要因素。

从图 2-7（a）可知，料斗未接近鼓轮之前做匀速直线运动，其中物料只受重力 G 的作用

$$G = mg$$

当料斗到达鼓轮上时，除受重力外，还受离心力 F' 作用

$$F' = m\omega^2 r$$

式中，m 为料斗内物料的质量，kg；ω 为料斗内物料重心的运动速度，m/s；r 为回转半径，即料斗内物料重心 M 至轮中心 O 的距离；g 为重力加速度，m/s^2。

若△OPM 与△abM 相似，则

$$\frac{h}{mg}=\frac{r}{m\omega^2 r}$$

$$\omega=\frac{2\pi n}{60}$$

$$h=\frac{g}{\omega^2}=\frac{895}{n^2}$$

式中，n 为驱动鼓轮转速，m/s。

实验研究表明，当 $h<r_2$（驱动轮半径）时，即当极点的位置在驱动轮的圆周以内时，离心力 F' 就大于重力 G，这时物料将朝着料斗的外壁运动，从而使料斗做离心式卸料。

当速度较低时，$h>r_1$（料斗的外圆半径），即极点在料斗外边缘的圆周外，离心力 F' 小于重力 G，见图 2-7（c），则料斗做无定向自流式（重力式）卸料。

当速度中等时，即 $r_2<h<r_1$，则料斗做定向自流式（混合式）卸料，见图 2-7（b）。

（三）斗式提升机生产能力的计算

斗式提升机生产能力 Q 用下列公式计算。

$$Q=3.6\frac{V}{s}v\cdot\rho\cdot\phi$$

式中，V 为料斗的容积，m^3；s 为相邻两料斗的中心距，m；v 为牵引物件的线速度，m/s；ρ 为物料的堆积密度，kg/m^3；ϕ 为料斗的填充系数，由物料种类、性状和填充方法决定。对于粉状及细颗粒状干燥物料 $\phi=0.75$～0.95；谷物 $\phi=0.70$～0.90；水果 $\phi=0.50$～0.70。

三、螺旋式输送机

根据输送形式的不同，螺旋式输送机可以分为两类：垂直螺旋式输送机和水平螺旋式输送机。

（一）螺旋式输送机的结构

水平螺旋式输送机的结构如图 2-8 所示，主要由进料口、轴承、螺旋体、料槽、出料口和驱动装置组成。进料口和出料口分别位于料槽的尾部上端与头部下端，其中出料口也可以多安装几个以保证符合实际需求，并用闸门来控制关闭与开启；刚性螺旋体依靠头部、中部和尾部的轴承支撑于料槽上，从而构成了实现物料输送的转动部件，而螺旋体的转动是通过安装于头部的驱动装置来实现的。

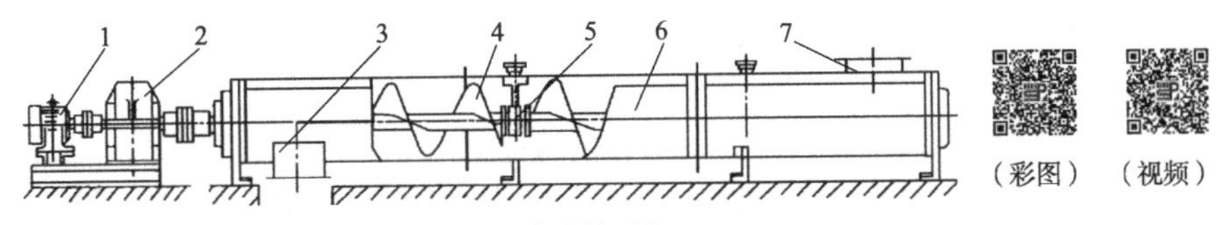

图 2-8　水平螺旋式输送机

1. 电动机；2. 减速器；3. 出料口；4. 螺旋叶片；5. 中间轴承；6. 料槽；7. 进料口

水平螺旋式输送机的结构紧凑，便于在中间位置进料和卸料，呈封闭形式输送，可减少物料与环境间的相互污染，除可用于水平输送外，还可倾斜安装，但倾角应小于 20°。因输送过程中物料与机壳和螺旋间都存在摩擦力，易造成物料的破碎及损伤，不宜输送有机杂质含量多、表面过分粗糙、颗粒大及磨损性强的物料，主要用于输送各类干燥松散的粒状、粉状或小块状的物料，如面团、谷物和面粉。螺旋式输送机功率消耗较大，输送距离不宜太长（一般在 30m 以下），过载能力较差，需要均匀进料，且应空载启动。

（1）螺旋体　螺旋体是螺旋式输送机的主要部件，主要由螺旋轴和螺旋叶片两部分组成。

螺旋叶片的形状分为实体（又称满面式）、带状、桨形和齿形 4 种。当运送干燥的小颗粒或粉状物料时，宜采用实体螺旋，这是最常用的形式。运送块状的或黏滞性的物料时，宜采用带状螺旋。当运送有韧性和可压缩性的物料时，则用桨叶式或齿形螺旋，这两种螺旋往往在运送物料的同时，还可以进行搅拌、揉捏等工艺操作，如图 2-9 所示。

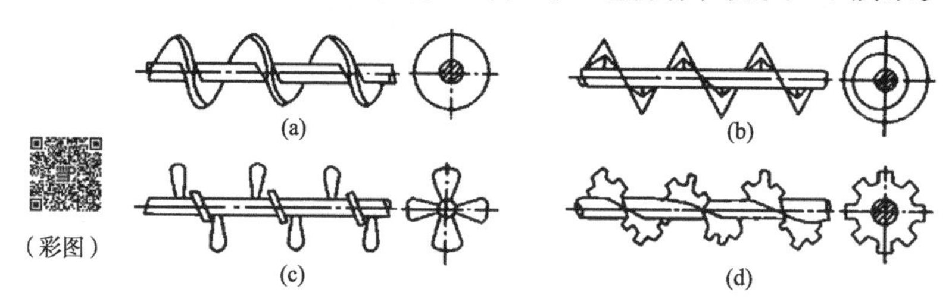

图 2-9　螺旋体的形状

（a）实体叶片；（b）带状叶片；（c）桨形叶片；（d）齿形叶片

螺旋体的主要规格尺寸有叶片直径 d（mm）、轴直径 D（mm）及螺距 t（mm）。螺旋叶片的制作一般采用的是简易制作法，也就是先利用 4～8mm 的薄钢板冲压或剪切成带缺口的圆环，再将制成的圆环拉制成一个个相应螺距的叶片，然后将几个独立的叶片通过焊接或铆接的形式固定于螺旋轴上形成一个完整的螺旋叶片。带状螺旋是利用径向杆柱把螺旋带固定在轴上。

螺旋叶片的旋向通常为右旋，必要时可采用左旋，有时在一根螺旋转轴上一端为右旋，另一端为左旋，用以将物料从中间输送到两端或从两端输送到中间。叶片数量通常为单头结构，特殊场合可采用双头或三头结构。螺旋的螺距有两种：实体螺旋的螺距一般为直径的 0.5～0.6 倍；带状螺旋的螺距等于直径。

（2）轴　轴可以是实心的或是空心的，它一般由长 2～4m 的各节段装配而成，通常采用钢管制成的空心轴，在强度相同的情况下，质量小，互相连接方便。

（3）轴承　轴承可分为头部轴承和中间轴承。头部应装有止推轴承，以承受由于运送物料的阻力所产生的轴向力，一般放在输送物料的前方。当轴较长时，应在每一中间节段内装一吊轴承，用于支撑螺旋轴，吊轴承一般采用对开式滑动轴承。

（4）料槽　料槽是由 3～8mm 厚的薄钢板制成带有垂直侧边的 U 形槽，槽上面有可拆卸的盖子。螺旋和料槽之间的间隙一般为 6.0～9.5mm。

（二）螺旋式输送机的原理

螺旋式输送机是一种没有挠性牵引件的能够连续输送的机械设备。物料在被输送时通过旋转的螺旋体在固定的机壳里移动。当螺旋体旋转时，由于叶片的推动作用，同时在物料重力、物料与槽内壁间的摩擦力及物料的内摩擦力作用下，物料以与螺旋叶片和机槽相对滑动的形式在槽体内向前移动。就像不能旋转的螺母在螺旋杆上沿着轴做平移运动一样。物料的移动方向取决于叶片的旋转方向及转轴的旋转方向。

水平螺旋式输送机的叶片上各点的螺距是相同的，但因其半径不同，所以各点的螺旋升角不相同。外径处的螺旋升角小，内径处的螺旋升角大。如图 2-10 所示，当螺旋叶片以角速度 ω 绕 Z 轴回转时，在任一半径 r 的 O 点处有一物料质点，它一方面与螺旋面之间发生相对运动，一方面沿 Z 轴方向移动，其速度可由速度三角形图求得。O 点叶片的圆周速度 $v_0=\omega r$，是牵连速度，用 OA 表示，方向为沿 O 点回转的切线方向；物料相对于螺旋的滑动速度，平行于 O 点螺旋面的切线方向，用 AB 表示。物料绝对运动速度 v_f 的方向与法线偏一摩擦角 θ。若将 v_f 分解，可得物料的轴向速度 v_z 和切向速度 v_t。轴向速度使物料沿着输送方向移动，切向速度则造成物料在输送过程中的搅拌和翻动。

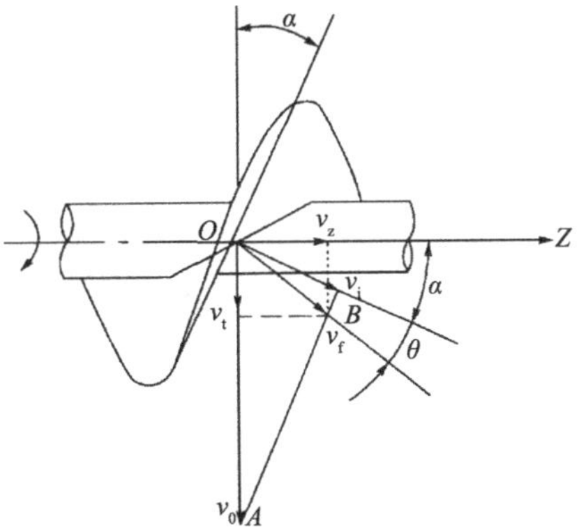

图 2-10　螺旋输送物料的力学分析（张裕中，2012）

α. 法线与 Z 轴之间的夹角；v_i. 物料在法线方向的运动速度；其余字母含义见正文

（三）螺旋式输送机的生产能力的计算

在进行螺旋式输送机的生产能力的计算时，必须先确定设计的原始条件，它包括输送能力、物料的性质、工作环境、输送机布置形式等。生产能力计算如下。

$$Q(\text{kg/h}) = 3600Av\rho = 3600\frac{\pi D^2}{4}\phi C\frac{tn}{60}\rho=60\frac{\pi D^2}{4}tn\phi\rho C$$

式中，A 为料槽内物料的断面积，m^2；v 为物流速度，m/s；ρ 为物料的堆积密度，kg/m^3；D 为螺旋式输送机的螺旋直径，m；ϕ 为物料的填充系数，取值为 0.125～0.35；C 为与输送机倾角有关的系数；t 为螺距，m；n 为螺旋轴的转速，r/min。

四、振动输送机

振动输送机是一种利用振动技术，对松散态颗粒物料进行中、短距离输送的机械。

（一）振动输送机的工作原理

振动输送机工作时，由激振器驱动主振弹簧支承的工作槽体。主振弹簧通常倾斜安装，斜置倾角称为振动角。激振力作用于工作槽体时，工作槽体在主振弹簧约束下做定向强迫振动。处在工作槽体上的物料，受到槽体振动的作用断续地被输送前进。当槽体向前振动时，依靠物料与槽体间的摩擦力，槽体把运动能量传递给物料，使物料得到加速运动，此时物料的运动方向与槽体的振动运动方向相同。此后，当槽体按激振运动规律向后振动时，物料因受惯性作用，仍将继续向前运动，槽体则从物料下面往后运动。由于运动中阻力的作用，物料越过一段槽体又落回槽体上，当槽体再次向前振动时，物料又因受到加速而被输送向前，如此重复循环，实现物料的输送（图 2-11）。

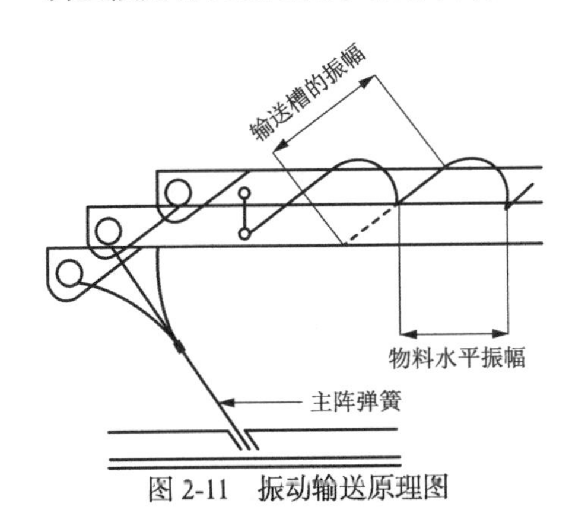

图 2-11　振动输送原理图

（二）振动输送机的结构

振动输送机的结构主要包括输送槽、激振器、主振弹簧、导向杆、隔振弹簧、平衡底架、进料装置、卸料装置等部分，如图 2-12 所示。

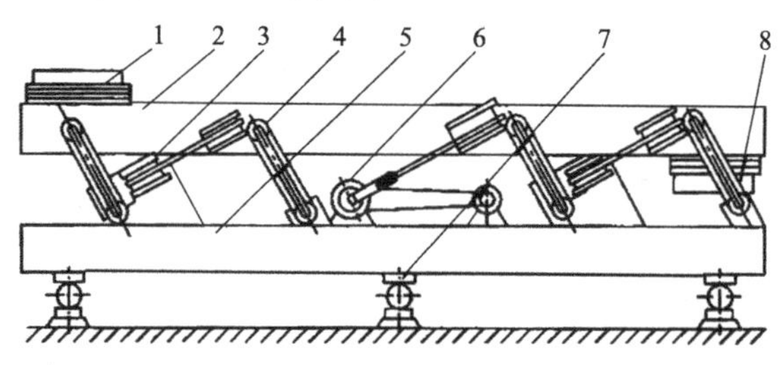

图 2-12　振动输送机的结构示意图（崔建云，2006）

1. 进料装置；2. 输送槽；3. 主振弹簧；4. 导向杆；5. 平衡底架；6. 激振器；7. 隔振弹簧；8. 卸料装置

激振器为振动输送机产生周期性变化的激振力提供动力，使得输送槽和平衡底架能够持续振动。激振器可分为曲柄连杆激振器、偏心惯性激振器和电磁激振器。

1. 曲柄连杆激振器　曲柄连杆激振器通过电动机经过皮带或齿轮传动来驱动曲柄连杆部件运动以产生激振力。利用连杆将动力传送给槽体，使得槽体以一定的振动频率及振幅定向强迫振动，实现物料的输送，如图 2-13 所示。

2. 偏心惯性激振器　偏心惯性激振器是通过偏心体本身的质量在旋转时所产生的离心惯性力以产生激振力，从而带动槽体的振动。激振器由偏心块、主轴、轴承和轴承座组成。激振力的大小受偏心体质量 m_0、旋转角速度 ω 和偏心距 e 等因素影响，如图 2-14 所示。

3. 电磁激振器　电磁激振器主要包括电磁铁、衔铁和主振弹簧。电磁铁固定在底座上，衔铁安装于槽体下方，槽体被主振弹簧支撑于底座上。电磁铁的铁心表面与衔铁平行，即工作间隙要保持一致，如图 2-15 所示。当电磁铁的线圈中接入正弦交流电时，通常经过可控硅进行半波整流，在电源电压处于正半周、可控硅导通时，便有电流从线圈流过，在铁心和衔铁之间产生周期变化的电磁吸力，使槽体向后运动，并促使激振器的主振弹簧变形而贮存一定的势能。当正半周结束时，电流和电磁激振力接近最大值。根据电磁感应原理，自感电势使电流不致立即截止，而是要延续一段时间，这时电流和电磁激振力逐渐减小，以至消失。当电磁激振力接近最大值时，两质体靠近；而当电磁激振力最小时，槽体在主振弹簧的势能作用下与电磁铁分开。经半波整流的电流及电磁力在电压变化的一个周期内只变化一次，所以这种电磁振动输送机可以获得与电源频率相同的 50Hz 的振动。激振力的大小受电压、线圈匝数和供电方式等多种因素影响。

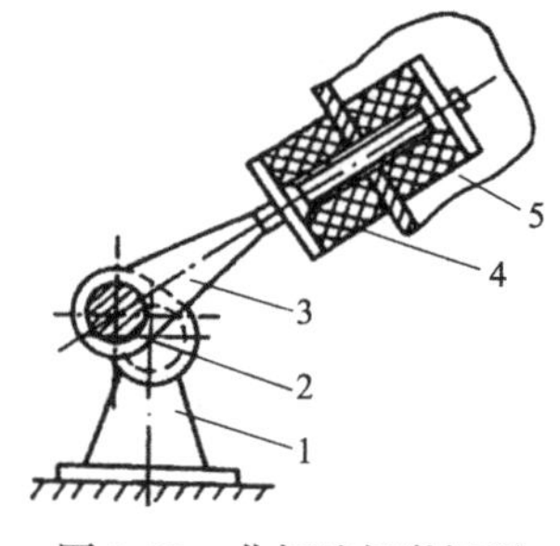

图 2-13　曲柄连杆激振器

1. 基座；2. 偏心轴；3. 连杆；4. 橡胶弹簧；5. 槽体

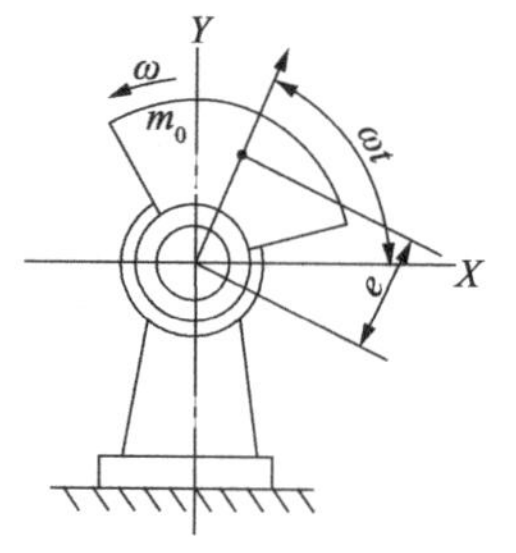

图 2-14　偏心惯性激振器

t. 运动时间；其余字母含义见正文

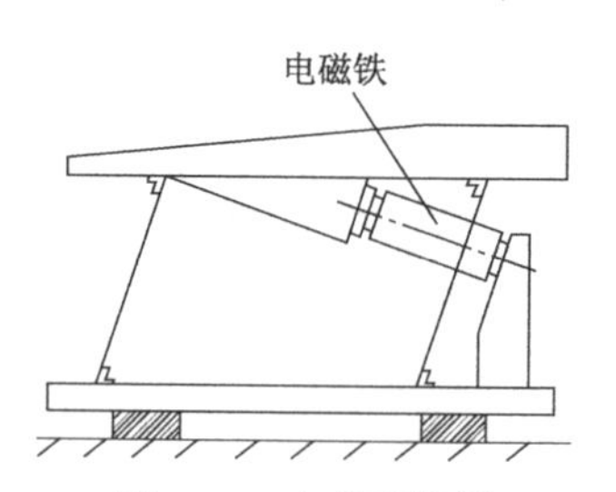

图 2-15　电磁激振器

振动输送机具有产量高、能耗低、工作可靠、结构简单、外形尺寸小、便于维修的优点，目前在食品行业获得广泛应用。振动输送机主要用来输送块状、粒状或粉状物料，与其他输送设备相比，其用途广，可以制成封闭的槽体输送物料，改善工作环境；不宜输送黏性大的或过于潮湿的物料。

五、气力输送设备

气力输送是借助空气在密闭管道内的高速流动，物料在气流中被悬浮输送到目的地的一种运输方式。在食品工厂被广泛利用来输送大麦、大米、高粱、玉米、瓜干等。

（一）气流输送的原理

1. 垂直管中颗粒物料气流输送的流体力学条件　颗粒在垂直管内受到气流的影响，有三种力作用到颗粒上：①颗粒（粒子）本身的重力 G；②颗粒受到的浮力 $F_{浮}$；③颗粒（粒子）与气流相对运动而产生的阻力 f。这三个力中，G、$F_{浮}$是恒定不变的，是由粒子决定的。只有 f 是随气流而变化的。当气流发生变化时，粒子将有三种状态，如图 2-16 所示。

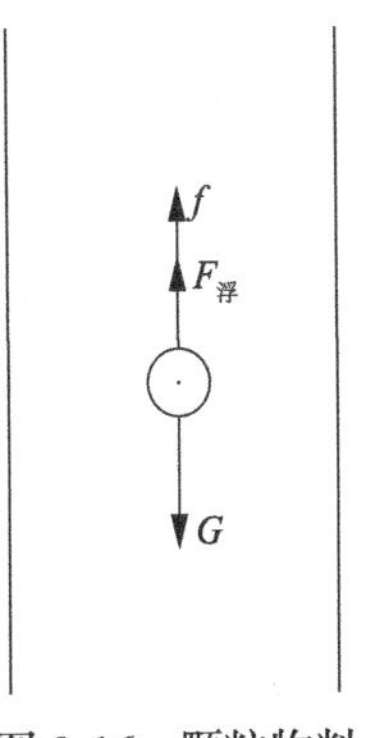

图 2-16　颗粒物料受力分析

1）粒子向下运动的条件：$G>f+F_{浮}$。

2）粒子相对静止（或匀速直线下落）的条件：$G=f+F_{浮}$。此时的气流速度为一特殊值，是使该粒子静止悬浮的一临界速度，这一临界速度便是该粒子的悬浮速度。

3）粒子向上运动的条件：$G<f+F_{浮}$。

2. 颗粒在水平管中的受力分析　颗粒在水平管中的输送机理比较复杂，但不管是何种受力情况，都必须产生一个使颗粒向上运动的垂直分力，这样才能使颗粒物料在管道中悬浮起来，呈现所谓的悬浮流状态（stream flow），因此要求输送动力——气流速度很大，但是过大的气速也是没有必要的，因为这将造成很大的输送阻力和较大的磨损。

（二）气力输送设备的基本类型

在食品工厂中，气力输送设备所采用的基本类型包括吸引式、压送式和混合式。

1. 吸引式气力输送　吸引式气力输送设备如图 2-17（a）所示。吸引式气流输送又称真空输送，是借助压强低于 0.1MPa 的空气流来输送物料。工作时，系统的输料段内处于负压状态，物料被气流携带进入吸嘴 1，并沿输料管移动到物料分离器 2 中，在此装置内，物料和空气分离，而后由分离器底部卸出，而空气流被送入除尘器 5，回收其中的粉尘。经过除尘净化的空气被排入大气。

吸引式气力输送设备由于输送系统为真空，即使系统设备中出现漏孔，系统中的粉尘也不外泄，保持了室内的清洁和工人的劳动环境，适用于从一处或数处获取物料向一处输送。吸引式流程的加料处，可不需要加料器。而排料处则安装有封闭较好的排料器，以防止在排料时发生物料反吹。

出于对净化排风因素的考虑，有些装置配置成循环式系统，通过在风机出口处设旁通支管，部分空气经过布袋除尘器净化后排入大气，而大部分空气则返回接料器再循环。循环式气力输送系统适用于输送细小、贵重的粉状物料。

2. 压送式气力输送　压送式气力输送设备如图 2-17（b）所示。进料端的风机 4 运转时，把具有一定压力的空气压入导管，物料由密闭的供料器 6 输入输料管。空气与物料混合后沿着输料管运动，物料通过分离器 2、卸料器 3 卸出，空气则经过除尘器 5 净化后进入大气中。为进一步分离风机 4 吸气中的粉尘或杂质，可在分离器 2 和风机 4 之间安装分离器（如袋式滤尘器）。

压送式流程在加料处需要安装封闭较好的加料器，以防止在加料处发生物料反吹，而在排料处就不需要排料器，可自动卸料。

压送式气力输送设备便于设置分支管道，可同时将物料从一处向几处输送，适合大流量、长距离输送，生产率高。但管道磨损较大，密封性要求高。

当输送量相同时，压送式流程比吸引式流程采用的管道细，这是因为它的操作压强差为吸引式的 1.5 倍左右。

3. 混合式气力输送　混合式气力输送设备如图 2-17（c）所示。混合式气力输送设备由吸引式气力输送设备及压送式气力输送设备两部分组合而成。在吸引段，通过吸嘴 1 将物料由料堆吸入输料管，并送到分离器 2 中，从这里分离出的物料又被送入压送段的输料管中继续输送。

混合式气力输送设备综合了吸引式气力输送设备及压送式气力输送设备两者的优点，在使物料不通过风机的情况下，可以从几处吸取物料，又可以将物料同时输送到几处，且输送距离可较长，但由于在中途需将物料从压力较低的吸引段转入压力较高的压送段，使得装置结构较为复杂，同时风机的工作条件较差，因为从分离器来的空气含尘较多。

在选择气流输送流程时，必须对输送物料的性质、形状、尺寸、输送量、输送距离等情况进行详细了解，并结合实际经验，综合考虑。水分含量超过 16%的粉末原料，特别是鲜原料，不宜采用气流输送。

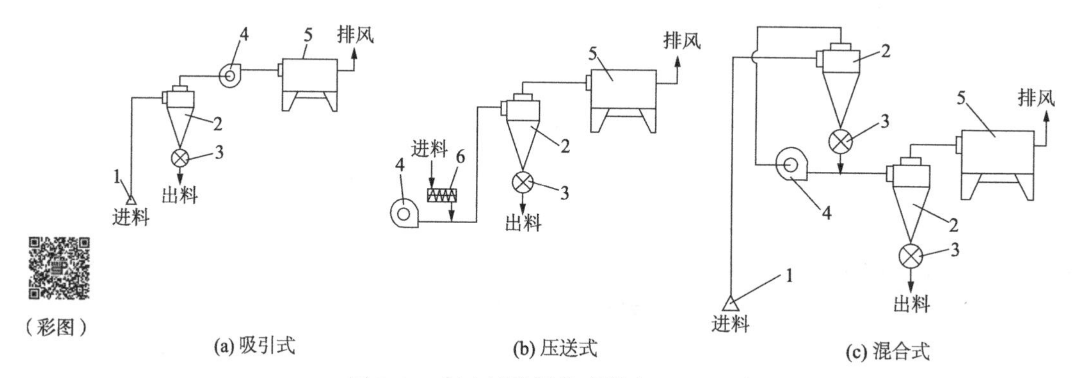

图 2-17　气力输送设备（崔建云，2006）

1. 吸嘴；2. 分离器；3. 卸料器；4. 风机；5. 除尘器；6. 供料器

（三）气力输送设备的主要构件

气力输送设备主要由供料器、输料管道及管件、分离器、卸料器、除尘器、风机和真空泵等组成。

1. 供料器

（1）吸送式供料器　用于向负压输送管中供料，常用的有吸嘴和诱导式接料器。

1）吸嘴：空气不能进入，则物料便不能被吸进输料管被输出。当输料管内的空气量、气流速度和进料量达到平衡时，才形成输送。吸嘴有多种不同形式，常用的是双筒式直吸嘴，如图 2-18 所示，主要由与输料管连通的内筒和可以上下移动的外筒构成，吸料口（内筒口）做成喇叭形，外筒和内筒的环隙是二次空气通道。物料和空气混合物在吸嘴的底部，沿内筒进入输料管，而促进料气混合的补充空气由外筒顶部经两筒环腔后，从底部的环形间隙导入内筒。通过改变环形间隙即可调节补充风量的大小，获得较高的效率。吸嘴适用于输送流动性好的物料，如小麦、豆类、玉米等。

2）诱导式接料器：这种接料器广泛用于低压吸送系统。如图 2-19 所示，物料沿矩形截面（A—A）自流管 1 下落，经过圆弧淌板的诱导，转向上抛，在接料器底部进入气流的推动下直接向上输送。混合物流先通过气流速度较高的小截面通道，然后进入输料管。在进料管的下端，安装插板活门 4 以便接料器堵塞时清除堆积的物料。诱导式接料器具有料、气混合好，阻力小的特点，适宜输送粉状及颗粒状物料。

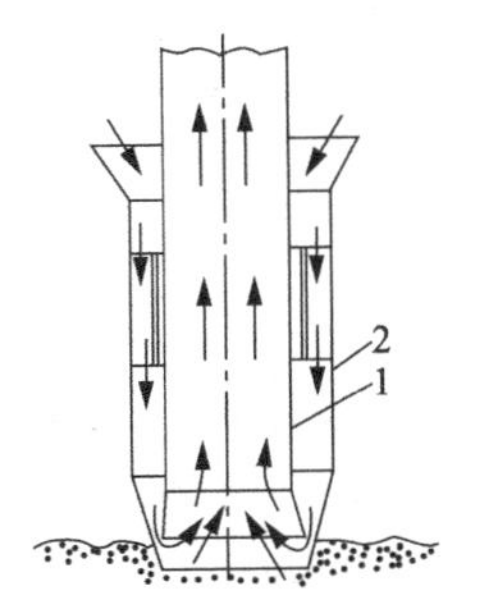

图 2-18　双筒式直吸嘴

1. 内筒；2. 外筒

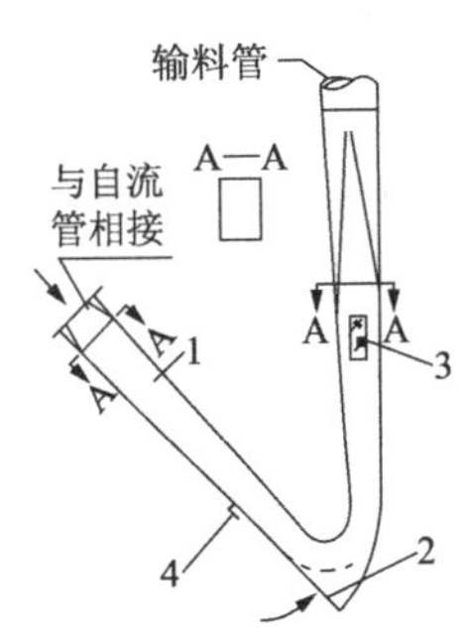

图 2-19　诱导式接料器

1. 自流管；2. 进风口；3. 观察窗；4. 插板活门

（2）压送式供料器　　压送式供料器应具有良好的密封性，以避免空气泄漏。按其作用原理可分为叶轮式、喷射式、螺旋输送器式和容积式等。下文主要对前两者进行介绍。

1）叶轮式供（卸）料器：又称为回转阀、锁气阀或闭风器，结构如图 2-20 所示。其主要由壳体和叶轮组成。壳体两端用端盖密封，壳体的上部与加料斗连接，下部与输料管相通。当叶轮在电动机和减速传动机的带动下于壳体内旋转时，物料由加料斗自流落入叶轮 4 的上部叶片槽内，当叶片槽转到下部位置时，物料在自重作用下进入输料管中。装置中设有与大气相通的均压管 1，使叶片槽在到达装料口前，将槽内高于大气压力的气体排出，降低槽内压力，便于装料。这种供料器的气密性好，不损伤物料，可定量供料，供料量可通过叶轮转速调节。

叶轮式供料器适用于输送磨削性较小、自流性较好的粉粒状或小块状物料的压送式气力输送设备。

2）喷射式供料器：如图 2-21 所示。压缩空气从喷嘴的一端高速喷入，因料斗下方的通道狭窄，气流速度较高，静压低于大气压力，使得料斗内的物料进入供料器。在供料出口端有一段渐扩管，其作用是降低管内气流速度，提高静压，达到输送物料所必需的压力。喷射式供料器料斗下部处于负压状态，所以没有空气上吹现象，这样料斗可以为敞开式的。由于气流速度变化而导致能量转换的这部分损失很大，整个系统的输送量和输送距离均受影响，该供料器适用于低压短距离输送。

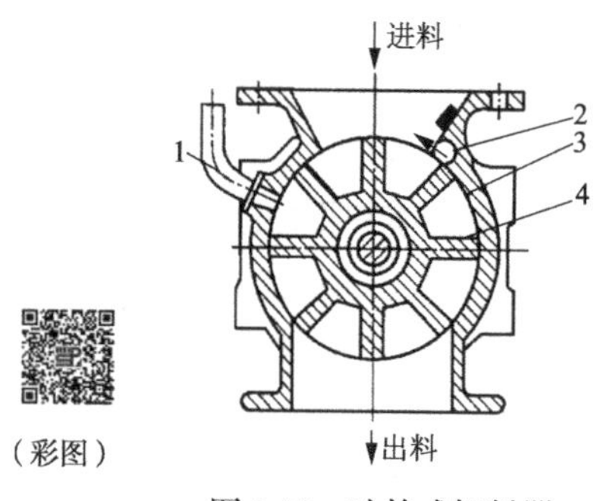

图 2-20 叶轮式卸料器

1. 均压管；2. 防卡挡板；3. 壳体；4. 叶轮

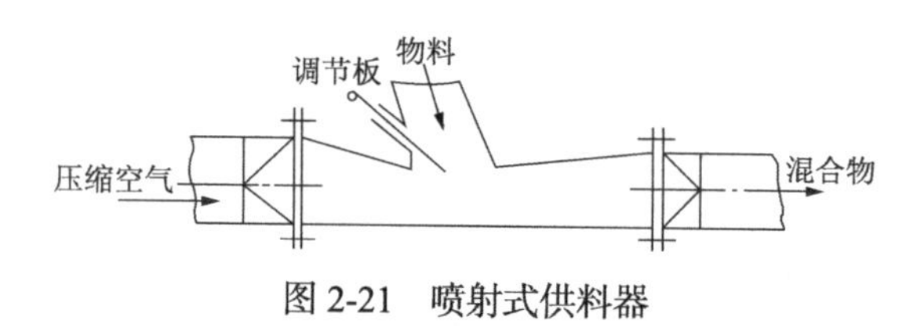

图 2-21 喷射式供料器

此外，还有螺旋输送器式供料器，其适用于粉料的输送。

2. 分离器 用于将被运送物料从混合气流中分离出来。分离器的形式很多，常见的有旋风分离器、重力沉降式分离器、过滤式分离器如袋式除尘器。

1）旋风分离器：结构和原理见第三章第一节“（一）自由涡流型旋风分离器”。

2）重力沉降式分离器：如图 2-22 所示。带有悬浮物料的气流进入一个较大的圆柱形空间里，气流速度大大降低，悬浮的颗粒由于自身的重力而沉降，气体由上部排出。这类分离器对大麦、玉米等也能全部分离。

3）袋式除尘器：袋式除尘器是一种利用有机或无机纤维过滤布，将气体中的粉尘过滤出来的净化设备。过滤布多做成布袋形，因此又称为布袋除尘器。图 2-23 为脉冲吸气式布袋除尘器，含尘气流从里向外过滤，此设备具有完善的清理机构和反吹气流装置，因此除尘效率高达 98%以上。

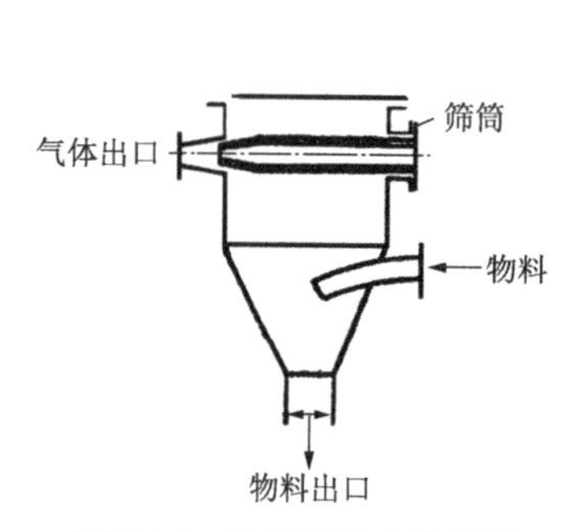

图 2-22 重力沉降式分离器

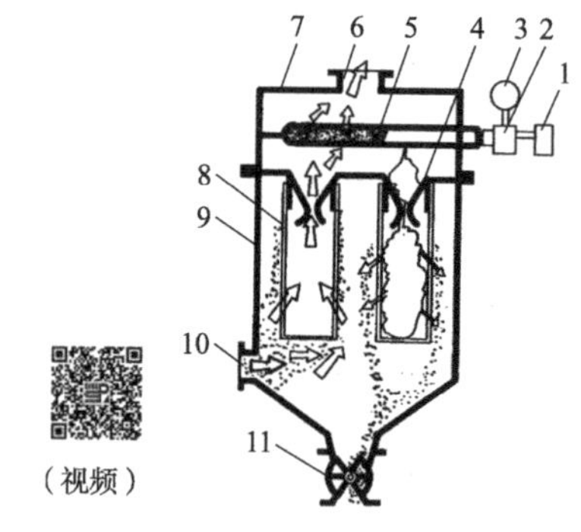

图 2-23 脉冲吸气式布袋除尘器（崔建云，2006）

1. 控制阀；2. 脉冲阀；3. 气包；4. 文氏管；5. 喷吹管；6. 排气口；7. 上箱体；8. 滤袋；9. 下箱体；10. 进气口；11. 排灰阀

3. 风机 气力输送设备所采用的气源装置主要有风机和空气压缩机，风机是气力输送系统最常用的动力源。

悬浮输送的气力输送系统需要采用流量较大的离心式风机。风机根据排气压力不同，分为高压（表压 3～5kPa）、中压（表压 1～3kPa）和低压（表压低于 1kPa）风机。

通常风机的主要性能参数是流量、压力、功率和效率，它们之间相互联系又相互制约，可通过试验方法求得。其性能曲线与离心泵的类似。

风机的类型有如下三种。

（1）*旋转式鼓风机*　旋转式鼓风机又称罗茨鼓风机，主要结构如图2-24所示。

旋转式鼓风机主要由机壳和两个特殊形状的转子组成。当两个转子不断旋转时，两个转子间严密接触，两个转子分开的一端为吸入口，两个转子闭合的一端为排出口。两个转子的轴在壳体外部用齿轮互相啮合，主动轴通过这对齿轮带动从动轴转动。两转子作相反方向的旋转。两转子与机壳内壁之间保持一极小间隙（0.2～0.5mm），使转子能自由地转动而又无过多的泄漏。旋转式鼓风机的风量与转速成正比。其工作原理如图2-25所示。

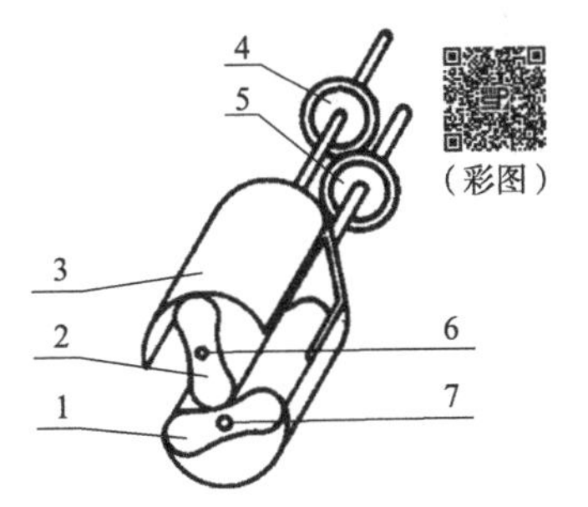

图2-24　罗茨鼓风机的构造

1、2. 转子；3. 外壳；4、5. 齿轮；6、7. 轴

图2-25　旋转式鼓风机的工作原理

（2）*离心式鼓风机*　离心式鼓风机又称蜗轮鼓风机或透平鼓风机。其结构和原理与离心泵类似。离心式鼓风机有不同的出口位置，如图2-26所示。

（3）*轴流式风机*　如图2-27所示。在机壳内装有一个高速转动的叶轮，叶轮上固定有2～6片叶片，当叶轮高速旋转时，推动气体沿着轴向流动。轴流式风机的效率为55%～65%，适用于低风压下输送大量的气体。

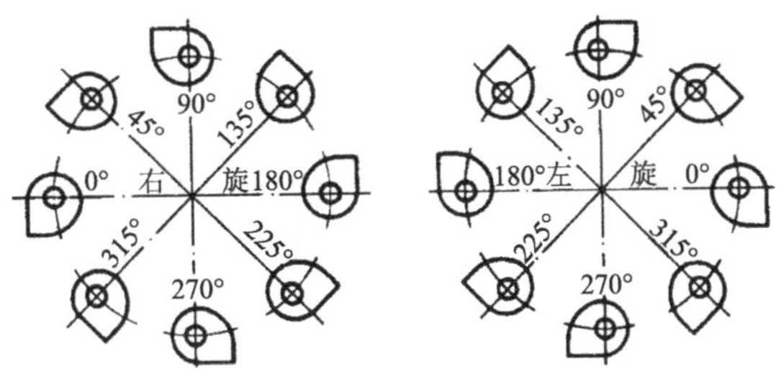

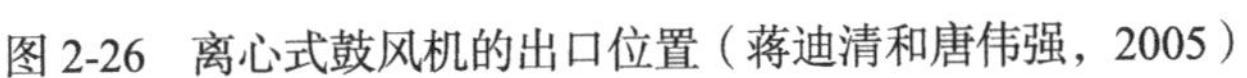

图2-26　离心式鼓风机的出口位置（蒋迪清和唐伟强，2005）

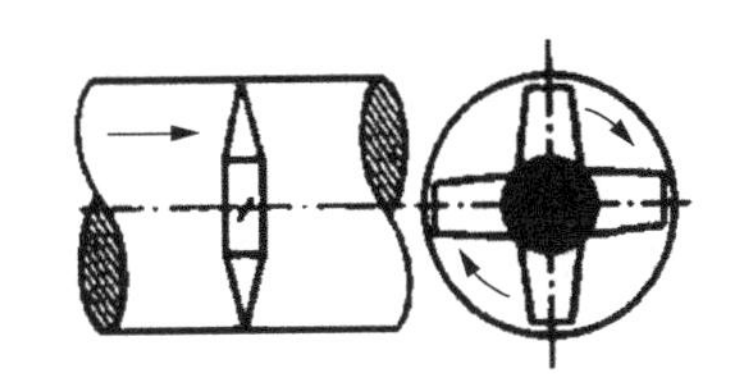

图2-27　轴流式风机

4. 真空泵　真空泵可分为干式和湿式两大类。干式真空泵从容器中抽出干燥气体，真空度可达95%～99.9%。湿式真空泵在抽吸气体时，允许带有较多的液体，真空度仅为85%～90%。

（1）*旋片式真空泵*　旋片式真空泵的结构如图2-28所示。

真空泵的工作室置于油槽内，进气管与泵室相通；泵室内偏心地安装转子，内有2个叶片（旋片），两个叶片之间有一个弹簧，借其弹力保证叶片与泵室圆柱体紧密结合。转子旋转时，上部始终保持与泵内壁紧贴，这样保证了泵内吸气区和排气区隔开。在转子旋转过程中，与进气管连通的容积增大，于是被抽气体吸入该容积内。当连续旋转时，转子槽内叶片使这一容积与进气管隔断，容积随之减小，从而该容积内的气体受压；达到排气压强时，排气阀被打开，气体经排气管排出泵外。泵的排出阀必须低于槽内液面。

充油是该泵的特点，用以密封间隙与排气阀，油充满余隙容积及润滑运动部分。油必须是真空泵专用油。这类泵不适用于抽吸含氧量过高、有爆炸性、有腐蚀性、对泵油起化学作用及含有颗粒尘埃的气体，主要适用于抽除潮湿性气体。

（2）水环式真空泵　水环式真空泵是常用的真空设备，结构如图 2-29 所示，由泵壳，叶轮，进、排气管和转轴等部件组成，转轴和叶轮偏心布置在泵壳内，叶轮的外圆在一侧与壳体内壁内切。在泵启动前，于泵壳内充入一半水，当电动机驱动叶轮旋转时，由于离心力的作用，水被甩到壳体内壁上，形成一个与壳体内壁同心的旋转的水环，水环与叶轮不同心，叶轮上部叶片间与水环内表面间形成的空隙小于叶轮下部叶片间与水环内表面间形成的空隙。在叶轮旋转的前半周，叶片间与水环内表面间形成的空隙逐渐扩大，气体经进气管被吸入壳体内；在叶轮旋转的后半周，叶片间与水环内表面间形成的空隙逐渐缩小，所吸入的气体经排气管被排出。叶轮不断旋转，从而不断地完成吸入和排出气体，使与进气管一侧连通的工作容器内达到一定的真空度。

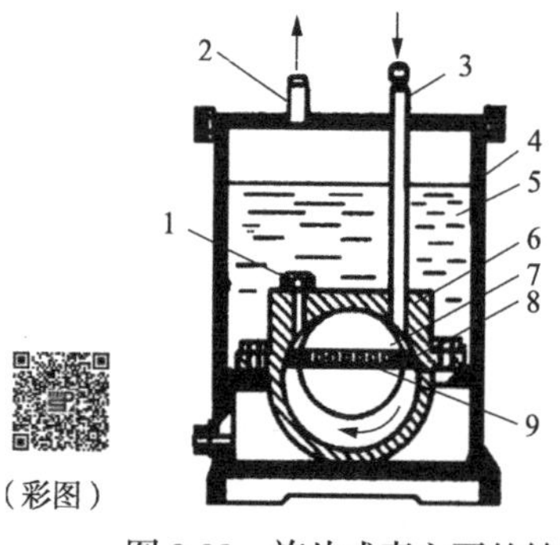

图 2-28　旋片式真空泵的结构

1. 排气阀；2. 排气管；3. 进气管；4. 外壳；5. 泵用油；6. 泵体；7. 转子；8. 旋片；9. 弹簧

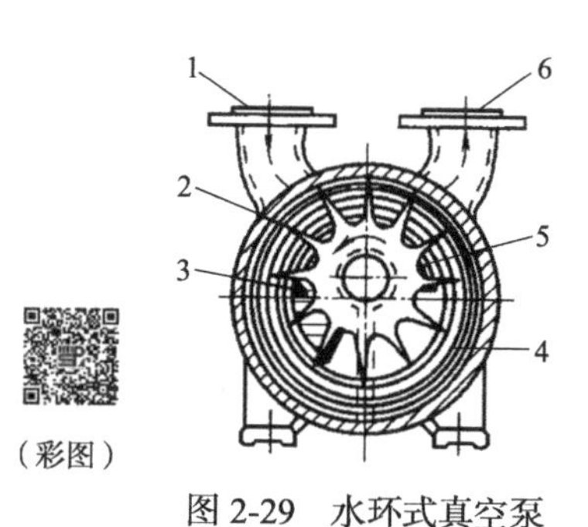

图 2-29　水环式真空泵

1. 进气管；2. 叶轮；3. 吸气口；4. 水环；5. 排气口；6. 排气管

水环式真空泵也可用于泵送液体物料。它是依靠在系统内建立起一定的真空度，从而在压差作用下输送液体物料的简易流体输送装备，对于果酱、番茄酱等带有块粒的料液尤为适宜。在输送过程中，料液不通过结构复杂、不易清洗的部件，避免了料液通过泵体带来的腐蚀、污染、清洗等问题。但其输送距离近、提升高度有限、效率较低。

第二节　液体物料输送机械

在食品生产加工过程中，液体物料一般是通过一个由泵、管道、管件、阀门和储罐等部件组成的系统来完成输送任务，泵是液体物料输送系统中的动力设备。

按照泵的结构特征和工作原理，可将其分为下面几个基本类型。

1）叶片式泵：指依靠高速旋转的叶轮对被输送液体做功的机械，如离心泵。

2）往复式泵：指利用泵体内活塞的往复运动或柱塞的推挤对液体做功的机械，如活塞泵、柱塞泵。

3）旋转式泵：指依靠做旋转运动的转子的推挤对液体做功的机械，如螺杆泵、齿轮泵、转子泵、滑片泵。

往复式泵和旋转式泵统称为容积式泵或正位移式泵，因为其原理上有同一性，即都是通过动件的强制推挤作用达到输送液体的目的。

一、离心泵

离心泵是目前使用范围最为广泛的输送液体物料的机械之一。它不仅可以输送低、中黏度的溶液，还可以输送含有悬浮物及具有腐蚀性的溶液。离心泵又可分为普通离心泵和卫生离心泵。卫生离心泵接触输送液体部分的金属结构材料均采用耐腐蚀的不锈钢制造。普通离心泵在食品工厂中多用于工作介质的输送，而卫生离心泵一般输送食品液体物料。

按叶轮级数分类，离心泵可分为单级离心泵和多级离心泵。单级离心泵能获得的压头比较有限，一般只能满足近距离和没有特别压头要求的输送。卫生离心泵大多属于单级离心泵。同一根轴上串联两个以上叶轮的泵称为多级离心泵。多级离心泵可以使液体获得足够的能量达到较高的压头，如三级离心泵最大排液压强可达 1.5MPa。在膜分离系统中一般采用多级离心泵。

单级离心泵的结构如图 2-30 所示，主要由泵壳、泵盖、叶轮、主轴、轴承、密封部件及支撑架构成，其中泵壳为蜗牛壳形。

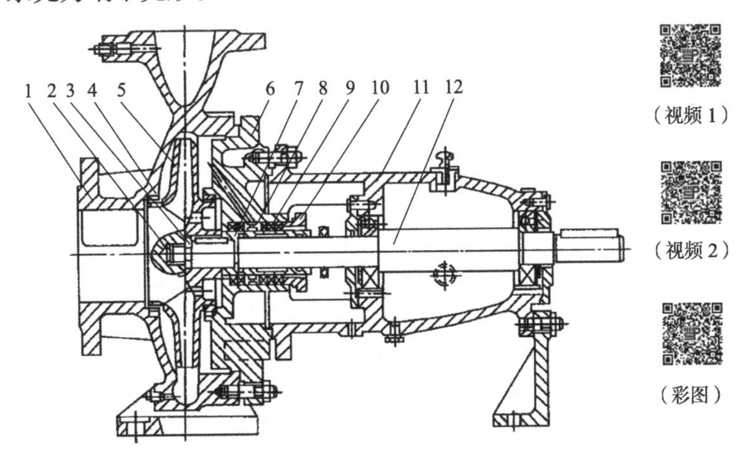

图 2-30　单级离心泵结构图（张裕中，2012）

1. 泵体；2. 叶轮螺母；3. 制动垫片；4. 密封环；5. 叶轮；6. 泵盖；7. 轴套；8. 填料环；9. 填料；10. 填料压盖；11. 轴承悬架；12. 主轴

（1）叶轮　叶轮可将原动机的机械能传给液体，以提高液体的静压能和动能。叶轮结构通常有三种类型。

1）封闭式：如图 2-31（a）所示，叶轮两侧有前盖板和后盖板，液体从叶轮中间入口进入经两盖板与叶轮片之间的流道流向叶轮边缘。该泵效率高，广泛用于输送清洁液体。

2）半封闭式：如图 2-31（b）所示，吸口侧无前盖板。

3）开式：如图 2-31（c）所示，叶轮两侧不装盖板。叶片少，叶片流道宽，但效率低，适于输送含杂质的液体。

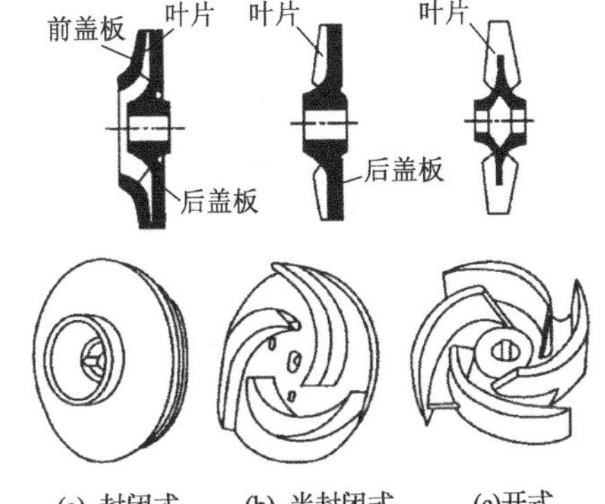

图 2-31　离心泵的叶轮

（2）泵壳　离心泵的泵壳多为截面逐渐扩大的蜗牛壳形通道。叶轮在泵壳内沿蜗牛壳形通道逐渐扩大的方向旋转。由于通道逐渐扩大，以高速从叶轮四周抛出的液体便逐渐降低流速，减少能量损失，并使部分动能有效地转化为静压能。因此，泵壳不仅是一个汇集由叶轮抛出液体的部件，而且本身是一个能量转换装置。

（3）轴封装置　在发酵罐章节重点介绍。

离心泵的原理、工作曲线等均在化工原理或食品工程原理课程中有详细讲述，此处不再赘述。

二、螺杆泵

按螺杆个数，螺杆泵可分为单螺杆泵、双螺杆泵和多螺杆泵等，前二者被应用得比较广泛，此处只对其予以介绍。

（一）单螺杆泵

目前输送食品液料多用单螺杆泵，其结构如图 2-32 所示。单螺杆泵内转子是径向断面为圆形（直径为 d）的螺杆，它是按其几何中心 O，以螺距 t 和偏心距 e 绕螺杆轴线 O_1 做螺旋运动。定子是螺距为 $2t$ 的螺旋形孔，其径向断面形状是宽度为 $2e$ 的矩形外接两个直径也为 d 的半圆形所组成的长圆孔。定子孔的对称中心（定子轴线）为 O_2。由于转子和定子孔的配合关系，沿轴向形成若干个封闭腔。为适应转子的偏心运动，驱动轴有一部分是中空的，它与螺杆的连接常用平行销联轴器或万向联轴器。螺杆多用不锈钢材料，定子衬套用橡胶材料。在泵运动时，转子做回转运动，封闭腔自吸入端形成，并以不变的容积向排出端运动，从而使封闭腔内的液体得到输送。

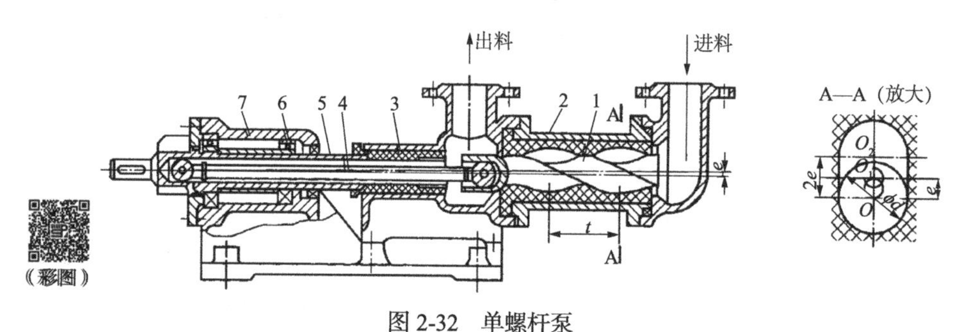

图 2-32　单螺杆泵

1. 螺杆；2. 螺腔；3. 填料函；4. 平行销连杆；5. 套轴；6. 轴承；7. 机座

单螺杆泵输送液体连续均匀，运动平稳，压力较高，自吸性能好，其结构简单、零部件少，适于输送高黏度的食品液体物料，如糖蜜、果肉及巧克力糖浆等。

（二）双螺杆泵

图 2-33 所示为双螺杆泵，用于输送高浓浆料。高浓浆料从上方长方形入口落入两个螺杆转子之间，各为左右旋向的两螺杆转子将浆料送至螺旋槽中。通过两个转子的相互共轭关系，形成一些密封的小间隙，把出口高压端与入口低压端隔离开，并连续而均匀地把浆料从低压端送至高压端。传动齿轮为 1∶1 同步齿轮，保证两个转子具有一定间隙的相对运动。双螺杆高浓浆泵是在齿轮式高浓浆泵的基础上改进研制的，优点较多。

双螺杆泵的输送量 $V_0(\mathrm{m}^3)$ 按泵轴每转输送的理论容积计算。

$$V_0(\mathrm{m}^3)=(F_1-2F_2)S$$

式中，F_1 为泵壳横截面面积，m^2；F_2 为螺杆横截面实体部分面积，m^2；S 为螺杆的导程，m。

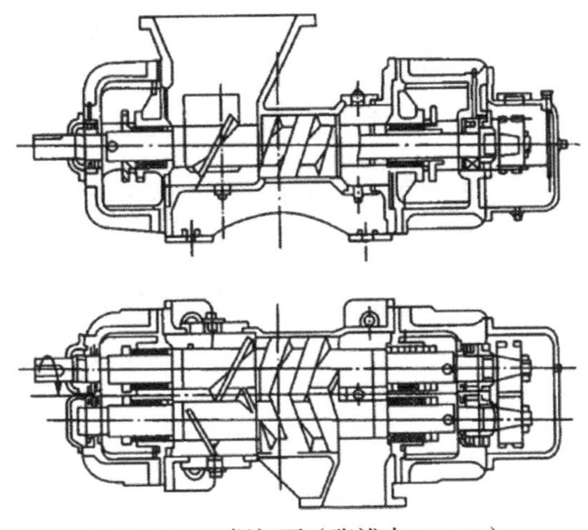

图 2-33 双螺杆泵（张裕中，2012）

三、柱塞泵

柱塞泵是一种容积式泵，其结构是活塞（柱塞）和泵缸，根据柱塞的数量，柱塞泵又可分为单柱塞泵和多柱塞泵，工业上常用的多柱塞泵是三柱塞泵，下面分别予以介绍。

（一）单柱塞泵

1. 结构 单柱塞泵的结构如图 2-34 所示，主要有活塞杆、活塞、泵缸、吸入阀和排出阀。泵缸内活塞与阀门间的空间称为工作室。

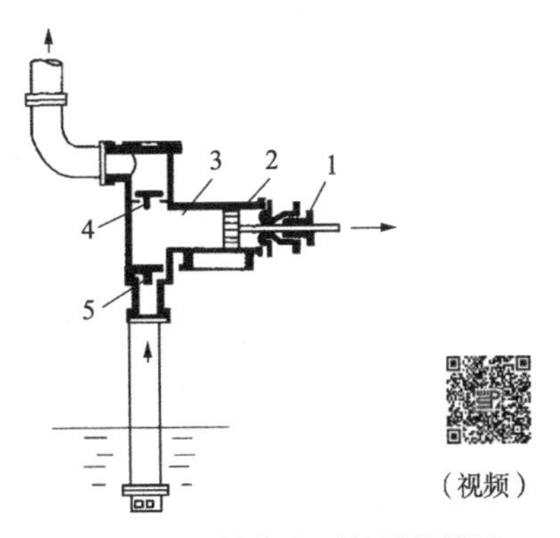

图 2-34 单柱塞泵的结构简图

1. 活塞杆；2. 活塞；3. 泵缸；4. 排出阀；5. 吸入阀

2. 工作原理 当传动机构带动活塞由左向右移动时，工作室容积增大，形成低压，可将贮液池内的液体经吸入阀吸入缸内。在吸入液体的同时，排出阀受排出管内液体的作用而关闭。活塞移至最右端（右死点），吸入行程结束。当活塞向左移动时，泵缸内的液体受挤压，压力增大，致使吸入阀关闭而推开排出阀将缸内液体排出。活塞移至左端时，排液结束，完成一个工作循环。活塞如此往复运动则可将液体交替地吸入并排出缸体，从而达到输送液体的目的。往复泵是利用活塞对液体直接做功，将能量以压力能的形式直接传给液体，这与叶片式泵有着本质的区别。

往复泵的原动机通常为电动机或蒸汽机。对于主轴做旋转运动的是电动机，必须用曲柄连杆机构转变为活塞的往复运动；原动机是蒸汽机时，可直接与泵相连。

3. 主要特点 往复泵的安装高度与当地的大气压、液体的性质和温度有关，故吸上高度也有一定的限制，但泵内无须充满液体。启动前往复泵不能用管路阀门调节流量，一般采用回路调节装置。往复泵适用于小流量、高压头的场所，也适合输送高黏度液体。

（二）三柱塞泵

往复泵的瞬时流量是不均匀的，单缸泵的流量脉动与活塞的加速度有相同波形，按正弦

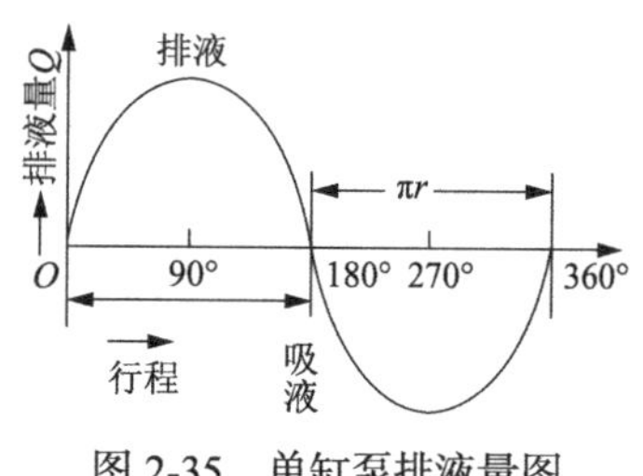

图 2-35　单缸泵排液量图

曲线变化，如图 2-35 所示。多缸泵的瞬时流量等于同一瞬时各缸瞬时流量之和。缸数增多则脉动减小，奇数缸效果比偶数缸好。为使叠加后的瞬时流量脉动减小，在设计泵时，可取机动泵各缸曲柄的相位差为 $\frac{2\pi}{i}$，双作用泵为 $\frac{\pi}{i}$，i 是缸数。

食品工业上常用的多缸泵为三柱塞泵，主要用于干制的粉状食品的压力喷雾干燥及液体食品的高压均质，这些加工工艺均要求供料的压力达数千至数万千帕。所用的高压泵为三柱塞泵。

1. 结构　三柱塞泵的结构如图 2-36 所示。

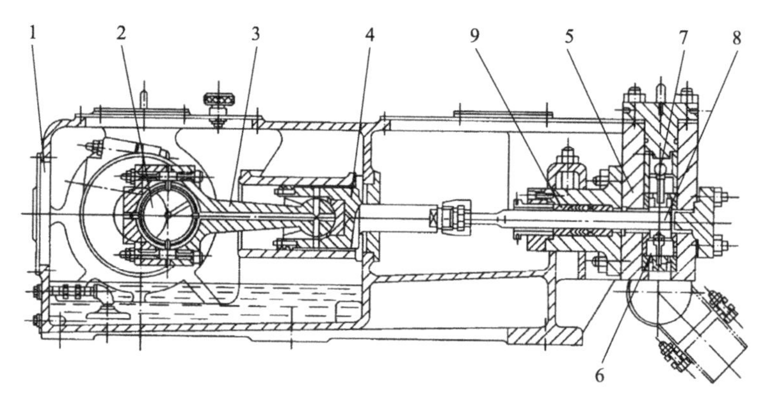

图 2-36　三柱塞泵（张裕中，2012）

1. 机座；2. 曲轴；3. 连杆；4. 十字头；5. 液缸；6. 吸入阀；7. 排出阀；8. 柱塞；9. 填料箱

该泵由传动部分和液缸部分组成。传动部分由单级圆弧齿轮减速器、3 个曲柄销互成 120° 的曲柄、十字头、连杆（小头与十字头为球窝连接）及箱体组成。液缸部分由液缸、阀、柱塞及填料箱组成。液缸中有 3 个垂直阀孔，每个孔下部为吸入阀，上部为排出阀。阀座与阀盘用不锈钢制成，并经热处理和研磨，接触面有较高硬度，保证阀有足够的使用寿命和密封性。柱塞由优质合金钢制造，经表面氮化处理及精加工，有较高的硬度和很小的表面粗糙度，以提高耐磨性。填料箱与液缸是可拆卸结构，但填料箱外圆与机座配合应保证柱塞、十字头与填料箱三者同心，以延长使用寿命和保证密封良好。

2. 工作原理及流量曲线　三柱塞泵的工作原理及流量曲线如图 2-37 所示。

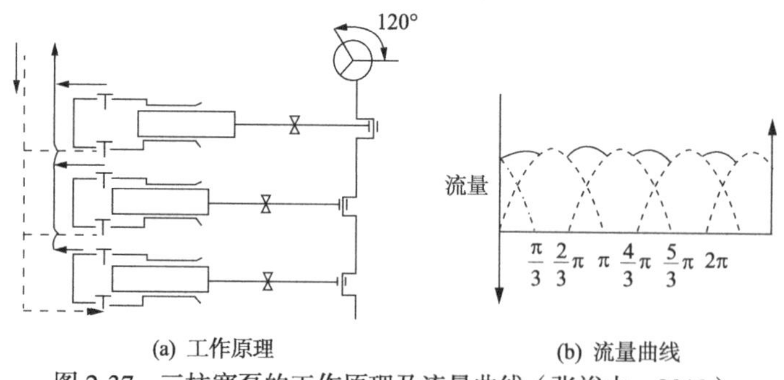

图 2-37　三柱塞泵的工作原理及流量曲线（张裕中，2012）

四、转子泵

转子泵的转动元件由一对叶瓣形转子组成，常见的转子叶瓣为 2～4 片。两个转子分别固定在主动轴和被动轴上。两转子相互紧密啮合，以及转子与泵壳的严密接触，把泵体内的吸入室与排出室隔开。

转子泵的工作原理与前面所述罗茨鼓风机的工作原理类似。转子泵的结构如图 2-38 所示。

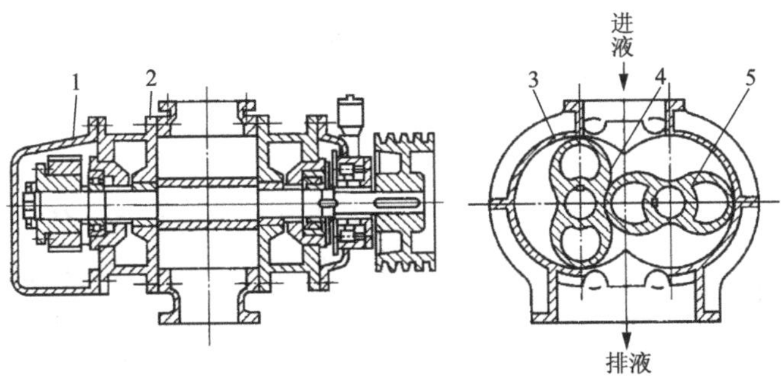

图 2-38　转子泵的结构（殷涌光，2006）

1. 齿轮箱；2. 左侧箱；3. 泵体；4. 从动转子；5. 主动转子

转子泵的转子是最主要的工作部件，它影响到整个泵的输送性能和经济性能。转子采用不锈钢材料，有些表面还覆盖橡胶或高镍耐磨蚀合金材料，以适应不同的应用场合。

转子泵与离心泵相比较，具有如下特点。转子泵属容积式泵，输送流量可以较精确地控制；转子泵的转速很低，一般为 200～800r/min，被输送的物料平稳地输出而其成分不会受到破坏。所以它特别适用于输送混合料甚至含有固体颗粒的物料，以及黏度很高的物料。转子泵的输出压力较高，适宜于长距离或高阻力定量输送。转子泵的制作较复杂、精密，比离心泵的成本高。

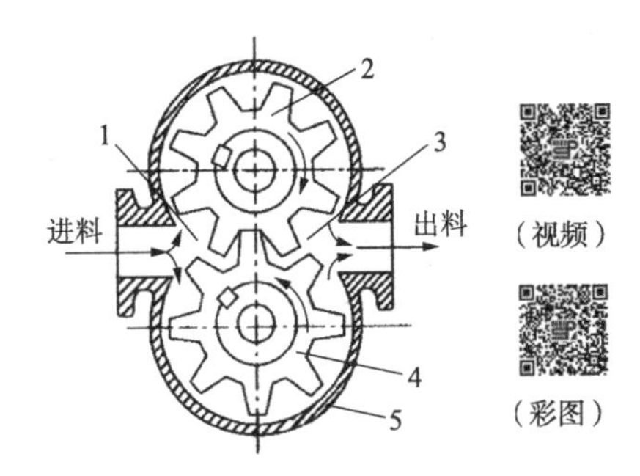

图 2-39　外啮合齿轮泵示意图

1. 吸入腔；2. 主动齿轮；3. 排出腔；4. 从动齿轮；5. 泵体

五、齿轮泵

齿轮泵的结构和工作原理与转子泵非常相似，其工作原理如图 2-39 所示。齿轮泵靠一对啮合的齿轮代替一对叶瓣形转子，它的工作容积由齿槽与泵壳内壁组成。随着啮合齿轮的不断旋转，工作容积交替扩张和缩小，从而完成吸入和压出液体的输送任务。按齿轮的啮合方式可分为内啮合式泵与外啮合式泵。齿轮的形状有正齿轮、斜齿轮和人字齿轮等。齿轮的齿形有渐开线齿形，也有摆线齿形，前者的应用较普遍。

齿轮泵产生的压头高，常用来输送黏度较大而不含杂质的液体，如糖浆、油等。专门用于输送高浓浆的齿轮泵的结构如图 2-40 所示。浆料从上方落入高浓浆泵的喂料螺旋中，被送到装在平行轴上的两个转子的叶片之间。这两个转子可看作两个特殊的齿轮，做角速度 1∶1 的相对运动，像齿轮泵一样将浆料输送出去。

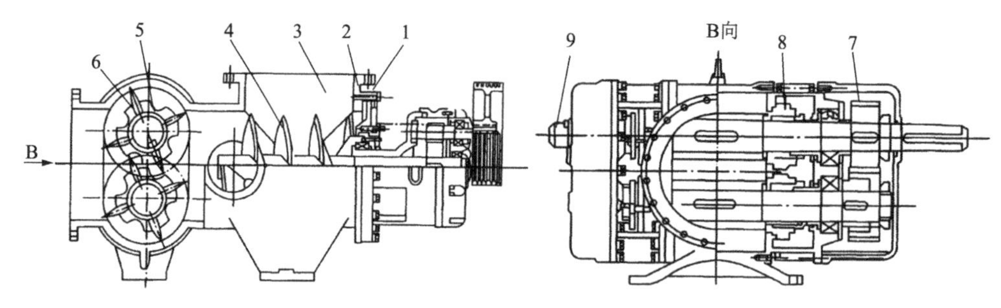

图 2-40　齿轮式高浓浆泵的结构（张裕中，2012）

1. 压环；2. 缓冲垫；3. 浆料入口；4. 喂料螺旋；5. 转子；6. 叶片；7. 同步齿轮；8. 转子两侧填料套；9. 转速继电器

六、滑片泵

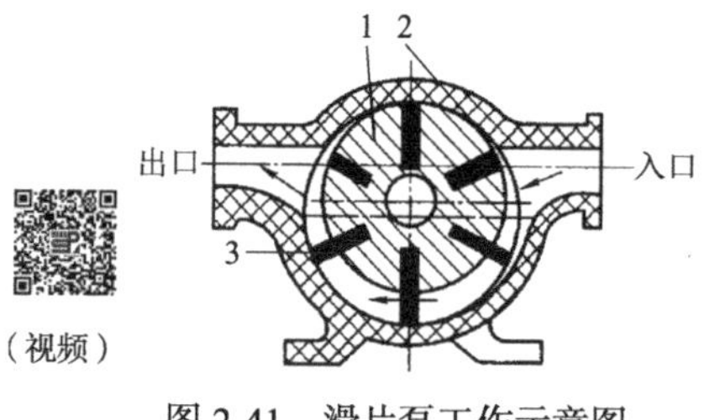

（视频）

图 2-41　滑片泵工作示意图

1. 转子；2. 泵壳；3. 滑片

滑片泵（或称叶片泵）的结构如图 2-41 所示。其主要工作部件是一个带有径向槽而偏心装置在泵壳中的转子。在转子的径向槽中装有沿槽自由滑动的滑片，滑片靠转动的离心力（或靠弹簧作用力）而伸出，压在泵壳的内壳曲面上，并在其上滑动。当转子在前半周时，两相邻滑片与内壳壁间所围成的空间容积逐渐由小变大，形成真空，吸入液体；当转子在后半周时，空间容积便由大逐渐变小而将液体排入排液室。滑片泵可用在肉制品生产中输送肉糜。

思考题

1. 输送带在运行的过程中容易跑偏和打滑，如何克服这一现象？

2. 何为斗式提升机的极距？它有什么意义？从操作层面讲，如何调节斗式提升机的卸料方式？

3. 何为悬浮速度，它在气流输送中有何意义？

4. 喷射式供料器料斗可以为敞开式的，为什么没有空气上吹现象？

5. 如何清理袋式除尘器布袋壁的粉尘？

6. 看图 2-28，简述旋片式真空泵的工作原理。在食品工业中它都应用在哪些方面？使用过程中要注意什么？

7. 螺杆泵和螺旋输送机的结构、工作原理有何区别？

8. 往复式泵有何优缺点？举例说明其在食品工业中的应用。

第三章 固体物料分选机械

内容提要

本章主要介绍了气流分选机械、筛选机械、重力分选设备、磁选设备、质量分级机、色选设备、光电分选分级机械与设备，其中气流分选机械、筛选机械、重力分选设备、光电分选分级机械与设备中的尺寸分选设备是重点要掌握的内容，其他属于了解内容。学习过程中要掌握分选原理，设备的结构及功能，筛选机械还要掌握设备的传动方式，要会根据物料受力情况分析物料在筛面的运动，以指导生产实践中更好地操作设备。通过本章的学习，目的是要具备初步的设备设计能力，具备设备选型、使用及维护能力，能解决食品生产过程中分选方面的复杂工程问题。

食品物料在种植、采收、贮藏、加工过程中，较多地受到外界因素的影响，加之地域之间的差别，同一品种产品往往规格和品质有较大的不同。只有使其达到商品标准化，才能按级定价，有利于收贮、加工、销售、包装和消费。为此，需要在销售或加工前按照一定的标准对其进行分选或分级，分选是指清除原料中的异物及杂质；分级是指将分选后的物料按其尺寸、形状、密度、颜色或品质等特性分成不同等级。能够实现对食品原料分选或分级的机械叫作分选机械，传统的分选机械主要是筛选、气流分选等，且主要是从规格方面分选；随着科学技术的发展，特别是光学、电子技术、计算机技术的发展及其在食品机械与设备上的应用，分选机械已经发展到光电分选、计算机智能分选，不但能从物料规格方面进行选择，而且能从品质（如果品的新鲜度乃至甜度）方面进行选择，为分选机械的创新和发展开辟了广阔的前景。

第一节 气流分选机械

所谓气流分选，是指利用物料的空气动力学特性进行分选。空气动力学特性是指不同尺寸、形状、密度的物料与空气产生相对运动时受到空气的作用力也不同，以致它们在外力作用下表现出不同的运动状态。物料的空气动力学特性常常用悬浮速度表示。物料悬浮速度越小，其获得气流方向加速度的能力越强。因此，可以利用物料与杂质悬浮速度的不同进行分选。

旋风分离器就是利用空气动力学特性对物料进行分级的设备，其分级的主要原理就是离心。离心作为施加离心力的手段，可以让气流沿分级室切线方向进入或通过蜗壳切线式导入，产生旋转气流，也可以在分级室内设置旋转机构。根据回转运动即涡流产生的条件，涡流可分为自由涡流和强制涡流两种，其中旋转速度与旋转半径成反比的涡流称为自由涡流，旋转速度与旋转半径成正比的涡流称为强制涡流。在实际应用中，强制涡流型的离心力分级机较多，其分级精度优于自由涡流型，但其吸送气流的动力大。下面对上述两种类型分别予以介绍。

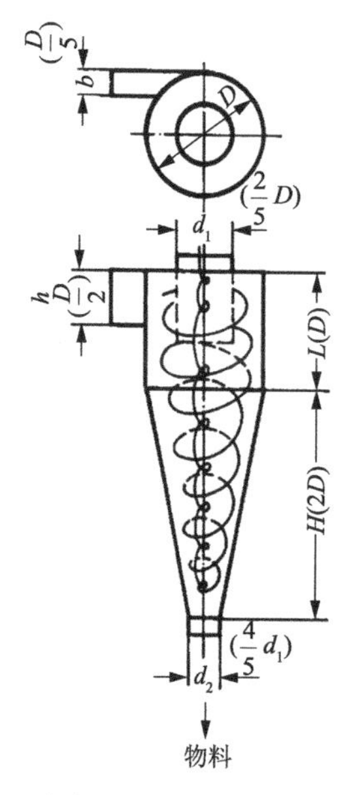

图 3-1　自由涡流型旋风分离器（蒋迪清和唐伟强，2005）

d_1. 排气管直径；L. 外筒高度；H. 锥筒高度；d_2. 出料口直径；括号内的数字如 H（$2D$）表示 H=$2D$，其他标注以此类推

（一）自由涡流型旋风分离器

自由涡流型旋风分离器的结构如图 3-1 所示。它由切向进风口、内筒（排气管）、外筒和锥筒体几部分组成。气料流由切向进风口进入筒体上部，一方面做螺旋形旋转运动，另一方面下降。由于到达圆锥部后，旋转半径减小，旋转速度逐渐增加，气流中的粒子受到更大的离心力，便从气流中分离出来甩到筒壁上，然后由于重力及气流的带动落入底部出料口排出。气流（其中尚含有少量粉尘）到达锥体下端附近开始转而向上，在中心部做螺旋上升运动，从分离器中的内筒排出。

旋风分离器通常用类型系数 K 表示其特性，它被定义为切向进风口横截面面积与外筒内直径平方之比，即

$$K=\frac{F}{D^2}=\frac{bh}{D^2} \tag{3-1}$$

式中，K 为类型系数，一般为 0.1 左右；F 为切向进风口横截面面积，m^2；b 为进风口宽度，m；h 为进风口高度，m；D 为外筒内直径，m。

排气管的插入深度应大于进风口高度，但不宜过长。对旋风分离器的分离效率及压力损失影响最大的因素是进口流速和它的尺寸。

分离器外筒内直径可按式（3-2）确定。

$$D=\sqrt{\frac{4G}{3600\pi\varepsilon\rho v}}=\frac{1}{30}\sqrt{\frac{G}{\pi\varepsilon\rho v}} \tag{3-2}$$

式中，G 为旋风分离器的生产能力，kg/h；ε为混合比；v 为分离器进口气流速度，m/s；ρ 为进口空气密度，kg/m^3。

外筒内直径确定后，根据分离器类型系数 K 值，其他各部分的尺寸也可相应确定，如图 3-1 所示。

在旋风分离器上能够被完全分离下来的最小颗粒直径称为临界直径；常用分离效率来评价旋风分离器的分离效果，它是指分离出来的颗粒质量占进入旋风分离器的全部颗粒质量的百分比。

（二）强制涡流型旋风分离器

强制涡流型旋风分离器是利用叶轮高速旋转带动气流做强制涡流型的高速旋转运动，进行颗粒的离心分级。强制旋转分级的特点是：分级精度高，分级粒径调节方便，只要调节叶轮旋转速度就能改变分离器的分级粒径。回转叶轮动态分级机配上合适的粉体预分散设备可实现超细粉体分级。

1. MS 型蜗轮分级机　MS 型蜗轮分级机也称为微细分级机，如图 3-2 所示。夹带粉体物料的主气流从进气管进入分级机，锥形蜗轮被电动机驱动而高速旋转，使气流形成高速旋转的强制涡流。在离心力作用下，粗颗粒被甩向器壁并做旋转向下运动，当粗颗粒到达锥形

筒体受到切向进入的二次气流旋转向上的反吹，使混入粗颗粒中的细颗粒再次返回分级区（强制涡区），再一次分级，细颗粒随气流经锥形蜗轮叶片之间的缝隙从顶部出口管排出。经二次气流反吹后的粗颗粒从底部粗颗粒排出口排出。

通过调节叶轮转数、主气流与二次气流的流量比、叶轮叶片数及可调圆管的位置等可以调节 MS 型蜗轮分级机的分级粒径。

MS 型蜗轮分级机的主要特点是：分级范围广，产品细度可在 3～150pm 任意选择；分级精度高，由于分级叶轮旋转形成的稳定的离心力场，分级后的细颗粒级产品中不含粗颗粒。

2. MSS 型蜗轮分级机　MSS 型蜗轮分级机又称为超微分级机，如图 3-3 所示。其分级原理与 MS 型蜗轮分级机基本相同，不同之处为：主气流与粉体进口设在分级器顶部，为切向进口的结构，整个分级机内气流呈稳定的旋转流动，有利于提高分级精度；在设备中部增加三次气流，经壁面的导向叶片进入分级区，粉体在旋转的分级蜗轮与导向叶片组成的级区内被反复循环分散、分级，提高了设备的分级精度。

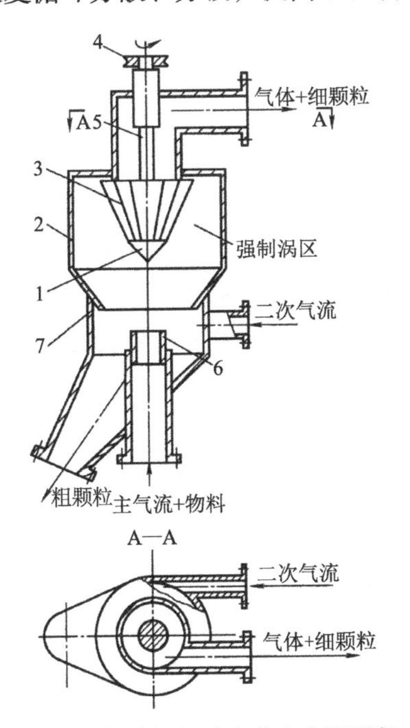

图 3-2　MS 型蜗轮分级机（朱宏吉和张明贤，2011）
1. 气体分布锥；2. 圆筒体；3. 锥形蜗轮；4. 皮带轮；5. 旋转轴；6. 可调圆管；7. 锥形筒体

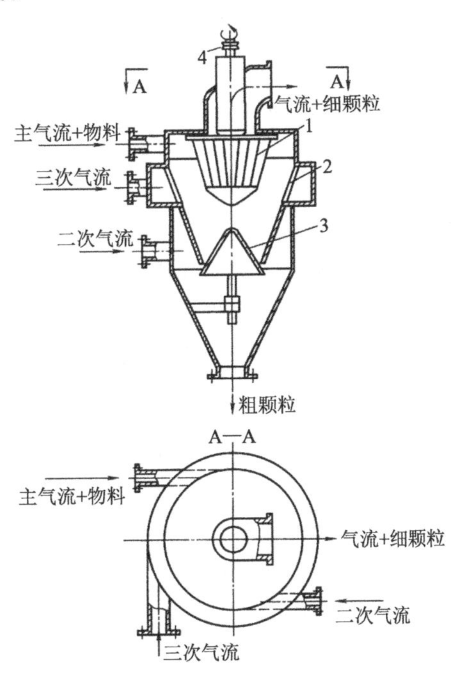

图 3-3　MSS 型蜗轮分级机（朱宏吉和张明贤，2011）
1. 分级蜗轮；2. 导向口；3. 反射屏；4. 皮带轮

这种分级机的特点是：分级粒度细，分级精度高，粒度分布窄，可在 1～2pm 进行分级；分级效率高，可获得含量达 97%～100%的超微粉。

第二节　筛 选 机 械

筛选是指根据物料粒度的不同，利用一层或数层静止的或运动的筛面对物料进行分选的方法。

一、筛选原理

筛选的主要对象是散粒体（如谷物），其由粒度和相对密度不同的颗粒组成，各种颗粒相互均匀分布，在受到振动或以某种状态运动时，散粒体的各种颗粒会按它们的粒度、相对密度、形状和表面状态的不同而自动分成不同的层次，即自动分级。相对密度小、颗粒大而扁、表面粗糙的颗粒浮于上层；相对密度大、颗粒小而圆、表面光滑的颗粒趋于最下层；中间层为混合物料。物料颗粒之间的摩擦力越小，空隙度越大，越易形成自动分级；物料的相对密度、粒度、形状和表面差别越大，分级而形成的层次越清楚，反之，各层界限就不十分明显，特别是中间层。自动分级为筛分操作提供了有利条件。

下面介绍筛分常用的几个基本概念。

（一）筛分效率

筛分是将粉粒料通过一层或数层带孔的筛面，使物料按宽度或厚度分成若干个粒度级别的过程，每一层筛面都可以将物料分成筛过物（也叫筛下物）和筛余物（也叫筛上物）两部分。筛分效率是指物料经一定时间筛选后，筛过物的质量占原料中可筛过物质量的百分比。

$$\eta=\frac{G'}{G\cdot x} \tag{3-3}$$

式中，η 为筛分效率，%；G 为进筛原料质量，kg；G'为筛过物料质量，kg；x 为可筛过物的质量百分比，%。

（二）筛分概率

筛分时并不是筛面上所有筛下级别的颗粒都能通过筛孔，只有那些接触筛面而且在运动过程中颗粒的投影完全进入筛孔，或者是颗粒的重心已经进入筛孔者才有可能通过筛孔。对于前者以编织筛面为例，直径为 D 的颗粒在筛面上通过筛孔的可能性（筛分概率，k）仅为

$$k=\frac{(b-D)^2}{(b+d)^2} \tag{3-4}$$

式中，b 为孔边长；D 为颗粒直径；d 为编织丝直径。

当颗粒直径越接近于孔边长时，筛过的可能性越是大幅度降低。一般将尺寸达到 0.8～1.0 粒度级的颗粒称为难筛颗粒。有时颗粒虽为筛下级别，但由于它与筛面的相对运动速度达到一定值以上，而完全没有通过筛孔的机会。

（三）筛面利用系数

筛面利用系数是指整个筛面上筛孔所占面积与筛面总面积之比。筛面利用系数与筛孔的间距和筛孔排列形式有关。以圆孔板筛面为例，筛孔的排列形式有正三角形和正方形，如图 3-4 所示。

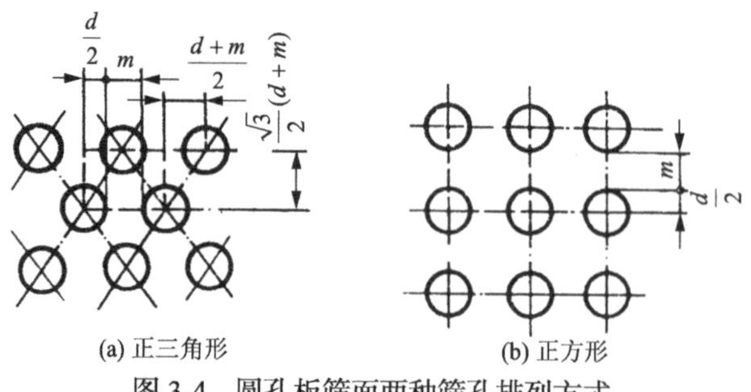

图 3-4　圆孔板筛面两种筛孔排列方式

设正三角形排列的圆孔和正方形排列的圆孔筛孔直径均为 d，孔的间隙均为 m，则圆孔以正三角形排列时[图 3-4（a）]，筛面利用系数 K_1 为

$$K_1=\frac{\frac{1}{2}\cdot\frac{1}{4}\pi d^2}{\frac{1}{2}\cdot(m+d)\cdot\frac{\sqrt{3}}{2}(m+d)}=\frac{\pi d^2}{2\sqrt{3}(m+d)^2}$$

圆孔以正方形排列时[图 3-4（b）]，筛面利用系数 K_2 为

$$K_2=\frac{\frac{1}{4}\pi d^2}{(m+d)\cdot(m+d)}=\frac{\pi d^2}{4(m+d)^2}$$

则两个筛面利用系数之比为

$$\frac{K_1}{K_2}=\frac{\dfrac{\pi d^2}{2\sqrt{3}(m+d)^2}}{\dfrac{\pi d^2}{4(m+d)^2}}=\frac{4}{2\sqrt{3}}=1.16 \qquad (3\text{-}5)$$

说明在同样的孔径和孔隙时，圆孔以正三角形排列时的筛面利用系数比以正方形排列时可增加 16%。同时，正三角形排列的筛孔是错开的，物料在运动过程中过筛的机会比正方形排列要大。

二、筛面的种类

筛面是筛分机械的主要构件，常用的筛面有栅筛面、板筛面、金属丝编织筛面（图 3-5）和绢筛面。

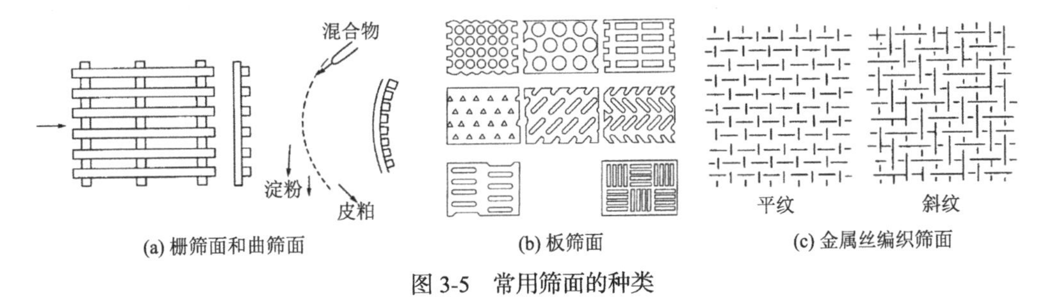

(a) 栅筛面和曲筛面　(b) 板筛面　(c) 金属丝编织筛面

图 3-5　常用筛面的种类

1. 栅筛面　栅筛面是采用具有一定截面形状的棒料，按一定的间距排列而成，通常用于物料的去杂粗筛，见图 3-5（a）。但在淀粉生产中使用的曲筛面也可属于此类，其由极细的矩形截面不锈钢丝组成弧面，用于湿式筛分分离淀粉和皮粕。用栅筛面作筛分时，通常物料顺筛格方向运动前进；而淀粉曲筛为特例，物料与水的混合物是垂直于筛格方向前进的。

2. 板筛面　图 3-5（b）所示为几种常见的筛孔排列方式不同的板筛面。板筛面由金属薄板冲压而成，又称冲孔筛面，由于板筛的筛孔不可能做得很细，仅用于处理粒料，不宜于处理粉料。最常用的金属薄板厚度为 0.5～1.5mm。

板筛面最常用的筛孔形状是圆孔和长孔，圆孔按颗粒的宽度进行分级，长孔按颗粒的厚

度进行分级，有时也采用三角形孔或异形孔。

筛面的筛分效率与孔眼的形状、间距和排列有密切关系。板筛面的优点为孔眼固定不变，分级准确，同时坚固、刚硬、使用期限长。但有时由于制造和使用不当，筛板会产生波形面，使筛面上各点流量不均匀，此时应修整后再使用，否则将严重影响工效。

3. 金属丝编织筛面　金属丝编织筛面由金属丝编织而成，也称筛网，如图 3-5（c）所示。其材料为低碳镀锌钢丝（可用于负荷不大、磨损不严重的筛分设备），高碳钢丝和合金弹簧钢丝（抗拉强度高，伸长率小，可用于较大负荷的筛分设备），不锈钢丝和有色金属（可用于高水分物料）。

筛网通常为方孔或矩形孔，孔尺寸大的可在 25mm 以上，孔径小的可到 300 目以上。目是英制中表示孔密度的规格，指的是每英寸①长度上孔的个数。金属丝编织筛面的优点是轻便价廉，筛面利用系数大，同时由于金属丝的交叠，表面凹凸不平，有利于物料的离析，颗粒通过能力强。其主要缺点是刚度、强度差，易于变形和破裂，只适用于负荷不太大的场合。使用金属丝编织筛面时，周围还需有张紧结构。

4. 绢筛面　绢筛面由绢丝织成，或称筛绢，主要用于粉料的筛分，在面粉工业中粉筛用量最大。因为绢丝光滑柔软，所以在筛面中极易移动而改变筛孔尺寸，使用时必须用大框架绷紧，较大孔的绢筛面都用绞织。筛绢的材料为蚕丝或锦纶丝，也可用两种材料混织。

三、筛面的运动与机械传动

筛分机械工作的基础是物料与筛面的相对运动。对于固定筛面而言，需要物料具有初始速度或是借重力产生速度。对于大多数筛分机械而言，则需要借筛面运动的速度和加速度来使物料产生与筛面的相对运动。

（一）筛面的运动方式

1. 静止倾斜　如图 3-6（a）所示，通常是倾斜筛面，改变筛面的倾角，可以改变物料的速度和物料在筛面上的停留时间。由于物料在筛面上的筛程较短，筛分效率不高。当筛面比较粗糙时，物料在运动过程中产生离析作用。这是最简单而原始的筛分装置。

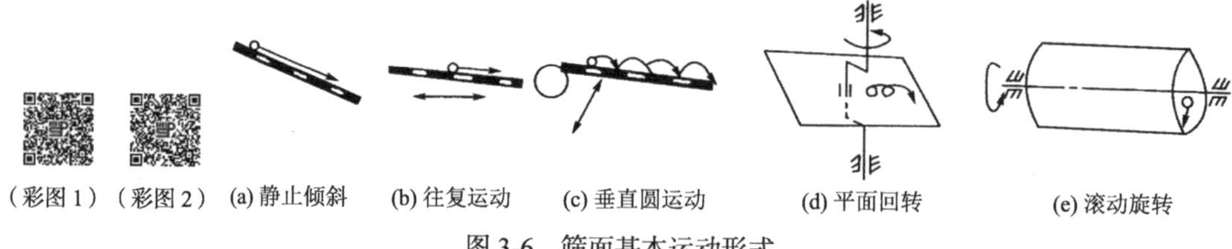

图 3-6　筛面基本运动形式

2. 往复运动　如图 3-6（b）所示，筛面做直线往复运动，物料沿筛面做正反两个方向的相对滑动。筛面往复运动能促进物料的离析，且物料相对于筛面运动的总路程（筛程）较长，因此可以得到较好的筛分效率。

当筛面的往复运动具有筛面的法向分量，而筛面法向运动的加速度等于或大于重力加速度时，物料可能跳离筛面进行跳跃前进。在这种情况下，可以避免筛孔堵塞现象，对于某些物料

① 1 英寸=2.54cm

的筛分是十分有利的。例如，当筛孔尺寸比较接近筛余级别的粒度时，常常会发生筛孔堵塞现象，需要采用这种筛面运动方式来避免筛孔堵塞。这种运动方式的筛面称作高频振动筛面。

3. 垂直圆运动　如图3-6（c）所示，筛面在其垂直平面内做频率较高的圆运动或椭圆运动时，物料在筛面上会微小跳动，不易堵塞筛孔。适于流动性较差的细颗粒或非球形多面体物料。

4. 平面回转　如图3-6（d）所示，筛面在水平面内做圆形轨迹运动时，物料也在筛面上做相应的圆运动。平面回转筛面能促进物料的离析作用，物料在这种筛面上的相对运动路程最长，而且物料颗粒所受的水平方向惯性力在360°的范围内周期性地变化方向，因而不易堵塞筛孔，筛分效率和生产率均较高。

这种筛面面积较大，通常为多层结构，适于流动性差、自动分层困难的物料的筛分，如细粉、谷糙等。

5. 滚动旋转　如图3-6（e）所示，筛面呈圆筒形或六角筒形绕水平轴或倾斜轴旋转，物料在筛筒内相对于筛面运动。这种筛面的利用率相对较低，在任何瞬时只有小部分筛面接触物料，因此生产率低，适用于物料的初清理。

（二）机械传动方式

传动方式是每种筛分机械的主要特征，它与支承机构决定了筛面的运动方式。同一种筛面的运动方式也可以有不同的传动方式。

1. 曲柄连杆　曲柄连杆是最传统的传动方式，将在振动筛部分重点介绍。

2. 自振器振动　在图3-7中，筛面固定于筛箱3上，筛箱由弹簧4悬挂或支撑，主轴1上的轴承2被安装在筛箱上，主轴由带轮7带动而高速旋转。带偏心重6的圆盘5安装在主轴1上，随主轴旋转，产生离心惯性力，使可以自由振动（振幅为A）的筛箱产生近似圆形轨迹的振动。

如果把图3-7单轴激振器改为双轴激振器，筛体的运动轨迹就不是圆形，而是直线形，其结构如图3-8所示。

双轴激振器由两根主轴组成（A和A′），每根主轴上都装有质量和偏心距相同的偏心块，如图3-9所示。两轴利用齿轮传动使其做等速反向运动，轴上两个偏心块相位相反，其轴向分力相互抵消，而法向分力合为按正弦规律变化的激振力，使筛面及筛面上的物料受到垂直于两轴连线方向上的振动力，形成直线振动。直线振动筛的筛面倾角通常在8°以下，筛面的振动角α

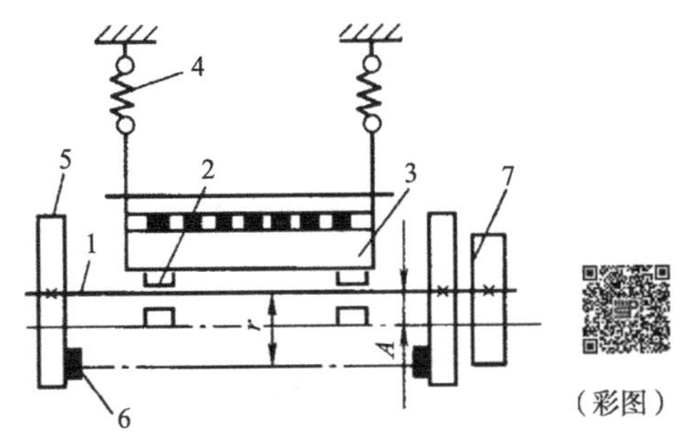

（彩图）

图3-7　自振器振动筛结构示意图（朱宏吉和张明贤，2011）
1. 主轴；2. 轴承；3. 筛箱；4. 弹簧；5. 圆盘；6. 偏心重（偏心距为r）；7. 带轮

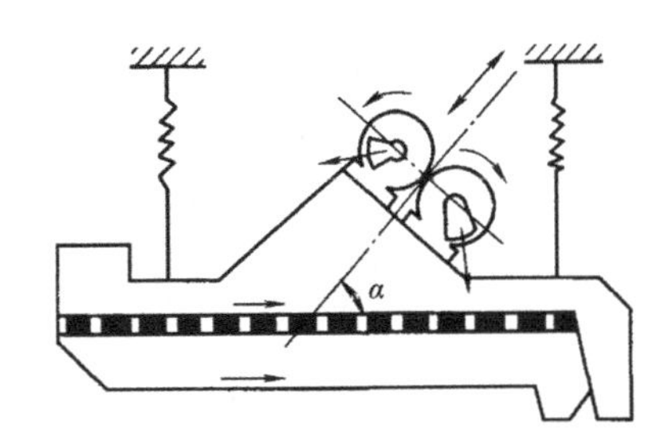

图3-8　双轴激振器（朱宏吉和张明贤，2011）

一般为 45°。颗粒在筛面的振动下产生抛射与回落，从而使物料在筛面的振动过程中不断向前运动。物料的抛射与下落都对筛面有冲击，致使小于筛孔的颗粒被筛选分离。

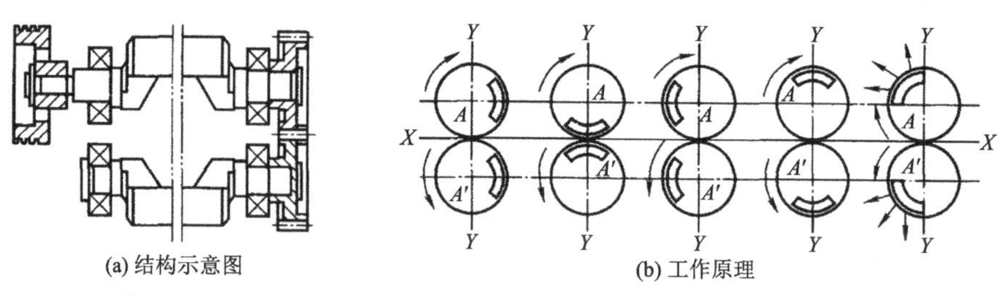

图 3-9　双轴激振器结构示意图和工作原理（朱宏吉和张明贤，2011）

悬挂式直线振动筛的结构如图 3-10 所示。

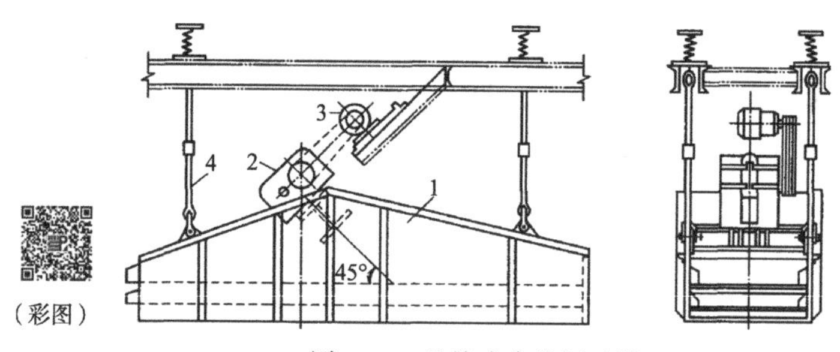

图 3-10　悬挂式直线振动筛

1. 筛箱；2. 箱式激振器；3. 电动机；4. 弹簧吊杆

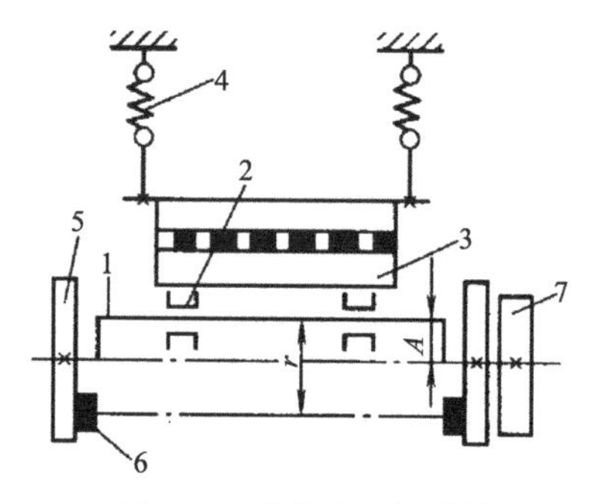

图 3-11　自定中心振动筛

1. 主轴；2. 轴承；3. 筛箱；4. 弹簧；5. 圆盘；6. 偏心重（偏心距为 r）；7. 带轮

3. 自定中心振动　图 3-11 所示为自定中心振动筛，其激振器的结构如图 3-12 所示，由电动机带动带轮 2，并通过偏心轴（主轴）7 带动圆盘 8，带轮与圆盘都安有偏心重 1，筛箱与圆筒连接。由主轴的偏心重与带轮、圆盘的偏心重的合力产生振动的激振力，圆盘和带轮处的偏心重的大小是可调的。带轮的孔相对其圆周有一个偏心距，其值等于筛箱在正常工作时的振幅 A，从而使带轮旋转中心位于带轮的孔与偏心块的重心之间，在空间上是不动的，以免传动带时张时弛。

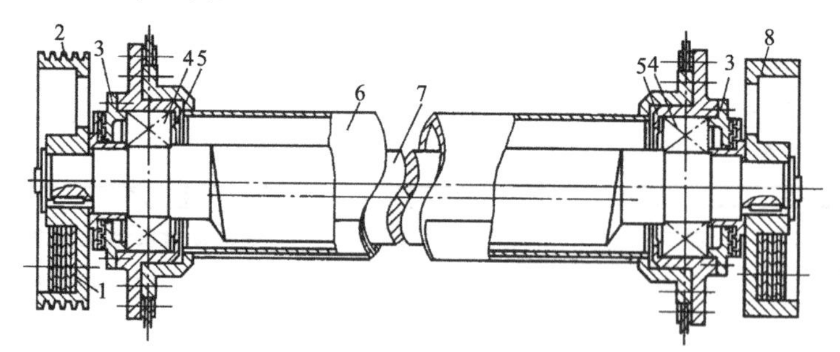

图 3-12　自定中心的激振器

1. 偏心重；2. 带轮；3. 轴承端盖；4. 滚动轴承；5. 轴承座；6. 圆筒；7. 主轴；8. 圆盘

4. 振动电动机　自振器可以解决平衡与噪声问题，曾经被广泛使用，但结构较复杂，目前的趋势是广泛采用振动电动机传动。振动电动机实际上就是在异步电动机轴的一端或两端加偏重旋转件，偏重块以电动机的转频对筛体施加扰力而产生往复运动，如图3-13所示。偏重块扰力的方向应尽可能通过筛体的重心。当在筛体两侧配用两台振动电动机时，它们的转速应能自动调整为同步运转，而不至于由于异步而产生扭转力矩。当然，两台振动电动机的转向必须相反。

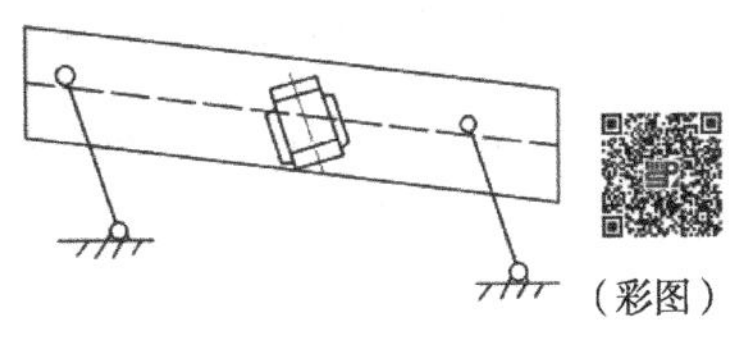

图3-13　振动电动机传动

四、典型筛选机械——振动筛

振动筛是利用速度和加速度作周期变化的筛面，使物料在筛面上产生相对运动，筛面配备以适当的筛孔，同时在风道里运用适当的气流速度，按食品原料（如谷物）和杂质粒度大小及悬浮速度的不同进行分离的一种机械设备。其主要由进料装置、筛体、吸风除尘装置、震动装置和机架等组成。

（一）筛面运动分析

根据筛面与水平面的夹角及其摆动方向，将筛面的运动形式分为平面平摆、平面斜摆、斜面平摆和斜面斜摆4种，其中以斜面平摆用得最多。

图3-14所示为曲柄连杆机构驱动筛体的示意图，当偏心轮半径OA（r）绕固定于机架上的轴心O以角速度ω做圆周运动时，连杆AB（L）带动筛体在垂直面内平动，筛面上各点运动轨迹为一完全相同的小圆弧。因连杆长度比偏心轮半径大得多（一般$\frac{r}{L}=\frac{1}{150}\sim\frac{1}{100}$），可以认为筛面上各点偏离自身中心位置的最大位移（振幅）均等于偏心轮半径r，其行程等于$2r$；又由于吊杆长度L比筛子的振幅大得多，故可以认为筛体上各点均做直线简谐运动。如果以OA在最右位置作为筛面位移和时间的起始相位，则筛面的位移s、速度v和加速度a与时间t的关系为

$$s=r\cos\omega t \tag{3-6}$$

$$v=-\omega r\sin\omega t \tag{3-7}$$

$$a=-\omega^2 r\cos\omega t \tag{3-8}$$

式中，r为偏心半径；ω为角速度；ωt为相位角；t为时间。

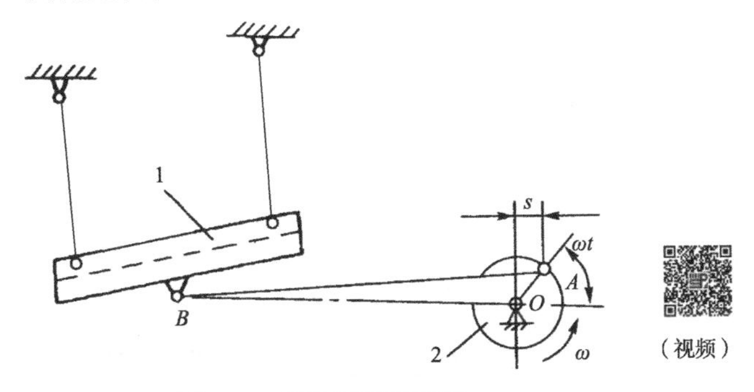

图3-14　筛体运动示意图

1. 筛面；2. 偏心振动器

由上式可知，当偏心轮半径 OA 处于水平位置时，筛面的速度为 0 而加速度为最大；当偏心轮半径 OA 处于垂直位置时，筛面的速度最大而加速度则为 0。

（二）物料在筛面上的运动

当筛面做周期性往复摆动时，筛选的工作条件应满足：①物料沿筛面向下滑动，并与筛面相接触；②物料沿筛面向上滑动，并与筛面相接触。

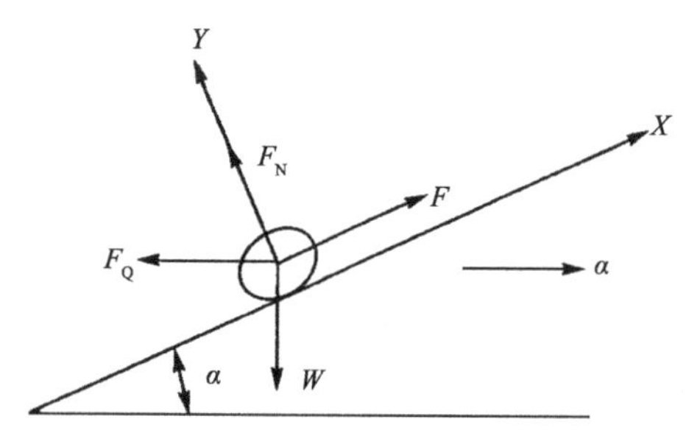

图 3-15　物料沿筛面下滑受力分析

1. 物料沿筛面下滑的临界条件　取筛面上单颗粒物料 M 为研究对象，如图 3-15 所示。为使问题简化，物料群体颗粒之间的相互作用力忽略不计。设筛面倾角为 α，当偏心半径在Ⅱ、Ⅲ象限时，物料所受的惯性为负值，其方向沿水平向左，则物料有沿筛面向下滑动的趋势。

根据动静法原理，当物料沿筛面刚要滑动时，物料除受本身重力 W、筛面约束反力 F_N 和摩擦力 F 作用外，还受到惯性力 F_Q 的作用，则可得

$$F_Q = m\omega^2 r\cos\omega t \tag{3-9}$$

$$F_N = W\cos\alpha - F_Q\sin\alpha = mg\cos\alpha - m\omega^2 r\cos\omega t\sin\alpha \tag{3-10}$$

$$F = fF_N = \tan\phi(mg\cos\alpha - m\omega^2 r\cos\omega t\sin\alpha) \tag{3-11}$$

式中，m 为物料的质量；f、ϕ 分别为物料与筛面之间的摩擦因数和摩擦角；ω 为曲柄的角速度；r 为曲柄半径，即筛体的振幅。

物料沿筛面下滑的临界条件是

$$F_Q\cos\alpha + W\sin\alpha \geqslant F \tag{3-12}$$

即

$$\omega^2 r\cos\omega t \geqslant g\tan(\phi - \alpha) \tag{3-13}$$

又因为 $|\cos\omega t|_{\max} = 1$，$\omega = \dfrac{\pi n_1}{30}$

式中，n_1 为物料沿筛面下滑时的曲柄临界转速，则

$$n_1 \geqslant 30\sqrt{\frac{g\tan(\phi - \alpha)}{\pi^2 r}} \approx 30\sqrt{\frac{\tan(\phi - \alpha)}{r}} \tag{3-14}$$

2. 物料沿筛面上滑的临界条件　当偏心轮半径在Ⅰ、Ⅳ象限时，物料所受的惯性力为正值，方向沿水平向右，如图 3-16 所示。这时物料有可能沿筛面上滑。其临界条件是

$$F_Q\cos\alpha \geqslant F + W\sin\alpha \tag{3-15}$$

同理可求得物料沿筛面上滑时的临界条件是

$$n_2 \geqslant 30\sqrt{\frac{g\tan(\phi + \alpha)}{\pi^2 r}} \approx 30\sqrt{\frac{\tan(\phi + \alpha)}{r}} \tag{3-16}$$

式中，n_2 为物料沿筛面上滑时的曲柄临界转速。

3. 物料不跳离筛面的条件　由图 3-16 可知，物料不跳离筛面的条件是 $F_N \geqslant 0$，即 $W\cos\alpha \geqslant F_Q \cdot \sin\alpha$，同理可以求得物料不跳离筛面时曲柄的临界转速 n_3 为

$$n_3 \geqslant \frac{30}{\sqrt{r\tan\alpha}} \qquad (3\text{-}17)$$

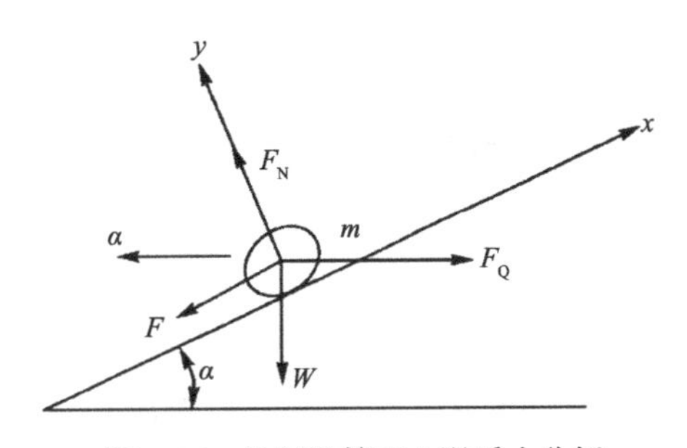

图 3-16　物料沿筛面上滑受力分析

通过物料在筛面上运动条件的分析可知振动筛的适宜工作转速。当曲柄转速大于 n_1 小于 n_2 时，物料能沿筛面下滑，但物料在筛面上只做单向运动，筛程短，筛分效果差。当曲柄转速大于 n_2 小于 n_3 时，物料既能沿筛面下滑也能沿筛面上滑，而且在每一周期内下滑路程大于上滑路程，物料与筛面接触的机会较多，筛分效果较好。同时，当筛面运动方向改变时，由于物料表面与筛面的摩擦力和通过物料重心的惯性力与重力的合力具有力矩作用，容易使物料竖立起来，有利于长形颗粒穿过圆形筛孔。当曲柄转速大于 n_3 时，物料跳离筛面，与筛面接触的时间最短，不利于筛分。对于振动筛来说，适宜的工作转速 n 理论上应在下列范围：

$$n_2 < n < n_3 \qquad (3\text{-}18)$$

在实际生产中，既需要取得较好的筛选效率，又需要具有较高的生产率，工作转速可取

$$n(\mathrm{r/min}) = (1.5 \sim 2) \qquad n_2 = (45 \sim 60)\sqrt{\frac{\tan(\phi + \alpha)}{r}} \qquad (3\text{-}19)$$

根据上面的分析和实际使用经验，对振动筛的几个主要参数可按下列数据选取。

1）n 可在 400～600r/min 选取。颗粒特别小的物料，可取 200r/min。

2）α 取 1°～5°，滚动情况好的物料，α 角取小些，相反则取大些。

3）r 通常取 4～6mm，转速高时取小值，转速低时取大值。

4）ϕ 取 20°～30°，视物料而定，如马铃薯取 30°、青豆取 22°、蘑菇取 27°。

（三）筛体的平衡

机械式振动筛是以偏心曲柄连杆的方式获得轻微振动的。由于筛体在连杆机构的作用下往复运动，有加速度的存在，故惯性力很大，这个力的作用点在轴心 O 上，对转动轴的破坏作用也较大。这种现象就称为筛体的不平衡。为了克服此现象，通常的方法是采取平衡重平衡，即在偏心装置上加设平衡重物，或对称平衡，即采取双筛体的方法平衡。

1. 平衡重平衡　该方法是以平衡轮来平衡单筛体惯性力的方法。平衡轮结构简图如图 3-17 所示。图 3-18 为平衡重平衡作用的示意图。平衡重装置的方位应与筛体运动方向平行，当曲柄连杆机构转到水平位置时，平衡重所产生的离心惯性力恰好与筛体产生的惯性力方向相反而起平衡作用，如图 3-18（a）所示。但是当转到垂直方向时，如图 3-18（b）所示的位置，还会产生不平衡的惯性力。

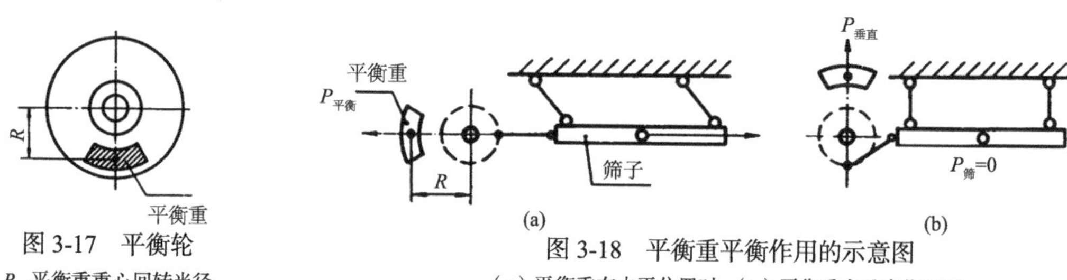

图 3-17　平衡轮

R. 平衡重重心回转半径

图 3-18　平衡重平衡作用的示意图

（a）平衡重在水平位置时；（b）平衡重在垂直位置时

设平衡重平衡情况如图 3-19 所示，其受力分析如下。

（1）筛体的惯性力 $P_{筛}$　为简化起见，设平衡重质量为 m，α 为相位角，L 为连杆长度，忽略连杆的质量，其表达式为

$$P_{筛}=m\omega^2 r\cos\alpha=\frac{G_{筛}}{g}\omega^2 r\cos\alpha \tag{3-20}$$

（2）平衡重的惯性力 $P_{平衡}$　从图 3-19 得知，当移至曲杆梢 A 端时，$P_{平衡}$ 可分为两个分力。

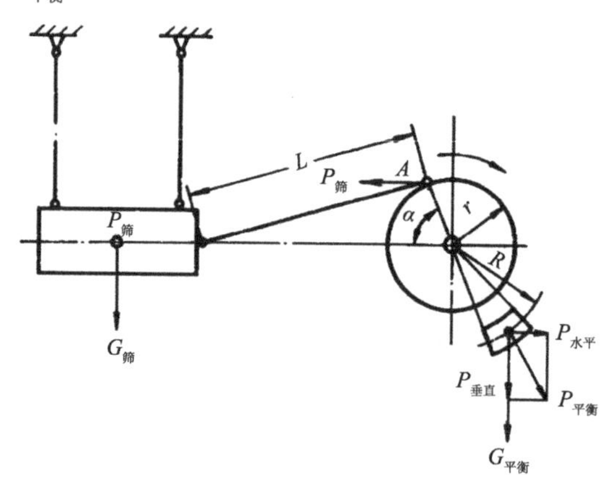

图 3-19　平衡重平衡情况

水平方向为 $P_{水平}$，垂直方向为 $P_{垂直}$。

而

$$P_{水平}=P_{平衡}\cdot\cos\alpha=\frac{G_{平衡}}{g}\omega^2 R\cos\alpha \tag{3-21}$$

$$P_{垂直}=P_{平衡}\cdot\sin\alpha=\frac{G_{平衡}}{g}\omega^2 R\sin\alpha \tag{3-22}$$

要平衡，则须：

$$P_{水平}=P_{筛} \text{ 及 } P_{垂直}=P_{筛}$$

而 $P_{水平}=P_{筛}$ 为

$$\frac{G_{平衡}}{g}\omega^2 R\cos\alpha=\frac{G_{筛}}{g}\omega^2 r\cos\alpha$$

即

$$G_{平衡}=\frac{G_{筛}\cdot r}{R}$$

在此条件下，水平惯性力几乎可以平衡。

$P_{垂直}=P_{筛}$ 为

$$\frac{G_{平衡}}{g}\omega^2 R\sin\alpha=\frac{G_{筛}}{g}\omega^2 r\cos\alpha$$

说明在$P_{垂直}$处不平衡并有极大值。但由于振动筛不要求全部消除惯性力，因此只需将惯性力（P）控制即可，一般为

$$G_{平衡}=(0.6-0.7)\frac{G_{筛}\cdot r}{R} \tag{3-23}$$

式（3-20）至式（3-23）中，R 为平衡重重心回转半径，m；r 为偏心距，m；$P_{平衡}$为平衡重的惯性离心力，N；$P_{筛}$为筛体的惯性力，N；$G_{筛}$为筛体在满负荷下的重力，N；$G_{平衡}$为平衡重的重力，N；ω 为偏心轮角速度，rad/s；g 为重力加速度，m/s^2。

2. 对称平衡　该法是在偏心轴上装置两个偏心轮，用两个连杆带动上下筛体运动。同向双筛体一上一下，如图 3-20 所示。由于上下两个偏心轮的偏心方向相反，则上下两筛体的运动方向也相反，使筛体水平方向的惯性力（P）得以抵消而平衡。垂直方向的不平衡则不能避免。

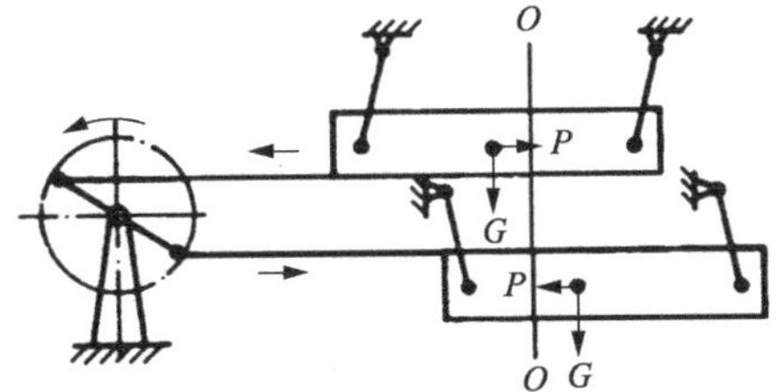

图 3-20　同向双筛体平衡

G. 筛体的重力；图中 O-O 为筛体的几何对称轴线

（四）振动筛的结构及工作过程

振动筛是食品加工中应用最广的一种筛选与风选相结合的清理设备，多用于清除大、小及轻杂质，除杂效率较高。

1. 振动筛的结构　振动筛主要由进料机构、筛体、吸风除尘机构、筛清理机构、传动机构、隔振装置组成，如图 3-21 所示。进料机构由进料斗和压力活门构成，其作用是保证供料稳定并沿筛面均匀分布，提高筛分效率，进料量可以调节。流量控制活门有一般喂料辊和压力门两种，喂料辊进料装置喂料均匀，但结构复杂，一般在筛面较宽时才采用。压力门结构简单，操作方便，筛选设备常采用重锤式压力门。隔振装置用来减小筛体的振动。筛体的工作频率一般在超共振频率区，在启动和停机过程中需要经过共振区，常用弹簧式或橡胶缓冲器进行隔振。

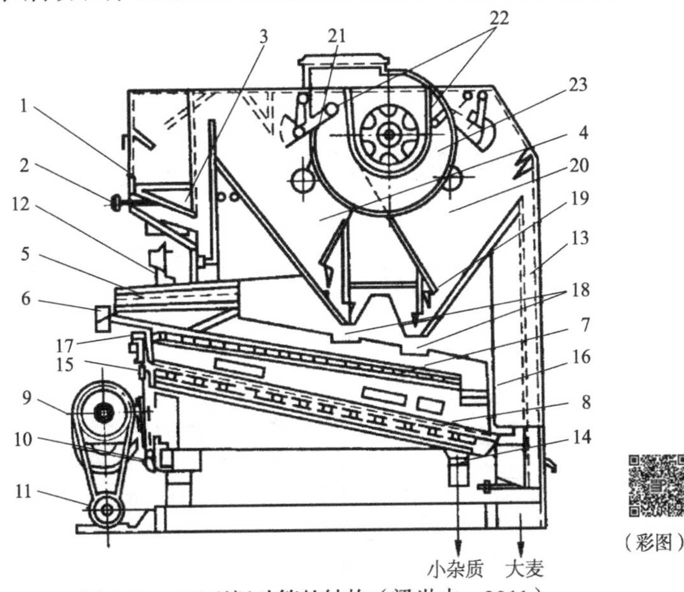

图 3-21　SZ 型振动筛的结构（梁世中，2011）

1. 进料斗；2. 进料压力门；3. 进口吸风道；4. 前沉降室；5. 第一层筛面；6. 大杂收集槽；7. 第二层筛面；8. 第三层筛面；9. 自衡振动机构；10. 弹簧减振器；11. 电动机；12. 吊杆；13. 出口吸风道；14. 小杂收集槽；15. 橡皮球清理装置；16. 中杂收集槽；17. 筛体；18. 轻杂收集槽；19. 活瓣；20. 后沉降室；21. 观察孔；22. 调节风门；23. 通风机

筛体内一般有三层筛面，分别有一定的倾斜度，使物料在筛面上运动而不致堵塞。第一层筛面称为接料筛面或初清筛面，筛孔最大，筛孔为直径 12～16mm 的圆形孔或 5.5mm×20mm 的矩形孔，筛面较短，长 550mm，采用反向倾斜，斜度 60°；第二层是进一步清理中杂质的分级筛，称为大杂筛面或分级筛面，筛孔比麦粒稍大，筛孔为 3.5mm×20mm 或 7mm×20mm 的矩形，筛面长 1433mm，正向倾斜，斜度 100°；第三层是清除小杂质的精选筛，称为精选筛面，筛孔最小，筛孔为直径 2mm 的圆孔或 2.0mm×20mm 的矩形孔，因筛下物难以穿过筛孔，筛面较长，达 1515mm，正向倾斜，斜度 12°。

振动筛的轴转速率为 350～450r/min，偏心距为 25～30mm。整个筛体用 4 根弹簧钢板制成的吊杆悬吊在机架上，筛体底部与偏心套筒的连杆相连，偏心套筒由电动机带动。

2. 工作过程　大麦进入进料斗 1 内，以自重压开进料压力门 2 并摊成均匀料层，经进口吸风道 3 吸除轻杂质和灰尘，进入筛体的第一层筛面 5（接料筛面）；筛上物为大杂质（如草秆、泥块等），由大杂收集槽 6 排出；大麦等则穿过筛孔落入第二层筛面 7（大杂筛面）上筛理，要求筛出稍大于麦粒的中级杂质，由中杂收集槽 16 排出；大麦继续穿过筛孔进入第三层筛面 8（精选筛面）上清理，麦粒作为筛上物排出，经出口吸风道 13 再次吸除轻杂质后流出机外。穿过第三层筛孔的泥沙、杂草种子等小杂质，由小杂收集槽 14 排出。

从大麦进口和经粗选后大麦出口吸风道吸出的轻杂质进入前、后沉淀室 4、20，因沉淀室的容积突然扩大，气流速度减慢，使轻杂质沿四壁下沉，积于底部，至一定厚度，以其自身重力推开活瓣 19 流入轻杂收集槽 18 排出。经过沉淀后的空气，仍然含有较轻的灰尘等杂质，由通风机 23 吹到机外连接的集尘器，作进一步净化处理。气流速度可由调节风门 22 进行调节。

吸风除尘机构吸尘效果的好坏，主要取决于吸风道的风速，在调节风门 22 的调节下，一般进口吸风道的风速控制在 4～6m/s，出口吸风道的风速控制在 4～7m/s 为宜。沉降室体积较大，气流速度可降至 2m/s 左右，轻杂质即可慢慢沉降。

五、三辊式果蔬分级机

三辊式果蔬分级机的结构如图 3-22 所示。

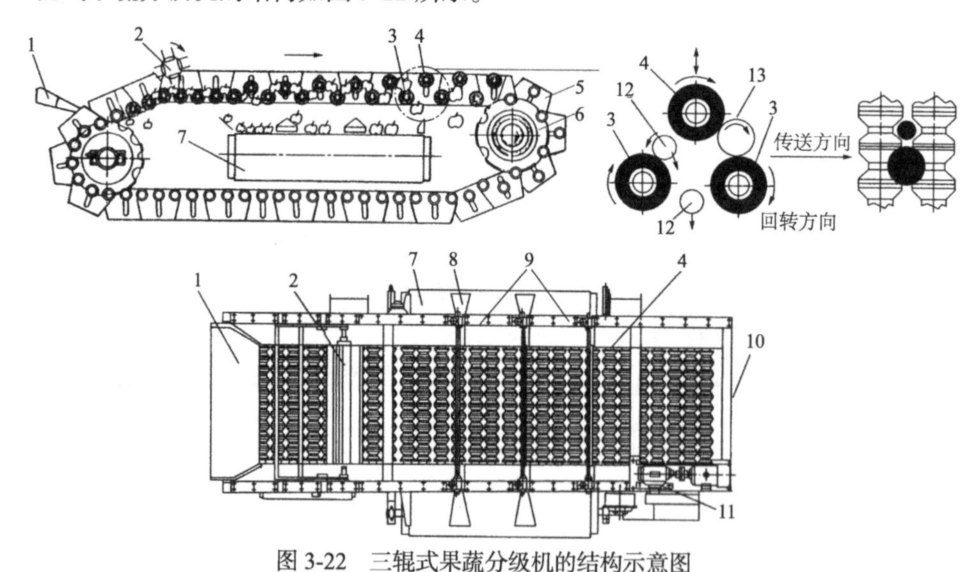

图 3-22　三辊式果蔬分级机的结构示意图

1. 进料斗；2. 理料滚筒；3. 分级辊（固定）；4. 分级辊（升降）；5. 链条连接板；6. 驱动链轮；7. 出料输送带；8. 隔板；9. 升降滑道；10. 机架；11. 蜗轮减速器；12. 物料（小）；13. 物料（大）

三辊式果蔬分级机主要用于苹果、柑橘、桃子等球形果蔬的分级，工作时按果蔬最小直径进行分级。分级部分为一条由竹节形辊轴通过两侧链条连接构成的链带，辊轴分固定辊和升降辊两种连接形式，其中固定辊与链条铰接，位置固定，而升降辊浮动安装于链条连接板5的长孔内，升降辊与两侧相邻的固定辊形成一系列分级菱形孔。链带两侧设有升降辊用升降滑道9。

工作时，链带在链轮的驱动下连续运行，同时各辊轴因两侧的滚轮与滑道间的摩擦作用而连续自转。果蔬通过进料斗送上辊轴链带，小于菱形孔的果蔬直接穿过而落入集料斗内。较大的果蔬由理料滚筒整理成单层，果蔬进入升降辊处于低位时在菱形孔处形成的凹坑，随后被连续移至分级工作段，此段内的升降滑道呈倾斜状，使得升降辊逐渐上升，所形成的菱形孔逐渐变大。各孔处的果蔬在辊轴的摩擦作用下不断滚动而调整与菱形孔间的位置关系，当果蔬移动到大于其直径尺寸的菱形孔位置时，即穿过菱形孔落到下面横向输送带的由隔板分割的相应位置上，并被输送带送出。大于孔的果蔬继续随链带前移，在升降辊处于高位时仍不能穿过菱形孔的果蔬将从末端排出。

这种分级机的生产能力强，分级准确，因在分级作业中，果蔬始终保持与辊轴的接触，无冲击现象，果蔬损伤小，但结构复杂、造价高，适用于大型水果加工厂。

第三节　重力分选设备

重力分选往往在筛选之后进行，可分离按尺寸分选法所不能分离的一些杂质。重力分选分为干法重力分选及湿法重力分选。干法重力分选是应用振动和气流作用的原理，按物料组成的密度不同进行分选的方法。湿法重力分选是按照不同密度的物料在水中下沉速度不同来进行分选，此处只介绍干法重力分选设备。干法重力分选的典型设备是密度去石机和重力分级机。

一、密度去石机

密度去石机是专门清除密度比粮粒大的并肩石（石子大小类似粮粒）等重杂质的一种先进设备。密度去石机分为吸式密度去石机和吹式密度去石机。此处只介绍吹式密度去石机。

如图3-23所示，密度去石机由进料装置、筛体、风机、传动机构等部分组成。传动机构常采用曲柄连杆机构或振动电动机。进料装置包括进料斗、缓冲匀流板、流量调节装置等。筛体与风机外壳固定连接，风机外壳又与偏心传动机构相连，因此它们是同一振动体。筛体通过吊杆支撑在机架上。

1. 去石筛面　在薄钢板上冲压单面或者双面突起鱼鳞形筛孔就制成去石筛面，孔眼单面向上突起，阻止石子下滑作用较强，双面突起开孔较大，对气流的阻力小。根据作用不同，去石筛面分为分离区、聚石区和精选区三个区段，如图3-24所示。

（1）分离区　为图3-24中左面等宽部分，物料与砂石在此区作初步分离。在分离区，去石筛面鱼鳞形冲孔的孔眼指向石子运动方向对石子进行导向和阻止下滑，它并不起筛理作用。

（2）聚石区　筛面的高端逐渐变窄，尾部为聚石区（图3-24中三角形部分），筛面沿石

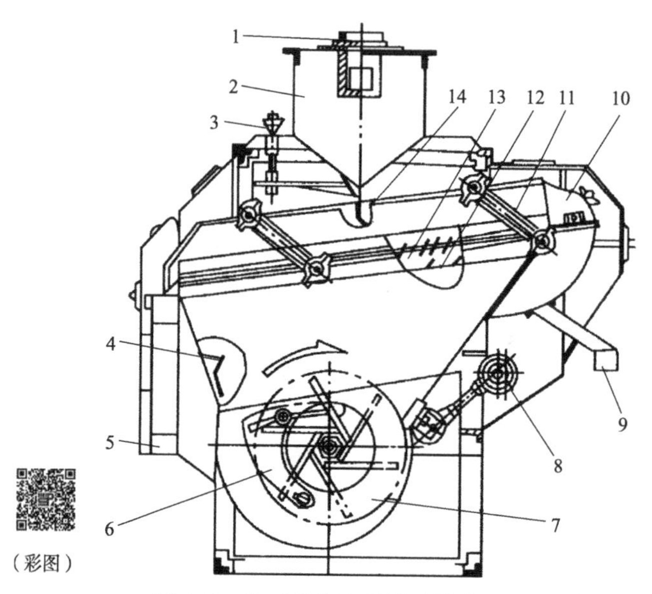

图 3-23　吹式密度去石机（崔建云，2006）

1. 进料口；2. 进料斗；3. 进料调节手轮；4. 导风板；5. 出料口；6. 进风调节装置；7. 风机；8. 偏心调节机构；9. 出石口；10. 精选室；11. 吊杆；12. 匀风板；13. 去石筛面；14. 缓冲匀流板

子运动的方向逐渐收缩，其目的是使分离出来的石子和部分谷粒混合物布满整个聚集段，避免局部筛面被气流吹穿，使通过筛孔的气流均匀分布。在聚石区，去石筛面鱼鳞形冲孔的孔眼指向和作用与分离区的相同。

（3）精选区　为图 3-24 中右面的等宽段。精选区筛面孔眼为圆孔形（直径 1.5mm），筛板和其上部的弧形调节板构成精选室，如图 3-25 所示。在此利用反向气流将谷粒吹送回去，避免随同石子一起排出。改变弧形调节板的位置，可改变反向气流方向，以控制石子出口区含粮粒状况。

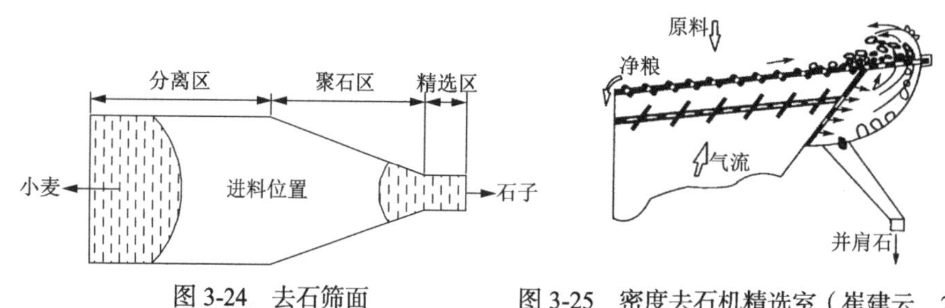

图 3-24　去石筛面　　　图 3-25　密度去石机精选室（崔建云，2006）

2. 工作原理　密度去石机工作时，物料不断地进入去石筛面的中部，由于物料颗粒的密度及空气动力特性不同，在适当的振动和气流作用下，密度较小的谷粒浮在上层，密度较大的石子沉入底层与筛面接触，形成自动分层。由于自下而上穿过物料的气流作用，物料之间的孔隙度增大，降低了料层间的正压力和摩擦力，物料处于流化状态，促进了物料自动分层。因去石筛面前方略微向下倾斜，上层物料在重力、惯性力和连续进料的推力作用下，以下层物料为滑动面，相对于去石筛面下滑至净粮粒出口。与此同时，石子等杂物逐渐从粮粒中分出进入下层。下层石子及未悬浮的重粮粒在振动及气流作用下沿筛面向高端上滑，上层物料越来越薄，压力减小，下层粮粒又不断进入上层，当达到筛面高端时，下层物料中粮粒已经很少。在反吹气流的作用下，少量粮粒又被吹回，石子等重物则从排石口排出。

密度去石机工作时，要求下层物料能沿倾斜筛面向高端上滑而又不在筛面上跳动，它是通过筛面的振动频率、振幅和倾角等共同作用来实现的。

二、重力分级机

重力分级机的主要工作部件为振动网面 2 和风机 3，如图 3-26（a）所示。

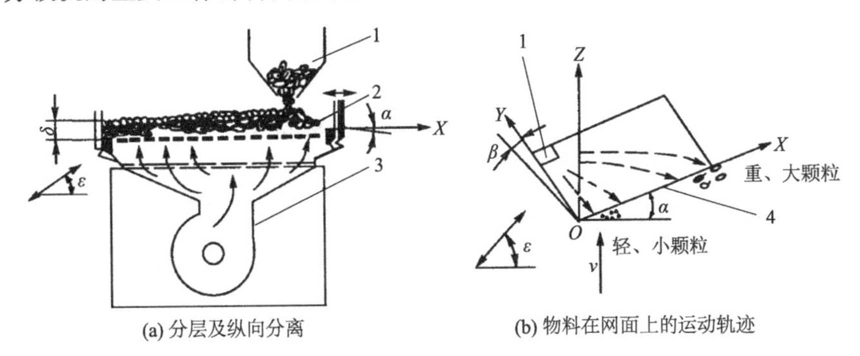

(a) 分层及纵向分离　　(b) 物料在网面上的运动轨迹

图 3-26　重力分级机原理图

1. 喂料斗；2. 振动网面；3. 风机；4. 出料边

振动网面由钢丝编织而成，呈双向倾斜状，纵向（X向）倾角为 α，横向（Y向）倾角为 β。振动网面由振动电动机带动做往复振动，振动方向角（振动方向与水平面间的夹角）为 ε。网面同时受到自下而上的气流作用（气流的速度为 v）。将物料置于网面上，料层厚度为 δ，在机械振动和上升气流的作用下，物料呈半悬浮状态，不同颗粒会按密度、尺寸、形状等差异沿铅垂方向分层排列。对于形状及尺寸大致相同的颗粒，则按密度的不同产生自动分层的现象。在适当的振动、气流参数下，下层密度大的颗粒受到网面作用而沿纵向（X向）上滑，上层密度小的颗粒不与网面接触，沿物料层纵向下滑，形成了不同密度物料的纵向分离。由于网面横向倾斜 β 角，加之物料不断从高端喂入，使纵向分离的、不同密度的颗粒沿不同轨迹做横向（Y 向）流动。不同密度物料的纵向、横向运动的轨迹不同，结果在网面出料边 4 的不同位置上获得密度不同的各种颗粒，如图 3-26（b）所示。这是一种较为有效的密度分选方法，它广泛用于种子精选上，也可用于其他物料的分级中。

第四节　磁 选 设 备

对于食品原料中的铁质磁性杂物，如铁片、铁钉、螺丝等，常用的去除方法是磁选法，即用磁力作用除去夹杂在食品原料中的铁质杂物。磁选设备的主要工作部件是磁体。磁体分为电磁式和永磁式两种。电磁式除铁机的磁力性能可靠，但必须配备电源，造价高，很少用于谷物的清理；永磁式除铁机的结构简单，使用维护方便，不耗电但使用方法不当或时间过长时，其磁性会退化。永磁式除铁机的典型代表是永磁滚筒。

图 3-27 所示为我国生产的 CXY-25 型永磁滚筒，它是由上机体 1、磁铁滚筒 2、下机体 3、蜗轮减速器 4 及电动机 5 等部分组成。上机体有进料口、淌板、压力门及观察窗等装置，物料经压力门形成均匀的料层，落到磁铁滚筒上。磁铁滚筒由转动的外筒和其中固定不动

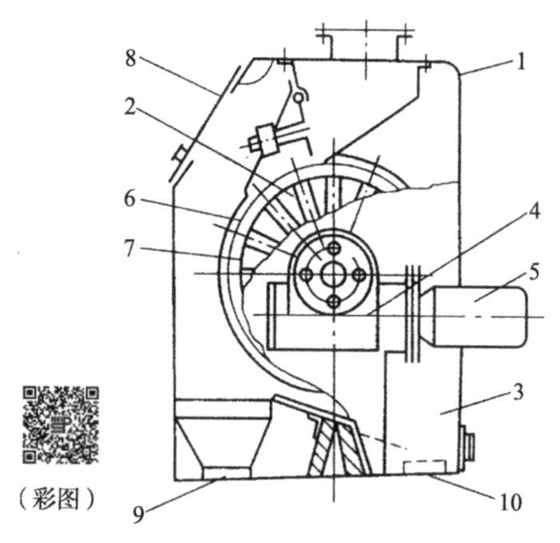

图 3-27　CXY-25 型永磁滚筒的结构

1. 上机体；2. 磁铁滚筒；3. 下机体；4. 蜗轮减速器；5. 电动机；6. 铁隔板；7. 拨齿；8. 观察窗；9. 大麦出口；10. 盛铁盒

的磁铁芯两部分组成。磁铁芯固定在中心轴上，是由永久磁钢、铁隔板及铝质鼓轮组成的170°的半圆形芯子。永久磁钢采用锶钙铁氧体48块，单块规格为68mm×38mm×20mm，分8组排列，形成多极头开放磁路。外筒用非导磁材料（磷青铜或不锈钢）制成，直径为300mm。外筒表面涂无毒耐磨材料——聚胺，以延长滚筒的寿命。电动机通过蜗轮减速器带动外筒旋转，其转速为38r/min。

当谷物及掺杂的金属杂质均匀地落到磁铁滚筒上时，谷物随着滚动转动而下落，从出料口排出，其中磁性金属杂质被磁芯磁化，吸留在外筒表面，并被外筒上的拨齿带着随外筒一同转动至磁场作用区外，自动落入下机体盛铁盒内，达到铁质杂质与谷物分离的目的。

第五节　质量分级机

与尺寸分级不同，质量式分级依据的是物料的单体质量，分级后产品的质量一致性较好，分级精度高，但外形一致性则一般不如尺寸式分级。质量分级机有机械式和电子式两种类型。机械式测量原理是杠杆秤式或弹簧秤式，电子式测量原理则是电子秤式。这里只介绍电子秤式质量分级机，其结构和原理如图 3-28 所示。该机利用了在左右平衡的状态下测量质量的天平原理。工作时，由链传动输送的称量托盘移至测量轨道上时脱离链传动，呈现浮动状态，此时可以测得果实和托盘的质量。在这种称量装置中，质量的增加导致称量轨道从基准位置下降，使差动变压器产生位移。变位后的差动变压器的输出由放大电路放大后，反馈到负荷线圈产生磁力。磁力使差动变压器的位移复零，也就是称量轨道恢复到基准位置后达到平衡状态。此时，负荷线圈中的电流被变换成脉冲信号，作为质量的测量信号进入控制装置。该

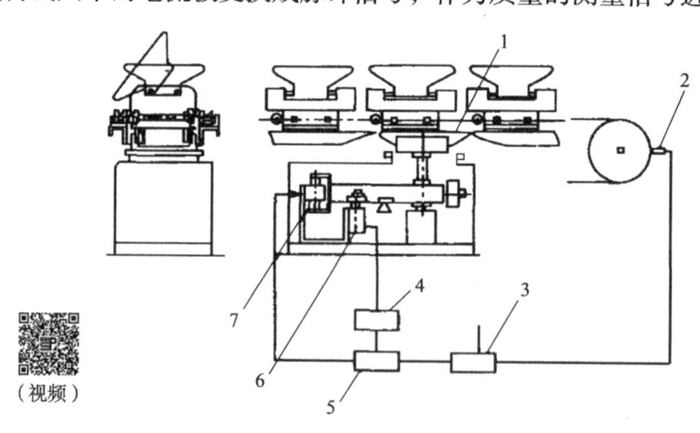

图 3-28　电子秤分级原理

1. 称量轨；2. 旋转编码器；3. 尺寸判断装置；4. 放大电路；5. 变换电路；6. 差动变压器；7. 负荷线圈

信号与事先设定的基准值进行比较，大小规格信息被贮存。当托盘被移送到规定的位置时，旋转编码器转动，按照每个尺寸规格进行分选。这种秤的特点是负荷线圈起强力减振器作用，不易受到由称量托盘移动引起的振动影响。

第六节　色选设备

色选设备以光电色选机为例进行介绍。光电色选机是利用光电原理，从大量散装产品中将颜色不正常或感染病虫害的个体（球状、块状或颗粒状）及外来杂质检测并分离的设备。

（一）光电色选机的工作原理

贮料斗中的物料由振动喂料器送入一系列通道成单行排列，依次落入光电检测室，在电子视镜与比色板之间通过。被选颗粒对光的反射及比色板的反射在电子视镜中相比较，颜色的差异使电子视镜内部的电压改变，并经放大。如果信号差别超过自动控制水平的预置值，即被存贮延时，随即驱动气阀，高速喷射气流将物料吹送入旁路通道。而合格品流经光电检测室时，检测信号与标准信号差别微小，信号经处理判断为正常，气流喷嘴不动，物料进入合格品通道。图 3-29 所示为光电色选机系统示意图。

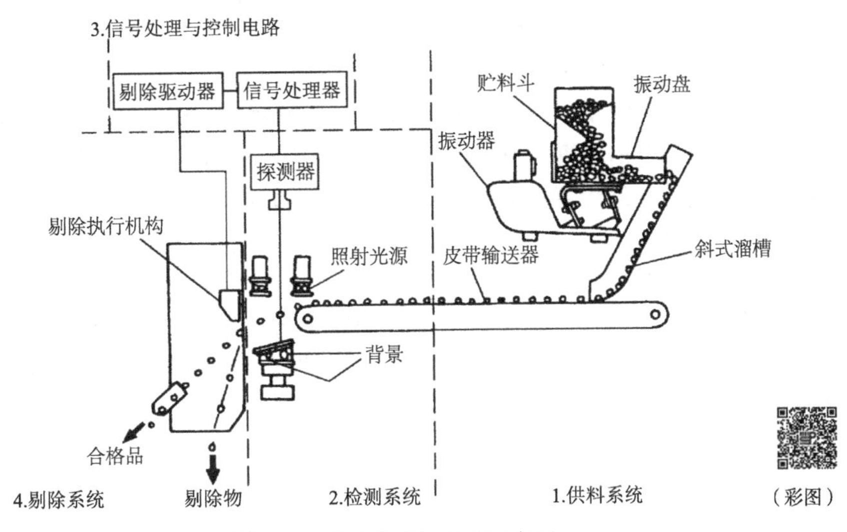

图 3-29　光电色选机系统示意图

（二）设备

光电色选机主要由供料系统、检测系统、信号处理与控制电路和剔除系统 4 部分组成。

1. 供料系统　供料系统由贮料斗、电磁振动喂料器、斜式溜槽（立式）或皮带输送器（卧式）组成。其作用是使被分选的物料按所需速率均匀地排成单列，穿过检测位置并保证能被传感器有效检测。光电色选机是多管并列设置，生产能力与通道数成正比，一般有 20、30、40、48、90 系列。

为了保证疵料确实被剔除，物料从检测位置到达分选位置的时间必须为常数，且须与从获得检测信号到发出分选动作的时间相匹配。所以物料就必须保持匀速输送，送料速度可达 4m/s，检测到分选动作的延时为 0.5～100ms，视具体情况而定。

2. 检测系统　检测系统主要由光源、光学组件、比色板、光电探测器、除尘冷却部件和外壳等组成。检测系统的作用是对物料的光学性质（反射、吸收、透射等）进行检测，以获得后续信号处理所必需的受检产品正确的品质信息。光源可用红外光、可见光或紫外光，功率要求保持稳定。光电色选机用光可采用一种波长或两种波长。前者为单色型，只能分辨光的明暗强弱；后者为双色型，能分辨真正的颜色差别。检测区内有粉尘飞扬或积累，会影响检测效果，可以采用低压持续风幕或定时高压喷吹相结合，以保持检测区内空气明净、环境清洁，并冷却光源产生的热量，同时还设置自动扫帚随时清扫以防止粉尘积累。随着物料被供料系统向检测室输送，探测器获得的信号如图 3-30 所示。

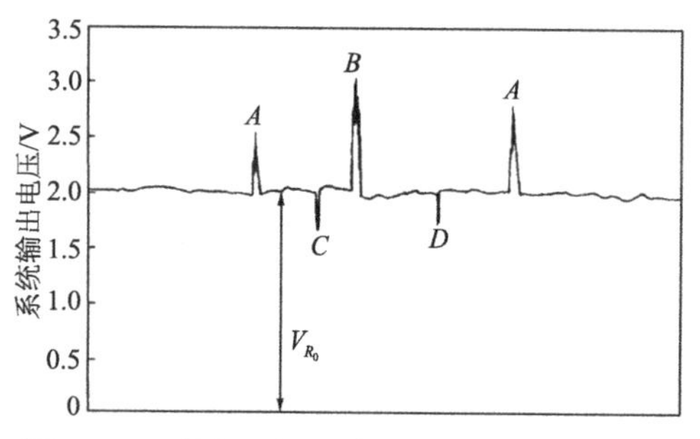

图 3-30　不同品质花生仁的光反射输出信号波形（电压= −700V）

在图 3-30 中，检测波长等于 673nm，光电倍增管的负高压为−700V，V_{R_0} 是黑背景的基准输出电压（通过改变背景的亮度，V_{R_0} 的合适值为 2.0），此时 4 种物料的输出电压都大于黑背景的输出，为正脉冲，*A* 是正常花生仁，*B* 是表皮受损花生仁，*C* 是变质暗色仁，*D* 是深红色仁。

上述检测系统中是采用一种波长或两种波长，对物料的光学性质（反射、吸收、透射等）进行检测。大多数农产品的反射率为 0.01～0.8，而透射率为 10^{-8}～10^{-3}。一般可以选用的光电控测器有光电管、光电倍增管、负荷耦合元件和颜色传感器。目前，应用最广的是光电倍增管，发展的趋势是被颜色传感器所代替。颜色传感器是在若干个硅类光电二极管前面分别放置 R（红）G（绿）B（蓝）三基色滤色片，通过对各输出信号进行处理，将颜色识别出来。颜色传感器能真正识别物料的颜色特征和微疵。

3. 信号处理与控制电路　信号处理与控制电路把检测到的电信号进行放大、整形，送到比较判断电路，比较判断电路中已经设置了参照样品的基准信号。根据比较结果把检测信号区分为合格品信号和不合格品信号，当发现不合格品时，输出一脉冲给分选装置。信号处理与控制电路框图如图 3-31 所示。图 3-32 所示为典型的花生仁检测信号经处理后的波形图。

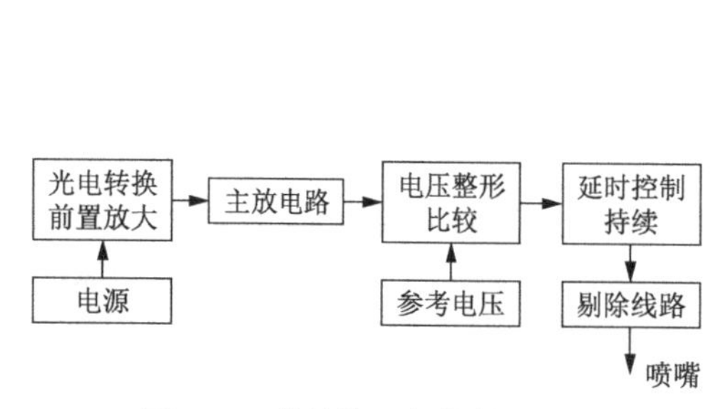

图 3-31　信号处理与控制电路框图

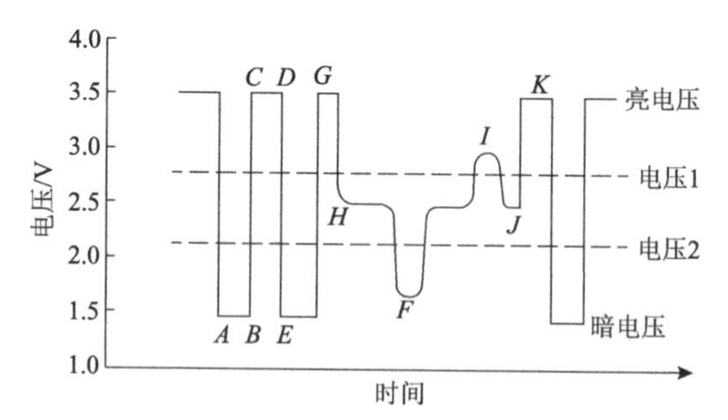

图 3-32　典型的花生仁检测信号经处理后的波形图

图 3-32 中，*AB* 指检测孔被遮挡时无任何光线进入探测器中时的暗电压，*CD* 表示仅有背

景光进入探测器时的亮电压，此色选机中，背景板反射的光比任何花生仁的反射光都强。电压 *AB* 和 *CD* 是稳定的，整个电子信号处理与控制电路中的电压幅值总在 *AB*、*CD* 之间跳动。*GK* 段表示不同品质花生仁进入检测区时的电压波形，*HJ* 脉冲是具有正常表面颜色的花生仁，变质变暗的花生仁信号达到负脉冲峰值 *F*，脱皮花生仁信号达到正脉冲峰值 *I*，一个由电路本身提供的用以参考的直流电压在 *HJ* 两侧连续可调，以确定区分不同品质花生仁的阈值。图 3-32 中可设置电压 1 和电压 2 两个参考比较电压，设检测电压幅值为 *M*，则

$M >$ 电压 1，表示破损仁（脱皮仁）被检测到，发出第一剔除信号；

$M <$ 电压 2，表示变质暗色仁被检测到，发出第二剔除信号。

随着计算机技术的发展，用微处理器取代模拟电路处理信号，使线路更加简化，制造装配容易，并且使色选机的性能更加稳定。微处理器能保存并调用大量不同产品的操作参数，可进行故障自动诊断处理，如果处理物料有变化，微处理器能自动改变设定的操作参数，这就大大地简化了更换分选品种的程序。

4. 剔除系统　剔除系统接收来自信号处理控制电路的命令，执行分选动作。最常用的方法是高压脉冲气流喷吹。它由空压机、贮气罐、电磁喷射阀等组成。喷吹剔除的关键部件是喷射阀，应尽量减少吹掉一颗不合格品带走的合格品的数量。为了提高色选机的生产能力，喷射阀的开启频率不能太低，因此要求应用轻型的高速高开启频率的喷射阀。

分选动作除高压脉冲喷吹外，对重而大的剔除物可设计活塞（连杆）推动机构来剔除；对于浆状、粉状物料，可采用真空吸入法。

第七节　光电分选分级机械与设备

一、原理及应用

利用食品物料的光学特性也可以进行分选。食品物料的光学特性是指物料对投射到其表面上的光（紫外光、可见光、红外光等）产生反射、吸收、透射、漫射或受光照后激发出其他波长的光的性质。不同食品物料的物质种类、组成不同，因而在光学特性方面的反应也不尽相同。这是一种非接触式检测方法，即无损检测法，20 世纪 60 年代开始用于农产品和食品质量检验，目前已成为分选技术领域的研究热点。其具体应用主要体现在以下几个方面。

（1）*缺陷检测*　食品和农产品的光学特性已经被用于无损检测各种问题，如鸡蛋壳上的血液、土豆的内部变色或黑斑、小麦的黑穗病、玉米等谷物的霉菌等。

（2）*成分分析*　快速检测食品中的水分、脂肪、蛋白质、氨基酸、糖分、酸度等化学成分的含量，用于品质的监督和控制。

近红外光谱分析技术用于品质检测和控制是近年发展速度很快的一种全新的检测方法。

（3）*成熟度与新鲜度分析*　在成熟度和新鲜度检测方面应用最多也最成功的是果蔬产品，它们的成熟阶段总是与某种物质的含量有密切关系，并表现出表面或内部颜色的不同。

总之，光电检测和分选技术既能检测食品原料的表面品质，又能检测内部品质，而且检测为非接触性的，因而是非破坏性的，经过检测和分选的产品可以直接出售或进行后续工序的处理；和人工分选相比较，其精确度高、自动化程度高，生产费用低，便于实现在线检测。

二、光电分选设备

（一）光电尺寸分级机

这种机器采用光电传感器检测物料的尺寸。当果蔬等速通过光电检测器时，通过检测果实遮挡光束时间或经过光束时遮挡的光束数量计算出果高、果径、面积，经与设定值比较后，控制卸料执行机构，使果实落入相应的位置，实现分级。

1. 光束遮断式果蔬分级机 图 3-33（a）所示为双单元同时遮光式分选原理图。图中 L 为发光器，R 为接收器。一个发光器与一个接收器构成一个单元 B。两个单元间的距离 d 由分级尺寸决定，沿输送带 C 前进方向，间距 d 逐渐变小。果实 F^0 在输送带上随带前进，经过光束屏障时，若果实尺寸大于 d，两条光束同时被遮挡，这时通过光电元件和控制系统使推板或喷嘴工作，把果实横向排出输送带，作为该间距 d 所分选的果实。双单元的数量即果实的分选规格数。这种分级机适用于单方向尺寸分级。

2. 脉冲计数式果蔬分级机 图 3-33（b）所示为一脉冲计数式分选原理图。发光器 L 和接收器 R 分别置于果实输送托盘的上、下方，且对准托盘的中间开口处。每当托盘移动距离为 a 时，发光器发出一个脉冲光束，果实 F^0 在运行中遮挡脉冲光束次数为 n，则果实的直径 $D=na$，然后通过微处理机，将 D 值与设定值进行比较，分成不同的尺寸规格。

3. 水平屏障式果蔬分级机 如图 3-33（c）所示，将发光器和接收器多个一列排列，形成光束屏障。随输送带前进的果实 F^0 经过光束屏障时，从遮挡的光束数求出果高，再结合各光束遮挡时间，经积分求出果实平行于输送带移动方向的侧向投影面积，并与设定值进行比较，果实在相应位置被排出而分成不同的尺寸规格，在规定处排出。

4. 垂直屏障式果蔬分级机 如图 3-33（d）所示，这种机器与水平屏障式果蔬分级机相仿，但被用于测定物料宽度方向的最大尺寸及水平方向的果蔬横截面积。

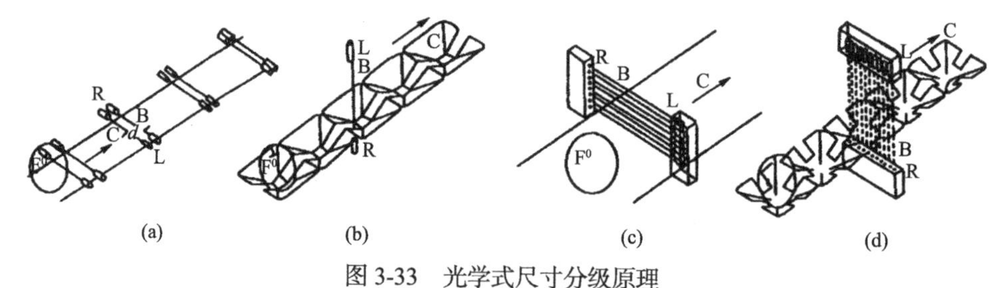

图 3-33 光学式尺寸分级原理

（a）光束遮断式；（b）脉冲计数式；（c）水平屏障式；（d）垂直屏障式

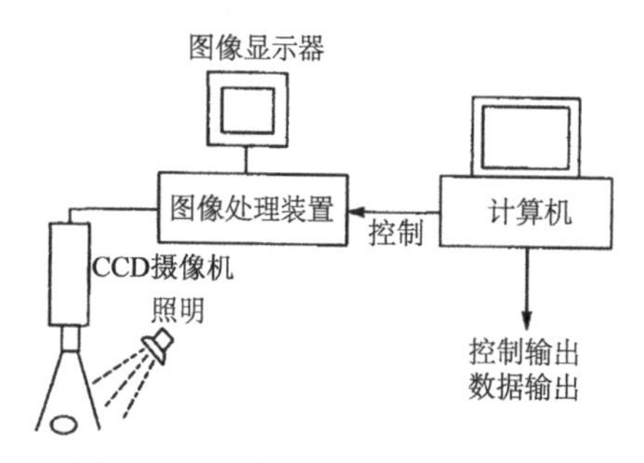

图 3-34 图像处理分级机系统配置

（二）图像处理分级机

前述的光电尺寸分级并非严格依据形状进行分级，而是依据某一个尺寸。依据形状分级需要同时检测多个方向的尺寸，从而形成对于物料的平面或立体形状的测定，计算机图像处理的分级机即这样一种分选设备，其系统配置如图 3-34 所示。它与光电尺寸分级机最大的不同就是利用 CCD（charge coupled device，电荷耦合器件）摄像机进行非接触摄像，并进行形状判断。图像式分级机在应用上具有稳定且十分精确的精度和加工处理能力，可用于各种果蔬的分选。当分选大尺寸果实时，每条线的生产能力为3000个/h，小尺寸时为10 000个/h，直径、长度、粗细等的检测精度可确保在±1mm。检测项目越来越细，还可以判断直径、最大径、各种平均径、长度、各种形状系数是否异常等。例如，黄瓜的弯曲程度、粗蒂、细蒂等，这些项目不仅是尺寸分选，也是等级分选的一部分。

图像处理的一般方法为，首先将由摄像机摄取的图像变换成二维图像，然后计算出有利于果实等级、尺寸分选的长度、宽度、面积等特征值，再与设定的基准值进行比较分选。更精确的方法是在计算出特征值之后，进一步进行细线化处理，明确形状特征，或者进行微分处理，利用图形的连接性获得更准确的检测方法。根据这些特征值进行分级时，一旦特征值偏离基准值，即使是很小，等级也要发生变化，与人工判断产生差距。为了改善这种方法，已经开发出对于判断具有兼容性的模糊方式；当用特征值不能进行形状评价时，试用人工神经网络；以傅里叶级数代替用单纯的特征值（直径、长度、扁平度）评价果实形状的方法。

（三）内在品质分选设备

随着光谱检测技术及计算机数据处理技术的发展，现代光电分选设备不仅可以对果实的大小进行分选，还可以对果实的品质，如糖度和酸度、腐坏损伤、皱皮、内部空洞等进行检测。

1. 内在品质检测技术

（1）糖度和酸度的检测　水果的糖度和酸度可以用近红外分析技术进行检测。

波长为0.8～2.5μm的红外线称为近红外线。近红外分析法就是通过近红外光谱，利用化学计量学进行成分、理化特性分析的方法。目前这种方法应用最多、最广，技术相对成熟。因为近红外光谱是由分子振动的非谐振动性产生的，主要是含氢基团（—OH、—SH、—CH、—NH 等）振动的倍频及合频吸收，由于动植物性食品的成分大多由这些基团构成，基团的吸收频谱能够表征这些成分的化学结构，测量的近红外光谱区信息量极为丰富，所以它适合果蔬的糖度、酸度及内部病变的测量分析，如食品和农产品的常见成分水、糖度、酸度的吸收反映出基团—CH 的特征波峰。经实验验证，用近红外线测得的糖度值与用光学方法测得的糖度值之间呈直线相关，在波长为914nm、769nm、745nm、786nm时测量精度最高，相关系数约为0.989，标准偏差为2.80Bx左右。酸度值虽然能进行测量，但因浓度太低，误差比糖度值的大。

由于有机物对近红外线吸收较弱，近红外线能深入果实内部，因此可以从透射光谱中获得果实深部信息，易实现无损检测。此外，近红外光子的能量比可见光还低，不会对人体造成伤害。但近红外分析是属于从复杂、重叠、变动的光谱中来提取弱信息的技术，需要用现代化学计量学的方法建立相应的数学模型，一个稳定性好、精度高的模型的建立是近红外光谱分析技术应用的关键。

建立近红外分析方法的步骤有4点：①选择有代表性的校正样本并测量其近红外光谱；②采用标准或认可的方法测定所关心的组分或性质数据；③根据测量的光谱和基础数据通过合理的化学计量学方法建立校正模型，在光谱与基础数据关联前，对光谱进行预处理；④对未知样本组成性质进行测定。

（2）损伤果的检测　可以用紫外线分析技术进行检测。

紫外线波长为100～380nm，尤其是被称为化学线的320～380nm的紫外线能够激发分子运动，使化学能转变成分子运动能。以柑橘为例，因受损后柑橘果皮中的精油细胞遭到破坏而析出表面，在暗室中，当受到紫外光源照射时，分子由基态被激发到激发态，当分子从激发态回到基态时，损伤部位将通过发出荧光的形式放出辐射能，而荧光属于可见光，便于检测。与之相反，正常部位理论上无可见光。这样在正常部与损伤部之间就形成了大的明暗反差。损伤果正是利用了柑橘正常部和损伤部在紫外光源照射下的反射差异，通过摄像、计算机图像处理后进行检测。

（3）柑橘等水果皱皮的检测　皱皮果的水分少、味道差，属于等外品，在进行分级时必须将其分选出来。可以用X射线分析技术进行检测。

X射线具有很强的穿透能力，它受物质密度的影响，密度大时穿透能力小，密度小时穿透能力大。所谓软X射线是指长波长区域的X射线，其比一般的X射线能量低、物质穿透能力差。在果蔬检测方面，果蔬的密度较小，所需X射线强度很弱，软X射线可满足实际检测的需要。应用软X射线可以检测柑橘的皱皮，土豆、西瓜内部的空洞等内部缺损现象。

利用X射线检测果蔬时，人们可能会担心残留问题。首先，X射线不是放射能，不存在残留问题；检测用的X射线能量低，果蔬不会被放射化，不会损伤果蔬营养，不会改变果蔬风味。

2. 内在品质分选设备　图3-35所示为果实品质等级分选机，以柑橘为例，其糖度、酸度、损伤、皱皮等内在品质都可以通过无损在线检测完成。其分级操作包括排列、分离、摄像、无损伤检测、计算机处理判断等过程。为了保证摄取的图像准确无误，避免柑橘之间发生摞列粘连现象，通过呈“V”形布置的两速度不同的输送带将摞在一起的柑橘形成单列，因辊轴链带的设计速度大于分离输送带的速度，粘连在一起的柑橘得以分离。5台CCD摄像机配置在传送带的上方及周边，可以全方位地摄取柑橘的图像，为了获得柑橘上下两面的图像，特设柑橘翻转机构。在传送带的两侧安装有无损伤检测装置，该装置主要由光源、光学检测器、数据处理三大部分组成。利用近红外线检测果实的糖度和酸度时，由于反射光不能反映柑橘内部情况，光由果实一侧的中部照射，透射入果实内部的光由在线检测器接收，获得果实的透射光谱，经光电变换进入计算部，即可得到糖度、酸度的计算结果。同样，利用紫外线和X射线照射，可进行腐烂损伤程度、有无皱皮现象的检测。当柑橘通过CCD摄像机时，柑橘的颜色、大小、形状、内部质量、糖度和酸度、表面损伤情况等均被记录下来，通过计算机对这些信息进行处理并传送到执行机构即可完成分级作业。

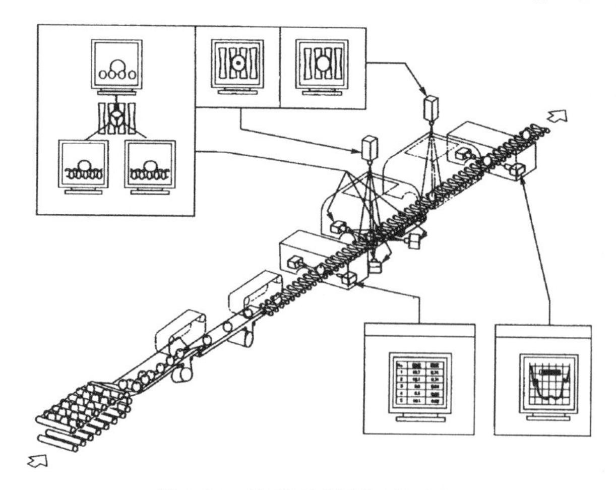

图3-35　果实品质等级分选机

典型案例：MOBA 大型鸡蛋分级包装机（扫码见内容）。

思考题

1. 试分析孔径和孔隙相同时，圆孔以正三角形排列时的筛面利用系数比以正方形排列高。

2. 据图 3-16 筛体运动示意图，试分析并推导物料沿筛面上滑时的临界条件 $n_2 \geqslant 30\sqrt{\dfrac{\tan(\phi+\alpha)}{r}}$。

3. 什么是平衡重？平衡重能完全解决筛体的平衡吗？平衡重旋转到垂直位置时，如图 3-18（b）所示，它产生的惯性力是多少？

4. 任举一例，介绍光电分析用于果蔬大小分级的原理。

5. 查阅资料，谈谈现代光电分选技术的进展。

第四章　切割与粉碎机械

内容提要

本章主要介绍了切割与粉碎机械中一些典型设备，如斩拌机、气流粉碎机、辊式磨粉机、微粉碎机等的原理、结构、应用，要求学生掌握并会在以后工作实践中正确地选用、使用和维护、保养设备，对部分设备，如切割设备、辊式粉碎机等，要具有初步的设计能力。

在食品加工过程中常常需要对原材料进行尺寸减小，以适应加工机器进料或产品要求，尺寸减小的方法从减小手段来分主要有两类：切割与粉碎，所对应的设备也相应称为切割机械与粉碎机械。下面分别对这两类设备予以介绍。

第一节　切割机械

食品切割机械是指利用切刀的刃口对食品物料做相对运动而实现切片、切块或切成丝、段、粒等形状的机械，常用于果蔬、肉类等食品原料的加工。食品切割机械的主要部件由进出料口、压紧机构和切刀等组成，通常只需更换不同形状的刀片就可以获得物料不同的切割形状和粒度。食品切割机械的运动方式有回转式和直线往复式两大类。

一、切割原理

切刀在工作时应能满足以下条件：钳住物料，防止物料滑移；挤压力强，保证切割；切割力矩均匀，有利于克服物料的切割阻力。所以，在设计切刀刀片时，“钳住角”和“滑切角”是两个重要的参数。

1. 钳住角　切割首先要钳住物料，合理地给物料施予压力，才能使切割操作顺利进行。因此，切刀的设计要考虑刀片对物料的钳住角。所谓钳住角是指刀具的动刀片与静刀片之间的夹角。当钳住角达到一定值时，物料就会产生沿刃口向外推移的现象，即物料有滑移的切割，称为滑切，这种滑切对稳定切割是不利的。

如图 4-1 所示，设 AB 为动刀片刃口，CD 为定刀片刃口，动刀片与定刀片的夹角为 τ，由于物料被切割时，需在动刀片与定刀片之间进行，此夹角 τ 为钳住角。又设，动、静刀片对物料的正面压力分别是 N_1、N_2，切割时刀片刃口与物料的摩擦角为 φ_1 和 φ_2，如果钳住角 $\tau>\varphi_1+\varphi_2$，则动刀片和定刀片的支承反力的合力 W 将把物料往外推，物料在推力下往刀刃外滑移，如图 4-1（a）所示，对切割不利；相反，当 $\tau<\varphi_1+\varphi_2$ 时，则动刀片和定刀片的支承反力的合力 W 将把物料往内推，物料在推力下往刀刃内滑移，如图 4-1（b）所示，有利于切割。因此，在切割时钳住物料，稳定切割的条件为动刀片与定刀片的夹角 τ 要小于切割时刀片刃口与物料的摩擦角 φ_1 和 φ_2 之和。

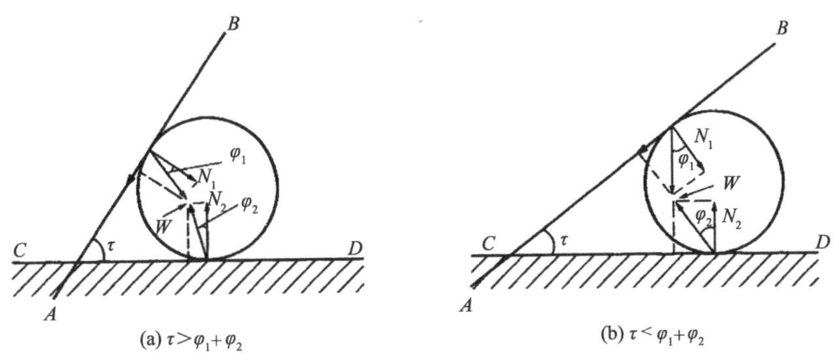

(a) $\tau>\varphi_1+\varphi_2$　(b) $\tau<\varphi_1+\varphi_2$

图 4-1　切刀钳住物料的条件

2. 滑切角　在切割中，切刀的切割方法有滑切和正切之分。图 4-2 所示为切刀的滑切角示意图。图中，BC 为刀刃运动轨迹，O 为回转中心，A 为切割工作点，v 为回转速度，则 $v\perp OA$。将 v 分解为过 A 点的刀刃切线速度 v_H 和法线速度 v_Z，则 v_H 为滑切速度，v_Z 为正切速度，v_Z 与 v 之间的夹角 α 就为滑切角。滑切可以定义为滑切初速度不为零的切割方法；相应地，滑切初速度为零的切割方法定义为正切，正切又称“砍切”。

滑切速度 v_H、正切速度 v_Z 及滑切角的关系为

$$\frac{v_H}{v_Z}=\tan\alpha \tag{4-1}$$

如图 4-2 所示，设 A 点的回转半径为 r，角速度为 ω，则有

$$v=r\omega$$
$$v_H=r\omega\sin\alpha$$
$$v_Z=r\omega\cos\alpha$$

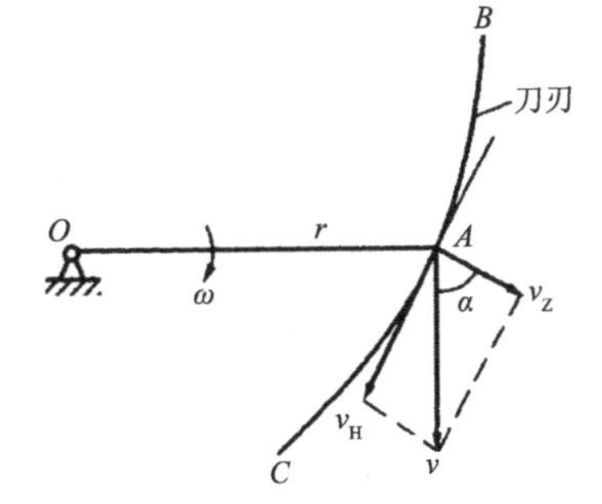

图 4-2　切刀的滑切角示意图

为了求解滑切角，现把一直刃切刀展开，如图 4-3 所示。假设刀刃切割物料时相当于把一个二面楔子楔入物料，使物料分开。若切刀的楔入角为 γ，则正切时切刀正好以 γ 角楔入物料；滑切时，因切割速度 v 偏离刀刃的法线方向，与法线方向产生一个滑切角 α，这时其楔入角就成为 γ'，则

$$\tan\gamma=\frac{BC}{AB}$$
$$\tan\gamma'=\frac{B'C'}{AB'}$$
$$BC=B'C',AB=AB'\cos\alpha$$

$$\tan\gamma'=\frac{B'C'}{AB'}=\frac{BC}{AB'}=\frac{BC}{AB}\cos\alpha=\tan\gamma\cos\alpha \tag{4-2}$$

α 为滑切角，α 越大，刀具的刀刃切入物料的楔入角 γ' 就越小，这时切刀受到的法向阻力就越小，就越易于切入。

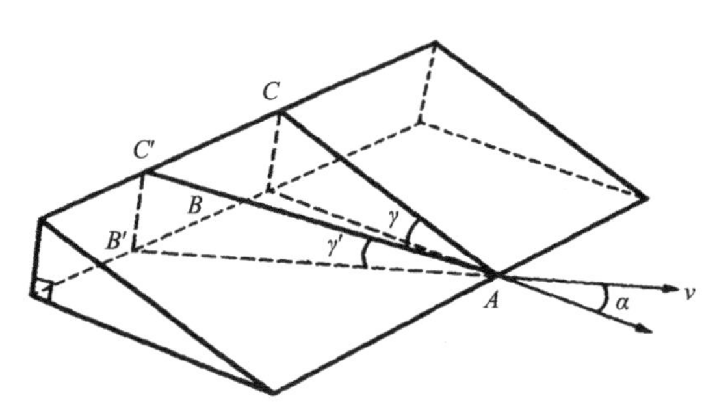

图 4-3　直刃切刀切割物料时楔入角与滑切角分析图

二、典型切割机械

（一）切菜机

1. 离心式切片机　离心式切片机的结构如图 4-4 所示，主要由圆筒机壳、回转叶轮、刀片和机架等组成。圆筒机壳固定在机架上，切刀刀片装入刀架后固定在机壳侧壁的刀座上，回转叶轮上固定有多个叶片。

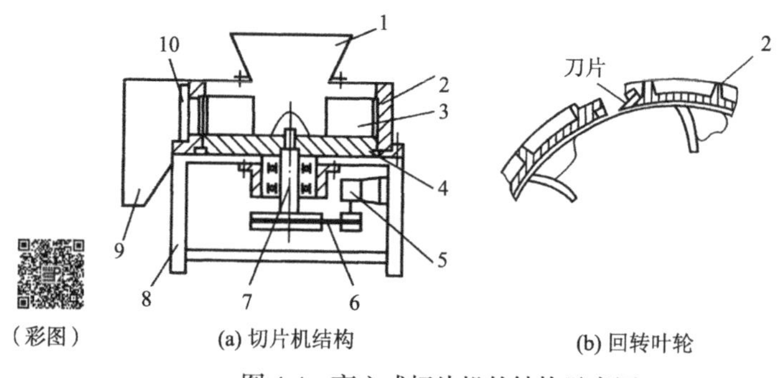

(a) 切片机结构　(b) 回转叶轮

图 4-4　离心式切片机的结构示意图

1. 进料斗；2. 圆筒机壳；3. 叶片；4. 叶轮盘；5. 电动机；6. 传动带；7. 转轴；8. 机架；9. 出料槽；10. 刀架

离心式切片机的工作原理为：原料经圆锥形进料斗进入离心式切片机内，回转叶轮以 262r/min 的转速带动物料回转。物料产生的离心力可以达到其自身质量的 7 倍，此离心力使物料紧压在切片机的内壁表面并受到安装在回转叶轮上的叶片的驱赶，使物料沿着圆锥形机壳的内壁表面移动，内壁表面的定刀就将其切成厚度均匀的薄片，切下的片料沿着圆锥形机壳的内壁下落，最后落到卸料槽内。调节定刀刃和机壳内壁之间的间隙，即可获得所需要的切片厚度。被切碎物料的直径要求小于 100mm，定刀厚度一般为 0.5～3mm。更换不同形状的定刀片，即可切出平片、波纹片、“V”形丝和椭圆形丝等。

这种切片机的特点是结构简单，生产能力大，具有良好的通用性。但切割时的滑切不明显，切割阻力大，物料在切割时受到较大的挤压作用。其一般适用于刚性的、能够保持稳定形状的块状食品物料，包括各种瓜果（如苹果、椰子、草莓等）、果菜（如黄瓜等）、块根类蔬菜（如马铃薯、胡萝卜、洋葱、大蒜头、荸荠和甜菜等）及叶菜（如卷心菜和莴苣等）。

2. 果蔬切粒（丁）机　果蔬切粒机主要的功能是将果蔬物料切成正方形等几何形状。

（1）结构　果蔬切粒机的结构如图 4-5 所示，主要由机壳、回转叶轮、定刀片、圆盘刀、横切刀和挡梳等组成。其中定刀片、横切刀和圆盘刀分别起切片、切条和切粒的作用。

切条装置中的横切刀驱动装置内设有平行四杆机构，用来控制切刀在整个工作中不因刀架旋转改变其方向，从而保证两断面间垂直，刀架转速决定着切条的宽度。切粒圆盘刀组中的盘刀片按一定间隔安装在转轴上，刀片间隔决定着粒的长度。

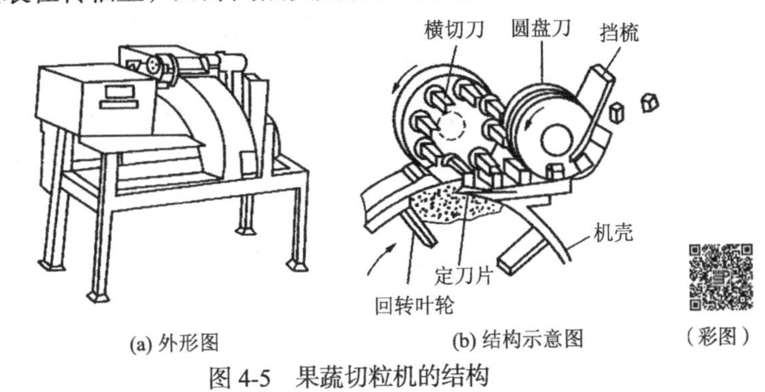

(a) 外形图　(b) 结构示意图　（彩图）

图 4-5　果蔬切粒机的结构

（2）工作过程　如图 4-5（b）所示，原料经喂料斗进入离心切片室内，在回转叶轮的叶片驱动下，离心力作用迫使原料靠紧机壳的内表面，同时回转叶轮的叶片带动原料在通过定刀片处时被切成片料。片料经机壳顶部出口通过定刀刃口向外移动。片料的厚度取决于定刀刃口和相对应的机壳内壁之间的距离，通过调整定刀伸入切片室的深度，可调整定刀刃口和相对应的机壳内壁之间的距离，从而实现对于片料厚度的调整。片料在露出切片室机壳外后，随即被横切刀切成条料，并被推向纵切圆盘刀，切成立方体或长方体，并由梳状卸料板卸出。

为保证生产过程中的操作安全，果蔬切粒机上设置有安全联锁开关，即通过防护罩控制一常开触电开关，防护罩一经打开，机器立即停止工作。

（二）切肉机

1. 绞肉机　绞肉机是一种能将肉料切割制成保持原有组织结构的细小肉粒的设备，被广泛应用于香肠、火腿、鱼丸、鱼酱等肉料的加工，还可用于混合切碎蔬菜和配料等操作，是一种肉类切割的通用设备。

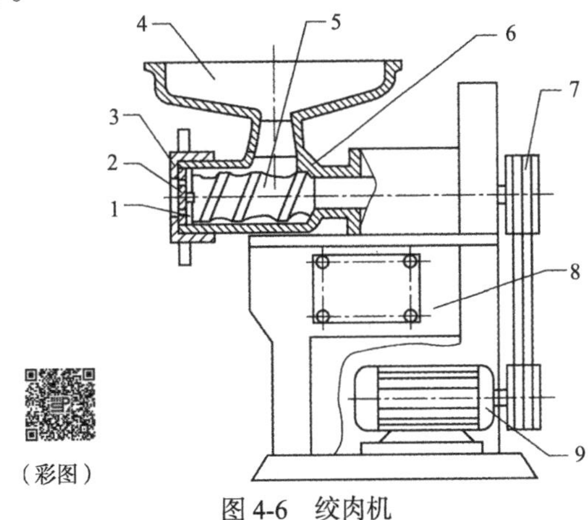

（彩图）

图 4-6　绞肉机

1. 十字形切刀；2. 筛板；3. 锁紧螺母；4. 进料斗；5. 螺旋供料器；6. 机壳；7. 带轮；8. 机架；9. 电动机

（1）结构　绞肉机的基本构成如图 4-6 所示，由进料斗、喂料螺杆、螺套、绞刀、格板等组成。

1）进料斗：断面为梯形或“U”形结构，为防止绞肉过程中出现肉类起拱架空的所谓“架桥”现象，有些绞肉机设置了搅拌装置。

2）喂料螺杆：为变距螺旋，目的是通过螺杆螺距的变化，将肉类物料在绞肉机内逐渐压实并压入刀孔。喂料螺杆的螺距向着出料口方向（从右向左）逐渐减小，而其内径向着出料口逐渐增大（变距螺旋）。由于供料器的这种结构特点，当其旋转时就对物料产生了一定的压力，这个力将物料从进料口逐渐加压，迫使肉料进入格板孔眼以便切割。

3）螺套：绞肉机的内壁安装有防止肉类随喂料螺杆同速转动的所谓“打滑”现象的螺旋形膛线。为便于制造和清洗，有些机型的膛线为可拆卸的分体结构。

4）绞刀：如图 4-7 所示，一般有十字形、双翼形、三翼形、辐轮结构等形式。绞刀刃角较大，属于钝型刀，其刃口为光刃，由工具钢制造；为保证切割过程的钳住性能，大中型绞肉机的绞刀为前倾直刃口或凹刃口。绞刀的结构形式有整体结构和组合结构两种，其中组合结构的切割刀片安装在十字刀架上，为可拆换刀片，因此刀片可采用更好的材料制造。切刀与孔板间依靠锁紧螺母压紧。

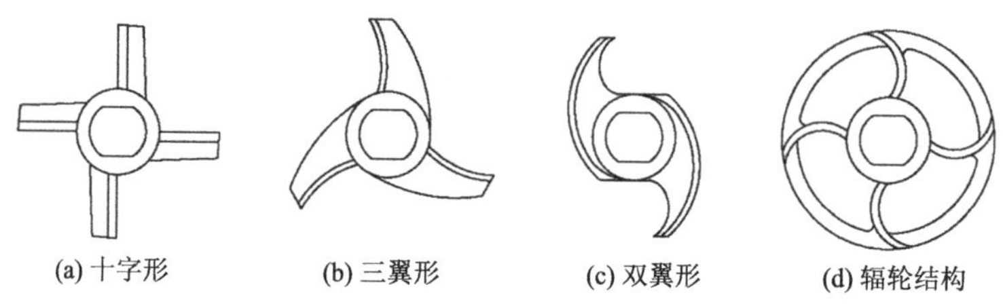

图 4-7 绞刀的形式

5）格板：也称孔板或筛板，如图 4-8 所示。其上面布满一定直径的轴向圆孔或其他形状的孔，在切割过程中固定不动，起定刀作用。其规格可根据产品要求进行更换，孔径为 8～10mm 的孔板通常用于脂肪的最终绞碎或瘦肉的粗绞碎，孔径为 3～5mm 的孔板用于细绞碎工序。孔板的孔形除了轴向圆柱孔外，还有进口端孔径较小的圆锥形孔，这种孔形具有较好的通过性能。

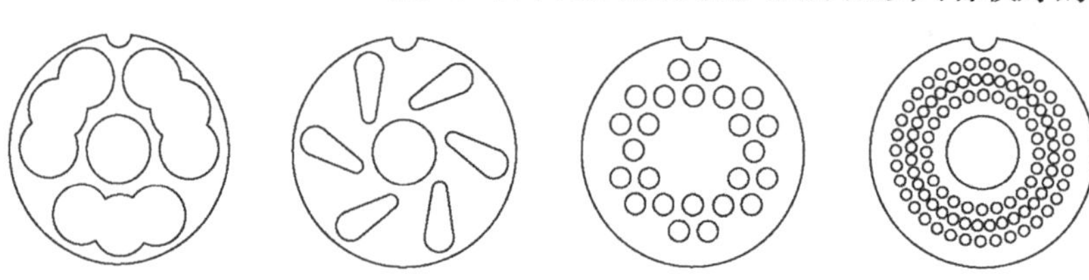

图 4-8 格板的形式

普通绞肉机一般只配一块格板和一把绞刀，但也有的将一块以上不同粗细孔的格板与一把或一把以上的绞刀组合在一起。图 4-9 所示为一种五件刀具（三块格板和两把绞刀）的装配关系。

（2）工作过程 工作时，先开机后放料。原因是绞肉机的供料方式是由原料本身重力和螺旋供料器的推送作用，把原料连续地送往十字刀处进行切碎。由于螺旋供料器为变距螺旋，对原料就产生了一定的挤压力，迫使已切碎的肉糜从筛板的眼中排出。

（3）操作要领 绞肉机的生产能力不由螺旋供料器决定，而由切刀的切割能力决定。因为只有将物料切割后从格板孔眼中排出，供料器才能继续送料，否则会产生物料堵塞和磨碎现象。绞肉机操作时，要根据物料的实际情况，粗绞时螺旋转速可以比细绞时快些，但转速不能过高。因为格板上的孔眼总面积一定，即排料量一定，当供料螺旋转速太快时，会使物料在切刀附近堵塞，造成负荷增加，对电动机不利。另外，刀具的锋利程度对绞肉质量有较大的影响，刀具使用一段时间后会变钝，应调换新刀或修磨，否则将影响切割效率，甚至使有些物料不是切碎后从格板孔眼中排出，而是由挤压、磨碎后呈浆状排出，直接影响成品质量。

2. 斩拌机 斩拌机用于肉（鱼）制品的加工，其功能是将原料切割剁碎成肉（鱼）糜，同时可将剁碎的原料肉（鱼）与添加的各种辅料相混合，使之成为达到工艺要求的物料。斩拌机分为常压斩拌机和真空斩拌机两种。

（1）常压斩拌机

1）结构：斩拌机由斩肉盘、斩刀轴、斩刀、刀盖、旋转料盘、出料转盘、传动系统、电气控制系统等部分组成，如图 4-10 所示。

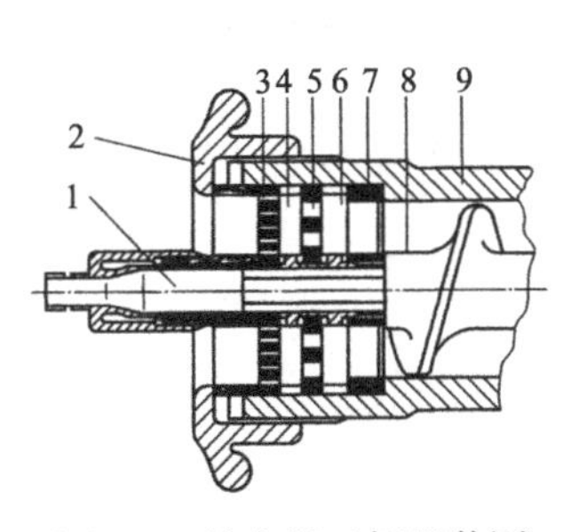

图 4-9 绞肉机刀架组装图

1. 中央骨粒排出管；2. 锁紧螺母；3. 细切格板；4. 分离绞刀；5. 粗切格板；6. 十字绞刀；7. 预切格板；8. 喂料螺杆；9. 机壳

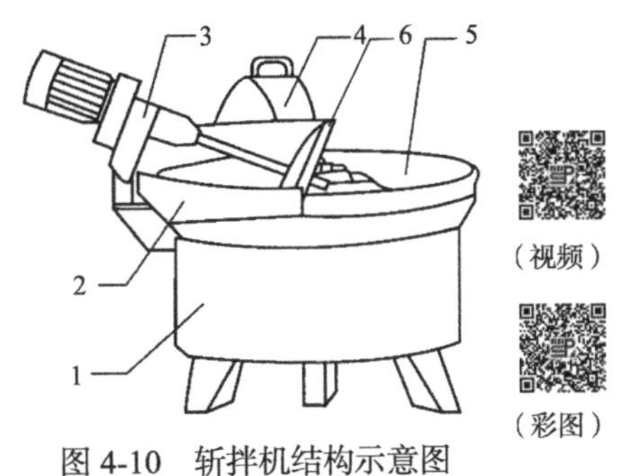

（视频）

（彩图）

图 4-10 斩拌机结构示意图

1. 机架；2. 出料槽；3. 出料部件；4. 刀盖；5. 斩肉盘；6. 出料转盘

A. 斩刀：如图 4-11 所示。旋转式斩刀按一定的顺序安装在刀轴装置上，刀片的数量为 3～6 把，每把刀安装的相位差为 108°，形成错开的螺旋状，各斩刀的最大回转半径端点与斩盘内壁的间隙各异。为了增强斩肉效果，防止斩刀片与斩盘内壁相互干扰，在刀轴上装有若干调整垫片，通过增减垫片厚度，可以使刀片在刀轴径向移动，即可调整刀片与斩肉盘之间的间隙。由于斩刀的刃口曲线与其回转中心有一偏心距的圆弧线，故刀刃上各点的滑切角是随回转半径的增加而增加的，从而使刀轴所受的阻力及阻力矩较为均匀。

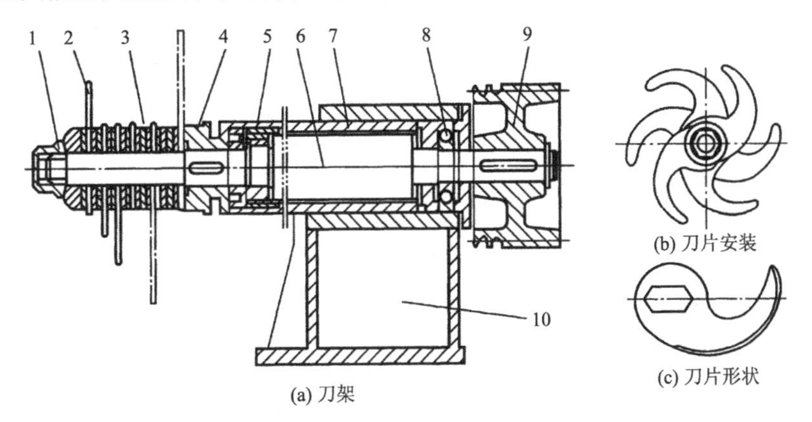

图 4-11 斩拌机的刀架装置

1. 螺母；2. 斩肉刀；3. 垫片；4. 六角油封；5. 轴承；6. 刀轴；7. 轴套；8. 轴承；9. 皮带轮；10. 刀轴座

B. 刀盖：刀盖是斩拌机的安全装置。操作时，为了保证安全工作，用刀盖将刀片组件盖起来。刀盖与斩刀轴驱动电动机互锁，只有当盖子盖上时刀轴电动机才能启动工作。刀盖还可防止物料在斩拌时飞溅。

C. 出料装置：斩拌机采用转盘式出料装置，如图 4-12 所示。出料装置通过固定支座 4 安装在机架外壳悬伸的轴上，固定支座可以上下、左右移动。斩拌操作时向上抬起，出料转盘静止；出料时拉下出料转盘 7，使其置于斩拌机环形槽内，此时固定支座上的控制开关通电，在电动机驱动下，出料转盘转动，将斩碎后的肉糜带出斩肉盘。

2）工作过程：将需斩拌的物料放置在进料盘内，随着进料盘的旋转，物料受高速旋转刀的斩拌而被斩碎。斩拌完成后，放下出料器，随着料盘和出料转盘的旋转，斩碎后的肉糜被卸出料盘。

3）传动系统：斩拌机的传动系统如图 4-13 所示。该系统有三个运动部件，各自配备电动机，分别驱动斩肉盘、刀轴的转动和出料装置的运动。图示的传动过程为

$$电动机YD_1 \rightarrow 皮带轮3 \rightarrow \frac{蜗杆5}{蜗轮6} \rightarrow 斩肉盘$$

$$电动机YD_2 \rightarrow 皮带轮2 \rightarrow 皮带轮1 \rightarrow 刀轴$$

$$电动机YD_3 \rightarrow \frac{齿轮Z_1}{齿轮Z_2} \rightarrow \frac{齿轮Z_4}{齿轮Z_3} \rightarrow 出料转盘$$

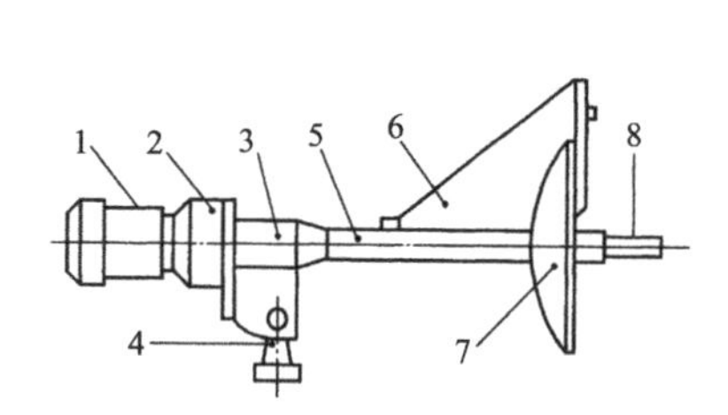

图 4-12　出料装置

1. 电动机；2. 减速器；3. 机架；4. 固定支座；5. 套管；6. 出料挡板；7. 出料转盘；8. 转轴套管

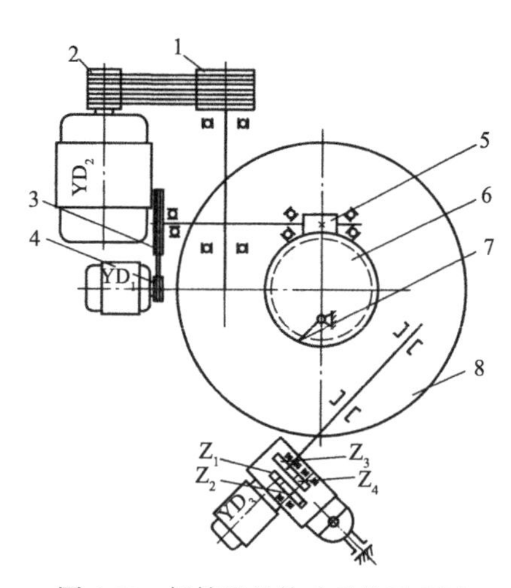

图 4-13　斩拌机的传动系统示意图

1～4. 皮带轮；5. 蜗杆；6. 蜗轮；7. 棘轮机构；8. 斩肉盘

（2）真空斩拌机　真空斩拌机在负压的条件下进行操作。真空斩拌的目的是：避免空气进入肉糜，防止脂肪氧化，保证产品风味；可释放出更多的盐溶性蛋白质，得到最佳的乳化效果；减少产品中的细菌数量，延长产品贮藏期，稳定肌红蛋白的颜色，保证产品的最佳色泽；保证肉糜的结构致密，避免产品出现气孔缺陷；操作的卫生条件好，物料的温升小。真空斩拌机不仅可以斩切乳化各种肉类，也可斩切、乳化肉皮、筋腱等粗纤维和富含胶原蛋白的原料。此外，还采用了先进的控制技术，加工肉制品品质高，已被肉制品厂家广泛采用。

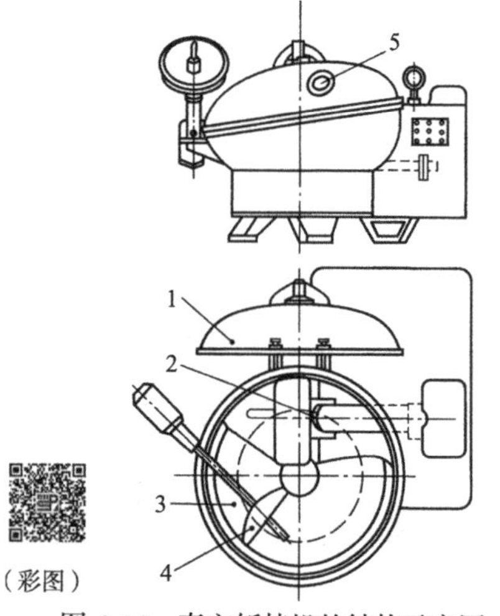

（彩图）

图 4-14　真空斩拌机的结构示意图

1. 机盖；2. 刀轴；3. 转盘；4. 出料器；5. 视孔

图 4-14 所示为真空斩拌机的结构示意图。与常压斩拌机的区别是，真空斩拌机设置有密封罩，与下部机体共同形成密封腔，旋转料盘和旋转刀是在真空环境下进行斩拌操作的。

真空斩拌机在真空下进行操作，料盘转速一般为

5～20r/min，刀片转速为2000～4000r/min。在切割过程中，斩刀以肉类的黏滞性作为切割支撑，无须设计刀具支撑装置，又称无支撑切割。真空斩拌机可在入料后进行斩拌直到完成出料，可以实现循环连续切割。

第二节　粉碎机械

粉碎是指用机械的方法克服固体物料内部的凝聚力并将其分裂的一种操作。

根据被粉碎物料和成品粒度的大小，粉碎可分为粗粉碎、中粉碎、微粉碎和超微粉碎4种。粗粉碎原料粒度为40～1500mm，成品颗粒粒度为5～50mm；中粉碎原料粒度为10～100mm，成品粒度为5～10mm；微粉碎（细粉碎）原料粒度为5～10mm，成品粒度在100μm以下；超微粉碎（超细粉碎）原料粒度为0.5～5mm，成品粒度为10～25μm及其以下。粉碎前后的粒度比称粉碎比或粉碎度。一般粉碎设备的粉碎比为3～30，但超微粉碎设备可达到300～1000及其以上。对于大块物料粉碎成细粉的操作，如要通过一次粉碎完成则粉碎比太大，设备利用率低，故通常分成若干级，每级完成一定的粉碎比。这时总粉碎比等于物料经几道粉碎步骤后各道粉碎比的乘积。

从粉碎工艺流程方面划分，可分为闭路粉碎和开路粉碎两种。所谓闭路粉碎是指物料加入粉碎机中经过粉碎作用区后，用振动筛对粉碎物料分级，筛上物作为不合格产品返回到料斗重新粉碎，筛下物作为合格产品流出。而开路粉碎是指物料加入粉碎机中经过粉碎作用区后即作为产品卸出，后面再无振动筛分级设施，相比前者设备投资费用也低。

从物料含水量角度划分，上面的粉碎方法又属于干法粉碎，相应的，还有一种粉碎方法为湿法粉碎，即将水和原料一起加入粉碎机中，或加入水分含量较多的原料，粉碎时原料粉末不会飞扬，减少原料的损失，省去除尘通风设备，但是湿粉碎所得到的粉碎原料只能及时直接用于生产，不易于贮藏，且耗电量较干粉碎多8%～10%。

按粉碎机理的不同，粉碎可分为挤压、折断、剪切、撞击、劈裂、研磨，如图4-15所示。

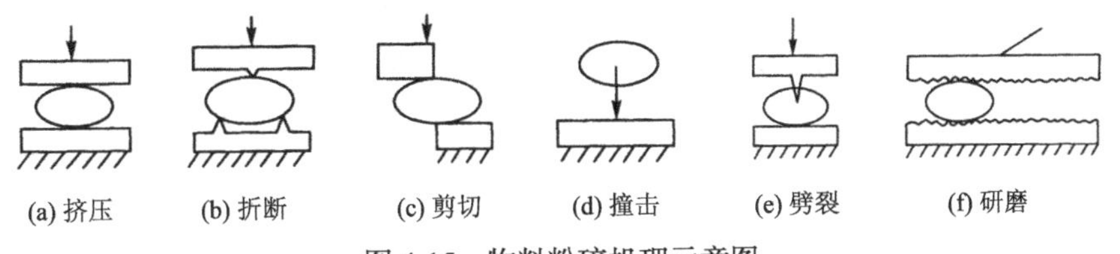

图4-15　物料粉碎机理示意图

1）挤压：物料受两平面间缓慢增加的压力作用而粉碎。多用于大块物料的初粉碎。

2）折断：物料在工作构件间承受弯曲应力，超过强度极限而折断，一般用来处理较大块的长或薄的脆性物料，粉碎度较低。

3）剪切：物料在两个工作面之间，如同承受载荷的两支点（或多支点）梁，除在作用点受劈力外，还发生弯曲折断。多用于硬、脆性大块物料的破碎。粉碎韧性物料能耗较低。

4）撞击：当物料与工作构件以相对高速运动撞击时，受到时间极短的变载荷，物料被击碎。这种粉碎方式适用于质量较大的脆性物料。撞击粉碎应用范围很广，从较大块的破碎到微细粉碎均可使用，而且可以粉碎多种物料。最典型的是锤式粉碎机，在食品工业中用得很多。

5）劈裂：当物料与具有尖锐表面的工作构件从较高的速度产生撞击时，物料被碎裂。

这种粉碎方式也适用于脆性物料，其实就是撞击作用的一种变形。

6）研磨：物料与粗糙工作面之间在一定压力下相对运动而摩擦，使物料受到破坏，表面剥落，成为细粒。这是一种既有挤压又有剪切的复杂过程，多用于小块物料或韧性物料的粉碎。

相应的，根据粉碎比的不同，粉碎机可以分为普通粉碎机、微粉碎机和超微粉碎机；根据粉碎机理的不同，粉碎机可以分为机械冲击式粉碎机、研磨式粉碎机、剪切式粉碎机、挤压式粉碎机、气流式粉碎机等，需要指出的是，实践应用中粉碎机的粉碎原理并不一定是单一的，而是以某一个原理为主或兼有两个原理，如辊式粉碎机，其原理是以挤压为主，兼有研磨作用。类似情况还有气流磨，振动磨、片磨、打浆机等。此外，同一原理的粉碎设备，既有普通粉碎机，也有微粉碎或超微粉碎机，即机理和功能也是交织的。所以，下面讲解，能归类的则归类讲解，如机械冲击式粉碎机，气流式粉碎机，不便归类的则单独进行讲解。

一、机械冲击式粉碎机

依靠高速旋转的齿或锤等部件冲击或击打颗粒，使其粉碎的机械是机械冲击式粉碎机，最常见的是锤片式粉碎机、齿爪式粉碎机、立式无筛微粉碎机和卧式超微粉碎机。

（一）锤片式粉碎机

1. 锤片式粉碎机的结构　锤片式粉碎机一般由供料装置、机体、转子、齿板、筛板（片）、排料装置及控制系统等部分组成，如图 4-16 所示。由锤架板和锤片组构成的转子由轴承支承在机体内，上机体内安有齿板，下机体内安有筛片包围整个转子，构成粉碎室。锤片用销子销连在锤架板的四周，锤片之间安有隔套（或垫片），使锤片彼此错开，按一定规律均匀地沿轴向分布。

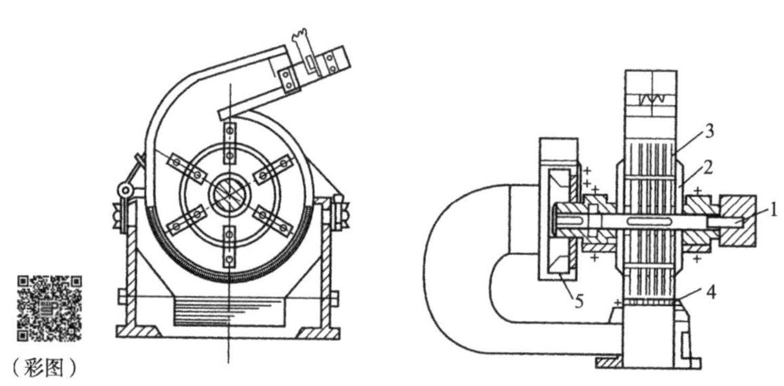

图 4-16　锤片式粉碎机的结构（郑裕国，2007）

1. 轴；2. 转毂；3. 锤刀；4. 筛板；5. 抽风机

（1）锤片　锤片的形状很多，基本类型如图 4-17 所示。其中以板条状矩形锤片最多。

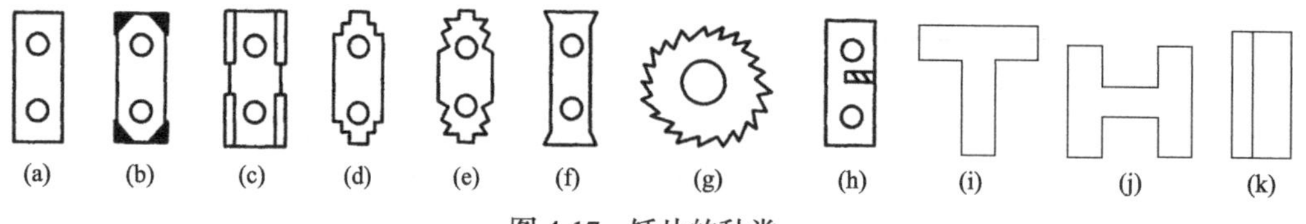

图 4-17　锤片的种类

（a）矩形；（b）、（c）焊耐磨合金；（d）阶梯形；（e）多尖角；（f）尖角；（g）环形；（h）复合钢矩形；（i）“T” 形；（j）“H” 形；（k）刀片形锤片是易损件，一般寿命为200～500h。为了提高使用寿命，除选用低碳钢（如10号钢和20号钢）和优质钢（如65号锰钢等）外，通常还应进行热处理，如渗碳后再渗硼复合热处理后，比仅用渗碳淬火处理的提高5～6倍。图4-17中（b）（c）的锤片是在工作角上涂焊、堆焊碳化钨合金，寿命可延长2～3倍。图4-17中（d）（e）所示的锤片工作棱角多、尖，粉碎能力较强，但耐磨性较差，适于粉碎纤维性物料。图4-17中（g）为环形锤片，粉碎时工作棱角经常变动，因此磨损均匀，寿命较长，但结构较复杂。图4-17中（h）所示为复合钢制成的矩形锤片，是由轧钢厂提供的两表层硬度大、中间夹层韧性好的钢板，使用寿命长、粉碎效率高。图4-17中（i）（j）这两种锤片形式是矩形锤片的变形，其目的主要是增大锤片的质量，从而提高锤片对物料的有效打击作用。图4-17中（k）所示为刀片形锤片，它是利用高速旋转的刃形对物料施以强剪切作用，这种锤片对于纤维物料、软质物料、低硬度物料、韧性物料、含水量高的物料具有较好的粉碎作用，但由于它对物料的有效打击效率低，超微作用不理想。

（2）齿板及筛网

1）齿板：齿板的作用是阻碍环流层的运动，降低物料在粉碎室内的运动速度，增强对物料的碰撞、搓擦和摩擦作用，它对粉碎效率有一定的影响。齿板一般用铸铁铸造，其表面激冷成白口，以增强其耐磨性。齿板的齿形有人字形、直齿形和高齿槽形三种。

2）筛网：筛网是锤片式粉碎机主要的易损部件之一，其形状和尺寸对粉碎效能有重大影响。按筛孔直径大小一般分为4级：小孔1～2mm，中孔3～4mm，粗孔5～6mm，大孔8mm以上。筛网对转子的包角为α，切向喂入式粉碎机的$\alpha \leqslant 180°$，轴向喂入式的$\alpha=360°$，径向喂入式的$\alpha<360°$。

2. 锤片式粉碎机的喂料方式　锤片式粉碎机按物料喂入方式的不同分为切向喂入、轴向喂入和径向喂入三种，如图4-18所示。

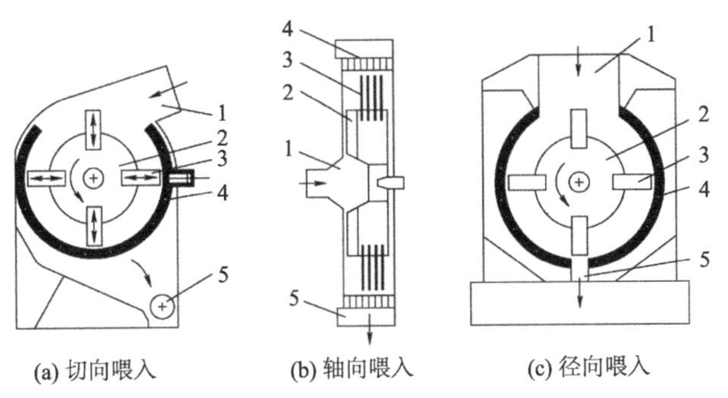

图4-18　锤片式粉碎机的类型

1. 进料口；2. 转子；3. 锤片；4. 筛片；5. 出料口

3. 工作过程　锤片式粉碎机在实际应用时组成的闭路循环系统如图4-19所示。其工作过程如下。

原料从喂料斗进入粉碎室，受到高速回转锤片的打击而破裂，以较高的速度飞向齿板，与齿板撞击进一步破碎，如此反复打击、撞击，使物料粉碎成小碎粒。在打击、撞击的同时还受到锤片端部与筛面的摩擦、搓擦作用而进一步被粉碎。在此期间，较细颗粒由筛片的筛孔漏出，留在筛面上的较大颗粒再次被粉碎，直到从筛片的筛孔漏出。从筛孔漏出的物料细粒由风机吸出并送入集料筒。带物料细粒的气流在集料筒内高速旋转，物料细粒受离心力的作用被抛向筒的四周，速度降低而逐渐积到筒底，通过排料口流入袋内；气流则从顶部的排风管排出，并通过回料管使气流中极小的物料灰粉回流到粉碎室，也可以在排风管上接集尘布袋，收集物料粉尘。

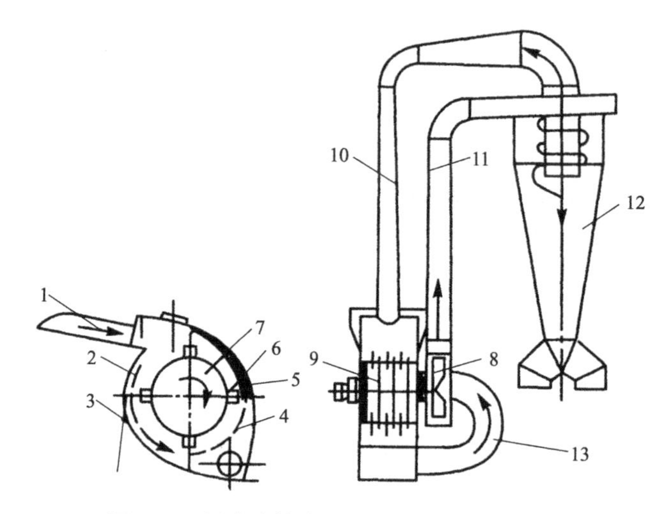

图 4-19　锤片式粉碎系统（张裕中，2012）

1. 喂料斗；2. 上机体；3. 下机体；4. 筛片；5. 齿板；6. 锤片；7. 转子；8. 风机；9. 锤架板；10. 回料管；11. 出料管；12. 集料筒；13. 吸料管

4. 生产能力的计算　设从一个圆孔中排出的产品体积（V_0）为

$$V_0 = \frac{\pi}{4} d_0^2 \cdot d \cdot \mu$$

式中，d_0 为筛孔直径，m；d 为产品粒度，m；μ 为排料系数，一般取 0.7。

锤刀扫过筛孔时，才有产品排出，如果转子上有 k 排锤刀，则转子转动一周，锤刀就扫过 k 次，而排料也为 k 次，如果转子转数为 n（r/min），筛孔总数为 z 个，则每小时排出产品的体积（V）为

$$V(\mathrm{m^3/h}) = 60 \times \frac{\pi}{4} d_0^2 d \mu k n z$$

如果是长方形筛孔，则

$$V_0(\mathrm{m^3}) = LCd\mu$$

式中，L 为筛孔长度，m；C 为筛孔宽度，m。

（二）齿爪式粉碎机

1. 结构　齿爪式粉碎机的基本结构如图 4-20 所示。工作元件由两个互相靠近的圆盘——动齿盘 10 和定齿盘 5 组成，每个圆盘上有很多依同心圆排列的指爪：定齿盘 5 有两圈定齿，齿的断面呈扁矩形；动齿盘上有三圈齿，横截面是圆形或扁矩形，两圆盘的指爪之间配合呈同心圆镶嵌型，即一个圆盘上的每层指爪伸入另一圆盘的两层指爪之间，工作时动齿盘的齿在定齿盘的圆形轨迹线间运动。定齿盘 5 安装在机盖 4 上，机盖 4 用铰链

与机壳 11 相连。动齿盘 10 安装在主轴 8 上，随主轴一同旋转。齿爪式粉碎机一般沿整个机壳周边安有筛网。

齿爪式粉碎机的形式很多，主要表现在指爪的形状、在盘上的布列，以及两盘转动方式等方面。指爪的形式有短、长圆柱，还有的类似刀齿。有的盘击式粉碎机的内层指爪形状及其相互距离与外层不同，目的是使物料因离心力作用在向外周移动过程中产生逐级粉碎的作用。齿爪式的两个圆盘可以是一盘转动（图 4-20），也可以是两盘都转动的。

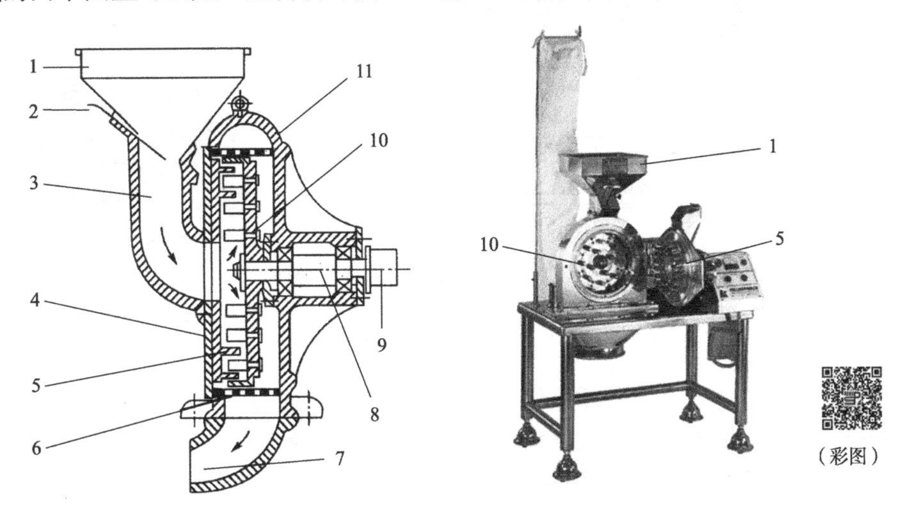

图 4-20　齿爪式粉碎机

1. 喂料斗；2. 进料调节板；3. 进料口；4. 机盖；5. 定齿盘；6. 筛网；7. 出粉口；8. 主轴；9. 带轮轴；10. 动齿盘；11. 机壳

2. 工作原理　当喂料斗物料从装在机盖中心的进料口 3 轴向喂入时，受到动、定齿和筛片的冲击、碰撞、摩擦和挤压作用（主要是冲击作用）。同时受到动齿盘高速旋转形成的风压及扁齿与筛网的挤压作用，使符合成品粒度的粉粒体通过筛网排出机外。动齿的线速度为 80～85m/s，动定齿之间的间隙为 3.5mm。

3. 特点及使用情况　齿爪式粉碎机的粉碎作用强度高，产品粒度小且均匀，能耗低，适用于谷物的粉碎，但作业噪声较大，物料温升较大，产品中含铁量较大。

因磨齿与磨盘间为刚性连接，过载能力差，使用时必须对进料进行除铁处理，避免金属异物进入粉碎室，造成设备的损坏。

（三）立式无筛微粉碎机

1. 结构　立式无筛微粉碎机如图 4-21 所示，主要结构包括喂料器、粉碎器和分选器。喂料器为螺旋式结构，用于强制均匀喂料。粉碎器包括动齿盘和定磨圈，动齿盘是周边轴向固定着打击棒或齿爪的旋转圆盘，齿爪的线速度达 110m/s；定磨圈呈环状，工作表面有齿槽和光面两种。分选器结构为一旋转叶轮，因成品粒度不同的需要，配有不同结构形式的叶轮。在粉碎器和分选器之间设置有折流圈，用以隔离粉碎器和分选器，并通过其上下通道与两者共同形成一个回路。另外，该粉碎机在使用时，排料端需要配置一个高压风机及配套分离卸料装置。

2. 工作原理　在粉碎过程中，物料由喂料螺旋 10 强制喂入粉碎区 4，在动齿盘 2 和定磨圈 3 之间受到打击、剪切、摩擦等作用而被破碎。破碎后的物料经由折流圈 9 上方的通道进入分选区 5，在高压风机及分选器 6 的共同作用下，进入分选区 5 的微粒随气流旋转。粗

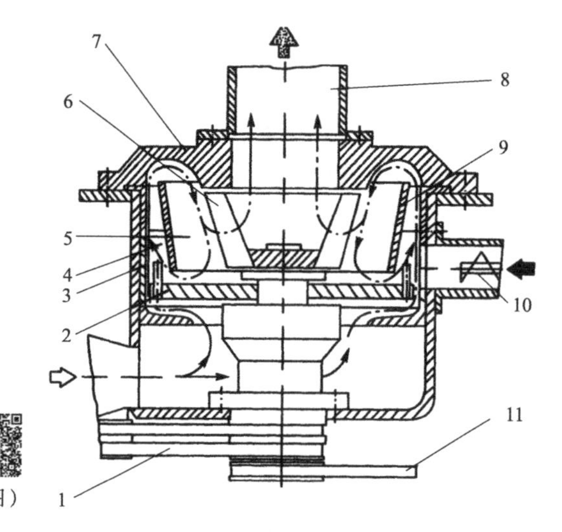

动齿盘

分选器（俯视图）

图 4-21　立式无筛微粉碎机

1. 动齿盘驱动皮带；2. 动齿盘；3. 定磨圈；4. 粉碎区；5. 分选区；6. 分选器；7. 上机壳；8. 排料管；9. 折流圈；10. 喂料螺旋；11. 分选器驱动皮带

颗粒离心力大、悬浮速度大、重新沉降到粉碎室底部，通过下方通道返回粉碎区重新粉碎；细颗粒悬浮速度小，被风机吸入由排料管 8 排出。依被粉碎物料的特性及成品标准的不同，可选用不同结构形式和运动参数的粉碎器和分选器。

立式无筛微粉碎机适用于高强度硬质物料的微粉碎或超微粉碎。

（四）卧式超微粉碎机

1. 结构　如图 4-22 所示，卧式超微粉碎机主要由料斗 2、进风口 1、粉碎室、分选装置、排渣螺旋卸料器 8 等构成。粉碎室被两个锥形套管划分成沿轴向排列的三个室——第一粉碎室、第二粉碎室和风机室。粉碎室所对应的主轴上安装有粉碎部件和分选部件，机壳内壁上有固定磨环。在第一粉碎室内，转子左端布置有 5 个螺旋升角为 60°的平直叶片，叶片上安装有可拆卸的高硬度合金磨块，称为劲锤，外缘线速度为 45～60m/s，机壳内装有固定磨环，为可更换、开有径向齿槽的环形齿板，用以强化磨碎作用；转子右端布置有分选盘，与之相对的机壳上有一轴向位置可调的锥形套管，两者之间的间隙控制着第一粉碎室出口产品的粒径。第二粉碎室的结构与第一粉碎室大体相同，不同点在于转子上为径向平直叶片，且直径比第一粉碎室转子叶片大 10%，使粉碎作用强于第一粉碎室；分级盘与锥形套管之间的间隙小于第一粉碎室。进风口设有风门，其开度可调，用以调节气流速度，具有控制出口产品粒度的作用。排渣装置设置于两粉碎室下方，与粉碎室间开有通道，内有排渣螺旋卸料器 8。

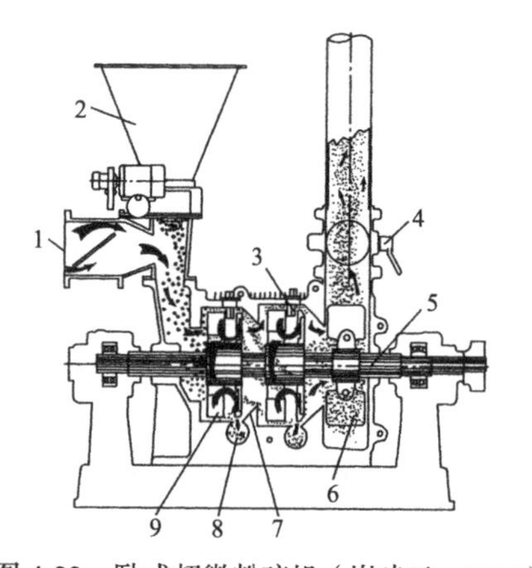

图 4-22　卧式超微粉碎机（崔建云，2006）

1. 进风口；2. 料斗；3. 固定磨环；4. 风门；5. 主轴；6. 风机；7. 锥形套管；8. 排渣螺旋卸料器；9. 叶片

2. 工作原理　经细破碎或粗粉碎预处理后粒径为 5～10mm 的原料由喂料口进入后，

首先在第一粉碎室被机械冲击粉碎及磨碎，部分粒径较小的颗粒与气流一起通过分级盘与锥形套管之间形成的间隙进入第二粉碎室，受到第二粉碎室更为强烈的粉碎作用，最后成品部分通过分级盘与锥形套管之间的间隙进入风机，由风机连同气流一起排出机外。在粉碎过程中，高硬度、高密度及粗大颗粒因离心力较大而被排入排渣通道，由排渣螺旋卸料器排出机外。

卧式超微粉碎机适用于脱脂大豆、谷物等脆性、硬质物料的微粉碎。

二、气流式粉碎机

气流式粉碎机又称流能磨，是一种超微粉碎机，其工作原理是利用物料的自磨作用。用压缩空气产生的高速气流对物料进行冲击，使物料相互间发生强烈的碰撞和摩擦作用，以达到粉碎的目的，所以这类粉碎机也叫自我粉碎机，被广泛用于食品、农产品、医药、冶金、轻工业等方面。气流式粉碎机除粉碎机本体外，还须配备空气压缩机，工作时将高速气流导入粉碎机内。

气流式粉碎机有循环管式气流磨、扁平式气流磨、对撞式气流磨等，这里只介绍循环管式气流磨。循环管式气流磨按粉碎产品分级方式分为一次分级和两次分级两种形式。

1. 一次分级循环管式气流磨　一次分级循环管式气流磨主要由立式环形粉碎室、分级器和文丘里加料器等组成，如图 4-23 所示。

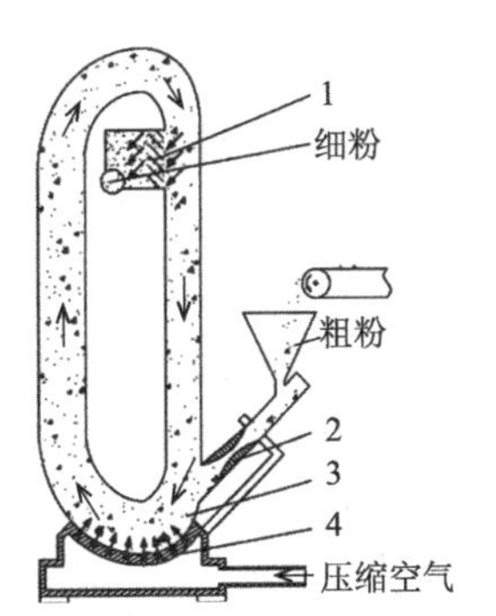

图 4-23　一次分级循环管式气流磨的工作原理

1. 分级器；2. 文丘里喷嘴；3. 立式环形粉碎室；4. 气流喷嘴

压缩空气通过加料喷射器产生的射流，使粉碎原料由进料口被吸入混合室，并经文丘里管射入“O”形环道下端的粉碎腔，在粉碎腔的外围有一系列喷嘴，喷嘴射流的流速很高，但各层断面射流的流速不相等，颗粒随各层射流运动，因而颗粒之间的流速也不等，从而互相产生研磨和碰撞作用而被粉碎。喷入不等径变曲率的跑道形立式环形粉碎室的射流可粗略分为外层、中层、内层。外层射流的路程最长，在该处颗粒产生碰撞和研磨的作用最强。由喷嘴射入的射流，也首先作用于外层颗粒，使其粉碎，粉碎的颗粒沿上行管向上进入分级区，在分级区离心力场的作用下使密集的料流分流，细颗粒在内层经百叶窗式惯性分级器 1 分级后排出即为产品，粗颗粒在外层沿下行管返回继续循环粉碎。循环管的特殊形状具有加速颗粒运动和加大离心力场的功能，以提高粉碎和分级的效果，粉碎粒度可达 0.2～3μm。

2. 两次分级循环管式气流磨　图 4-24 为两次分级循环管式气流磨的结构示意图，它与一次分级相比在结构上多了二次分级腔 10 和回料通道 9。结构的改变带来原理的改变，粉碎的颗粒向上进入分级区后，先进入一级分离区，在分级区离心力的作用下，颗粒按小、中、大可分为内、中、外三层，大颗粒由于有较大的离心力，经下降管（回料通道）返回粉碎腔循环粉碎，中颗粒和小颗粒由于悬浮速度小，随气流进入二次分级腔再进行同样原理的离心分离，分为内、外两层，中颗粒在二级分离室的外层，从回料通道 9 离心进入粉碎腔继续粉碎，小颗粒在内层，悬浮速度最小，最后从分级旋流中逸出，由中心出料口进入捕集系统而

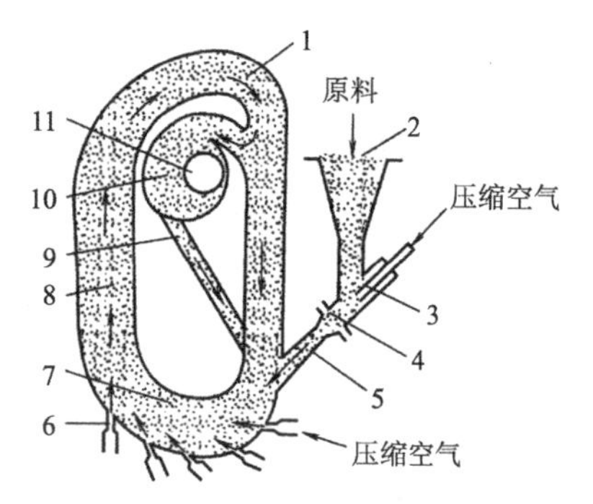

图 4-24　两次分级循环管式气流磨的结构示意图

1. 一次分级腔；2. 进料管；3. 加料喷射器；4. 混合室；5. 文丘里管；6. 粉碎喷嘴；7. 粉碎腔；8. 上升管；9. 回料通道；10. 二次分级腔；11. 出料口

成为产品。所以，两次分级可以得到粒度更小的产品。

循环管式气流磨的特点：①可以达到超微粉碎效果，产品粒度可达 0.2～3μm；②采用防磨内衬，提高气流磨的使用寿命，且适应较硬物料的粉碎；③压缩空气绝热膨胀产生降温效应，使粉碎在低温下进行，因此尤其适用于低熔点、热敏性物料的粉碎；④生产流程在密闭的管路中进行，无粉尘飞扬；⑤能实现连续生产和自动化操作，在粉碎过程中还起到混合和分散的效果。改变工艺条件和局部结构，能实现粉碎和干燥、粉碎和包覆、活化等组合过程。

三、高速剪切粉碎机

（一）高速剪切粉碎的原理

高速剪切粉碎机（高剪切机）的核心元件是一对相互交错“配合”的转子和定子，转子和定子的周边均开有相同数量的细长切口，如图 4-25 所示。转子和定子的工作原理如图 4-26 所示，带有叶片的转子高速旋转产生强大的离心力场，在转子中心形成很强的负压区。物料（液液或液固相混合物）从转子中心被吸入，在离心力的作用下由中心向四周扩散。在向四周扩散的过程中，物料首先受到叶片的搅拌，并在叶片外缘与定子齿圈内侧窄小间隙内受到剪切，然后进入内圈转齿与定齿的窄小间隙，在机械力和流体力联合效应的作用下产生强大的剪切、摩擦、撞击，以及物料间的相互碰撞和摩擦作用而使分散相颗粒或液滴破碎。随着转齿的线速度由内圈向外圈逐渐升高，物料在向外圈运动过程中受到更强烈的剪切、摩擦、冲击和撞击等作用而被粉碎，其细度越来越细，从而达到粉碎均质及乳化的目的。

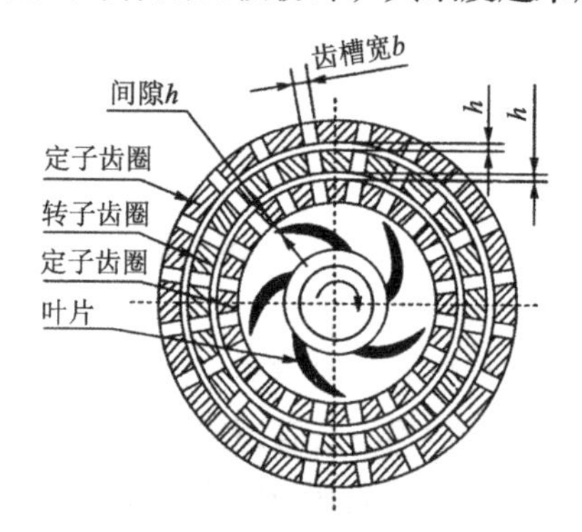

图 4-25　转子和定子的结构示意图

图 4-26　转子和定子的工作原理图

高速剪切粉碎机基于剪切原理来对物料进行粉碎、混合、均质和乳化，效果好且能耗低；特别是对纤维状软性物料的超细粉碎效果更加显著。

（二）高剪切粉碎设备

1. 单级高剪切机　单级高剪切机的结构、转子和叶轮如图 4-27 至图 4-29 所示。

单级高剪切机具有结构紧凑、体积小、能耗低和易维护等特点，适用于具有流动性的液-液相、液-固相物料的粉碎、分散、混合、均质和乳化加工场合。

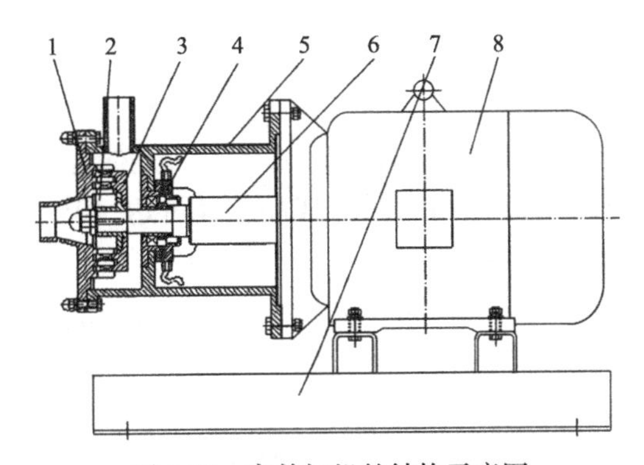

图 4-27 高剪切机的结构示意图

1. 定子；2. 叶轮；3. 转子；4. 机械密封组件；5. 机体；6. 主轴；7. 底座；8. 电动机

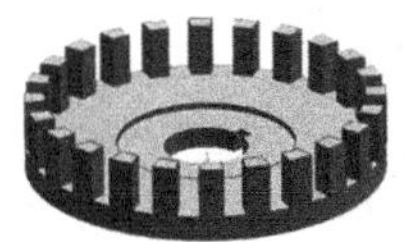

图 4-28 单级高剪切机的转子

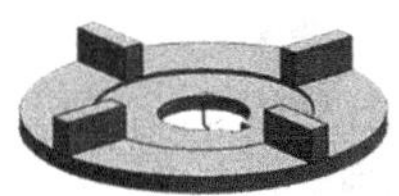

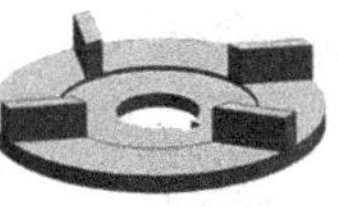

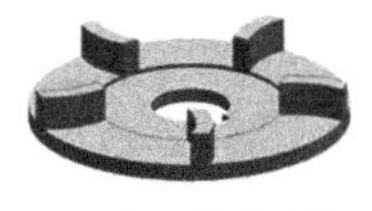

(a) 直齿叶轮 (b) 斜齿叶轮 (c) 渐开线形叶轮

图 4-29 单级高剪切机的叶轮

2. 多级高剪切机 多级高剪切机的结构如图 4-30 所示。多级高剪切机的定子和转子均为多层结构，而且由多组定子、转子组成，形成多级结构，多级高剪切机通过高速运转的多组定子、转子相对运动，极高的线速度使物料在成百上千次的强烈剪切、撞击、研磨和空穴等综合作用下，达到显著的分散、混合、均质、乳化及细化效果。

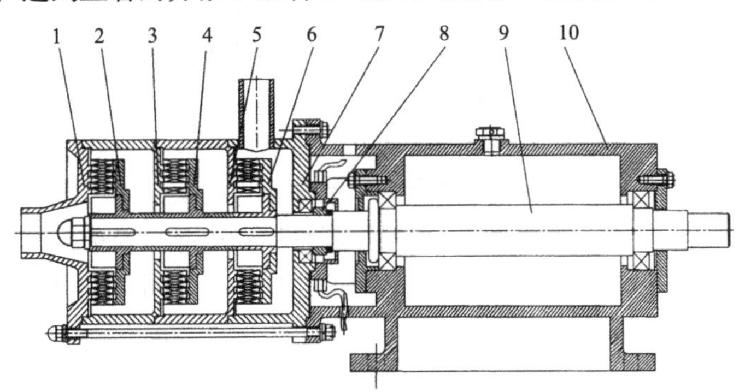

图 4-30 三级高剪切机的结构示意图

1. 第一级定子；2. 第一级转子；3. 第二级定子；4. 第二级转子；5. 第三级定子；6. 第三级转子；7. 机体；8. 机械密封组件；9. 主轴；10. 轴承座

设备将细粉碎和超细粉碎分成几个单元，一次完成超细加工要求，有效地提高了剪切次数和效率，确保显著的超细粉碎和均质效果。其可被用于果蔬纤维超细粉碎、纳米材料超细解聚、日用膏霜超细分散、中药膏体混合均质、各种乳液超微乳化等。

四、振动磨

振动磨是利用具有一定形状和尺寸的研磨介质在运动时所产生的研磨、冲击、摩擦、剪切、挤压等综合作用力使物料粉碎的设备。其粉碎效果受研磨介质的尺寸、形状、配比及运动形式，物料的充填系数、原料粒度的影响。这种粉碎机的生产率低，但成品粒径小，多用于微粉碎及超微粉碎。

常用的研磨介质（又叫研磨体）有钢球（相对密度 7.8）、氧化锆球（相对密度 5.6）、氧化铝球（相对密度 3.6）、瓷球（相对密度 2.3）、玻璃珠、钢棒等。

研磨式粉碎机主要有球（棒）磨机（粉碎成品粒径可达 40～100μm）、振动磨（成品粒径可达 2μm 以下）和搅拌磨（成品粒径可达 1μm 以下）三类。这里只介绍振动磨。

振动磨是一种利用振动原理来进行固体物料粉磨的设备，能有效地进行细磨和超细磨。

（一）振动磨的结构

振动磨由槽形或圆筒形磨体及装在磨体上的激振器（偏心重体或偏心轴）、弹簧支座、支撑架、电动机及弹性连轴器等部件组成，如图 4-31（a）所示。

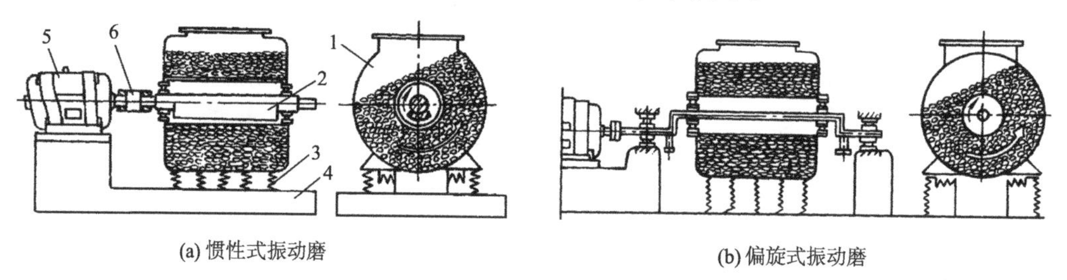

图 4-31　振动磨的类型

1. 筒体；2. 激振器；3. 弹簧支座；4. 支撑架；5. 电动机；6. 弹性连轴器

振动磨的激振器有两种类型：惯性式和偏旋式，相应的，振动磨也可按激振方式分为惯性式和偏旋式振动磨两种，如图 4-31 所示。惯性式振动磨的研磨介质装在筒体内部，主轴水平穿入筒体，两端由轴承座支撑并装有带不平衡重力的偏重飞轮，通过万向节、联轴器与电动机连接。筒体通过支撑板依靠弹簧坐落在机座上。电动机带动主轴旋转时，由于轴上的偏重飞轮产生离心力使筒体振动，强制筒内研磨介质高频振动。偏旋式振动磨是将筒体安装在偏心轴上，因偏心轴旋转而产生振动，其余结构都与惯性式振动磨相同。

筒体的结构尺寸长径比一般取 6∶1；根据原料性质及产品粒径选择研磨介质的材料种类和形状，为提高研磨效率，尽量选用大直径的研磨介质。对于粗磨采用棒状，细磨时采用球形，直径越小，研磨成品越细。

（二）工作原理

驱动电动机通过挠性联轴器带动激振器中的偏心重块或偏心轴旋转，从而产生周期性的激振力，使磨机筒体在弹簧支座上产生高频振动，机体获得了近似于圆的椭圆形运动轨迹。随着磨机筒体的振动，筒体内的研磨介质可获得三种运动：①强烈的抛射运动，可将大块物料迅速破碎；②高速同向自转运动，对物料起研磨作用；③慢速的公转运动，起均匀物料的作用。磨机筒体振动时，研磨介质强烈地冲击和旋转，进入筒体的物料在研磨介质的冲击和研磨作用下被磨细，并随着料面的平衡逐渐向出料口运动，最后排出磨机筒体成为粉磨产品。

（三）特点及应用

1. 特点

1）振动磨研磨介质（直径一般为 10～50mm）的装填系数很高，占总容积的 65%～85%，因此振动磨研磨介质的总体表面积较其他类型同容积的球磨机高，其磨碎效率也相应较高。

2）振动磨的振动频率为 1000～1500 次/min，振幅为 3～20mm。由于振动磨的振动频率高，其研磨粉碎作用较强，即由于钢球之间的搓研作用，物料处于剪切应力状态，而脆性物料的抗剪切强度远小于抗压强度，脆性物料在研磨作用下极易破坏，粉碎平均粒径可达 2～3μm。但由于研磨介质直径较小，其冲击力要比球磨机小得多。

3）缺点：运转时噪声大（90～120dB），需要采取隔音和消音等措施。

2. 应用

1）不仅适合于脆性物料，对于其他任何纤维状、高韧性、高硬度或有一定含水率的物料均可进行粉碎。

2）粉碎温度易调节，通过磨筒外壁的夹套通入冷却水控制粉碎温度。

3）可以采用完全封闭式操作，改善操作环境。

五、辊式粉碎机

辊式粉碎机是食品工业上广泛使用的一种粉碎机械，是面粉加工中必备的设备，在其他物料（麦芽、油料、麦片）加工中也经常采用。在面粉加工中，通常将若干台辊式粉碎机按照皮磨、渣磨和芯磨依次分别安装在整个工艺流程中；三种磨的不同组合可以生产出不同用途和品质的面粉。辊式粉碎机的磨辊有两种形式，即齿辊和光辊；两种形式的磨辊在粉碎机中不同的组合可以实现不同的加工工艺要求。

（一）辊式粉碎机的工作原理

1. 物料挟入条件和粉碎工作区 磨辊工作的前提是物料能够顺利进入粉碎工作区，物料和磨辊之间具有一定的几何关系和物理状态时，物料才得以通过轧区而被粉碎。为分析方便起见，将磨辊和物料的几何关系简化为图 4-32。当辊径为 D、物料粒径为 d、轧距为 b、两磨辊的转速分别为 ω_1 和 ω_2 时，要使料粒进入轧区必须使磨辊对料粒的法向压力 F_N（倾角为 α）及摩擦力 F 和合力 F_P 的方向向下指向轧区。这时应满足 $\alpha \leqslant \varphi$，φ 为磨辊与料粒间的摩擦角（F_P 与 F_N 的夹角）。

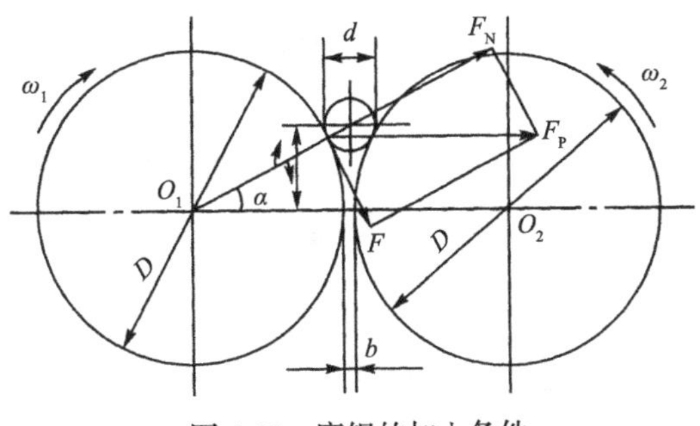

图 4-32 磨辊的加入条件

从图 4-32 上的几何关系式可得

$$D + b = D\cos\alpha + d\cos\alpha$$

当 $\alpha=\varphi$ 时，可求得加入料粒的最小允许辊径为

$$D_{\min} = \frac{d\cos\varphi - b}{1 - \cos\varphi}$$

显然，对光辊和各种不同的齿轮，摩擦角都不相同。同时，料粒本身还有弹性和塑性变形，两辊的绝对速度和相对速度也有影响，在研究 $D_{\min}$ 时仅仅考虑最不容易挟入的条件。在一般粉碎机中，磨辊直径往往比 $D_{\min}$ 大许多，一方面是可以得到绝对可靠的挟入条件，另一

方面也是机器本身的结构需要，直径太小的磨辊无论从强度或刚度的要求来看，都是不利的。在确定磨辊直径时，还要考虑磨辊的磨耗，当辗齿磨损后需要将磨辊取下，用砂轮磨削光滑后重新拉丝（刻齿槽），允许拉丝的范围不能超过磨辊冷硬层的深度。目前，在制造磨辊时冷硬层的深度可达 20mm，常用磨辊直径为 180～250mm。

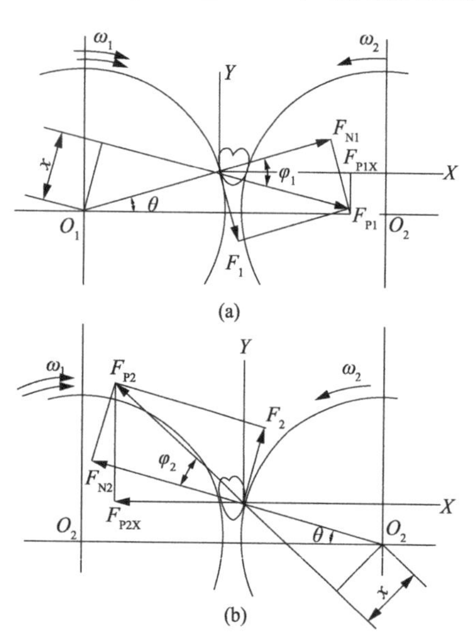

图 4-33　物料在工作区的受力情况

两磨辊的转速分别为 ω_1 和 ω_2；x 为磨辊轴 O_1（或 O_2）到合力 F_{P1}（或 F_{P2}）作用线的力臂

2. 物料在工作区的受力　当一对磨辊以不等速工作时，受力情况较复杂。为清楚起见，二辊对物料的作用力分别如图 4-33（a）和（b）所示。F_{N1} 和 F_{N2} 是两辊表面对轧区中任意的物料粒子的法向压力，F_1 和 F_2 是两辊表面对物料粒子的摩擦力，φ_1 和 φ_2 为物料对两辊的摩擦角，由于两辊速度差，F_1 和 F_2 在 Y 轴上的投影方向相反。当两辊轴 O_1 和 O_2 的相对位置保持不变时，合力 F_{P1} 和 F_{P2} 在 X 轴上的投影 F_{P1X} 和 F_{P2X} 应该相等而且方向相反，于是

$$F_{P1X} = F_{P2X}$$

$$F_{P1}\cos(\varphi_1 - \theta) = F_{P2}\cos(\varphi_2 + \theta)$$

$$\frac{F_{P1}}{F_{P2}} = \frac{\cos(\varphi_2 + \theta)}{\cos(\varphi_1 - \theta)}$$

式中，θ 为磨辊对物料粒子法向压力的倾角。

在一般情况下，$F_{P2} > F_{P1}$，$F_2 > F_1$，同时当两辊齿型相同时（锋对锋或钝对钝），$\varphi_1 = \varphi_2$，物料沿快辊表面的滑动趋势比沿慢辊表面的滑动趋势大，物料与慢辊表面基本上没有速度差。实际上，类似于将慢辊作为“砧铁”，将快辊作为“击铁”对物料进行撞击或切削的情况。

（二）齿辊的技术特征

磨辊是粉碎机的主要工作部件，外层用耐磨、强度高、导热性好的硬质合金铸铁制成，内部用强度较低、韧性好、便于加工的灰口铁制成。

磨辊分为光辊和齿辊两种基本类型。光辊外表面为经研磨加工的光滑圆柱面，齿辊表面在磨光后，利用拉丝机加工出具有一定斜度的齿状条纹。与光辊相比，齿辊具有研磨作用强烈、磨出物疏松、粒度差别明显、能耗少、温升低和干缩少等优点。

齿辊的技术特征包括齿密度、磨齿角度、磨齿斜度和齿辊配置。

1. 齿密度　齿密度是指磨辊表面单位圆弧长度（通常为 1in，即 25.4mm）上的齿数。进料粒度较大时宜采用较小的齿密度，齿间距大，齿沟较深而具有较大的容量，不易因摩擦力过大而产生过高的温升。

（彩图）

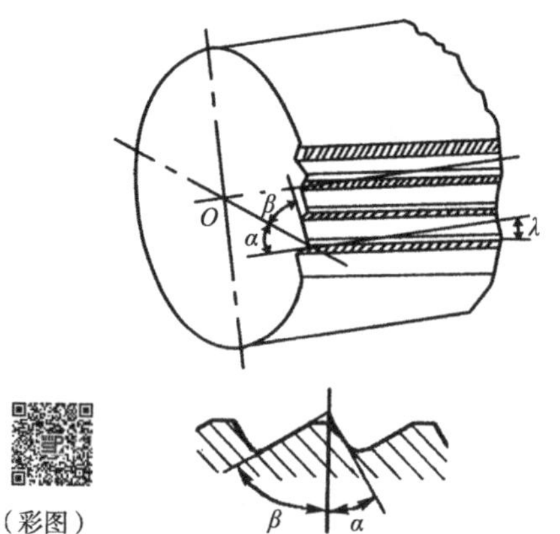

图 4-34　磨齿齿型

常用齿密度为 14～24 齿/in。

2. 磨齿角度　磨齿角度是指在磨齿的法平面上，两个齿面与其交线处半径间的夹角 α 和 β（图 4-34），即拉丝机刀具的角度。为提高研磨效果，两齿角不同，其中较大者称为钝角，较小者称为锋角，相应的齿面分别称为钝齿面和锋齿面。为保持磨齿有足够的寿命，在实际拉丝时齿顶保留有一定的宽度。常用的锋角为 35°，钝角为 65°。

3. 磨齿斜度　磨齿斜度是指磨辊表面的磨齿斜距与磨辊长度之比，其中磨齿斜距是因齿纹与圆柱母线间存在夹角 λ 而形成的（图 4-34）。该斜度的存在可避免麸皮被切成细条状，为后续筛分带来可能性，同时避免研磨载荷不均匀引发磨辊振动而降低研磨质量及设备寿命。常用磨齿斜度为 1/10～1/7 或倾角为 10°～16°。为发挥磨齿斜度的作用，一对磨辊在安装时需要在研磨区使两磨辊的齿纹相交，此时两磨辊磨齿的倾斜方向相同。

4. 齿辊配置　为实现磨辊对于物料的剥刮或研磨，磨齿与物料间必须保持不同的运动速度，因此每对辊中的两磨辊的转速并不相同，通常称转速较高的磨辊为快辊，较慢的为慢辊。一般快、慢辊的速度比采用 2.5：1。因物料通过研磨区的运动速度介于快、慢辊表面线速度之间，两磨辊对于物料起到研磨作用的齿面与运动速度、方向的关系不相同，其中快辊的工作齿面为前齿面，慢辊的工作齿面为后齿面。

磨齿的排列和相对运动有 4 种方式，如图 4-35 所示。

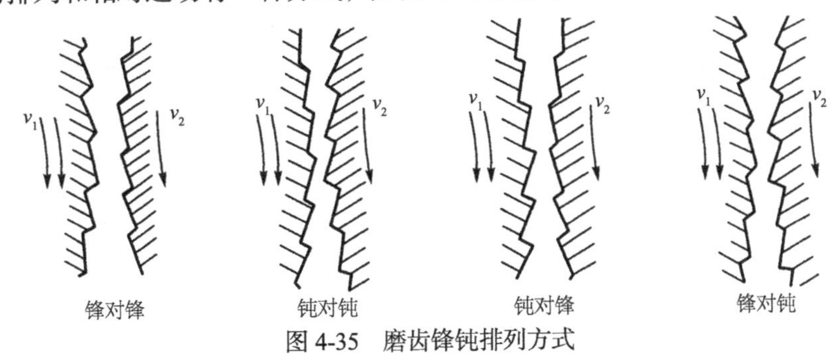

图 4-35　磨齿锋钝排列方式

v_1 及双箭头表示快辊的转速；v_2 及单箭头表示慢辊的转速

锋对锋时剪切作用强，粉碎所耗动力较少，得到的粒度比较整齐；钝对钝时挤压作用最强，挤压研磨作用较粉碎所耗动力较大，而剪切作用最弱，破碎作用和缓，可得到较多的粉末，但在磨制面粉时，麸皮破碎较少而达到选择性粉碎的目的；锋对钝排列主要靠挤压和摩擦作用破碎物料，混有部分剪切作用，适于加工韧性较大的物料；钝对锋适于加工硬而脆的物料。在制粉工艺中往往对每一道粉碎工序采用不同的齿型和锋钝组合，以达到最为经济合理的工艺效果。

（三）辊式粉碎机

1. 瑞士布勒公司 MDDK 型粉碎机　瑞士布勒公司 MDDK 型粉碎机于 1979 年被推出，历经 40 多年，性能优良可靠，深受广大用户的欢迎。

（1）结构　MDDK 型粉碎机的整体结构如图 4-36 所示。

中间自上而下被隔板隔开分成两部分，左半边为光辊，右半边为齿辊。每个部分各有一对磨辊及各自的喂料机构、轧距调节机构、松合闸机构和传动机构等，形成两个相同的独立系统。

MDDK 型粉碎机的主要结构特点是设有气动伺服喂料装置、应力自持磨辊组。整体造型特点为大平面、大直角加小圆弧。

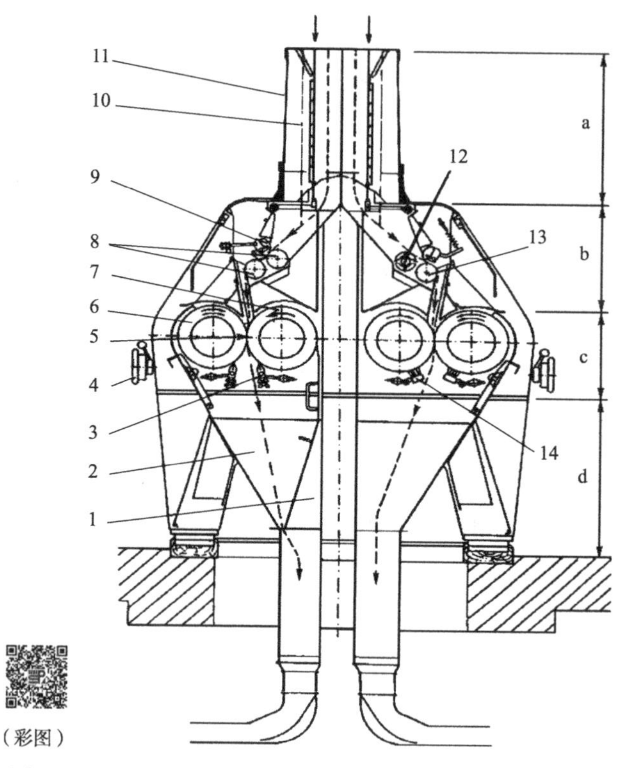

图 4-36　布勒公司 MDDK 型粉碎机剖面图（左半边为光辊，右半边为齿辊）

1. 吸风管道；2. 集料斗；3. 可调式刮刀；4. 轧距调节手轮；5. 轧距；6. 快辊；7. 慢辊；8. 喂料辊；9. 喂料扇门（关闭状态）；10. 脉冲发生器；11. 玻璃进料筒；12. 分配绞龙；13. 喂料辊（单）；14. 磨辊清理刷。a. 进料区；b. 喂料区；c. 研磨区；d. 卸料区

1）喂料机构：喂料机构的功能是将入磨物沿接触长度连续均匀铺开喂入碾磨轧距处，并保持喂料量与入磨物的基本平衡。喂料机构由料位检测及喂料辊两部分组成。料位检测通过进料传感器检测，进料传感器有机械式和电子式两种形式，目前广泛采用的是机械式。机械式传感器中最常用的是枝状浮子式，当传感器感受到物料压力时，物料压力克服传感器弹簧弹力使传感器下沉，通过浮子杠杆带动杠杆轴转动，固定在杠杆轴上的摆臂和压杆随之摆动；当枝状浮子下沉到一定位置时，摆臂推动门臂使料门开启，同时压杆将行程阀释放，向控制系统发出喂料离合器启动和合轧的信号，喂料辊转动喂料，磨粉机合轧；当进料筒内的物料量进一步增加时，锥形浮子会继续下沉，摆臂使料门开启度增大，反之摆臂退让使料门开启度减小，料门最大开启度由限位螺杆控制；当进料筒内物料少于一定量时，在拉簧的作用下，锥形浮子上浮，压杆压下行程阀，向控制系统发出离轧和喂料离合器分离的信号，粉碎机离轧，同时料门关闭。

MDDK 型粉碎机运用气动伺服控制，其伺服机构之所以选用空气而不用油，是出于卫生考虑，而且由于没有任何电器元件，这种机构具有有效的防爆性能。

MDDK 型粉碎机的左半边有一对喂料辊，右半边与左边不同，为单辊喂料，配合有分配绞龙 12 使进料沿进料辊轴向均匀分布。粉碎机上装了一个气控观察窗，使磨辊的离合位置为可见的。

2）磨辊：作为粉碎机的主要工作构件，磨辊采用离心浇铸，材料上内外层分别采用灰口铸铁和冷硬合金铸铁，然后要进行过动平衡校验，辊体表面机械加工精度高，如磨辊辊体表面相对轴心的径相跳动量仅为 0.005mm，芯渣磨用磨辊辊体表面按所在制粉工艺位置不同，加工出对应的鼓形来克服工作时因发热而产生的形变。以上加工工艺保证磨辊运转平稳、使用寿命长。

每对磨辊各由一个快辊 6 和慢辊 7 组成，磨辊水平排列，便于物料进入磨辊缝隙。磨辊部件所承受的研磨力是由其本身自抑的，即研磨作用产生的力由磨辊部件内部承担，不传递到辊架上，因此辊架不承受任何压力。

磨辊采用可调的、标准的自动调心辊子轴承，以保证精确的同心回转，能承受很高的转速和磨辊压力；轴承部件通过压缩弹簧实现预紧，预紧力的方向与研磨压力的方向一致，这样可以消除所有的间隙和制造公差，并提高了轧距精度。磨辊部件支承在空气减振器上，它可以使粉碎机壳与研磨时产生的噪声及振动隔离，噪声低。

磨辊的离合闸是采用压缩空气驱动，轧距采用单独的离合机调整，调整杆上配备了手轮，并装有类似于钟表指针式的旋转指示器。它们通过夹紧杆固定，以阻止其随意转动。根据指示盘的显示可以方便地随碾磨过程的变化重新调节磨辊。

3）进料吸风：如果向磨辊的喂料量过大，则碾磨效果会明显下降，此时唯一的补救方法是提高磨辊的线速度。但是磨辊的线速度，尤其是光辊的提高程度是有限的。磨辊高速旋转时，其周围形成的空气流动使轧距阻塞，妨碍了物料投入碾磨区，形成了一种固（体）气混合现象，称为“浮动”现象。它主要发生于加工精细的物料时。

吸风道的设计可以很好地解决此问题。即在粉碎机的喂料辊与磨辊之间设计一强制喂料用的吸风道，吸风管道与快、慢辊下的吸风室相连接。空气在物料通道中的流动促进了物料向轧区的下落，同时把磨辊旋转产生的气流经轧区吸入出料管，消除上述的两磨辊间固气“浮动”所产生的涡旋阻力，加快入磨速度，使物料无阻碍地进入轧区，甚至在高的磨辊线速度下也一样，这对芯渣磨而言效果尤佳。吸风道同时还能降低磨膛内的温度与湿度。为保证吸风效果，机下提料管建议采用水平式而非诱导式。

4）磨辊清理：物料继续下落进入两对磨辊研磨，磨辊在研磨物料的过程中，辊面总会黏附一些物料，所以每根磨辊下方均设有辊面清理装置。对于齿辊，一般采用硬毛刷清理；对于光辊，一般采用刮刀，刮刀具有自动升降装置，能够在研磨过程中自行调整。

（2）*磨辊的传动*　以皮磨系统为例，动力传递顺序如下，如图 4-37 所示。

快辊上的小带轮（d）→ SPZ 三角带→离合器皮带轮（D）→齿轮（Z_1）→齿轮（Z_2）→后喂料辊→齿轮（Z_3）→齿轮（Z_4）→齿轮（Z_5）→齿轮（Z_6）→前喂料辊。

2. 辊式麦芽粉碎机　大麦芽是生产啤酒的主要原料，在糖化前需要将大麦芽粉碎，常用辊式麦芽粉碎机进行。根据粉碎机中设置的齿辊的数量，常用的辊式麦芽粉碎机有两辊式、四辊式、五辊式和六辊式等。

图 4-38 所示为五辊式麦芽粉碎机。该机前三个辊筒是光辊，组成两个磨碎单元，以便皮壳不致粉碎得太细而影响麦汁的过滤操作；后两个辊筒是丝辊，单独构成一个磨碎单元，将筛出的粗粒粉碎成粗粉和细粉，以利于糖化时充分浸出有用物质。通过筛选装置的配合，可以分离出粗粉、细粉和皮壳。

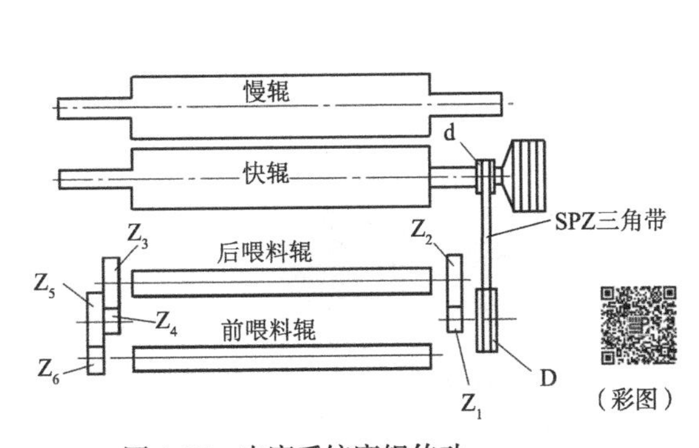

图 4-37　皮磨系统磨辊传动

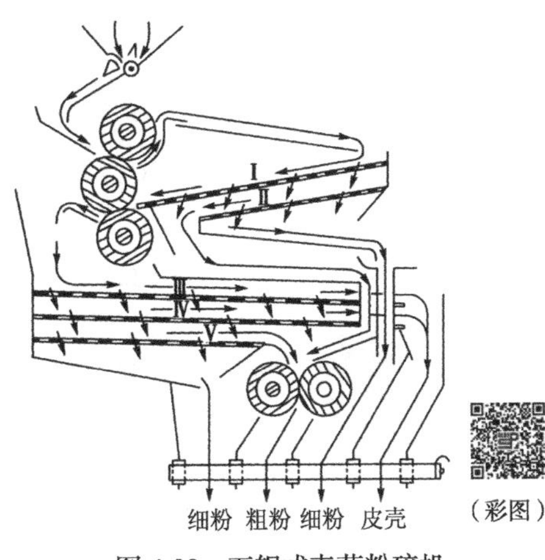

图 4-38　五辊式麦芽粉碎机

Ⅰ～Ⅴ分别表示筛的编号

五辊式麦芽粉碎机的工艺流程如图 4-39 所示。

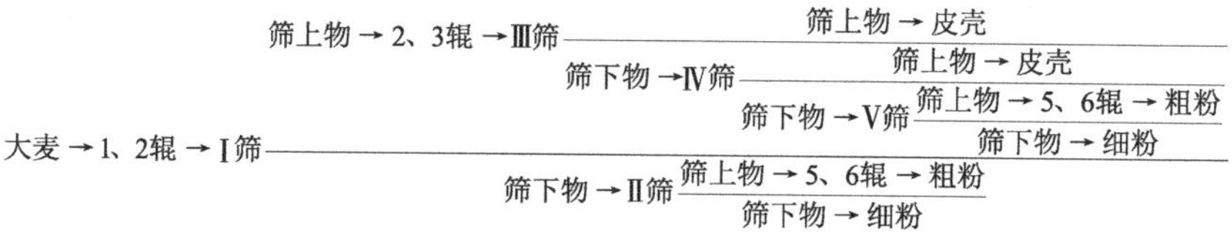

大麦 → 1、2辊 → Ⅰ筛
- 筛上物 → 2、3辊 → Ⅲ筛
  - 筛上物 → 皮壳
  - 筛下物 → Ⅳ筛
    - 筛上物 → 皮壳
    - 筛下物 → Ⅴ筛
      - 筛上物 → 5、6辊 → 粗粉
      - 筛下物 → 细粉
- 筛下物 → Ⅱ筛
  - 筛上物 → 5、6辊 → 粗粉
  - 筛下物 → 细粉

图 4-39　五辊式麦芽粉碎机的工艺流程图

六、片磨

片磨是通过动静磨盘的回转运动将物料磨碎的一类设备，因其磨盘一般呈片状而得名。片磨适用于干物料磨碎，也适用于研磨含水分高的物料及韧性大的物料。片磨的研磨性能除了取决于两个磨盘间的挤压力外，还取决于动磨盘的速度。

片磨的典型代表为磨浆机，磨浆机主要用于大豆、米粮、坚果、根茎类物料的磨浆加工，有立式磨浆机、卧式磨浆机、浆渣自分离磨浆机等。此处只介绍最常用的浆渣自分离磨浆机。

（一）结构

图 4-40 所示为浆渣自分离磨浆机，是在立式磨浆机的动砂轮片上加装离心筛而形成的，主要由进料斗、外壳、定砂轮片（定片）、动砂轮片（动片）、调节砂轮间隙装置、电动机等部分组成。磨盘必须耐磨，以延长使用周期，一般定片使用砂轮片，动片采用 36 号粒度碳化硅或氧化镁金刚砂砂轮。砂轮磨比石磨和钢磨有明显的优越性，砂轮磨的出料粒度比石磨和钢磨细，出品率比石磨磨两遍略高，比钢磨高 10%～12%，而且电耗低。

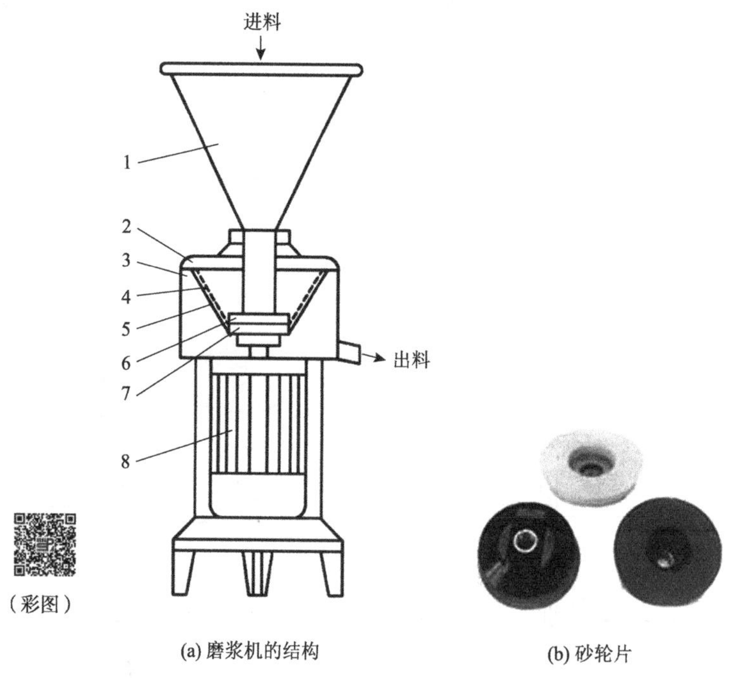

(a) 磨浆机的结构　　(b) 砂轮片

图 4-40　浆渣自分离磨浆机及砂轮片

1. 进料斗；2. 筒盖；3. 筒体；4. 滤网；5. 锥形回转网篮；6. 上磨片；7. 下磨片；8. 电动机

（二）工作原理

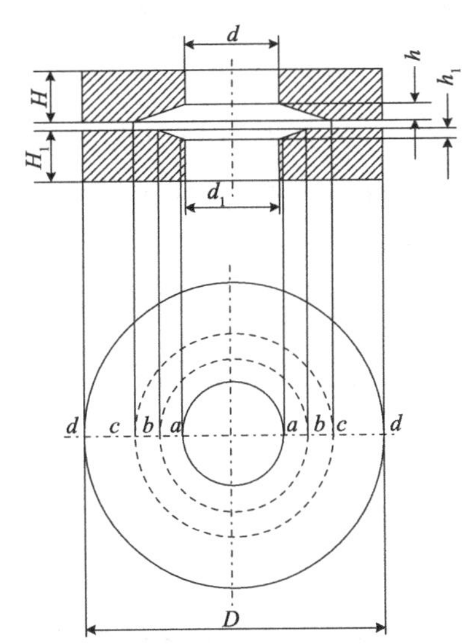

图 4-41　天然石和钢制的磨盘结构

D. 磨盘直径；d. 上（动）磨盘的进料口直径；d_1. 下（定）磨盘安装立轴的孔径；H、H_1. 上、下磨盘的厚度；h、h_1. 上、下磨盘引入物料的斜面高度；a—a. 圆形区：喂入区；a—b. 环形区：接收和破碎区；b—c. 环形区：引入和粗磨区；c—d. 环形区：细磨区

物料研磨的工作原理是借助于两个磨盘间的压力与两盘上的磨纹在旋转时所产生的摩擦和剪切作用而使物料磨碎成微细颗粒。磨盘是一个扁的圆柱体，其工作面的中央部分向内凹入，称为磨膛区，起到向外推送和分配物料的作用。在石制的和钢制的磨盘上，整个工作表面按其形状和作用，可分为4个区域（图 4-41）：喂入区、接收和破碎区、引入和粗磨区、细磨区。

按图 4-41 磨镗区的划分，磨片在各粉碎区对应的齿纹设计如下。

接收和破碎区（*a*—*b*）：设计成较大的齿和放射状的形式，齿面较宽，长度不等，宽度由内向外逐渐缩小，使物料在此区产生挤压、摩擦而被破碎。

引入和粗磨区（*b*—*c*）：齿设计得比破碎区细，平行状，使物料在此区受剪切力而进一步破碎。

细磨区（*c*—*d*）：齿条设计得更细且相互平行，在此区磨细物料。

如果磨盘采用砂轮磨，常常把砂轮设计成上砂轮为碟形，下砂轮为圆台形，使上、下砂轮片之间形成中间锥形空间区和边沿区。

七、打浆机

打浆机是果蔬破碎机械的典型代表，广泛用于苹果、梨和番茄等果蔬物料的打浆操作中，是生产果酱和番茄酱的常用机械。

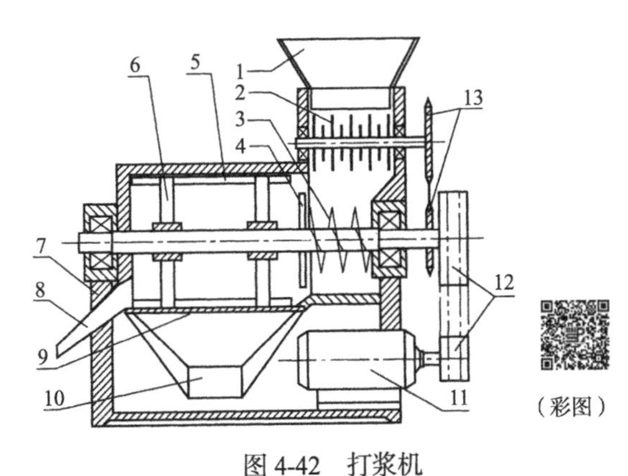

图 4-42　打浆机

1. 进料斗；2. 切碎刀；3. 螺旋推进器；4. 破碎桨；5. 刮板；6. 夹持杆；7. 机架；8. 出渣口；9. 筛片；10. 出浆口；11. 电动机；12. 带传动；13. 链传动

（一）结构

打浆机的结构如图 4-42 所示。该机主要由机架 7、电动机 11、传动机构（带传动 12、链传动 13）、输料部件（进料斗 1、切碎刀 2、螺旋推进器 3 和破碎桨 4）、打浆部件（刮板 5、夹持杆 6、筛片 9）和出料部分（出渣口 8、出浆口 10）等部件组成。

（二）工作过程

打浆机工作时，电动机 11 通过传动机构（带传动 12、链传动 13）带动切碎刀 2、螺旋推进器 3、破碎桨 4、刮板 5 和夹持杆 6 转动。物料从进料斗进入后先经切碎刀 2 初步破碎；后经螺旋推进器 3 推进，再经破碎浆4进一步破碎；最后在刮板5的作用下在筛片9表面作螺旋移动并再次破碎；果浆经筛片9的孔从出浆口10排出，废渣则由出渣口8排出。

（三）工作性能及影响因素

打浆机的工作性能与其主要部件的结构关系很大，其主要工作性能包括生产率（处理能力）、出品率及能耗等。

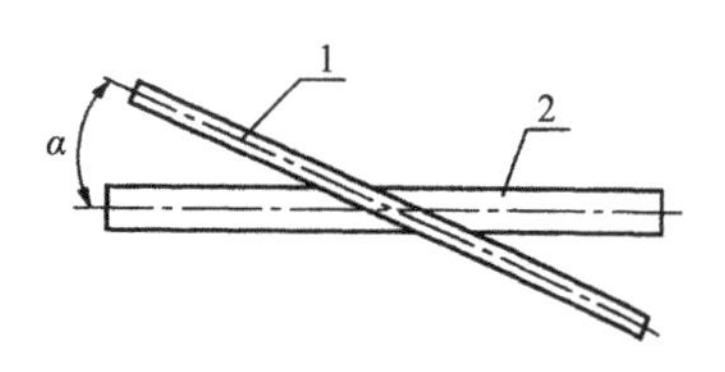

图4-43　刮板的导程角

1. 刮板；2. 轴；α. 导程角

打浆机的生产率取决于筛筒（筛片）的尺寸、开孔率，刮板的转速、导程角。导程角是指在结构设计上将刮板与轴向在空间相错成一定角度（锐角），如图4-43所示。在前三个因素一定的情况下，改变刮板的导程角可以改变生产率。当导程角减小时，物料移动速度快，打浆时间也短，生产率高；反之则打浆时间长，生产率低。

出品率是指在其他条件相同时，打浆机处理物料后所得到的成品占所处理物料的百分比。刮板的导程角及与筛片的间隙对生产率和出品率的影响很大。因此，在新机器使用前应充分调整它们，保证达到最佳效果。

思考题

1. 在肉块切割时，为什么滑切比正切省力？试画图予以分析。
2. 真空斩拌机与常压斩拌机在结构上的区别是什么？它斩拌的肉糜有何优点？
3. 试比较分析两次分级循环管式气流磨为什么比一次分级式得到产品的粒度更小。
4. 简述高速剪切粉碎机的结构、工作原理及应用范围。
5. 看图4-32，试分析如何确定辊式粉碎机最小允许辊径。

第五章 物料混合均质机械

内容提要

本章主要介绍食品加工过程中的搅拌、混合和均质乳化设备，要求重点掌握设备的结构、工作原理、性能特点和使用范围；理解打蛋机、立式行星锥形混合机、高压均质机的机械传动；了解高压均质机的使用及保养方法。

混合是指在外力的作用下，两种或两种以上不同组分物料的粒子运动速度和方向发生改变，位置重新配置而呈现均匀分布状态的操作。混合实际上可理解为物料的分散。所得混合料通常由固体与固体、固体与液体、液体与液体、液体与气体等构成。一般来说，以液体为主的物料的混合称为搅拌，以干物料为主的固体物料的混合称为混合，有时也将两者统称为混合。混合的目的在于获得均匀的混合料、强化热交换过程、增强物理和化学反应等。

第一节　固体混合技术装备

一、固体混合的原理与特点

颗粒状态或粉状固体的混合主要靠流动性。固体颗粒的流动性是有限的，它主要与颗粒的大小、形状、相对密度和附着力有关。在食品加工中，固体混合操作常见的有谷物的混合、面粉的混合、面粉中加辅料和添加剂、干制食品中加添加剂、汤粉的制造及速溶饮品的制造等。

固体混合是对流、扩散和剪切同时发生的过程，但是固体混合时，重要的是要防止发生离析现象。例如，相对密度差和粒度差大者易发生离析；混合器内存在速度梯度的部分，粒子群的移动易引起离析；干燥的颗粒，由于长时间混合而带电，也易发生离析。

混合机将两种或两种以上的粉料颗粒通过流动作用，使之成为组分浓度均匀的混合物。在混合机内，大部分混合操作都同时存在对流、扩散和剪切三种混合方式，只不过由于机型结构和被处理物料的物性不同，其中某一种混合方式起主导作用而已。

在混合操作中，粉料颗粒随机分布，受混合机作用，物料流动，引起性质不同的颗粒产生离析。因此，在任何混合操作中，粉料的混合与离析同时进行，一旦达到某一平衡状态，混合程度也就确定了，如果继续操作，混合效果的改变也不明显。影响混合效果的一个主要因素是粉料的特性，包括粉料颗粒的大小、形状、密度、附着力、表面粗糙程度、流动性、含水量和结块倾向等。实验表明，大小均匀的颗粒混合时，密度大的趋向器底；密度近似的颗粒混合时，最小的和形状近圆球形的趋向器底；颗粒的黏度越大，温度越高，越容易结块或结团，越不易均匀分散。影响粉料混合效果的另外一个主要因素是搅拌方式。

二、固体混合设备

混合容器按运动方式的不同，可分为固定容器式和旋转容器式。按混合操作形式，可分为间歇操作式和连续操作式。固定容器式混合机有间歇与连续两种操作形式，依生产工艺而定。而旋转容器式混合机通常为间歇式的，即装卸物料时需要停机。间歇式混合机易控制混合质量，因此应用较多。

（一）固定容器式混合机

固定容器式混合机的结构特点是：工作时容器固定不动，内部安装有旋转混合部件。混合过程以对流作用为主，适用于物理性质差别及配比差别较大的散料混合。

1. 螺带式混合机　图 5-1 所示为卧式螺带式混合机结构示意图，主要由搅拌器、混合容器、传动机构、机架及电动机组成。其搅拌器为螺旋带。对于简单的操作，采用一至两条螺旋带，容器上开设一对进、排料口。若需连续操作，则可在容器的同一轴上装上方向相反的两条螺旋带。操作时，一螺旋带使物料向一端移动，而另一螺旋带使物料向相反的一端移动，如果两螺旋带使物料移动的速度有快有慢，则物料与物料之间就有净位移，设备即可做成连续式。混合要求较高时，则采用三条以上的螺旋带，三条螺旋带按不同的旋向分别布置，如图 5-2 所示。正向旋带使物料不断产生翻滚，而反向旋带又使物料不断地分散和集聚，从而达到比较好的混合效果。

螺带式混合机的长度为其宽度的 3～10 倍，工作转速为 20～60r/min，装料量为容器体积的 30%～40%。

该型式的混合机对被混合物料有一定的打断、磨碎作用，适用于稀浆体和流动性较差的粉体混合。

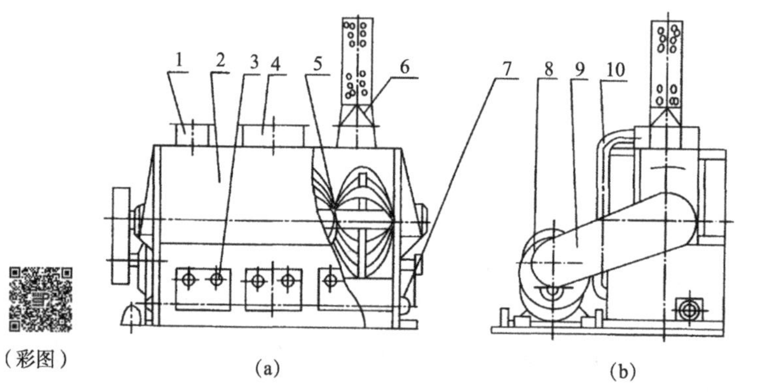

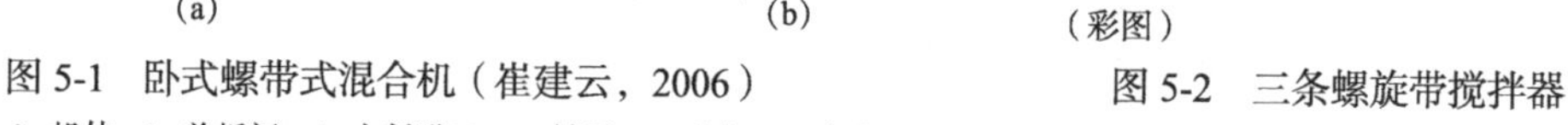

图 5-1　卧式螺带式混合机（崔建云，2006）

1. 添加剂进口；2. 机体；3. 盖板门；4. 主料进口；5. 转子；6. 出气口和布袋过滤器；7. 排料控制机构；8. 减速机；9. 链轮外罩；10. 风管

图 5-2　三条螺旋带搅拌器

2. 立式螺旋混合机　立式螺旋混合机有以下两种类型。

1）螺旋搅拌器在容器内对中垂直安装。其运动仅为自身转动，作用是将物料从容器底部提升到上部，以此循环使物料混合。但由于在抛物料过程中，重颗粒比轻颗粒抛得远，造成制品混合不均匀。

2）螺旋搅拌器在容器内倾斜安装且做行星运动。其容器为锥体，如图 5-3 所示。螺旋搅拌器的安装倾斜角度为容器壁的母线，上端通过转臂与转轴连接进行行星运动。公转速度为 2～

3r/min，自转速度为 60～90r/min。公转能使被混合物料产生水平方向的位移，自转能使物料产生垂直方向的流动，加快混合速度。此外，这种运动对靠近容器内壁的泄流层还具有清洁作用。

这种搅拌形式的混合机既适用于高流动性物料的混合，也适用于黏滞性物料的混合。其在我国食品工业中广泛应用于专用面粉，如营养自发面、多维粉等物料的混合。

立式行星锥形混合机的传动结构如图 5-4 所示，传动路线如图 5-5 所示。

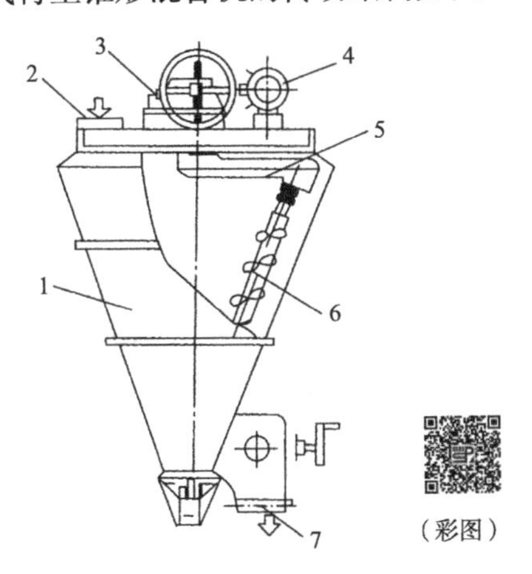

（彩图）

图 5-3　立式行星锥形混合机
（蒋迪清和唐伟强，2005）

1. 锥形筒；2. 进料口；3. 减速机构；4. 电动机；5. 摇臂；6. 螺旋；7. 出料口

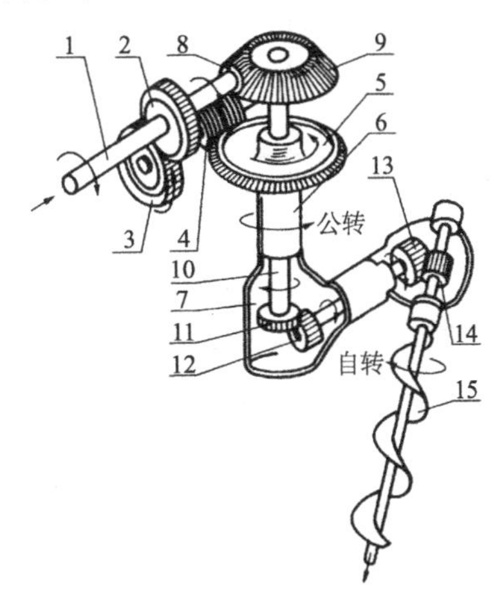

图 5-4　立式行星锥形混合机的传动结构图
（蒋迪清和唐伟强，2005）

1. 水平轴；2、3. 一级齿轮；4、5. 蜗杆、蜗轮；6、7. 转臂；8、9、11～14. 三级锥齿轮；10. 竖直轴；15. 螺旋搅拌器

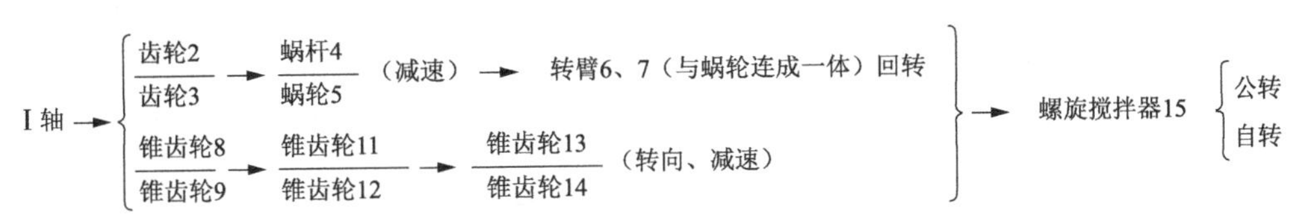

图 5-5　立式行星锥形混合机的传动路线图

（二）旋转容器式混合机

旋转容器式混合机的容器在工作时呈旋转状态，容器内没有搅拌工作部件，物料随着容器旋转方向依靠物料本身的重力流动完成混合。使用时容器的回转速度不能太高，否则会因离心力过大，物料紧贴容器内壁固定不动，无法进行混合。这种混合机可以达到很高的混合均匀度，没有残留现象，但所需的混合时间长，要求物料装填量不得超过容器有效容积的 60%。旋转容器式混合机有双锥形、V 形、三维运动混合机等。

1. 双锥形混合机　双锥形混合机由一个短圆筒两端各与一个锥形圆筒结合而成，旋转轴与容器中心线垂直，如图 5-6 所示。其锥角通常有 90°和 60°两种锥角形式。转速一般为 5～20r/min，混合时间为 5～20min/次。装料量为容器体积的 50%～60%。这种混合机克服了水平圆筒式混合机中物料翻滚不良的缺点，可以产生强烈的滚动作用，且流动断面不断变化，有良好的横流，具有混合快速的优点。

2. V 形混合机　V 形混合机由两个圆筒 V 形交叉结合而成，圆筒的直径与长度之比一般为 0.8 左右，如图 5-7 所示。两圆筒的交角为 60°～80°，较小的交角可提高混合长度。V 形混合机主要靠粒子反复地分离与合一而达到混合作用。最适宜转速为 6～25r/min，装料量为容量的 10%～30%。V 形混合机比倾斜圆筒形混合机的混合效果更好，且由于操作时物料时聚时散，混合效果比双锥形混合机好。有时为了防止物料在容器内部结团，在容器内可以安装一个逆向旋转的搅拌器。

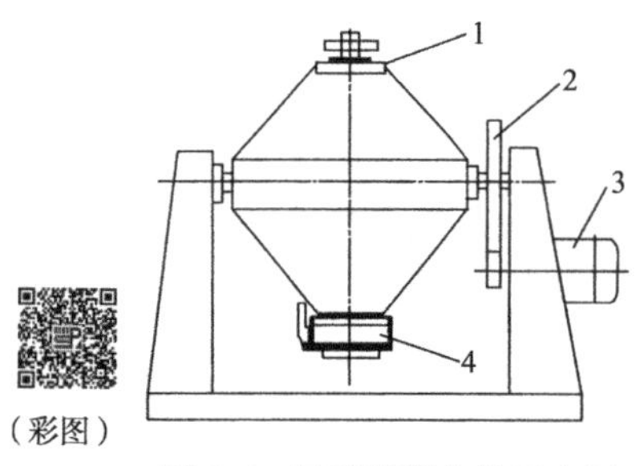

图 5-6　双锥形混合机示意图

1. 进料口；2. 齿轮；3. 电动机；4. 出料口

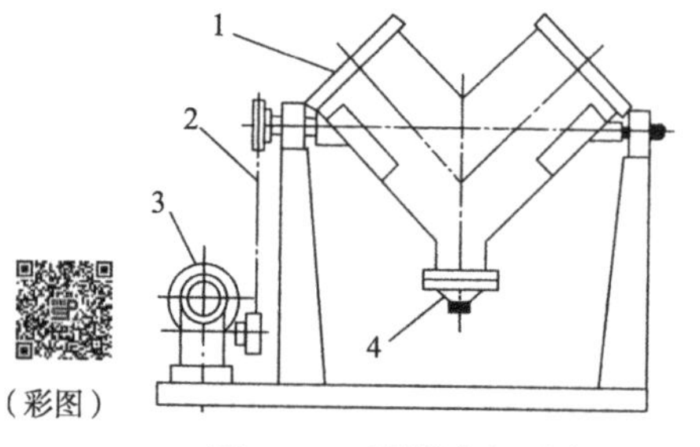

图 5-7　V 形混合机示意图

1. 原料入口；2. 传动链；3. 减速器；4. 出料口

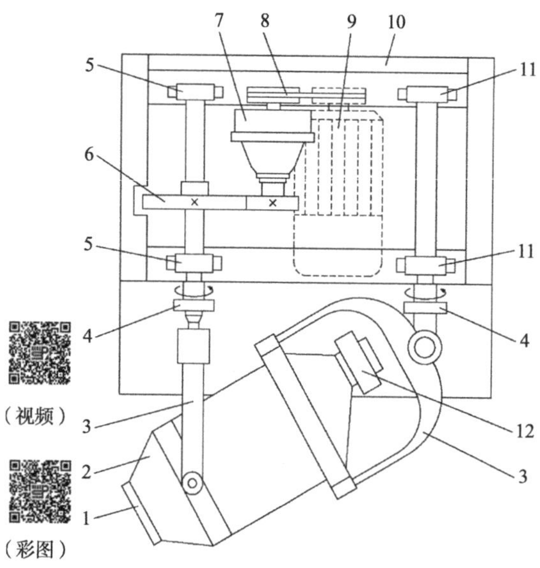

图 5-8　三维运动混合机（俯视）

1. 进料口；2. 混合筒体；3. 万向摇臂；4. 轴连接；5. 主动轴承座；6. 齿轮传动机构；7. 减速机；8. 皮带传动机构；9. 电动机；10. 机架；11. 被动轴承座；12. 出料口

3. 三维运动混合机　三维运动混合机是一种新型的容器回转型混合机，具有混合均匀度高、流动性好、容载率高等特点，对有湿度、柔软性和相对密度不同的颗粒、粉状物的混合能达到最佳效果。三维运动混合机具有独特的运动方式——转动、摇旋、平移、交叉、颠倒、翻滚，为多向混合运动，见图 5-8。在混合作业时，因混合筒同时进行了自转和公转，产生强烈的摇旋滚动作用，并受混合桶自身多角功能的牵动，增大物料倾斜角，加大滚动范围，消除了离心力的弊病，彻底保证物料自我流动和扩散作用，又使物料避免了密度偏析、分层、聚积及死角，达到较好的混合效果。

第二节　液体混合设备

一、混合机理

在外力的作用下，两种或两种以上不同组分构成的混合物在混合机或者料罐内进行混合，从开始时的局部混合达到整体的均匀混合状态，在某个时刻达到动态平衡后，混合均匀度不会再提高，而分离和混合则反复交替地进行着。整个过程存在以下三种混合方式。

（1）对流混合　由于混合机工作部件表面对物料的相对运动，所有粒子在混合机内从一处向另一处作相对流动，位置发生转移，产生整体的流动。

（2）扩散混合　对于互溶性组分（固体与液体、液体与气体、液体与液体组分等），在混合过程中以分子扩散形式向四周做无规律运动，从而增加了两个组分间的接触面积和缩短了扩散平均自由程达到均匀分布状态。对于互不相溶性组分的粒子，在混合过程中以单个粒子为单元向四周移动(类似气体和液体分子的扩散),使各组分的粒子先在局部范围内扩散，达到均匀分布状态。

（3）剪切混合　由于物料群体中的粒子相互间形成剪切面的滑移和冲撞作用，引起局部混合，称为剪切混合。对于高黏稠度流变物料（如面团和糖蜜等），主要是依靠剪切混合，一般称为捏合。捏合机工作部件对物料产生的剪切力，使物料拉成越来越薄的料层，料层表面出现裂纹，产生层流流动，达到局部混合，谓之剪切混合。挤压膨化机和绞肉机中的物料在螺杆作用下也产生剪切混合。

事实上，物料在混合机里往往同时存在着上述三种混合方式，常以其中一种方式为主。

二、典型液体混合设备

将两种或多种液体混合均匀，或者以液体为主、均匀混入膏体或粉体的设备，通常称为液体混合设备。

液体混合有机械搅拌、喷流搅拌、气流搅拌和超声波搅拌等方式。其中机械式搅拌机的应用最为广泛，如食品工业中常用的冷热缸（调配罐)、反应罐、溶糖锅、打蛋机等，下面分别以调配罐与打蛋机为代表予以介绍。

（一）调配罐

调配罐实际上是一种机械式搅拌混合罐，其结构如图5-9所示。

机械式搅拌混合罐在食品工业中应用广泛，其种类也较多，但其基本结构是一致的，主要由传动装置、搅拌装置、搅拌容器和罐体附件四大部分组成。这部分内容将在第七章食品发酵设备中以机械搅拌通风发酵罐为例详细介绍。

1. 液体搅拌混合流型　液体具有流动性和不可压缩性。在叶轮的旋转作用下，机械能将这种作用传给液体，在叶轮附近区域的液流中造成涡动，同时产生一股高速射流推动液体沿着一定途径在容器内作循环流动。这种流动称为液体的“流型”，它可分为轴向流型、径向流型和切线流型。

（1）轴向流型　液体从轴向进入叶片，从轴向流出，使流体上下流动，形成上下循环流，如图5-10（a）所示。

（2）径向流型　流体从轴向进入叶轮，从径向流出，碰到容器壁面经反射分成两股流体分别向上和向下流动，形成上下两个循环流动，如图5-10（b）所示。

（3）切线流型　液体围绕搅拌轴以圆形轨迹回转，形成不同的液流层，同时产生液面下陷的旋涡，如图 5-10（c）所示。搅拌过程中叶片转速越高，旋涡越深，这对于搅拌越是不利，严重情况下，旋涡的吸气作用会使搅拌轴发生强烈抖动，损坏搅拌器。此外，对于两相或三相混合体系（如气-液-固）等，高速搅拌产生的切线流不仅不会使混合变得更加均匀，而且会产生一种分散离析作用，使混合体系分开。

克服切线流的方法是：搅拌罐罐体设置挡板（挡板的设计在第七章食品发酵设备中讲述)；蜗轮式搅拌器和推进式搅拌器结合使用，使搅拌器有足够的径向流和适宜的轴向流。

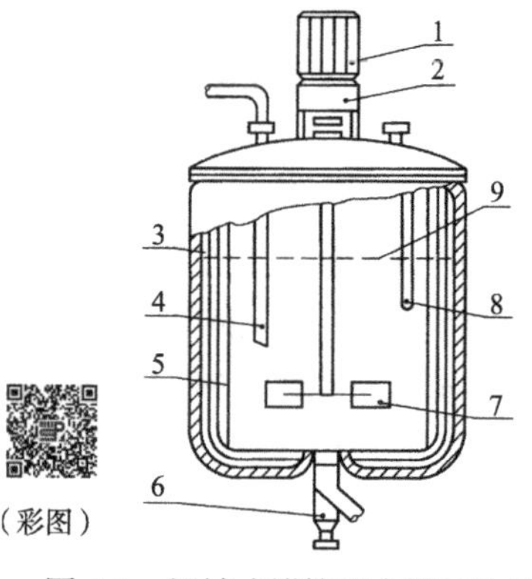

（彩图）

图 5-9　机械式搅拌混合罐结构示意图

1. 电动机；2. 传动装置；3. 罐体；4. 进料管；5. 挡板；6. 出料管；7. 搅拌器；8. 温度计插管；9. 液面

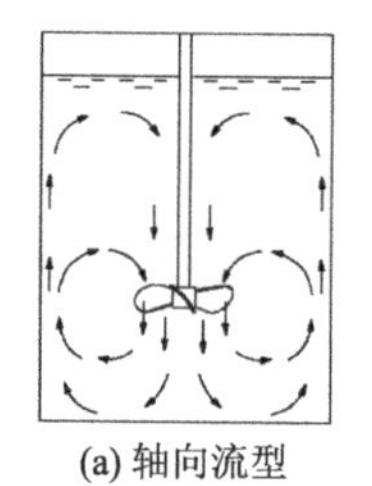

(a) 轴向流型

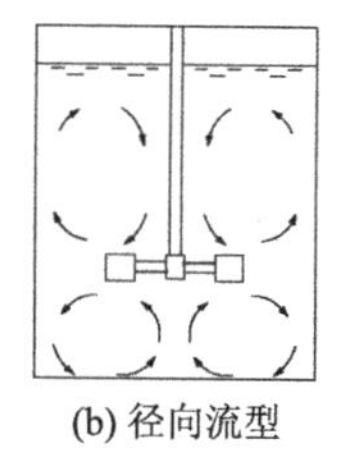

(b) 径向流型

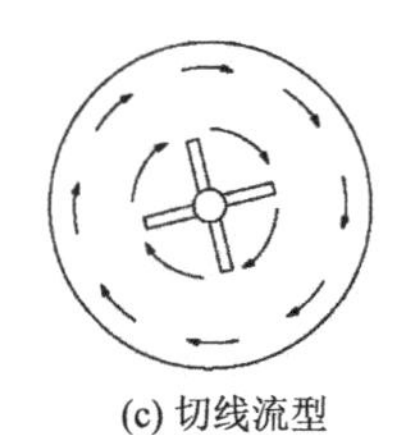

(c) 切线流型

图 5-10　液体混合流型

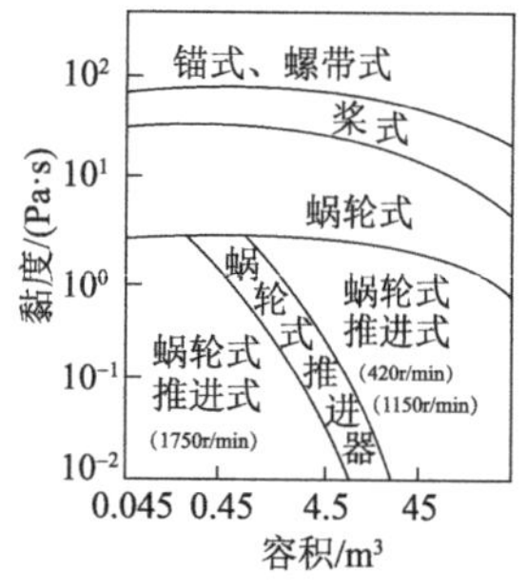

图 5-11　搅拌器按黏度选型图（李云飞和葛克山，2009）

2. 搅拌装置　搅拌器的主要作用是通过自身的运动使搅拌容器中的物料按特定的方式流动，从而达到工艺要求。所谓特定方式的流动（流型）是衡量搅拌装置性能最重要的指标。

（1）搅拌器的类型　各种典型的搅拌器型式及搅拌特性如表 5-1 所示。

液体黏度大小对选型具有重大影响。针对液体物料的不同黏度，可以选择不同的搅拌器，大致如图 5-11 所示。一般认为在 20Pa·s 以上就不宜使用蜗轮搅拌器，而锚式或框式搅拌器可适用于 10Pa·s 以上的黏度。一般认为螺带式搅拌器适用于较高黏度液体的搅拌，其黏度为 2～500Pa·s。

表 5-1　典型搅拌器的型式及搅拌特性

基本型式	图形示例	搅拌特性
桨式	直叶桨　斜叶桨　弧叶桨	低速型桨，一般在层流状态下工作，适合于中低黏度的调和、均相、分散或高黏度、大直径的混合、传热操作
旋变叶式（推进式）	后齿桨　弧叶桨　旋推桨	高速型轴流桨，在湍流区工作，适合于中低黏度的混合、溶解、传热操作
开启蜗轮式	直叶桨　斜叶桨　弯叶桨	高速型桨，剪切循环综合应用，黏度适应范围广。直叶桨、弯叶桨为径向流；斜叶桨还有轴向分流，近于轴流型
圆盘蜗轮式	直叶桨　斜叶桨　锯齿桨	高速型桨，剪切循环综合应用，适合于低黏度物料

续表

基本型式	图形示例	搅拌特性
锚式和框式	锚叶桨　平框桨　栅型锚桨	低速型桨，黏度适应范围广。搅拌流型为不同高度的水平切线流
螺带式	双螺带螺杆桨　锥形双螺带螺杆桨　螺杆桨	低速型桨，循环应用，高黏度轴向搅拌，液体沿槽壁螺旋上升再沿桨轴而下
特殊类	耙式消泡桨　杆式消泡桨　蜗轮式消泡桨	低速型桨，消除液面上的泡沫

（2）搅拌器安装形式　在搅拌器的作用下，最终的搅拌效果是通过液体在贮液槽内的流型实现的，它除与搅拌器的结构和运动参数、贮液槽的结构有关外，还受到搅拌器在贮液槽内安装形式（图 5-12）的影响。

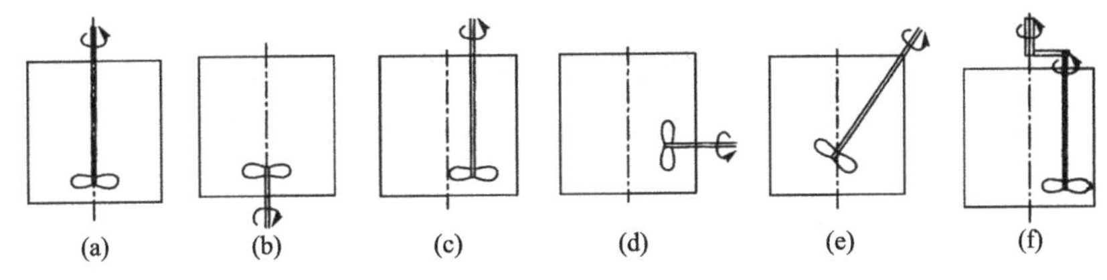

图 5-12　搅拌器安装形式示意图

（a）立式中心安装；（b）底部安装；（c）偏心式安装；（d）旁入式安装；（e）倾斜式安装；（f）行星式安装

1）立式中心安装：搅拌器直立安装于贮液槽的正中部位。这种安装方式阻力均匀、结构简单，需要注意主轴处润滑剂的泄漏。对于圆形槽易出现环流，剪切作用差，影响搅拌效果，必要时需加设挡板予以改善，适用于大型设备。搅拌器常用的功率为 0.2～22.4kW。

2）底部安装：将搅拌器安装在容器的底部。其具有轴短而细的特点，无须用中间轴连接器，可用机械密封结构，维修方便。此外，搅拌器安装在下封头处，有利于上部封头处附件的排列与安装，特别是上封头带夹套、冷却构件及接管等附件的情况下，更有利于整体合理布局。由于底部出料口能得到充分的搅动，使输料管路畅通无阻，有利于排出物料。其缺点是，桨叶叶轮下部至轴封处常有固体物料黏积，容易变成小团物料混入产品中影响产品质量，液料也易在轴封处泄漏，此外清洗也比较困难。

3）偏心式安装：搅拌器直立偏心安装于贮液槽。压力分布不均，液层相对流动较大，有利于搅拌，但因阻力不均匀，易引起搅拌器的振动，被用于小型设备。

4）旁入式安装：搅拌器从侧壁横向或斜向插入安装，在消耗同等功率的情况下，能得到最好的搅拌效果，搅拌器的转速一般为 360～450r/min，但轴封及清洗困难，故使用得较少。

5）倾斜式安装：将搅拌器直接安装在罐体上部边缘处，搅拌轴斜插入容器内进行搅拌。对搅拌容器比较简单的圆筒形或方形敞开立式搅拌设备，可用夹板或卡盘与筒体边缘夹持固定。倾斜式安装的搅拌设备可防止产生环流，适于黏度较低的流体物料，这种搅拌器结构简单，使用维修方便，可以一机多用，一般用于小型设备上。

6）行星式安装：叶轮自转的同时进行公转，搅拌区域大，剪切作用强烈，效果好，适用于黏稠液料，但传动复杂。

（二）打蛋机

打蛋机属于高黏度液体混合设备，广泛用于混合蛋液或糖液等浆状液体和含有少量液体的黏性食品，如生产软糖、半软糖的糖浆，生产蛋糕的面浆等，由于所处理的浆料一般属于调和操作中黏度较低的，搅拌桨的转速较高，通常为 70～270r/min。

打蛋机工作时，通过自身搅拌器的高速旋转强制搅打，使得被搅拌物料充分接触与剧烈摩擦，以实现对物料的混合、乳化、充气及排除部分水分，从而满足某些食品加工工艺的特殊要求。打蛋机按容器轴线分为立式和卧式两种，以立式的打蛋机最为常见，此处只介绍立式打蛋机。

1. 结构　立式打蛋机通常由搅拌器、容器、传动装置及容器升降机构等组成，如图 5-13 所示。其中，搅拌器由搅拌头和搅拌桨组成，搅拌头使搅拌桨按一定的运动轨迹在容器中运动；而搅拌桨则直接与物料接触，通过自身的运动完成对物料的搅拌。

（1）搅拌头　搅拌头以行星运动式旋转搅拌，其传动系统如图 5-14（a）所示，其运动轨迹如图 5-14（b）所示。在传动系统中，内齿轮 1 固定在机架上，当转臂 3 转动时，行星齿轮 2 受内齿轮和转臂的共同作用，既随转轴外端轴线旋转，形成公转；同时又与内齿啮合，并绕自身轴线旋转，形成自转。这个合成运动实现行星运动，从而满足调和高黏度物料的运动要求。

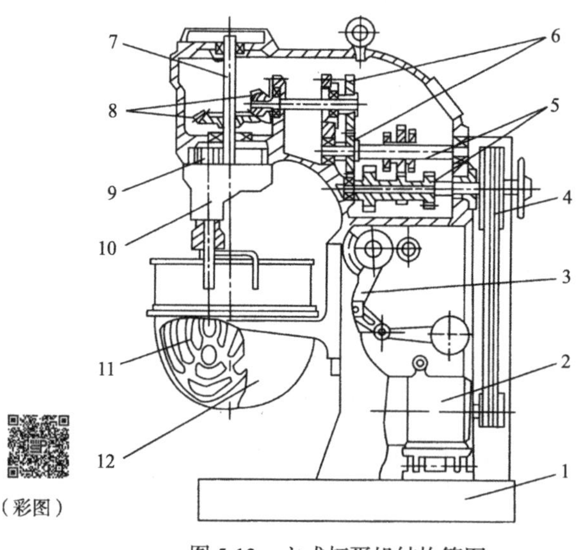

（彩图）

图 5-13　立式打蛋机结构简图

1. 机座；2. 电动机；3. 容器升降机构；4. 带轮；5. 齿轮变速机构；6. 斜齿轮；7. 主轴；8. 锥齿轮；9. 行星齿轮；10. 搅拌头；11. 搅拌桨叶；12. 搅拌容器

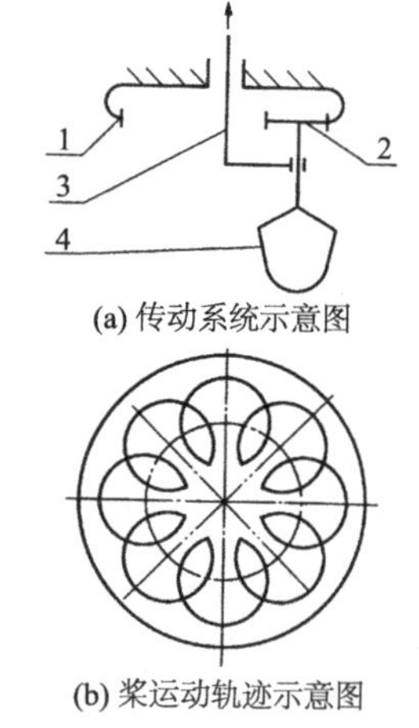

图 5-14　行星运动式搅拌头

1. 内齿轮；2. 行星齿轮；3. 转臂；4. 搅拌桨

搅拌桨自转和公转之间的关系式为

$$n_z = (1 - \frac{z_g}{z_c}) n_g$$

式中，n_z为搅拌桨自转数，r/min；n_g为搅拌桨公转数，r/min；z_g为搅拌头内齿轮齿数；z_c为搅拌头行星齿轮齿数。

n_z计算值为负值表示搅拌桨自转与公转方向相反。

（2）搅拌桨叶　　打蛋机的搅拌桨叶结构可根据被调和物料的性质及工艺要求而定，图5-15展示了通用性较广的几种典型结构。

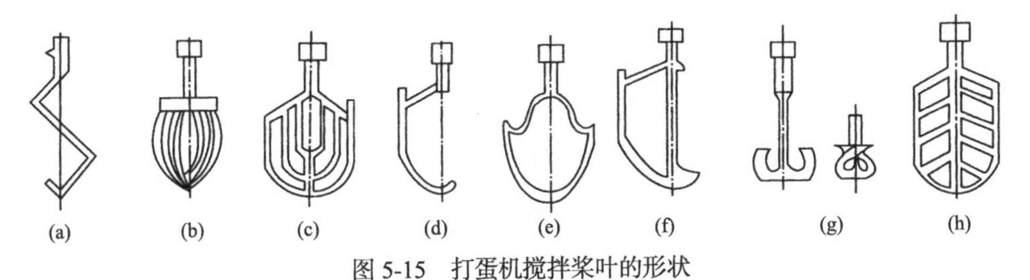

图 5-15　打蛋机搅拌桨叶的形状

（a）S钩形；（b）笔尖形；（c）拍形；（d）钩形；（e）复合形；（f）扶手式栅形；（g）锚形；（h）鱼刺形

S 钩形桨叶主要用于混合高黏度物料和含有少量液体的黏性食品。笔尖形搅拌桨由不锈钢丝组成筐形结构，桨叶的强度和刚度较低，但易于造成液体湍动，故而主要适用于工作阻力小的低黏度物料的搅拌，如稀蛋白液。拍形搅拌桨具有一定的结构强度，作用面积较大，主要适用于中等黏度物料的调和，如糖浆、蛋白浆等。钩形搅拌桨的形状与容器侧壁纵断面形状一致，结构强度较高，借助于搅拌头或容器回转运动能够在容器内形成辅助的运动轨迹，主要用于高黏度物料的调和，如面团等。

（3）调和容器　　立式打蛋机的调和容器为圆柱形桶身下接球形底，焊接成形或以整体模压成形。容器根据食品工艺的要求分为闭式和开式两种，以开式较普遍。为满足调制工艺的需要，调和容器通常设有升降和定位机构，如图5-16所示。

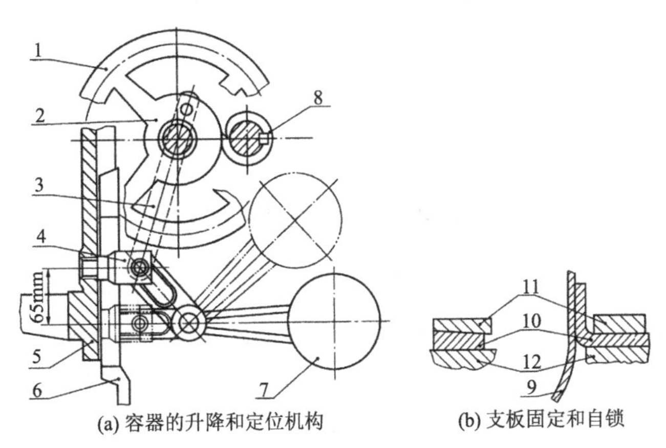

图 5-16　升降和定位机构

1. 手轮；2. 凸轮；3. 连杆；4. 滑块；5. 支架；6. 机座；7. 平衡块；8. 定位自锁销；9. 调和容器；10. 支板；11. 斜面压板；12. 机架

图5-16所示机构的工作过程为：在操作时转动手轮1，使同轴凸轮2带动连杆3及滑块4，使支架5沿机座6的燕尾导轨做垂直升降移动。升降的距离由凸轮的偏心距而定，一般约为65mm。当手轮顺时针转到凸轮的突出部分与定位自锁销8相碰时，即处于极限位置，此时连杆轴线刚好低于凸轮曲柄轴，使支板10固定并自锁在上述极限位置

处，如图 5-16（b）所示。平衡块 7 通过滑块销轴产生向上的推力，目的是减缓升降时容器支架的重力作用。

2. 传动机构　立式打蛋机的传动系统如图 5-17 所示，传动路线如图 5-18 所示。

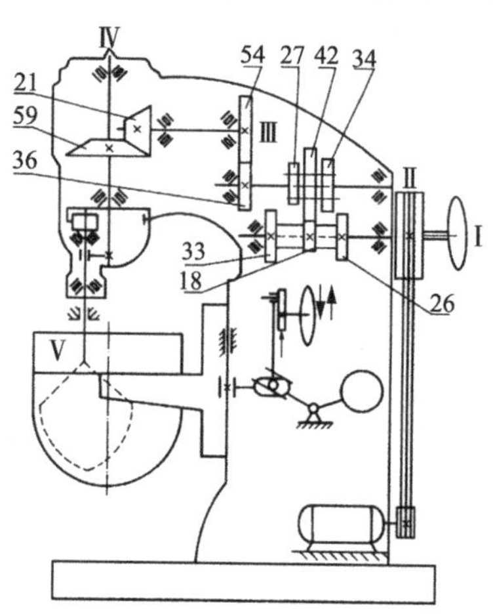

图 5-17　立式打蛋机的传动系统

图中数字表示齿轮齿数

$$\text{电动机} \rightarrow \frac{D_{主}}{D_{从}}\text{I 轴} \rightarrow \begin{Bmatrix} \frac{18}{42} \\ \frac{26}{34} \\ \frac{33}{27} \end{Bmatrix} \rightarrow \text{II 轴} \rightarrow \frac{36}{54} \rightarrow \text{III轴} \rightarrow \frac{21}{59} \rightarrow \text{IV轴} \rightarrow \text{行星机构} \rightarrow \text{搅拌头}$$

图 5-18　立式打蛋机的传动路线

$D_{主}$. 电动机皮带轮（主动轮）；$D_{从}$. 打蛋机皮带轮（从动轮）

从传动路线可以看出，传动到达 I 轴后，有三种不同速比的齿轮组可供选择。此为典型的有级变速机构，能满足一般需要。

第三节　固液混合设备

固液之间的混合操作属于捏合操作，在食品加工中广泛应用于面粉制品、巧克力制品、鱼肉香肠和混合干酪等的制作，表现为捏合、调和、揉合等。捏合操作所处理的物料大多是黏度极高的非牛顿流体或塑性固体，如面团等，物料黏度高达 2000Pa · s 以上，流动性极差。

能够完成捏合操作的设备称为捏合机，下面以生产中常用的 Z 形捏合机为例，对其工作原理和结构予以详细介绍。

一、捏合机的工作原理

物料加入捏合机混合室后，捏合机通过桨叶移动对物料进行挤压与剪切，促使物料自身出现拉延、撕裂、折叠、包裹、嵌入等变化，经过一定时间的反复，可以得到均匀的产品。

由于物料具有较高的黏滞性，桨叶在移动过程中所能波及的区域很小，形成的剪切面较小，需要依赖混合元件与物料之间的直接接触，即桨叶的移动必须遍及混合容器的各部分，故桨叶的结构一般都比较复杂。物料的黏度越高，波及区域越小，所需桨叶也越复杂。若伴有传热过程，为避免物料黏附在容器表面而降低传热能力，还需要保持桨叶与容器间的间隙尽可能得小，使该区域物料能够迅速返回有效捏合区。

在整个捏合过程中，通过工作部件对物料的逐步混合进而逐步达到物料的整体混合。捏合操作依然为对流、剪切及扩散并存的一种混合，但以剪切为主，工作间隙及桨叶形状对捏合效果的影响较大。捏合作业操作较困难，时间长，耗能高，容量一般较小。

二、捏合机的结构

Z 形捏合机又称双臂捏合机，结构如图 5-19 所示，主要由转子、混合室及驱动装置组成。

1. 混合室　混合室是一个 W 形或鞍形底部的钢槽，上部有盖和加料口，下部一般设有排料口。钢槽呈夹套式，可通入加热或冷却介质。有的高精度混合室还设有真空装置，混合过程中排出水分与挥发物。由于捏合过程中转子和容器壁间有很大的作用力，捏合机的转子叶片要格外坚固，容器的壳体也要具有足够的强度和刚度。

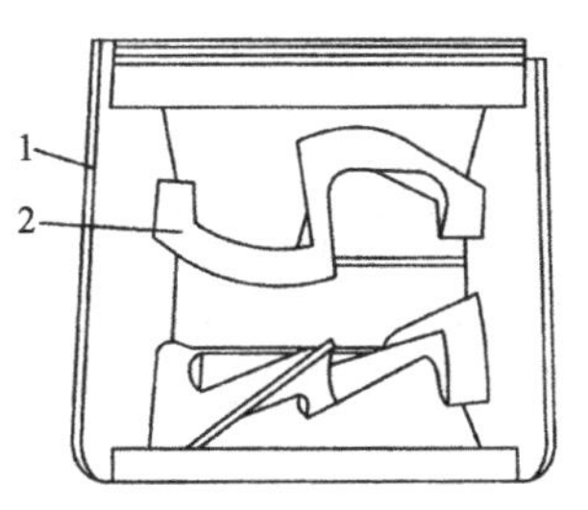

（彩图）

图 5-19　Z 形捏合机

1. 混合室壁；2. 转子

2. 转子　转子装在混合室内，与驱动装置相连接。转子的类型很多，常用的转子类型如图 5-20 所示。

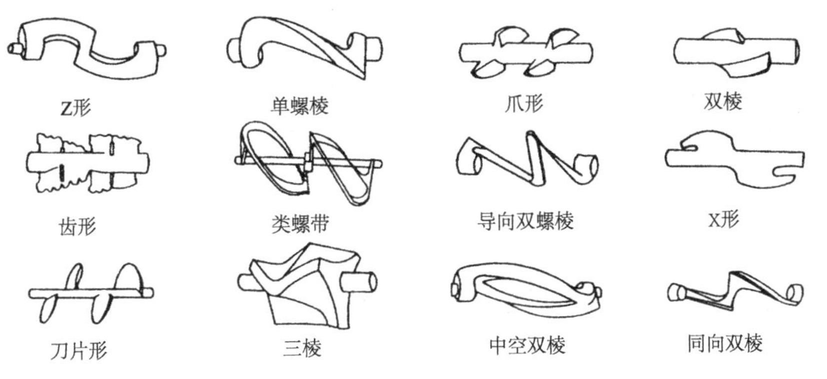

图 5-20　捏合转子的类型

单螺棱转子可在转子之间、转子与混合室壁之间产生强大的剪切作用；X 形转子的突棱短且锋利，混合时间可能长一些，可用于小型捏合机中的重负荷混合；双棱转子的结构、混合作用与 Z 形转子大体相似；三棱转子具有很强的剪切分散作用；类螺带转子的结构与螺带混合机中的螺带相似，混合强度较低，但由于两根螺带形转子同时转动，混合效果比螺带混合要好，特别适用于粉状物料及黏性物料的混合；爪形转子的凸棱短而尖锐，可使团块物料破碎，适合于易结成块状的物料的混合。

大型捏合机的转子一般设计成空腔型式，以便向转子内通入加热或冷却介质。

Z 形捏合机的混合性能不仅取决于转子的结构型式，而且与转子的安装形式有很大关系。转子在混合室内的安装形式有两种，一种为相切式安装，另一种为相交式安装。相切式安装时，两转子外缘运动迹线是相切的；相交式安装时，两转子外缘运动迹线是相交的。相切式安装时，转子可以同向旋转，也可以异向旋转，转子间速比为 1.5∶1、2∶1 或 3∶1。对于转子相切式安装的捏合机，当转子旋转时，物料在两转子相切处受到强烈剪切。同向旋转的转子或速比较大的转子间的剪切力可能很大。此外，转子外缘与混合室壁的间隙内，物料也受到强烈剪切。所以，转子做相切式安装的Z形捏合机主要有两个分散混合区域——转子之间的相切区域和转子外缘与混合室壁间的区域。除分散混合作用外，转子旋转时对物料的搅动、翻转作用有效地促进了物料各组分间的分布混合。由于转子相切式安装具有上述特点，故此类捏合机特别适用于初始状态为片状、条状或块状物料的混合。相交式安装的转子，只能同向旋转，其外缘与混合室壁的间隙很小，一般在1mm左右。在这样小的间隙中，物料将受到强烈的剪切、挤压作用，不仅可以增加混合（或捏合）效果，同时可以有效地除掉混合室壁上的滞料，有自洁作用，适用于粉状、糊状或黏稠液态物料的混合。

3. 排料方式 Z形捏合机的排料方式有三种，第一种是在混合室底部设有排料口或排料门，打开排料门即可进行排料；第二种是将混合室设计成可翻转式，排料时，上盖开启，混合室在丝杠带动下翻转一定角度将料排出；第三种是螺杆连续排料装置，其结构是在混合室底部装一根螺杆，在混合过程中，螺杆连续旋转，一方面可促进轴向分布混合，另一方面可将物料由螺杆下部的排料口连续排出。

三、捏合机的应用

Z形捏合机的应用范围很广，处理的物料可以是液相、固相或固-液二相，黏度一般在0.5～100Pa·s，但也可用于一般粉体混合机和液体搅拌机不能加工的高黏度浆体或塑性固体的捏合，如面团和蜂蜜等，这些物料的黏度高达2000Pa·s以上，流动性极差。

在食品工业特别是在焙烤食品的加工和面制品的加工，如饼干、面条、方便面、糕点等方面都是采用捏合机来和面的，其也可作为多种原料的混合设备。

目前Z形捏合机已生产有各种规格，工作容积为2.7～2800L，根据过程要求，可用夹套加热或冷却，也可在真空或加压的条件下进行操作。

第四节 气液混合设备

一、气液混合原理

气液混合可以认为是吸收的一种形式，气液混合的效果与气体的溶解度和气液相平衡关系有关。当总压不高（一般约小于500kPa）时，气液混合的效果符合亨利定律，即在一定温度下，稀溶液上方气相中溶质的平衡分压与液相中溶质的摩尔分数成正比。

食品工业中最常见的气液混合就是碳酸饮料的碳酸化，本节以碳酸饮料为例对气液混合技术与设备加以阐述。

碳酸饮料中CO_2的来源一般有两种：一种是通过饮料本身发酵产生的，如格瓦斯、啤酒等；另一种是将经过处理的纯净的CO_2，通过混合装置充填到饮料中，如汽水、汽酒、小香槟等。二氧化碳气的溶解度在0.1MPa（绝对压强）下，温度为15.56℃，1体积的水可以溶解1体积的二氧化碳。根据亨利定律，加压和降温可以提高CO_2气体在水中的溶解度。

二、典型气液混合设备

在食品工业上，生产碳酸饮料的气液混合设备称碳酸化器，就CO_2气体和水的混合接触形式来看，使用较多的有三种：薄膜式、喷雾式和喷射式。

1. 薄膜式碳酸化器　薄膜式碳酸化器是在冷水成薄膜状流动过程中与 CO_2 气体接触完成碳酸化。其基本结构如图 5-21 所示。碳酸化过程在一个密闭的压力容器中进行。CO_2 经过阀门恒定地向该密闭容器输送，充满整个容器。内压控制在 0.4～0.6MPa。经过冷却的水用泵压入容器内，由一直立管上口溢出。在直立管上固定有几组一反一正扣在一起的圆盘（成膜圆盘）。溢出的水均匀地在圆盘表面上形成一层层较薄的水膜，这些水膜的表面就是 CO_2 和水的接触面积。在水成膜状流过的过程中，完成碳酸化。碳酸水由碳酸化器的底部出口流出，被送往灌装机。

日本（涩谷工业株式会社）的 CBN 型系列碳酸化器的处理能力为 800～2000kg/h。例如，CBN-100 型的最大处理能力为 2000kg/h，CO_2 供给压强为 0.7MPa，使用功率为 0.75kW，所有与液体接触的部件都由不锈钢制作。

2. 喷雾式碳酸化器　这是我国中小型企业中使用较多的一类碳酸化器。其结构包括双缸活塞泵、碳酸化罐、机座和管路 4 个部分，如图 5-22 所示。

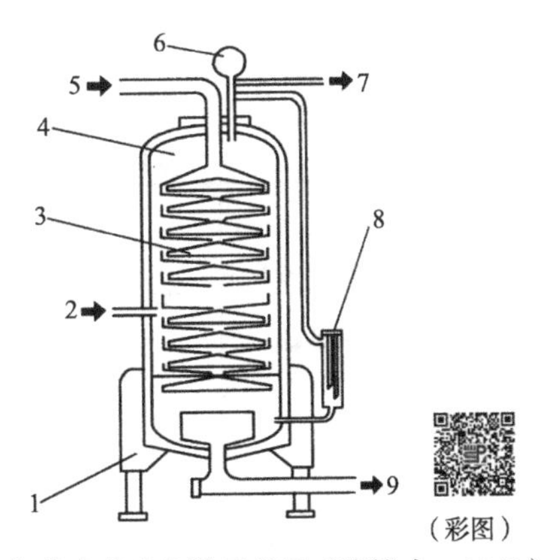

图 5-21　薄膜式碳酸化器示意图（张裕中，2012）

1. 支架；2. CO_2 入口；3. 吸收圆盘；4. 容器；5. 冷水入口；6. 压力表；7. 排气管；8. 液位计；9. 碳酸水出口

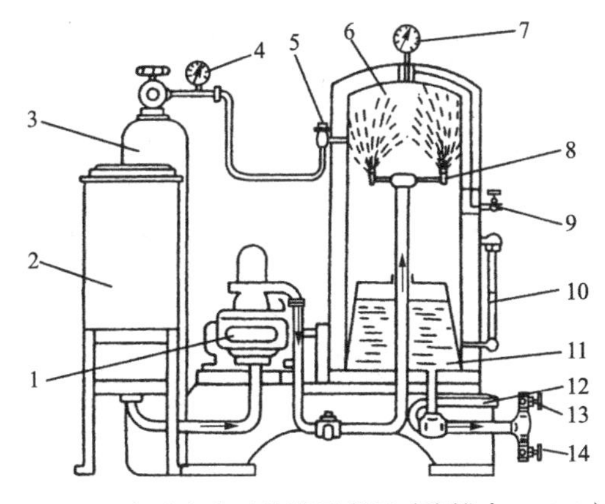

图 5-22　喷雾式碳酸化器示意图（张裕中，2012）

1. 双缸活塞泵；2. 贮水缸；3. CO_2 钢瓶；4、7. 压力表；5. 止逆阀；6. 碳酸化罐；8. 喷嘴；9. 放气阀；10. 液位显示控制器；11. 碳酸水；12. 接安全阀；13. 放碳酸水截止阀；14. 排放阀

碳酸化罐是一个普通的受压容器，外层有绝热材料，罐顶有一个可转动的喷头，水或成品经过雾化，与碳酸气接触，进行碳酸化，喷头也可就地清洗使用。

3. 喷射式碳酸化器　喷射式碳酸化器是目前使用越来越多的一种碳酸化器。它主要是一只文氏管，如图 5-23 所示。处理水由泵加压（0.1MPa 左右）通过水管进入碳酸化器（其内部的液体通道之中设有一个咽喉）。由于咽喉的截面逐渐收缩，水流的速度剧增。由流体力学可知，随着流速的增加，水的内部压强速降，这样在咽喉的末端处形成低压区，因此会不断吸入 CO_2 气体；同时喷嘴出口处的环境压力和水的内压形成较大的压差，为了维持平衡，水爆裂成很细小的水滴，而水与 CO_2 有很大的相对速度使水滴变得更加细微。这样使得水和 CO_2 气体具有很大的两相接触面积，提高了碳酸化效果，结构简单，工作可靠。

图 5-24 所示为我国生产的 DBC Ⅰ 混合机流程原理图。21 为 CO_2 喷射器。此设备采用真空薄膜式脱气，计量阀等压罐式混合，两段碳酸化，一段是管中文丘里预碳酸化，另一段是罐中薄膜式碳酸化；两段氨直接冷却（冷却器在脱气罐和碳酸化罐内）。

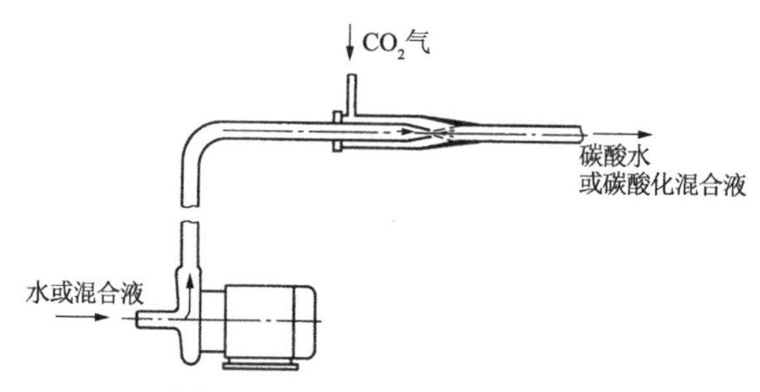

图 5-23　喷射式碳酸化器示意图

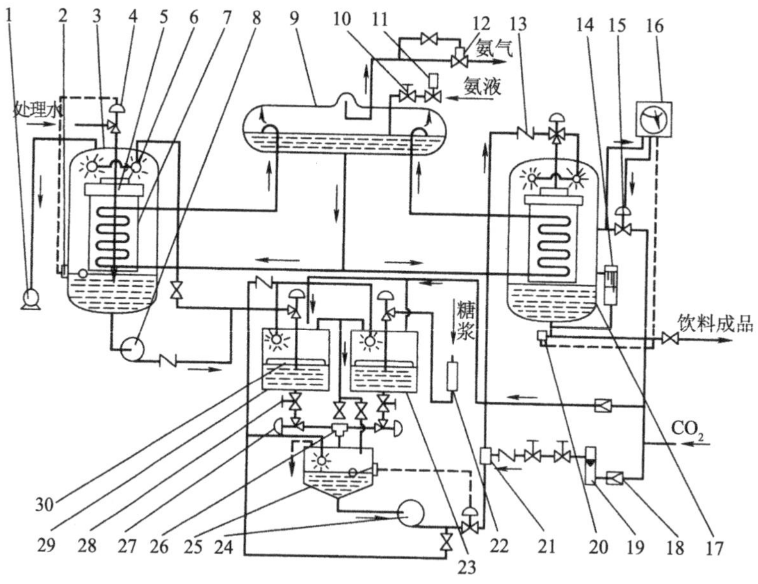

图 5-24　DBC Ⅰ混合机流程原理图（张裕中，2010）

1. 真空泵；2. 液位调节器；3. 脱气冷却罐；4. 气动进水阀；5. 配水槽；6. 清洗喷球；7. 冷却板；8. 净水泵；9. 贮氨罐；10. 手动膨胀阀；11. 电磁阀；12. 电磁稳压阀；13. 单向阀；14. 带电极液位计；15. 气动调节阀；16. 压力记录调节仪；17. 冷却碳酸化罐；18. 调压阀；19. 气体流量计；20. 测温计；21. CO_2喷射器；22. 糖浆过滤器；23. 糖浆罐；24. 混合泵；25. 混合罐；26. 水、糖混合器；27. 气动混合阀；28. 计量阀；29. 水罐；30. 浮子

DBC Ⅰ混合机工艺流程如图 5-25 所示。

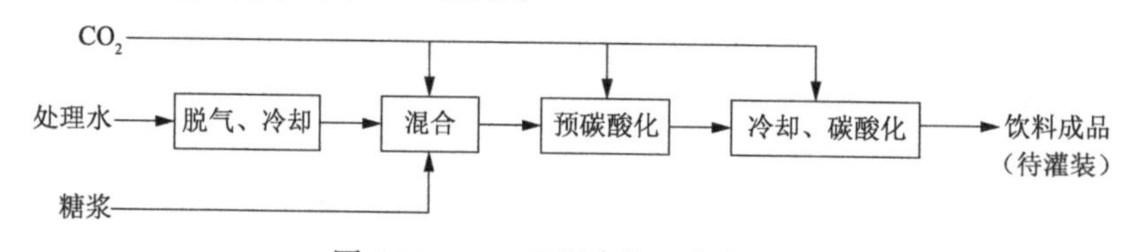

图 5-25　DBC Ⅰ混合机工艺流程图

第五节　均质乳化设备

均质乳化是指使非均相料液（悬浮液或乳化液）中的分散物（构成分散相的固体颗粒或液滴）分散化、微粒化，使之均匀稳定地分布的处理过程。均质乳化包括粉碎和混合双重作用。

均质乳化设备可根据使用的能量类型和均质机构的特点分为压力式均质设备、胶体磨、离心式均质机、高剪切均质机、超声波均质乳化设备。

一、压力式均质设备

（一）均质机理

在食品生产上，一些液态食品如饮料、牛奶等长时间放置后就要产生分层现象，以牛乳为例，新鲜牛乳看起来是均匀的乳浊液，但在显微镜下可观察到牛乳中的脂肪球大小是不等的。当静置数小时后，牛乳的表面形成一层稀奶油层，这是由于乳中的脂肪球上浮，牛乳发生了分层现象。

静置时，液体中球形颗粒上浮或下沉的速度，可由斯托克斯公式确定。

$$v=\frac{d^2(\rho_1-\rho_2)}{18\mu}g$$

式中，v 为颗粒的沉降速度，m/s；d 为颗粒的直径，m；ρ_1 为颗粒的密度，kg/m^3；ρ_2 为液体的密度，kg/m^3；μ 为液体的（动力）黏度，Pa · s；g 为重力加速度，m/s^2。

如果颗粒的密度比液体介质的密度大，颗粒就要下沉，速度为正值；反之，颗粒要上浮，速度为负值。上式表明，要减小沉降速度，只能减小颗粒的直径，因为式中其他量均为定值，v 与 d^2 成正比，颗粒直径的减小将显著降低沉降速度。但是当颗粒的直径小到接近于液体介质的分子时，斯托克斯公式就不适用了，此时在分子和微小颗粒之间形成了耦合作用力，使得分离很难发生。均质正是提供这样的耦合作用力，通过把原先数量相对较大的颗粒粉碎成无数接近于液体分子大小的微粒，使微粒稳定，均匀地分散在液体介质中而不发生分离，所以均质后液体的黏度往往会提高。

高压均质机的均质机理比较复杂，概括起来有下面 4 种学说，如图 5-26 所示。

1）剪切学说：物料在高剪切力作用下被剪切撕裂成细小微粒。

2）碰撞学说：物料受到碰撞后而破裂成细小微粒。

3）空穴学说：液体在缝隙中加速运动的同时，静压能下降，可降至此压力下水的饱和蒸汽压以下，水汽化形成气泡（空穴），当液体流出缝隙时空间增大，流速下降，压力升高，气泡（空穴）在压力作用下破灭，产生非常大的爆破力使微粒被粉碎。

4）湍流涡流学说：高速流动的液流中会产生大量的小旋涡，液体流动的速度越高，产生的旋涡越多，小旋涡剪切粒子或液滴，粒子和液滴被粉碎。

需要指出的是，高压均质机的均质机理不是上面 4 种学说中的一种，而是 4 种兼而有之，后面会结合高压均质机的结构，讲解这 4 种学说的具体应用。

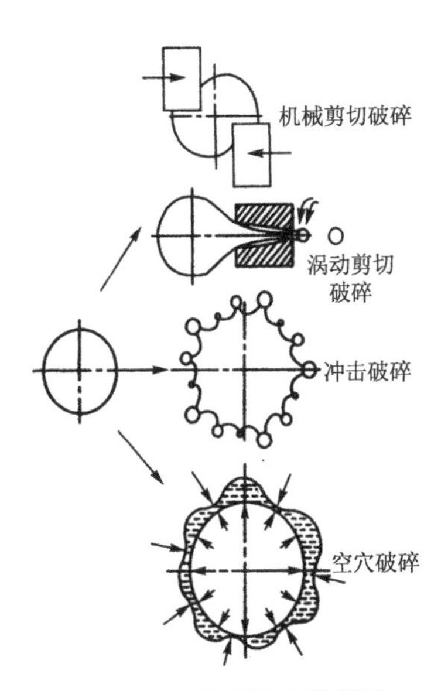

图 5-26　均质原理示意图

（二）高压均质机

1. 高压均质机的结构　高压均质机主要由柱塞式高压泵和均质阀两部分构成，其基本结构及组成如图 5-27、图 5-28 所示。类别按高压泵分，可分为单柱塞泵和多柱塞泵；按均质阀分，可分为单级和双级。单柱塞泵因其输出流量具有波动性，只用于实验规模的小型设备；食品工厂一般使用多柱塞泵，以流量输出较为稳定的三柱塞泵最为普遍；也有多达六七个柱塞的高压柱塞泵，流量输出更为稳定。

最大工作压强是高压均质机的重要性能之一，食品工业中一般为 30～60MPa，纳米均质机的压强可高达 200MPa。

拓展阅读：高压均质机常见的故障及处理方法（扫码见内容）。

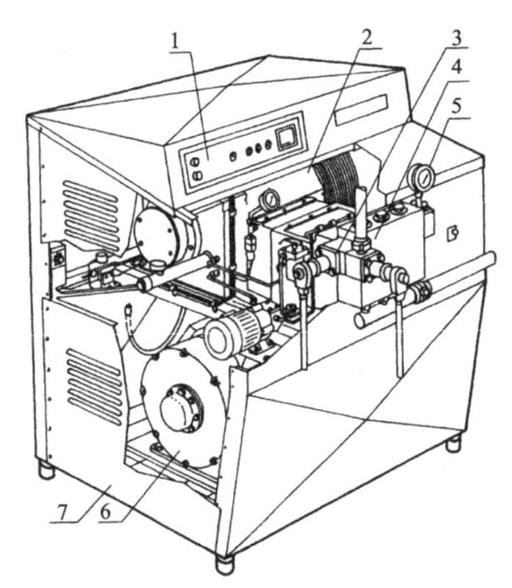

图 5-27　高压均质机的基本结构（蒋迪清和唐伟强，2005）

1. 控制面板；2. 传动机构；3. 均质阀；4. 气缸组；5. 压力表；6. 电动机；7. 机壳

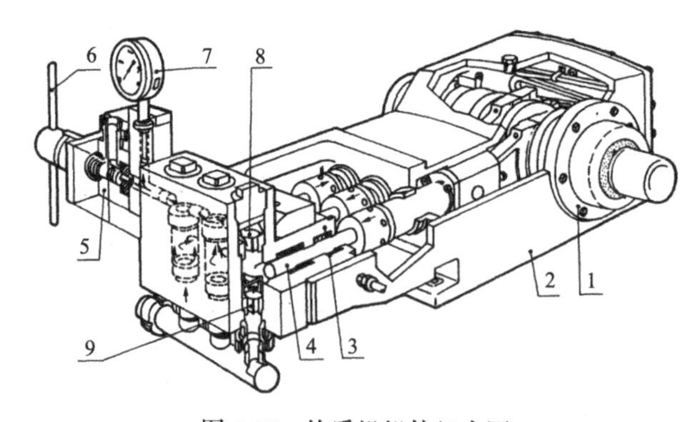

图 5-28　均质机机体组合图

1. 连杆；2. 机架；3. 柱塞环封；4. 柱塞；5. 均质阀；6. 压力调节杆；7. 高压压力表；8. 上阀门；9. 下阀门

（1）高压柱塞泵　三柱塞泵泵体结构如图 5-29 所示。泵体为一长方形，用不锈钢制造，其中开有三个柱塞孔，配有柱塞和阀门。柱塞泵的柱塞有别于其他活塞，为圆柱状，故称柱塞。柱塞用不锈钢制造，是根据液体不可压缩的原理设计，目的是防止空气进入均质阀。每个泵腔配有两只活阀，一为吸入活阀，二为压出活阀，在液体压力作用下自动开启或关闭，自动完成吸、排料过程。一吸一压，对于单泵工作，流量按正弦曲线变化，波形图见第二章图 2-35 单缸泵排液量图。为了克服上述供料不均匀的缺点，采用三柱塞泵，每个泵腔配有两只活阀，在液体压力作用下自动开启或关闭，减压时在弹簧或阀体重力作用下自动关阀或开启。其中吸入活阀三个，压出活阀一个，使供料量较为均匀。三柱塞泵瞬时排液量是同一瞬时各单柱塞泵瞬时流量的叠加，具体波形见第二章图 2-37 三柱塞泵的工作原理及流量曲线。

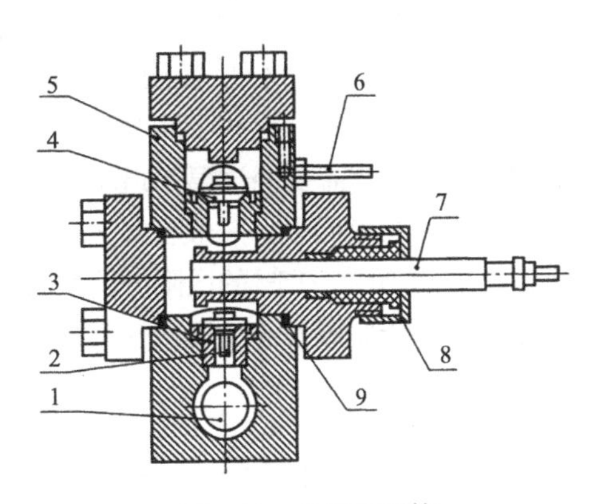

图 5-29　柱塞泵泵体

1. 进料腔；2. 吸入活门；3. 活门座；4. 排出活门；5. 泵体；6. 冷却水管；7. 柱塞；8. 填料；9. 垫片

（2）均质阀　　均质阀的阀件组合包括均质座（阀座）、均质杆（阀芯）和均质环，如图 5-30 所示。均质阀是用钨、铬、钴等耐磨合金钢制造的。

流体在均质阀内被均质的工作过程如图 5-30（b）所示。当流体在高压泵的作用下，被强制通过阀座-阀杆间大小可以调节的缝隙（约为 0.1mm）时，流体受到强大的剪切力，此为剪切作用；在泵体压力作用下，流体在阀座-阀杆间缝隙的流动速度在瞬间被加速到 200～300m/s，在缝隙中产生巨大的压力降，当压力降低到工作温度下液体的饱和蒸汽压时，液体就开始“沸腾”迅速汽化，内部产生大量气泡。含有大量微气泡的液体朝缝隙出口流出，流速逐渐降低，压力又随之提高，压力增加至一定值时，液体中的气泡突然破灭而重新凝结，气泡在瞬时大量生成和破灭就形成了“空穴”现象。空穴现象似无数的微型炸弹爆炸，能量剧烈释放而产生强烈的高频振动，同时伴随着强烈的湍流产生强烈的剪切力，液体中的软性、半软性颗粒就在空穴、湍流和剪切力的共同作用下被粉碎成微粒，其中空穴起了主要的作用。自缝隙出来的高速流体接着又强烈地撞在外面的均质环上，使已经碎裂的粒子进一步得到分散，此为撞击作用。此外，高速液料在通过由阀座与阀芯构成的狭缝时会产生微涡流，微涡流也会对微粒产生剪切作用使其碎裂，此为湍流涡流作用。

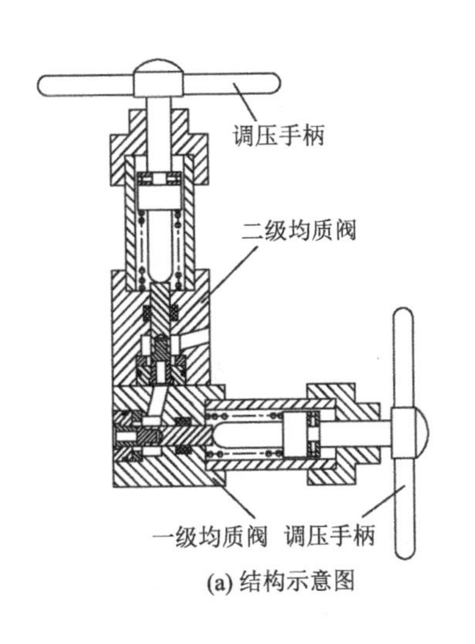

(a) 结构示意图

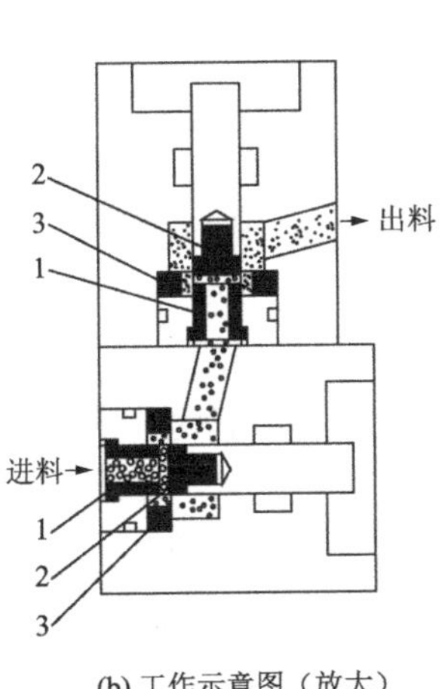

(b) 工作示意图（放大）

(c) 均质阀配件外形图

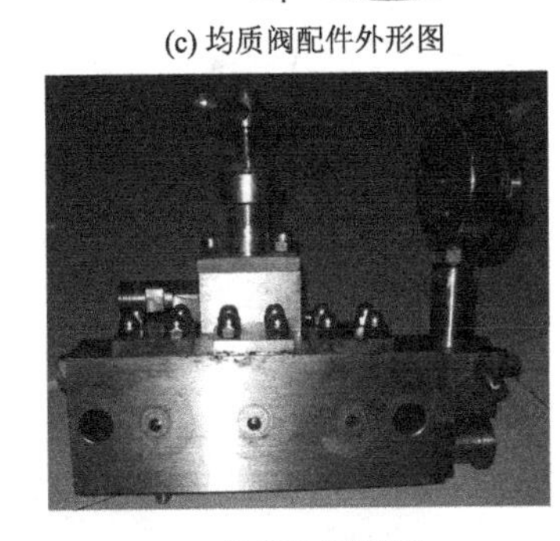

(d) 均质阀实物照片

（视频）

图 5-30　均质阀

1. 阀座；2. 阀芯；3. 均质环；4. 间隙

不同均质阀的结构形式如图 5-31 所示。

一级均质阀往往仅使乳滴破裂成小直径的乳滴，起乳化作用的大分子物质未均匀分布在小滴乳液的界面上。这些小滴乳液由于尚未得到乳化物质的完全覆盖，仍有相互合并成大滴乳液的可能，因此需要经过第二道均质阀的进一步处理，才能使大分子乳化物质均匀地分布在新形成的两液相界面上。一般在需采用双级处理的场合，将总压降的 85%～90%分配给第一级，而将余下的 10%～15%的压降分配给第二级。例如，乳品工业中给牛乳使用两级均质，第一级的作用是使脂肪球破碎，要求流体压强为 20～25MPa，第二级要求流体压强约为 3.5MPa。

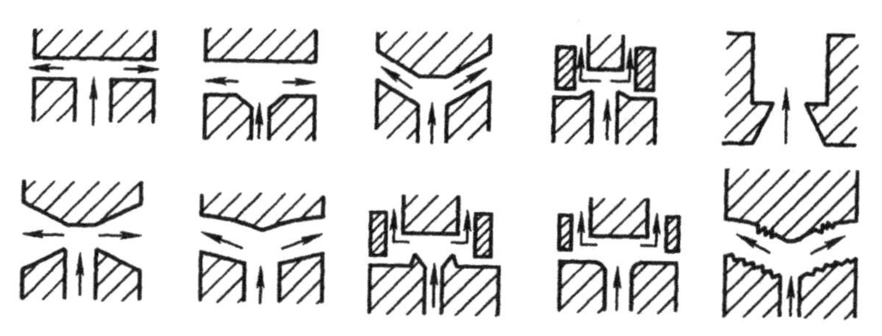

图 5-31　不同均质阀的结构形式（朱宏吉和张明贤，2011）

均质压强的大小一般根据压力表指示，靠手柄对弹簧的压缩程度来调节。弹簧力作用下的阀芯，只有当流体获得足以与弹簧力相抗衡的压力条件时，才能被顶开并让流体通过缝隙而产生作用。

在均质过程中，高速流体产生的摩擦作用会使泵体（从而也使料液）温度升高。为了使泵体在恒定温度范围内工作，一般工业化高压均质机都配有冷却水系统。冷却水主要是对往复运动的柱塞进行冷却。现代食品工业中，高压均质机已结合到无菌化生产线中，在这种场合配接的冷却水首先必须是无菌的，这样才能保证料液在均质工段不受到二次污染。

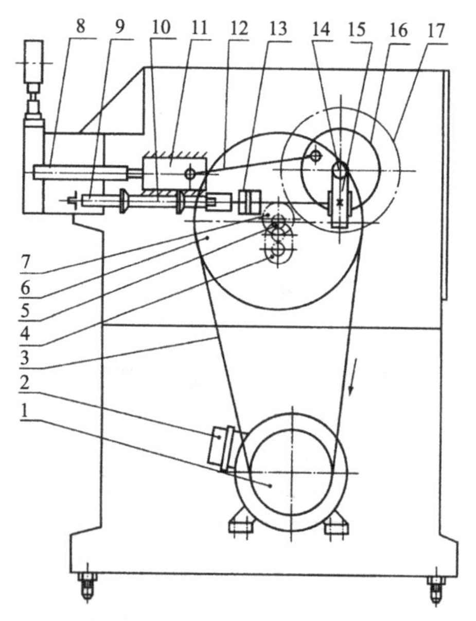

图 5-32　高压均质机传动示意图

1. 小皮带轮；2. 电动机；3. 三角皮带；4. 油泵；5. 传动轴；6. 大皮带轮；7. 小齿轮；8. 柱塞；9. 均质轴；10. 连接杆；11. 滑块；12. 连杆；13. 油缸；14. 蜗杆；15. 蜗轮；16. 曲轴；17. 大齿轮

虽然高压均质机的出料仍然有较高压头，但它的吸程有限，一般供料容器的出口位置应高于高压均质机进料口，否则需使用离心泵作为启动泵。高压均质机在使用中应避免出现中途断料现象，否则会出现不稳定的高压冲击载荷，会使均质设备受到很大的损伤。正位移泵的吸程有限，因此进料前必须有一定的正压头，才不致出现断料现象。此外，物料混入过多空气也会引起同样的冲击载荷效应，因此有些产品均质以前要先进行脱气处理。

2. 高压均质机的传动　高压均质机的传动如图 5-32 所示。

3. 高压均质机的操作

1）虽然设备本身有很强的自吸能力，但在使用时应采用高位进料或压力进料。

2）出料管路严禁安装阀门，如果需要安装，必须配备相应的安全阀来保证设备的安全运转。

3）每台设备都配备有柱塞喷淋冷却系统，每次开机前必须打开柱塞喷淋冷却系统。设备运行过程中，严禁断开冷却水。

4）在调压时先调节二级调压手柄，再调节一级调压手柄，缓慢将压力调至使用压力。在关机时，卸压先卸二级，再卸一级。

5）调压时，当手感到已经受力时，须十分缓慢地加压。

6）物料中的空气含量须在2%以下。

7）严禁带载启动。

8）工作中严禁断料。

9）进口物料的颗粒度对软性物料在70目以上，对硬颗粒物料在100目以上。严禁粗硬物料、杂质进入泵体。

10）均质阀组件为硬脆物质，装拆时不得敲击。

11）关机时先将调压手柄卸压，再关电动机，最后关冷却水。

12）均质机停止使用后应立即拆洗，以免物料残留。拆洗后，将机器重新装配好，用90℃以上的热水连续对泵体及管路消毒10min以上。

二、胶体磨

（一）工作原理

胶体磨由一固定的表面（定磨盘）和一旋转的表面（动磨盘）组成。两表面间有可调节的微小间隙，物料就在此间隙中通过。物料通过间隙时，由于转动件高速旋转，附于旋转面上的物料速度最大，而附于固定面上的物料速度为零，其间产生急剧的速度梯度，因而物料受到强烈的剪切力摩擦和湍动搅动，使物料均质、乳化。

（二）结构

胶体磨有立式和卧式两种形式。卧式胶体磨适用于黏度较低的物料，而对黏度较高的物料则要使用立式胶体磨。二者结构类似，本章主要介绍立式胶体磨。

立式胶体磨主要由进料斗、外壳、定磨盘（定齿）、动磨盘（转齿）、电动机、调节装置和机座等部分组成，如图5-33所示。

1. 定磨盘、动磨盘 工作时，物料通过定磨盘与动磨盘之间的圆环间隙，在动磨盘的高速转动下，物料受其剪切力、摩擦力、撞击力和高频振动等复合力的作用而被粉碎、分散、研磨、细化和均质。

定磨盘和动磨盘均为不锈钢件，热处理后的硬度要求达到HRC70。动磨盘的外形和定磨盘的内腔均为截锥体，锥度为1∶2.5左右。工作表面有齿，齿纹按物料流动方向由疏到密排列，并有一定的倾角。这样，由齿纹的倾角、齿宽、齿间间隙及物料在空隙中的停留时间等因素决定物料的细化程度。

2. 调节装置 胶体磨根据物料的性质、需要细化的程度和出料等因素进行调节。调节时，可以通过转动调节手柄由间隙调整盘带动定磨盘轴向位移而使空隙改变。若需要大的粒度比，调整定磨盘往下移；定磨盘向上移则粒度比小。一般调节范围为0.005～1.5mm。为避免无限度地调节而引起定、动磨盘相碰，在调整盘下方设有限位螺钉，当调节盘顶到螺钉时便不能再进行调节。

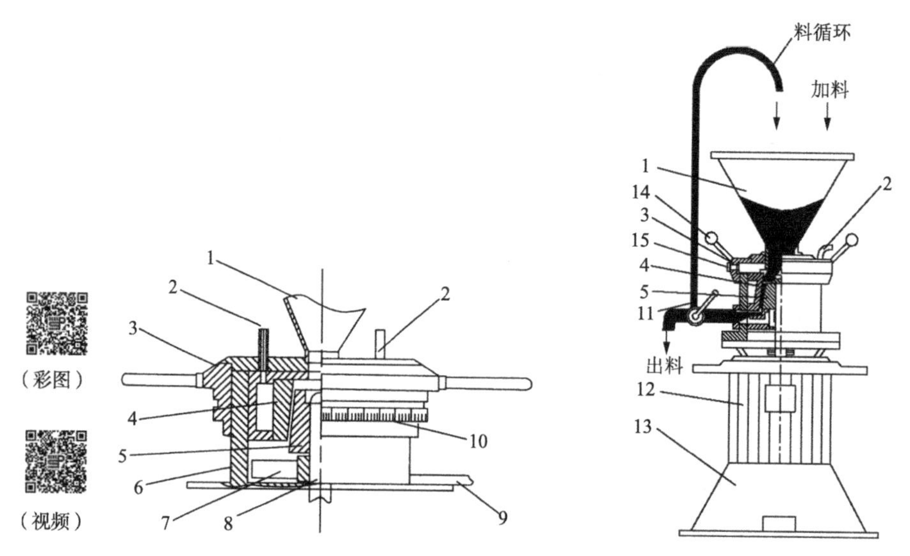

图 5-33　立式胶体磨的结构

1. 进料斗；2. 冷却水管口；3. 间隙调节盘；4. 定磨盘；5. 动磨盘；6. 磨壳体；7. 叶轮；8. 轴；9. 出料管；10. 刻度圈；11. 循环管；12. 电动机；13. 机座；14. 手柄；15. 固定螺丝

由于胶体磨的转速很高，为达到理想的均质效果，物料一般要磨几次，为此需要回流装置。胶体磨的回流装置是在出料管装一条回流管通向入料口，并通过碟阀控制出料或回流。

对于热敏性材料或黏稠物料的均质、研磨，往往需要把研磨中产生的热量及时排走，以控制温升。所以在定磨盘外围开设有冷却液孔，使用时必须通水冷却。

（三）使用范围

胶体磨与均质机一样，也是食品行业常用的均质设备，经过胶体磨处理后的分散相粒度最低可达 1μm，比均质机（0.03μm）高。高压均质机与胶体磨有时可以通用，但一般来说，只有所用均质压强大于 20MPa 的产品（或相类似的产品）才适合用胶体磨进行处理。也就是说，胶体磨通常适用于处理较黏稠的物料。值得指出的是，胶体磨的能量水平小于均质机，因此即使是黏稠物料，也并非都适用胶体磨进行处理。高压均质机可用于高温及无菌操作，而胶体磨则不行；胶体磨的剪切力大，适于处理含纤维物料，但处理量下降。

在食品工业中用胶体磨加工的品种有红果酱、胡萝卜酱、橘皮酱、果汁、食用油、花生蛋白、巧克力、牛奶、豆奶、山楂糕、调味酱料、乳白鱼肝油等。另外，胶体磨还被广泛用于化学工业、生物工业、制药工业、化妆品工业中。

三、离心式均质机

（一）工作原理

离心式均质机是以一高速回转鼓使液料在惯性离心力的作用下分成密度大、中、小三相，使密度大的物料成分（包括杂质）趋向鼓壁，密度中等的物料顺上方管道排出，密度小的脂肪类被导入上室。上室内有一块带尖齿的圆盘，圆盘转动时使物料以很高的速度围绕该盘旋转并与其产生剧烈的相对运动，在齿尖处不断出现紊流旋涡，产生一种空穴作用，引起脂肪球破裂而达到均质的目的，在稀奶油室中被打碎的脂肪球最后与脱脂乳一起流出。由于离心式均质机工作时能使杂质分离，也称净化均质机。

（二）结构

离心式均质机主要由转鼓、齿盘及传动机构组成。

转鼓结构如图 5-34（a）所示，它由转轴、碟片等组成。为增加分离能力，一般装有数十块碟片。碟片形式与碟式离心机的碟片相似。转鼓的上部为稀奶油室（以均质牛乳为例），室中装有带齿圆盘，并随转鼓一起转动。在圆盘边缘上有 12 个左右的尖齿，等分均布于圆周上，齿的前端边缘呈流线形，后端边缘则削平。显然，该圆盘是脂肪球破碎的关键部件。改变圆盘的直径和齿数，也可得到不同的脂肪球破碎度。根据均质要求可选用不同规格的圆盘。

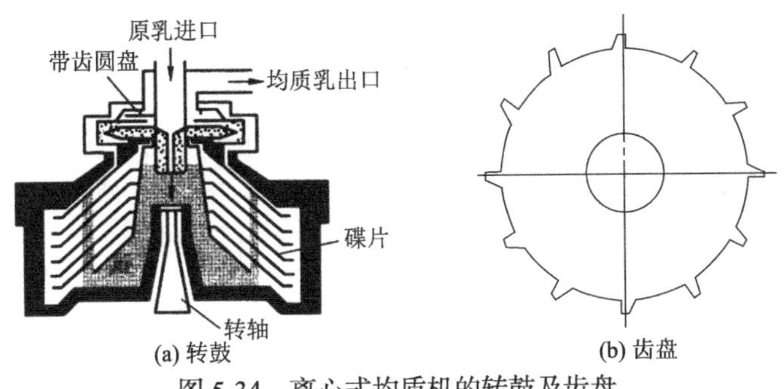

图 5-34 离心式均质机的转鼓及齿盘

（三）设备的操作及特点

1. 操作 设备工作时，当脂肪球被打碎的程度未达到要求时，可再回稀奶油室作进一步打碎。当流出的均质乳中脂肪含量与流入的原乳中的脂肪含量相等时，说明离心式均质机已正常工作。操作过程可自动控制，在乳出口装一个单独的控制阀，即可掌握整个机器的均质质量。

2. 特点

1）在同一台设备内，一次操作即可完成净化和均质，耗电为净化和均质两台设备联合的 30%，投资费用大大低于净化和均质机。

2）均质度非常均匀一致，也不必像阀式均质机那样需要精密阀头。

3）保养简单，控制方便。

四、高剪切均质机

（一）工作原理

高剪切均质机的均质方式以剪切作用为特征。物料在旋转构件的直接驱动下在微小间隙内高速运动，形成强烈的液力剪切和湍流，物料在同时产生的离心、挤压、碰撞等综合作用力的协调作用下，得到充分的分散、乳化、破碎，达到要求的效果。高剪切均质机因其独特的剪切分散机理和低成本、超细化、高质量、高效率等优点，在众多的工业领域中得到普遍应用，在某些领域逐渐地替代传统的均质机。

最为常用的剪切均质乳化设备是定-转子均质机，它主要由定子和同心高速旋转的转子组成，定子和转子之间的间隙非常小，常见的有 0.1mm、0.2mm 或 0.4mm，转子的转速可达到 3000～6000r/min。如图 5-35 所示，物料从均质机内部空腔 a 处流进高剪切区 b，因间隙 h 很小，此时将会使物料受到剪切、拉长作用。在高剪切区 b 处的流体近于单一型剪切，在 c 区的流体将会继续受到剪切、拉长作用，使液料均质。当然，实际情况远比上述复杂，随着转

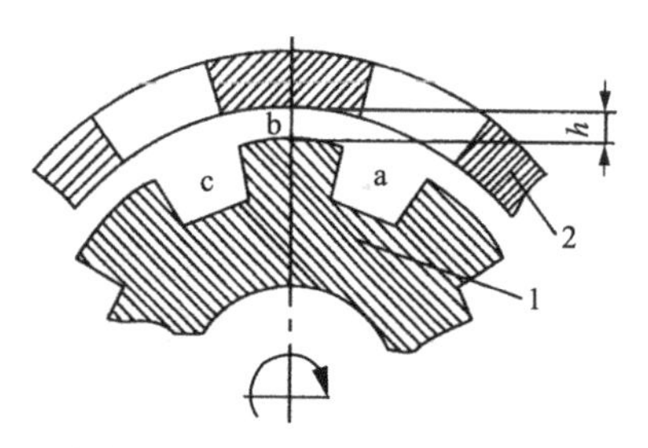

图 5-35　定-转子剪切式均质机原理图

1. 转子；2. 定子

子的转动，上述定-转子之间的位置关系将会发生变化，定子开孔形状和其他一些设计都会影响剪切作用。我们可以把这类定-转子剪切式均质机安装于混合罐中，在间歇式生产中使用（间歇式均质机）；也可以作为强力泵安装在管线上，在连续式（管线式均质乳化机）生产中使用。实际运用过程中，转子的高速旋转会很快使定-转子间缝隙增大，剪切效率将会下降，而且对定子和搅拌轴之间使用的机械密封要求非常高。

（二）蜗轮型乳化器

蜗轮型乳化器是一种间歇式高剪切均质机，主要工作部件为蜗轮型高速剪切均质头，此外还包括乳化头及料液置于其中的罐或液槽，结构如图 5-36（a）所示。

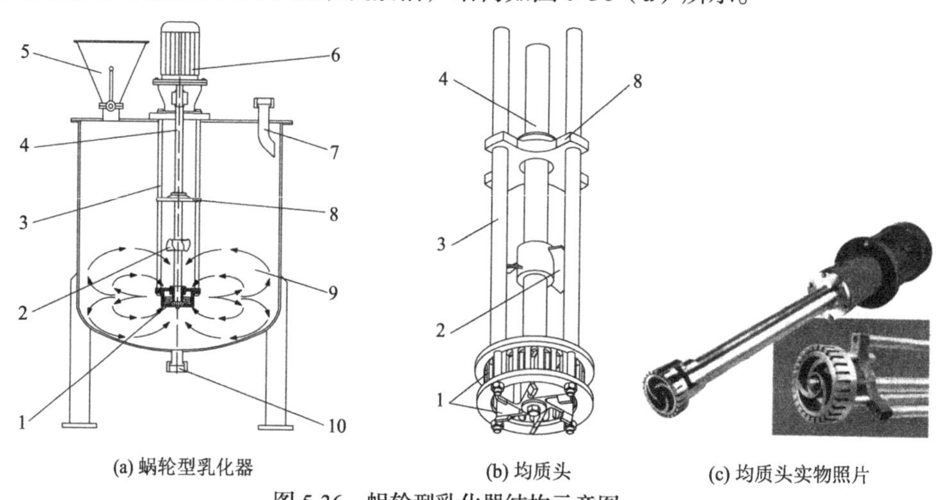

(a) 蜗轮型乳化器　(b) 均质头　(c) 均质头实物照片

图 5-36　蜗轮型乳化器结构示意图

1. 均质头（定子和转子）；2. 分散叶；3. 定子固定杆；4. 转轴；5. 粉料斗；6. 电动机；7. 进料口；8. 定位块；9. 罐内料液流场；10. 出料口

蜗轮型高速剪切均质头的关键部件是定子与转子。它们是两个相互配合在一起的齿环。转子、定子的形式有多种，主要差异存在于齿形、齿圈数及相互配合方式等方面。图 5-36（b）所示的转子和定子分别有两圈齿牙。转子的里圈齿牙只有三个齿，呈尖弧形结构，既起到剪切作用，又起到离心泵叶轮的作用，可将均质头两端的料液吸入（如果定子一侧是一块圆板结构，则料液只能从转子端进料）。转子与定子构成了三个圆柱剪切面。图 5-36（c）所示为均质头实物照片，转子和定子分别只有一圈齿牙。

定子与转子之间的组合有单层与多层和单级与多级之分。定子和转子结构形式会影响均质效果和能耗；定子、转子间隙的大小是保证这一空间的速度场和剪切力场的关键因素，这些结构和主要参数需要通过实验具体选取。在生产实践中，必须根据所处理物料的特性及工作条件选取相应的定-转子结构。

蜗轮型高速剪切均质头的转子与定子在结构上和胶体磨的转子与定子有明显区别，前者呈圆柱面状，而后者呈圆锥台面状；前者的齿壁开槽口，而后者是不开口的。在配合上也有区别，胶体磨的两盘片（定子与转子）间的间距是可调的，而高速剪切均质设备的转子与定子之间的间隙一般是固定不变的。

高速剪切均质器的工作原理与胶体磨的相似，因此它们处理的料液性状与胶体磨的相似，总体上适合于处理较黏稠的物料。

思考题

1. 螺带式混合机有单螺带、双螺带、三螺带之分，从工作原理分析各有何优缺点？适用于混合何种物料？

2. 打蛋机和立式行星锥形混合机的传动方式都是行星运动式，试对比分析其搅拌功能的异同。

3. 请对照打蛋机行星运动式搅拌头传动示意图[图 5-14（a）]，推导搅拌桨自转与公转的关系式 $n_z=(1-\frac{z_g}{z_c})n_g$，每一步要有详细说明。

4. 对照高压均质机双级均质阀装配图（图 5-30），以牛乳为例，介绍高压均质机的均质机理。

5. 高压均质机与胶体磨从均质机理上分析，各适合均质哪些物料，均质粒度和产量有何区别？

第六章 食品分离设备

内容提要

本章主要介绍适用于食品加工中分离操作的机械与设备，包括离心分离、过滤分离、浸出及萃取、膜分离、压榨5类，重点介绍了各类中典型设备的工作原理、结构特点、操作和应用，以培养学生设备选型、使用及解决实践中复杂工程问题方面的能力。

食品工业生产中的分离操作是指将具有不同物理、化学等属性的物质，根据其颗粒大小、相、密度、溶解性、沸点等表现出的不同特点而将物质分开的一种操作过程，也就是利用各种单元操作手段把对象物质从混合物中加以分开的过程。例如，从乳清中分离乳清蛋白、海水淡化、发酵工业产品的分离、从植物原料中提取天然有效成分等，都属于分离操作过程。

食品加工中的混合物连续相一般是液体，分散相可为固体、液体或者气体等。通常，如果分散相为固体，即固-液系统，又称悬浮液，如淀粉乳等；如果分散相为液体，即液-液系统，又称乳浊液，如全脂牛奶等；如果分散相为气体，即气-液系统，称为气溶胶，又称泡沫液，如啤酒泡沫等。

传统物质的分离一般采用过滤、离心、萃取、压榨、吸附及重结晶等方法。随着科学技术的发展，食品工业对分离技术的要求越来越高，新型的分离技术不断向食品加工领域渗透，主要包括膜分离技术、超临界流体萃取技术、微波萃取技术等。不同的分离方法对应着不同类型的分离设备，如过滤分离设备、离心分离设备、浸出及萃取设备、膜分离设备等，下面按类型予以分别介绍。

第一节　离心分离原理及设备

一、离心分离原理

食品工业生产中经常需要对固-固、固-液、液-液、固-液-气的混合物料中的组分加以分离。例如，从淀粉液中制取淀粉，从牛奶中制取奶油或脱脂奶，蔬菜脱水，制盐工业的晶盐脱卤等。一般分散介质为液体或气体的混合物，如悬浮液、乳浊液、含尘气体，主要采用离心分离。

离心机是依靠安装在竖直或水平轴上的转鼓高速旋转，使物料中具有不同相对密度的分散介质、分散相或其他杂质在离心力场中获得不同的离心力，从而达到分离的设备。离心机可用于固-液、液-液或液-液-固相混合物质的分离。

分离因数是用来表示离心机分离性能的主要指标，其定义是物料所受的离心力与重力的比值，也等于离心加速度与重力加速度的比值，即

$$k=\frac{r\omega^2}{g} \tag{6-1}$$

式中，k 为分离因数；ω 为转鼓回转角速度；r 为转鼓半径；g 为重力加速度。

k 越大，离心分离的推动力就越大，离心分离机的分离性能也越好。但对具有可压缩变形滤渣的悬浮液，k 过大会使滤渣层和过滤介质的孔隙阻塞，降低分离效果。k 增大对转鼓的强度也有影响。采用高转速并加大转鼓直径更易于提高 k，但高速离心机的特点是转鼓直径小、转速高，转速可达 15 000r/min，如管式离心机。

工业上根据离心分离因数大小将离心机分为以下三类。

1）常速离心机：$k\leqslant3000$，一般为 600～1200，转鼓直径大，转速低，主要用于分离颗粒不大（0.01～1.0mm）的悬浮液和物料的脱水。

2）高速离心机：$50\ 000\geqslant k>3000$，转鼓直径小，主要用于分离乳状液和细粒悬浮液。

3）超高速离心机：$k>50\ 000$，转速高（可达 50 000r/min），主要用于分离极不易分离的超微细粒的悬浮系统和高分子的胶体悬浮液。

此外，离心机还有其他分类方式：按操作原理分，离心机可分为过滤式离心机、沉降式过滤机和分离式离心机（如碟式离心机）；按操作方式分，离心机可分为间歇式离心机和连续式离心机。

二、离心分离设备分类

（一）卧式螺旋离心机

卧式螺旋离心机的主轴为水平布置，是利用离心沉降原理分离悬浮液的离心设备。其具有分离因数高，能实现悬浮液的脱水、澄清、分级的过程，对分离物料的适应性强，单位生产能力的功耗低等特点，在轻工、食品、化工及环境保护等多种工业生产过程中应用广泛。

1. 基本结构和工作原理

（1）基本结构　卧式螺旋离心机的主要结构如图 6-1 所示。在机壳 6 内有两个同心装在主轴承 2 和 9 上的回转部件，外边是无孔转鼓 8，转鼓通过左、右空心轴的轴颈支撑在轴承座内，里面是带有螺旋叶片的输料螺旋 7。电动机通过皮带轮带动转鼓旋转。行星差速器 1 的输出轴带动螺旋输送器与转鼓做同向转动，但转速不同，其转差率一般为转鼓转速的 0.2%～3%。

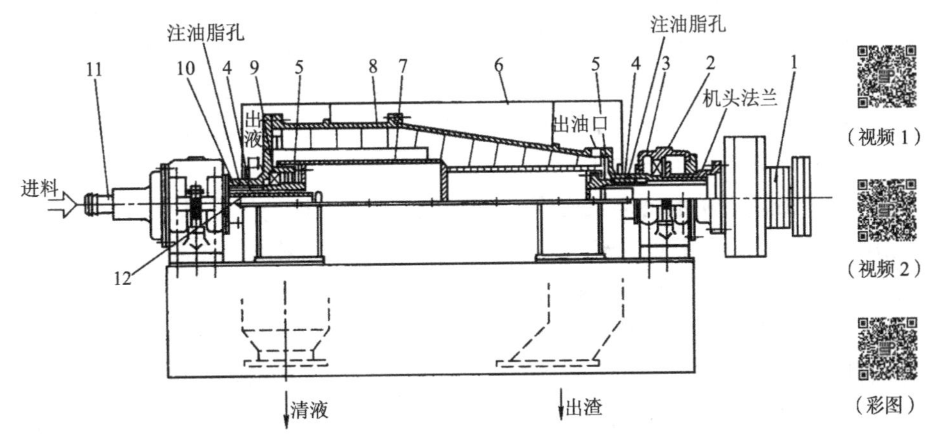

图 6-1　卧式螺旋离心机的主要结构

1. 差速器；2、9. 轴承；3、5、10、12. 轴封；4. 左、右轴瓦；6. 机壳；7. 螺旋；8. 转鼓；11. 进料管

1）螺旋：与转鼓同心，主要由螺旋叶片、螺旋筒体和左、右端轴颈组成（图 6-2）。左、右轴颈安装在轴承上，起到固定和传动作用，并实现转鼓与螺旋的相对运动。右轴颈上是一对止推轴承以承受螺旋推渣时产生的轴向力。左轴颈通过花键轴将差速器和螺旋连接起来。转鼓与螺旋以一定的转速差同向转动，实现螺旋向转鼓小端推送沉渣。

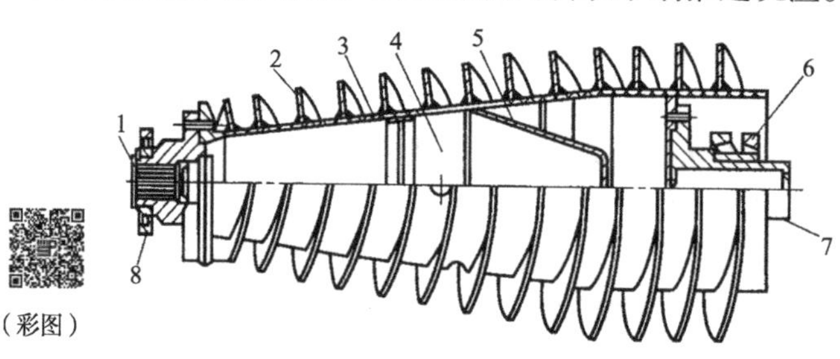

图 6-2　连续整体螺旋部件

1. 左端轴颈（带内花键）；2. 螺旋叶片；3. 螺旋筒体；4. 布料室；5. 加速锥；6、8. 轴承；7. 右端轴颈

2）差速器：差速器是卧式螺旋离心机的重要部件，转鼓与螺旋的差速运动即由此产生，目前主要有摆线行星减速器和渐开线齿轮行星减速器两种形式。

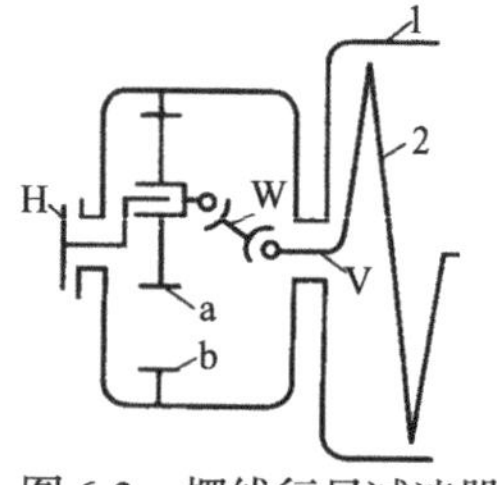

图 6-3　摆线行星减速器的传动示意图

1. 转鼓；2. 输料螺旋；a. 摆线轮；b. 针轮；H. 输入轴；W. 输出机构；V. 输出轴

摆线行星减速器的内齿轮为针轮，行星轮是摆线轮，其传动原理如图 6-3 所示。摆线轮 a 的运动通过输出机构 W 由输出轴 V 与输料螺旋 2 连接，针轮 b 的针齿壳与转鼓 1 连接，当驱动转鼓 1（或同时还驱动差速器的输入轴 H）时，就使转鼓 1 和输料螺旋 2 同向转动，并得到恒定的差转速；若改变输入轴 H 的转向和转速，输料螺旋 2 相对于转鼓的转速则发生变化，从而调节转速差。这种差速器有结构传动比大、体积小、质量轻、结构紧凑的优点。

（2）工作原理　悬浮液从左端的进料管 11 连续送入机内（图 6-1），经过螺旋输送器内筒加料隔仓的进料孔进到转鼓内。在离心力作用下，转鼓内形成了一环形液池，重相固体颗粒离心沉降到转鼓内表面上形成沉渣；由于螺旋叶片与转鼓的转速不同，形成相对运动，沉渣被螺旋叶片送到转鼓小端的干燥区进一步脱水，然后从排渣孔排出。在转鼓的大端盖上开设有若干溢流孔，澄清液从此处流出，经机壳的排液室排出。调节溢流挡板溢流口位置、机器转速、转鼓与螺旋输送器的转速差、进料速度，就可以改变沉渣的含液量和澄清液的含固量。

一般卧式螺旋离心机按操作主要有脱水型和澄清型两种。其中，脱水型卧式螺旋离心机的分离因数一般小于 3000，用于处理易分离的物料；澄清型卧式螺旋离心机的分离因数一般大于 3000，用于固体粒子细微、滑腻的悬浮液澄清。

2. 卧式螺旋离心机的特点及应用　卧式螺旋离心机的优点是分离操作连续，分离效果好；应用范围广泛；易于实现密闭，可以在加压和低温下操作。其缺点是沉渣含液量较高，虽然能对沉渣进行洗涤，但洗涤效果不好。

对那些用过滤机和过滤离心机不能进行分离或分离效果极差的物料，可通过选用适当的工艺参数和结构参数的卧式螺旋离心机分离；对于细粒级难分离的悬浮液，可采用高分离因数、大长径比的卧式螺旋离心机分离。

（二）碟式离心机

1. 碟式离心机的分离原理　碟式离心机是在转鼓中加入了许多重叠的碟片，如图 6-4 所示，这样有利于减少液体扰动，缩短颗粒的沉降距离，增加沉降面积，从而大大提高分离效率和生产能力。

当悬浮液在动压头的作用下，经中心管流入高速旋转的碟片之间的间隙时，便产生了惯性离心力，其中密度较大的固体颗粒在离心力作用下向上层碟片的下表面运动，而后沿碟片下表面向转子周围下滑，液体运动方向则相反，沿碟片下表面向上、向内运动，最后沿转子中心上升，从套管中排出，达到分离的目的。同理，对于乳浊液，轻液沿中心向上流动，重液沿周围向下流动而得到分离。

2. 碟式离心机的主要结构　碟式离心机是立式离心机，主要由转鼓、碟片、变速机构、电动机、进料管、出料管、机壳等构成。转鼓是碟式离心机的主要工作部件，是使物料达到处理要求的主要场所。转鼓主要由转鼓体、分配器、碟片、转鼓盖、锁环等组成。为保证满足食品生产的要求，该部位部件均采用不锈钢制作。转鼓的直径为 350～550mm，鼓内有 10 至上百片、厚度为 0.3～0.4mm 的不锈钢板制成的碟片。碟片呈倒锥形，锥顶角为 60°～100°，碟片间距为 0.3～10mm，通常为 0.8～1.5mm，其间距由碟片上焊的筋条厚度决定。

按照分离对象和分离目的的不同，碟式离心机可分为两种类型：分离型碟式离心机和澄清型碟式离心机。两者的区别在于转鼓内的碟片结构和出液口。

（1）分离型碟式离心机　分离型碟式离心机的转鼓如图 6-5（a）所示，物料从中心管加入，由碟片底架分配到碟片层的“中性孔”（碟片叠在一起，其中性层半径处开孔构成的垂直通道称为中性孔）位置，分别进入各碟片间，成薄层分离。乳浊液含有少量固相时，固相则沉积于转鼓内壁上，需要定期排渣。

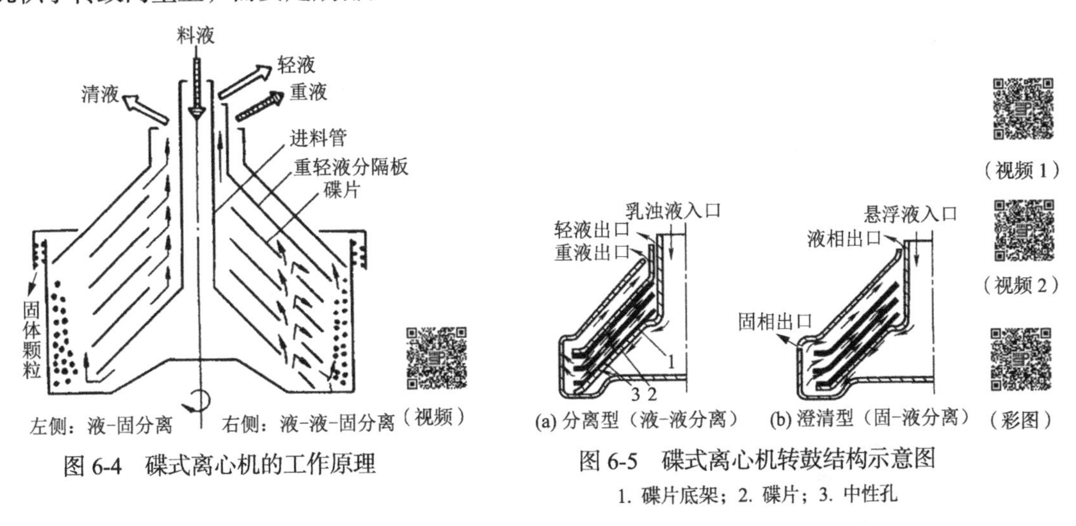

图 6-4　碟式离心机的工作原理

图 6-5　碟式离心机转鼓结构示意图

1. 碟片底架；2. 碟片；3. 中性孔

碟片上开孔，孔均匀分布在两个不同半径的同心圆上，碟片的叠放使开孔能上下串通形成若干垂直通道，是乳浊液进入碟片的进口。当乳浊液中重液的体积大于轻液时，用靠近转轴的小半径内圆通道进料，反之用靠近鼓壁的大半径外圆通道进料。由更换最下面一块碟片上的开孔位置决定操作中是用内圈或外圈开孔进料。最下面的一块碟片有两种类型，每种仅有一圈开孔位置可和内圈或外圈开孔相通。碟片上进料孔位置可由下式求得。

$$R_{\mathrm{f}}=\sqrt{\frac{R_1^2+\Phi R_2^2}{1+\Phi}}$$

式中，R_{f}为进料孔半径，mm；R_1、R_2分别为碟片内径和外径，mm；Φ 为轻液和重液的体积比。

（2）澄清型碟式离心机　澄清型碟式离心机的转鼓如图 6-5（b）所示，碟片不开孔，出液口只有一个。悬浮液从中心管加入，经碟片底架引到转鼓下方，密度大的固相颗粒沿碟片下表面沉积到转鼓内壁，定期停机取出，而澄清液则沿碟片上表面向中间流动，由转鼓上部的出液口排出。

按照排渣方式，碟式离心机分为人工排渣、环阀排渣和喷嘴排渣三种形式。

3. 碟式离心机的传动　目前碟式离心机常用的增速传动方式有皮带传动和圆柱螺旋齿轮传动两种。此处只介绍圆柱螺旋齿轮传动。圆柱螺旋齿轮传动适合于传动功率为 30～40kW 及其以下的分离机。图 6-6 为碟式离心机圆柱螺旋齿轮传动装置。立式挠性的主轴 2 支承在装有径向弹簧的上轴承 3 和装有轴向弹簧的可自动调心的下轴承 5 上。立轴上的小螺旋齿轮 4 与由电动机 11、联轴器 10、水平轴 8 上的大螺旋齿轮 6 构成的增速传动副使转鼓和立轴高速旋转。联轴器一般采用离心摩擦联轴器或液力联轴器。传动齿轮和轴承一般由油池中的油飞溅润滑。

圆柱螺旋齿轮传动的优点是：加工制造容易，费用低廉；一般不发生自锁现象。

4. 碟式离心机重液-轻液分界面的调节　进行液-液分离时，转鼓内重液-轻液分界面的位置随重液和轻液密度的不同而不同。重液-轻液分界面的位置是重要的操作参数，直接影响分离效果，为获得较清的轻液，应使分界面位于紧靠碟片外缘的位置；如果要获得较清的重液，重液-轻液分界面的位置应适当靠近中心并与碟片上的物料分布孔位置相一致。重液-轻液分界面的位置通过改变重液出口半径 R_{H}来调节（图 6-7），根据所需的重液-轻液分界面位置 R_{F}，用式（6-2）计算相应的重液出口半径 R_{H}。

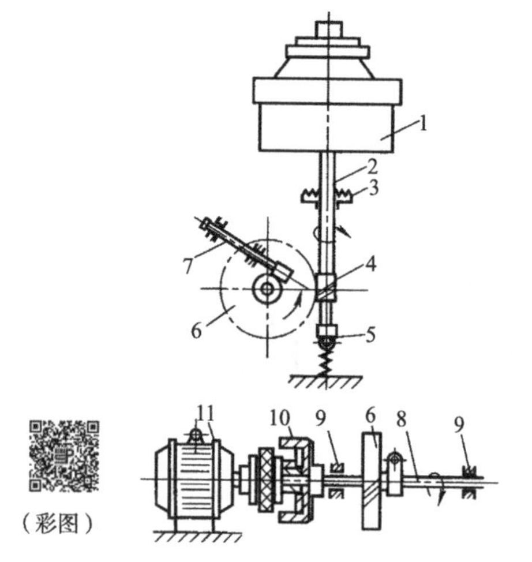

图 6-6　碟式离心机圆柱螺旋齿轮传动装置

1. 转鼓；2. 主轴；3. 上轴承；4. 小螺旋齿轮；5. 下轴承；6. 大螺旋齿轮；7. 转速计；8. 水平轴；9. 水平轴承；10. 联轴器；11. 电动机

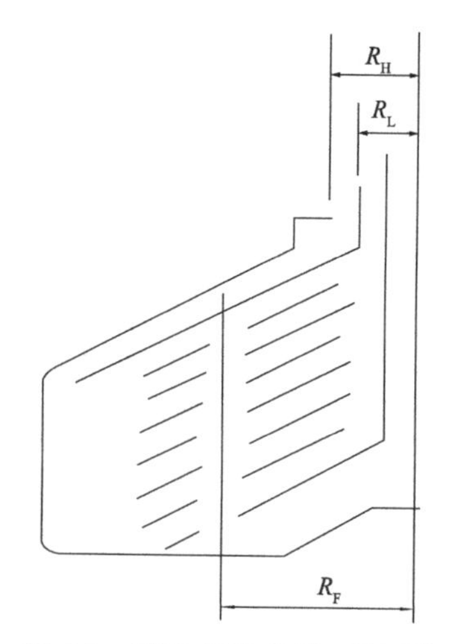

图 6-7　重液-轻液分界面的调节

$$R_{\mathrm{H}}=\sqrt{\frac{R_{\mathrm{F}}^2\rho_{\mathrm{H}}-\rho_{\mathrm{L}}(R_{\mathrm{F}}^2-R_{\mathrm{L}}^2)}{\rho_{\mathrm{H}}}}\qquad(6\text{-}2)$$

式中，R_H为重液出口半径，m；R_L为轻液出口半径，m；R_F为重液-轻液分界面半径，m；ρ_H为重液密度，kg/m^3；ρ_L为轻液密度，kg/m^3。

（三）管式离心机

在分离乳浊液和极细颗粒的悬浮液时，需要有很大的离心力。转鼓内液体因旋转所产生的离心压力与转鼓半径及转速的平方成正比。为尽量减小转鼓所受的应力，宜采用较小的鼓径，为提高分离效果，宜增大转鼓的长度，于是转鼓被设计为直径小而高度相对很大的管式构型，故称管式离心机。管式离心机常见的转鼓直径有 40mm、75mm、105mm、150mm 几种，长度与直径之比为 4～8。

1. 管式离心机的结构和工作原理　管式离心机的结构如图 6-8 所示。它由挠性主轴、管状转鼓、上下轴承室、机座外壳及制动装置等主要零部件组成。经过精密加工的管状转鼓 5 由主轴 1 上悬支承，其下部支承在可沿径向作微量滑移的滑动轴承上，转鼓内装有互成 120°夹角的三片桨叶 4，以便使物料及时地达到转鼓转速。在转鼓中部或下部的外壁上对称地装有两个制动闸块。

转鼓正常运转后，被分离物料在 20～30kPa 的压强下由进料管 7 进入转鼓下部，在离心力作用下，轻、重两种液体分离，并分别从转鼓上部轻、重液收集器排出。如果分离悬浮液，应将重液出口堵塞，固相颗粒沉积在转鼓内壁，达一定量后停车卸下转鼓进行清除，液体则由轻液收集器排出。为缩短停机时间，有的管式离心机在转鼓中部装有制动器。

管式离心机的转速很高，为了实现稳定、安全运转，克服转鼓不平衡产生的振动，必须选用挠性轴承或静压轴承装置。此轴承结构完全是挠性的，可降低临界转速，使轴自动对中。

管式离心机分为澄清型和分离型两种。澄清型用于含少量固体的悬浮液的澄清，其转鼓结构如图 6-9（a）所示，悬浮液从转鼓下部进入转鼓，在由下往上的流动过程中，所含固体颗粒沉积在转鼓内壁，清液从转鼓上部溢流排出。分离型用于乳浊液的分离，其转鼓结构如

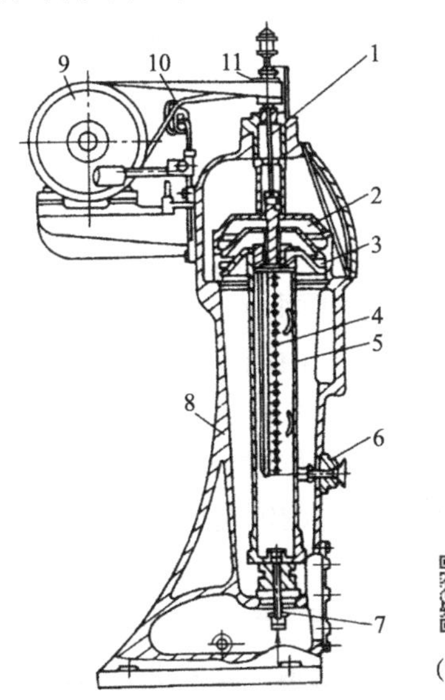

图 6-8　管式离心机的结构（房桂芳，2014）

1. 主轴；2、3. 轻、重液收集器；4. 桨叶；5. 管状转鼓；6. 刹车装置，7. 进料管；8. 机座；9、11. 皮带轮；10. 张紧装置

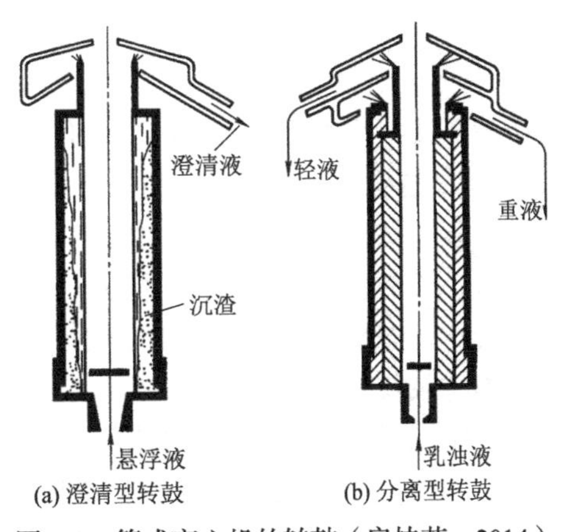

图 6-9　管式离心机的转鼓（房桂芳，2014）

图 6-9（b）所示，乳浊液在离心力作用下分成重液和轻液两液层；为获得满意的分离效果，应根据乳浊液特性和分离要求调节重液-轻液分界面位置，分界面位置通过变化重液出口半径来调节，当要求重液有较高的澄清度时，分界面应处于较接近中心的位置；当需要轻液有较高的澄清度时，分界面应处于靠近转鼓壁的位置。

2. 管式离心机的优缺点及应用 管式离心机具有很高的分离因数（15 000～60 000），转鼓的转速可达 8000～50 000r/min，一般为 15 000r/min，离心力是普通离心机的 8～24 倍，分离强度大，但能分离普通离心机难以处理的物料，适于分离固体颗粒粒度为 0.1～100μm、固相浓度小于 1%、两项密度差大于 10kg/m^3 的难分离的乳浊液或悬浮液。其常被用于微生物、蛋白质、青霉素、香精油等的分离。其缺点是生产能力小。

拓展阅读：人工卸料三足式离心机及连续浸出设备（扫码见内容）。

第二节 过滤分离设备

过滤是在一定推动力的推动下，通过多孔材料（或“过滤介质”）从悬浮液（或“浆料”）中去除不溶性固体的过程。过滤常用于去除少量的固体颗粒以澄清液体，如葡萄酒、啤酒、油和糖浆的过滤。

完整的过滤操作过程一般包括过滤、洗涤、干燥、卸料 4 个阶段。所谓洗涤，指的是停止过滤后，滤饼的毛细孔中含有许多滤液，需用清水或其他液体洗涤，以得到纯净的固粒产品或得到尽量多的滤液；所谓干燥，指的是通过机械挤压、压缩空气挤压或通入热空气，排走滤饼毛细管中存留的洗涤液，得到含液量较低的滤饼。

过滤分离设备按过滤介质的性质可分为粒状介质过滤机、滤布介质过滤机、多孔陶瓷介质过滤机和半透膜介质过滤机等；按过滤推动力可分为重力过滤机（液体本身产生的重力）、加压过滤机和真空过滤机；按操作方法可分为间歇式过滤机和连续式过滤机等。一般加压过滤机多为间歇式过滤机，真空过滤机为连续式过滤机。生产中常用的是加压过滤机（如板框压滤机和加压叶滤机）和真空过滤机，下面分别对其予以介绍。

一、加压过滤机

（一）板框压滤机

板框压滤机是加压过滤机的典型代表，有间歇式和连续式两种。

1. 基本结构 板框压滤机的基本结构如图 6-10 所示，由固定和移动端板、滤板、滤框、洗涤板、滤布、支撑横梁、螺旋压紧装置组成。板和框架都被支承在一对横梁上。过滤机组装时，将滤框与滤板用滤布隔开且交替排列，借手动、电动或油压机构将其压紧。因板、框的角端均开有小孔，就构成供滤浆或洗水流通的孔道。框的两侧覆以滤布，空框与滤布围成了容纳滤浆及滤饼的空间。

板框压滤机的滤板和滤框的构造如图 6-11 所示。滤板和滤框形状一般为正方形，边长在 1m 以下，框的厚度为 20～75mm。滤框右上角的圆孔是滤浆通道，此通道与框内相通，使滤浆流进框内；滤框左上角的圆孔是洗水通道。滤板两侧表面做成纵横交错的沟槽，而形成凹凸不平的表面，凸部用来支撑滤布，凹槽是滤液的流道。滤板右上角的圆孔是滤浆通道；左上角的圆孔是洗水通道。滤板有两种：一种是左上角的洗水通道与两侧表面的凹槽相通，使洗水流进凹槽，这种滤板称为洗涤板；另一种的洗水通道与两侧表面的凹槽不相通，称为非洗涤板。为了避免这两种板和框的安装次序有错，在铸造时常在板与框的外侧面分别铸有一个、两个或三个小钮。非洗涤板为一钮板，滤框带两个钮，洗涤板为三钮板。

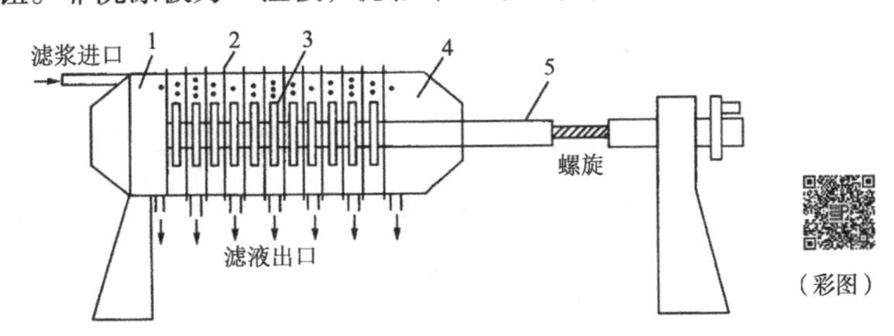

图 6-10 板框压滤机的基本结构

1. 固定端板；2. 滤布；3. 板框支座；4. 移动端板；5. 支撑横梁；

· 滤板；: 滤框；⁝ 洗涤板

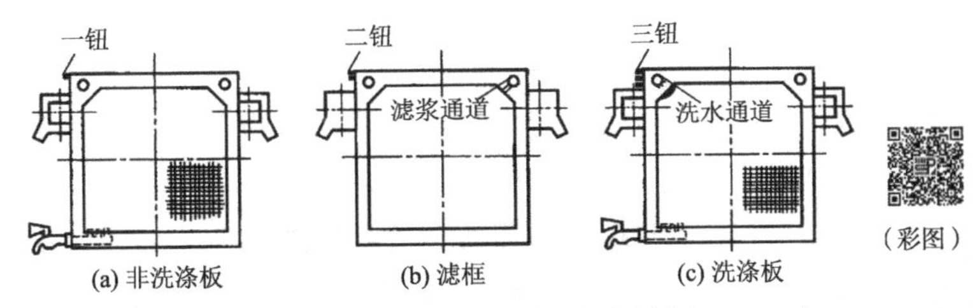

图 6-11 板框压滤机的滤板和滤框的构造（张裕中，2012）

滤板和滤框数目由过滤的生产能力和悬浮液的情况而定，最多达 60 个，当所需框数不多时，可取一盲板插入，以切断滤浆流通的孔道，后面的滤板和滤框即失去作用。

2. 工作过程 板框压滤机的工作过程如图 6-12 所示，主要由滤浆进料与过滤、滤板与滤框洗涤、干燥气吹干、压缩空气挤榨 4 个步骤构成。

1）滤板和滤框的右上角均有小孔，压滤机组装后，这些小孔就形成滤浆进料的通道。滤浆由滤框上方通孔进入滤框空间，固体颗粒被滤布截留，在框内逐渐形成滤饼，滤液则穿过滤饼和滤布流向两侧的滤板，然后沿滤板的沟槽向下流动，由滤板下方的通孔排出。

2）滤液排出的方式有两种，一种是在滤板下方装有旋塞，料液分别排出，可观察各板框过滤单元滤液流出的澄清情况，如果其中一块滤板上的滤布破裂，则流出的滤液会出现混浊，可将此过滤单元排出液旋塞关闭，待操作结束后予以更换，这种滤液排出结构的模式称为明流式，如图 6-12（a）所示。另一种滤液排出方式是压滤机滤液由板框通孔组成的滤液通道集中流出，则此滤液排出结构的模式称为暗流式，有助于减少滤液与空气的接触。

3）当滤框内充满滤饼时，由于过滤阻力增大，过滤速率将大大降低，设备的工作压力超过允许范围，此时应当停止输入浆料，并进行滤饼洗涤。在洗涤板左上角的小孔有一与之相通的暗孔，为洗涤液流入洗涤板的通道。在过滤的操作阶段，洗涤板仍起到过滤板的作用，但在进行洗涤操作时，洗涤板下端出口被关闭，洗涤液穿过滤布和滤框内的滤饼向滤板流动，并从滤板下部排出，如图 6-12（b）所示。

4）通入压缩空气进行吹压，将残余水分排出，得到干燥的滤饼。松开滤框，除去滤饼，进行清理。

5）重新按照滤板-滤框-洗涤板-滤框-滤板的顺序交替组装，进入下一循环操作。

如果采用在边耳上开孔的板框，滤布上不需开孔，则可使用首尾封闭的整条长滤布，设计成自动垂直板框压滤机，当按既定距离拉开板框时，牵引整条滤布循环行进，同时卸除滤饼、刷洗滤布、重新夹紧，进入下一次操作。

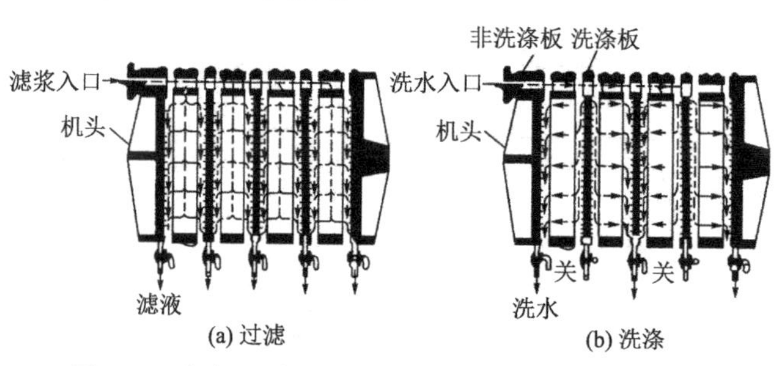

图 6-12　板框压滤机的过滤与洗涤（张裕中，2012）

（二）加压叶滤机

加压叶滤机是由一组并联滤叶装在密闭耐压机壳内组成的。悬浮液在加压下被送进机壳内，滤渣截留在滤叶表面，滤液透过滤叶，后经管道排出。

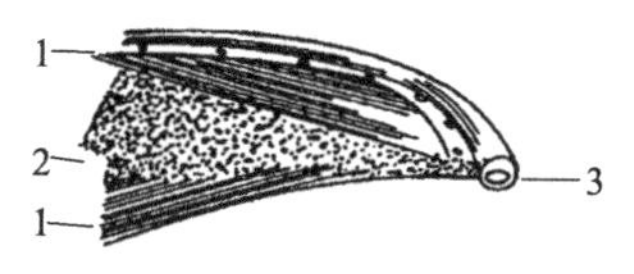

图 6-13　滤叶

1. 细金属丝网；2. 粗金属丝网；3. 金属管方形框架

1. 滤叶及加压叶滤机类型

（1）滤叶　滤叶是加压叶滤机的重要过滤元件。一般滤叶由里层的支撑网、边框、覆在外层的细金属丝网或编织滤布、支承头组成；也有的滤叶由配置了支撑条的中空薄壳、外面覆盖滤网组成。滤叶结构如图 6-13 所示。滤叶用接管镶嵌固定在滤液排出管上，在接头处多用 0 形圈密封。滤叶的形状有方形、长方形、梯形、圆形、弓形、椭圆形等多种。滤叶可以是固定的，也可以是旋转的。滤叶在压滤机里的工作位置可以是垂直的或者水平的。垂直滤叶的两面都是过滤面积，而水平滤叶仅上表面是过滤面积。在滤槽尺寸相同的情况下，垂直滤叶型压滤机的过滤面积为水平型的 2 倍。

（2）加压叶滤机类型　加压叶滤机罐体也有垂直和水平两种，所以根据罐体与滤叶的组合方式的不同，可把加压叶滤机分为垂直滤槽、垂直滤叶型，垂直滤槽、水平滤叶型，水平滤槽、垂直滤叶型，水平滤槽、水平滤叶型共 4 种类型。几种加压叶滤机的原理相似，下面以垂直滤槽、垂直滤叶型压滤机为例予以详细介绍。

2. 垂直滤槽、垂直滤叶型压滤机的结构及工作过程　图 6-14 所示为垂直滤槽、垂直滤叶型压滤机结构示意图。过滤槽上部是可开闭的封头，中部是圆柱形筒体，下部为椭圆形（或锥形）封头。上封头有压缩空气入口，长方形的滤叶安装在槽的圆柱部分。

滤叶通过上方的固定块压紧在固定轴上，支承头位于下方，与出液管相连通，如图 6-15 所示。过滤之前，使装有滤叶组的圆柱形过滤槽密闭，然后用泵加入滤浆。槽内充满滤浆后，加压过滤，滤液穿过预敷层和滤布，从集液管排出。而固体颗粒则被预敷层所截留形成滤饼，待滤饼厚度检测器发出警报后，停止加入滤浆，然后通入压缩空气，用空气压力将槽内物料继续进行过滤，并排出滤饼中残存液体。待槽内物料下降至滤叶位置以下时，打开底部排料阀，将剩余滤浆排出。该机一般采用湿法冲洗卸料。一般用于预敷层精细过滤，也可用于含固体量低的浆料的一般过滤。

该机的优点是结构简单、滤叶的两面都可以过滤、滤饼容易卸除；缺点是滤饼易脱落、洗涤效果不好。

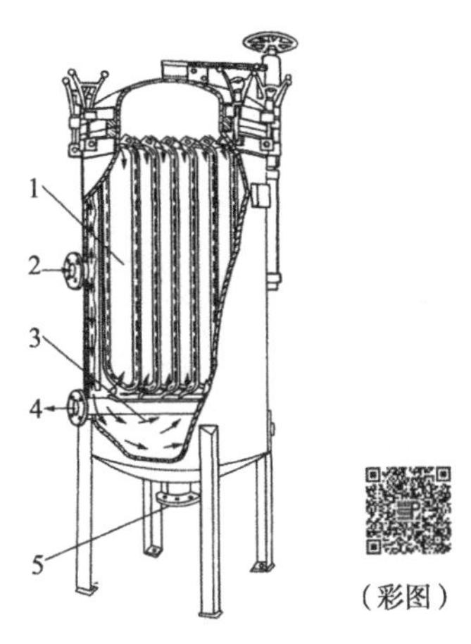

图 6-14　垂直滤槽、垂直滤叶型压滤机（张裕中，2012）

1. 滤叶；2. 进料口；3. 流向；4. 滤液排出口；5. 排渣口

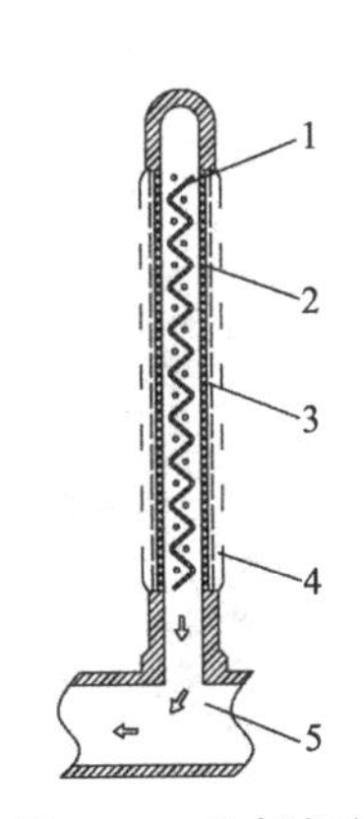

图 6-15　垂直滤叶

1. 芯网；2. 滤布；3. 预敷层；4. 滤饼；5. 集液管

二、真空过滤机

真空过滤机是过滤介质的上侧为常压，下侧为真空，通过上下两侧的压力差形成过滤推动力而进行固-液分离的设备。真空过滤机常用的真空度为 0.05～0.08MPa，也有超过 0.09MPa 的，相较于加压过滤而言，真空形成的推动力较小；不能过滤低沸点滤液的物料。真空过滤机有间歇式和连续式两种型式，各有特点，但连续式真空过滤机的应用更广泛。

典型的真空过滤机是转鼓真空过滤机，下面对其予以详细介绍。

1. 结构　转鼓真空过滤机的结构如图 6-16 所示。其主体为可转动的水平圆筒，称为转鼓，如图 6-17 所示。其直径为 0.3～4.5m，长 3～6m。转筒下部浸入滤浆槽中，浸没角为 90°～130°。圆筒外表面为多孔筛板，上面覆盖滤布。圆筒内部被分隔成若干个扇形格室，每个格室有单独孔道与空心轴内的孔道相通，而空心轴内的孔道则沿轴向通往位于轴端并随轴旋转的转动盘上。转动盘与固定盘紧密配合，构成一个特殊的旋转阀，称为分配头，如图 6-18 所示。分配头的固定盘上分成若干个弧形空隙，分别与真空管、压缩空气管相通。

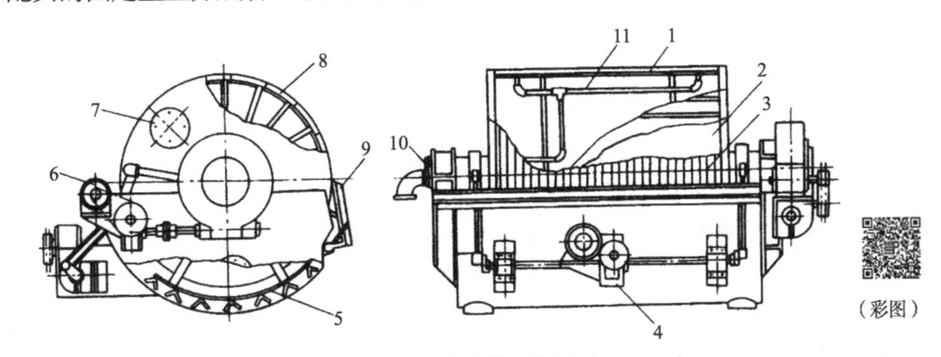

图 6-16　转鼓真空过滤机的结构（梁世中，2012）

1. 转鼓；2. 滤布；3. 金属网；4. 搅拌器传动机构；5. 摇摆式搅拌器；6. 传动装置；7. 手孔；8. 过滤室；9. 刮刀；10. 分配阀；11. 滤渣管路

2. 工作过程　转筒缓慢旋转时（转速 0.5～2r/min），筒内每一空间相继与分配头中的Ⅰ、Ⅱ、Ⅲ室相通（图 6-18），可顺序进行过滤、洗涤、吸干、吹松、卸饼等项操作。整个圆筒也对应地被分为过滤区、吸干区、洗涤区、洗后吸干区、吹松卸料区及滤布再生区 6 个区域。这些区域所对应压力状态与操作情形见表 6-1。

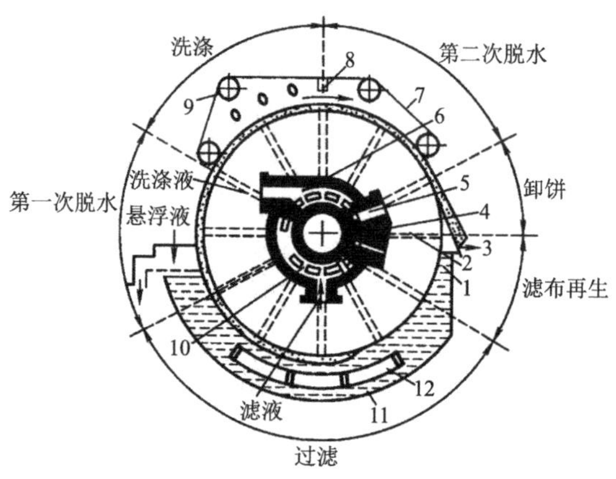

图 6-17　转鼓真空过滤机操作原理图

1. 转鼓；2. 连接管；3. 刮刀；4. 分配头；5. 与压缩空气相通的阀腔；6、10. 与真空相通的阀腔；7. 无端压榨带；8. 洗涤喷嘴装置；9. 导向辊；11. 滤浆槽；12. 搅拌器

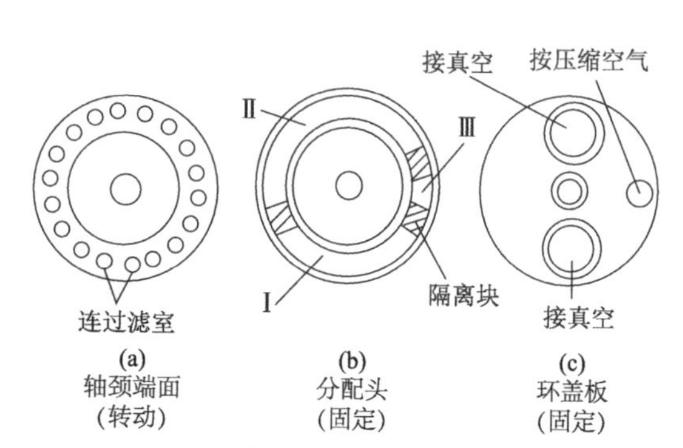

图 6-18　转鼓真空过滤机的分配头

表 6-1　转鼓表面不同区域的状态及相应操作

区域	区域名	扇形格压力状态	相应操作
Ⅰ	过滤区	负压	料液经滤布进入格室内，然后经分配头的固定盘弧形槽及与之相连的接管吸入滤液槽。而固体粒子则被吸附在滤布的表面形成滤饼层。为防止滤架中固体沉降，在料液槽中装置摇摆式搅拌器
Ⅱ	吸干区	负压	扇形格刚离液面，滤饼中的残留滤液被吸尽，与过滤区滤液一起排入滤液槽
Ⅲ	洗涤区	负压	洗涤水由喷水管洒于滤饼上，扇格内负压将洗液吸入，经过固定盘的弧形槽通向洗液槽
Ⅳ	洗后吸干区	负压	洗涤后的滤饼经扇格内的负压进行残留洗液的吸干，并与洗涤区的洗出液一并排入洗液槽
Ⅴ	吹松卸料区	正压	将被吸干后的滤饼吹松，同时被伸向过滤表面的刮刀剥落
Ⅵ	滤布再生区	正压	用压缩空气吹走残留的滤饼

转鼓真空过滤机的系统配置见图 6-19。

3. 优、缺点　转鼓真空过滤机的优点：①可连续生产，机械化程度较高。②可以根据料液性质、工艺要求，采用不同材料来设计机型，满足不同的过滤要求。通常，转鼓真空过滤机适用于悬浮液中颗粒粒度中等、黏度不太大的物料。③可通过调节转鼓转速来控制滤饼厚度和洗涤效果。④滤布损耗要比其他类型的过滤机小。

转鼓真空过滤机的缺点：①仅利用真空作为推动力，由于管路阻力损失，过滤推动力最大不超过 80kPa，一般为 26.7～66.7kPa，过滤推动力小，滤液不易被抽干，滤饼的终湿度一般在 20%以上。②设备加工制造复杂。③真空度受到热液体或挥发性液体限制。目前国内生产的最大过滤面积约为 $50m^2$，一般为 $5～40m^2$。

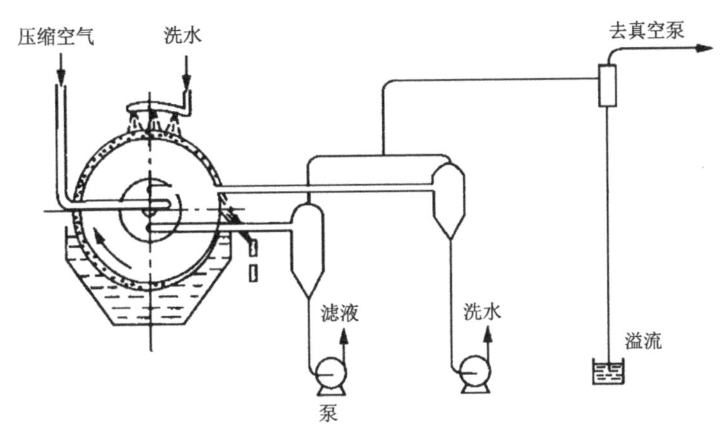

图 6-19　转鼓真空过滤机的系统配置（崔建云，2006）

第三节　浸出及萃取设备

根据不同物质在同一溶剂中溶解度的差别，使混合物料中各组分得到部分或全部分离的过程，称为萃取。被分离的混合物料含有固体的萃取称为固-液萃取（也称为浸出或提取），固体物质一般需要粉碎。

在食品工业中，提取和萃取主要应用于食用油或特定坚果和种子油提取、调味料和精油（如黑胡椒精油、啤酒花、香草精等）制备、去除咖啡和茶中咖啡因等。

一、浸出设备

固-液萃取操作通常称为浸出或提取，主要包括不溶性固体中所含有的溶质在溶剂中溶解的过程和分离残渣与萃取液的过程。浸出主要应用于油脂工业，制糖工业，制造速溶咖啡、速溶茶、香料色素、植物蛋白和玉米淀粉等。

固体的浸出过程一般包括：溶剂浸润进入固体内，溶质溶解；溶解的溶质从固体内部流体中扩散到达固体表面；溶质继续从固体表面通过液膜扩散而到达外部溶剂的主体中。

在食品工业中，常用的浸出装置为单级浸出罐、多级逆流浸出罐和连续浸出设备等。

（一）单级浸出罐

单级浸出罐为一个密闭式容器，如图 6-20 所示，上部有加料口，下部有出渣口，其底部有筛板、筛网或滤布等以支持物料底层。顶部装有溶剂分配器。大型浸出罐有夹套，可通过蒸汽加热或冷冻盐水冷却，以达到浸出所需温度，并能常压、加压及强制循环浸出操作。工作过程如下：物料由上方加料口加入；溶剂从上面均匀喷淋于物料上，通过床层渗漉而下，穿过多孔滤板（或滤网）从下部排出；残渣通过下排渣口排出，浸提液由泵排出。为了提高浸出率，从底部排出的浸取液可用泵抽至上部喷淋管进行循环浸出；还可在浸出罐下边加振荡器或在浸出罐侧加超声波发生器以强化渗漉的传质过程。

为操作方便，还可在浸出罐旁附设溶剂回收装置，如图 6-21 所示。

单级浸出罐适用于从植物种子、大豆和花生原料中提取油脂，从咖啡、干茶叶或中药材中提取浸出物等。

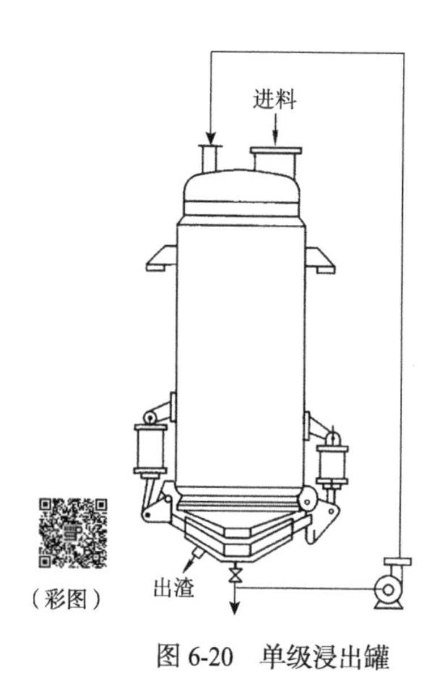

图 6-20　单级浸出罐

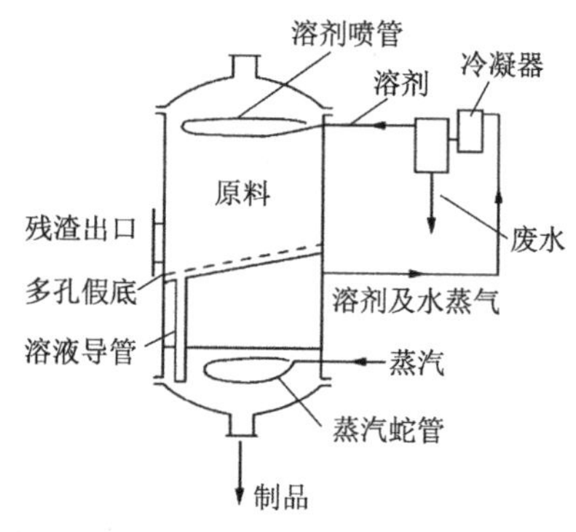

图 6-21　附设溶剂回收装置的单级浸出罐

（二）多级逆流浸出罐

把单级浸出罐按逆流提取工艺流程组装起来，就构成多级逆流浸出罐，如图 6-22 所示。

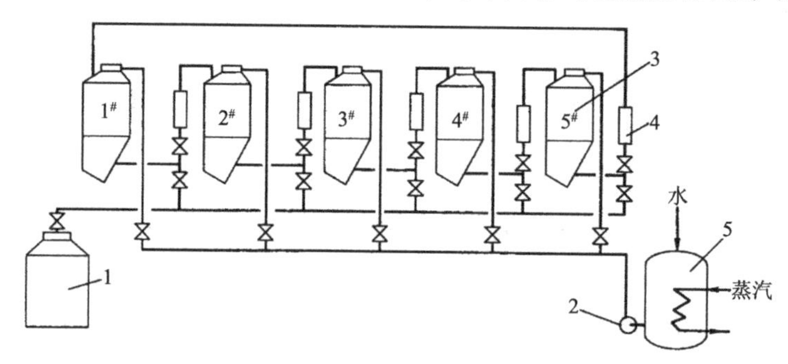

图 6-22　多级逆流浸出罐示意图

1. 贮液罐；2. 泵；3. 浸出罐；4. 加热器；5. 溶剂罐

原料按顺序装入 1～5 号浸出罐，用泵将溶剂从溶剂罐送入 1 号罐，1 号罐渗漉液经加热器后流入 2 号罐，依次送到最后 5 号罐。当 1 号罐内的原料有效成分全部渗漉后，用压缩空气将 1 号罐内液体全部压出，1 号罐即可卸渣，装新料。此时，来自溶剂罐的新溶剂装入 2 号罐，最后从 5 号罐出液至贮液罐中。待 2 号罐渗漉完毕后，即由 3 号罐注入新溶剂，改由 1 号罐出渗漉液，依此类推。

在整个操作过程中，始终有一个浸出罐进行卸料和加料，渗漉液从最新加入药材的浸出罐中流出，新溶剂被加入浸出最尾端的浸出罐中，故多级逆流浸出罐可得到较浓的浸出液，同时原料中有效成分浸出得较完全。

由于浸出液的浓度高，浸出液量少，便于蒸发浓缩，可降低生产成本，适于大批量生产。

（三）连续浸出设备

连续浸出设备有篮式提取器和平转式连续逆流提取器等，这里只介绍后者。

平转式连续逆流提取器的结构为在旋转的圆环形容器内间隔有 12～18 个料格，每个扇形格为带孔的活底，借活底下的滚轮支撑在轨道上，如图 6-23（a）所示。

平转式连续逆流提取器的工作过程如图 6-23（b）所示。12 个回转料格由两个同心圆构成，且由传动装置带动沿顺时针方向转动。在回转料格下面有筛底，其一侧与回转料格铰接，另一侧可以开启，借筛底下的两个滚轮分别支撑在内轨和外轨上，当格子转到出渣第 11 格时，滚轮随内外轨断口落下，筛底随之开启排料渣，当滚轮随上坡轨上升进入轨道时，筛底又重新回到原来水平位置第 10 格，即筛底复位格。浸出液贮槽位于筛底之下，固定不动，收集浸出液，浸出液贮于 10 个料格，在第 1～9 格及第 12 格下面，各格底有引出管，附有加热器。通过循环泵与喷淋装置相连接，喷淋装置由一个带孔的管和管下分布板组成，可将溶剂喷淋到回转料格内的物料上进行浸取。新原料由第 9 格进入，回转到第 11 格排出料渣。溶剂由第 1、2 格进入，浸出液由第 1、2 格底下贮液槽用泵送入第 3 格，按此过程到第 8 格，由第 8 格引出最后浸出液。第 9 格是新投入的原料，用第 8 格出来的浸出液的少部分喷淋于其上，进行润湿，润湿液落入贮液槽与第 8 格浸出液汇集在一起排出。第 12 格是淋干格，不喷淋液体，由第 1 格转过来的料渣中积存一些液体，在第 12 格让其落入贮液槽，并由泵送入第 3 格继续使用。料渣由第 11 格排出后，送入一组附加的螺旋压榨器及溶剂回收装置，以回收料渣吸收的浸出液及残存溶剂。

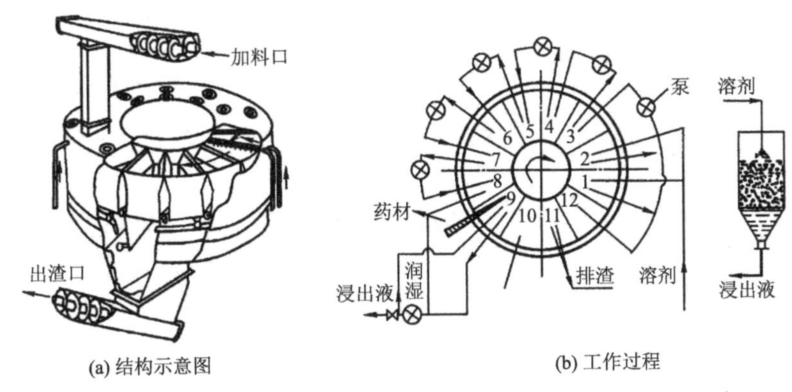

(a) 结构示意图　　(b) 工作过程

图 6-23 平转式连续逆流提取器示意图（朱宏吉和张明贤，2011）

平转式连续逆流提取器可密闭操作，用于常温或加温渗漉、水或醇提取。该设备对原料粒度无特殊要求，若原料过细应先润湿膨胀，可防止出料困难和影响溶剂对原料粉粒的穿透，影响连续浸出的效率。

平转式连续逆流提取器在我国油脂工业及浸出制剂中已经被广泛应用。

二、萃取设备

工业上萃取操作包括三个步骤：①混合，料液和萃取剂充分混合形成乳状液，使溶质自料液中转入萃取剂中；②分离，将乳状液分成萃取相与萃余相；③溶剂回收。

多级逆流萃取：萃取时在第一级加入料液，并逐渐向下一级移动，而在最后一级加入萃取剂，并逐渐向前一级移动，即料液移动方向和萃取剂移动方向相反，故称逆流萃取。n 级逆流萃取比 n 级错流萃取节约萃取剂，用量约为错流萃取的 $1/n$。

1. 多级离心萃取机　多级离心萃取机是在一台设备中装有两级或三级混合及分离装置的逆流萃取设备。图 6-24 所示为 Luwesta 三级逆流离心萃取机的结构。萃取机分上、中、下三段，下段是第一级混合与分离区，中段是第二级，上段是第三级；每一段的下部是混合区域，中部是分离区域，上部是重液相引出区域。新鲜的萃取剂由第三级加入，待萃取料液则由第一级加入，萃取轻液相在第一级引出，萃余重液则在第三级引出。三级逆流萃取工艺流程如图 6-25 所示。

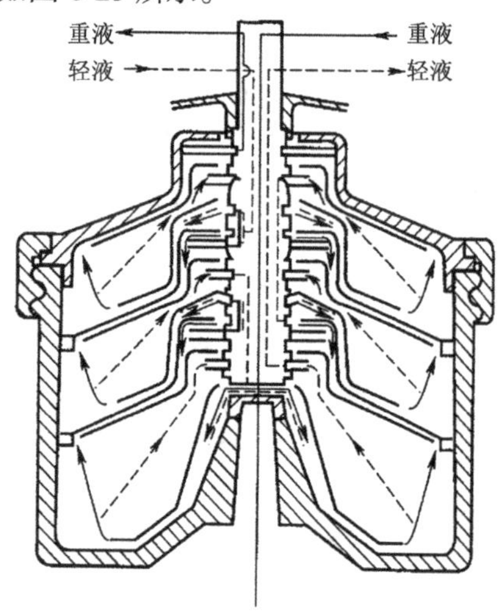

图 6-24　Luwesta 三级逆流离心萃取机的结构（梁世中，2011）

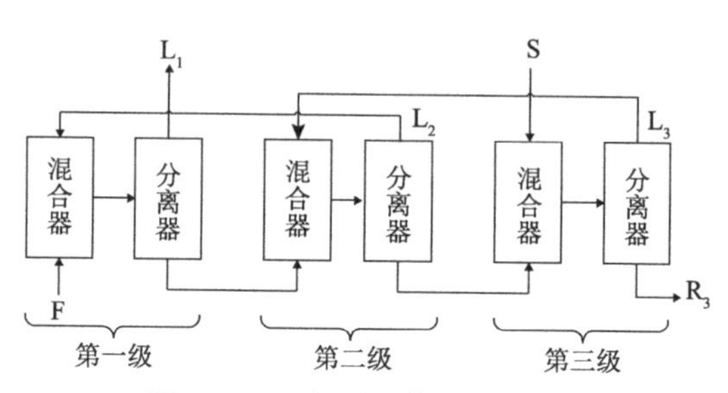

图 6-25　三级逆流萃取工艺流程

F. 原料液（重液）；S. 萃取液（轻液）；R_3. 第三级萃余液；L_1～L_3. 第一至三级萃取液（轻液）

操作时转鼓转速为 4500r/min，料液最大处理量为 $7m^3/h$，料液进口压强为 500kPa，萃取剂进口压强为 300kPa。

2. 连续逆流离心萃取机　连续逆流离心萃取机是将萃取剂与料液在逆流情况下进行多次接触和多次分离的萃取设备。图 6-26 是 α-Laval ABE-216 型离心萃取机的结构。其主要部件为一由 11 个不同直径同心圆筒组成的转鼓，每个圆筒上均在一端开孔，作为料液和萃取剂流动的通道，相邻筒开孔位置上下错开，使液体上下曲折流动。从中心向外数第 4～11 圆筒的外壁上均焊有螺旋形导流板，这样就使两个液相的流动路程大为加长，从而延长了两液相的混合与分离时间，在螺旋形导流板上又开设大小不同的缺口，使螺旋形通道中形成很多短路，增加了两液相之间的接触机会。

操作时，重液相（料液）由底部轴周围的套管进入转鼓后，沿螺旋形通道由内向外顺次流经各筒，最后由外筒经溢流环到向心泵室被排出。轻液（萃取剂）则由底部的中心管进入转鼓，流入第 10 圆筒，从下端进入螺旋形通道，由外向内顺次流过各圆筒，最后从第 1 圆筒经出口排出。

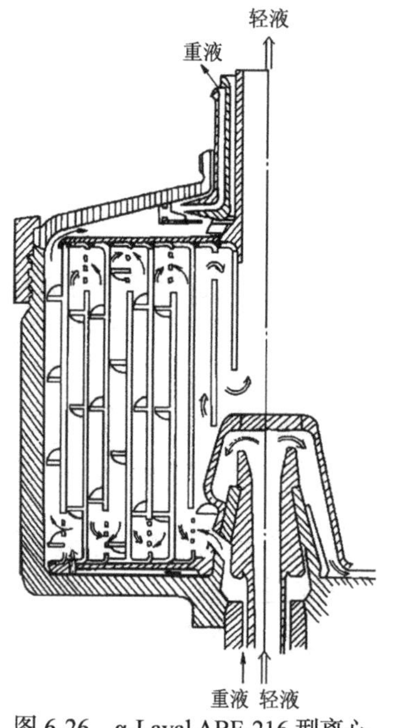

图 6-26　α-Laval ABE-216 型离心萃取机的结构（梁世中，2011）

三、超临界流体萃取技术与设备

（一）超临界流体萃取技术的基本原理

1. 超临界流体　超临界流体萃取（supercritical fluid extraction，SFE）是一种利用超临

界状态下的流体作为萃取溶剂，从液体或固体物料中萃取出某种或某些组分，再进行物质分离的一种新型分离技术。该技术国际上自20世纪60年代开始研究，于70年代末在工业上得到应用。

图6-27所示为纯物质的典型压强-温度关系，图中线AT_P表示气-固平衡的升华曲线，线BT_P表示液-固平衡的熔融曲线，线C_PT_P表示气-液平衡的饱和液体的蒸气压曲线，T_P点是汽-液-固三相共存的三相点。按照相律，当纯物质的气-液-固相共存时，确定系统状态的自由度为零，即每个纯物质都有它自己确定的三相点。将纯物质沿气-液饱和线升温并加压，当达到图中C_P点时，气-液的分界面消失，体系的性质变得均一，不再分为气体和液体，C_P点称为临界点。与该点相对应的温度和压力分别称为临界温度（T_C）和临界压强（P_C）。图中高于临界温度和临界压强的有阴影的区域属于超临界流体区域，该区域物质的状态称为超临界流体状态。

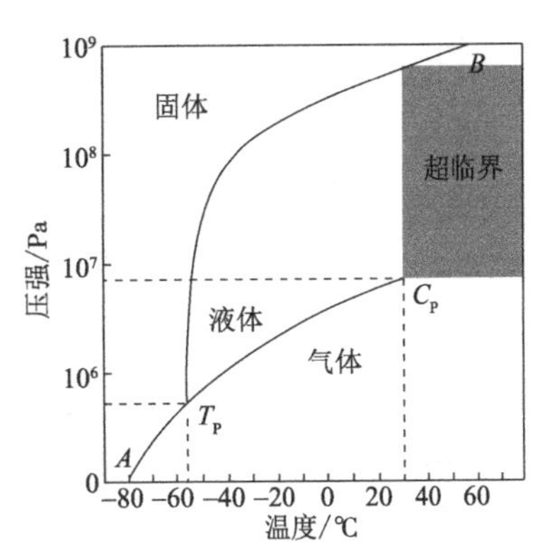

图6-27 纯物质的典型压强-温度关系

流体一达到超临界点，会出现流体的密度、黏度、溶解度、热容量、介电常数等所有流体的物性发生急剧变化的现象。继续升温和加压，流体就成为一种可压缩的高密度流体，接近于气体，是因为它的分子间力很小，黏度小，传质性能好；但又不是气体，因为它的密度可以很大，萃取能力强，也接近于液体。所以，它是一种非液、非气、非固的“第四态”，即超临界状态，此状态下的流体没有相界面，也就没有相际效应，有助于提高萃取效率和大幅度节能。

更重要的是，在临界点附近，压力和温度的微小变化都可以引起流体密度很大的变化，并相应地表现为溶解度的变化，因此可利用压力、温度的变化来实现萃取和分离的过程。由于超临界流体具有上述优越性，因此超临界流体的萃取效率理应优于液-液萃取。

2. 超临界流体的特性 可作为超临界流体的气体有二氧化碳、一氧化二氮、乙烯、三氟甲烷、六氟化硫、氮气、氩气等，其中最常用的是二氧化碳。下面仅对超临界CO_2流体的性质及其萃取的操作特性予以介绍。

（1）超临界CO_2流体的性质 溶质在超临界流体中的溶解度与超临界流体的密度有关，大致可认为随超临界CO_2流体密度的增大而增大。而超临界流体的密度又取决于它所在的温度和压强。纯二氧化碳压强与温度和密度的关系如图6-28所示。CO_2流体的密度随压强和温度的变化规律有两点：①在超临界区域内，CO_2流体的密度可以在很宽的范围内变化（从150kg/m^{3}增加至900kg/m^3），也就是说适当控制流体的压强和温度可使溶剂密度变化达3倍以上；②在临界点附近，压强或温度的微小变化可引起流体密度的大幅度改变。由于CO_2溶剂的溶解能力取决于流体密度，常根据上述两点选择超临界CO_2流体萃取的压强和温度参数。

从图6-28可以看出，二氧化碳的临界温度（T_C）为31.06℃，是以上介绍过的其他超临界溶剂中临界温度最接近室温的；二氧化碳的临界压强（P_C）是7.39MPa，临界压力也比较适中；其临界密度为448kg/m^3，是常用超临界溶剂中最高的。

在温度不变的情况下，压强（P）随密度（ρ）的变化规律也可以从P-ρ等温线看得出来。图6-29为CO_2在亚临界及超临界的等温图，以状态参数$P_r=P/P_C$，$T_r=T/T_C$及$\rho_r=\rho/\rho_C$表示压强、温度和密度之间的关系。其中阴影部分是超临界流体萃取最宜选用的操作区域，在该区域内流体的密度随压强上升而迅速增加，在临界点 C_P，密度随压强的变化率为无限大。

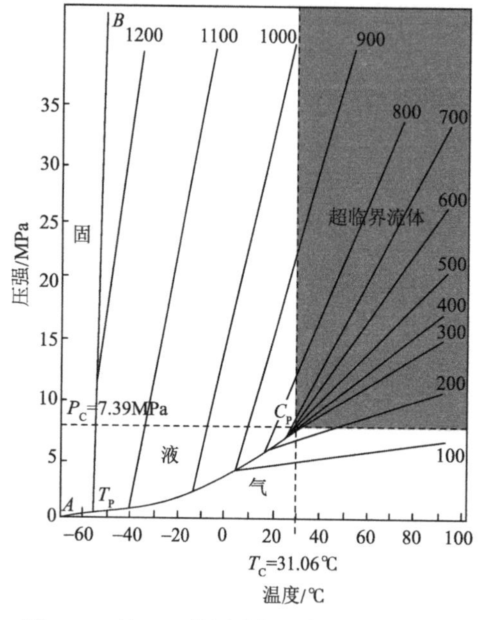

图 6-28　纯 CO_2 的压强与温度和密度的关系

各直线上数值为 CO_2 密度，单位为 kg/m³

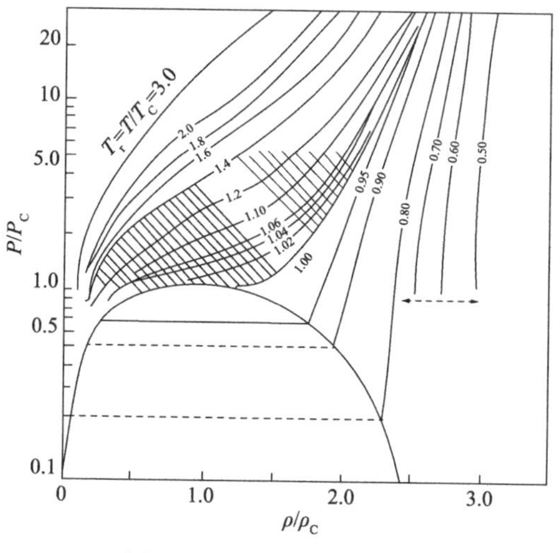

图 6-29　CO_2 的 P-ρ 等温线

（2）超临界 CO_2 流体萃取的操作特性　食品工业中 CO_2 作溶剂超临界流体萃取中应用的典型温度、压强范围如图 6-30 所示。

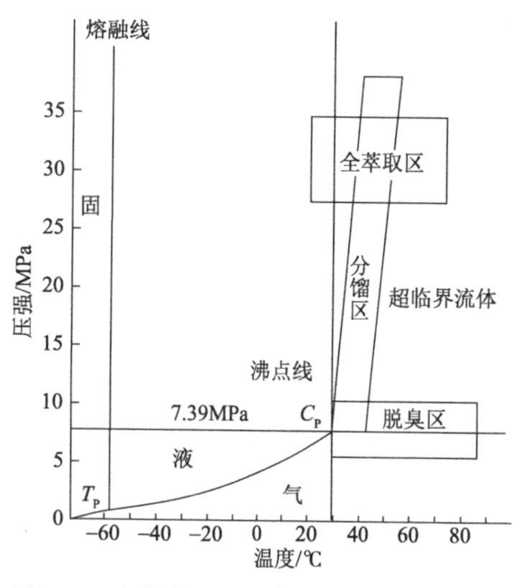

图 6-30　超临界 CO_2 流体萃取典型操作温度、压强范围（周家春，2004）

在超临界区内压强较高的部分是全萃取区，是萃取物可全部溶出的操作区域。溶质的溶解度随操作压强和温度的升高而增大，而温度的上限受制于被萃取物的热敏性，压强的上限受制于设备投资和安全性及生产成本。因此，在全萃取区进行超临界萃取，必须综合考虑优质、高产、安全、经济性，以寻求最佳操作压强、温度方案。在靠近临界点附近的超临界区，称为脱臭区。混合物的脱臭可视为另一种全萃取。因为操作温度和压强维持在溶剂临界点附近不变，挥发性高的组分，即通常带有特殊气味的物质，可从混合物中顺利地除去。所以超临界点区操作法有两种用途：一是从所需产品中去除不理想的芳香化合物；二是萃取有用的芳香物，用作配制食品的香料和风味料。在超临界区域内的中压区是分馏区：当多组分物系进行超临界萃取时，利用溶剂对各组分选择性程度的差异而产生分馏，适用于分离相对挥发性有明显差异的组分。

3. 超临界 CO_2 流体萃取的优点

1）由于 CO_2 的临界温度为 31.06℃，临界温度不算高，节省能耗，对设备的要求比较低；操作温度低，能较完好地保存有效成分不被破坏，不发生次生反应，因此特别适用于那些对热敏性强、容易氧化分解破坏的成分的提取。

2）萃取能力强，提取率高。

3）超临界CO_2流体的密度决定着其对萃取成分的选择性和萃取能力的大小，而超临界CO_2流体的密度是可以通过调整温度和压强而改变的。所以，超临界CO_2流体萃取有很高的选择性。

4）提取时间快，生产周期短，同时它不需浓缩等步骤，即使加入夹带剂，也可通过分离功能除去或只需要简单浓缩。

5）超临界CO_2流体还具有抗氧化、灭菌等作用，有利于保证和提高产品质量。

6）超临界CO_2流体对大多数溶质具有较强的溶解能力，传质速率较高，萃取原料可以是固体；水在超临界CO_2流体中的溶解度很小，这有利于用超临界CO_2来萃取分离有机水溶液，所以萃取原料也可以是液体。

7）CO_2便宜易得，运行费用低。此外，CO_2还具有不可燃、无毒、化学稳定性好，以及极易从萃取产物中分离出来等一系列优点。

（二）超临界CO_2流体的萃取方法

超临界CO_2流体萃取同其他有机溶剂萃取一样，可以分为萃取与分离两个阶段。在萃取阶段，处于超临界状态的CO_2具有选择溶解其他物质的能力，通过调整适当的温度（T）和压强（P）可选择性地萃取物质。在分离阶段，分离方法有4种：等温降压法、等压升温法、吸附法、添加惰性气体的等温等压分离法。根据分离方法的不同，超临界CO_2流体的萃取流程也相应分为4种，下面分别予以介绍。

1. 等温降压法　从图6-27上可以看出，采取等温降压法可以把CO_2从超临界状态变为气态，气态CO_2对溶质没有溶解能力，从而使溶解在超临界CO_2流体中的被萃取物与CO_2分离，达到分离和提纯的目的。其流程如图6-31（a）所示。

2. 等压升温法　有研究发现，被萃取物在超临界CO_2流体中溶解度随着温度的升高先降低而后增加，所以可以利用等压升温法对二者进行分离。和等温降压法相比较，等温降压法能使被萃取物完全分离出来，而此法只能达到部分分离。其流程如图6-31（b）所示。

3. 吸附法　此法是在分离器内放置仅吸附溶质而不吸附萃取剂的吸附剂，溶质被吸附而留在分离器内，而萃取剂经压缩后返回萃取釜循环使用；常用的吸附剂有离子交换树脂、活性炭，一般用于去除有害物质，如从茶叶中脱除咖啡因。该方法中CO_2流体始终处于恒温恒压的超临界状态，十分节能。其流程如图6-31（c）所示。

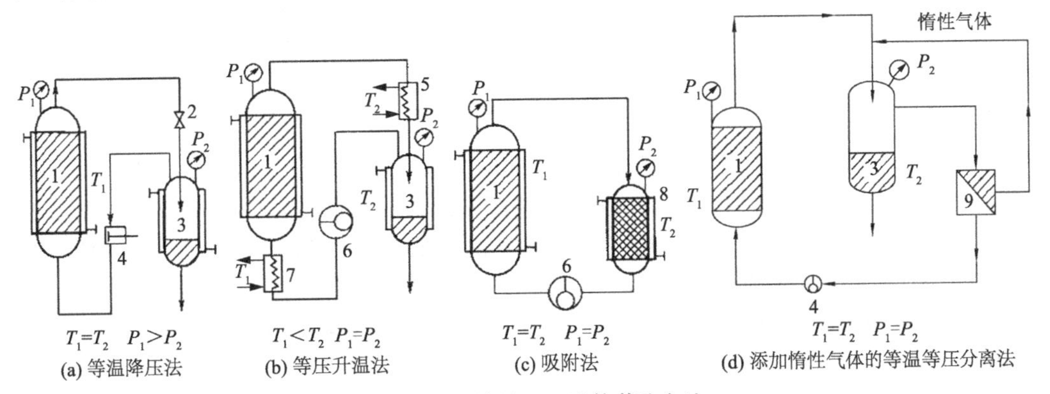

图6-31　超临界CO_2流体萃取方法

1. 萃取器；2. 膨胀阀；3. 分离器；4. 压缩机；5. 加热器；6. 泵；7. 冷却器；8. 吸附剂；9. 再生器

4. 添加惰性气体的等温等压分离法　添加惰性气体的等温等压分离法流程是指携带溶质的二氧化碳出萃取釜后和某种惰性气体（N_2、Ar）在混合器中混合，一起进入分离釜。惰性气体的作用降低了超临界 CO_2 流体的分压，从而使溶解度降低（如超临界 CO_2 流体中加入 N_2，使咖啡因在 CO_2 中的溶解度显著下降，加入比例越多，溶解度越小），在分离器中析出溶质，释放出溶质的 CO_2 和惰性气体一起经压缩机压缩后送入膜分离器，分离出的 CO_2 送回萃取釜进行萃取，惰性气体则送回混合器中循环使用，整个系统的温度、压强基本不变，如图 6-31（d）所示。惰性气体消耗的能量较少，且无须后续的处理步骤，如果配以高效的膜分离设备，是比较有前景的。

（三）超临界 CO_2 流体的萃取流程

超临界 CO_2 流体的萃取按萃取物料的状态可分为固体物料萃取和液体物料萃取；按萃取操作过程的连续性可分为间歇式萃取和连续式萃取；按萃取剂中是否含有夹带剂又可以分为纯超临界 CO_2 溶剂萃取和添加夹带剂萃取。下面按固体物料和液体物料萃取分类予以介绍。

1. 固体物料萃取

（1）间歇式萃取　一般由萃取釜、减压阀、分离釜、换热器、压缩机构成，如图 6-32（a）所示，可以采用等温降压法分离，也可以采用等压升温法分离。为了提高分离效率，分离釜一般设置两个，控制不同压力（依次降低），两个分离釜产物成分也会略有不同，如图 6-32（b）所示；为了纯化分离产物，也可以在分离釜之后设置一个精馏柱，这样超临界萃取同时具有液相萃取和精馏的特点，超临界萃取过程是由两种因素，即被分离物质挥发度之间的差异和它们分子之间亲和力的大小不同，同时发生作用而产生相际分离效果的，如酒花的萃取，可控制在不同的柱高，排放出不同挥发度的产物，如图 6-32（c）所示。

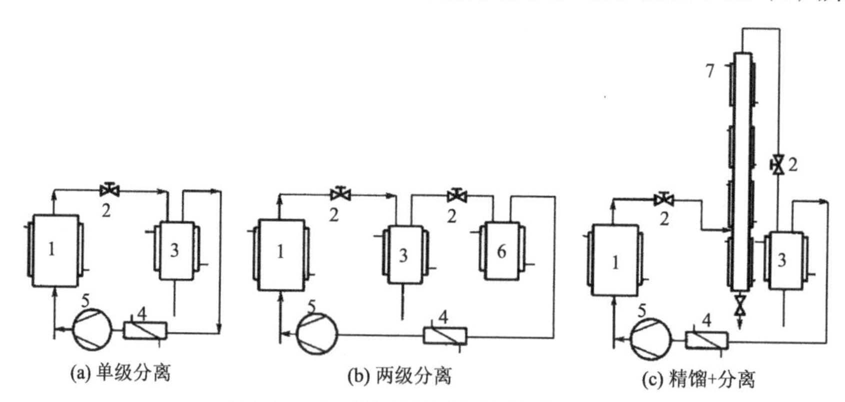

图 6-32　几种典型的固体物料萃取系统

1. 萃取釜；2. 减压阀；3、6. 分离釜；4. 换热器；5. 压缩机；7. 精馏柱

（2）半连续式萃取系统　半连续式萃取系统是指采用多个萃取釜串联的萃取流程。目前，在萃取条件下向高压釜输入和送出固体原料，完成连续萃取是非常困难的。相反，若将萃取体积分解到几个高压釜中，从而批处理就变成逆流萃取。其流程如图 6-33 所示。4 个萃取釜依次相连（实线），当萃取釜 1 萃取完后，通过阀的开关将其脱离循环，其压力被释放，重新装料，再次进入循环，这样其又成为系列中最后一只萃取釜被气体穿过（虚线）。这可以依靠气动简单地完成操作控制。

（3）含夹带剂萃取流程　超临界 CO_2 是非极性溶剂，在许多方面类似于已烷。根据相似相溶原理，它对非极性的油溶性物质有较好的溶解能力，而对有一定极性的物质（如内酯、黄酮、生物碱等）的溶解性就较差。通过添加极性不同的夹带剂，可以调节超临界 CO_2 的极性，以提高被萃取物质在 CO_2 中的溶解度，使原来不能用超临界 CO_2 萃取的物料变为可能使用。

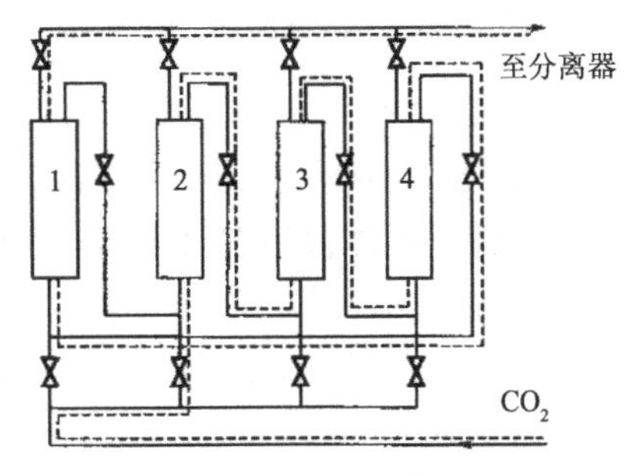

图 6-33　多釜逆流萃取流程
1～4. 萃取釜

加入夹带剂，可从 CO_2 的密度、夹带剂与 CO_2 分子间的相互作用两方面来影响超临界 CO_2 的溶解度和选择性。在加入少量夹带剂的情况下，影响 CO_2 溶解度和选择性的主要因素是夹带剂与溶质分子间的范德瓦耳斯力或夹带剂与溶质间存在的氢键及其他化学作用力。例如，穿心莲内酯、丹参酮等在纯 CO_2 中的溶解度极低，因此不能将它们从原料中萃取出来，如在 CO_2 流体中加入一定比例的乙醇作夹带剂，则能很容易地将其萃取出来。

此外，夹带剂还有增加溶质在 CO_2 中的溶解度对温度、压强的敏感性的作用，使溶质在萃取段和解析段间仅小幅度地改变温度、压强即可获得更大的溶解度差，从而降低操作难度和成本；还可以改变 CO_2 的临界参数。

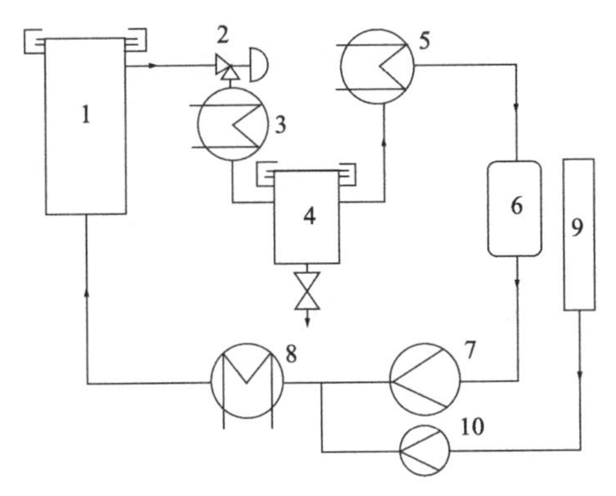

图 6-34　含夹带剂的萃取流程
1. 萃取釜；2. 节流阀；3、8. 换热器；4. 分离釜；5. 冷凝器；6. 贮罐；7. CO_2 高压泵；9. 夹带剂槽；10. 夹带剂泵

图 6-34 所示的夹带剂是从 CO_2 高压泵的出口端泵入系统。实际应用中也可将夹带剂由 CO_2 高压泵的入口端（低压端）泵入，对夹带剂泵的要求较低，操作容易实现，但夹带剂会占去一部分 CO_2 高压泵的输送能力，在夹带剂用量较大时不宜从低压端泵入。

2. 液体物料萃取　超临界流体萃取技术最多的是被用于固体原料萃取，但大量的研究实践证明，超临界流体萃取技术在液体物料的萃取分离上更具优势，其原因主要是液体物料易实现连续操作，从而大大减小了操作难度、提高了萃取效率、降低了生产成本。

液体物料超临界流体萃取的系统从构成上讲大致相同。但对于连续进料而言，在溶剂和溶质的流向、操作参数、内部结构等方面有不同之处。

液体物料超临界流体萃取的萃取釜为柱式结构，为了使液料与溶质充分接触，一般需在柱式萃取釜中装入填料，这时称为填料柱。有时不装填料，而使用塔板（盘），则构成塔板（盘）柱。目前大多装置采用的是填料柱。填料式和塔板式萃取柱的原理与结构在食品工程原理里有详细介绍，此处不再赘述。

由于温度对溶质在超临界流体中的溶解度有较大的影响，在这种情况下，可在柱式萃取釜的轴向设置温度梯度。

液体物料萃取以后的分离大多采用的是在萃取釜的后面装设精馏柱，精馏柱也设有轴向温度梯度，这是为了实现精确分离。不过精馏柱相对后面的分离器而言就是一只柱式萃取釜。

（四）超临界 CO_2 萃取设备

1. 超临界 CO_2 萃取设备的组成 超临界 CO_2 萃取设备从功能上大体可分为 7 部分：萃取系统、分离系统、冷水系统、热水系统、夹带剂循环系统、二氧化碳循环系统和计算机控制系统。具体包括二氧化碳升压装置（高压柱塞泵或压缩机）、萃取釜、分离釜（或称解析釜）、二氧化碳贮罐、冷水机组、锅炉等设备。由于萃取过程在高压下进行，对设备及整个高压管路系统的性能要求较高。本节仅对最为关键的设备——升压装置、萃取釜作简要的介绍。

（1）升压装置 超临界 CO_2 萃取设备的升压可采用压缩机和高压泵。从理论上分析，采用压缩机的流程和设备都比较简单，经分离后 CO_2 不需冷凝成液体即可直接加压循环，且分离压力可以降到较低使解析更完全。但压缩机的压缩比小，压缩到超临界所需的高压设备投资大。另外，由于它的体积和噪声较大、维修难度大、输送 CO_2 的流量较小，不能满足工业化过程对大流量 CO_2 的要求。采用高压泵的流程具有 CO_2 流量大、噪声小、能耗低、操作稳定可靠等优点，但进泵前需经冷凝系统冷凝为液体。考虑到工业化萃取要求有较大的流量和能够在较高压力下长时间连续使用，以及萃取过程的经济性、装置运行的效率和可靠性等因素，目前国内外中型以上的升压装置一般都采用高压泵。

二氧化碳高压泵是超临界 CO_2 萃取装置的“心脏”，是整套装置最重要的设备之一，它承担着二氧化碳流体的升压和输送任务。二氧化碳高压泵与普通的高压柱塞式水泵的使用大体相同，因此很多超临界 CO_2 萃取装置用高压柱塞式水泵来输送 CO_2 流体。作为整套装置中主要的高压运动部件，它能否正常运行对整套装置的影响至关重要，而事实上它恰恰是整套装置中最容易出故障的地方。易出故障的根本原因是泵的工作对象性能上的不同，水的黏度较大且可在泵的柱塞和密封填料之间起润滑作用，因此高压水泵的密封问题能很好地解决。由于 CO_2 流体相对于普通的液体而言，具有易挥发、黏度很低、渗透力很强的特点，这些特点是 CO_2 作为溶剂突出的优点，在超临界的 CO_2 流体的输送过程中却因此而产生很多麻烦。由于高压柱塞式水泵是靠柱塞的往复运动来输送液体 CO_2 的，当柱塞暴露于空气的瞬间，其表面的 CO_2 就迅速挥发而使柱塞杆变得干涩而失去润滑，使柱塞杆与密封填料间的磨损加剧，造成密封性能丧失、密封填料剥落，堵塞二氧化碳高压泵单向阀等。很多泵两三天或一个星期就需要更换柱塞密封填料，频繁的更换极大地影响了生产的正常进行。

要保证二氧化碳泵的正常使用，必须解决以下几方面的问题：①柱塞杆与密封填料之间润滑机制的建立；②强化柱塞杆表面的耐磨性；③正确的使用方法。连续工业化运行试验表明，如能较好地解决上述问题，液体二氧化碳高压泵可维持较长的连续运行时间（半年以上）而不需检修。

（2）萃取釜 萃取釜是装置的主要部件，它必须耐高压、耐腐蚀、密封可靠、操作安全。萃取釜的设计应根据原料的性质、萃取要求、处理能力等因素来决定萃取釜的形状、装卸方式、设备结构等。目前大多数萃取釜是间歇式的静态装置，进出固体物料需打开顶盖。为了提高操作效率，生产中大都采用两个（或三个）萃取釜交替操作和装卸的半连续模式。

为了便于装卸，通常是将物料先装进一个吊篮中，然后再将吊篮放入萃取釜中。吊篮的上下有过滤板以使 CO_2 流体可以通过，而其中的物料却不会被 CO_2 流体带出来。吊篮的外部有密封机构，以保证 CO_2 流体不会不经过物料而从吊篮外壁和萃取釜内壁间穿过。对于装量极大（$10m^3$）、物料基本上以粉尘为萃取对象的超临界 CO_2 萃取，则可采用从萃取釜上端装料、下端卸料的两端釜盖快开设计。

工业化超临界CO_2萃取装置一般有两个以上的萃取釜，以便交替进行萃取和装卸，使整套装置对固体原料实现连续生产。为保证正常的生产率，对每日数次装卸料的萃取釜，要求其开闭操作在较短时间内完成，以实现快速装卸，即工业化萃取装置的萃取釜必须具有快开结构，这是整套装置正常运行的关键之一。

萃取釜快开盖的结构有楔块式、螺栓式和卡箍式等，各有其结构特点，均能达到快开的目的，应根据装置的使用要求和特点选取。考虑到大型萃取装置实际操作的可行性和方便性，采取有别于中小型装置螺栓式快开结构的卡箍式快开结构是较为适合的，如图 6-35 所示。

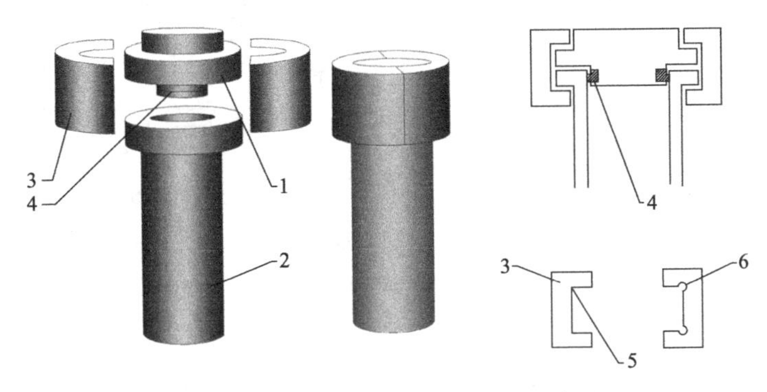

图 6-35　卡箍式快开萃取釜结构示意图

1. 釜盖；2. 釜体；3. 卡箍；4. 密封件；5. 卡箍直角过渡；6. 卡箍圆角过渡

萃取釜的卡箍安装于精密导轨之上，其开合可由液压系统或手动完成。液压系统自动化程度高，但费用也较高，还需配备压力监测安全系统，确保萃取釜压力为零时才能开盖；采用手动装置不存在此问题，当萃取釜有压力时，人力无法拉开卡箍；在压力为零时，却可轻松地将卡箍拉开，十分方便可靠。当然手动装置的自动化程度较低，不太适用于 1000L 以上、卡箍质量较大的大型装置。

萃取釜盖的升降（打开与盖上）采用一带机械手的液压装置完成。该方式与手动升降开盖相比，具有对位准确、快捷和安全的优点。

超临界CO_2萃取装置的密封问题与普通的高压密封不同，它要求卸压后的萃取釜必须马上开启，以满足生产上频繁装卸的要求。

萃取釜快开装置的全部密封问题包括以下几方面：①萃取釜盖与萃取釜体之间的密封，其作用是保证萃取釜中CO_2压力，这是整套装置中要求最高的密封问题；②萃取釜吊篮外壁与萃取釜内壁之间的密封，防止超临界CO_2流体不经装有物料的萃取吊篮而由吊篮外壁与萃取釜内壁之间短路流过；③萃取吊篮盖与吊篮内壁之间的密封，防止物料粉尘随二氧化碳流体从吊篮盖与吊篮内壁间泄出。

因为用于工业化萃取，上述各处密封均要满足快速装卸的要求。该问题需从密封结构和密封材质等方面来解决。萃取釜的密封处包括萃取釜内壁与釜盖之间的密封、吊篮内壁与吊篮盖之间的密封、萃取釜内壁与吊篮外壁之间的密封。密封的预紧力全靠加工的配合间隙来保证，间隙过大有利于各密封处的速装卸但不能满足密封要求，而间隙过小虽有利于密封却不能满足快速装卸的要求。因此对各密封处而言均有一最佳的密封间隙。

2. 超临界萃取成套设备　德国在1978年建立了世界上第一套工业化超临界萃取装置，

用于脱除咖啡豆中的咖啡因，从此开启了超临界萃取技术的工业化应用。意大利 Fedegari 公司自 1992 年开始研发和制造超临界流体萃取工艺及设备，在技术水平、制造能力上处于世界领先水平。图 6-36 为该公司成套萃取装置流程。其由 CO_2 循环系统、夹带剂添加系统、液体精馏系统、多级减压分离系统、CO_2 再压缩回收系统等组成，装置基本参数：萃取釜容积 2×300L；压强＜40MPa；萃取温度 20～70℃；CO_2 泵最大流量 2600kg/h；液体精馏柱 ϕ200mm×5000mm。

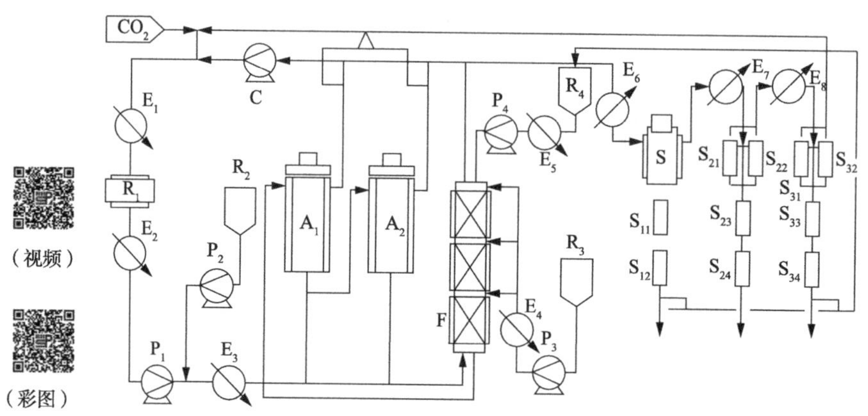

图 6-36　意大利 Fedegari 公司成套萃取装置流程

A_1、A_2. 萃取釜；C. 尾气回收压缩机；E_1、E_2. 冷却器；E_3～E_8. 加热器；F. 精馏柱；P_1. CO_2 泵；P_2. 夹带剂泵；P_3. 液体物料泵；P_4. 回流泵；R_1. CO_2 储罐；R_2. 夹带剂储罐；R_3. 液体物料储罐；R_4. 回流罐；S. 分离器；$S_{××}$. 旋风分离器

装置在设计上具有以下特点：①萃取釜的快开盖结构设计巧妙，采用楔块式结构，釜盖的锁紧与松动采用气动控制，由置于釜盖上的汽缸通过传动机构带动 4 个锁块沿径向运动，使锁块嵌入釜体法兰的槽中来完成锁紧操作。气动控制回路通过计算机与测压系统联锁，以保证安全。②采用三级串联分离系统，可将萃取产物分成三部分。第一级分离器 S 容积 150L，第二级 S_{21}、S_{22} 及第三级 S_{31}、S_{32} 均为 15L 的旋风分离器，其余 6 个分离器容积均为 3L。每一组分离釜均采用三级减压连续排料系统，系统通过逐级减压连续地排出液体物料并释放出液体中溶解的 CO_2 气体，有效防止雾沫夹带。③系统自动化控制程度高。采用工业化集中控制系统，正常生产过程中所有的阀门无须手动。控制软件包括了生产过程所需要的检测、调节、控制、报警、记录等全部功能，共设置 10 多个比例积分微分（PID）自动调节回路，包括萃取器、各级分离器的压力控制调节回路，冷却器、加热器的温度控制回路，泵的流量控制回路，自控仪表的仪表控制回路等。④系统构成比较完善。设置了液体物料精馏系统，以提高制品的纯度；通过回流泵 P_4 增加了外回流系统；配备 CO_2 压缩机，在萃取釜放空时，有效回收萃取釜内残留的 CO_2 气体。

3. 超临界 CO_2 萃取技术在食品工业中的应用　自 21 世纪以来，超临界 CO_2 萃取技术迅速发展，并被用于食品、医药、香料工业及化学工业中用来分离热敏性、高沸点物质。在食品工业的具体应用如下：①植物油的萃取（大豆、向日葵、可可、咖啡、棕榈等的种子）；②动物油的萃取（鱼油、肝油等）；③从茶、咖啡中脱除咖啡因，啤酒花的萃取；④从植物中萃取香精油等风味物质；⑤从动植物油中萃取脂肪酸；⑥从奶油和鸡蛋中去除胆固醇；⑦从天然产物中萃取功能性有效成分。其中，超临界 CO_2 萃取技术从茶、咖啡中脱除咖啡因，从啤酒花中萃取有效成分，已经成功地用于规模化生产。

第四节 膜分离基本概念和膜分离设备

一、膜分离基本概念

膜分离是近几十年来在分离领域迅速兴起的一种高新技术，是一种利用天然或人工合成的高分子半透膜为分离介质，以半透膜两侧的压力差或电位差为推动力，对流体中的溶质和溶剂进行分离、分级、提纯和富集的方法。

与其他分离方法相比，膜分离具有以下 4 个显著特点：①风味和香味成分不易散失；②易保持食品某些功效；③不存在相变过程，节约能量；④工艺适应性强，处理规模可大可小，操作维护方便，易于实现自动化控制。

膜分离也叫微孔过滤，可以过滤 0.1～10μm 的固体颗粒。较常用的膜分离方法有反渗透、纳滤、超滤、微滤、电渗析。根据过程推动力的不同，膜分离可以分为以压力差为推动力的膜分离和以电位差为推动力的膜分离，前者称为超滤和反渗透，后者称为电渗析。本节主要讨论超滤、反渗透和电渗析设备。

二、膜分离设备

膜分离设备主要包括膜组件与泵。膜组件为以某种形式将膜组装形成的一个单元，它直接完成分离。对膜组件的基本要求是：装填密度高，膜表面的溶液分布均匀、流速快（以减少浓差极化），膜的清洗、更换方便，造价低，截留率高，渗透速率大。在工业膜分离装置中，可根据需要设置数个至数千个膜组件。

根据膜组件形式的不同，目前工业上常用的膜分离设备有三种型式：平板式、螺旋卷式和管式，下面分别予以介绍。

（一）平板式膜过滤器

图 6-37 是 DDS 公司平板式膜过滤器的结构及工作原理示意图。图 6-37（a）中，支撑板的两侧配置有膜，料液在数片膜间串联流过，透过液由支撑板边缘引出管引出，整个设备由多组这样的组件叠置而成。膜使用 GR 聚砜膜，工作温度可达 80℃，pH 可达 1～13，在乳制品工业中应用广泛。

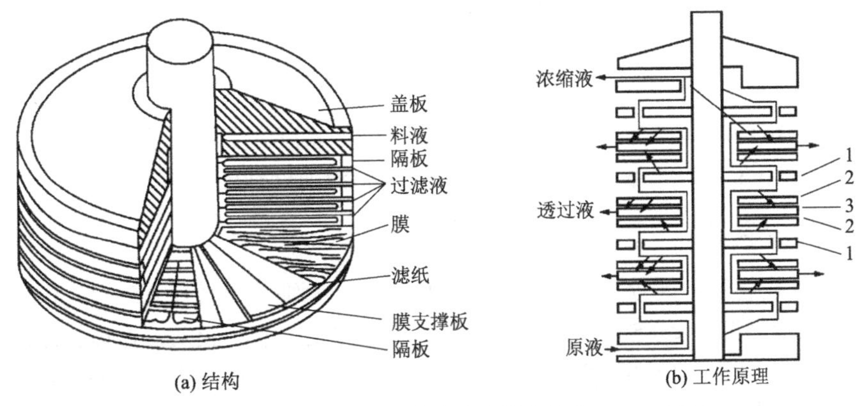

图 6-37 DDS 公司平板式膜过滤器的结构及工作原理

1. 隔板；2. 膜，3. 膜支撑板

平板式膜过滤器的特点是制造、组装简单，膜的更换、清洗、维护容易，在同一设备中可按要求改变膜面积。当处理量大时，可以增加膜的层数。因原液流道截面积较大，原液虽含一些杂质，但也不易堵塞流道，压力损失较小，原液流速可达 1～5m/s，适应性较强，预处理要求较低。

（二）螺旋卷式膜分离器

如图 6-38 所示，螺旋卷式膜由两层平面膜粘成密封的长袋形，中间夹一层支撑物（渗透网），在膜袋外部的原水侧再垫一层网状型间隔材料（进料网），膜袋口与中心集水管密封形成膜袋。一根多孔中心集水管外壁上可粘接多个膜袋。粘在中心管上的膜袋连同膜外的网状间隔材料一起绕中心管卷绕形成膜卷。卷好的若干膜卷装入圆筒形耐压容器，就成为螺旋卷式膜组件。

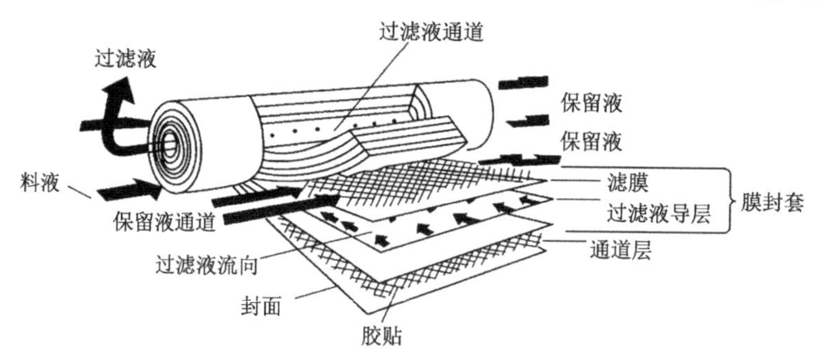

图 6-38　螺旋卷式膜组件

在实际应用中，将多个螺旋卷式膜组件装于一个壳体内，然后将中心管相互连通，便组成螺旋卷式反渗透器，如图 6-39 所示。用于反渗透时，由于压力高，压力损失的影响较小，可多装组件。用于超滤时，连接的组件一般不超过 3 个。壳体材料多为不锈钢或玻璃钢管。螺旋卷式膜组件一般要求膜流速为 5～10cm/s，单个组件的压头损失较小，只有 7～10kPa。

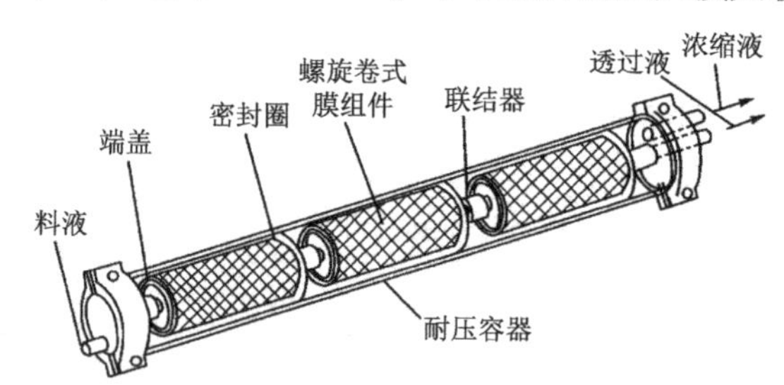

图 6-39　螺旋卷式反渗透器

螺旋卷式膜组件的优点是单位体积膜面积大，结构紧凑，安装更换容易；缺点主要是膜面流速一般为 0.1m/s 左右，浓差极化不易控制，对料液前处理要求高。

（三）管式膜分离器

管式膜组件按管径不同分为粗管（直径 > 10mm）、毛细管（直径 0.5～10mm）和纤维管（又称中空纤维管，直径 < 0.5mm），常用的管式膜组件是由管状膜及支撑体构成的。膜可在管的外壁或内壁，分别形成外压管式膜或内压管式膜。管支撑体应有良好的透水性及较高的强度。内压管式膜组件工作时，加压的料液流从管内流过，通过膜的渗透液在管外侧被收集。外压管式膜组件工作时情况则相反。

管式膜分离器又可分为单管式、管束式和螺旋管式，还可组合成串联与并联式。

1. 管束式膜分离器　图 6-40 所示为内压型管束式膜分离器结构图。这是把许多耐内压膜管装配成相连的管束，然后把管束装置在一个大的收集管内，构成管束式膜过滤装置，结构相当于列管换热器。原料液由装配端的进口流入，经耐压管内壁的膜管于另一端流出，透过液透过膜后由收集管汇集。

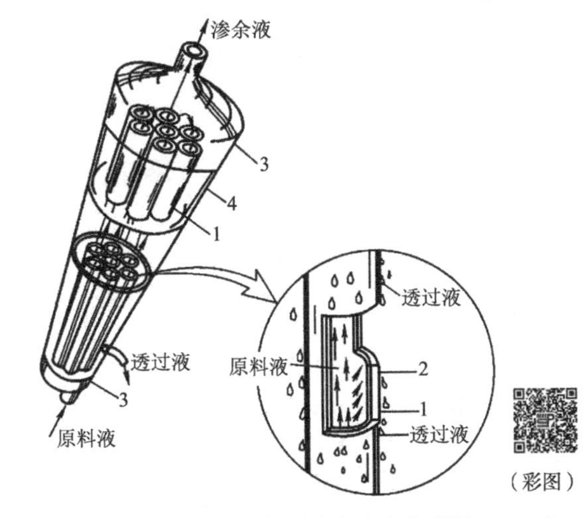

图 6-40　内压型管束式膜组件（朱宏吉和张明贤，2011）

1. 玻璃纤维管；2. 反渗透膜；3. 末端配件；4. 外壳

管式膜装置的优点是对料液的预处理要求不高，可用于处理高浓度悬浮液。料液可以在很宽的浓度范围内进行调节，流速易控制，适当控制流速可防止或减少浓差极化；安装、拆卸、清洗、换膜和维修均较方便。其缺点是投资费用较高，同时单位体积内装填密度较低，管口密封也比较困难。

2. 中空纤维式膜组件　中空纤维式膜组件的特点是：具有在高压下不产生形变的强度，纤维直径较细，一般外径为 50～100μm，内径为 15～45μm。图 6-41 为中空纤维式反渗透膜分离器的结构。

中空纤维式膜组件的组装是把大量（有时是几十万根或更多）的中空纤维膜，弯成 U 形或做成管壳式换热器直管束那样的中空纤维束而装入圆筒形耐压容器内。纤维束的开口端用环氧树脂浇铸成管板。纤维束的中心轴部安装一根原料液分布管，使原料液径向均匀流过纤维束。纤维束的外部包以网布使纤维束固定并促进原料液的湍流状态。透过物透过纤维的管壁后，沿纤维的中空内腔，经管板放出；被浓缩了的渗余物则在图示的容器外壳排出口排掉。

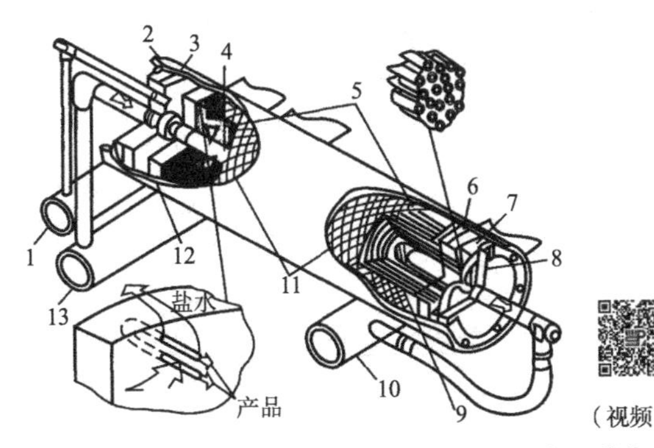

图 6-41　杜邦公司的 Parmasep 中空纤维式反渗透膜分离器的结构

1. 盐水收集管；2、6. O 形环；3. 盖板；4. 进料管；5. 中空纤维；7. 多孔支撑板；8. 盖板（产品端）；9. 环氧树脂管板；10. 产品收集管；11. 网筛；12. 环氧树脂封头；13. 料液总管

高压原料液在中空纤维的外部流动有以下好处：纤维壁承受外压力的能力要比承受内压的能力大；中空纤维的阻力大，易堵塞；此外，原料液在纤维的外部流动时，如果一旦纤维强度不够，只能被压瘪，直至中空内腔被堵死，但不会破裂，这就防止了透过液被原料液污染。反过来，若把原料液引入这样细的纤维内腔，则很难避免这种由破裂造成的污染。而且一旦发生这种现象，清洗将十分困难。不过，随着膜质量的提高和某些分离过程的需要（如为了防止浓差极化），也采用使原料流体走中空纤维内腔（内压型）的方式。

中空纤维式膜组件的优点是无须支撑材料，因此单位体积具有极高的膜面积，且极易小型化。中空纤维膜耐压，不易损坏，但一旦损坏便无法修复。其缺点是制作技术复杂，管板制作困难；表面去污困难，不能处理含悬浮固体的原水。

（四）电渗析

1. 电渗析的工作原理　电渗析是指使用具有选择透过性与良好导电性的离子交换膜，在直流电场作用下，溶液中的离子有选择地透过离子交换膜所进行的定向迁移过程。离子交换膜按解离离子的电荷性质，可分成阳离子交换膜（简称阳膜）和阴离子交换膜（简称阴膜）两种，在电解质溶液中，阳膜允许阳离子透过而排斥阻挡阴离子，阴膜允许阴离子透过而排斥阻挡阳离子，这就是离子交换膜的选择透过性。工业上，电渗析主要用于水的初级脱盐（脱盐率在45%～90%），如海水与苦咸水淡化、制备纯水时的初级脱盐及锅炉、动力设备给水的脱盐软化，牛乳、乳清、糖蜜的脱盐等。电渗析生产淡化水的原理如图6-42所示。

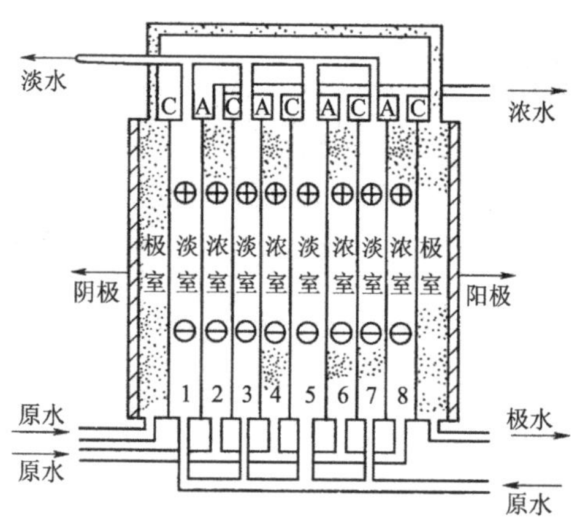

图6-42　电渗析器的工作原理

C. 阳膜；A. 阴膜

2. 电渗析设备　电渗析设备的主要部件包括电极、膜堆和预紧件（或压紧板）三部分。其中膜堆是电渗析器的主体，它由若干个膜对组成，每个膜对又主要由隔板和阴、阳离子交换膜组成，如图6-43所示。在膜和隔板框上开有若干个孔，当膜和隔板多层重叠排列在一起时，这些孔便构成了进出浓、淡液流的管状流道，其中浓液流道只与浓缩室相通；淡液流道只与淡化室（脱盐室）相通，这样分离后的浓、淡液自成系统，相互不会混流。

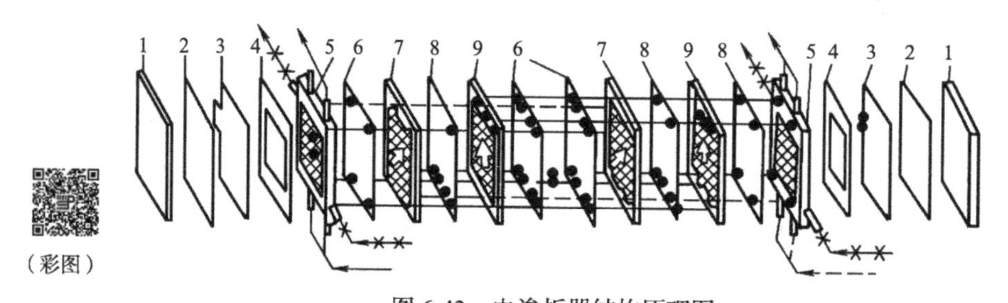

图6-43　电渗析器结构原理图

1. 压紧板；2. 垫板；3. 电极；4. 垫圈；5. 极水隔板；6. 阳膜；7. 淡水隔板；8. 阴膜；9. 浓水隔板

←××淡水；——浓水；←--极水

隔板一般由聚氯乙烯塑料板制成，可分为有网板和无网板。电极阳极一般以铂丝较好，也可选用石墨或银等，阴极通常为不锈钢。

第五节　压榨设备

压榨是通过机械压缩力将液相从液固两相混合物中分离出来的一种单元操作。压榨过程主要包括加料、压榨、卸渣等工序。由于进料状态要求或为了提高压榨效率，需对物料进行必要的预处理，如破碎、热烫、打浆等；榨取苹果、橙汁等果蔬汁时，水果果胶的存在使果汁不易释出，也需进行预处理，方法是破碎并加果胶分解酶。

压榨有两种方式，一种是一次压榨，即只压榨一次即可破坏细胞并榨出汁液；另一种是二次压榨，即首先将原料处理成匀浆或粉状，其次加压分离。一次压榨一般具有更经济、允许较高的处理量及具有较低的资本和运营成本等优点。但是对于某些食品，特别是硬度较大的食品（如从坚果中榨油），二次压榨更有效，通过加热油料或粉状原料，可以降低油脂黏度，从完整细胞释放油脂及除去水分，因此压榨效果更好。

压榨中影响汁液产量的因素有：原料的成熟度和生长条件；细胞破坏程度；固形物厚度和抗形变能力；加压速率、加压时间和最大压力；固液温度和压榨出液体的黏度。

在食品工业中，压榨主要应用于以下几方面：从可可豆、椰子、花生、棕榈仁、大豆、菜籽等种子或果仁中榨取油脂；从甘蔗中榨取糖汁；从水果蔬菜中榨取果蔬汁。

压榨设备按操作方式分有间歇式和连续式压榨机两类。

一、间歇式压榨机

间歇式压榨机的加料、卸料等过程均是间歇进行。其适用于小规模生产或传统产品的生产过程，主要类型有液压压榨机、气囊式压榨机、卧式液力活塞压榨机、柑橘榨汁机等。此处只介绍活塞式压榨机。

1. 结构　活塞式压榨机也称布赫压榨机，最初是瑞士布赫公司用来生产苹果汁的专用设备。其最大加工能力为8～10t/h苹果原料，出汁率82%～84%，设备功率24.7kW，活塞行程1480mm。

活塞式压榨机的结构如图6-44所示。活塞式压榨机由机架、动压盘、压榨筒、静压盘、集汁-排渣装置、液压系统和传动机构组成。它是把动压盘（活塞）与静压盘用滤绳连接起来，滤绳由强度很高且柔性很强的多股尼龙线复捻而成，沿其长度方向有许多贯通的沟槽，其表面缠有滤网。一台压榨机的滤绳多达220根。

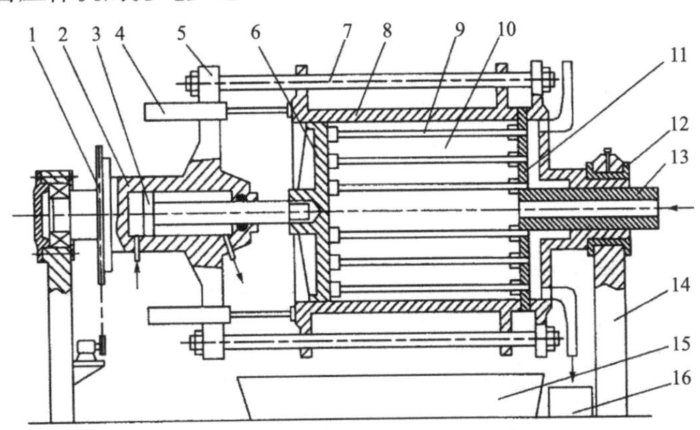

图6-44　活塞式压榨机的结构

1. 传动链；2. 油缸；3. 活塞；4. 榨筒移动油缸；5. 支架；6. 动压盘；7. 导柱；8. 压榨筒；9. 尼龙滤绳；10. 压榨腔；11. 静压盘；12. 轴承；13. 进料管；14. 机架；15. 集渣斗；16. 贮汁槽

2. 工作过程　如图6-45所示，水果经打浆成浆料，经静压盘中心孔进入筒体内，活塞推动动压盘压向静压盘，果汁经滤绳过滤后进入绳体沟槽，沿绳索流至贮汁槽16，在压榨过程中，筒体处于回转状态，可使充填均匀和压榨力分布平衡。完成榨汁后，动压盘后退，弯曲了的滤绳被拉直，由于绳索的运动，果渣被松散，然后再次挤压。如此周期动作，直到按预定程序结束榨汁过程。榨汁结束后，压榨室外筒与挤压面同时移动，使浆渣松动并将其排出。

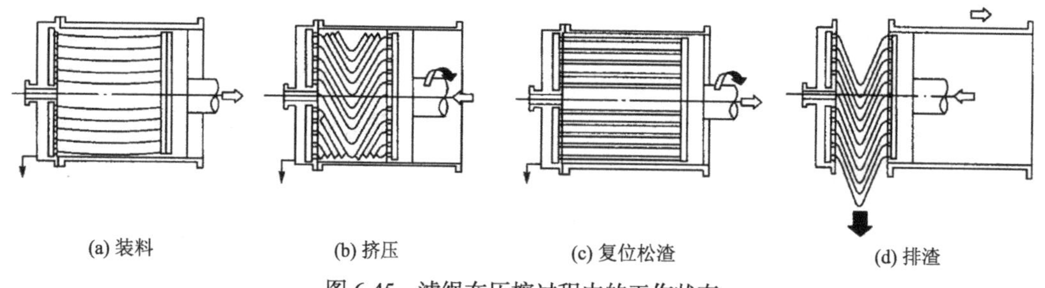

(a) 装料　(b) 挤压　(c) 复位松渣　(d) 排渣

图 6-45　滤绳在压榨过程中的工作状态

在实际应用中，为提高出汁率，活塞式压榨机一般要进行二次压榨，即在压榨后的果渣中加水，进行浸提后再次压榨。榨汁结束后可采用就地清洗（CIP）方式对压榨机进行清洗，以保持系统卫生，避免微生物的污染。

目前，活塞式压榨机已发展成为可适合多品种果蔬榨汁的通用型筐式榨汁机，可用于仁果类（苹果、梨）、核果类（樱桃、桃、杏、李）、浆果类（葡萄、草莓）、某些热带水果（菠萝、芒果）和蔬菜类（胡萝卜、芹菜、白菜）的榨汁。

二、连续式压榨机

连续式压榨机的加料、压榨、卸渣等工序都是连续进行的，可满足不同生产规模的需要。连续式压榨机的主要型式有卧式螺旋、带式和辊式。

下文主要介绍前两种。

（一）卧式螺旋压榨机

螺旋压榨机是使用比较广泛的一种连续式压榨机，广泛应用于番茄、菠萝、苹果、柑、橙的压榨取汁。下面以国产 GT6G5 螺旋连续榨汁机为例对其结构、传动、工作过程予以介绍。

1. 结构　螺旋压榨机主要由压榨螺杆、圆筒筛、离合器、压力调整机构、传动装置、集汁斗和机架组成，如图 6-46 所示。

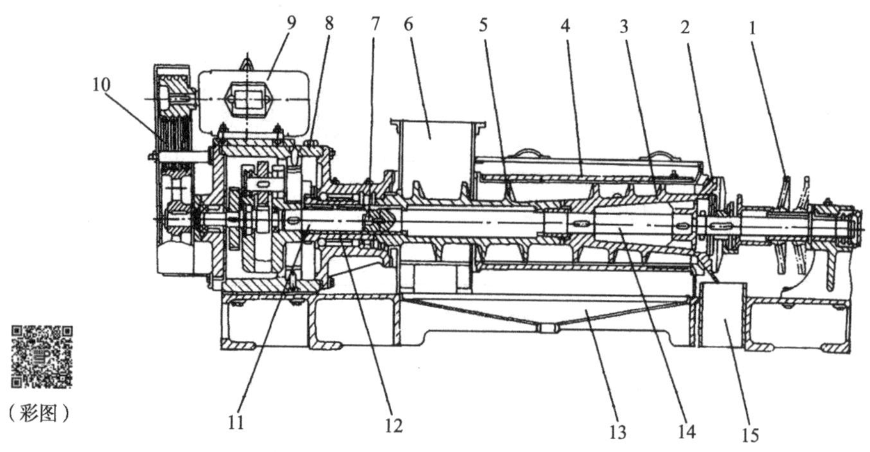

图 6-46　螺旋压榨机结构示意图（张裕中，2012）

1. 调压手柄；2. 出渣锥盘；3. 压榨螺旋；4. 筛板；5. 喂料螺旋；6. 进料斗；7. 端齿离合器；8. 行星齿轮减速器；9. 电动机；10. 传动带；11. 行星机构系杆轴；12. 中心齿轮空心轴；13. 集汁斗；14. 主轴；15. 集渣斗

螺旋压榨机的工作螺旋由两段组成：喂料螺旋与压榨螺旋，两者的转速相同，转向相反。喂料螺旋的螺旋底径相同，螺距逐渐变小。压榨螺旋的底径呈圆锥形，由小变大，螺距则逐渐变小。螺杆的这种结构特点使得螺旋槽容积逐渐缩小，其缩小程度用压缩比来表示。压缩比是指压榨螺旋进料端第一个螺旋槽的容积与最后一个螺旋槽容积之比，GT6G5 螺旋连续榨汁机的压缩比为 1∶20。

为了便于清洗，压汁部分的罩壳和筛网都设计成方便拆卸的结构，凡和食品物料接触的部分均采用不锈钢制成，以保证机器的使用寿命和产品的质量要求。

2. 传动 螺旋压榨机的传动如图 6-47 所示。机器传动采用行星齿轮减速器，结构较为紧凑，传动效率较高。电动机 9 通过传动带 10 驱动行星减速器 8，行星机构系杆轴 11 通过端齿离合器 7 与螺旋压榨机的主轴 14 接合，使固定在主轴 14 上的压榨螺旋 3 转动。空套在主轴 14 上的喂料螺旋 5 与行星减速器的中心齿轮空心轴 12 接合，实现与压榨螺旋 3 转向相反的转动。

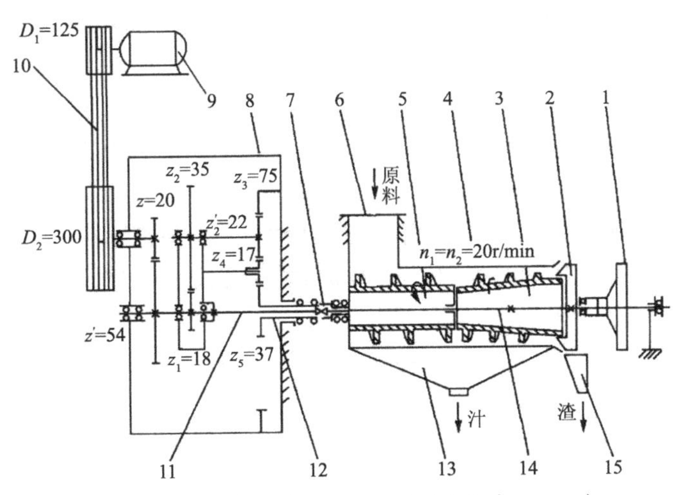

图 6-47 螺旋压榨机传动系统图（张裕中，2012）

1. 调压手柄；2. 出渣锥盘；3. 压榨螺旋；4. 筛板；5. 喂料螺旋；6. 进料斗；7. 端齿离合器；8. 行星减速器；9. 电动机；10. 传动带；11. 行星机构系杆轴；12. 中心齿轮空心轴；13. 集汁斗；14. 主轴；15. 集渣斗；z、z'、z_2'、z_1 ~ z_5 为各传动齿轮齿数；D_1 和 D_2 分别为电机皮带轮和行星减速器皮带轮的直径；n_1 和 n_2 分别为喂料螺旋与压榨螺旋的转速（r/min）

3. 工作过程 物料由进料斗 6 倒入，由喂料螺旋 5 向前推送并进行初步压榨，汁液由进料斗 6 底部的筛孔板流至集汁斗 13。物料经喂料螺旋 5 送往压榨螺旋 3，由于压榨螺旋的转向相反，物料松散再逐步压榨，汁液由筛板 4 流至集汁斗 13。对物料最大的压缩发生在出渣锥盘 2 附近，可通过调压手柄 1 对物料的压榨率进行调节。压汁后的废渣最后由出渣锥盘 2 与出渣口的缝隙流出，落入集渣斗 15。

螺旋压榨机适用于菠萝果芯和其他类似物料的压榨，榨汁效果较好，出汁率较高。

（二）带式压榨机

福乐伟带式压榨机是一种在果蔬汁榨取工艺中应用最广泛的一种带式压榨机。当物料是可压缩的、颗粒状的或含纤维的固体时，用这种带式压榨机都可获得满意的压榨效果。

1. 结构 如图 6-48 所示，主要由喂料盒、两条压榨网带（上下）、一组轧辊与导向辊、高压冲洗喷嘴、汁液收集槽、传动部分、机架与控制部分组成。轧辊包括驱动辊、张紧辊与

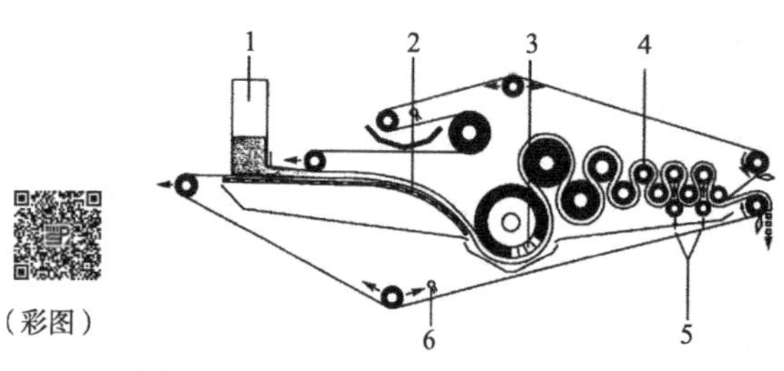

图 6-48　福乐伟带式压榨机的剖面图

1. 喂料盒；2. 楔形区；3、4. 轧辊；5. 增压辊；6. 高压冲洗喷嘴

压榨辊。工作时两条压榨网带同向、同速回转，压榨带本身就是过滤介质，主要借助压榨辊的压力挤出位于两条压榨带之间的物料中的汁液。压榨带通常用聚酯纤维制成。

2. 工作过程

1）经破碎待压榨的固液混合物从喂料盒中连续均匀地送入下网带和上网带之间，被两网带夹着向前移动。

2）在下弯的楔形区（粗滤区）2 内，大量汁液被缓缓压出，形成可压榨的滤饼；当进入低压榨区后，网带的张力和带 L 形压条的轧辊 3 的作用将汁液进一步压出，汇集于汁液收集槽中；再进入高压榨区，由于高压榨区 10 个轧辊的直径递减，使两网带间的滤饼所受的表面压力与剪切力递增，物料得到充分的压榨，保证了最佳的榨汁效果。为了进一步提高脱水率，再另加一个能产生线性压力和一个周边压力的增压辊 5。

3）榨汁后的滤饼由耐磨塑料刮板刮下从右端出渣口排出。

4）两条滤带均由高压冲洗喷嘴 6 不断冲洗，洗掉粘在带上的糖和果胶凝结物，保证榨出的汁液能顺利排出。

福乐伟带式压榨机的优点是逐渐升高的表面压力可使汁液连续榨出，出汁率高，果渣含汁率低，清洗方便；缺点是压榨过程中汁液全部与大气接触，所以对车间环境卫生要求较严。

思考题

1. 卧式螺旋离心机（图 6-1）的转鼓与螺旋的差速是如何实现的？
2. 看图 6-12，简介板框压滤机的洗涤过程。
3. 看图 6-22，简述多级逆流浸出罐的提取流程。
4. 看图 6-23，简述平转式连续逆流提取器的提取过程。
5. 从超临界 CO_2 流体的特性分析萃取压强和温度参数如何选择？

第七章 食品发酵设备

内容提要

本章主要介绍了机械搅拌通风发酵罐、气升式发酵罐、自吸式发酵罐、啤酒发酵罐、固态发酵设备的结构、原理及部分设备的操作方法。其中，机械搅拌通风发酵罐、啤酒发酵罐、固态发酵设备中圆盘制曲机是重点，其他作为了解内容。要求学生掌握重点设备的结构、原理及使用方法，具备发酵设备初步设计能力，能够在生产实践中正确使用、维护和保养设备。

发酵食品因其口感独特、营养丰富，来源于传统又不断被现代生物技术改造，特别是现代化发酵设备的发明创造，才使得食品发酵产业规模化、标准化生产成为可能。大多数食品发酵都是需氧的，如谷氨酸、柠檬酸、酶制剂等属好气发酵产品，在发酵过程中需不断通入无菌空气。少数食品发酵是嫌气的，如啤酒、乙醇等属嫌气发酵产品。根据好气嫌气的不同，发酵设备也可对应分为通风发酵设备和嫌气发酵设备，常用的通风发酵设备有机械搅拌式、气升环流式、鼓泡式和自吸式、通风固相发酵设备等。其中机械搅拌通风发酵罐仍占据着主导地位；常用的嫌气发酵设备有啤酒发酵罐、酒精发酵罐等。下面分别予以介绍。

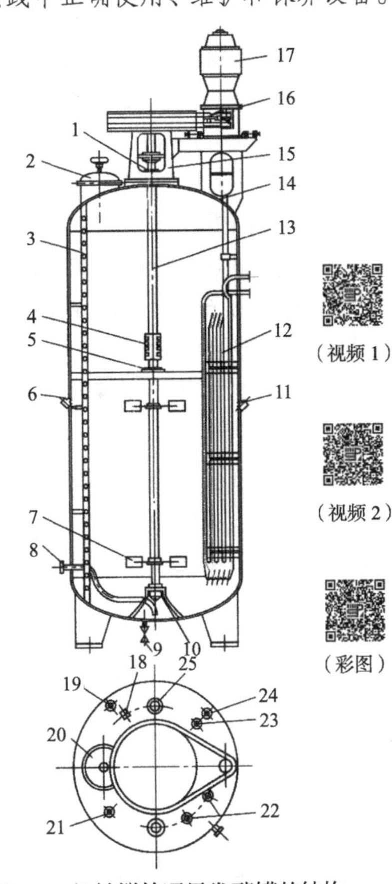

图 7-1　机械搅拌通风发酵罐的结构

1. 轴封；2、20. 人孔；3. 梯；4. 联轴节；5. 中间轴封；6. 温度计接口；7. 搅拌叶轮；8. 进风口；9. 放料口；10. 底轴承；11. 热电偶；12. 冷却管；13. 搅拌轴；14. 取样管；15. 轴承座；16. 传动皮带；17. 电动机；18. 压力表；19. 取样口；21. 进料口；22. 补料口；23. 排气口；24. 回流口；25. 视镜

第一节　机械搅拌通风发酵罐

一、机械搅拌通风发酵罐的结构

机械搅拌通风发酵罐的主要部件有罐体、搅拌器、挡板、轴封、空气分布管、传动装置、冷却管（或夹套）、消泡器、人孔、视镜等，机械搅拌通风发酵罐的结构如图 7-1 所示。

（一）罐体

罐体由圆柱体和椭圆形或碟形封头焊接而

成，材料以不锈钢为好。为满足工艺要求，必须能承受一定的压力和温度，通常要求耐受 130℃和 0.25MPa（绝对压强）。罐壁厚度取决于罐径、材料及耐受的压强。

小型发酵罐罐顶和罐身用法兰连接，上设手孔以方便清洗和配料。中型和大型发酵罐则装设快开人孔，罐顶装设视镜及光照灯孔，还装设进料管、排气管、接种管和压力表等，排气管应尽可能靠近罐顶中心位置的罐身上设有冷却水进出管、进空气管及温度、pH、溶氧等检测仪表接口。取样管可设在罐顶或罐侧，视操作要求而定。罐体上每开一个孔，应力集中现象就会削弱罐体强度，罐体上的管路越少越好，设计时尽量做到一管多用，如进料、补料和接种可共用同一个接口。

（二）搅拌器和挡板

搅拌器的主要作用是混合和传质，即使通入的空气分散成气泡并与发酵液充分混合，使气泡细碎以增大气-液界面，以获得所需要的溶氧速率，并使生物细胞悬浮分散于发酵体系中，以维持适当的气-液-固（细胞）三相的混合与质量传递，同时强化传热过程。

发酵罐内流体在被搅拌时，常有径向流、轴向流和切线流三种流型，其中径向流和轴向流是有利的，而切线流是有害的，原因在第五章第二节已经讲过。所以，发酵液搅拌流型的理想状况是要有足够的径向流和适度的轴向流，且要避免切线流。对应到搅拌器的设计上，是径向流搅拌器和轴向流搅拌器要结合使用。而克服切线流最好的方法则是在发酵罐的内壁设计并安装挡板。

蜗轮式搅拌叶轮是最常见的径向流搅拌器，有平叶式、弯叶式、箭叶式三种形式，叶片数量一般为 6 个。蜗轮式搅拌器具有结构简单、传递能量高、溶氧速率高等优点，但其不足之处是轴向混合较差，且其搅拌强度随着与搅拌轴距离的增大而减弱。推进式搅拌叶轮是最常见的轴向流搅拌器。为了拆装方便，大型搅拌叶轮可做成两半型，用螺栓连成整体装配于搅拌轴上。

挡板宽度为 0.1～0.12D（发酵罐直径），通常设 4～6 块时可达到全挡板条件。挡板的高度自罐底起至设计的液面高度为止，同时挡板应与罐壁留有一定的空隙，其间隙为（1/8～1/5）D。发酵罐热交换用的竖立的列管、排管或蛇管也可起相应的挡板作用。

（三）轴封

发酵罐搅拌轴要通过发酵罐罐顶或罐底的孔才能进入发酵罐实现搅拌，从传动效率角度讲，此处摩擦力越小，转动越灵活，传动效率越高，这就要求轴和孔之间的间隙越大越好，但间隙过大容易造成发酵液的泄漏，外面杂菌进入罐体造成污染，换言之，从密封性和防止染菌的角度来讲，轴和孔之间的间隙越小越好。一方面要求间隙要大，另一方面要求间隙要小，如何恰当地解决好这个问题呢？轴封的设计，非常好地解决了这个问题。

轴封分为单端面轴封和双端面机械轴封，其结构如图 7-2、图 7-3 所示。

单端面轴封由动环、静环、弹簧圈、压盖组成。静环通常由油渍石墨或聚四氟乙烯制成，嵌在罐体上（或下）封头的孔内，和罐体之间靠一平橡胶垫片密封，到此，即把搅拌轴与罐体之间的摩擦转移到轴和静环之间的摩擦，由于静环材质为硬度比较小的石墨，这样就保护了轴和罐体之间的相互磨损，从而保护了轴和罐体，最终主要磨损的是静环，更换成本低廉。发酵液泄漏或染菌的通道也变成轴和静环之间的间隙。动环一般用碳化钨钢制成，靠和轴间隙里的“O”形橡胶圈紧箍在轴上，从而实现密封且随轴同步旋转，动环靠弹簧加荷装置压紧在静环之上，由于动环和静环接触表面的光滑度非常高，二者接触表面间隙很小从而实现了密封，一动一静形成了一种特殊的密封——动密封，堵住了发酵液泄漏或染菌可能要经过的最后通道。

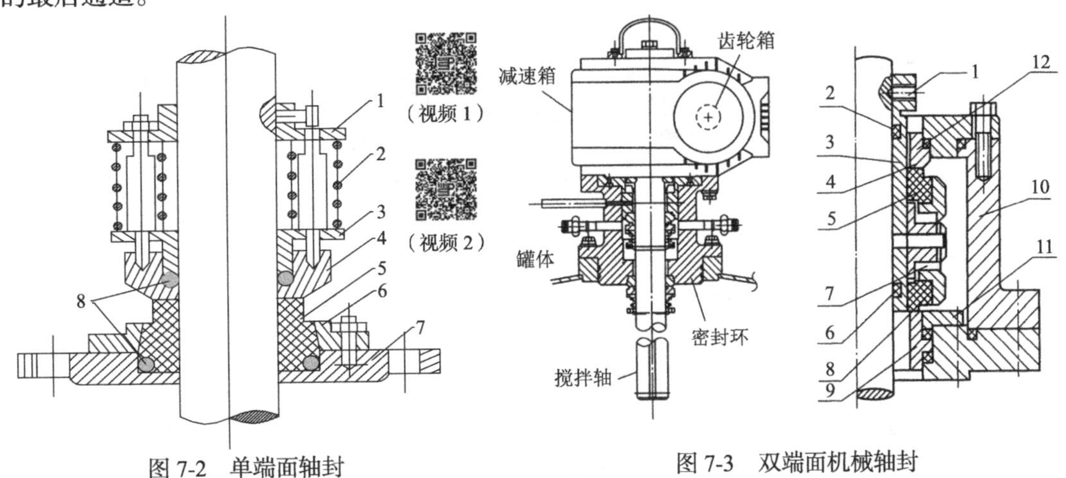

图 7-2 单端面轴封

1. 压紧装置；2. 弹簧圈；3. 动环压盖；4. 动环；5. 静环；6. 静环压盖；7. 静环底座；8. "O"形密封圈

图 7-3 双端面机械轴封

1. 套筒紧定螺钉；2、6、12. 静密封圈；3. 套筒；4. 上静环；5. 上动环；7. 弹簧；8. 下动环；9. 下静环；10. 机架；11. 压紧圈

双端面机械轴封在结构上相当于两个单端面轴封的重复，密封效果更好。现代工业发酵罐一般都采用双端面机械轴封。

（四）空气分布管

对于一般的通气发酵罐，空气分布管主要有环形管式和单管式。单管式结构简单又实用，管口正对罐底中央，与罐底的距离约为 40mm。若用环形空气分布管，则要求环管上的空气喷孔应在搅拌叶轮叶片内边之下，同时喷气孔应向下以尽可能减少培养液在环形分布管上滞留。喷孔直径取 2～5mm 为好，且喷孔的总截面积等于空气分布管的截面积。对于机械搅拌通风发酵罐，分布管内空气流速取 20m/s 左右。通气大小常用通气强度 VVm 表示，它表示每立方米发酵液中每分钟通入的空气量（m^3）。

（五）消泡装置

发酵液中含有蛋白质等发泡物质，故在通气搅拌条件下会产生泡沫，发泡严重时会使发酵液随排气而外溢，且增加杂菌感染机会。在通气发酵生产中有两种消泡方法：一是加入化学消泡剂，二是使用机械消泡装置。通常是把上述两种方法联合使用。最简单、实用的消泡装置为耙式消泡器，可直接安装在上搅拌的轴上，消泡耙齿底部应比发酵液面高出适当高度。耙式消泡器的结构如图 7-4 所示。

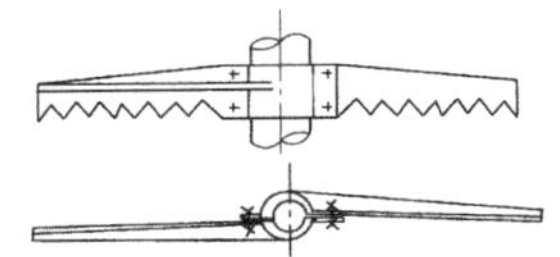

图 7-4 耙式消泡器的结构

此外，还有蜗轮消泡器、旋液分离式消泡器、刮板式消泡器、碟片式消泡器等，如图 7-5～图 7-7 所示。它们的工作原理都是离心分离。

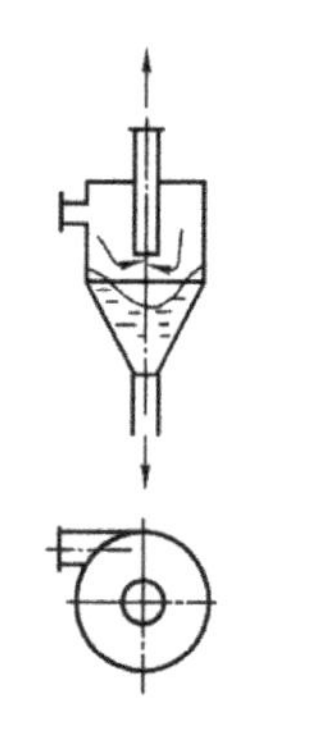

图 7-5　旋液分离式消泡器

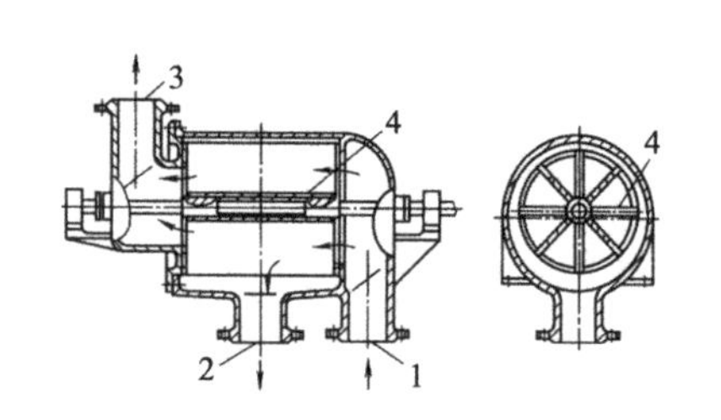

图 7-6　刮板式消泡器

1. 气液进口；2. 回流口；3. 气体出口；4. 刮板

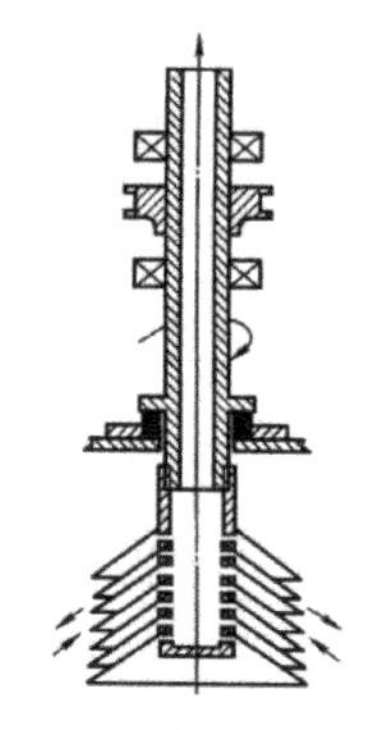

图 7-7　碟片式消泡器

（六）换热装置

1. 换热夹套　$5m^3$ 以下的小型罐往往应用夹套换热装置。其优点是结构简单、加工方便、易清洗，但换热系数较低。夹套的换热系数为 400～600kJ/（m^2·h·℃）。

2. 竖式蛇管　在罐内设 4 组或 6 组竖式蛇管。其优点为管内水的流速大，传热系数高，为 1200～4000kJ/（m^2·h·℃）。此类换热器要求冷却水温较低，否则降温不易。

3. 竖式列管（排管）　以列管式分组装设于罐内。其优点是有利于提高传热推动力的温差、加工方便，但用水量大。

竖式蛇管和竖式列管常用在 $5m^3$ 以上的大型发酵罐中。

为了提高反应器的传热效能，可在发酵罐的外部装设板式热交换器，不仅可以强化热交换，还便于检修和清洗。

（七）联轴器

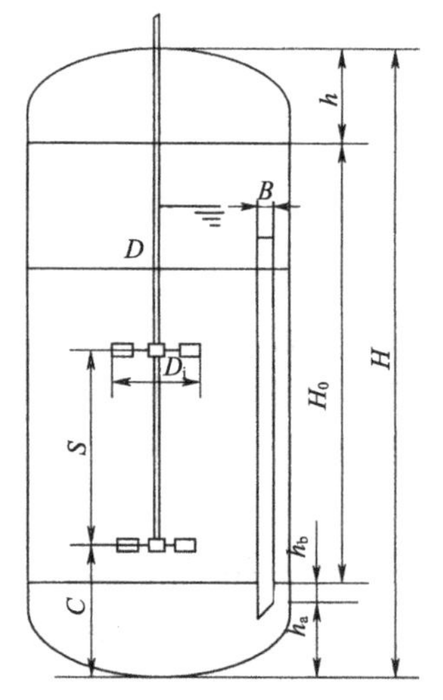

图 7-8　机械搅拌通风发酵罐的几何尺寸

H. 罐总高；*h*. 液位高；H_0. 罐身高；*D*. 罐径；D_i. 搅拌叶轮直径；*B*. 挡板宽；*C*. 下搅拌叶轮与罐底距；*S*. 相邻搅拌叶轮间距

大型发酵罐的搅拌轴较长，常分为 2～3 段，用联轴器使上下搅拌轴成牢固的刚性连接。

常用的联轴器有鼓形及夹壳形两种。

（八）轴承

小型发酵罐可采用法兰将搅拌轴连接；中型发酵罐一般在罐内装有底轴承；大型发酵罐装有中间轴承，罐内轴承不能加润滑油，应采用液体润滑的塑料轴瓦（如石棉酚醛塑料、聚四氟乙烯等）。

二、机械搅拌通风发酵罐的设计

常用的机械搅拌通风发酵罐的结构及几何尺寸已规范化设计，视发酵种类、厂房条件、罐体积规模等在一定范围内变动。其主要几何尺寸如图 7-8 所示。

常见的机械搅拌通风发酵罐的几何尺寸比例如下：$H/D=1.7\sim3.5$；$D_i/D=1/3\sim1/2$；B/D=1/12~1/8；

$C/D_i=0.8\sim1.0$；$S/D_i=2\sim5$；$H_0/D=2$。对于 h_b，封头直径 $\phi\leqslant200$mm，取 15mm；200mm<$\phi\leqslant2000$mm，取 25mm；$\phi>2000$mm，取 40mm（据 GB/T 25198—2010 标准）。

通常，对一个发酵罐的大小用“公称体积”表示。所谓公称体积，是指罐的筒身（圆柱）体积和底封头体积之和。其中底封头体积可根据封头形状、直径及壁厚从有关化工设计手册中查得，椭圆形封头体积可用下式计算。

$$V_1=\frac{\pi}{4}D^2h_b+\frac{\pi}{6}D^2h_a=\frac{\pi}{4}D^2(h_b+\frac{1}{6}D)$$

式中，h_b 为椭圆形封头的直边高度，m；h_a 为椭圆短半轴长度，标准椭圆 $h_a=\frac{1}{4}D$。

故发酵罐的全体积为

$$V_0=\frac{\pi}{4}D^2[H+2(h_b+\frac{1}{6}D)] \tag{7-1}$$

近似计算式为

$$V_0=\frac{\pi}{4}D^2H+0.15D^3$$

三、机械搅拌通风发酵罐的操作

机械搅拌通风发酵罐的操作包括从装罐到放罐整个过程，其中最关键的操作是灭菌操作，此处主要介绍灭菌操作。机械搅拌通风发酵罐的灭菌分为空消和实消两种。所谓空消就是只对发酵罐进行灭菌；所谓实消，就是先把培养液装入发酵罐，然后将发酵罐和发酵液一起进行灭菌。实消只适合对 5m^3 以下的小发酵罐进行灭菌，而空消则适合于对 5m^3 以上的发酵罐进行灭菌。空消发酵罐所使用的培养液在注入发酵罐前要单独进行灭菌，一般采用连续灭菌法。下面对实消操作予以介绍，空消方法相对要简单些，读者可以类比进行。

发酵罐灭菌工艺一般用 0.1MPa 的饱和蒸汽（表压）121℃条件下灭菌 30min，但对于较大型发酵罐约需 45min，若是大型而复杂的发酵系统，因其系统越大，其热容量也越大，热量传递到其中的每一点所需的时间也就越长，灭菌则需 1h。灭菌开始时，必须注意把设备和管路中存留的空气充分排尽，否则会造成假压而实际灭菌温度达不到工艺要求。

实消时可以用夹套间接加热，也可以直接给发酵液中通入蒸汽加热，二者各有优缺点，间接加热速度慢，但对发酵液浓度没有影响，而直接加热速度快但容易稀释发酵液。

实际使用时常把二者结合起来。此外，必须特别注意的是：灭菌结束降温时，不能直接给夹套通入冷却水降温，而必须先给发酵罐通入压缩空气，使其维持正压（保持在表压 105kPa）的情况下，再通入冷却水降温，以免造成发酵罐的罐压跌零，罐体被吸瘪，这是不锈钢夹套发酵罐在实罐灭菌操作中常会发生的事故。

图 7-9 是一小型发酵罐结构示意图，其实罐灭菌过程如下。

1）把配制好的培养基泵入发酵罐内，密闭发酵罐后，开动搅拌。

2）开阀门 15，微开阀门 9，引蒸汽进入夹套，预热培养基至 75～90℃，保持夹套压强表的表压为 50～100kPa。

3）培养基预热到 75～90℃后，开阀门 1 和稍开阀门 4，排尽蒸汽管道内的冷凝水后，关闭阀门 4，再开阀门 2，从空气管道引入蒸汽进发酵罐。停止搅拌。微开阀门 16，保持蒸

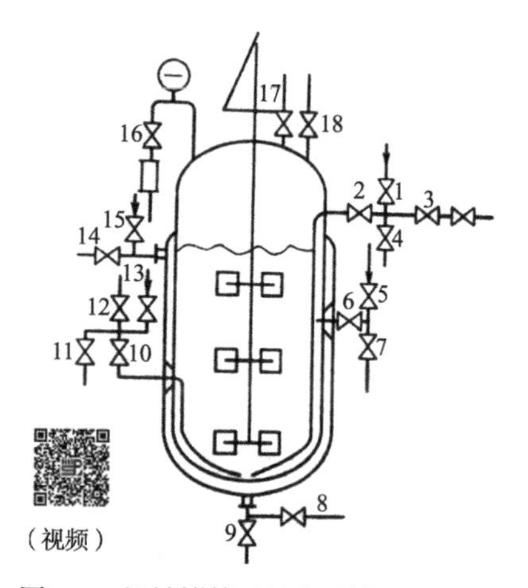

图 7-9　机械搅拌通风发酵罐结构示意图
1～18. 阀门编号

汽流通，并防止误操作引起罐压急剧升高。

4）开阀门 5，稍开阀门 7，排尽蒸汽管道内的冷凝水后，关闭阀门 7，开阀门 6，从取样管道引入蒸汽进发酵罐。

5）开阀门 13，稍开阀门 11，排尽蒸汽管道里的冷凝水后，关闭阀门 11，开阀门 10，从出料管道引入蒸汽进发酵罐。

6）分别稍开阀门 17、阀门 18，排出活蒸汽，调节进气阀门和排气阀门的开度使罐压保持在表压 105kPa，温度恒定在 121℃，维持 30min。

7）完成保温时间后，关一路排汽，再关一路进汽（次序不能颠倒），最后三路排汽和三路进汽全部关闭。同时关闭夹套进汽阀门 15。

8）开阀门 3 和阀门 2 引入无菌空气，保持表压在 105kPa。

9）开阀门 8，关阀门 9，开阀门 14，夹套引入冷却水，开动搅拌，冷却降温到发酵工艺要求的温度。

第二节　气升式发酵罐

气升式发酵罐是 21 世纪以来发展起来的发酵罐。其特点是结构简单，不易污染，氧传质效率高，能耗低，安装维修方便，较适合于单细胞蛋白等的生产。这种发酵罐无机械搅拌装置，因此能耗低，减少了杂菌污染的危险，安装维修方便，氧传质效率高，但需要空压机或鼓风机来完成气流搅拌，有时还需有循环泵。

气升式发酵罐有多种类型，常见的有气升环流式、塔式、鼓泡式、空气喷射式等，其工作原理是把无菌空气通过喷嘴或喷孔喷射进发酵液中，通过气液混合物的湍流作用而使空气泡分割细碎，同时由于形成的气液混合物密度降低故向上运动，而气含率小的发酵液则下沉，形成循环流动，实现混合与溶氧传质。

因气升式发酵罐内没有搅拌器，且有定向循环流动，故具有诸多优点：无搅拌传动设备，节省动力约 50%，节省钢材，结构简单，易于制造；剪切力小，对生物细胞损伤小；操作时无噪声；结构简单，冷却面积小；溶液分布均匀，溶氧速率和溶氧效率较高；料液装料系数达 80%～90%，而不须加消泡剂；传热良好；维修、操作及清洗简便，减少杂菌感染。

但气升式发酵罐还不能代替耗气量较小的发酵罐，对于黏度较大的发酵液溶氧系数较低。

一、气升环流式发酵罐

（一）结构

气升环流式发酵罐的主要结构包括罐体、上升管、空气喷嘴，如图 7-10 所示（G 为无菌空气）。

其主要结构参数如下。

（1）反应器高径比（H/D）　有关研究实验结果表明，H/D 以 5～9 为宜，这既有利于混合与溶氧，也便于放大设计用于发酵生产，放大设计应以溶氧为主放大较好。

（2）导流筒直径与罐径比（D_E/D）　对一定的发酵罐，在确定 D 和 H 后，导流筒直径与罐径比以 0.6～0.8 为宜，具体的最佳选值应视发酵液的物化特性及生物细胞的生物学特性确定。

（3）空气喷嘴直径与反应器直径比（D_1/D）及导流筒上下端面到罐顶及罐底的距离　均对发酵液的混合与流动、溶氧等有重要影响。

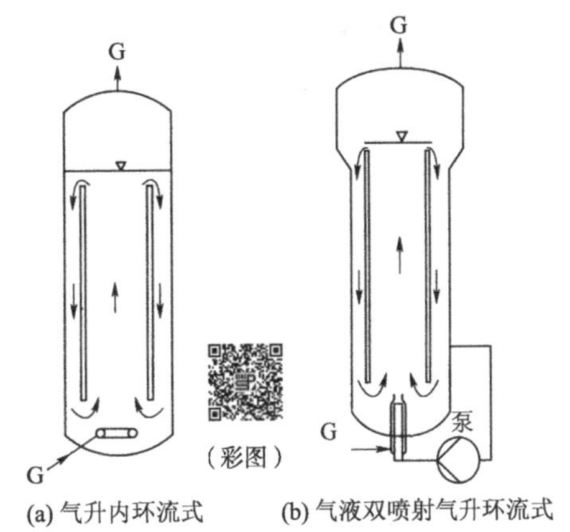

图 7-10　气升环流式发酵罐的结构示意图

（二）操作特性

1. 平均循环时间　如前所述，气升环流式发酵罐内设导流筒（也称上升管），把其中的培养液分在两大区域即导流筒（上升区）和环隙中（下降区），因导流筒内不断有新气泡补充，且混合剪切较强，故此区内混合与溶氧均较好；而在导流筒外即环隙中，气含率往往要低于导流筒。若循环速度太低，则气泡变大，环隙中的气含率往往较低，溶氧速率也随之变小，但通常发酵液中所含的生物细胞浓度基本不变，所以环隙中的发酵液易出现缺氧现象。实践表明，不同的发酵生产及不同时期，由于细胞浓度及对氧的需求不同，故对循环周期的要求也相异。总的来说，对于需氧发酵，若供氧不足，则生物细胞活力下降，因而发酵产率降低。平均循环时间（周期）（t_m）由下式确定。

$$t_m = \frac{V_L}{V_C} = \frac{4V_L}{\pi D_E^2 v_m}$$

式中，V_L 为发酵罐内培养液量，m^3；V_C 为发酵液循环流量，m/s；D_E 为导流管（上升管）直径，m；v_m 为导流管中液体平均流速，m/s。

2. 液气比　空气喷出压力差 Δp 及导流管中液体平均流速 v_m 之间的关系：通气量对气升式发酵罐的混合与溶氧起决定性作用，而通气的压强即空气在空气分布管出口前后的压力差 Δp 对发酵液的流动与溶氧也有相当的影响。所谓液气比（R）就是发酵液的环流量 V_C 与通风量 V_G 之比，即 $R = V_C / V_G$。实验研究和生产实践表明：导流管中液体平均流速 v_m 可取 1.2～1.8m/s，这有利于混合与气液传质，又不至于环流阻力损失太大，从而有利于节能。当然，若采用多段导流管或内设筛板，则 v_m 可降低。

3. 溶氧传质　气升环流式发酵罐的气液传质速率主要取决于发酵液的湍动及气泡的剪切细碎状态，而气液两相流动与混合主要受反应器输入能量的影响。

气升环流式发酵罐设计时应考虑以下两个方面：循环周期时间必须符合菌种发酵的需要；选用适当直径的喷嘴，具有适当直径的喷嘴才能保证气泡分割细碎，与发酵液均匀接触，增加溶氧系数。

二、塔式发酵罐

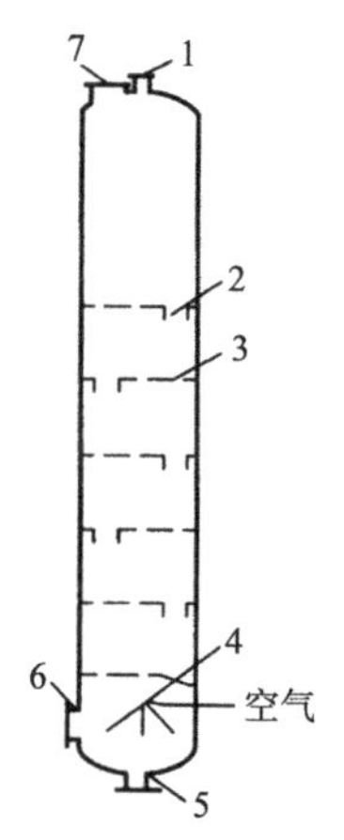

图 7-11　塔式发酵罐
1. 排气口；2. 降液管；3. 筛板；4. 分配器；5. 出料口；6、7. 人孔

塔式发酵罐又称为空气搅拌高位发酵罐，如图 7-11 所示，罐内安装有多层用于空气分布的水平多孔筛板，下部装有空气分配器。空气从空气分配器进入后，经多孔筛板多次分割，不断形成新的气液界面，使空气泡一直能保持细小，提高了体积溶氧系数。另外，多孔筛板减缓了气泡的上升速度，延长了空气与液体的接触时间，从而提高了空气的利用率。在气升式发酵罐中，塔式发酵罐的溶氧效果最好，适用于多级连续发酵。

塔式发酵罐的高径比较大，占地面积小，装料系数较大，空气的利用率高；通风比和溶氧系数的范围较宽，几乎可满足所有发酵的要求。但由于塔体较高，塔顶和塔底的料液不易混合均匀，往往采用多点调节和补料。而且多孔筛板的存在不适宜固体颗粒较多的场合，否则固体颗粒大多沉积在下面，导致发酵不均匀；如果微生物是丝状菌，清洗有困难。

第三节　自吸式发酵罐

自吸式发酵罐是一种不需要空气压缩机，而在搅拌过程中自动吸入空气的发酵罐。这种设备的耗电量小，能保证发酵所需的空气，并能使气液分离得细小、均匀接触，吸入空气中 70%～80%的氧被利用。采用了不同型式、容积的自吸式发酵罐生产葡萄糖酸钙、维生素 C、酵母、蛋白酶等，都取得了良好的成绩。

一、机械自吸式发酵罐

机械自吸式发酵罐的构造如图 7-12 所示。

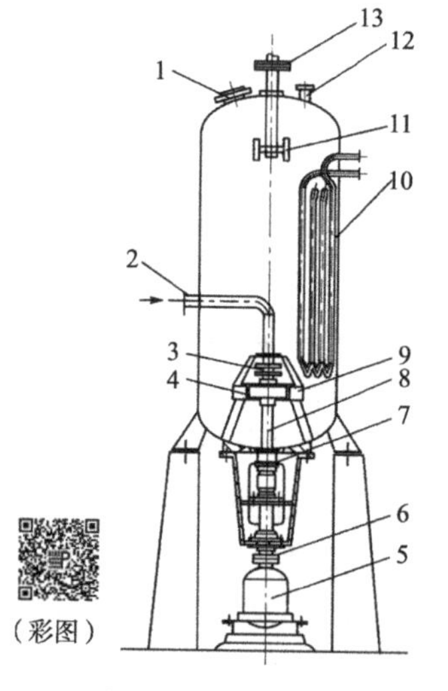

图 7-12　机械自吸式发酵罐
1. 人孔；2. 进风管；3、7. 轴封；4. 转子；5. 电动机；6. 联轴器；8. 搅拌轴；9. 定子；10. 冷却蛇管；11. 消泡器；12. 排气管；13. 消泡转轴

主要构件是吸气搅拌叶轮及导轮，也被简称为转子及定子。当转子转动时，其框内液体被甩出而形成局部真空而吸入空气。转子的形式有多种，如三叶轮、四叶轮和六叶轮等，如图 7-13（a）和图 7-13（b）所示。四弯叶自吸式叶轮转子与定子的结构如图 7-14 所示。

当发酵罐内充有液体，启动搅拌电动机，转子高速旋转，转子框内液体被甩向叶轮外缘，液体获得能量。转子的线速度越大，液体（其中还含有气体）的动能越大，当其离开转子时，由动能转变为的静压能也越大，在转子中心所造成的负压也越大，故吸气量也越大，通过导向叶轮而使气液均匀分布甩出，并使空气在循环的发酵液中分裂成细微的气泡，在湍流状态下混合、湍动和扩散，因此自吸式充气装置在搅拌的同时完成了充气供氧作用。

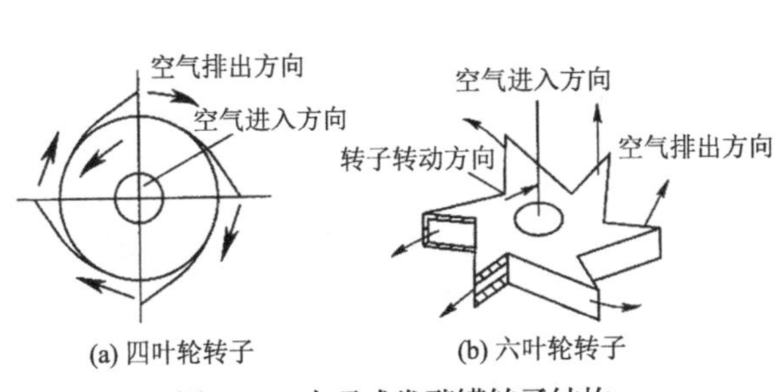

图 7-13　自吸式发酵罐转子结构

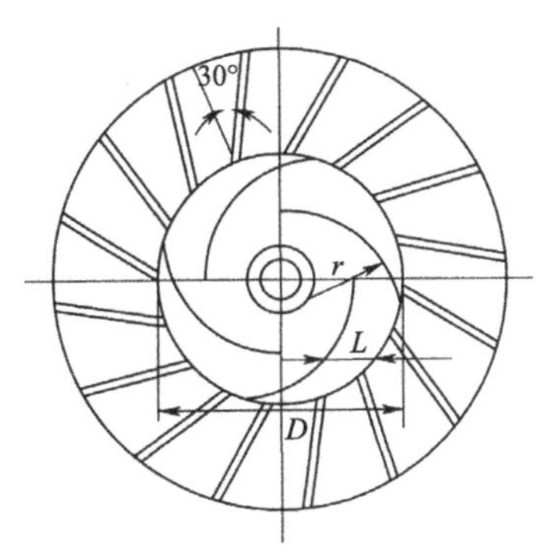

图 7-14　四弯叶自吸式叶轮转子与定子的结构

D. 叶轮外径（m）；*L*. 叶轮开口长度（m）；*r*. 叶轮半径（m）

二、喷射自吸式发酵罐

喷射自吸式发酵罐是应用文氏管喷射吸气装置或溢流喷射吸气装置进行混合通气的，既可不用空压机，也不用机械搅拌吸气转子。

（一）文氏管自吸式发酵罐

图 7-15 所示为文氏管自吸式发酵罐结构示意图。其原理是用泵使发酵液通过文氏管吸气装置，由于液体在文氏管的收缩段中流速增加，形成真空而将空气吸入，并使气泡分散与液体均匀混合，实现溶氧传质。典型文氏管的结构如图 7-16 所示，经验表明，当收缩段液体流动雷诺数（*Re*）$>6\times10^4$时，吸气量及溶氧速率较高。

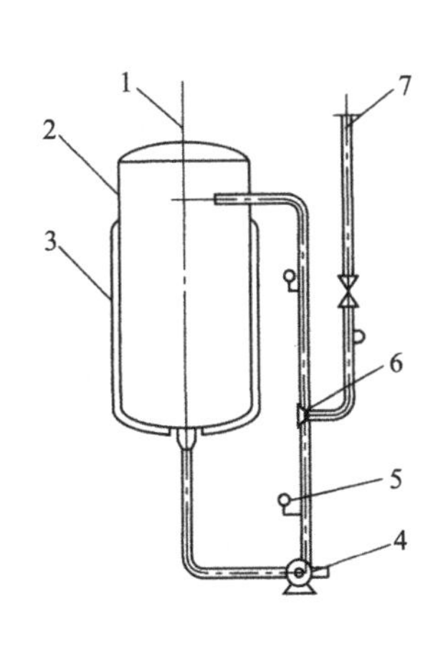

图 7-15　文氏管自吸式发酵罐结构示意图

1. 排气管；2. 罐体；3. 换热夹套；4. 循环泵；5. 压力表；6. 文氏管；7. 吸气管

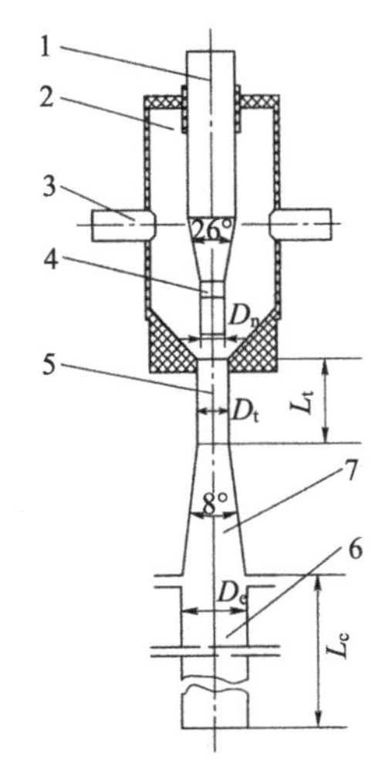

图 7-16　文氏管结构简图

1. 进液管；2. 吸气室；3. 吸气管；4. 喷嘴；5. 收缩段；6. 导流管；7. 扩散段

（二）溢流喷射自吸式发酵罐

溢流喷射自吸式发酵罐的结构如图 7-17 所示，其通气是依靠溢流喷射器，其吸气原理是液体溢流时形成抛射流，由于液体的表面层与其相邻气体的动量传递，边界层的气体有一定

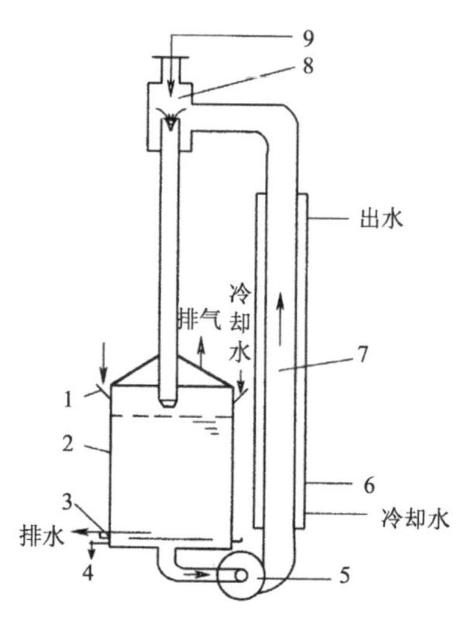

图 7-17　Vobu-JZ 单层溢流喷射自吸式发酵罐结构简图

1. 冷却水分配槽；2. 罐体；3. 排水槽；4. 放料口；5. 循环泵；6. 冷却夹套；7. 循环管；8. 溢流喷射器；9. 进气口

的速率，从而带动气体的流动形成自吸气作用。要使液体处于抛射非淹没溢流状态，溢流尾管应略高于液面，尾管高 1～2m 时，吸气速率较大。

第四节　啤酒发酵罐

前已介绍，由于微生物主要分为嫌气和好气两大类，故发酵设备也分为嫌气和好气两大类，在嫌气发酵设备中，最典型的就是啤酒发酵罐。

大型啤酒发酵罐主要是立式罐，如奈坦罐、联合罐、朝日罐等。

圆筒体锥形底啤酒发酵罐的结构如图 7-18 所示，属于大型发酵罐，简称锥形罐，广泛用于上面或下面发酵啤酒生产，可单独用于前发酵或后发酵，也可以用于前、后发酵合并的一罐法工艺。这种设备的优点在于能缩短发酵时间，而且具有生产上的灵活性，适合生产各类啤酒。该罐一般置于室外使用，罐身为圆筒结构，外部围护有 2～4 段冷却夹套，用以维持适宜的发酵温度。在发酵最旺盛时，冷却夹套全部投入使用，其中冷媒多采用乙二醇或乙醇溶液。罐外设有良好的保温层，以减少冷量损耗。为在啤酒后发酵过程中有饱和 CO_2，罐底安装有净化的 CO_2 充气罐，经小孔吹入发酵液中。同时，为便于在罐中收集并回收 CO_2，罐内需要保持一定程度的正压状态，并且在罐顶安装有压力表和安全阀，还应设立防止真空的装置，真空安全阀的作用是允许空气进入罐内，以建立罐内外压力的平衡。已灭菌的新鲜麦芽汁及酵母由底部进口泵入罐内。发酵完成后最终沉积于锥体部分的酵母可通过底部阀门排出，部分可留作下次使用。

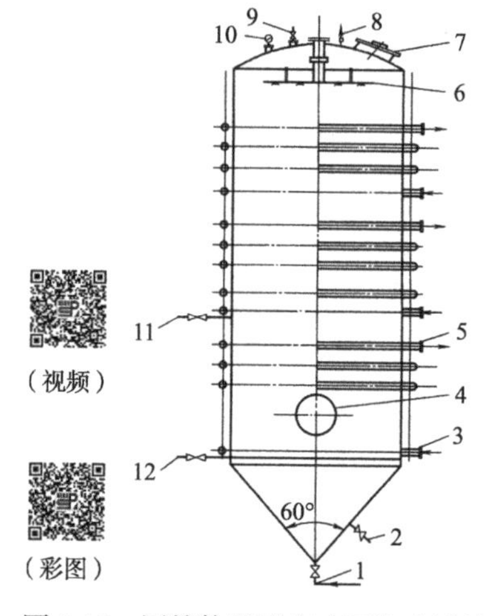

图 7-18　圆筒体锥形底啤酒发酵罐结构简图

1. 麦汁与酵母进口；2. 啤酒出口；3. 冷媒进口；4. 人孔；5. 冷媒出口；6. 洗涤器；7. 检查孔；8. 安全阀；9. 排气阀；10. 压力表；11. 取样口；12. CO_2 入口

影响发酵设备造价的因素主要包括大小、形式、操作压力及所需的冷却工作负荷。容器的形式主要指其单位容积所需的表面积，以 m^2/100L 表示。造价最高的为球形罐，然后是锥形罐和方形槽。虽然锥形罐的造价较高，但它对发酵工艺的发展有利。锥底角度一般为 60°～120°，以 70°较好；罐高度与直径的比例常用 3∶1 或 4∶1；罐的容量应与糖化能力相配合，以 12～15h 满罐为宜，以避免酵母增殖太快而导致乙醇的产生速度太慢。

大罐设计时的另一个重要问题是罐内的对流和热交换。发酵罐中发酵液的对流主要是依

靠其中 CO_2 的作用。由于容器较大，在不同高度的发酵液中 CO_2 含量有所不同，在整个锥形罐的发酵液中形成一个 CO_2 含量的梯度。由于液体中存在气泡而使其相对密度降低。气泡密集程度高的罐底部液层，其相对密度小于气泡密度低的罐上部液层，于是相对密度较小的发酵液就具有上浮的提升力。而且在发酵时上升的 CO_2 气泡对周围的液体具有一种拖曳力，拖曳力和提升力结合后所造成的气体搅拌作用，使罐的内容物得到循环，促进了发酵液的混合和热交换。此外，冷却操作时啤酒温度的变化也会引起罐内容物的对流循环。

为了确定发酵罐冷却装置的能力，首先必须掌握发酵时需要转移的最大负荷热量。冷却套的数量视罐体高度而定，一般为 2～4 段。锥底部分最好也能冷却，使锥底部分的酵母能保持良好的发酵能力。锥底冷却装置的设计要考虑到酵母层导热差这一点而适当地予以加强。冷媒采用 25%的乙二醇或乙醇间接冷却，也可用液氨直接冷却。

第五节　固态发酵设备

固态发酵（solid state fermentation）又称固体发酵，是指微生物在湿的固体培养基上生长、繁殖、代谢的发酵过程。固态发酵是最古老的生物技术之一，如酒曲生产等。研究发现，固态发酵的产率比液体深层发酵高得多，并且具有低能耗、少废水排放的特点。从生态学与仿生学角度看，经过千百万年生物进化洗礼的自然界生物体，无论是最低等的单细胞生物，还是高等动植物及其单个活体细胞，都不是选择在流体流动的环境下生活，所以固态发酵具有很高的研究开发价值。

固态发酵与深层液体发酵有很大的区别。

1）固态发酵需要维持培养空间湿度的恒定或者需要补水，而液体发酵则不需要。

2）微生物生长方式不同。在固态发酵中，细菌或酵母附着于固体培养基颗粒的表面生长，而丝状菌可以穿透固体颗粒基质，进入颗粒深层生长。在固态培养中，微生物生长和代谢所需的氧大部分来自气相，也有部分存在于与固体基质混合在一起的水中。所以固态发酵常涉及气、固、液三相，使情况变得非常复杂。

3）传质特点不同。固态发酵培养基质是固体颗粒，颗粒内的传质包括营养物质和酶在底物内的传递，在此过程中应主要考虑氧的扩散和微生物分泌酶对固体基质的降解。由于固态发酵中液相没有流动性，因此通气是氧传递的主要途径。固态发酵的气体传递速率比液体发酵高得多，因为固态发酵中固体颗粒提供的液体表面积比深层发酵中气泡提供的界面大得多，小颗粒直径可以增加氧传递的界面面积，也是增强传递的手段之一。湿润程度对氧传递也有影响，氧必须从主流气体穿越液膜到达附着在固体基质上的菌体表面，然后扩散进入固体底物颗粒内的微孔，被微孔内壁上的微生物利用，因此湿度太大会影响气体的通透性。在利用固体床层发酵时，由于微生物在生长时期对氧的大量摄取，固体床层较深时中间氧浓度有可能为零，成为厌氧区。氧浓度变为零处的床层深度称为临界床厚度，事先求出或测出临界床厚度对反应器的设计很有用处，可使反应器效率提高。

4）固态发酵的散热性能差。固态发酵所产生的热量相当大，直接与代谢的活力成正比。由于固体基质的导热性差，过程中又缺乏有效的混合，因此固体基质散热困难，温度变化陡峭，甚至在很浅的基质层处也会出现显著的温度差别。高温影响微生物的发芽、生长和产物生成，而温度太低，又会造成代谢活性不足，因此温度控制非常重要。在固态发酵反应器中，温度主要靠调节通气速率来控制。

5）固态发酵是非均相反应，发酵参数的测定和控制都比较困难，用于工程设计的参数较少。

固态发酵设备是为微生物在固态物料上生长并产生代谢产物提供适宜的环境及条件的空间。反应器应满足以下基本条件：可容纳物料（密闭或半密闭）；尽可能防止外界微生物对反应器内培养物的污染，并防止发酵微生物泄漏到外界环境中；使培养物保持适宜的温度和湿度；对于好氧微生物应提供足够的氧气；对于厌氧微生物则要提供厌氧环境；反应器的设计应便于物料的翻拌和进出；尽可能便于发酵产物的提取；尽可能使物料分布均匀。

固态发酵生物反应器的种类很多，不同类型反应器的构造相差很大。最简单的固态发酵生物反应器可以是一个密闭的空间或容器，如中国传统的固态发酵酒曲以普通的房间就可作为培养室。现代固态发酵生物反应器有多种分类方法，常用的是根据所用的微生物分类，发酵可分为好氧及厌氧，与此相对应，固态发酵设备也可分为通风型和密闭型两大类型，通风型又可分为自然通风和强制通风两类；密闭型可分为地窖式、堆积式、发酵池、密闭缸式或罐式等。

下面着重介绍在食品发酵方面常用的固态发酵设备。

一、厚层通风发酵池

厚层通风发酵池（槽或箱）是一种间歇式搅拌翻料强制通风型发酵设备，在酿酒用曲、酱油用曲及酿醋用曲的生产中应用广泛。厚层通风发酵池一般设计在发酵室或曲房内配套使用，发酵室或曲房的结构如图 7-19 所示，发酵池主体为曲箱（槽、池），一般内部尺寸为长×宽×高=（8～10）m×（1.5～2.5）m×（0.5～0.9）m。大型曲箱长度和宽度都要加大。曲箱主体用砖砌成，外粉刷水泥砂浆。培养池或曲箱底部设有风道，风道采用斜坡，角度以 1°～8°为宜，以便排水和均匀通风。传统曲箱通风道的两边有 10cm 左右的边，上铺竹排或竹帘，现代曲箱则采用不锈钢板，在钢板上有排列整齐的孔。钢板上堆放发酵物料，物料层厚度一般为 30cm。曲池上面可加盖或不加盖，见图 7-20。为便于通风，一般每个曲房设置 2 个曲池，中间为人行过道。曲房内有门、窗和排水沟，有的设置天窗。在曲房墙上适当位置会安装排风扇降温用。曲池一端（池底较低端）与风道相连，其间设一风量调节闸门。曲池通风常用单向通风操作，空气进入风道前，先进入空气调节室，对其温度和湿度进行调节，温度的调节用散热片，湿度的调节可直接通入蒸汽或喷雾，通风常用离心式通风机。为了充分利用冷量或热量，一般把离开曲层的排气部分经循环风道回到空调室，另吸入新鲜空气。据实

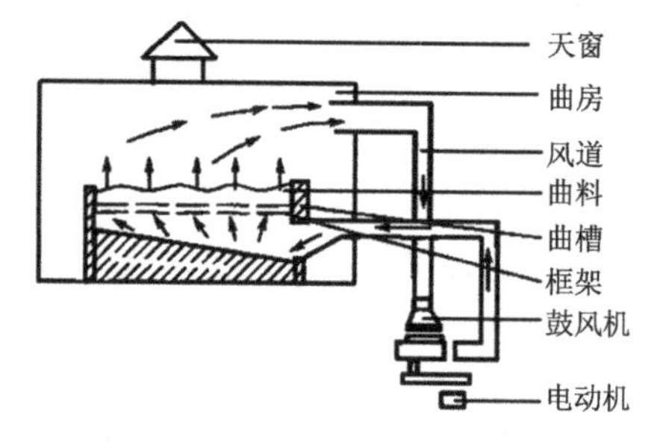

图 7-19　通风曲房结构示意图

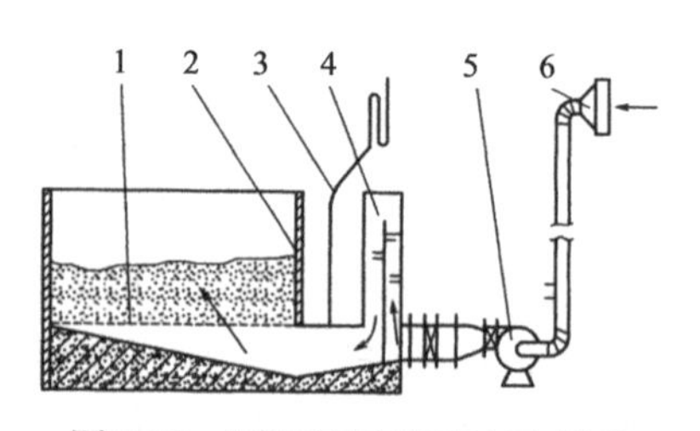

图 7-20　厚层通风发酵池示意图

1. 筛板；2. 料床；3. 风压计；4. 空调室；5. 通风机；6. 空气过滤机

验测试结果，空气适度循环可使进入固体曲层空气的 CO_2 浓度提高，可减少霉菌过度呼吸而减少淀粉原料的无效损耗。当然，废气只能部分循环，以维持与新鲜空气混合后 CO_2 浓度 2%～5%为佳。空气通道中风速取 0～15m/s，通风量为 6000～7500m^3/（m^2·h），视固体曲层厚度和发酵使用菌株、发酵旺盛程度及气候条件等而定。因机械通风固体发酵通风过程中阻力损失较低，故可选用效率较高的离心式送风机，通常用风压为 1000～3000Pa 的中压风机较好。

实际上，厚层通风发酵池在发酵过程中搅拌翻料及静止培养这两种操作交替进行。这种间歇搅拌翻料比较适合于对剪切力不是特别敏感、间歇翻料对其伤害不大的微生物的培养。当发现培养基质有结块的趋势，即进行间歇搅拌翻料，可在必要时于培养基中补充水分。采用间歇搅拌翻料，物料层的压力降可随着搅拌的操作而减少。

由于采用间歇搅拌，在发酵过程中大部分时间处于静止状态，物料层存在温度差，各层物料的温度都在一定范围内波动。静止过程中，各层物料层温度逐渐上升，搅拌混料时，温度则急剧下降到某一设定点。停止搅拌混料后，温度重新逐渐上升，如此循环。微生物的比生长速率也会受到搅拌混料的影响。通风时，由于水分大量蒸发，物料的含水量急剧下降，应根据需要及时补水，或通入湿度大的空气。大型曲箱采用机械翻料机，小型曲箱或可采用人工翻料（用手工或翻料工具）。

厚层通风发酵池仍是一种开放式的发酵容器，主要问题是无法杜绝外界杂菌污染，污染源主要是空气及曲室内的环境。空气系统一般不进行严格的过滤除菌，因此空气中的含菌数量较高。空气经过物料层，排放在曲室内，一部分空气被排出体系外，另一部分空气再循环到通风机重新返回到曲箱内。

此外，该类反应设备还存在以下缺点：进出料主要靠手工操作，工作效率低，劳动条件差；湿热空气使生产车间长期处于暖湿环境，对生产卫生及发酵工艺的控制有不利影响。

二、搅拌式发酵设备

搅拌式生物反应器有卧式的也有箱式的，卧式搅拌生物反应器采用水平单轴，多个搅拌桨叶平均分布于轴上，叶面与轴平行，相邻两叶相隔 180°。箱式搅拌生物反应器有采用垂直多轴的。为减少剪切力的影响，通常采用间歇搅拌的方式，而且搅拌转速较低。搅拌式生物反应器的最高温度比填充床的低。圆盘制曲机是搅拌式生物反应器的典型代表。

圆盘制曲机最早是由日本设计制造的，近年来被引入国内生产制造。目前其已被各大型酱油、酱类、食醋、酒类等传统食品生产工厂使用。

圆盘制曲机主要分为空气调节装置和圆盘制曲机组，如图 7-21 所示。圆盘制曲机的空气调节装置采用回风道对吸入的空气（曲室空气和新鲜空气）进行温度、湿度、空气品质（尘埃、微生物、CO_2 等）的调节，使空气符合米曲霉等的培养要求。它由曲室回风管道、新鲜空气进口、排风口、调风量闸门、空气过滤器、喷水喷雾段、蒸汽加温和冷冻降温装置、无级变速通风机、曲池进风管道组成。现已实现二次仪表控制。

圆盘制曲机组主要由上部曲室、曲床、翻曲机、出入曲螺旋推进器、下面通风箱 5 部分组成，此外还有控制系统和隔热壳体等主要部分。曲室采用全密封式。供氧、温度和湿度采用空调系统自动调节，圆盘的直径为 2～16m，装料量（干基）有 6t、10t、15t、25t 等多种，入料、出料和培养过程的翻曲均由机械操作。在整个培养过程中，人与物料不直接接触，可避免人为污染。温度、湿度、风量的调控实现了自动化，可满足微生物生长、产酶所需的各种条件。水、电、汽、气等消耗相对较低，机械化和自动化程度高。

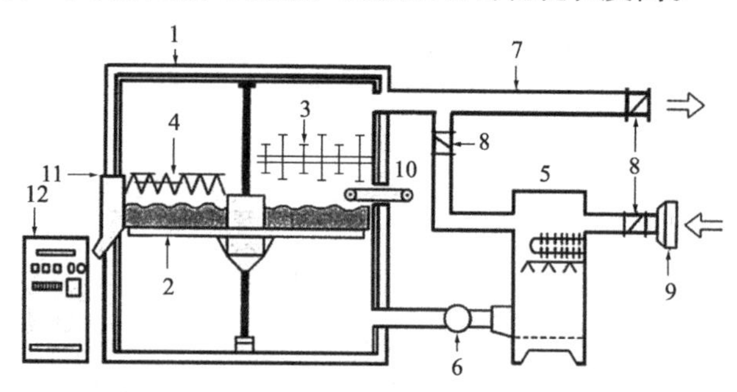

图 7-21　圆盘制曲机（许赣荣和胡文锋，2009）

1. 培养室；2. 假底；3. 搅拌器；4、11. 螺旋式出料器；5. 空气温度和湿度调节装置；
6. 鼓风机；7. 空气出口；8. 回风挡板；9. 空气过滤器；10. 进料装置；12. 控制柜

圆盘制曲机是在箱式发酵装置上发展起来的。由于它是圆形的，在拌料器的作用下，物料在机器内不易形成死角，拌料均匀，在传质上可以起到均匀的作用。气流的流动也呈现平缓的形式。

圆盘制曲机也可以设计成集杀菌（或蒸料）与制曲培养于一体，在发酵容器内设置蒸汽加热系统对物料进行灭菌或汽蒸，根据物料特性、粒度、物料层厚度等调节蒸汽加热时间，随后直接通风冷却，冷却到合适温度时，启动物料层上部喷洒系统对物料进行菌液喷洒接种，这样就避免了灭菌、接种、培养在不同设备中进行，降低了污染的概率，提高了发酵的效率和质量。为节约占地面积，圆盘制曲机可设计成上下两层，如图 7-22 所示。

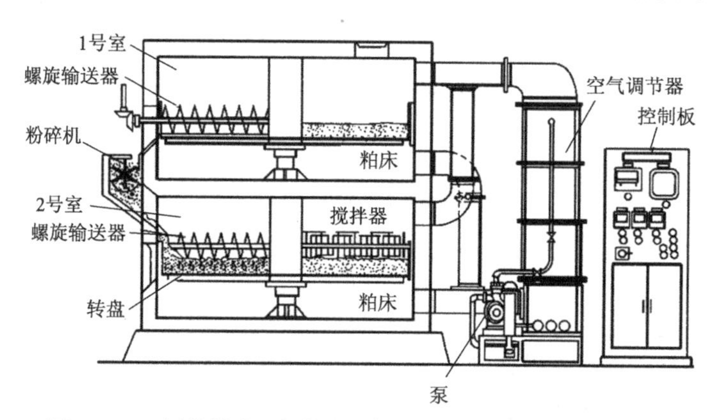

图 7-22　双层旋转式通气箱式固体发酵设备（梁世中，2011）

双层圆盘制曲机的器壁绝热，通气温度、湿度由空气调节器调节，用螺旋输送器输送物料，曲料每隔一段时间用搅拌器进行搅拌。接种后的固体培养基质首先被装到发酵罐的 1 号室，1 天后再被转移到 2 号室，实现连续培养。培养温度可以根据时间曲线预先安排，由电脑自动控制。

圆盘制曲机工艺的适应性强，食品卫生好，占地面积小，土建施工便捷，并且其曲室不易漏风、不易漏料、不易结露，故不仅适用于酱油等传统食品的生产，也适用于酶制剂、发酵制品、发酵饲料等现代产品的生产。

三、地窖和发酵池

（一）地窖

我国白酒的酿造依然采用传统的地窖（或酒窖）发酵法。由于各地地理（地势、水位、地质结构、气候等）不同，建窖材料和方法也有所不同。我国北方土质为黏性黄土，由于泥土为中性偏酸，含铝高，容易形成胶体网状结构，筑窖渗浆不漏水，因此北方建窖材料常选用黄土。例如，浓香型白酒地窖是用黄土筑成的，窖底也是黄土的，在地窖四壁及窖底铺上一层窖泥。为增强胶窖泥在窖壁的附着力，窖壁上钉入楠竹头制成的竹钉，钉长约30cm、宽约3cm，竹节向上，竹头缠苎麻丝，钉入发酵窖壁约20cm，钉与钉间的距离约为20cm，上下行串空钉，以形成角尖向上的三角形。窖泥是将地窖酒醅中流出的黄水，加在细腻、绵软、无夹沙的黄土里踩柔后制成，窖泥在窖壁涂布厚度约为10cm。窖泥是酿酒微生物的大本营，白酒发酵所需的微生物不仅由酒曲和酿酒原料提供，许多酿酒所需要的特殊的厌氧微生物还需要由窖泥来提供，在相对厌氧的条件下，窖泥中自然富集了以己酸菌为主体的窖泥功能菌系，由于长期不断地富集、驯化，老窖泥中积聚了越来越多的优良窖泥功能菌系，地窖可以被看成含微生物的发酵容器。我国南方地质疏松多水，所以在建窖时应考虑防水处理，如采用钢筋混凝土结构，内用条石贴面，石材有红条石、青条石、火山岩等。南方地窖不用窖泥，但由于内壁条石质地疏松、吸水性强，这种非泥非石的窖壁也为微生物的富集、生长提供了良好的环境。

地窖的温度维持是利用地表下的土壤层作为一个天然的调温系统，虽然没有人工温度控制系统，但地窖内的发酵温度仍可以保持稳定，且处于较低的范围内。例如，宜宾酒窖的地温常年维持在10～20℃，正是酒窖中的酿酒特殊微生物得以正常生长的温度。从经济成本考虑，由于固态发酵时间长，人工控温控湿成本很高，利用地热地湿是最佳选择。

地窖形状一般为长方形，长宽比为1.6～2.0，窖深1.7～2.0m。窖池容积恰当，比表面积大，可增大窖泥和糟醅的接触面积，有利于有益微生物的代谢，产生更多的呈香呈味物质。例如，泸型酒厂使用泥窖，其容积为8～12m^3。有的企业地窖容积为6～8m^3，不用大窖。

地窖是一种典型的厌氧发酵容器。糟醅入窖后，还得用泥或塑料布封窖，以避免空气进入。但由于发酵酒醅的物料之间存在缝隙，其中不可避免地含有空气，故发酵前期部分酒醅中会进行微好氧发酵，但随着发酵的进行，厌氧程度越来越高。

地窖是一个非均匀性发酵环境的发酵容器。在装入酒醅时，人们有意识地将曲、新料及原酒醅按不同配比的混合酒醅分置于窖内不同的层次，所以不需要也不可能使窖内发酵的酒醅处于完全均匀的状态。酒醅入窖后不进行翻拌。图7-23是密封的正在发酵的白酒地窖。

（二）发酵池

图7-24所示发酵池通常在酱油发酵中使用，与酒窖一样，也通常是位于地下的矩形的水泥池或不锈钢池。如果是水泥池，其内部需要进行防渗与防腐蚀处理。发酵池带有夹套，可以通入冷热水或安装循环管进行控温。

（彩图）

图 7-23　密封的正在发酵的白酒地窖

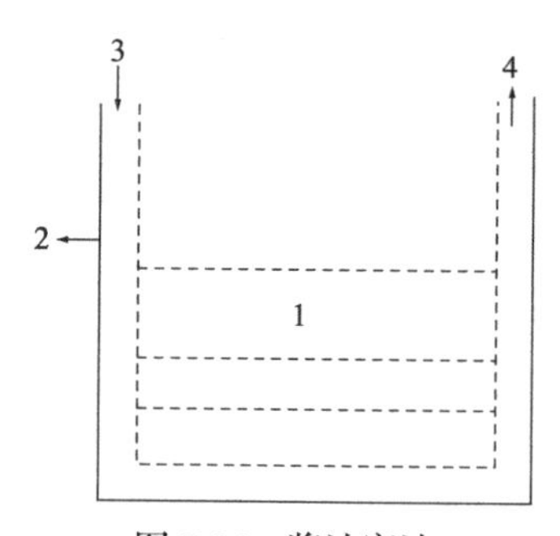

图 7-24　酱油窖池

1. 发酵醪；2. 夹套；3. 冷水或热水进口；4. 冷水或热水出口

思考题

1. 试设计一机械搅拌通风发酵罐。工艺要求为：一次加入 50t 的发酵液，密度为 1.076×10^3kg/m^3，要求盛装系数为 0.8，试确定该发酵罐的主要结构尺寸。

2. 课外查找机械搅拌通风发酵罐文献（如设备说明书等），简介其从投料到放罐的操作方法。

3. 试谈一下气升环流式发酵罐的溶氧传质与哪些参数或设备结构有关。

4. 为什么圆筒体锥形底啤酒发酵罐不需要设计搅拌器？

第八章 食品成型机械

内容提要

成型是焙烤类及馅类等食品加工过程的关键工序，本章主要介绍饼干、面包、糕点、水饺、馄饨成型机的结构、工作原理，并对饼干机、夹馅机、饺子机的传动系统作了介绍。设备的结构及工作原理是重点内容，要求掌握；传动原理是难点，要求能够理解。通过本章的教学，培养学生能够正确地使用、保养和维修设备，能正确地进行设备选型，并具备一定的创新及初步设计能力。

成型是赋予食品能独立维持三维空间形状的操作，能够完成该操作所用的机械称为成型机械。

目前对食品成型设备的分类方法主要有两种：一种是按成型加工的对象分为饼干成型机械、面包成型机械、夹馅食品成型机械等；另一种是按成型设备的成型原理分类，可分为冲印成型设备、辊印成型设备、辊压切割成型设备、搓圆成型设备、包馅成型设备、挤压成型设备等。本书按第一种分类方法介绍。

第一节 饼干成型机械

一、冲印饼干机

冲印成型是一种将面团辊轧成连续的面带后，用印模直接将面带冲印成饼坯和余料的成型方法。

冲印饼干机主要用来加工韧性饼干、苏打饼干及一些低油脂酥性饼干。冲印饼干机由压片机构、冲印成型机构、拣分机构及输送带机构组成，如图 8-1 所示。

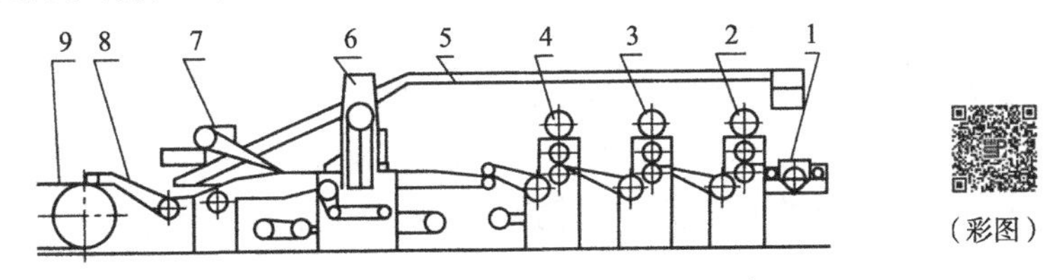

图 8-1 冲印饼干机结构简图（张国治，2011）

1、8. 输送带；2、3、4. 轧辊；5. 回头机；6. 成型部分；7. 拣分机构；9. 烘烤炉内输送带

1. 压片机构 压片是饼干冲印成型的准备阶段。工艺上要求压出的面带应致密连续、厚度均匀稳定、表面光滑整齐、不得留有多余的内应力。为减缓面带由急剧变形而产生的内应力，辊轧操作应逐级完成（一般由三对轧辊组成），轧辊直径依次减小；为保证得到连续均

匀稳定的面带，要求面带在辊轧过程中各处的流量相等，否则会将面带拉长或皱起，若拉长，面带内应力增加，成型后易于收缩变形，表面出现微小裂纹；若皱起，面带堆积变厚，压力加大，易于粘辊且定量不准。因此，三级辊需要比较准确的速度匹配，转速应依次增大。此外，在各轧辊上还装有刮刀，以清除粘在辊上的面屑。

轧辊的布置方式分为卧式和立式两种。卧式布置的轧辊间需要设置输送带，操作简便，易于控制面带的质量。立式布置的轧辊间则不需设置输送装置，占地面积小、结构紧凑、机器成本低，是较为合理的布置形式。压片机构各轧辊间除应保证传动比准确外，整个系统还应装有一台无级变速器或调速电动机，以使冲印成型机各工序间运动同步，调节方便。

2. 冲印成型机构　冲印成型是保证饼干外观质量、提高饼干机生产率的关键环节，连续式冲印成型机构主要由动作执行机构及印模等组成。

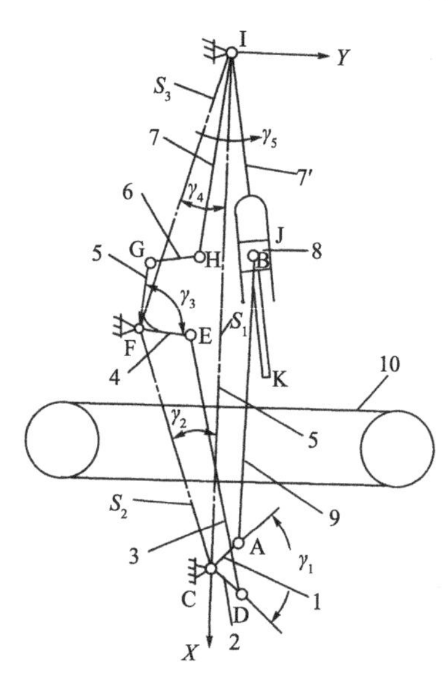

图 8-2　摇摆式饼干机冲印成型机构示意图
（张裕中，2012）

1. 冲印曲柄；2. 摇摆曲柄；3、6、9. 连杆；4、5、7、7′. 摆杆；8. 冲头滑块；10. 面坯水平输送带；S_1、S_2、S_3. 各杆机构机架长度；γ_1、γ_2、γ_3、γ_4、γ_5. 各杆间固定安装角度；A、B、C、D、E、F、G、H、I、J. 各杆铰接点代号；K. 冲头顶点

（1）动作执行机构　在冲印饼干时，印模随面坯输送带连续运动，完成同步摇摆冲印的动作，故也称摇摆冲印式。如图 8-2 所示，它主要由一组曲柄连杆机构（C、D、E、F）、一组双摇杆机构（F、G、H、I）及一组五杆机构（曲柄摆动滑动机构）（C、A、B、I）组成。机构工作时，摇摆曲柄 2 及冲印曲柄 1 同时转动，曲柄 2 借助于连杆 3、6 及摆杆 4、5 使印模摆杆 7 摆动；曲柄 1 通过连杆 9 带动冲头滑块 8 在摆杆 7′ 的导槽内做直线往复运动。工作时，经过压片机构形成的面带，由面坯水平输送带 10 送入机器冲压成型部分，冲头滑块 8 带动印模组件与输送带同步完成冲印连续操作。

（2）印模组件　印模由印模支架、冲头滑块、切刀、印模和余料推板等组成，如图 8-3 所示。冲印成型动作通常由若干个印模组件来完成。工作时，在执行机构的冲头滑块 6 的带动下，印模组件一起上下往复运动。当带有饼干图案的印模被推向面带时，即将图案压印在其表面上。然后，印模不动，印模支架 5 继续下行，压缩压缩弹簧 4 并且迫使切刀 8 沿印模外围将面带切断，然后印模支架 5 随连杆回升，切刀 8 首先上提，余料推板 11 将粘在切刀上的余料推下，接着压缩弹簧 4 复原。印模上升与成型的饼坯分离，完成一次冲印操作。

3. 拣分机构　冲印饼干机的拣分是指将冲印成型后的饼干生坯与余料在面坯输送带尾端分离开的操作。拣分操作主要由余料输送带完成，如图 8-4 所示。在面带通过冲印成型部分以后，头子与饼坯分离，并被引上倾斜帆布带，倾角因饼干面带的特性而异，韧性和苏打饼干面带结合力强，拣分操作容易完成，其倾角可在 40°以内；酥性饼干面带的结合力很弱，而且余料较窄、极易断裂，倾角通常为 20°左右。

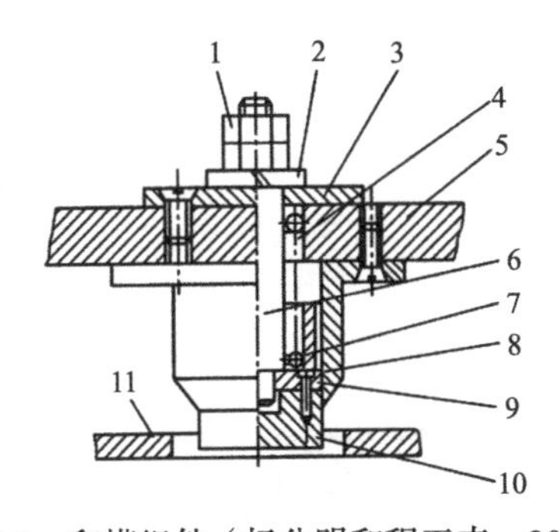

图 8-3 印模组件（杨公明和程玉来，2014）

1. 螺帽；2. 垫圈；3. 固定垫圈；4. 压缩弹簧；
5. 印模支架；6. 冲头滑块；7. 限位套筒；8. 切刀；
9. 连接板；10. 印模；11. 余料推板

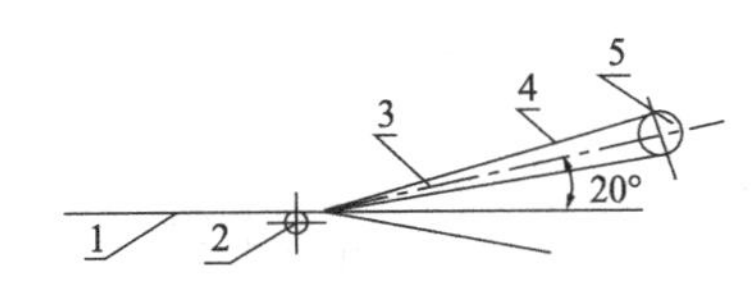

图 8-4 拣分机构示意图（杨公明和程玉来，2014）

1. 长帆布带；2. 支撑托辊；3. 鸭嘴形扁铁；
4. 斜帆布头子输送带；5. 木辊筒

图 8-5 是冲印式韧性饼干生产线的余料回收装置，由 A、B 输送带组成，B 输送带安装在压延辊和摇摆式冲印机上方，一般称为余料“正回头”。面片冲印成型后在 W 处分开，饼干坯 T 沿 H 输送带进入烤炉，而余料 6 沿 A 输送带向上运动，经 K 处落在 B 输送带上，最后被输送到料斗。韧性饼干料余料的延伸性和柔软性好，在回收提升过程中，经 K 处时，受到拉伸弯曲作用，也不会出现断条和破碎现象，只要 A、B 输送带选择合理的速度，就能很好地完成余料回收作业。这种余料回收装置的结构紧凑，空间利用充分，工作可靠，操作简单，已在生产中被广泛应用。

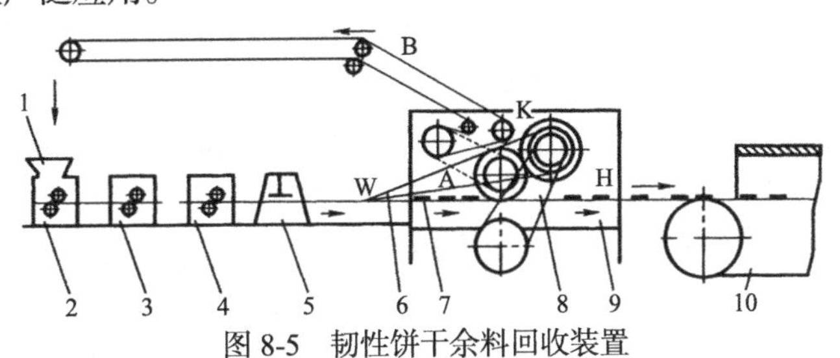

图 8-5 韧性饼干余料回收装置

1. 料斗；2～4. 压延辊；5. 摇摆式冲印机；6. 余料；7. 饼干坯；8. 传动机构；9. 墙板；10. 钢带烤炉

二、辊印饼干机

辊印式饼干成型机（简称辊印饼干机）主要适用于加工高油脂酥性饼干，更换该机印模后，通常还可以加工桃酥类糕点，所以也被称为饼干桃酥两用机。

辊印饼干机的印花、成型、脱坯等操作是通过成型脱模机构的辊筒转动而一次完成的，并且不产生边角余料。与冲印饼干机相比，辊印饼干机有以下特点：工作平稳、无冲击、振动噪声小；省去了余料输送带；印花模辊易更换，便于增加花色品种，尤其适用于带果仁等颗粒添加物的食品生产；印模材质有一定抗黏着能力；整机结构简单、紧凑，操作方便，成本较低。其缺点是脱模困难。

辊印饼干机对面带的要求是：有一定的进料面带厚度，厚度太小，印的花纹或制品外形不丰满，厚度过大，会使辊子的压力增加，并且在进口处堆料；硬度适宜，过硬会导致脱模困难，过软会造成食品粘连；要求撒有充足的干粉。

（一）辊印饼干机的主要结构

辊印饼干机主要由成型脱模机构、生坯输送带、面屑接盘、传动系统及机架等组成，如

图 8-6 所示。

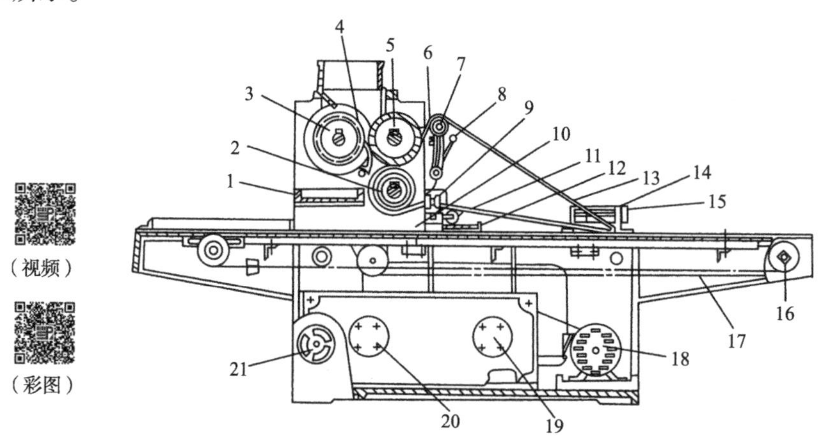

图 8-6　辊印饼干机结构简图（张裕中，2012）

1. 接料盘；2. 橡胶脱模辊；3. 喂料槽辊；4. 分离刮刀；5. 印模辊；6. 间隙调节手轮；7. 张紧轮；8. 手柄；9. 手轮；10. 机架；11. 刮刀；12. 余料接盘；13. 帆布脱模带；14. 尾座；15. 调节手柄；16. 输送带支承轴；17. 生坯输送带；18. 电动机；19. 减速器；20. 无级变速器；21. 调速手轮

成型脱模机构是辊印饼干机的关键部件，它由喂料槽辊 3、印模辊 5、分离刮刀 4、帆布脱模带 13 及橡胶脱模辊 2 等组成。喂料槽辊与印模辊分别由齿轮传动而相对回转，橡胶脱模辊则借助于紧夹在两辊之间的帆布脱模带所产生的摩擦，由印模辊带动进行与之同步的回转。喂料槽辊与印模辊尺寸相同，它们的直径一般为 200～300mm，长度由相匹配的烤炉宽度系列而定。饼干模在印模辊圆周表面的位置应交错排布，使得分离刮刀与其轴向接触面积比较均匀，从而减少辊表面的磨损。橡胶脱模辊（又称底辊）表面是无毒耐油橡胶，赋予底辊表面一定的弹性及硬度。钢质分离刮刀必须具有良好的刚度，刃口锋利，以免与印模辊产生接触变形，影响刮掉面屑的清理。另外，帆布脱模带的两侧应保证周长相等，接口缝合处应平整光滑，不得有明显的厚度变化。这是为了避免脱模带工作时跑偏，或产生阻滞现象。

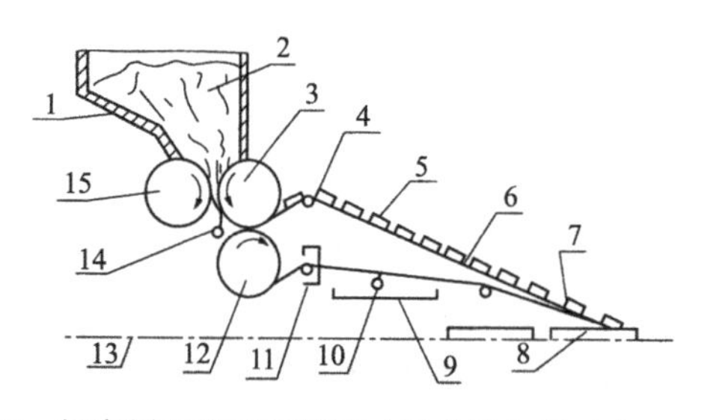

图 8-7　辊印饼干机成型原理（杨公明和程玉来，2014）

1. 料斗；2. 酥性面料；3. 印模辊；4. 帆布带辊；5. 饼干生坯；6. 帆布脱模带；7. 帆布带楔铁；8. 烤盘或钢带；9. 残料盘；10. 残料刮刀；11. 张紧装置；12. 橡胶脱模辊；13. 送盘链条；14. 分离刮刀；15. 喂料槽辊

（二）辊印成型原理

辊印饼干机成型原理如图 8-7 所示。辊印饼干机工作时，喂料槽辊 15 与印模辊 3 在齿轮的驱动下相对回转。料斗 1 内的酥性面料 2 依靠自重落入两辊表面的饼干凹模之中，并由位于两辊下面的分离刮刀 14 将凹模外多余的面料沿印模辊切线方向刮落到面屑接盘中。模辊旋转，含有饼坯的凹模进入脱模阶段，此时橡胶脱模辊 12 依靠自身形变将粗糙的帆布脱模带 6 紧压在饼坯底面上，并使其接触面间产生的吸附力大于凹模光滑内表面与饼坯间的接触结合力。因此，饼干生坯便顺利地从凹模中脱出，并由帆布脱模带转入生坯输送带烤盘 8 上。

三、辊切成型设备

辊切成型设备广泛适用于加工苏打饼干、韧性饼干、酥性饼干等不同的产品。辊切饼干机操作时，速度快、效率高、振动噪声低，近年来在国内已经得到普遍的推广使用。

（一）辊切饼干机的结构

辊切饼干机是综合了冲印饼干机与辊印饼干机的优点而发展起来的一种饼干成型机，它主要由压片机构、辊切成型机构、余料提头机构（拣分机构）、传动系统及机架等组成，详细组成如图 8-8 所示。

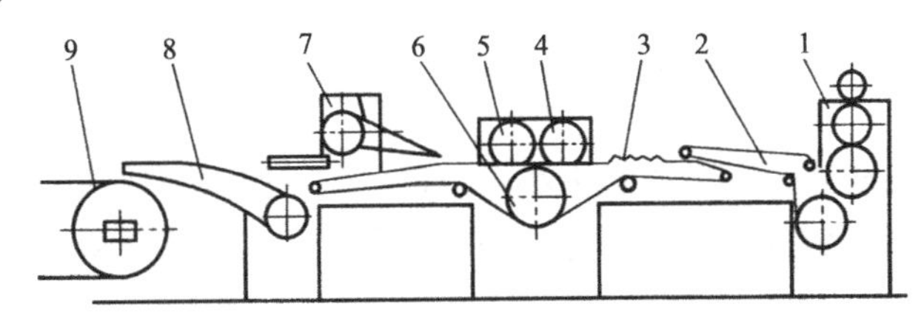

图 8-8 辊切饼干机结构简图（张国治，2011）

1. 面皮压片轧辊（共 3 组）机构；2. 面皮过渡帆布传送带；3. 中间缓冲输送带；4. 印花辊；5. 切块辊；6. 橡胶脱模辊；7. 余料回头机；8. 进炉帆布带；9. 烘烤炉网带（钢带）

辊切饼干机的轧片机构、拣分机构与冲印饼干机的对应机构大致相同，只是在压片机构末道辊与辊切成型机构间设有一段中间缓冲输送带。辊切成型机构与辊印饼干机的成型机构类似，它基本有两种型式，一种是将印花和切块制成类似冲印饼干机印模形式的复合模具嵌在一个轧辊上；另一种则是将印花模与切块模分别安在两个轧辊上。辊切饼干机印花辊与切块辊的尺寸一致，其直径一般为 200～230mm。辊的长度与配套的烤炉尺寸相关联。橡胶脱模辊因为要同时支承两个轧辊，所以直径大于上面两辊。关于辊切成型机构的其他技术条件，可参照冲印饼干机及辊印饼干机相应构件。

（二）辊切成型原理

辊切饼干机的操作步骤与冲印饼干机相一致，仅是辊切成型操作是通过轧辊回转来实现的。这种连续回转成型机构工作平稳，因此给整机操作带来许多方便。具体成型原理如图 8-9 所示。面片经压片机构压延后，形成光滑、平整、连续均匀的面带。为消除面带内的残余应力，避免成型后的饼干生坯收缩变形，通常在成型机构前设置一段缓冲输送带，适当的过量输送可使此处的面带形成一些均匀的波纹。这样可在面带恢复变形过程中，使其松弛的张力得到吸收。这种在短时的滞留过程中，使面带内应力得到部分恢复的作用，称张弛作用。面带经张弛作用后，进入辊切成型机构。

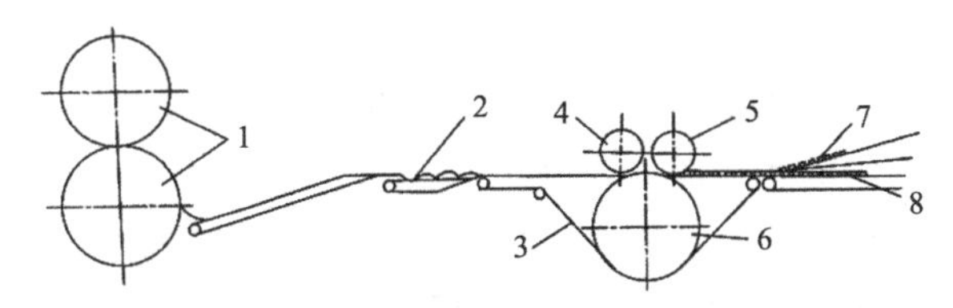

图 8-9 辊切成型原理示意图（张裕中，2012）

1. 定量辊；2. 波纹状面带；3. 帆布脱模带；4. 印花辊；5. 切块辊；6. 脱模辊；7. 余料；8. 饼干生坯

辊切成型与辊印成型的区别在于辊切成型的印花和切断是分两个工序完成的，即面带首先经印花辊压印出花纹，随后再经同步转动的切块辊，切出带花纹的饼干生坯。位于两辊之下的大直径橡胶脱模辊借助于帆布脱模带 3，在印花和切块的过程中起着弹性垫板和脱模的作用。当面带经过辊切成型机构后，成型生坯由水平输送带送至烤炉，余料则经斜帆布带提起后，由余料回头机送回压片机构前端的料斗中。这种辊切成型技术的关键在于应严格保证印花辊与切块辊的转动相位相同，速度同步，否则切出的饼干生坯的外形与图案分布不能吻合。

第二节　面包成型机械

面包成型工艺是首先将面团分割成大小、重量均匀一致的面块，然后经搓圆整形生产出面包生坯，与此对应的面包成型机械可分为切块成型设备和搓圆成型设备。

一、切块成型设备

面包切块机常见的有盘式切块机、辊式切块机和真空切块机三种，此处只介绍常用且比较复杂的真空切块机。

面团的分割由吸入、充填、排出三部分组成。图 8-10 所示为真空吸入分割原理示意图。

（1）吸入　如图 8-10（a）所示，在曲轴作用下，摇杆 6 带动阀 4 向右移动，面斗与大缸体 8 的通路被打开。这时，摇杆 7 带动大活塞 3 也向右移动，使大缸体 8 左腔形成瞬时真空。于是面团 12 在外界大气压力和自身重力作用下，进入大缸体 8 的内腔，完成吸入过程。

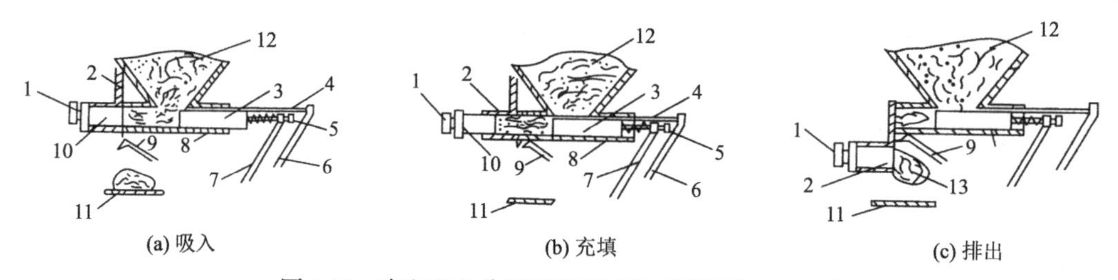

图 8-10　真空吸入分割原理示意图（张裕中，2012）

1、6、7. 摇杆；2. 小缸体；3. 大活塞；4. 阀；5. 调节装置；8. 大缸体；9. 刮刀；10. 小活塞；11. 传送带；12. 面团；13. 定量面块

（2）充填　完成真空吸入面团以后，摇杆 6 带动阀 4 向左移动，将面斗与大缸体 8 的通路关闭，使面块与面斗的面团分离。随后，摇杆 7 带动大活塞 3 向左移动，同时卸料挡块带动小活塞 10 也向左移动。大缸体左腔的面团由此被推入小缸体之中，完成充填过程［图 8-10（b）］。

（3）排出　充填过程完成以后，小缸体 2、摇杆 1、小活塞 10 同时下移，以使小缸体 2 内的面块与大缸体左腔的面团分离。同时，小缸体 2 端口被打开。这时，摇杆 1 推动小活塞 10 向右移动，将面块推出缸体。而后，小缸体向上移动，面块被大缸体 8 下面的刮刀 9 从小活塞 10 的端面上刮掉，并由刮刀 9 将其打落在传送带 11 上，转入搓圆工序。至此，面包切块的一个工作循环结束，下一个周期开始，如图 8-10（c）所示。

二、搓圆成型设备

自动切块机卸下的面块，落在下面的帆布输送带上，然后进入面包搓圆机进行搓圆。

搓圆机的作用主要是使面团的外形成球状，并使内部气体均匀分散，组织细密，同时通过高速旋转揉捏，使面团形成均匀的表皮。这样可使面团在下一段醒发时所产生的气体不致跑掉，从而使面团内部得到较大且很均匀的气孔。

搓圆成型设备按外形的不同，可分为伞形、锥形、筒形及水平4种。此处只介绍伞形搓圆机。

1. 伞形搓圆机的主要结构　伞形搓圆机是目前我国面包生产中应用最广泛的搓圆机械。其主要结构包括电动机、转体、旋转导板、撒粉装置及传动装置等，如图8-11所示。伞形搓圆机的转体和旋转导板是对面团进行搓圆的执行部件。转体安装在主轴上，旋转导板通过锁紧螺钉与支承板固定安装在机架上，由旋转导板与转体配合形成面块运动的成型导槽。

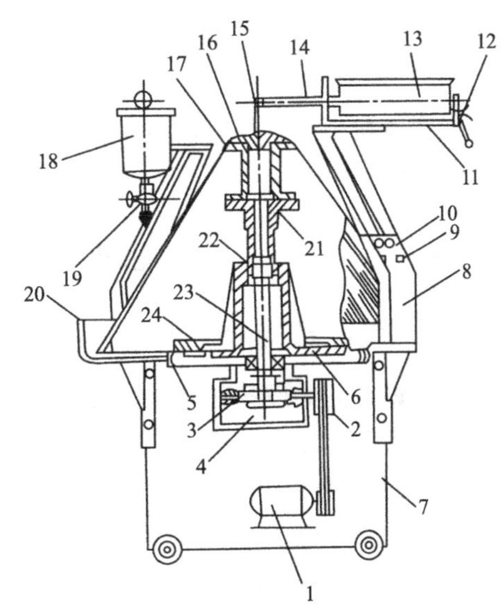

图8-11　伞形搓圆机结构简图（张裕中，2012）

1. 电动机；2. 带轮；3. 蜗轮；4. 蜗轮箱；5. 主轴支撑架；6. 轴承座；7. 机架；8. 支撑架；9. 调节螺杆；10. 固定螺钉；11. 控制板；12. 开放式翼形螺栓；13. 撒粉盒；14. 轴；15. 拉杆；16. 顶盖；17. 转体；18. 贮液桶；19. 放液嘴；20. 托盘；21. 法兰盘；22. 轴承；23. 主轴；24. 旋转导板

由于面包面团含水多、质地柔软，因此面包搓圆机装有撒粉装置。在转体顶盖16上设有偏心孔，该偏心孔与拉杆15球面连接，使撒粉盒13的轴心作径向摆动。将盒内的面均匀地撒在螺旋形导槽内，防止操作时面团与转体、面团与导板及面团与面团之间粘连。机器停止时，应松开开放式翼形螺栓12，使控制板11封闭出面孔。

伞形搓圆机的传动系统较简单，动力由电动机经V带及一级蜗轮蜗杆减速后，传至主轴，在旋转主轴的带动下，转体随之转动。

其传动路线如下：电动机—V带—蜗轮蜗杆减速器—主轴—转体。

2. 伞形搓圆机的工作原理　图8-12所示为伞形搓圆机工作原理简图。

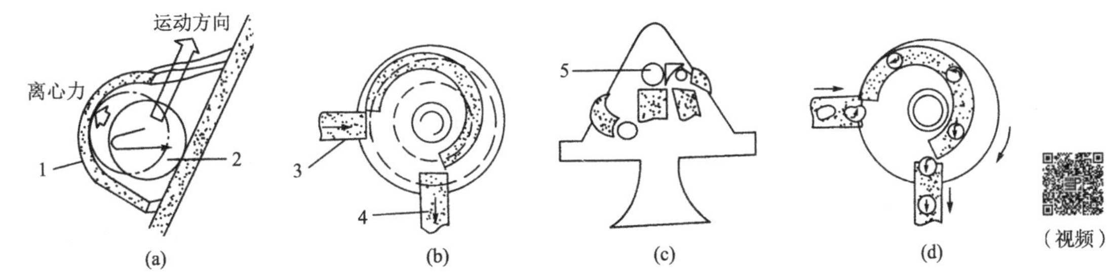

图8-12　伞形搓圆机工作原理简图（张裕中，2012）

（a）球体的形成；（b）不同圆周速度的形成；（c）进口位置和出口形状；（d）面团在搓圆机内的运动；

1. 导槽；2. 面团；3. 进口；4. 出口；5. 双生面团

切块机的面块由转体底部进入螺旋形导槽，转体及固定导板的圆弧形状，使导板与面块、面块与转体伞形表面之间产生摩擦力，以及面块在转体旋转时所受的离心力作用，使面块沿螺旋形导槽由下向上运动。其间面块既有公转又有自转，既有滚动又有微量的滑动，从而形成球形，如图 8-12（a）所示。

伞形搓圆机面块的入口设在转体的底部，出口在伞体的上部，由于转体上下直径不同，面块从底部进入导槽由下向上的运动速度越来越低，如图 8-12（b）所示，这样使得前后面块距离越来越小，有时会出现双生面团，即两个面块合为一体一起离开机体，为了避免双生面团进入醒发机，在正常出口上部装有一横挡，当双生面团通过时，由于其体积大、出口小不能通过，面团只能继续向前滚动，从大口出来进入回收箱。其原理如图 8-12（c）所示。搓圆完毕的球形面包生坯由伞形转体的顶部离开机体，由输送带送至醒发工序，如图 8-12（d）所示。

伞形搓圆机由于其具有进口速度快、出口速度慢的特点，有利于面团的成型。

第三节　夹馅食品成型机械

一、夹馅成型原理与分类

生产带馅食品的设备称为夹馅机。夹馅食品一般由外皮与内馅组成。糕点中夹馅制品（如月饼等）的外皮通常是由面粉或米粉与水、油、糖及蛋液等组成的混合物；内馅的种类很多，如枣泥、果酱、豆沙、五仁等。

夹馅机的种类很多，按其成型方式的不同，大致可以分为感应式、灌肠式、注入式、剪切式、折叠式等几种型式，如图 8-13 所示。

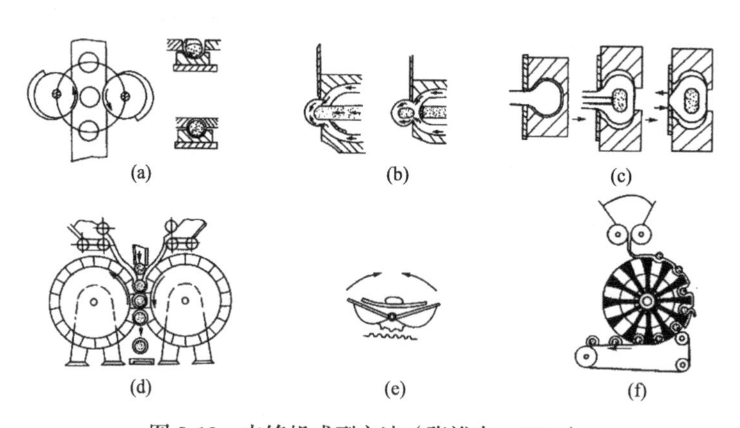

图 8-13　夹馅机成型方法（张裕中，2012）

（a）感应式；（b）灌肠式；（c）注入式；（d）剪切式；（e）折叠式；（f）真空泵吸气成型

1）感应式：首先将面坯制成凹形，将馅料放入其中，然后由一对半径逐渐增大的圆盘形状的回转成型器将其搓制封口，称为感应成型，如图 8-13（a）所示。

2）灌肠式：将面坯与馅料分别从双层筒中连续挤出，然后切断成某种点心的形状，如图 8-13（b）所示。

3）注入式：在模具中设计有注入馅团的喷管，将馅注入挤出的面坯中，然后切断成型，如图 8-13（c）所示。

4）剪切式：将面坯从两侧连续供送，馅制成球状后由中间供送，然后利用一对表面上有凹心部分的辊子转动，进行剪切成型。剪切成型又称为辊切成型，如图 8-13（d）所示。

5）折叠式：将压延后的面坯按规定的形状冲切，然后放入馅料，折叠成为所需要的形状，如图 8-13（e）所示。

6）真空泵吸气成型：利用真空泵吸气作用，将辊压后的面带在回转的辊上吸成凹形，随着辊的转动，将馅加入凹坑。封口操作是由金属板将凹坑周围的面坯刮起，封在开口处，使之成型。然后解除真空，成型产品由传送带送至下一工序，如图 8-13（f）所示。

在上述成型方法中，感应式与灌肠式为间歇式生产。

二、夹馅机

夹馅机的典型代表是日本雷昂 207 夹馅机，它是将灌肠与感应成型组合在一台机器上，称为灌肠感应成型连续多功能夹馅机。这种夹馅机运动平稳、生产能力高、噪声小、通用性强，是目前比较先进的夹馅糕点成型机，广泛用于汤圆、月饼、夹心糕点类食品的加工中。因此，本部分仅就这种夹馅机的结构、成型原理、传动原理等进行介绍。

（一）夹馅机的主要结构

夹馅机主要由输面机构、输馅机构、成型机构、撒粉机构、传动系统、操作控制系统及机身等组成，如图 8-14 所示。

输面部分包括面斗、两只水平输面绞龙及一只垂直输面绞龙（竖绞龙），输馅部分包括馅斗、两只水平输馅绞龙及叶片泵。撒粉装置由干面粉斗、粉刷、粉针及布粉盘组成。成型装置的主要部分是两只搓圆成型盘、托盘及复合嘴。传动系统包括一台 2.2kW 的电动机、皮带无级变速器、双蜗轮箱及各种齿轮变速箱等。为确保传动系统安全，在双蜗轮箱输出轴及面、馅绞龙驱动轴上均设有安全销。当工作系统发生故障或超载运行时，安全销先被剪断，从而使机器免遭损坏。

在输送带齿轮箱上，设有二次加工附件的输出轴，以驱动换装在上面的各种加工附件。产品可在输出过程中进行二次加工，不必专设单独的传动系统与工作部件。这不仅缩短了机身的长度，而且扩大了机器的使用范围。

夹馅机馅绞龙有两挡速度可调，面绞龙有 4 挡速度可调，在其他速度不变的情况下，两者配合起来就可以有 8 种速挡。另外，电动机输出端装有机械无级变速器，这样在不更换任何零部件的情况下，该机可以制造出 8 种皮馅比例不同的食品。

（二）夹馅成型原理

1. 棒状成型　夹馅机成型原理如图 8-15 所示，面料在输面双绞龙 5 的推动下，进入竖绞龙 8 的螺旋空间，并被继续推进，移向夹心复合嘴 11 的出口，面料被挤压成筒状面管。馅料经输馅双绞龙输送至双叶片泵 3。叶片旋转，使馅料转向 90°，并向下运动，进入输馅管 6。输馅管装在输面竖绞龙的内腔，当馅料离开输馅管、在夹心复合嘴 11（图 8-16）出口处与面管汇合时，便形成里面是馅、外面是面的棒状半成品。棒状半成品经压扁、印花及切断可制成两端露馅的带馅食品。

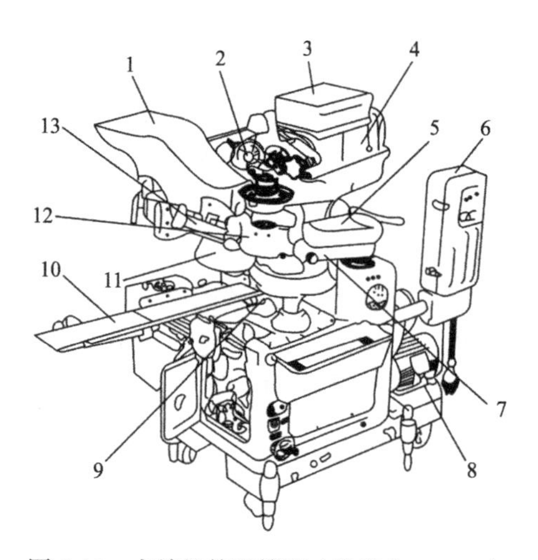

图 8-14　夹馅机外形简图（张裕中，2012）

1. 面斗；2. 叶片泵；3. 馅斗；4. 输馅双绞龙；5. 干面粉斗；6. 操作箱；7. 撒粉器；8. 电动机；9. 托盘；10. 输送带；11. 成型盘；12. 输面竖绞龙；13. 输面双绞龙

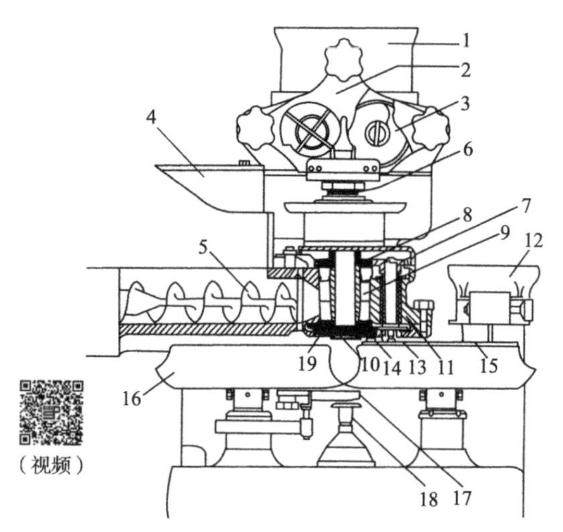

图 8-15　夹馅机成型原理图（张裕中，2012）

1. 馅斗；2. 输馅控制；3. 叶片泵；4. 面团斗；5. 输面双绞龙；6. 输馅管；7. 复合嘴齿轮；8. 竖绞龙；9. 出面嘴；10. 转嘴；11. 夹心复合嘴；12. 干面粉斗；13. 粉刷；14. 粉针；15. 布粉盘；16. 搓圆成型盘；17. 拨杆；18. 托盘；19. 止推垫圈

根据不同的品种要求，夹心复合嘴 11 及转嘴 10 可以更换。复合嘴断面的形状、尺寸不同，挤出的棒状产品规格也不同。

2. 球状成型　球状成型是由搓圆成型盘 16（图 8-17）的动作来完成的。由棒状成型后得到的半成品经过一对转向相同的回转成型盘的加工后，成为球状夹馅食品。搓圆成型盘表面呈螺旋状，搓圆成型盘除半径、螺旋状曲线的径向与轴向变化外，螺旋的倾角也是变化的。这就使搓圆成型盘的螺旋面随棒状产品的下降而下降，同时逐渐向中心收口。而且由于螺旋面倾角的变化，与螺旋面接触的面料逐渐向中心推移，从而在切断的同时把切口封闭并搓圆，最后制成球状带馅食品生坯。

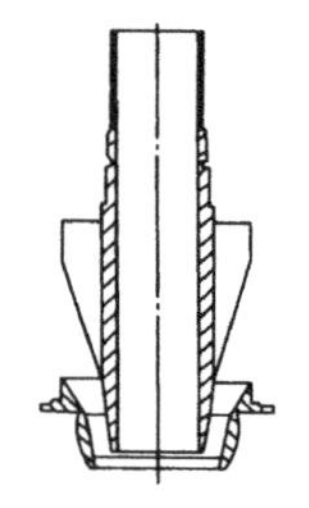

图 8-16　夹心复合嘴（张裕中，2012）

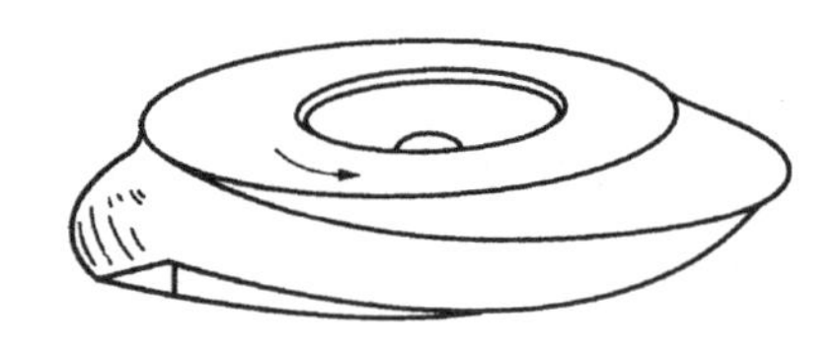

图 8-17　搓圆成型盘

图 8-18 所示为夹馅机成型盘操作过程示意图。搓圆成型盘上的螺旋线有一条、两条与三条之分。螺旋线的条数不同，制品的球状半成品大小也不相同。一般来说，螺旋线的条数越多，制出的球状半成品体积越小，单位时间生产的产品个数越多。

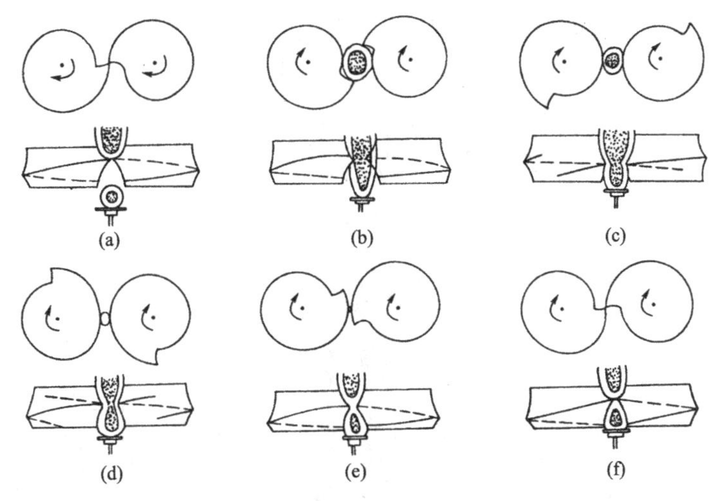

图 8-18　夹馅机成型盘操作过程示意图（张裕中，2012）

（a）开始接料；（b）开始成型；（c）（d）滚圆切断；（e）切断结束；（f）成型结束

（三）夹馅机的传动系统

夹馅机是面类食品加工机械中较为复杂的一种设备，其传动系统如图 8-19 所示。该机的动力由电动机 1 经一级 V 带减速，带动轴 I 回转。轴 I 将动力分两路传递给夹馅机的各个执行机构。

第一路：轴 I 经皮带无级变速器 4 传动轴 II，随之又经一级蜗杆 5、蜗轮 6 减速，使中心轴 III 回转。中心轴 III 带动双蜗轮减速器，从而使动力沿两条分支传出。

1）一条分支的运动经蜗杆 7、蜗轮 8 减速后，带动轴 IV 回转，进而经双联齿轮 9、10 或 11、12 定比变速后带动齿轮 13，使轴 VI 回转。一方面，轴 VI 经链轮 14、15 及齿轮 16、17 带动输面双绞龙 18 回转；另一方面，轴 VI 经齿轮 19、20 及斜齿轮 21、22 传动，使输面轧辊 23 回转，将由水平双绞龙输出的面料压入输面竖绞龙 43 中。

2）另一分支，轴 III 的动力经蜗杆 7、蜗轮 8 传递给轴 XI。轴 XI 回转，并经齿轮 24、25 及 26、27 带动轴 XIII 回转。轴 XIII 一方面由齿轮 28、29 及 30、31 带动轴 XIV 及 XV 回转，从而使输馅双绞龙 32 及叶片泵 33 同时工作；另一方面，轴 XIII 通过斜齿轮 34、35 带动输馅轧辊 36 轴 XVI 回转，从而将馅料经输馅双绞龙 32、叶片泵 33 及输面竖绞龙 43 的内腔，连续稳定地压往夹心复合嘴处，使面料包裹着馅料呈棒状排出。

第二路：轴 I 经 V 带轮 37、38 及蜗杆 39、蜗轮 40，带动中心轴外套 XVIII 回转。中心轴外套 X VIII 将运动同时沿两条支路传出。

1）第一条支路：中心轴套 XVIII 经链轮 41、42，带动输面竖绞龙 43 回转；同时，经齿轮 44、45，带动轴 XIX 回转。一方面，轴 XIX 经齿轮 46、47 带动出面转嘴 48 工作；另一方面，轴 XIX 经齿轮 49 直接带动撒粉器工作，即在粉刷、粉针及布粉盘的配合下，将面粉撒在成型盘 55、58 与面料的接触表面上，以避免黏接。

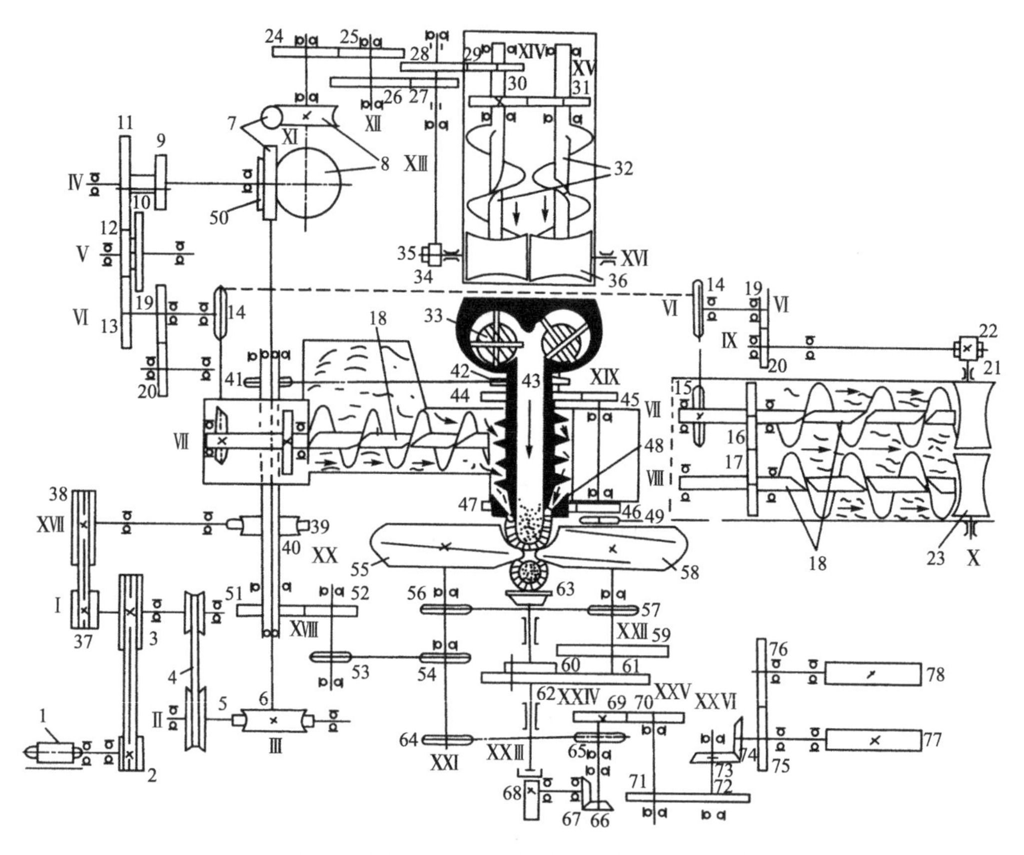

图 8-19　夹馅机的传动系统图（张裕中，2012）

1. 电动机；2、3、37、38. V 带轮；4. 皮带无级变速器；5、7、39. 蜗杆；6、8、40. 蜗轮；9～13、16、17、19～22、24～30、31、34、35、44～47、51、52、59～62、66、67、69～76. 齿轮；14、15、41、42、49、53、54、56、57、64、65. 链轮；18. 输面双绞龙；23. 输面轧辊；32. 输馅双绞龙；33. 叶片泵；36. 输馅轧辊；43. 输面竖绞龙；48. 出面转嘴；50. 产品；55. 左成型盘；58. 右成型盘；63. 托盘；68. 凸轮机构；77、78. 输送带辊

2）第二条支路：中心轴套XVIII经齿轮 51、52 及链轮 53、54，使轴XXI带动左成型盘 55 回转。一方面，轴XXI经链轮 56、57，带动轴XXII使右成型盘 58 与左成型盘 55 作同向、同步回转，在回转中将棒状带馅半成品收口、分割，并搓制成球形。同时，轴XXII经双联齿轮 59、60 或 61、62，带动托盘轴XXIII回转。另一方面，轴XXI经链轮 64、65，带动轴XXIV回转。轴XXIV通过齿轮 66、69 分别向两组执行机构传递运动。锥齿轮 66、67，带动凸轮机构 68 回转，使托盘 63 实现升降运动。齿轮 69、70 通过齿轮 71～76 带动输送带辊 77、78 回转，从而使帆布输送带运转。

通过第二路中成型盘 55、58 及托盘 63 等各执行机构的联合动作，将棒状带馅半成品收口、分割、搓制成球形产品生坯，并由输送带送至下一工序（压扁或印花等）。

夹馅机的传动路线如图 8-20 所示。

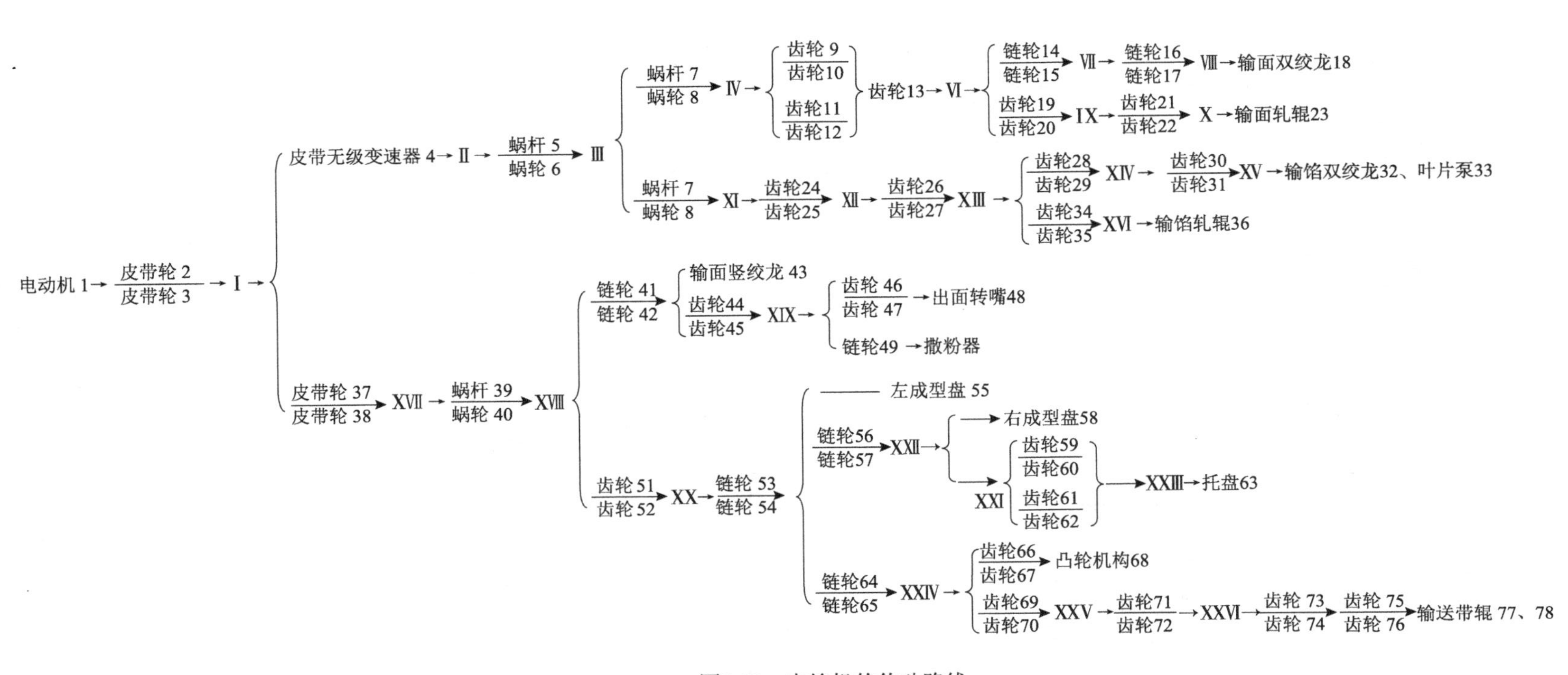

图8-20　夹馅机的传动路线

三、饺子机

（一）饺子机的主要结构

饺子机的外形如图 8-21 所示，主要由传动机构、输馅机构、输面机构、辊切成型机构等组成。

1. 输馅机构　通常输馅机构有两种型式：一种由绞龙-齿轮泵-输馅管组成；另一种由绞龙-叶片泵-输馅管组成。实践表明，叶片泵比齿轮泵更有利于保持馅料原有的色、香、味。所以，目前国内饺子机大部分都采用叶片泵来输馅。输馅机构简图如图 8-22 所示。

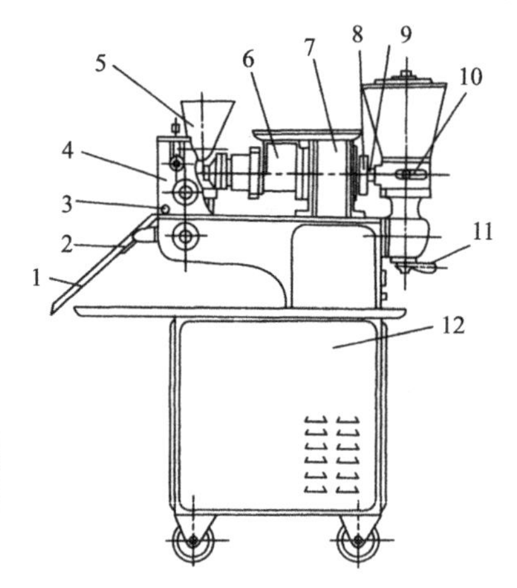

（彩图）

图 8-21　饺子机外形图（张裕中，2012）

1. 溜板；2. 振杆；3. 定位销；4. 成型机构；5. 干面粉斗；6. 输面机构；7. 传动机构；8. 调节螺母；9. 馅管；10. 输馅机构；11. 离合手柄；12. 机架

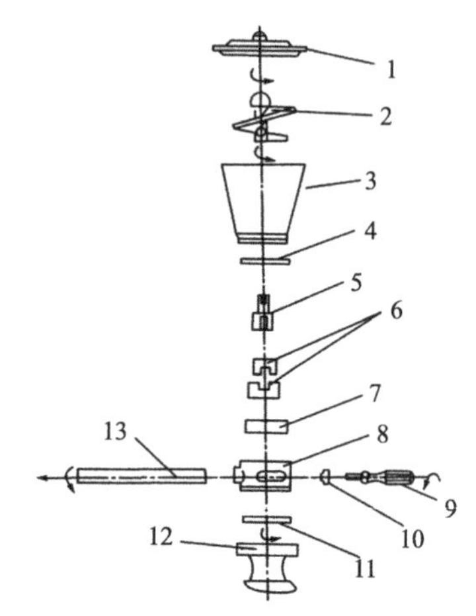

图 8-22　输馅机构简图（张裕中，2012）

1. 斗盖；2. 馅绞龙；3. 馅斗；4. 上活板；5. 转子；6. 叶片；7. 定子；8. 泵体；9. 调节手柄；10. 垫板；11. 底板；12. 螺母；13. 馅管

叶片泵属容积式泵的一种，主要由转子、定子、叶片、泵体及调节手柄组成。此外，为了扩大泵的适用范围，便于输送黏度低、颗粒大的松散物料，通常在泵的入口处还设有输送绞龙。这样可以将物料强制压向入口，使物料充满吸入腔。采用这种结构，可以补偿由泵吸力不足和松散物料流动性不好而造成的充填能力低等缺陷。叶片泵输馅机构一般都由不锈钢材料制成。叶片泵具有压力大、流量稳定、定量准确的特点，所以广泛应用于食品工业中的各个环节。

图 8-23 所示为叶片泵的工作原理与结构图。其原理与第二章介绍的滑片泵相似，此处不再赘述。

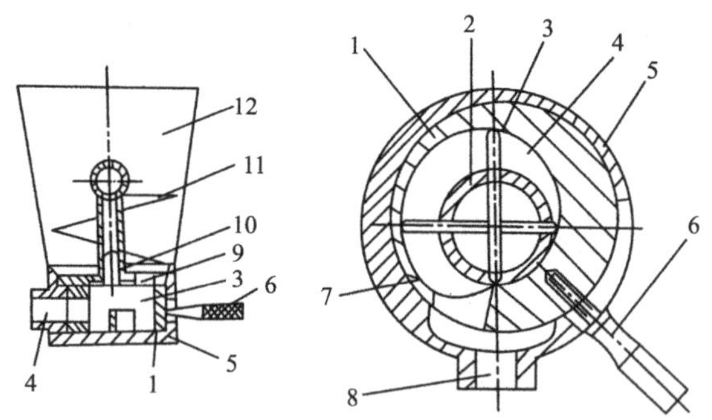

图 8-23　输馅叶片泵的工作原理与结构图（张裕中，2012）

1. 定子；2. 转子；3. 叶片；4. 吸入腔；5. 泵体；6. 调节手柄；7. 排压腔；8. 出口；9. 泵入口；10. 轴；11. 绞龙；12. 进料斗

流量调节是通过调节手柄改变定子与馅管通道的截面积来实现的。调节手柄通过泵体上的长孔装在定子上，扳动手柄即可达流量调节的目的。

2. 输面机构　输面机构如图 8-24 所示，它主要由输面螺杆、面盘、面团槽、固定螺母、内出面嘴、外出面嘴、螺杆套筒、填充管及调节螺母等组成。

输面螺杆 5 为前部带有一定锥度的单导程卧式螺旋输送器，锥度为 1∶10，其作用在于逐步改变螺旋槽内的工作容积，使被送面团的输送压力逐渐增大，形成连续均匀的面管。在靠近输面螺杆的输出端设置内出面嘴 7，它的大端输面盘上开有里外两层各约 3 个沿圆周均匀对称分布的腰形孔。当螺杆输出的旋转面块分散通过内出面嘴时，腰形孔既可阻止面块的旋转，又使得穿过孔的 6 条面块均匀交错搭接，汇集成环状面管。面管在后续面料的推动下，由内、外出面嘴的环状狭缝挤出，从而形成所需要的面管。

内出面嘴的结构如图 8-25 所示，由于内出面嘴带有支撑筋，面团通过时先被分割成条状，再经环形间隙搭接压合成面管，在其他因素的影响下，如面粉含筋量、加水量发生变化时，有时面管难以搭接压合好，会产生纵向裂纹。此外，内出面嘴上的支撑筋增加了输面阻力，会使面管温度升高，有时会产生轻微糊化现象，影响饺子的白度和口感。

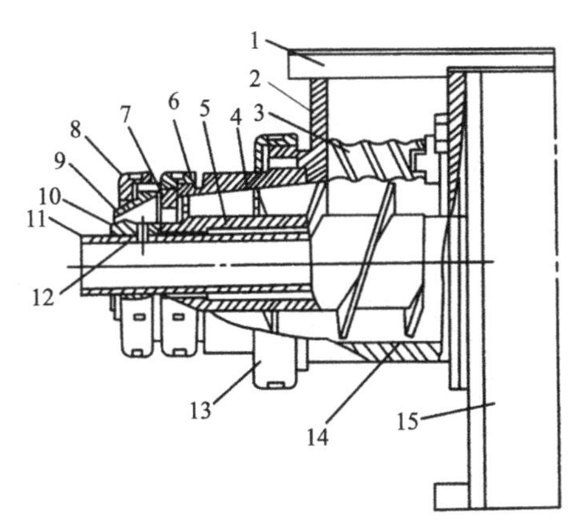

图 8-24　输面机构简图（张裕中，2012）

1. 面盘；2. 面团料斗；3. 稳定辊；4. 螺杆套筒；5. 输面螺杆；
6、8、13. 固定螺母；7. 内出面嘴；9. 外出面嘴；10. 内部喷嘴；
11. 填充管；12. 定位销；14. 面团槽；15. 齿轮箱

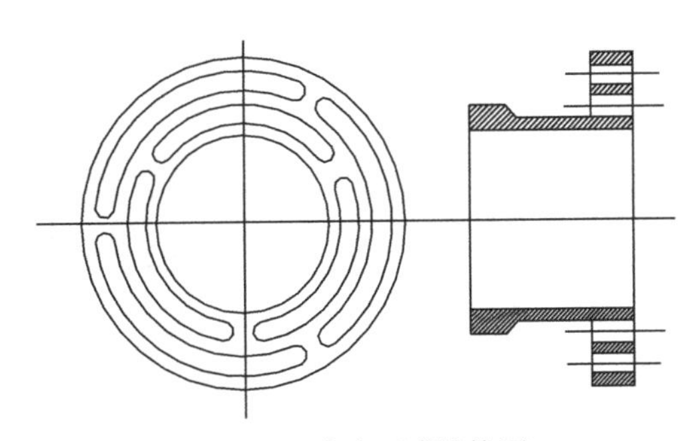

图 8-25　内出面嘴结构图

在输面机构上，还设有与螺杆相对旋转的副辊，其作用是阻止入料口处的面团从面斗溢出，从而顺利完成输面操作。

输面流量的调节，可通过移动输面螺杆的轴向位置，即改变输面绞龙与面套上的间隙来实现。另外，输送面管的壁厚可通过调节固定螺母 8 以改变内出面嘴 7 与外出面嘴 9 的间隙来实现。

输面机构零部件的材料大多为不锈钢，副辊的材料为无毒工程塑料。

（二）饺子成型原理

目前，我国生产的饺子机广泛采用灌肠辊切成型设备。灌肠原指在香肠生产过程中，将调制好的肉泥灌入圆筒状肠衣，以得到圆柱状半成品的操作过程。饺子机工作时，面团经输面绞龙输送由外出面嘴挤出成型面。馅料经输馅绞龙、叶片泵作用，沿馅管进入面管内孔，

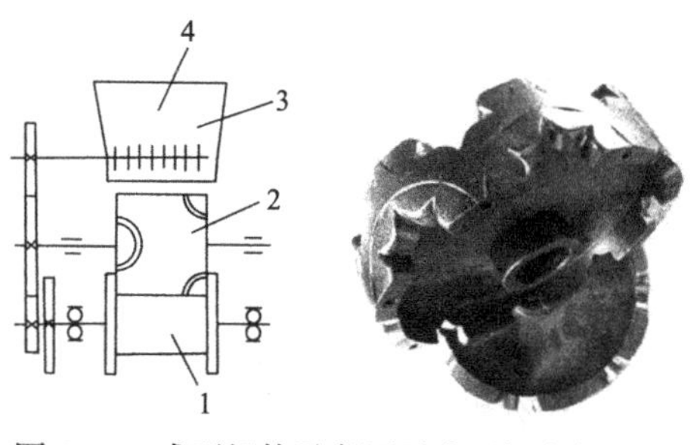

图 8-26　成型机构示意图及成型辊实物照片
1. 底辊；2. 成型辊；3. 干面粉斗；4. 粉刷

从而实现了灌肠成型操作。含馅面柱进入辊切成型机构，辊切成型机构主要由成型辊与底辊组成，如图 8-26 所示。成型辊上设有若干个饺子凹模，其饺子捏合边刃口与底辊相切。当含馅面柱从旋转辊切模与底辊中间通过时，面柱中间的馅料先是在饺子凹模的作用下，逐步被推挤到饺子坯中心位置，然后在回转中被成型辊圆周刃口与底辊的辊切作用成型为饺子生坯。

另外，还设有撒粉装置，以防止面与成型器粘连。

四、馄饨成型机

馄饨成型机是将预先压成的面带和馅料加工成方皮馄饨生坯的小型设备，这种通过机械动作代替人手，连续步进，完成成型操作的机器属于间歇工位自动机。它是食品机械向自动化方向发展的典型实例。

（一）馄饨成型机的主要结构

馄饨成型机配合制作馄饨所设计的工艺动作，主要由制皮机构、供馅机构、折叠成型机构及传动装置等组成。馄饨成型机的结构如图 8-27 所示。

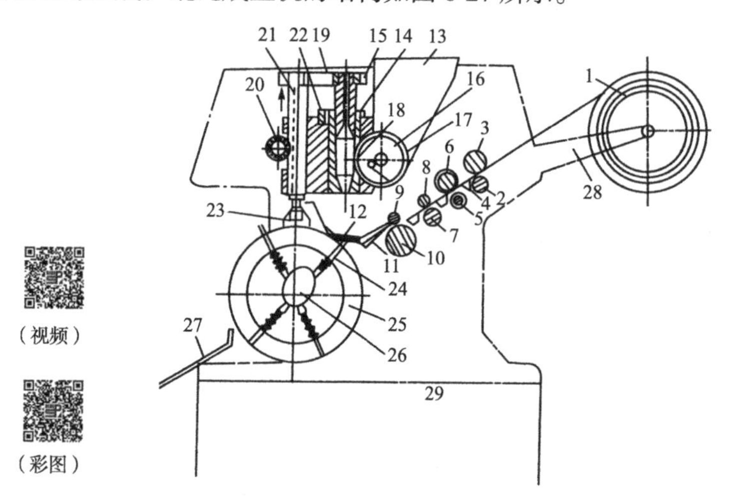

图 8-27　馄饨成型机结构图（张裕中，2012）
1. 面带；2. 下浮动平整辊；3. 上浮动平整辊；4. 导板；5. 纵切底辊；6. 纵切辊；7. 横切底辊；8. 横切辊；9. 浮动压辊；10. 加速辊；11. 翻板；12. 成型板；13. 馅斗；14. 馅管；15. 下馅冲杆；16. 左右螺旋叶片；17. 刮刀；18. 进馅口；19. 连接板；20、32. 齿轮；21. 搭角冲杆（齿条）；22. 调馅齿条；23. 成型导辊；24. 浮动成型顶杆；25. 成型辊筒；26、30. 凸轮；27. 滑板；28. 弹簧；29. 机身；31. 齿条；33. 馄饨（注：30～33 见图 8-28）

1. 制皮机构　制皮机构主要由纵切辊组 6、5，横切辊组 8、7，加速辊 10 及面带支架等组成。纵切辊上装有三把间距为 90mm 的圆盘切刀，纵切底辊在与刀对应的位置开出三条凹槽。横切辊上沿轴向装有一把切刀，刃口处圆周长为 80mm。刀片材料推荐选用耐腐蚀工具钢 Cr13 不锈钢制造。各辊表面应光滑平整，又能与面带间产生足够的摩擦，防止输送过程中打滑。其表面粗糙度一般取 Ra1.6～3.2，整个制皮机构位置按倾斜直线排布。

2. 供馅机构　供馅机构主要由馅斗 13，左右对称分布的螺旋叶片 16，馅管 14，下馅冲杆 15，齿轮齿条 20、21、22 及简易柱塞气泵（图 8-27 中未画）等组成。齿条 21 通过连接板 19 与下馅冲杆固接成一体。馅管 14 侧表面铣有梯形通槽。柱塞气泵柱塞往复行程通过曲柄连杆机构实现。

3. 折叠成型机构　折叠成型机构主要由成型辊筒 25，浮动成型顶杆 24，成型导辊 23，成型板 12，凸轮 26、30，齿轮 32，齿条 31 及翻板 11 等组成。凸轮与辊筒安装在同一轴线上，辊筒导槽内的浮动顶杆上装有复位弹簧。翻板 11 与齿轮 32 轴固接成一体，然后铰接在成型板进料端口上。

（二）馄饨成型机的成型原理及过程

按设计工艺动作的要求，馄饨成型机要完成纵横切割制皮、冲压供馅及折叠成型等三项操作。

1. 纵横切割制皮　首先将面带 1 从支架经上下浮动平整辊 2、3，导板 4 引入制皮机构；由纵切辊组 5、6，横切辊组 7、8，把面带切成两块 80mm × 90mm 的馄饨面皮。然后依靠加速辊 10 与浮动轧辊 9 之间的摩擦将面皮快速输送到成型板 12 上定位待用。

加速辊快速送皮的作用是要在连续制皮与下一步的间歇供馅间产生一段缓冲时间，以避免两者间出现干扰现象。加速辊送皮越快，时间间隔越长，生产节拍越容易调整；但面皮输送线速度越快，惯性冲击越大，面皮变形损坏或定位不准的可能性也越大。因此，加速辊的直径与转速应控制适当。

采用这种纵横切割成型的方法在食品加工机械中应用较多。例如，切制江米条、糕点生坯的江米条机，切割矩形半软糖的刀平车组都是按此成型原理操作的。设计这种成型机构时，要注意使纵、横切刀的安装位置及移动轨迹相互垂直，移动速度基本相同，以保证制品的成型质量。

2. 冲压供馅　馅斗 13 内的馅料由左右螺旋叶片 16 以与制皮机构同步的速度（约 40r/min），在刮刀 17 的配合下，压入进馅口 18。压入量的多少，由调馅齿条 22 带动馅管 14 转位，即可通过改变进馅口 18 的开口大小来实现。当馅料进入馅管 14 内后，为克服馅料的黏滞性所引起的内外黏接现象，由齿轮 20、齿条 21 带动下馅冲杆 15，将定量馅料下压至出馅口处，再由柱塞泵产生的压缩空气瞬时喷入馅管，将馅料吹落在成型板上的面皮中。至此间歇供馅结束。

3. 折叠成型　馄饨成型机的折叠成型由定位、一次对折、二次对折、U 形折弯及搭角冲合等 5 个工序完成。

（1）定位　来自加速辊的面皮，前半段稍长部分位于成型板 12 上，后半段稍短部分位于翻板 11 上。面皮依靠成型板中部的折角圆弧限位，见图 8-28（b）。

（2）一次对折　供馅结束后，凸轮转入升程，借助于齿轮 32、齿条 31 使翻板 11 将其上的后半段面皮向内翻转折叠到馅料上面。稍许停顿待面皮被馅料粘住后，翻板外翻复位。翻板的整个行程均由凸轮 30 的圆周曲线控制，见图 8-28（c）。

（3）二次对折　一次对折结束后，处在间歇状态的成型辊筒 25 逆转 90°。辊筒内均匀分布的同时，顶杆又受辊筒中心固定凸轮曲线轮廓的推动而沿其径向外伸。这种平面复合运动相当于翻板 11 的作用，即将上一次对折的夹馅面皮沿成型板斜面向上翻折。第二次对折完成后，馅料被包在里面，形成条状生坯，见图 8-28（d）。

（4）U 形折弯　二次对折后，条状生坯由浮动成型顶杆 24 推动继续向前运动。穿过成型板 12 上的成型孔时，生坯被初步折弯，接着又被固定在成型板前的间距为一个馄饨宽的两只浮动成型导辊进一步折弯，从而使生坯外形转化成 U 形轮廓，见图 8-28（e）。

（5）搭角冲合　折弯结束后，成型辊筒 25 又进入转位间歇状态。这时，两只 U 形生坯恰好位于搭角冲杆 21 的下方。冲杆在齿轮 20 的驱动下，在下馅冲杆 15 进行冲馅的同时，快速向下运动，将 U 形生坯内侧两角搭接冲合成一体。最后，搭角冲杆 21 复位，成型辊筒 25 继续转动 90°角，将成型后的馄饨生坯沿滑板 27 送入接料盘中。至此，馄饨成型机加工一对馄饨的成型操作结束，见图 8-28（f）。

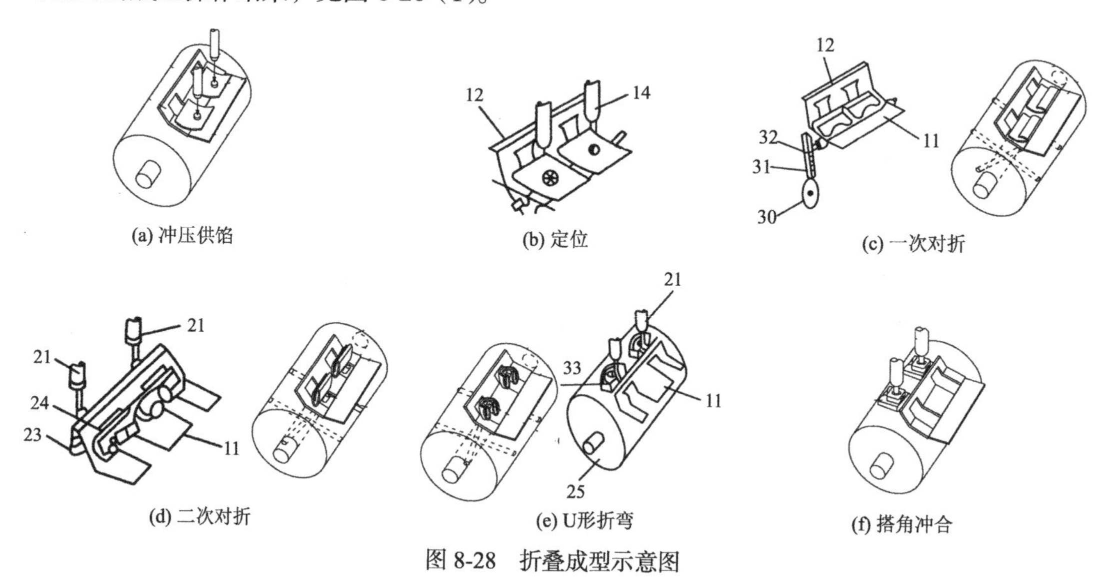

图 8-28　折叠成型示意图

11. 翻板；12. 成型板；14. 馅管；21. 搭角冲杆（齿条）；23. 成型导辊；24. 浮动成型顶杆；25. 成型辊筒；30. 凸轮；31. 齿条；32. 齿轮；33. 馄饨（注：零件序号及名称同图 8-27）

思考题

1. 冲印、辊印饼干机各适用于加工哪种物料类型的饼干，为什么？
2. 简述辊切成型与辊印成型的区别。
3. 看图 8-2，画出摇摆式饼干机冲印成型机传动路线。
4. 伞形搓圆机工作时，什么情况下会出现双生面团，如何避免其进入后续醒发机？
5. 介绍夹馅机成型原理、参与部件及适于加工的食品种类。
6. 介绍灌肠辊切成型饺子机输面机构主要部件，此机构是如何把面团挤压成面管的？
7. 简述馄饨成型原理及过程。

第九章 食品熟制设备

内容提要

食品的熟制是现代食品加工业必不可少的重要手段，本章主要介绍了蒸煮熟制、焙烤熟制、油炸熟制、微波加热设备，首先要理解和掌握设备的结构和工作原理，其次要掌握设备的操作要点及应用特点。通过本章的教学，培养学生能正确进行设备选型、正确使用设备及维护和保养设备的能力。

食品熟制是指食品原料在一定的温度作用下，由生变熟的过程。热加工是食品熟制的最重要形式，在此过程中食品原料及其成分发生一系列复杂的化学、物理和生物化学变化，从而达到使酶失活、蛋白质变性、杀灭致病菌和腐败菌、食品物料熟化或淀粉糊化，赋予制品所需的营养、颜色、风味、质构和形状等的目的。

食品熟制按加热方法可分为直接加热法和间接加热法。直接加热法利用蒸汽、热风、热水、热油、热烟、电磁波等直接与原料接触，实现熟化；间接加热法采用蒸汽、热水、油浴、沙浴等热媒间接加热熟化。食品工业熟制工艺主要包括蒸煮、油炸、焙烤、微波等，此外挤压膨化、杀菌、干燥等工艺也会伴随着食品的熟化。

食品原料种类繁多，性状差别大，加工要求不同，因而食品工业熟制设备形式多样，熟制设备一般分为间歇式和连续式两类。间歇式包括夹层锅、箱式烤炉等；连续式设备采用螺旋式、链带式等结构输送物料，设计或操作时，可使食品原料通过隧道的时间等于工艺要求的加热时间。

第一节 蒸煮熟制设备

蒸煮熟制设备按操作方式可分为间歇式和连续式两大类型，常见的间歇式设备主要有夹层锅、预煮槽和蒸煮锅等；连续式设备有螺旋式和链带式。此外，本书还要介绍一种柱式连续粉浆蒸煮设备，属于专用设备，常用于酒精发酵的淀粉糊化工序。

一、夹层锅

夹层锅具有受热面积大、热效率高、加热均匀、液料沸腾时间短、加热温度容易控制、适于多品种处理、价格低等优点，广泛用于物料预煮、漂烫，辅料配制、熬煮浓缩等工序。夹层锅为间歇式生产，操作劳动强度大，生产能力有限。

夹层锅按结构形式可分为固定式（立式）和可倾式夹层锅；按加热方式可分为蒸汽加热、电加热、燃气加热、电磁加热夹层锅；按是否搅拌可分为带搅拌和不带搅拌夹层锅；按密封方式可分为无盖型、平盖型和真空型夹层锅。实际应用中，几种分类方法是相互交织的。

1. 固定式夹层锅 固定式夹层锅的结构如图 9-1 所示，夹层锅由锅体、支撑机构、仪表及控制单元组成。锅体内壁一般由半球形与圆柱形壳体焊接而成，外壁多为半球形壳体，内外壁焊接形成夹套结构，内层材料采用不锈钢制造，外层材料采用不锈钢或普通钢板制造。锅体按其深度，可分为浅型、半深型和深型。

通常将出料口设置在锅体底部正中，便于出料。夹套外分别设置蒸汽进口、冷凝水出口和不凝性气体排放口，必要时可在蒸汽进口管上安装压力表，测量夹套内蒸汽压力。

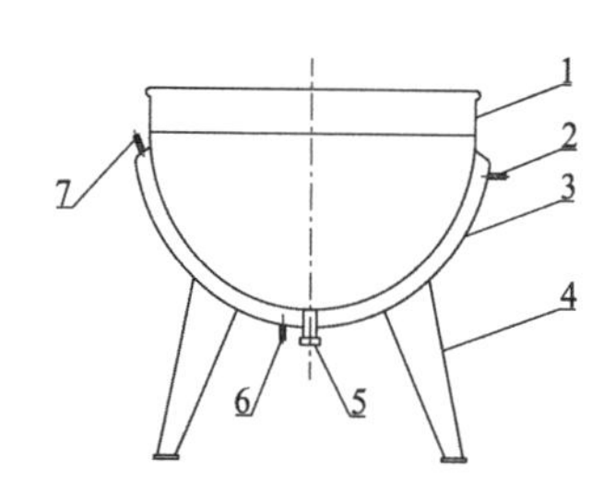

图 9-1　固定式夹层锅

1. 锅体；2. 蒸汽进口；3. 夹套；4. 支脚；5. 出料口；6. 冷凝水出口；7. 不凝性气体排放口

2. 可倾式夹层锅　可倾式夹层锅的结构如图 9-2 所示，主要由锅体、倾覆机构、机架及仪表组成。可倾式夹层锅的锅体与固定式夹层锅相似，但锅体底部一般不设出料口，而是应用倾覆机构使锅体倾倒，实现卸料。锅体通过两侧的轴颈支撑于支架上，轴颈为空心结构，其中一端为蒸汽进口，另一端为冷凝水出口。倾覆机构由手轮和蜗轮蜗杆机构组成，转动手轮可使锅体倾斜 90° 或以上。

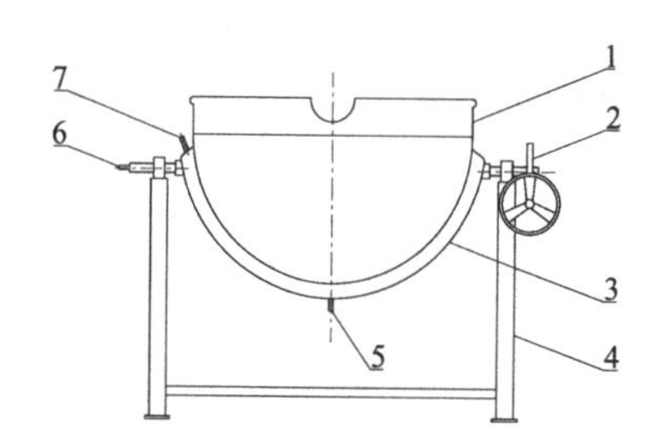

图 9-2　可倾式夹层锅

1. 锅体；2. 倾覆机构；3. 夹套；4. 支架；5. 冷凝水出口；6. 蒸汽进口；7. 不凝性气体排放口

当夹层锅用于高黏度物料加热或锅体容积较大（>500L）时，为强化传热，为保证锅内温度均匀和防止粘锅，可在夹层锅上方配置搅拌器，一般采用锚式或桨式叶片，转速为 10～20r/min。常见的搅拌器安装方式如图 9-3 所示，图 9-3（a）在锅体上端设置支撑板，图 9-3（b）为单臂行星搅拌器，图 9-3（c）为支架安装。

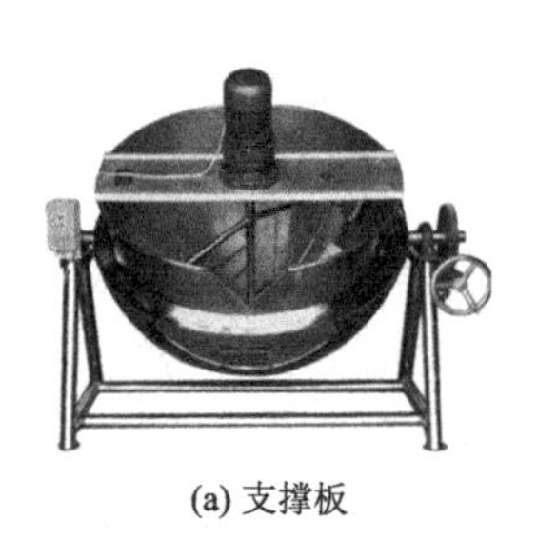

(a) 支撑板

(b) 单臂

(c) 支架

图 9-3　夹层锅搅拌器安装方式

二、连续预煮设备

连续预煮设备按加热介质和加热方式可分为三类，第一类是物料浸没于热水中，第二类利用热水对物料进行喷淋加热，第三类利用蒸汽直接对物料进行加热。根据需要能够实现物料的预煮、漂烫、杀青等工艺。

（一）夹套螺旋式连续预煮机

夹套螺旋式连续预煮机利用热水对物料进行加热。例如，外形较小或经过破碎后的果蔬，通过预煮达到钝化酶或软化组织的目的。夹套螺旋式连续预煮机的结构如图 9-4 所示，主要由进料斗、出料口、内筒、外筒、螺旋推进器、进汽管、进水管及传动部分、机架组成。蒸汽由进汽管进入内外筒之间的夹套中将内筒内的水及物料加热，物料由进料口进入夹套螺旋式连续预煮机内，并浸没在热水中，在螺旋推进器的推动下，缓慢向出料口方向移动。螺旋安装于筛筒内的中心轴上，通过调节转速，达到工艺要求的时间后，由特制翻料斗刮板送至出料口卸出。

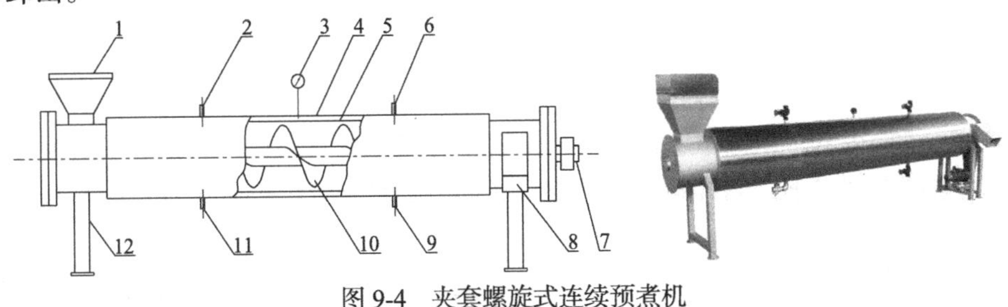

图 9-4　夹套螺旋式连续预煮机

1. 进料斗；2. 进水管；3. 压力表；4. 外筒；5. 内筒；6. 进汽管；7. 传动轴；8. 出料口；9. 冷凝水出管；10. 螺旋推进器；11. 出水管；12. 机架

内筒也可以设计成筛网结构，固定于机壳上，蒸汽分几路由底部进入，通过筛孔直接加热水，筛孔的分配原则是靠近进料口端多，靠近出料口端少，这样可使刚进预煮机的温度低的物料迅速升高到预煮温度，还可加快槽内水的循环，使槽内水温均匀一致。

夹套螺旋式连续预煮机的结构紧凑，外形尺寸较小，占地面积小，适合于多种物料的预煮，可实现温度、pH、加料、预煮时间和回水等的自动控制。

（二）链带式连续预煮机

链带式连续预煮机采用链带输送物料，常见的有刮板式和斗槽式，如图 9-5 所示。前者链带上安装刮板，可用于蘑菇的预煮；后者链带上安装斗槽，可用于青豆预煮。

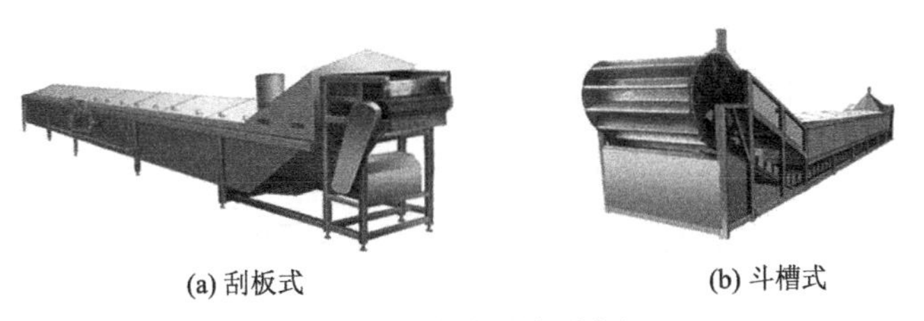

(a) 刮板式　　(b) 斗槽式

图 9-5　链带式连续预煮机

刮板式连续预煮机如图 9-6 所示，煮槽和槽盖由不锈钢板焊接成设备外壳，链带包括水平段和倾斜段，水平段内的压轮和刮板均浸没于煮槽的热水面以下，刮板上开设小孔，用于降低运动过程中水产生的阻力。蒸汽吹泡管管壁开有小孔，一般将孔开在管子的水平两侧，避免蒸汽直接冲击物料，且能够促进水循环使水温趋于一致；进料端喷孔较密，出料端喷孔较稀，以使物料在进料后迅速升温至预煮温度。舱口是为了排水排污，槽底应向舱口方向倾斜。溢流管用来保持煮槽内的水位稳定。蒸汽吹泡管、刮板、链带、压轮全部在槽内，故都必须采用不锈钢制造。

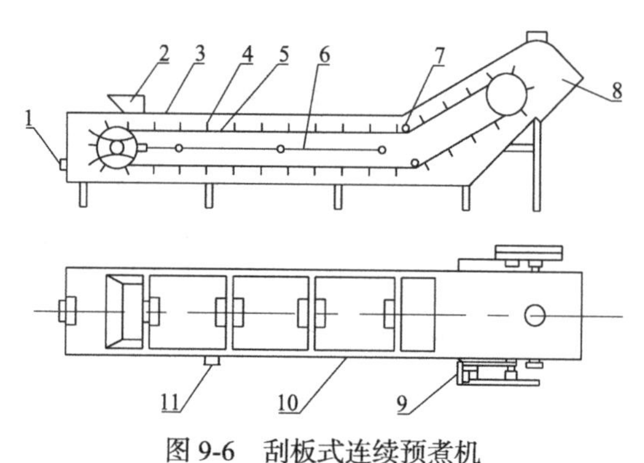

图 9-6 刮板式连续预煮机

1. 舱口；2. 进料斗；3. 槽盖；4. 刮板；5. 链带；6. 蒸汽吹泡管；7. 压轮；8. 卸料斗；9. 传动系统；10. 煮槽；11. 溢流管

工作时，煮槽内的水由蒸汽吹泡管吹出的蒸汽加热，物料由进料斗落入具有刮板的链带上，在传动系统的驱动下，向卸料斗方向移动，同时加热预煮。链带速度可根据预煮时间要求进行调整。

链带式连续预煮机能适应多种物料的预煮，受物料形态及密度的影响较小，物料机械损伤少。但该设备占地面积大，清洗、维护困难。

三、连续粉浆蒸煮设备

连续粉浆蒸煮设备用于淀粉质原料蒸煮糊化工艺，使淀粉从动植物细胞中游离出来，并转化为溶解状态，利于淀粉酶的糖化作用。目前用淀粉质原料的乙醇厂绝大多数采用连续蒸煮工艺，仅少部分小型白酒厂和乙醇厂采用间歇蒸煮工艺。

根据蒸煮设备的类型可将其分为罐式、柱式和管道式三种。其中柱式连续粉浆蒸煮设备如图 9-7 所示，主要由加热器、蒸煮柱、后熟器、分离器、冷凝器等组成。

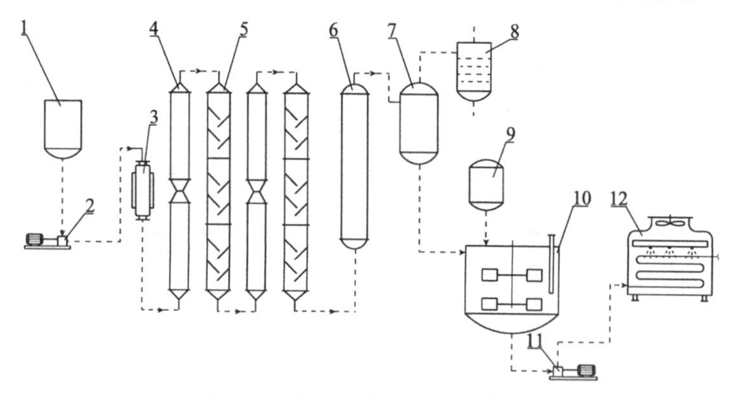

图 9-7 柱式连续粉浆蒸煮设备

1. 粉浆罐；2. 往复泵；3. 加热器；4. 胀缩柱；5. 挡板柱；6. 后熟器；7. 分离器；8. 冷凝器；9. 液体曲贮罐；10. 糖化罐；11. 泵；12. 喷淋冷却器

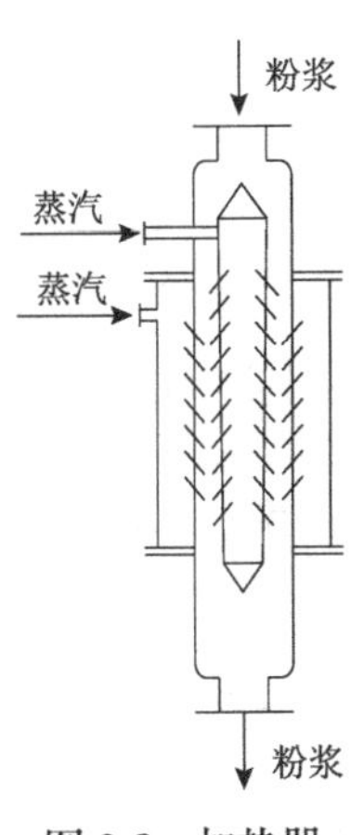

图 9-8　加热器

加热器是由外层套管、内层套管和中层套管组成的三层结构，如图 9-8 所示。内层套管和中层套管的管壁上开有直径 3～5mm 的小孔，各层套管通过法兰连接。加热器管壁上小孔的开法有三种：平开、上仰 45°和下俯 45°。平开孔易于加工；上仰孔能使蒸汽向上喷射并与粉浆形成逆流，但增大了输送泵的工作阻力；下俯孔可使蒸汽与粉浆形成并流，降低泵的工作阻力。通常采用平开或下俯结构。内层套管两端呈锥形或球形，以减小液流阻力。带孔管壁区为有效加热段，粉浆在此段呈充满状态，流速不宜超过 0.1m/s，停留时间一般为 15～25s，蒸煮温度为 145～150℃。

蒸煮柱结构一般由 4～5 根蒸煮柱串联而成，如图 9-8 所示，整体呈长圆筒形，两端为锥形，一般用无缝钢管制造，每根柱子分为若干节，通过法兰连接。

蒸煮柱有胀缩柱和挡板柱两种结构，胀缩柱内有 1～2 处管径缩小；挡板柱内交错排列安装有倾斜的圆缺形挡板，下俯 30°，与板距一起使液流呈折流状态。柱子的锐孔和挡板用于粉浆在流动中突然缩小和扩大，促使植物细胞部分破裂，并且发生扰动，得以充分混合。

生产过程中，将原料和水按比例混合，经粉碎机粉碎后的粉浆被送入连续蒸煮粉浆罐。预热后的粉浆经往复泵 2 送入加热器 3，被从相反方向喷射出的高压蒸汽瞬时高温蒸煮，然后送入缓冲罐。再均匀地送入胀缩柱 4 和挡板柱 5 等蒸煮柱，在一定温度下得到充分蒸煮。在后熟器 6 内，料液在一定温度下保持一段时间，使淀粉糊化更为彻底。

这种柱式连续粉浆蒸煮设备的特点如下。

1）粉浆在高温、高压、高速条件下蒸煮，汽液接触良好，料液运动剧烈，蒸煮时间短，糖分损失少，生产能力大，糊化率高。

2）柱截面积小，柱身长，流速快，易保证醪液先进先出，蒸煮比较均匀，减少糊化醪“过老”或“过生”的现象。

3）高压蒸汽耗量大，电能消耗较大，对配套设备的要求较高。

4）对原料粉碎的要求高。

5）加热器易磨损，需常更换。

第二节　焙烤熟制设备

焙烤是在加热元件的高温作用下，食品原料发生一系列化学、物理及生物化学的变化，由生变熟的过程。不同食品在焙烤过程中变化不同，主要有水分含量减少、体积的变化、多孔性海绵组织结构形成、焦糖化作用及美拉德反应形成较深的色泽和令人愉快的香味，以及优良的保藏和便于携带的特性。典型产品如饼干坯在焙烤过程中脱去大部分水，面包坯在焙烤中保留较多水分，坚果散发特有的香味并去除生腥味。

烤炉是食品生产中最常见的焙烤设备，按其结构形式可分为间歇式箱式烤炉和连续式带式烤炉；目前食品工业生产中广泛使用电烤炉，特别是远红外烤炉最为突出，远红外烤炉具有热效率高、焙烤质量好、生产率高、易于控制、节能等优点，本章只介绍远红外烤炉。

一、远红外加热原理及元件

（一）远红外加热原理及特点

温度高于0K的一切物质均可辐射红外线，所以红外线是一种热辐射。红外线波长为0.7～1000μm，是位于可见光和微波之间的电磁波，又分为近红外线、中红外线和远红外线。红外线最显著的特点是热作用及衍射现象，很容易穿过云雾烟尘而不被空气中的悬浮粒子吸收。当用红外线辐射物体时，物体的温度升高，周围空气温度发生轻微的变化。

远红外加热是利用辐射能进行加热的过程，其能量是通过辐射方式传递。当辐射体发射的远红外线到达物体上时，会出现反射、吸收或穿透等现象。物质分子永不停息地做不规则运动，由于振动或转动，它们都有自己固有的频率。根据基尔霍夫辐射定律，若辐射体发射的远红外线辐射波长与被照物质吸收波长一致时，该物质就会大量吸收远红外线，从而改变物质本身分子的振动和运动状态，扩大了以平衡位置为中心的振幅，增加了运动能量，分子由摩擦和运动而生热。应当指出的是红外辐射只对显示出电极性的分子才能起作用，对称结构的分子没有电极性时不会吸收红外辐射能。

食品物料及其他有机物质在波长3～5μm具有最大吸收波，当此波长电磁波辐射至食品物料表面时，促使分子振动产生摩擦热，使得物料表面温度上升，然后逐渐扩展到物料内部，达到快速加热的效果。

远红外加热的特点如下。

1）热辐射率高，节约能源。食品焙烤所用远红外电热管辐射的波长符合食品物料的最大吸收波长2.5～20μm，辐射器发射的辐射能全部或大部分集中在物料的吸收峰带，辐射能大部分会被吸收，实现良好的匹配，具有较高的热辐射率，从而达到节能的效果。

2）加热速度快，传热效率高。远红外加热速度与热源表面温度和物料温度的4次方之差成正比，因此远红外加热速度比传导和对流传热快很多。

3）热损失小。辐射加热无传热介质，在空气中传播损失很小。

4）操作方便。远红外线具有直线传播、漫反射和镜反射的性质，可以通过光的集散、遮断机构合理控制辐射热，且热的供给、切断易于控制。

5）产品质量高。远红外线光子的能量为0.02～1.6eV，一般只会产生热效果，并且加热速度快，大大缩短了加热时间，不会引起食物成分分解等化学变化和营养损失。

6）穿透能力弱。红外线具有一定的穿透能力，深度不大，没有微波强，只能传热至物料表面的薄层。

（二）远红外加热元件

远红外加热元件主要由发热元件（电阻丝或辐射本体）、热辐射体、紧固体及反射装置等组成。根据供热方式和加热要求的不同，可将其分为管状和板状两种形式，食品烤炉中常用的远红外加热元件有金属氧化镁管、碳化硅管和碳化硅板等。

1. 金属氧化镁管　金属氧化镁管以金属管为基体，管内部的加热丝周围充满电热性能好的氧化镁粉末作为绝缘材料，表面涂氧化镁涂层，其辐射特性如图9-9所示，在食品物料的最大吸收波长附近有较大的辐射强度。金属氧化镁远红外辐射管的结构如图9-10所示，主要由电热丝、绝缘层、金属管和远红外涂层组成，电阻丝通电加热后，金属管也随之发热，并发射出红外辐射，金属管表面涂层能够大大提高红外辐射能量。这种辐射管的机械强度高、使用寿命长、维修方便，但涂层易脱落，易下垂变形。

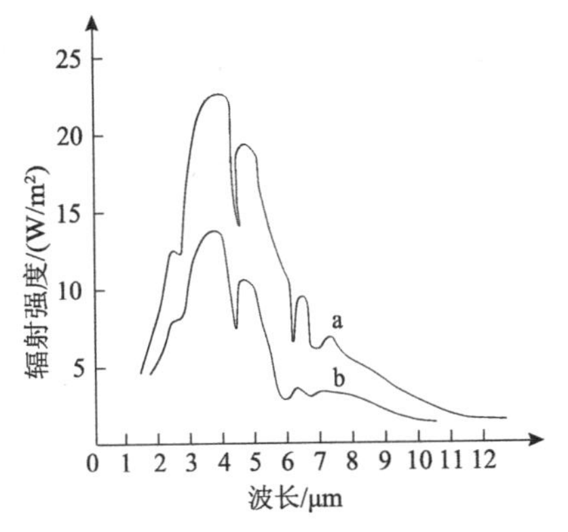

图 9-9　金属氧化镁远红外辐射管的辐射特性

a. 有涂料金属电热管；b. 无涂料金属电热管

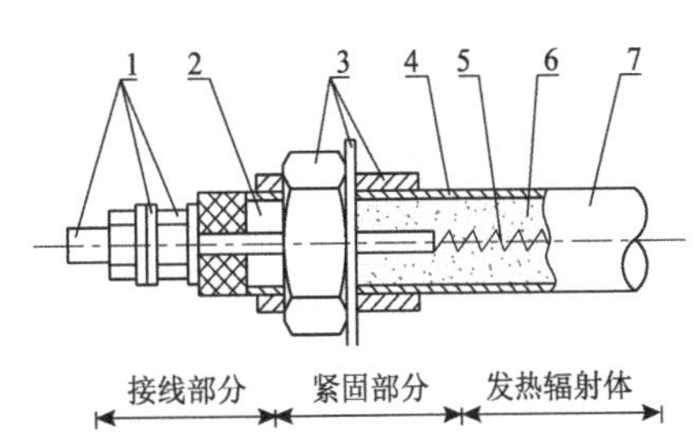

图 9-10　金属氧化镁远红外辐射管的结构

1. 接线结构；2. 导电杆；3. 紧固结构；4. 金属管；5. 电热丝；6. 氧化镁粉；7. 辐射管表面涂层

2. 碳化硅元件　碳化硅是一种辐射率很高的远红外辐射材料，在 300～800℃温度，其辐射率比金属高，在相同功耗的条件下，加热效果比金属元件高得多，辐射特性如图 9-11 所示，与糕点主要成分的远红外吸收光谱相匹配。

碳化硅管以非导电材料碳化硅（含量 60%～70%）为基体，管外涂有远红外涂料，结构如图 9-12（a）所示，因碳化硅不导电，管内不需充填绝缘介质。与金属管相比，碳化硅管具有辐射率高、寿命长、涂层不易脱落的优点，但抗机械振动性能差、热惯性大、预热时间长。碳化硅板的结构如图 9-12（b）所示，与管状元件相比，其温度分布均匀，通用性更广。

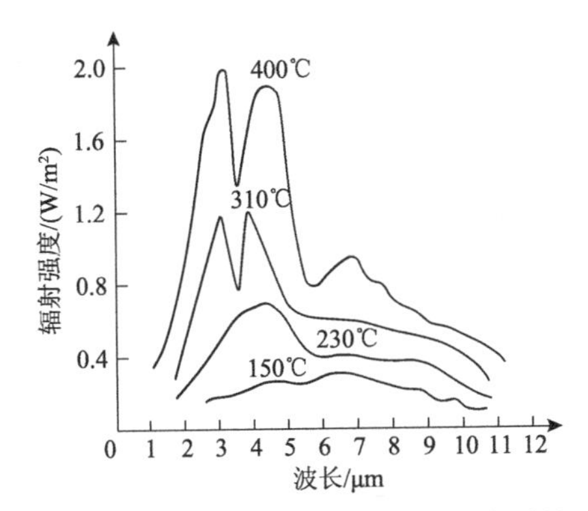

图 9-11　碳化硅远红外辐射管的辐射特性

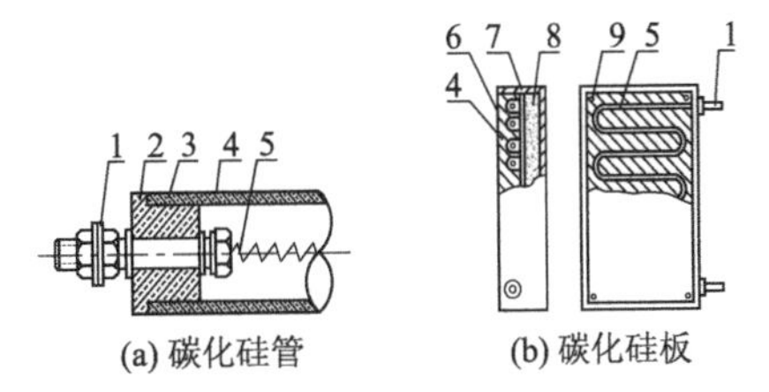

图 9-12　碳化硅远红外辐射元件的结构

1. 接线结构；2. 普通陶瓷管；3. 碳化硅管；4. 辐射涂层；5. 电热丝；6. 碳化硅板；7. 电热丝压板；8. 保温材料；9. 安装螺丝

硅碳棒是以高纯度的碳化硅（含量 98%以上）为主要原料，通过高温再结晶而制成的自热式远红外元件。其最大特点是通电自热，不用电热丝加热，单位表面的发热量大、升温快，表面温度 600℃以下使用时趋于半永久性，但成本较高。

二、远红外烤炉的类型

（一）热风循环烤炉

热风循环烤炉主要由箱体、加热器、热风循环及风量调节系统、抽排湿气系统、喷水雾化装置、烤盘小车和控制系统等组成，烤盘小车可置于旋转架上匀速转动，如图 9-13 所示。加热器加热后的热风经导流板孔进入烘烤室，加热物料，由热风循环系统形成循环状态；当循环热风的含湿达到一定量时，打开排湿口排出。喷水雾化可根据产品烘烤工艺要求，调节烘烤湿度，提高烘烤质量。

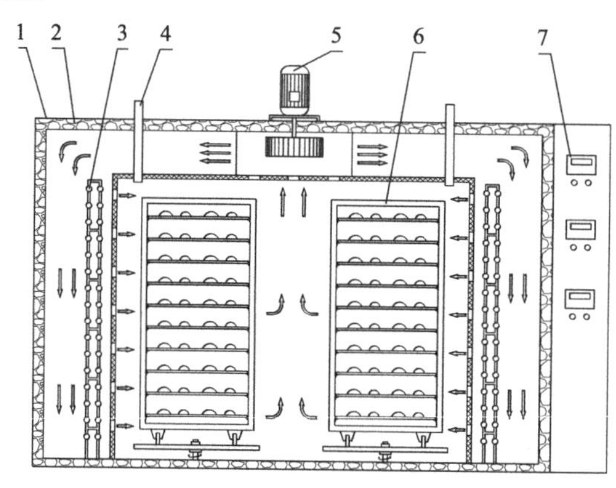

图 9-13　热风循环烤炉

1. 箱体；2. 保温材料；3. 加热器；4. 排气孔；5. 离心电动机；6. 烤盘小车；7. 控制系统

热风循环烤炉通过热风循环和旋转架实现物料均匀烘烤，解决产品成色不匀的问题。其适用于生产量较大的工厂，但仍采用间歇式生产、能耗较大、箱内部存在温差，循环热风的过滤净化有待改善。

（二）隧道式烤炉

隧道式烤炉是一种连续式大型烘烤设备，烘烤室为一狭长的隧道，远红外电加热管安装在烘烤室内顶部和底部，食品物料随带式输送机转动连续地进出烘烤室，调节隧道的长度和输送机转速可控制烘烤时间，结构如图 9-14 所示。通常面火加热器的数量少于底火加热器，加热器分组接线，分为常开电热组和调节电热组，调节电热组的电源通断可控制炉内温度、面火强度和底火强度及温区。

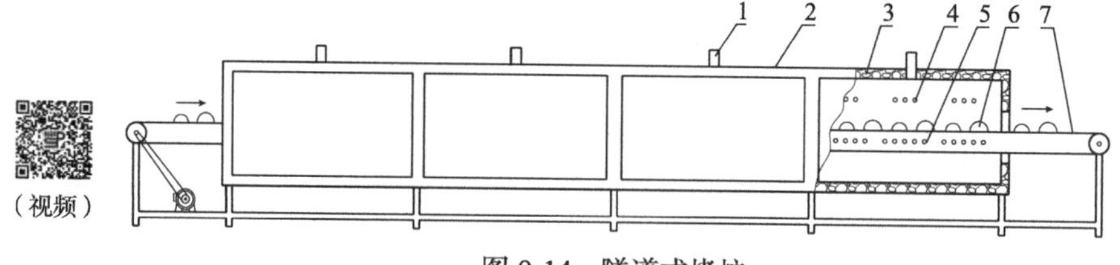

图 9-14　隧道式烤炉

1. 排湿孔；2. 隧道烘烤室；3. 保温材料；4. 面火加热器；5. 底火加热器；6. 物料；7. 输送带

带式输送系统可分为钢带式、网带式和链条式等，目前应用较多的是钢带式和网带式。钢带一般只在炉内循环，热损失小，但钢带制造较困难，烘烤时产生的变形量大，调偏装置较复杂。

网带由金属丝编制而成，网眼空隙大，物料底部水分容易蒸发，不会产生油滩和凹底。

网带受热后变形量小，运转中不易产生打滑、跑偏现象而易于控制。但网带表面不易清洗，网带上的残屑易于黏附在食品底部而影响食品外观和质量。

链条炉是将食品物料置于烤盘或烤篮中，平行摆放于两条平行链条间的托杆上，出炉端可设烤盘转向装置及翻盘装置，成品自动翻入冷却输送带，烤盘则由炉外传送装置送回入炉端。烤盘在炉外循环，热损失较大。

三、远红外烤炉的设计

（一）炉体结构及保温

传统的炉体由砖或预制构件砌成，目前主要采用不锈钢炉体。炉体由型钢构成骨架，不锈钢薄板安装于型钢两侧，中间充填保温材料，以减少热量损失。炉体可分段制造，根据需要组成不同的长度，用螺栓连接。其优点是灵活、热惯性小、便于运输和安装，可制成多种型式适应不同产品的工艺要求。

烘烤室型式主要有平顶炉和拱顶炉两种，截面如图 9-15 所示。烘烤室内安装上下两层辐射加热元件，以形成面火和底火，加热速度快且有利于给食品上下两面烘烤上色。上下辐射加热层把炉体分为上、中、下三层，高度分别为 L_1、h 和 L_2，d 为拱顶炉炉顶的高度。平顶炉的炉顶呈平面形，可以减少炉膛高度，降低热量消耗，但容易形成死角，不利于排湿。拱顶炉的炉顶呈圆弧形，表面积比平顶炉稍大，热量消耗有所增加，但拱顶有利于水蒸气的排放，避免形成水蒸气聚积死角，有利于提高产品质量。

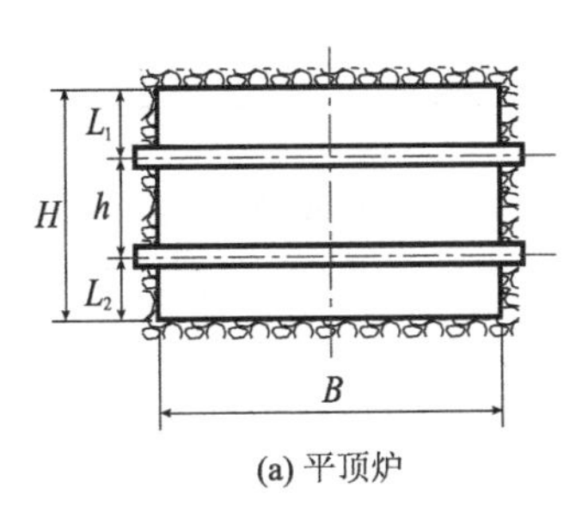

(a) 平顶炉

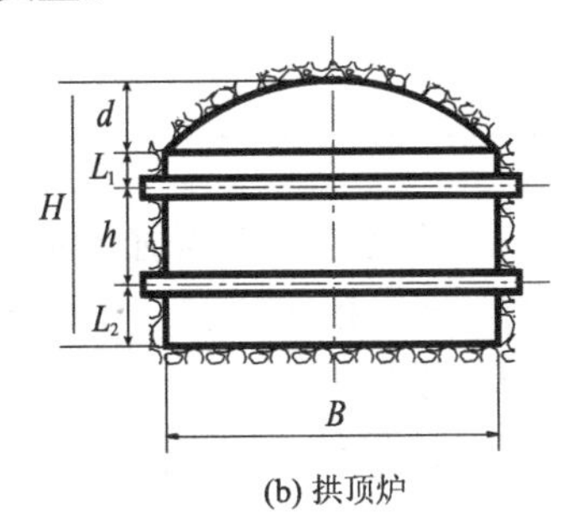

(b) 拱顶炉

图 9-15　烘烤室截面型式

图 9-15 中各参数取值：L_1=30～70mm；L_2=30～70mm；d=120～150mm；h 与辐射强度及制品的厚度有关。

管状辐射元件表面温度不均匀，如图 9-16 所示。为保证烘烤温度一致，物料应摆放在加热元件温度分布均匀的部位，故烘烤室的宽度应比食品排布宽度大 100～150mm。

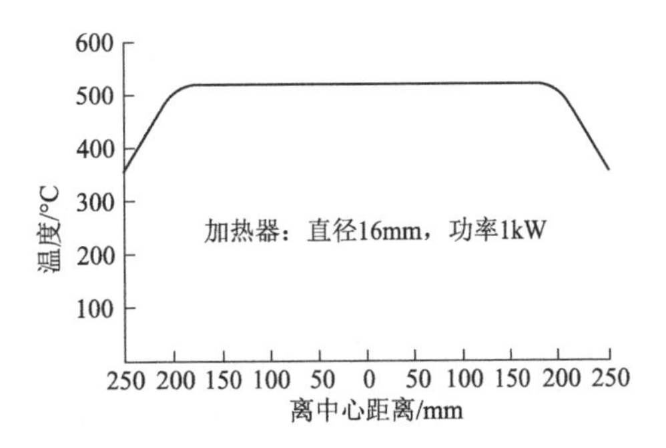

图 9-16　管状辐射元件表面温度的分布

（二）远红外辐射元件的布置

远红外辐射元件的布置是食品烤炉的关键问题，直接影响热利用率和食品烘烤质量。远红外辐射元件的工艺排布主要包括辐射距离、辐射元件间距及辐射元件的整体布局等。

辐射距离是指管状元件中心或板状元件辐射涂层到烤盘底部或输送带上表面之间的距

离。对于管状和板状元件烤炉，辐射强度与辐射距离的 1.25～1.5 次方成反比，表 9-1 列出了辐射距离与辐射强度的关系。

表 9-1 辐射距离与辐射强度的关系

辐射距离/mm	辐射强度/（W/m^2）
180	1379
250	721
500	267
750	93
1000	70

辐射强度随辐射距离的增加而衰减，辐射距离越近，加热效率越高，但辐射强度分布不均匀性也越显著，从而影响烘烤质量。原则上，在保证辐射均匀性的前提下，辐射距离越近越好，一般以 50～400mm 为宜。表 9-2 列出了几种焙烤食品适宜的辐射距离。

表 9-2 几种焙烤食品适宜的辐射距离

食品种类	上辐射距离/mm	下辐射距离/mm
饼干	70～120	50～70
面包	50～180	50～70
月饼	100～140	50～70
蛋糕	150～180	50～70

辐射强度的均匀性还与炉内辐射元件的间距及工艺布置有重要关系，管状辐射元件的间距一般为 150～250mm，板状辐射元件的间距以 30～50mm 为宜。隧道式烤炉内，通常在食品坯料上下两面分别设置辐射元件，形成面火和底火。布置方式有三种形式：均匀排布、分组排布和根据烘烤工艺排布。均匀排布是指各个元件间的距离均匀相等，以获得均匀的辐射强度。分组排布是将元件分组安装，每组之间有一定的距离，使加热形成脉冲式分布，加速炉内空气流动，避免制品表面蒸汽膜的形成，以改善水分的蒸发。根据烘烤工艺排布及各种食品的烘烤工艺要求不同，各个烘烤阶段的温度不同，排布原则是高温区元件排布密，低温区元件排布疏，在各个加热段分别配备温度控制调节系统，以便根据工艺要求和品种的不同而调节。

（三）排湿系统

食品烘烤过程中，生坯中的水分逸出形成大量水蒸气，阻碍生坯表面水分的继续蒸发。另外，水蒸气在红外区的 3～7μm 和 14～16μm 波长附近有大量的吸收带，使红外线透射衰减，热效率大幅度降低。因而，应当设置排湿系统及时排出水蒸气。

隧道式烤炉产量较大，排汽要求高，排汽管数量和位置与焙烤工艺及加热温度分区有密切的关系。排汽管布置必须适应食品焙烤过程胀发、定型脱水和上色三个阶段的工艺要求，一般采用自然通风，依靠排汽管两端温差产生抽力实现通风排汽。

（四）炉温调节系统

烤炉的温度应根据被烘烤食品的工艺条件而定，为适应多品种的使用，炉内温度及温区必须有一定的调节量。炉温调节通常有辐射距离调节法、电压调节法和分组开关法。辐射距离调节法采用烤盘支撑机构改变辐射距离，使辐射强度产生相应变化，实现烘烤温度的调节。这种调节方法调温精度低，易产生辐射不均匀性。电压调节法是通过改变加载于辐射元件的电压调节辐射强度，可控硅控制调压可实现连续无级调压，并能在有载情况下操作，是一种理想的温度调换方法。分组开关法是通过接通或断开烤炉内部分辐射元件的电源，以达到调温的目的。

第三节　油炸熟制设备

油炸是一种将食品置于热油中熟制和干制的加工方法，即将食品置于较高温度的油脂中，使其加热快速熟化的过程，涉及鱼肉罐头、果蔬脆片、面制品、薯片等产品的生产。油可以提供快速而均匀的传导热能，油炸过程中，食品表面温度迅速升高至油温，表面的水分汽化形成干燥层，食品内部的温度也逐渐趋于100℃。食品表面水分汽化，随后水分汽化层便向食品内部迁移，表面出现一层干燥层，发生美拉德、焦糖化等反应，产生油炸食品特有的色泽和香味。

油炸分为浅层煎炸和深层油炸。前者适合于表面积大的食品，后者按操作压力分为常压深层油炸和真空深层油炸。按油炸介质分为纯油油炸和水油混合式油炸。深层油炸是食品工业中常见的油炸方式。真空深层油炸是在减压的条件下，食品中水分汽化温度降低，能在短时间内迅速脱水，在低温条件下实现食品的油炸熟化。油炸工艺的油温通常在 160℃以上，有时甚至高于 230℃，对食品的营养成分特别是热敏性成分有破坏作用。

需要指出的是，高温煎炸烹烤的某些食品中含有较高水平的亚硝基吡啶、油脂聚合物、不饱和脂肪酸过氧化物和丙烯酰胺等物质，对人体有毒害或致癌作用。

一、水油混合式油炸设备

水油混合式油炸设备也属间歇式设备，该工艺是在油槽内加入油和水，由于密度不同，油处于上层，水处于底层，加热元件水平布置在油层中部。油炸时，食品浸没于加热元件上的油层中，产生的残屑脱离高温区沉入底层低温的水中，残屑中所含油脂，经水分离后返回油层，即底层水具有滤油和冷却的双重作用，以缓解普通油炸工艺产生的缺陷。

水油混合式油炸设备如图 9-17 所示。加热元件上方设置滤网，食物残屑通过滤网落入水层，锅底设排污管定期排污。油面至加热元件的高度约 60cm，温度控制在 180～230℃，通过数显系统显示油温。油层锅体外侧设有保温隔热材料，加热元件产生的热量被上层油有效吸收，热效率提高。油水分界面设置散热系统，分界面温度控制在 55℃以下，使下层油温远低于上层油温，以减缓油的氧化。油使用一段时间后，黏度升高，微小的残屑悬浮在下油层中，油品质下降，可放出进行过滤处理或弃去。油水分界面设有放油管，该管具有双重作用，可

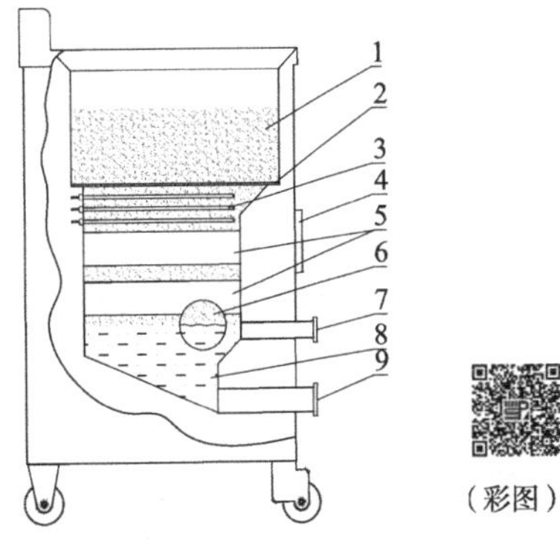

图 9-17　水油混合式油炸设备

1. 油槽；2. 滤网；3. 加热元件；4. 控制面板；5. 散热管；6. 油标；7. 排油管；8. 水；9. 排水管

放油也作为加水阀使用。锅体截面设计采用了上大下小的结构，在保持油炸能力的同时，减小下油层的油量，以避免油水界面氧化风险。操作过程中，水位不超过油标中心线。此外，滤网可以设计具有自动翻转机构的物料篮，能将成品翻出，减小劳动强度。

水油混合工艺具有分区控温、自动过滤、自我洁净油的优点。油炸后的油无须过滤，只要将含有残屑的底层水排出即可；炸制过程中油始终保持新鲜状态，成品色、香、味俱佳，无残屑附着；油氧化变质程度低；耗油量接近食品吸收的油量。

二、间歇式真空低温油炸设备

常压油炸工艺油温较高，油脂氧化不可避免，20 世纪 60 年代末出现了真空低温油炸技术，可以获得比常压油炸品质更好的产品。

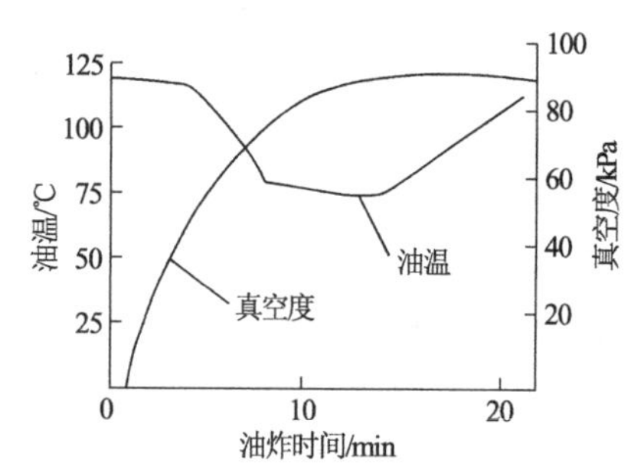

图 9-18　真空油炸过程温度和真空度与油炸时间的关系

真空低温油炸是在减压的条件下，食品中的水分汽化温度降低，以热油为脱水供油介质，不仅可在短时间内迅速脱水，实现低温条件下的油炸，还能起到改善食品风味的作用。真空油炸过程温度和真空度随油炸时间的变化曲线如图 9-18 所示。随着真空度的提高，水分蒸发量逐渐增加，汽化潜热带走大量的热使油温下降，随后油温稳定一段时间，水分蒸发直至食品内部水分向表面迁移速度减慢，逸出速度减小，油温在真空度稳定的情况下逐步升高，最终油炸结束。

真空油炸温度一般控制在 100℃左右，通过控制真空度来调节油温。真空度一般保持在 92.0～98.7kPa，其选择与油温和油炸时间相互关联，并影响油炸产品质量，此外过高的真空度会增加生产成本。

真空低温油炸技术将油炸和脱水有机结合，具有独特的优越性和广泛的适应性。真空油炸温度低，营养成分损失小，能够保持食品良好的色泽和外观。油炸在真空中实现，制品脱水速度快，干燥时间短，适合含水量较大的食品。减压状态下，果蔬类制品内部水分急速汽化，从孔隙中冲出，产生良好的膨化和蓬松作用，复水性良好。油脂处于低温少氧状态，氧化、裂解、聚合等速度慢，不必使用抗氧化剂，可多次使用。制品含油率低，相同的食品原料常压油炸产品的含油率高达 40%～50%，真空油炸低于 20%，产品耐贮性提高。

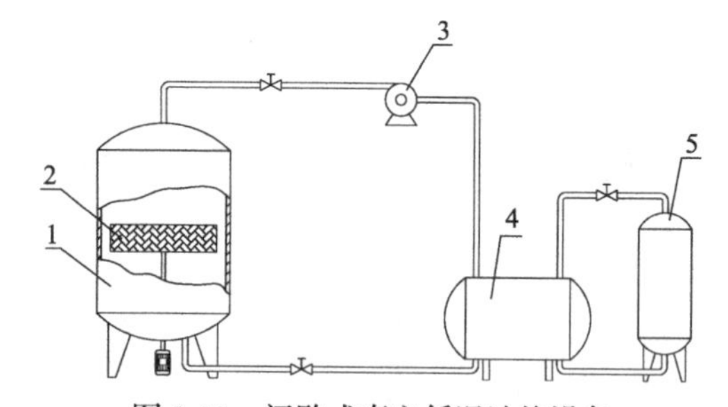

图 9-19　间歇式真空低温油炸设备

1. 油炸釜；2. 离心脱油装置；3. 真空泵；4. 贮油罐；5. 过滤器

间歇式真空低温油炸设备由油炸釜、贮油罐、过滤器和真空泵等组成，如图 9-19 所示。油炸釜属于密闭压力容器，内部设有离心脱油装置，油炸过程完成后，油面降低至产品以下，通过离心脱油后取出即为成品。油炸釜上部与真空泵相连，下部与贮油罐相连，油炸釜内的油面高度和循环及真空度通过真空泵和阀门控制。为避免食物残屑造成的不利影响，采用与贮油罐相连的过滤器及时去除。

三、连续油炸设备

连续油炸设备可分为常压和真空低温油炸两种类型。

（一）隧道式常压连续油炸设备

隧道式常压连续油炸设备如图9-20所示，采用双网带无级变速输送系统输送物料，待炸物料在油层下 2～3cm 处均匀加热，能够调节油炸时间，以满足不同物料的工艺要求。龙门架及提升机构可以将罩盖方便地升降，以便于对食品进行油炸加工。

油炸槽一般呈平底船形，也有圆底或进料端平头等，其大小根据生产能力、油炸物在槽内的时间、链宽、加热方式、滤油方式和除渣方式等确定。油炸设备设置辅助过滤油箱，与主油槽组成体外过滤循环油路，油的流向与物料的运行方向一致，油在主油槽内均匀循环的流动中被加热元件加热，经过辅助油箱的双层（粗、细）过滤网时，清除油中的食物残渣，保证油的清洁，提高成品质量。

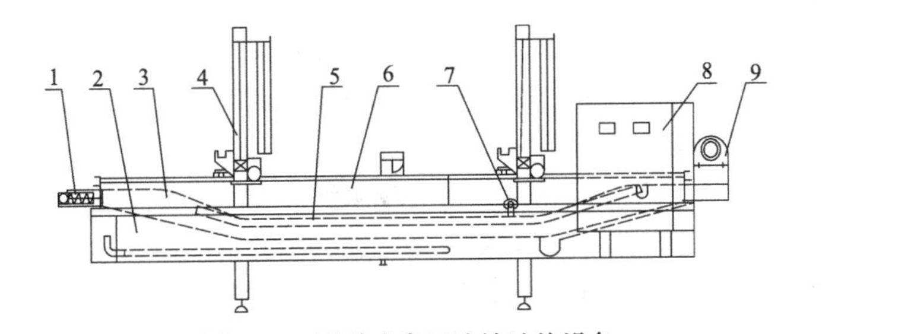

（彩图）

图9-20　隧道式常压连续油炸设备

1. 张紧调节机构；2. 主油槽；3. 下网带；4. 龙门架及提升机构；5. 上网带；6. 罩盖；7. 上下网带间隙调节螺栓；8. 电气控制箱；9. 减速机

（二）连续式真空低温油炸设备

连续式真空低温油炸设备的主体为卧式筒体，通过进料闭风器和出料闭风器来保证油炸釜的真空度，闭风器的优劣直接影响釜内的真空度和能耗，结构如图9-21所示。筒体开设有与真空泵相接的真空接口，待炸物料由进料闭风器进入，落入具有一定油位的筒内进行油炸，由输送带2推送至无油区输送带4和5，边沥油边送至出料闭风器。油由进油管8进入筒内，经出油管7排出，在筒外过滤和加热，再循环进入筒内。

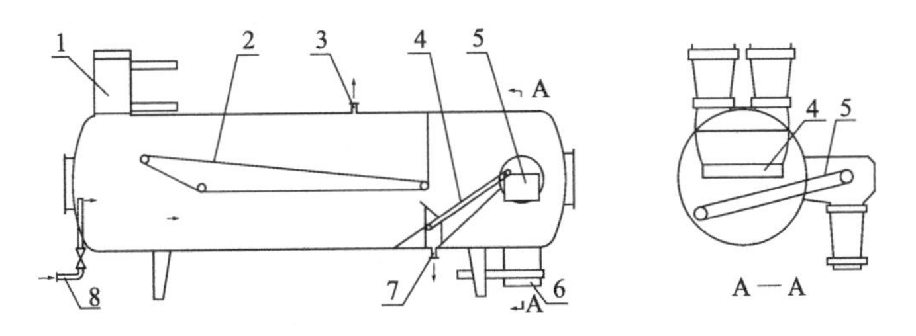

图9-21　连续式真空低温油炸设备

1. 进料闭风器；2. 输送带；3. 真空接管；4、5. 无油区输送带；6. 出料闭风器；7. 出油管；8. 进油管进料闭风器的结构如图 9-22 所示，输送带上的物料先落入上层落料斗，打开隔板 1，物料落入下层落料斗 3 中；当物料达到一定量时，关闭隔板 1，再打开隔板 2，落料斗 3 中的物料落入筒内进行油炸；当落料斗 3 内的物料全部落入筒内后关闭隔板 2，准备下一周期的进料。隔板的开关由气动装置控制。出料闭风器的结构与进料闭风器的结构相似。

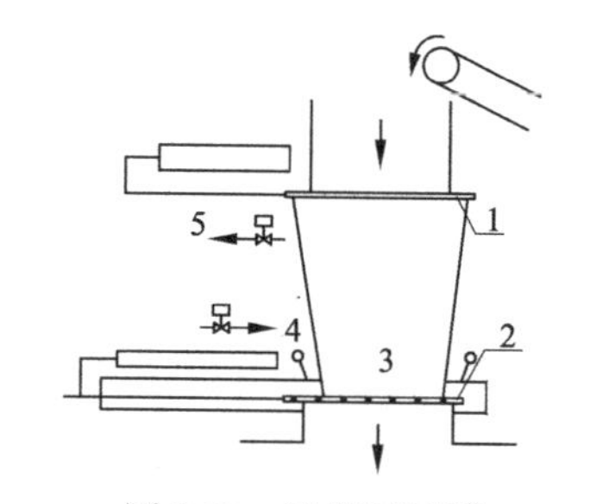

图 9-22　进料闭风器

1、2. 隔板；3. 落料斗；4、5. 气动装置

第四节　微波加热原理与设备

一、微波加热原理

微波是一种频率很高的电磁波，频率为 300MHz～300GHz，波长为 1mm～1m，在空气中以光速传播。微波具有波粒二象性，微波量子的能量为 1.99×10^{-25}～1.99×10^{-21}J。根据国际电磁波频谱和波段划分规定，频率 915MHz 和 2450MHz 的微波用于加热，其中前者常用于家用微波炉，后者多用于工业加热。

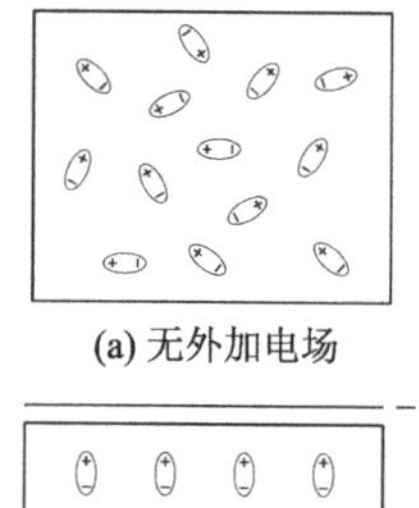

(a) 无外加电场

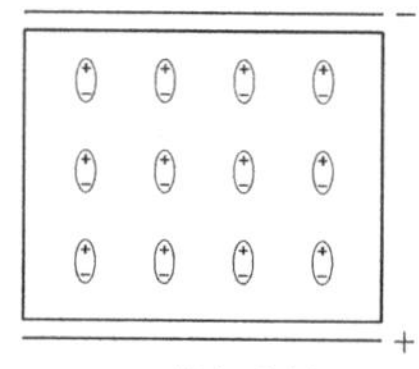

(b) 外加电场

图 9-23　微波加热原理

微波加热是物料吸收微波能，即介质中的极性分子（又称偶极子，正负电荷中心不重合而形成偶极的物质，如水分子、蛋白质、核酸、脂肪、碳水化合物等）与微波电磁场相互作用的结果。在无外加电场时[图 9-23（a）]，偶极子在物料中杂乱无规则地运动，在外加电磁场的作用下，偶极子有一定取向地规则排列[图 9-23（b）]，称为分子“转矩极化”。改变外加电磁场的方向，偶极子的取向也随之迅速发生改变。由于分子的热运动和相邻分子间的相互作用，偶极子的转向受到干扰和阻碍，产生了类似摩擦的作用，使分子获得能量，并以热的形式表现出来，即介质温度升高。外加电磁场的变化频率越高，分子转向就越快，产生的热量也就越多。介质中大量的偶极子在外加交变电磁场的作用下频繁转向，当微波频率为 2450MHz 时，介质中的极性分子产生每秒 24.5 亿次的振动，将电磁能转化为热能。

微波作为电磁波具有吸收、穿透、反射特性。微波极易被含有极性的分子吸收，引起分子的剧烈振荡而转变成热能；微波的波长较红外长，对于玻璃、耐热塑料和陶瓷等非金属材料，微波几乎不被吸收而穿越过去，不引起温度升高；微波遇金属物质时则被反射，不能穿越，也不会引起温度升高，反射方向符合光的反射规律。

微波用于工业加热具有以下优点。

1）瞬时性。常规加热方式，如热风、电热、蒸汽等，都是利用热传导的原理将热量从被加热物外部传入内部，逐步使物体中心温度升高，称为外部加热方式。要使中心部位达到所需的温度需要一定的时间，导热性较差的物体所需的时间更长。微波加热是使被加热物本身发热，不需要热传导的过程，内外同时加热，因此能在短时间内达到加热效果，称为内部加热方式。

2）加热均匀。常规加热为提高加热速度，需要升高加热温度，容易产生外焦内生的现象。微波加热时，物体各部位通常都能均匀渗透电磁波，其穿透的距离理论上与电磁波波长同数量级，因此均匀性大大改善。

3）热惯性小。对物料加热无惰性，即只要有微波辐射，物料即刻得到加热；反之，物料得不到微波能量而停止加热。这种使物料能瞬时得到或失去加热能量来源的性能，易于实现工业连续自动化生产。

4）选择性加热。物质吸收微波的能力主要由其介质损耗因数来决定。介质损耗因数大的物质对微波的吸收能力强。由于各物质的损耗因数存在差异，微波加热就表现出选择性加热的特点。物质不同，产生的热效果也不同，水分子属极性分子，介电常数较大，其介质损耗因数也很大，对微波具有强吸收能力。而蛋白质、碳水化合物等的介电常数相对较小，其对微波的吸收能力比水小得多。因此，对于食品来说，含水量的多少对微波加热效果影响很大。

5）节能高效。由于含有水分的物质极易直接吸收微波而发热，加热室的空气与相应的容器都不会发热，无须对热介质、设备等进行预加热过程，避免了预加热额外能耗，因此除少量的传输损耗外几乎无其他损耗，比一般常规加热省电能 30%～50%，且工作环境温度也不会升高。

6）安全无害。微波能自身不会污染食品，微波的热效应和生物效应共同作用能在较低的温度下杀死细菌，这就提供了一种能够较多地保持食品营养成分的加热杀菌方法，且无废水、废气、废物产生。

正因如此，微波加热技术具有极大的吸引力和广阔的工业应用前景，随着技术的成熟，除加热外，其在干燥、膨化、杀菌、杀青、解冻等食品加工中得到越来越多的应用。

二、微波加热设备

微波加热设备主要由直流电源、微波发生器（磁控管、调速管等）、冷却装置、微波传输元件、加热器、控制及安全保护系统等组成。微波发生器将高压直流电转换成微波能，通过连接波导传输至加热腔体，对物料加热。连接波导是定向引导电磁波传输的结构，微波波导通常采用截面为矩形或圆形的金属（铜、铝）管道，实现微波的耦合、转向和传输。冷却装置主要用于对微波发生装置的腔体和阴极等部位进行冷却，方法为风冷、水冷或油冷。

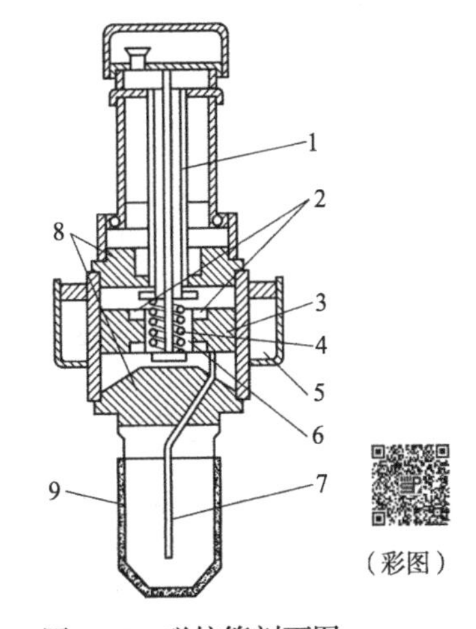

图 9-24　磁控管剖面图

1. 阴极及引线；2. 隔离带；3. 阳极块；4. 灯丝；5. 谐振腔；6. 相互作用空间；7. 能量输出器；8. 极靴；9. 输出箱

微波发生器是微波加热干燥时产生微波能的主要器件，有磁控管和速调管两种，目前用于食品工业的微波发生装置主要为磁控管。

磁控管通常具有一个高电导率无氧铜制成的阳极，两个发射电子的直热式或间热式阴极，阳极同时是产生高频振荡的回路，其结构见图 9-24。当磁控管阴极与阳极之间存在着一定的直流电场时，从阴极发射的电子受阳极电位的加速而向阳极移动，移动速度与电压的 1/2 次方成正比。由于空间存在着磁场，其方向与电场方向垂直，同时也与电子运动方向垂直。根据左手定则，从阴极发射的电子将受到磁场的作用，结果使电子偏离原来的方向呈圆周运动状态，在阴极上谐振腔的作用下即产生了所需要的微波能。加热器按被加热物和微波场的作用形式，可分为驻波场谐振腔加热器、行波场波导加热器、辐射型加热器和慢波型加热器等，谐振腔式因其结构简单比较常用。也可以根据其结构形式分为箱式、隧道式、平板式、曲波导式和直波导式等，工业上常用隧道式。

隧道式谐振腔微波加热设备的结构如图 9-25 所示，属于连续式加热设备。连续式微波加热设备腔体进出料口易发生微波能量泄漏，需要设置屏蔽结构防止微波外泄。图 9-25（a）为金属挡板型结构，输送带上每隔一定距离安装金属挡板，待加热物料置于挡板之间；图 9-25（b）在进出料口安装若干金属链条，形成局部短路。隧道上部设置排湿装置，用于排除加热过程中物料蒸发产生的水分。

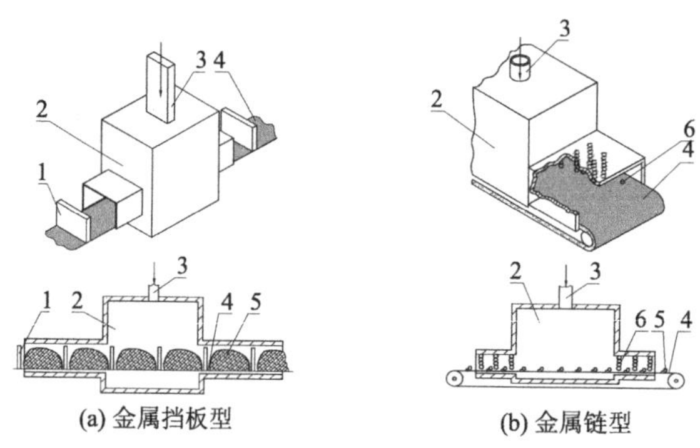

图 9-25　隧道式谐振腔微波加热设备

1. 金属挡板；2. 腔体；3. 波导；4. 输送带；5. 物料；6. 金属链

大功率连续加热器采用多管并联谐振腔，以强化加热效果，如图 9-26 所示。传动方式可分为带式、链板式、链条式等，顶部设置直排式或风热逆流式排湿装置。在隧道的进出料口分别设置吸收水负载，用于吸收可能泄漏的微波能量。

（彩图）

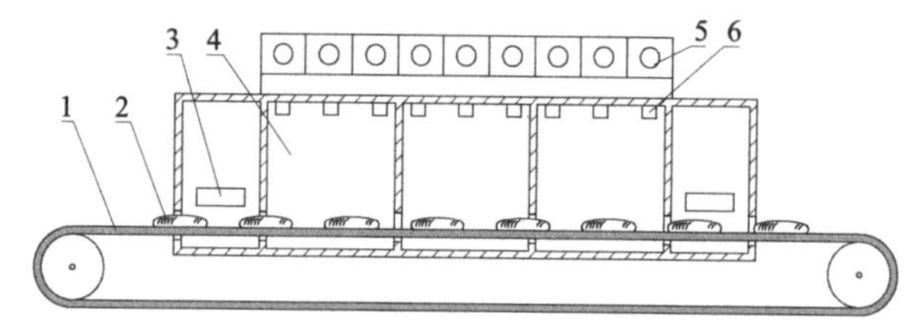

图 9-26　隧道式谐振腔微波加热设备

1. 输送带；2. 物料；3. 吸收水负载；4. 腔体；5. 磁控管；6. 波导

思考题

1. 连续粉浆蒸煮设备中的蒸煮柱为什么要设计成柱式结构？
2. 远红外加热设备与微波加热设备的特点和适用场合有什么不同？

第十章 浓缩设备

内容提要

本章主要介绍了膜式真空浓缩设备、离心薄膜浓缩设备、冷冻浓缩设备，其中膜式真空浓缩设备是重点，必须掌握；冷冻浓缩设备是难点，是了解内容。通过本章的学习，要求学生掌握不同浓缩设备的成膜方式、适用物料特点，在熟悉核心浓缩设备的同时，还要了解成套装置的附属设备，具备设备初步设计能力，具备设备选型、使用及维护能力；能解决食品生产过程中浓缩设备方面复杂工程问题。

浓缩是指从料液中除去部分溶剂（主要是水）的单元操作，在食品加工中用途较广，其目的是提高溶液的浓度，便于运输、贮存和后续加工，并方便使用。在食品加工中，该操作主要用于浓缩果汁、浓缩果酱和浓缩乳等功能性成分富集的食品生产中。

浓缩设备包括常压浓缩设备、真空浓缩设备和冷冻浓缩设备等。常压浓缩设备中，溶剂汽化后直接排入大气，蒸发面上为常压。该设备结构简单、投资少、维修方便，但蒸发速率低。真空浓缩设备中，蒸发面上方的压力状态为真空，溶剂从蒸发面上汽化后由真空系统抽出。该类型设备蒸发温度低、速率高，由于有一定的真空要求，设备较为复杂。冷冻浓缩设备适用于含热敏性或挥发性成分料液的浓缩。目前，食品工业广泛使用的是蒸发器真空浓缩设备。

第一节 真空浓缩设备

真空浓缩设备的溶剂从蒸发面上汽化后进入负压状态。真空浓缩的优点：①加热蒸汽与沸腾液体之间的温度差可以增大；②可利用压强较低的蒸汽作为加热介质；③由于溶剂的蒸发温度较低，有利于保存物料中的营养成分和色、香、味；④由于溶液沸点较低，浓缩设备的热损失较少。真空浓缩的缺点：①由于真空浓缩须有抽真空系统，增加了附属设备及动力；②由于蒸发潜热随沸点降低而增大，热量消耗大。

真空浓缩设备的类型有以下几种。

1）根据蒸发时的料液流动形式分，有薄膜式和非膜式。①薄膜式料液在加热表面呈薄膜状蒸发。蒸发热效率高，但结构复杂。薄膜式蒸发器根据成膜原理又分为管式薄膜蒸发器、刮板式薄膜蒸发器、离心式薄膜蒸发器。②非膜式料液在蒸发器内聚集在一起，通过自然或强制对流完成均匀加热和蒸汽逸出。

2）根据料液的流程分，有循环式和单程式。

3）根据加热蒸汽被利用的次数分，有单效浓缩设备和多效浓缩设备。效数增多，有利于节约热能。

上述划分不是绝对的，实际情况中是有交叉的，如管式多效薄膜蒸发器，后面会有详细介绍。

一、非膜式蒸发器

非膜式蒸发器有多种，中央循环管式蒸发器比较典型，下面对其予以介绍。

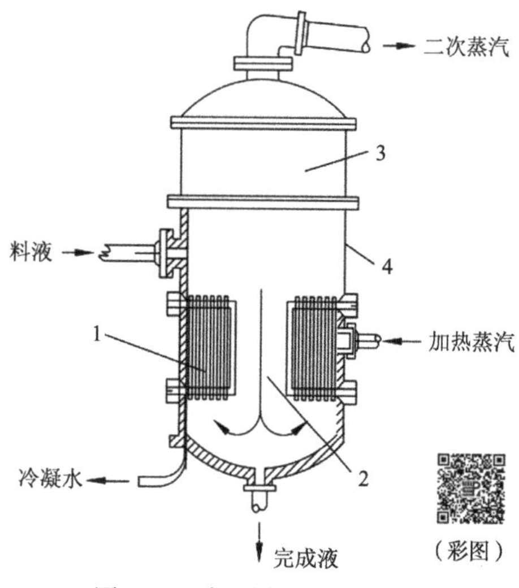

图 10-1　中央循环管式蒸发器
（张裕中，2012）
1. 加热器；2. 中央循环管；3. 蒸发室；4. 外壳

1. 主要结构　中央循环管式蒸发器（图 10-1）主要由加热室和蒸发室两部分组成，蒸发室位于加热室上部。

1）加热器：加热器由直立的沸腾加热管及上下管板组成。在加热器中央有一根直径较大的管子，称为中央循环管，其截面积一般为总加热管束面积的 40%以上，保证蒸发浓缩时料液有良好的循环流动。沸腾加热管多采用 25～75mm 的管子，长度一般为 1～2m，管长与管径之比为 20～40，材料为不锈钢或其他耐腐蚀材料。

中央循环管与沸腾加热管一般采用胀管法或焊接法固定在上下管板上，构成一组竖式加热管束。物料在管内流动，而加热蒸汽在管束之间流动。为了提高传热效果，在管间可增设若干挡板，或抽去几排加热管，形成蒸汽通道，同时配合不凝性气体排出管的合理分布，有利于加热蒸汽均匀分布，从而提高传热及冷凝效果。加热器外侧有不凝结气体排出管、加热蒸汽管、冷凝水排出管等，从而提高传热及冷凝效果。

2）蒸发室：蒸发室是指料液液面上部的圆筒空间。料液经加热后汽化，必须具有一定高度和空间，使汽液进行分离，二次蒸汽上升，溶液经中央循环管下降，如此保证料液不断循环和浓缩。蒸发室的高度主要根据防止料液被二次蒸汽夹带的上升速度决定，同时保证方便清洗、维修加热管，一般为加热管长度的 1.1～1.5 倍。

在蒸发室外侧有视镜、人孔、洗水、照明、仪表、抽样等装置，在顶部有汁液分离器，以分离二次蒸汽可能夹带的汁液，保证二次蒸汽的洗净，减少料液的损失，且提高传热效果。分离器顶部与二次蒸汽排出管相连。

2. 工作原理　当加热蒸汽通入管间加热时，由于中央循环管的横截面积较大，其中单位体积溶液所占有的传热面积比其他沸腾加热管中单位溶液所占有的传热面积要小，因而两种管内的溶液受热程度不同，沸腾加热管内的料液受热程度大，中央循环管内的料液受热程度小。因此，物料经过竖式的加热管面进行加热，直径较小的沸腾加热管束内的物料因受热强度较大而迅速沸腾，部分水分汽化使得物料膨胀、密度下降而上升，进入加热室上部释放出二次蒸汽，而后在直径较大、加热强度较低的中央循环管中回流到加热室下方，形成自然循环，将水分蒸发掉，达到浓缩目的。浓缩后的成品从底部的出料口排出。

3. 特点　中央循环管式蒸发器具有结构简单、制造方便、操作可靠及锅内液面易控制等优点，有所谓“标准蒸发器”之称。但由于结构上的限制，中央循环管式蒸发器的循环速度较低，料液在管内的流速为0.3～1.0m/s；而且由于溶液在加热管束内不断循环，其浓度始终接近完成液的浓度，因而溶液的沸点高，存在着有效温差减少的缺点。此外，设备的清洗和维修也不方便。

二、膜式蒸发器

（一）管式薄膜蒸发器

管式薄膜蒸发器的结构实质是列管式换热器，蒸汽走壳程，物料走管程，通过列管壁进行热交换，不同的是物料沿加热管壁成膜而进行蒸发。按液体的流动方向可将其分为升膜式、降膜式、升降膜式等。

1. 升膜式蒸发器

（1）升膜式蒸发器的结构　升膜式蒸发器是指在蒸发器中形成的液膜与蒸发的二次蒸汽气流方向相同，由下而上并流上升。该设备的基本结构如图10-2所示。

升膜式蒸发器由蒸发加热管、二次蒸汽液沫导管、分离器和循环管4部分组成。原料液由蒸发加热管的下部进料管进入，浓缩液与二次蒸汽从加热管上端切线方向进入分离器，最后浓缩液从分离器底部排出，二次蒸汽被抽进冷凝器。

（2）升膜蒸发工作原理　物料从加热器下部的进料管进入，在加热管内被加热蒸发拉成液膜，浓缩液在二次蒸汽带动下一起上升，从加热器上端沿汽液分离器筒体的切线方向进入分离器，浓缩液从分离器底部排出，二次蒸汽进入冷凝器。

升膜式蒸发器正常操作的关键是让液体物料在管壁上形成连续不断的液膜。液膜的形成过程如图10-3所示。如果液体的温度低于沸点温度，加热管下端有一段作为预热区，那么液体在管内的传热方式是对流传热不发生相变，为了维持蒸发器正常操作，加热管中液面一般为管高度的1/5～1/4，液面太高，设备效率低，见图10-3a。当温度升高达到沸点时，则发生沸腾现象，所产生的气泡分散于连续的液相之中，见图10-3b。热流量继续增大，气泡生成更多，而且许多气泡汇成较大的气泡形成块状流，见图10-3c。其后气泡进一步增大形成气柱，见图10-3d。这时混合流体处于一种强烈的湍流状态，气柱向上升并带动其周围的部分液体一起运动，管壁上的液体受热不断蒸发，气柱不断增大，最后气柱之间的液膜消失，使蒸汽流在管子中央形成连续的蒸汽柱，见图10-3e。液体只能分布于管壁，形成环状液膜，并在上升蒸汽的拖带下形成“爬膜”，见图10-3f。如果上升汽速进一步增大，液体蒸发时的二次蒸汽会把溶液以雾沫形式夹带离开液膜，在蒸汽柱内形成带有液体雾沫的喷雾流。此时二次蒸汽是连续相，其中的液体（雾沫）是分散相。同时，浸润管壁的“液膜”也是连续相，并迅速减薄，液膜的上升是靠高速蒸汽气流对液膜的拖带而形成的，称为“爬膜”现象。这时液膜沿管壁上升不断受热蒸发，浓度不断增大，最后与二次蒸汽一起离开，管子越高则上升蒸发时间越长，溶液被浓缩得越浓，见图10-3g。

可见升膜式蒸发的操作状况最好是形成爬膜到出现喷雾流之间。溶液在加热管中产生爬膜的必要条件是要有足够的传热温差和传热强度，使蒸发的二次蒸汽量和蒸汽速度达到足以带动溶液成膜上升的程度。温度差对蒸发器的传热系数影响较大。如温差小，物料在管内仅被加热，液体内部对流循环差，传热系数小。温差增大，内壁上液体开始沸腾，当温差达到一定程度时，管子的大部分体积被气液混合物所充满，二次蒸汽将溶液拉成薄膜，沿管壁迅速向上运动。

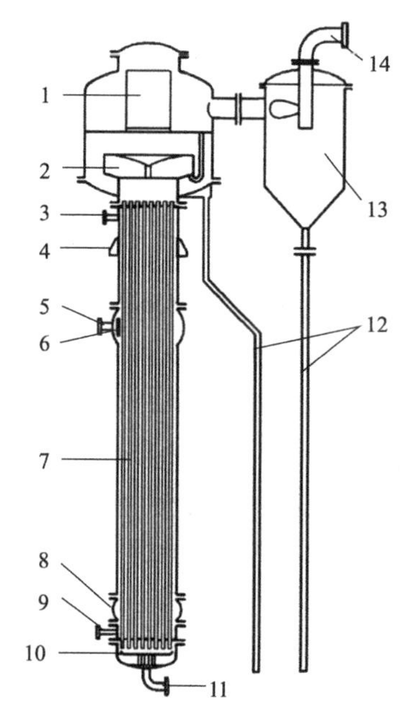

（视频）

图 10-2　升膜式蒸发器的基本结构

1. 惯性式汽液分离器；2. 离心式汽液分离器；3. 不凝性气体排出口；4. 支座；5. 加热蒸汽进口；6. 蒸汽挡板；7. 加热列管；8. 膨胀节；9. 冷凝水出口；10. 料液分配盘；11. 料液进口；12. 浓缩液出口；13. 急闪式真空冷却器；14. 二次蒸汽出口（抽真空）

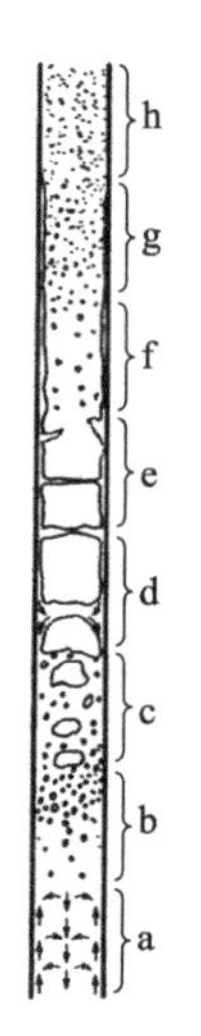

图 10-3　升膜式蒸发器加热管中汽液两相的状态

如果传热温差过大或蒸发强度过高，传热表面产生二次蒸汽量大于二次蒸汽离开加热面的量，则二次蒸汽就会在加热表面积聚形成大气泡，甚至覆盖加热面，使液体不能浸润管壁，这时传热系数迅速下降，以致出现液膜局部干壁、结疤、结焦等不正常现象，见图 10-3h，导致蒸发器非正常运行。

综上所述，升膜式蒸发器具有传热效率高、物料受热时间短的特点。为保证设备的正常操作，应维持在爬膜状态的温度差，并且控制一定的蒸发浓缩倍数，一般为 5 倍，且保持真空度稳定。

（3）应用范围及设计　升膜式蒸发器浓缩物料的时间很短，对热敏性物料质量影响较小，特别对于具有发泡性、黏度较小的热敏性物料比较适用。不适用于黏度较大的（0.05Pa · s 以上）和受热后易产生积垢的，或浓缩后有结晶析出的物料。

对浓缩倍数要求高，而加热时间长对物料又不会产生不良后果，可将从排料口放出的浓缩液部分回流至进料管，以增加浓缩倍数。

对于加热管直径、长度选择要适当。管径不宜过大，一般在 25～80mm，管长（L）与管径（D）之比一般为 100～500，这样才能使加热面供应足够成膜的气速。事实上由于二次蒸汽流量和流速是沿加热管上升而增加的，故爬膜工作状况也是逐步形成的。因此管径越大，则需要管子越长。但长管加热器的结构比较复杂，壳体应考虑热胀冷缩的应力对结构的影响，需采用浮头管板或在加热器壳体加膨胀节。

2. 降膜式蒸发器

（1）主要结构及工作原理　降膜式蒸发器与升膜式蒸发器的结构基本相同，其主要区别在于原料液由加热管的顶部经分配器导流进入加热管，沿管壁成膜状向下流。液体的运动是靠本身的重力和二次蒸汽运动的拖带力的作用，其下降的速度比较快，因此成膜的二次蒸汽流速可以较小，对黏度较高的液体也较易成膜，并被蒸发浓缩。气液混合物由加热管底部进入分离室，经汽液分离后，二次蒸汽由分离室顶部逸出，完成液则从底部排出，如图 10-4 所示。

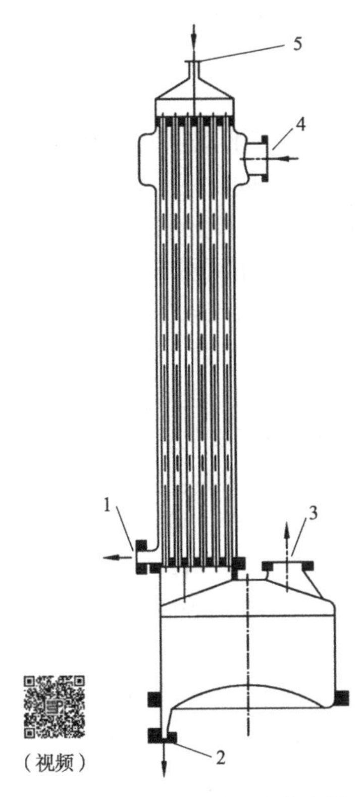

图 10-4 降膜式蒸发器

1. 冷凝水出口；2. 浓缩液出口；3. 二次蒸汽出口；4.蒸汽进口；5.料液进口

溶液能在管内壁上均匀成膜的关键问题是物料的分配，当分配不够均匀时，则会出现有些管子的液量很多，液膜很厚，溶液蒸发的浓缩比很小；有些管子的液量很小，浓缩比就很大，甚至没有液体流过而造成局部或大部分干壁现象，影响蒸发器的传热或蒸发能力。为了使液体均匀分布于各加热管中，可采用不同的分配器，工业中常用的分配器有如下几种，如图 10-5 所示。

1）齿形溢流口：如图 10-5（a）所示，管口周边呈锯齿形结构，液流被均匀分割成数个小液流，然后在表面张力作用下形成均匀的环形液膜。其结构简单，各方向溢流量均匀，但液膜沿管长的均匀性对于进料液面高度敏感，形成的液膜不均匀。

2）导流棒：如图 10-5（b）所示，导流棒的下部为圆锥体，底面内凹，以防止沿锥体流下的液体再度聚集。在每根加热管的上端管口插入后，其下部锥底外圆与管壁间设有一定的均匀间距，料液通过后在加热管内壁形成膜下降。成膜稳定，但料液中的固体颗粒容易造成堵塞。

3）螺纹导流器：如图 10-5（c）所示，导流器呈圆柱形结构，表面开有数条螺旋形沟槽，插入管口使用。料液通过沟槽后沿管壁周边旋转流下，不同沟槽内的液流混合成厚度均匀的管形薄膜下降，并且因流动速度高，可部分破除边界层。料液通过沟槽的流动阻力较大，要求通过速度较高，因此适宜于黏度较低的料液。

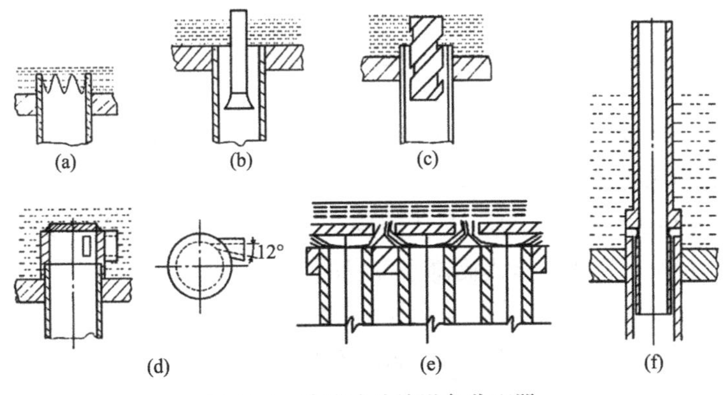

图 10-5 降膜式浓缩设备分配器

（a）齿形溢流口；（b）导流棒；（c）螺纹导流器；（d）切线进料旋流器；（e）筛板式进料器；（f）套筒式导流器

4）切线进料旋流器：如图 10-5（d）所示，切线进料旋流器呈圆筒形结构，进料口沿其切线方向开设。料液由进液口进入后，在离心力的作用下沿内壁旋转流下而形成薄膜，料液通过阻力较小。

5）筛板式进料器：如图 10-5（e）所示，在管板上方一定距离水平安装一块筛孔板，筛孔对准加热管之间的板，当筛板上保持一定液层时，液体从筛孔淋洒到管板上，液体离各加热管口距离相等，就沿管板均匀流散到各管子的边沿，成薄膜状沿管壁下流。为保证液流的分布均匀，可采用两层或三层筛板，多次分配。这种分配设备简单，但只宜用作稀薄溶液的分配。对黏稠物料难以分配均匀。

6）套筒式导流器：如图 10-5（f）所示，在加热管内加入一根套管，让加热管内壁与套管外壁之间保持有一定间隙，料液由小孔进入后，即从此间隙流下形成薄膜。

（2）使用范围及优点　降膜比升膜具有更多的优点，其特点如下。

1）可以浓缩高黏度的液体（1Pa · s 以下）。

2）停留时间短，可以处理热敏性物料。由于它的传热效果好，同时不存在由液体静压而引起的沸点升高，可以在较低温差下操作，特别适用于多效蒸发及利用热泵再压缩二次蒸汽或利用废蒸汽加热等场合，以节约能源。

3）一次通过的浓缩比不大于 7，最适宜的蒸发量不大于进料量的 80%。要求浓缩比较大的场合可以采用液体再循环的方法，即用泵将部分稀浓缩液从浓缩液出口 2 打回到降膜蒸发器上部的料液进口 5，见图 10-4。

4）加热管内高速流动的蒸汽使产生的泡沫极易被破坏而消失，适用于容易发泡的料液。

5）降膜式真空蒸发浓缩设备由于传热系数大，蒸发速度快，物料与加热蒸汽之间的温度差可以降到很小，物料可以浓缩到较高的浓度，因此应用日趋广泛，目前已大量使用的有 2～5 效的带热泵和余热回收的大中型降膜蒸发浓缩系统，其最小蒸汽用量为每蒸发 1kg 水分仅耗 0.125kg 加热蒸汽。

3. 升降膜式蒸发器

（1）结构和工作原理　升膜与降膜式蒸发器各有优缺点，而升降膜式蒸发器可以弥补其不足。升降膜式蒸发器是在一个加热器内安装两组加热管，一组作升膜式，另一组作降膜式，如图 10-6 所示。物料先进入升膜式加热列管，沸腾蒸发后，气液混合物上升至顶部，然后转入另一半加热管，再进行降膜蒸发。浓缩液和二次蒸汽从下部进入气液分离器，二次蒸汽从分离器上部排入冷器，浓缩液从分离器下部出料。

（2）特点　升降膜式蒸发器具有如下的特点。

1）符合物料的要求，初进入蒸发器，物料浓度较低，物料蒸发内阻较小，蒸发速度较快，容易达到升膜的要求。物料经初步浓缩，浓度较大，但溶液在降膜式蒸发中受重力作用还能沿管壁均匀分布形成膜状。

2）经升膜蒸发后的气液混合物，进入降膜蒸发，有利于降膜的液体均匀分布，同时也加速物料的湍流和搅动，以进一步提高降膜蒸发的传热系数。

3）用升膜来控制降膜的进料分配，有利于操作控制。

4）将两个浓缩过程串联，可以提高产品的浓缩比，降低设备高度。

（二）刮板式薄膜蒸发器

刮板式薄膜蒸发器是一种利用机械构件使料液强制成膜的单程浓缩设备，有固定刮板式和活动刮板式两种。按其安装形式又有立式和卧式之分；而立式又分降膜式和升膜式两种。

1. 结构及工作原理 不论是固定刮板式还是活动刮板式薄膜蒸发器，其设备主要由料液分配盘、转轴、刮板、内磨光夹套圆筒、轴承、轴封和驱动装置等组成，如图 10-7 所示。

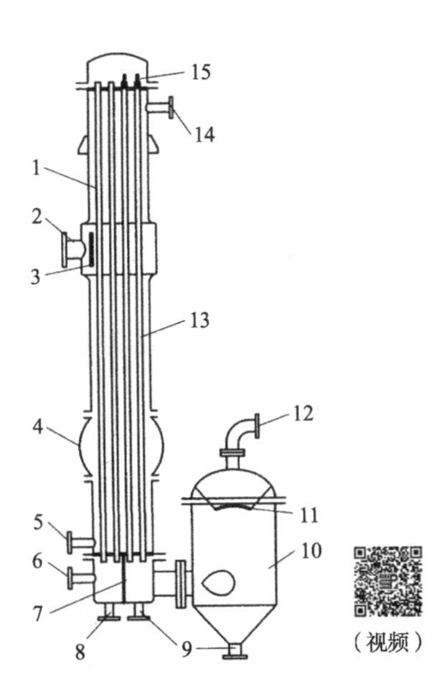

图 10-6 升降膜式蒸发器（梁世中，2011）

1. 升膜式加热列管；2. 加热蒸汽进口；3. 蒸汽挡板；4. 膨胀节；5. 冷凝水出口；6. 料液进口；7. 隔板；8. 放料口、排污口；9. 浓缩液出口；10. 离心式汽液分离器；11. 防泡沫板；12. 二次蒸汽出口；13. 降膜式加热列管；14. 不凝性气体出口；15. 降膜料液分配器

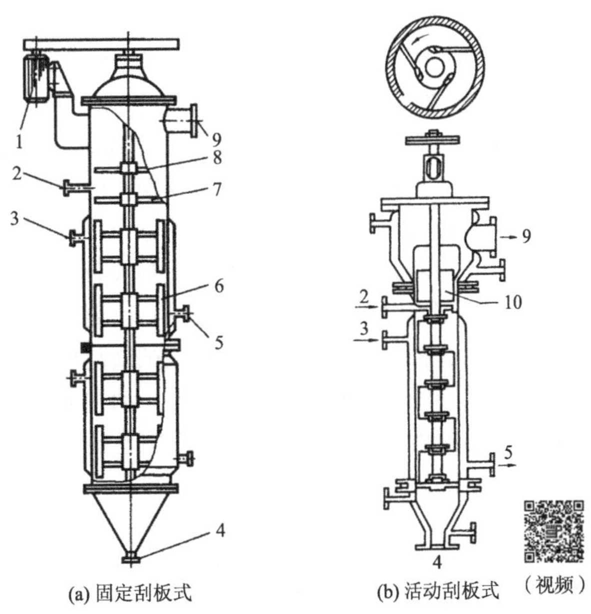

(a) 固定刮板式 (b) 活动刮板式

图 10-7 立式刮板蒸发器

1. 电动机；2. 进料口；3. 加热蒸汽进口；4. 浓缩液出口；5. 冷凝水排出口；6. 刮板；7. 料液分配盘；8. 除沫盘；9. 二次蒸汽出口；10. 液滴分离器

刮板有固定式和活动式两种形式。固定式刮板多用刚性固定在轴上，由于刮板与蒸发器圆筒间隙很小，一般只有 0.75～2.5mm，为保证其间距，对刮板和筒体的圆度及安装垂直度有较高的要求，很可能由安装或轴承的磨损，造成间隙不均，甚至刮壁卡死或磨损现象。最好采用塑料刮板（如聚四氟乙烯刮板）或弹性支撑。刮板与轴的夹角称为导向角，一般都装成与旋转方向相同的顺向角度，以帮助物料向下流。角度越大，物料的停留时间则越短。角度的大小可根据物料流动性能来变动，一般为 100 左右，有时为了防止刮板的加工或安装等困难，采用分段变化导向角的刮板。刮板一般有 4～8 块，其周边速度为 5～12m/s。

活动式刮板是指可双向活动的刮板。它借助于旋转轴所产生的离心力，将刮板紧贴于筒内壁，因而其液膜厚小于固定式刮板的液膜厚，加之不断地搅拌使液膜表面不断更新，并使筒内壁保持不结晶、难积垢，因而其传热系数比不刮壁要高。刮壁的刮板材料有聚四氟乙烯、层压板、石墨、木材等。活动式刮板一般分数段。因它是靠离心力紧贴于壁，故对筒体的圆度及安装的垂直度等的要求不严格。其末端的圆周速度较低，一般为 1.5～5m/s。

2. 工作原理 以立式降膜刮板式薄膜蒸发器为例，工作过程如下：料液由进料口沿切线方向进入蒸发器内，或者经固定在转轴上的料液分配盘，在离心力的作用下，通过盘壁小孔被抛向器壁，受重力作用沿器壁下流，同时被旋转的刮板刮成薄膜，薄液在加热区受热，蒸发浓缩，同时受重力作用下流，瞬间另一块刮板将浓缩物料翻动下推，并更新薄膜，这样物料不断形成新液膜蒸发浓缩，直至物料离开加热室流到蒸发器底部，完成浓缩过程。浓缩过程所产生的二次蒸汽可与浓缩液并流进入汽液分离器排出，或以逆流形式向上到蒸发器顶部，由旋转的带孔叶板把二次蒸汽所夹带的液沫甩向加热面，除沫后的二次蒸汽从蒸发器顶部排出。

如果是升膜式刮板薄膜蒸发器，刮板的导向角与降膜式相反，推动料液在内壁螺旋上升。

3. 适用范围及优点　刮板式蒸发器由于采用刮板成膜、翻膜，且物料薄膜不断被搅动，更新加热表面和蒸发表面，故传热系数较高，一般可达 4000～8000kJ/（m^2·h·℃）。此设备适用于浓缩高黏度物料或含有悬浮颗粒的物料，而不致出现结焦、结垢等现象。在蒸发期间由于液层很薄，故液层而引起的沸点上升可以忽略。物料在加热区停留时间很短，一般只有几秒至几十秒，随蒸发器的高度和刮板导向角、转速等因素而变化。

固定式刮板主要用于不刮壁蒸发；而活动式刮板则应用于刮壁蒸发，因为刮板与筒内壁接触，所以这种刮板又称为扫叶片或拭壁刮板。

刮板式薄膜蒸发器的不足之处是：动力消耗较大；一般传热面积在 1.5～3kW/m^2时，能耗随料液黏度增大而增加；由于加热室直径较小，清洗不太方便。

（三）离心式薄膜蒸发器

离心式薄膜蒸发器是利用旋转的离心盘所产生的离心力对溶液的周边分布作用而形成薄膜，设备的结构如图 10-8（a）所示，图 10-8（b）所示为离心碟片放大图。杯形的离心转鼓 8 内部叠放着几组梯形离心碟，每组离心碟由两片不同锥形的、上下底都是空的碟片和套

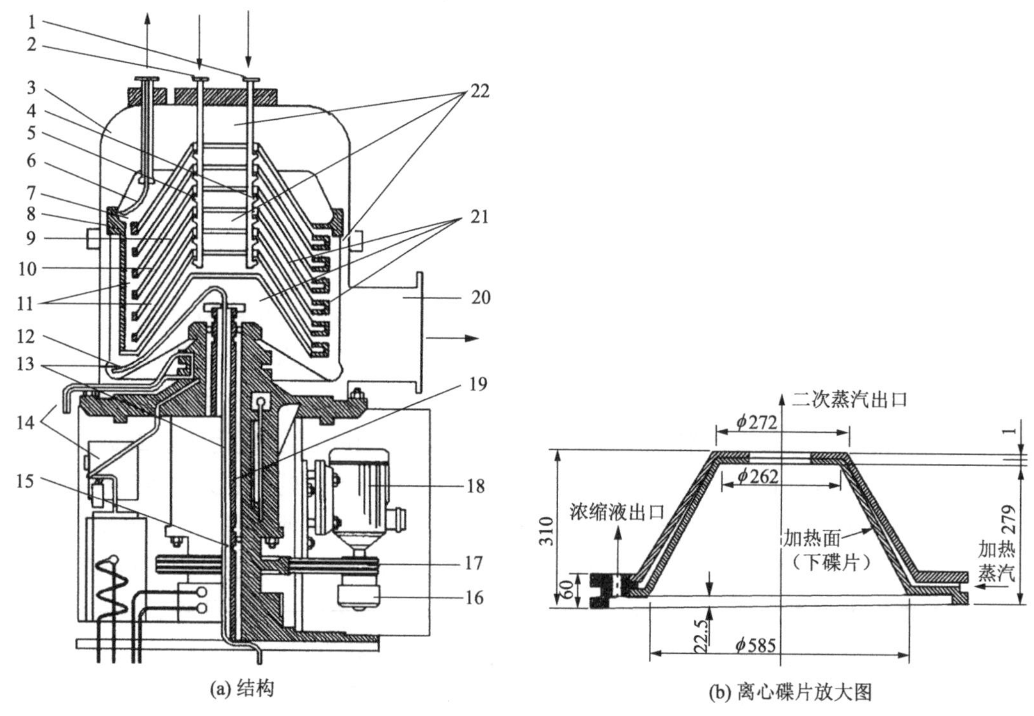

(a) 结构　(b) 离心碟片放大图

图 10-8　离心式薄膜蒸发器结构图（梁世中，2011）

（a）：1. 进料管；2. 清洗管；3. 蒸发器外壳；4. 料液喷嘴；5. 清洗液喷嘴；6. 浓缩液吸管；7. 环形液槽；8. 离心转鼓；9. 上碟片；10. 下碟片；11. 浓缩液通道；12. 冷凝水收集槽；13. 中心管；14. 润滑系统；15. 进蒸汽管；16. 液力联轴器；17. 皮带；18. 电动机；19. 空心轴；20. 二次蒸汽排出口；21. 蒸汽通道；22. 二次蒸汽通道。（b）中数据单位为 mm

环组成，两碟片上底在弯角处紧贴密封，下底分别固定在套环的上端和中部，构成一个三角形的碟片间隙，它起加热夹套的作用，加热蒸汽由套环的小孔从转鼓通入，冷凝水受离心力的作用，从小孔甩出流到转鼓底部冷凝水收集槽 12。离心碟组相隔的空间是蒸发空间，它上大下小，并能从套环的孔道垂直连通，作为物料的通道，各离心碟组套环叠合面用 O 形圈密封，最上面用压紧环将碟组压紧。压紧环上焊有挡板，它与离心碟片构成环形液槽 7。

运转时稀物料从进料管 1 进入，由各个料液喷嘴 4 分别向各碟片组下表面即下碟片 10 的外表面喷出，均匀分布于碟片锥顶的表面，液体受离心力的作用向周边运动扩散形成液膜，液膜在碟片表面即受热蒸发浓缩，浓溶液到碟片周边就沿套环的垂直通道上升到环形液槽 7，由浓缩液吸管 6 抽出到浓缩液贮罐。从碟片表面蒸发出的二次蒸汽通过碟片中部大孔上升，汇集进入冷凝器。加热蒸汽由旋转的空心轴 19 通入，并由小通道进入碟片组间隙加热室，冷凝水受离心作用迅速离开冷凝表面，从小通道甩出落到转鼓的最低位置的冷凝水收集槽 12，从而由固定的中心管 13 排出。

这种蒸发器在离心力场的作用下具有很高的传热系数，加热蒸汽冷凝成水后，即受离心力的作用，甩到非加热表面的上碟片 9，并沿碟片排出，以保持加热表面很高的冷凝给热系数，受热面上物料在离心场的作用下，液流湍动剧烈，同时蒸汽气泡能迅速被挤压分离，故有很高的传热系数。

离心式薄膜蒸发器的离心转鼓 8 必须经动平衡试验，要求转动平稳。电动机 18 是通过液力联轴器 16 传动，故启动时动作平稳，超载时联轴器能自动脱开，防止电动机超载损坏。空心轴 19 上下使用端面轴封，密封性能良好，运转时真空稳定。蒸发器上装有真空压力表，用以观察蒸发室的压力和相应的蒸发温度，可采用调整通入加热蒸汽的压力和进料量来满足不同工艺要求。可通过顶部视镜观察蒸发器内物料蒸发情况。操作完毕必须从清洗管道通入洗液，将设备喷洗干净。

图 10-9 所示为真空离心浓缩设备流程图，它由物料平衡桶、进料泵、离心薄膜蒸发器、真空膨胀冷却器、蒸汽喷射器等组成。

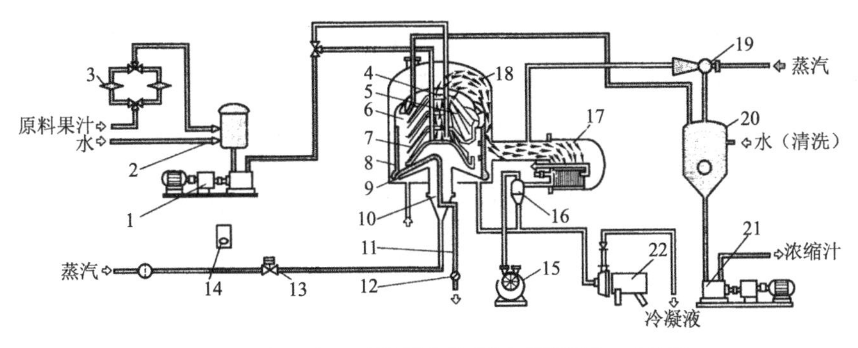

图 10-9 真空离心浓缩设备流程图（张裕中，2010）

1. 进料泵；2. 物料平衡桶；3. 过滤器；4. 进料管；5. 喷头；6. 吸管；7. 锥形盘；8. 转钵；9. 吸嘴管；10. 空心轴；11. 冷凝水管；12. 疏水器；13. 蒸汽薄膜调节阀；14. 压力控制器；15. 真空泵；16. 旋风分离器；17. 板式冷凝器；18. 离心薄膜蒸发器；19. 蒸汽喷射器；20. 真空膨胀冷却器；21. 浓缩液泵；22. 凝结液泵

浓缩过程如下。

1）待浓缩果汁首先经过过滤器 3 而进入物料平衡桶 2。过滤器的作用是除去较大颗粒的杂质，物料平衡桶的作用是维持均匀进料。

2）进料泵1将物料平衡桶内的果汁送入主机进料管4内。果汁通过喷头喷洒在绕空心轴10旋转的锥形盘7的内锥面上。由于旋转的离心力作用，物料散布成厚度约0.1mm的薄膜。

3）蒸汽通过蒸汽薄膜调节阀13、空心轴10，从锥形盘周围的夹缝进入每一锥形盘的内部空间，使薄膜状物料受热，并在真空作用下立即沸腾蒸发，蒸汽冷凝水积聚在转钵8底部，由吸嘴管9将冷凝水吸出，并经冷凝水管11通过疏水器12排出。

4）果汁蒸发产生的二次蒸汽被真空泵15抽至板式冷凝器17内冷凝，含芳香味的冷凝液与不凝结气体在旋风分离器16内分离，冷凝液由凝结液泵22排出，再进一步回收芳香物质。不凝结气体则被真空泵抽出，离心薄膜蒸发器18内的真空度也由真空泵15产生。

5）由于离心力的作用，果汁浓缩液先集中在锥形盘底部的外围，然后经由垂直孔道向上通过吸管6导至真空膨胀冷却器20，急速冷却。并利用余热作进一步蒸发，浓缩汁成品通过浓缩液泵21送出。真空冷却器的真空由蒸汽喷射器19产生，用过的蒸汽和蒸发出来的三次蒸汽送至板式冷凝器17冷凝。

6）主机的机械传动，如图10-8所示，电动机18通过液力联轴器16、皮带17驱动空心轴19上的离心转鼓8，锥形盘旋转。

三、真空浓缩系统附属设备

真空浓缩系统附属设备主要包括冷凝器、捕集器、真空泵、蒸汽喷射器等。下文主要介绍冷凝器和捕集器。

（一）冷凝器

冷凝器的作用是将真空浓缩所产生的二次蒸汽进行冷凝，并将其中不凝结气体（如空气等）分离，以减轻真空系统的容积负荷，保证达到所需的真空度。冷凝器的种类很多，分为间接式和直接式两大类型。

1）间接式冷凝器：也称为表面式冷凝器，在这种冷凝器中，二次蒸汽与冷却水不直接接触，而是利用金属壁隔开，间接传热，其结构有列管式、板式、螺旋板式和淋水管式。其特点是冷凝液可以回收利用，但传热效率低，故用作冷凝的较少。

2）直接式冷凝器：也称为混合式冷凝器，在这种冷凝器中，二次蒸汽与冷却水直接接触而冷凝。喷射式冷凝器即一种直接式冷凝器，又称为水力喷射器，它由喷射器和离心水泵组成，兼有冷凝及抽真空两种作用，在乳汁浓缩及麦乳精、固体饮料的真空干燥等操作上被广泛应用。

（二）捕集器

捕集器一般安装在分离室的顶部或侧面。其作用是防止蒸发过程形成的细微液滴被二次蒸汽带出，对汽液进行分离，以减少料液损失，同时避免污染管道及其他蒸发器的加热面。捕集器的形式很多，可分为惯性型和离心型等类型。如图10-10所示，（a）为惯性型，（b）为离心型。在惯性型中，液滴在随蒸汽急速转弯时，在惯性作用下碰撞到设置的挡板处而被截留，而离心型则利用液滴随蒸汽高速旋转过程中的离心力被抛向筒壁而被截留。为获得良好的效果，两者均需要较高的蒸汽流速，同时阻力较大。

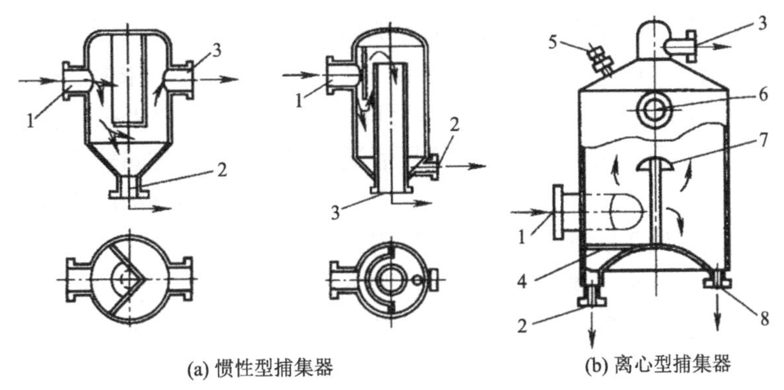

(a) 惯性型捕集器　　(b) 离心型捕集器

图 10-10　泡沫捕集器结构

1. 二次蒸汽进口；2. 料液回流口；3. 二次蒸汽出口；4. 挡板；
5. 真空解除阀；6. 视孔；7. 折流板；8. 排液口

四、典型真空浓缩设备流程

（一）单效降膜式真空浓缩设备流程

图 10-11 所示为德国 WIEGADN 公司生产的单效降膜式真空浓缩设备流程图，适用于牛奶的浓缩。这套设备主要由降膜式蒸发器、分离器、蒸汽喷射器（热压泵）、液料泵（离心泵和螺杆泵）、水环泵、真空泵及贮料筒等组成，所使用的降膜式蒸发器为组合结构的降膜式长管式，其所有加热管束使用同一加热蒸汽，但管束内部分隔为加热面积大小不同的两部分，同时冷凝器设置于加热器外侧的夹套内，结构紧凑。这套设备设置有热压泵，用来将部分二次蒸汽压缩后作为加热蒸汽使用；同时，通过贮料筒内冷凝水管道及分离室内设置的夹套预装置对原料进行预热，回收了冷凝水和二次蒸汽的残留热量，提高了能量利用效率。

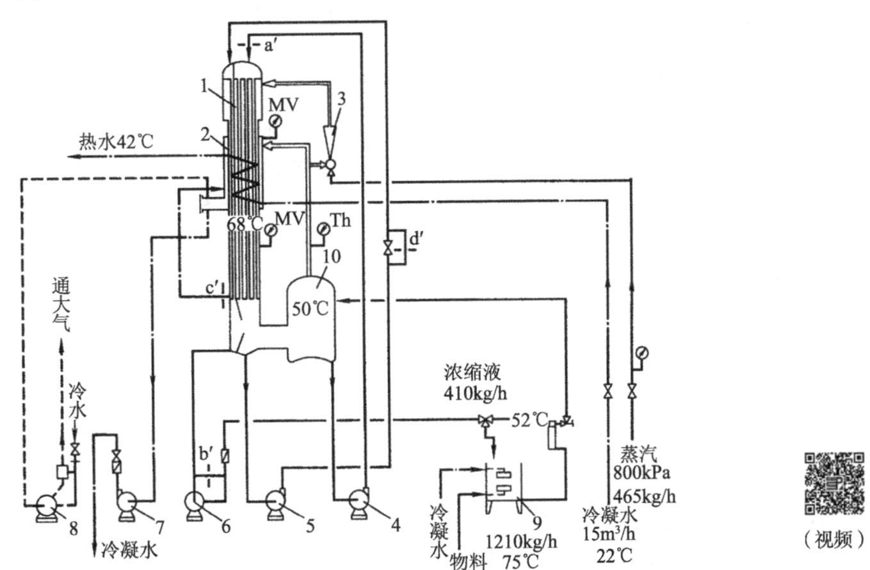

（视频）

图 10-11　德国 WIEGADN 公司生产的单效降膜式真空浓缩设备流程图（崔建云，2006）

1. 加热室；2. 冷凝器；3. 热压泵；4、5. 离心泵；6. 螺杆泵；7. 冷凝水泵；8. 水环泵；9. 贮料筒；10. 分离器；
a′、b′、c′、d′. 节流孔板；MV. 蒸汽用耐振型压力表；Th. 饱和蒸汽温度表

作业时，原料牛奶从贮料筒 9 经流量计进入分离器 10，利用二次蒸汽间接加热，蒸发部

分水分；然后由离心泵4送至加热器第一部分加热管束顶部，经分布器使其均匀地流入加热管内，呈膜状向下流动，同时受热蒸发；经第一部分加热管束蒸发浓缩后的牛奶，由离心泵5送入第二部分加热管束进一步加热蒸发，达到浓度后的浓缩牛奶由螺杆泵6送出。经分离器排出的二次蒸汽，一部分由蒸汽喷射器增压后送入加热器作为加热蒸汽使用，冷凝器安装于加热室外侧的夹套内；另一部分在该冷凝器内冷凝，并与加热器内的冷凝水汇合在一起，由冷凝水泵7送出。本设备能量消耗少、操作稳定、清洗方便。

在浓缩苹果、柑橘、梨等果汁时，挥发性芳香物容易被二次蒸汽带出流失，为此可以在浓缩流程中设计芳香物回收装置。图10-12是目前用得最多的典型的带芳香物回收装置的单效蒸发流程。含香果汁在单效蒸发器中蒸发率为10%～30%，芳香物总量的70%～90%存在于二次蒸汽中。此套设备与普通单效蒸发设备的一个主要区别是专门设计一个精馏塔来回收二次蒸汽中的芳香物，二次蒸汽经精馏塔分离，塔底为无香水（也称果清液），塔顶冷凝液为芳香物，未被冷凝的二次蒸汽在洗涤塔中用冷的液态芳香物洗涤，以便从中回收可能包含的任何有价值的芳香物。芳香物浓液为原果汁总量的0.5%～2.0%，最终产品为由蒸发器出来的浓缩果汁与精馏塔出来的芳香物相混合的含香浓果汁。

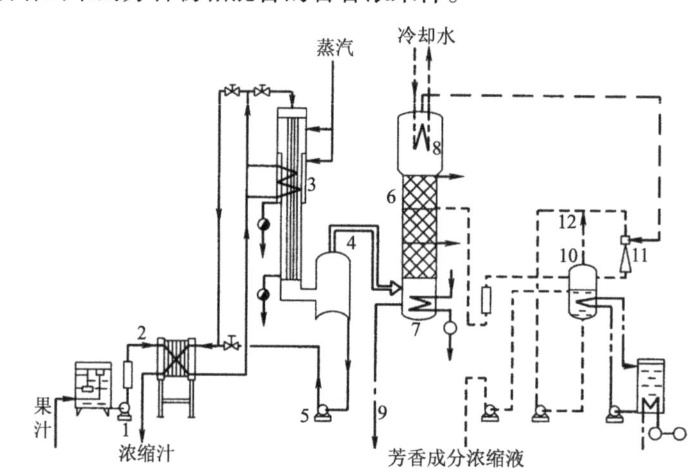

图10-12　带芳香物回收装置的单效蒸发流程图（张裕中，2010）

1. 原汁泵；2. 板式换热器；3. 蒸发器；4. 分离器；5. 浓汁泵；6. 精馏塔；7. 加热釜；8、10. 冷凝器；9. 再凝水；11. 洗涤单元；12. 不凝性气体

（二）顺流式双效降膜真空浓缩设备

图10-13所示为一顺流式双效降膜真空浓缩设备流程图，它主要由一、二效蒸发器及分离器、热压泵、预热杀菌器、水力喷射器、预热器、料液泵等构成。一、二效蒸发器的结构相同，内部除蒸发管束外，还设有预热盘管，预热杀菌器为列管结构。工作时，料液由进料泵2从平衡槽1抽出，通过混合式冷凝器14时被二效蒸发器产生的二次蒸汽加热，然后依次经二效、一效蒸发器内的盘管进一步加热。引入预热杀菌器5，利用蒸汽间接杀菌（86～92℃），并在保温管6内保持一定时间（24s），随后相继通过一效蒸发器（加热温度83～90℃，蒸发温度70～75℃）、二效蒸发器（加热温度68～74℃，蒸发温度48～52℃）及分离器，最后由出料泵9抽出。生蒸汽（500kPa）经分汽包16分别向预热杀菌器、一效蒸发器和热压泵供汽。一效蒸发器产生的部分二次蒸汽通过热压泵提高其压力及温度，并与生蒸汽混合，作为一效蒸发器的加热蒸汽，其余的二次蒸汽被导入二效蒸发器作为加热蒸汽。二效蒸发器产生的二

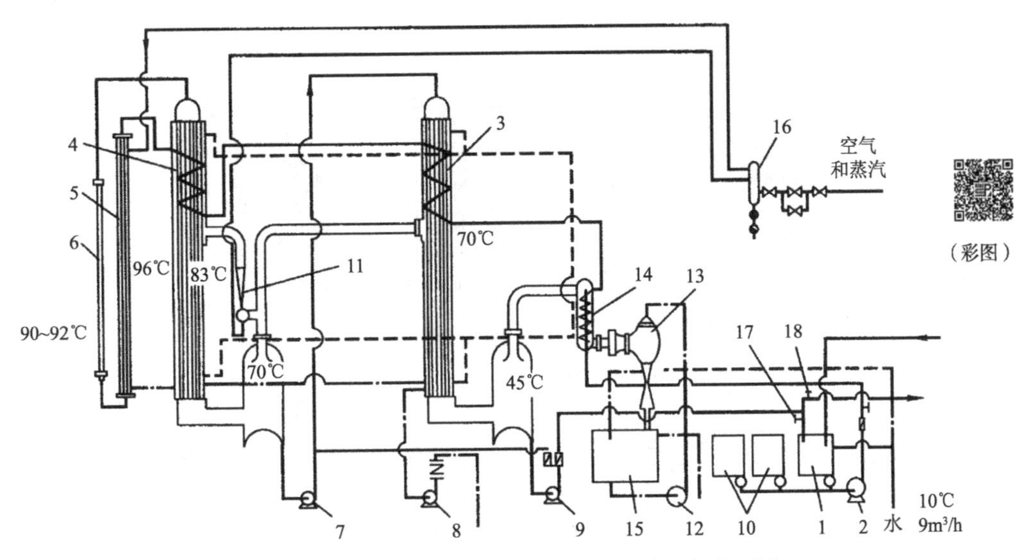

图 10-13　RP_6K_7型顺流式双效降膜真空浓缩设备流程图

1. 平衡槽；2. 进料泵；3. 二效蒸发器；4. 一效蒸发器；5. 预热杀菌器；6. 保温管；7. 料液泵；8. 冷凝水泵；9. 出料泵；10. 酸碱洗涤液贮槽；11. 热压泵；12. 冷却水泵；13. 水力喷射器；14. 混合式冷凝器；15. 水箱；16. 分汽包；17. 回流阀；18. 出料阀

次蒸汽通过混合式冷凝器 14 的冷凝，由水力喷射器冷凝抽出。各处加热蒸汽的冷凝水由冷凝水泵 8 抽出，不凝结气体由水力喷射器抽出。酸碱洗涤液贮槽 10 内的酸碱洗涤液用于设备的就地清洗。

该设备适用于牛奶、果汁等热敏料液的浓缩，效果好，质量高，蒸汽与冷却水的消耗量较低，并配有就地清洗装置，使用及操作方便。

（三）混流式三效降膜真空浓缩设备

混流式三效降膜真空浓缩设备如图 10-14 所示，全套设备包括三个降膜式蒸发器及与之配套的分离器、混合式冷凝器、料液平衡槽、热压泵、液料泵和水环式真空泵等，其中第二效蒸发器为组合蒸发器。料液（假设固形物含量为 12%）依靠进料泵 8 由料液平衡槽 9，经由预热器 10 首先进入第一效蒸发器 11（蒸发温度 70℃），通过降膜受热蒸发，进入第一效分离器 7 分离出的初步浓缩料液，由循环液料泵 3 送入第三效蒸发器 14（蒸发温度 57℃）。从第三效分离器 2 出来的浓缩液由循环液料泵 3 送入第二效蒸发器 13（蒸发温度 44℃），最后由出料泵 6 从第二效分离器将浓缩液（固形物含量为 48%）抽出而排出，其中不合格产品送回料液平衡槽。生蒸汽首先被引入第一效蒸发器 11 和与第一效蒸发器连通的预热器 10；第一效蒸发器产生的二次蒸汽部分引入第二效蒸发器作为其加热蒸汽，部分由热压泵增压并与生蒸汽混合后再作为第一效蒸发器和预热器的加热蒸汽使用；第二效分离器所产生的二次蒸汽被引入第三效蒸发器作为热源蒸汽；第三效分离器处的二次蒸汽被导入冷凝器 15，经与冷却水混合冷凝后由冷凝水泵排出。各效产生的不凝气体均进入冷凝器，由双级水环式真空泵抽出。

该套设备适用于牛奶等热敏性料液的浓缩，料液受热时间短、蒸发温度低、处理量大，处理鲜奶 3600～4000kg/h，蒸汽消耗量低，每蒸发 1kg 水仅需 0.267kg 生蒸汽，比单效蒸发节约生蒸汽 76%，比双效蒸发节约 46%。

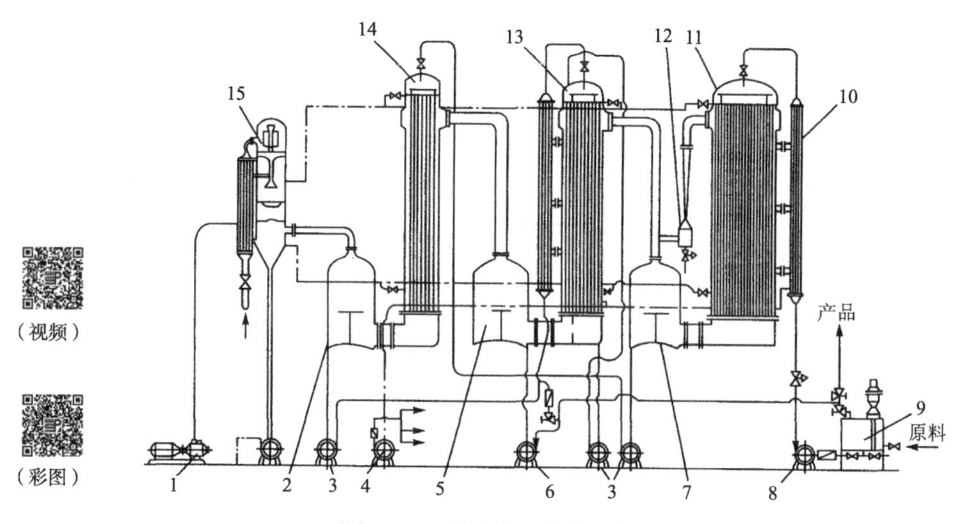

图 10-14　混流式三效降膜真空浓缩设备

1. 双级水环式真空泵；2. 第三效分离器；3. 循环液料泵；4. 冷凝水泵；5. 第二效分离器；6. 出料泵；7. 第一效分离器；8. 进料泵；9. 料液平衡槽；10. 预热器；11. 第一效蒸发器；12. 热压泵；13. 第二效蒸发器；14. 第三效蒸发器；15. 冷凝器

（四）混流式四效降膜真空浓缩设备

图 10-15 所示为混流式四效降膜真空浓缩设备流程图，用于牛乳的杀菌与浓缩。牛乳首先经预热后进行杀菌，然后顺次经由第四效、第一效、第二效和第三效蒸发器进行浓缩。其中采用了多个蒸发器夹套内的预热器，并增设闪蒸冷却罐用于牛乳杀菌后的降温，二次蒸汽的冷凝采用效率极高的混合式冷凝器。

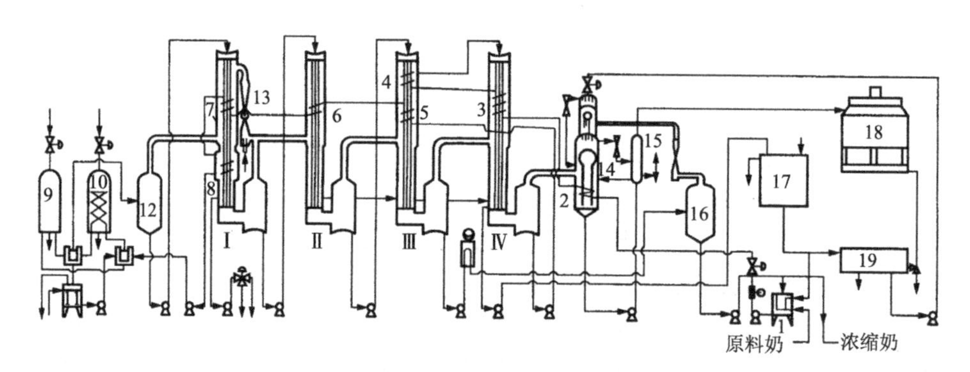

图 10-15　混流式四效降膜真空浓缩设备流程图（崔建云，2006）

1. 平衡槽；2～7. 预热器；8. 直接加热式预热器；9、10. 高效加热器；11. 高效冷凝器；12. 闪蒸罐；13. 热压泵；14. 两端式混合换热冷凝器；15. 真空罐；16. 浓缩液闪蒸冷却罐；17. 冷却罐；18. 冷却塔；19. 冷水池；Ⅰ～Ⅳ. 第一至四效蒸发器

第二节　冷冻浓缩原理与设备

一、冷冻浓缩原理、应用及特点

1. **冷冻浓缩原理**　冷冻浓缩是利用冰与水溶液之间的固液相平衡原理，将水以固态方式

从溶液中去除的一种浓缩方法。图 10-16 为某种食品水溶液的温度–组成相图，下面以此图为例来讨论冷冻浓缩的基本原理。图中 DE 线称为冰点曲线，它表示溶液的冰点和组成的关系，该曲线上方是溶液区域，下方为冰晶和溶液两相共存的区域；CE 线为溶解度曲线，它表明溶液的饱和浓度与温度的关系，曲线上方是溶液区域，曲线下方为溶质和溶液两相的共存区域；图中的点 E 称为低共熔点（又称共晶点）。图中物系组成以质量分数表示。

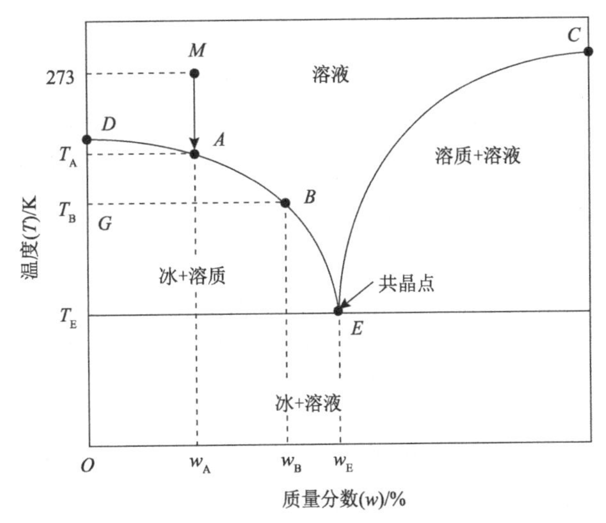

图 10-16 水溶液的温度–组成相图

将图中点 M 所示的溶液（其中溶质的质量分数为 w_A，温度为 273K）进行冷却降温。当温度下降至 T_A 时，恰为溶液的冰点（A 点），溶液中开始有冰晶出现。温度再继续下降至 T_B，则原溶液将分成两部分，一部分是以 G 点所代表的冰晶，另一部分是以 B 点所代表的溶液，其中溶质的组成为 w_B，此时冰晶和溶液达到相平衡，冰晶析出，$w_B > w_A$，溶液得到了浓缩。

若将溶液继续降温到 T_E 时，即达低共熔组成，析出冰晶量达最大值，溶液浓度浓缩到最大值（w_E），再降低温度，将会过渡到溶解度曲线 EC，析出的不是冰晶而是溶质了。

从浓度方面讲，当溶液中溶质浓度高于低共熔浓度 w_E 时，过饱和溶液冷却的结果表现为溶质转化成晶体析出的结晶操作过程，这种操作不但不会提高溶液中溶质的浓度，相反会降低溶质的浓度。当溶液中所含溶质浓度低于低共熔浓度时，冷却结果表现为溶剂（水分）成晶体（冰晶）析出。溶剂成晶体析出的同时，余下溶液中的溶质浓度显然就提高了，再利用分离方法去除溶剂就达到浓缩的目的。所以，采用冷冻浓缩方法时，溶液的浓度不得高于低共熔点浓度 w_E。

2. 冷冻浓缩的应用及特点 冷冻浓缩的操作包括两个步骤：首先是部分水分从水溶液中结晶析出，其次是将冰晶与浓缩液加以分离。结晶和分离两步操作可在同一设备或在不同的设备中进行。

冷冻浓缩方法特别适用于热敏性食品的浓缩。因为溶液中水分的排除不是用加热蒸发的方法，而是靠从溶液到冰晶的相间传递，所以可以避免芳香物质由加热所造成的挥发损失。为了更好地使操作时形成的冰晶不混有溶质，分离时又不致使冰晶夹带溶质，防止造成过多的溶质损失，结晶操作要尽量避免局部过冷，分离操作要很好地加以控制。将这种方法应用于含挥发性芳香物质的食品浓缩，除成本外，就制品质量而言，要比用蒸发浓缩好。

冷冻浓缩的主要缺点是：①因为加工过程中，细菌和酶的活性得不到抑制，所以制品还必须再经热处理或加以冷冻保藏。②采用这种方法，不仅受到溶液浓度的限制，还取决于冰晶与浓缩液可能分离的程度。一般来说，溶液黏度愈高，分离就愈困难。③浓缩过程中会造成不可避免的溶质损失。④成本高。

二、冷冻浓缩设备

冷冻浓缩设备主要由结晶设备和分离设备两部分构成。结晶设备包括管式、板式、搅拌夹套式、刮板式等热交换器，以及真空结晶器、内冷转鼓式结晶器、带式冷却结晶器等设备；分离设备有压滤机、过滤式离心机、洗涤塔，以及由这些设备组成的分离装置等。在实际应用中，根据不同的物料性质及生产要求采用不同的装置系统。

冷冻浓缩用的结晶器有直接冷却式和间接冷却式两种。直接冷却式可利用部分蒸发的水分，也可利用辅助冷媒（如丁烷）蒸发的方法。间接冷却式是利用间壁将冷媒与被加工料液隔开的方法。食品工业上所用的间接冷却式设备又可分为内冷式和外冷式两种。

冷冻浓缩操作的分离设备有压榨机、过滤离心机和洗涤塔等。通常采用的压榨机有水力活塞压榨机和螺旋压榨机。压榨机只适用于浓缩比接近于 1 的场合。

对于不同的原料，冷冻浓缩的装置系统及操作条件也不相同，但大致可分为两类：单级冷冻浓缩和多级冷冻浓缩。

（一）单级冷冻浓缩装置

1. 系统组成及工作过程　图 10-17 所示为采用洗涤塔分离的单级冷冻浓缩装置。它主要由旋转刮板式结晶器、混合罐、洗涤塔、融冰装置、贮罐、泵等组成。

操作时，料液由泵 7 进入旋转刮板式结晶器 1，冷却至冰晶出现并达到要求后进入带搅拌器的混合罐 2，在混合罐中，冰晶可继续生长，然后大部分浓缩液作为成品从成品罐 6 中排出，部分与来自贮罐 5 的料液混合后再进入旋转刮板式结晶器 1 进行再循环，混合的目的是使进入结晶器的料液浓度均匀一致。从混合罐 2 中出来的冰晶夹带部分浓缩液，经洗涤塔 3 洗涤，洗后的具有一定浓度的洗液进入贮罐 5，与原料液混合后再进入结晶器，如此循环。洗涤塔的洗涤水是利用融冰装置（通常在洗涤塔顶部）将冰晶融化后再使用，多余的水被排走。

2. 结晶装置　如图 10-18 所示，料液 1 在刮板式换热器 2 中生产亚临界晶体；部分不含晶体的料液在结晶器 4 与刮板式换热器 2 之间进行再循环。因热流大，冷却效果好，故晶核形成非常剧烈。而且由于浆料在刮板式换热器中停留时间甚短，通常只有几秒的时间，故所产生的晶体极小。当其进入结晶器后，即与结晶器内含大晶体的悬浮液均匀混合，在结晶器内的停留时间至少有 30min，故小晶体溶解，其溶解热供大晶体生长。

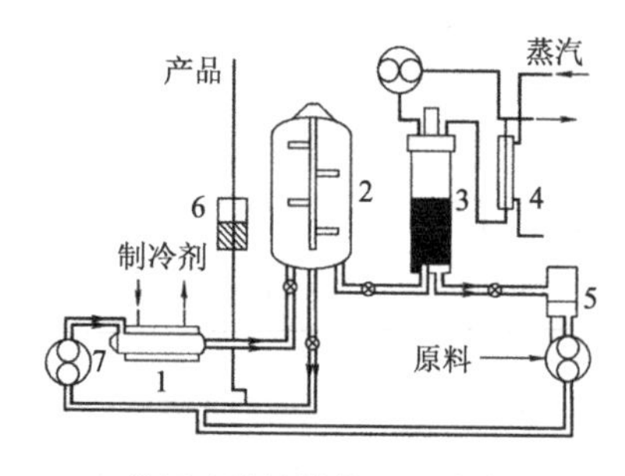

图 10-17　单级冷冻浓缩装置（崔建云，2006）

1. 旋转刮板式结晶器；2. 混合罐；3. 洗涤塔；4. 融冰装置；5. 贮罐；6. 成品罐；7. 泵

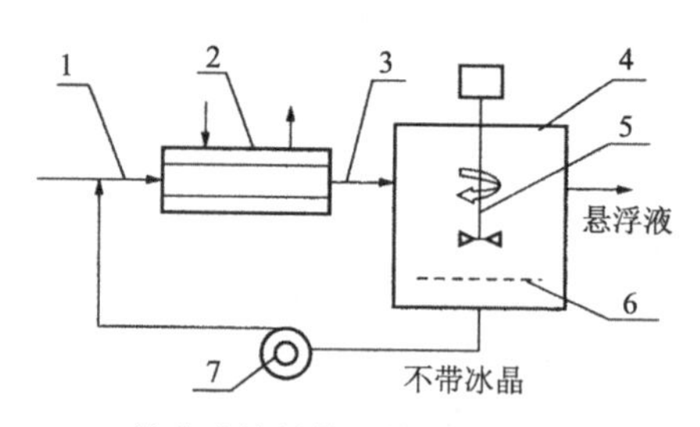

图 10-18　外冷式结晶装置简图（崔建云，2006）

1. 料液；2. 刮板式换热器；3. 带亚临界晶体的料液；4. 结晶器；5. 搅拌器；6. 滤板；7. 循环泵

3. 洗涤塔 洗涤塔用于冰晶与浓缩液的分离，在洗涤塔内分离比较完全，而且没有稀释现象。因为操作时完全密闭且无顶部空隙，故可完全避免芳香物质的损失。

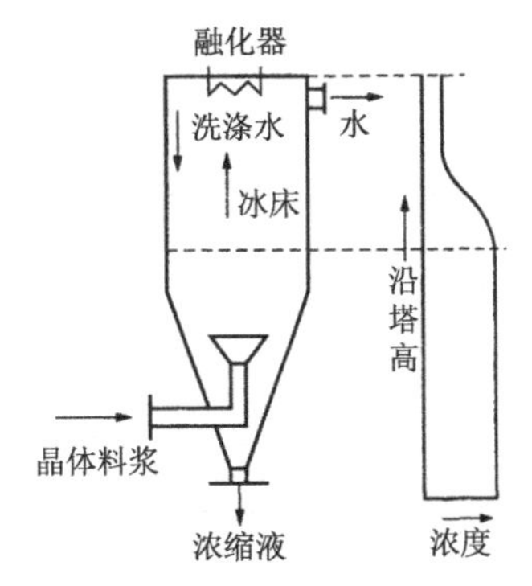

图 10-19 连续式洗涤塔的工作原理
（杨公明和程玉来，2014）

洗涤塔的分离原理主要是利用纯冰融解的水分来排冰晶间残留的浓液。如图 10-19 所示，在连续式洗涤塔中，晶体相和液相作逆向移动，进行密切接触。从结晶器出来的晶体悬浮液从塔的下端进入，浓缩液从同一端经过滤器排出。因冰晶密度比浓缩液小，故冰晶逐渐上浮到顶端。塔顶设有融化器（加热器），使部分冰晶融解。融化后的水分即返行下流，与上浮冰晶逆流接触，洗去冰晶间的浓缩液。这样晶体就沿着液相溶质浓度逐渐降低的方向移动，因而晶体随浮随洗，残留溶质愈来愈少。

根据晶体被迫沿塔移动的推动力不同，洗涤塔可分为浮床式、螺旋推送式和活塞推送式三种形式，这里不再一一介绍。

（二）多级冷冻浓缩装置

多级冷冻浓缩是指将上一级浓缩得到的浓缩液作为下一级的原料进行再次浓缩的一种冷冻浓缩操作。

图 10-20 所示为咖啡的二级冷冻浓缩装置流程。咖啡料液（浓度 26%）经进料管 6 进入贮料罐 1，被泵送至一级结晶器 8，然后冰晶和一次浓缩液的混合液进入一级分离机 9 离心分离，浓缩液（浓度 $<30\%$）由管进入贮料罐 7，再由泵 12 送入二级结晶器 2，经二级结晶后的冰晶和浓缩液的混合液进入二级分离机 3 进行离心分离，浓缩液（浓度 $>37\%$）作为产品从成品管排出。为了减少冰晶夹带浓缩液的损失，分离机 3、9 内的冰晶需洗涤，若采用融冰水（沿管进入）洗涤，洗涤下来的稀咖啡液分别通过下降管，进入贮料罐 1，所以贮料罐 1 中的料液浓度实际上低于最初进料液浓度（浓度 $<24\%$），为了控制冰晶量，结晶器 8 中的进料浓度需维持一定值（高于来自管路 15 的进料浓度），这可利用浓缩液分支管 16，用调节阀 13 控制流量来进行调节，也可以通过管路 17 和泵 10 来调节。需要注意的是，通过管路 17 与浓缩液分支管 16 的调节应该平衡控制，以使结晶器 8 中的冰晶含量在 20%～30%（质量分数）。实践表明，当冰晶占 26%～30%时，分离后的咖啡损失小于 1%。

（三）带有芳香物回收的真空结晶装置流程

图 10-21 所示为带有芳香物回收的真空结晶装置流程，此流程的结晶原理是利用水分部分蒸发的方法来进行冷却。

图 10-21 中，料液进入真空结晶器后，于 266.6Pa 的绝对压强下蒸发冷却，部分水分即转化为冰晶。从结晶器出来的冰晶悬浮液经冰晶分离器分离后，浓缩液从吸收器上部进入，并从吸收器下部作为制品排出。另外，从真空结晶器出来的带芳香物的水蒸气先经冷凝器除去水分后，从下部进入吸收器，并从上部将惰性气体抽出。在吸收器内，浓缩液与含芳香物的惰性气体呈逆流流动。若冷凝器温度并不过低，为进一步减少芳香物损失，可将离开吸收器 I 的部分惰性气体返回冷凝器作再循环处理。

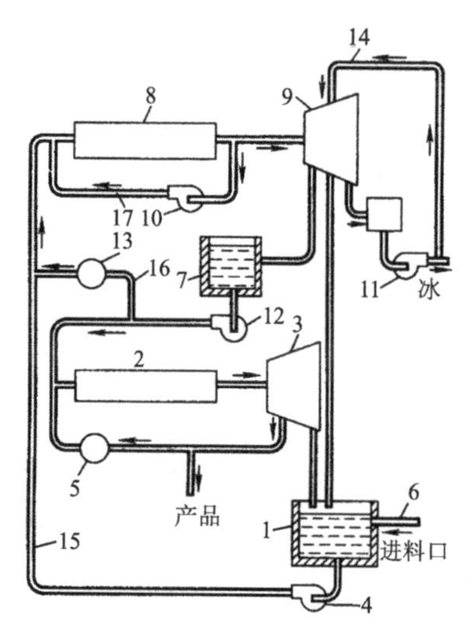

图 10-20　二级冷冻浓缩装置流程
（崔建云，2006）

1、7. 贮料罐；2、8. 结晶器；3、9. 分离机；4、10～12. 泵；5、13. 调节阀；6. 进料管；14. 融冰水进料管；15、17. 管路；16. 浓缩液分支管

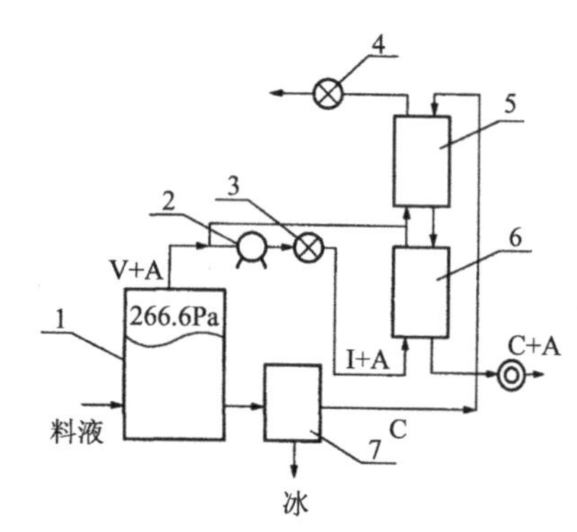

图 10-21　带有芳香物回收的真空结晶装置流程
（杨公明和程玉来，2014）

1. 真空结晶器；2. 冷凝器；3. 干式真空泵；4. 湿式真空泵；5. 吸收器Ⅱ；6. 吸收器Ⅰ；7. 冰晶分离器；A. 芳香物；C. 浓缩液；I. 惰性气体；V. 蒸汽

在这种结晶器中，溶液在绝对压强 266.6Pa 下沸腾，液温为−3℃。在此情况下，欲得 1t 冰晶，必须蒸去 140kg 的水分。此方法的优点是不必设置冷却面，但缺点是蒸发掉的部分芳香物将随同蒸汽或惰性气体一起逸出而损失，真空结晶器所产生的低温水蒸气必须不断排除。为减小能耗，可将水蒸气压强从 266.6Pa 压缩至 933.1Pa，以提高其温度，并利用冰晶作为冷却剂来冷凝这些水蒸气。

思考题

1. 升、降膜式蒸发器的成膜方式有何区别？它们的适用范围各是什么？

2. 多效浓缩设备相比于单效浓缩设备的优越性体现在哪些方面？

3. 简述冷冻浓缩原理及其系统组成。

4. 如果要回收芳香物，应该选用哪一种浓缩设备？此设备是如何回收芳香物的，它有何优缺点？

第十一章 杀菌设备

内容提要

本章主要介绍液体食品杀菌设备、包装食品杀菌设备、非热力杀菌设备的结构、原理或流程及设备的操作方法。要求掌握液体食品和包装食品杀菌设备中的立体及卧式灭菌锅及连续灭菌设备的结构及原理，理解并学会灭菌设备的操作方法。在非热力杀菌设备里重点学习微波灭菌，了解高压、辐射灭菌。通过学习，培养学生具备设备选型、使用及解决工程实践中食品灭菌设备方面复杂问题的能力。

杀菌是食品加工的一个重要环节。食品杀菌有别于医学和生物学上的灭菌，有两个基本要求：一是杀死食品中所污染的致病菌、腐败菌，破坏食品中的活性酶，使食品在常温下，在密闭的瓶、罐或其他包装容器中有一定的保存期；二是在杀菌过程中尽可能地保留食品的营养成分和风味。食品杀菌属于商业无菌的范畴，而不是完全无菌。

（1）食品杀菌方法分类　食品杀菌的方法有化学杀菌和物理杀菌两大类。化学杀菌法是使用过氧化氢、环氧乙烷、次氯酸钠等杀菌剂杀灭微生物的方法。由于化学杀菌存在化学残留物的影响，现代食品的杀菌方法趋向于物理杀菌。物理杀菌分为热力杀菌和非热力杀菌；热力杀菌方法又分为湿热杀菌法和干热杀菌法。湿热杀菌是利用热水和蒸汽直接加热以达到杀菌的目的；干热杀菌是利用热风、红外线、微波等加热以达到杀菌的目的，湿热杀菌是目前最常用的一种杀菌方法。

热力杀菌加热方式有电、蒸汽等，工业上一般用的是蒸汽。根据食品加工处理的过程不同，可将热力杀菌分为物料过程杀菌和包装成品杀菌两种方式。前者如牛奶无菌包装前的超温杀菌，后者如罐头类食品的巴氏杀菌、高温高压杀菌等。

巴氏杀菌法有以下三类：低温长时杀菌（LTLT）法，杀菌温度为 62～65℃，保持时间为 30min；高温短时杀菌（HTST）法，杀菌温度一般在 100℃以下，如牛奶的 HTST 杀菌温度为 85℃，保持 15s 以上；超高温瞬时杀菌（UHT）法，杀菌温度在 125℃以上，仅保持几秒，如牛奶 UHT 杀菌，牛奶被迅速加热到 135～150℃，维持 3～5s，迅速冷却。

研究证明，UHT 的微生物孢子致死速度远比食品质量受热发生化学变化而劣变的速度快，产品的颜色、风味、品质及营养等没有受到很大的损害，因而瞬间高温可充分灭菌但对食品质量影响不大，几乎可以保持食品原有的色、香、味，这对牛乳、果蔬汁等热敏性食品尤为适用。

非热力杀菌也称冷杀菌或常温杀菌，是利用非热力因素（如光、电、磁、声波、压力、振动等），使食品达到商业无菌的一种杀菌方法。同时也要指出，冷杀菌中仍然存在热效应的杀菌因素，只是非热效应在杀菌机理中起了主要作用。

尽管热力杀菌会对食品营养或风味造成一定影响，并且在冷杀菌方面也进行了大量的研究，但迄今为止，热力杀菌仍然是食品行业中的主要杀菌方式。

（2）食品杀菌设备分类　杀菌设备是指杀灭产品、包装容器和材料等上面的微生物，使食品符合商业无菌要求的机械装置。根据杀菌温度/压力不同，可分为常压和加压杀菌设备；根据操作方式不同，可分为间歇式和连续式杀菌设备；根据设备结构形态不同，可分为板式、管式、刮板式、釜式杀菌设备；根据杀菌设备使用热源不同，可分为蒸汽直接加热、热水加热、微波加热、火焰加热杀菌设备；根据适用食品包装容器不同，可分为刚性容器包装（如金属罐、玻璃罐等）、复合薄膜包装食品（软罐头食品）杀菌设备。

本章在介绍杀菌设备时，没有严格按上面的分类方法分类，而是彼此有交叉。

第一节　液体食品杀菌设备

液体食品指未经包装的乳品、果汁、调味酱醋等物料。对这类物料进行杀菌时常用超高温瞬时杀菌（UHT）法，UHT 法又分为间接加热杀菌法和直接加热杀菌法两种。间接加热式是用板、管换热器或刮板换热器对食品进行间接热交换而实现杀菌；直接加热式是以蒸汽直接喷入物料或将物料注入高热环境中进行杀菌。无论何种方式的超高温瞬时杀菌设备都必须保证物料瞬时超高温杀菌和加热后迅速冷却，以保证食品质量。

一、间接加热杀菌设备

间接加热杀菌设备根据热交换器型式分为管式、板式和刮板式三种。

（一）管式杀菌设备

1. 管式杀菌设备的套管形式　管式杀菌机为间接加热杀菌设备，关键部件就是管式热交换器。管式热交换器使用两根或三根同心套管作为传热面，如图 11-1 所示。在两根同心套管中，产品在中心管中流动，而加热介质在外层管中流动。在三根同心套管中，产品在中间的管层中流动，而加热介质在中心管和外层管中流动，一般情况下，加热介质和产品的流动方向相反。

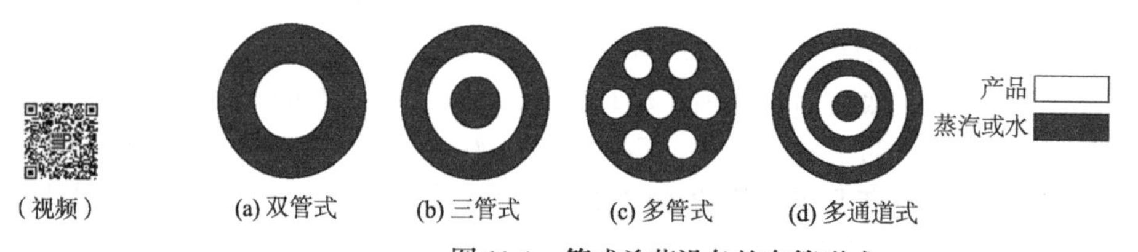

图 11-1　管式杀菌设备的套管形式

2. APV 管式热交换器杀菌系统　图 11-2 所示是 APV 管式热交换器杀菌系统流程图。这套系统的特点是相对于流量管式热交换器，其管径很小，因此管内的流速极高，最大限度地造成湍流，大大促进传热速率，便于实现高温短时杀菌。这套杀菌系统适用于中、高黏度产品，如浓缩果汁、果酱、番茄酱及果泥、蔬菜泥的杀菌。杀菌系统的操作过程如下。

1）在系统预杀菌过程中，水从供水桶 1 通过离心泵 2 送入整个系统。在系统中，水被加热到杀菌温度（136℃）并在闭合回路中循环。当达到杀菌要求时，系统发出信号并自动转入产品进入状态。

2）产品在离心泵 2 的作用下从进料桶 3 通过板式热交换器 4 进入真空脱气罐 5（此为可选设备）。真空脱气罐中的产品从下方由离心泵 6 抽出送往高压定量泵 7。高压定量泵由调速电动机驱动，因此可以根据杀菌工艺规程调整产品的流速。

3）一组卧式管式热交换器 8 及立式安装的保持管 9 使产品达到所要求的杀菌温度和时间。对于低酸性食品（pH 大于 4.5），通常温度为 149℃，时间为 2～4s；对于高酸性食品（pH3.7 以下），温度通常为 93℃，时间为 30s。

4）产品通过保持管之后进入另外一组立式管式热交换器 10 进行冷却。在第一冷却阶段，冷却介质为水。水在离心泵 11 的作用下通过板式热交换器 4 形成一个闭合回路对产品进行预热，以实现热量回收。

5）如果产品需要均质，产品在第一阶段冷却后控制在适宜的温度下，通过无菌均质机 12 进行均质。均质后的产品进入管式热交换器 13，进一步进行冷却。

6）降温后的无菌产品通过转向阀 14 送往无菌灌装机或无菌贮罐。在产品未达到无菌时通过转向阀回流入进料桶。

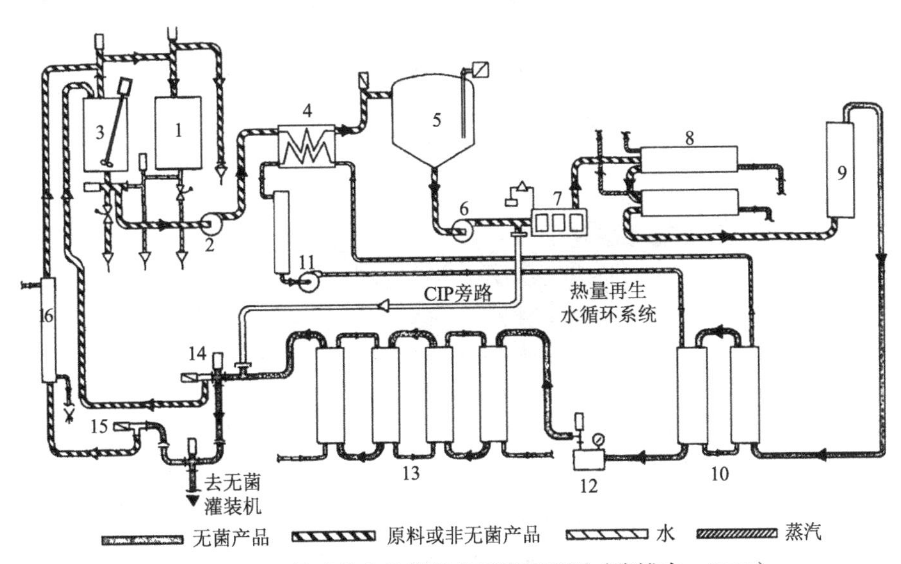

图 11-2 APV 管式热交换器杀菌系统流程图（张裕中，2012）

1. 供水桶；2、6、11. 离心泵；3. 进料桶；4. 板式热交换器；5. 真空脱气罐；7. 高压定量泵；8. 卧式管式热交换器；9. 保持管；10. 立式管式热交换器；12. 无菌均质机；13. 管式热交换器；14. 转向阀；15. 背压阀；16. 管式冷凝器；CIP. 就地清洗

图 11-3 是这个系统使用的管式热交换器结构图。

系统中设备 5 是真空脱气罐，对灭菌前的牛奶进行脱气，脱气的作用是：去除料液中的空气（氧气），抑制褐变，色素、维生素、芳香成分和其他物质的氧化，防止品质降低；去除附着于料液中悬散微粒气体，抑制微粒上浮，保持良好外观；防止罐装和高温杀菌时起泡对杀菌的影响；减少对容器内壁的腐蚀，延长杀菌器工作时间；还有去除异味作用。真空脱气罐利用真空抽吸作用排除料液中所含不凝性气体，是乳品、果汁等物料作业线上脱气必不可少的设备。

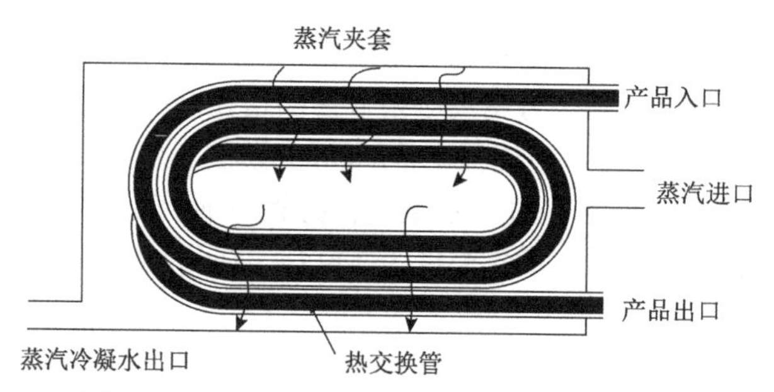

图 11-3　管式热交换器结构图（张裕中，2012）

（二）板式杀菌设备

1. 板式杀菌设备的结构　板式杀菌设备的关键部件就是板式换热器，而板式换热器由许多冲压成型的金属薄板（换热板）组合而成，这些金属板既起分隔作用又起传热面的作用。板式换热器组合结构如图 11-4 所示。传热板 15 悬挂在导杆 7 上，前端为固定板 3，旋紧后支架 9 上的压紧螺杆 10 后，可使压紧板 8 与各传热板 15 叠合在一起。板与板之间有板框橡胶垫圈 13，以保证密封并使两板间有一定空隙。压紧后所有板块上的角孔形成流体的通道，冷流体与热流体就在传热板两边流动，进行热交换。拆卸时仅需松开压紧螺杆 10，使压紧板 8 与传热板 15 沿着导杆 7 移动，即可进行清洗或维修。

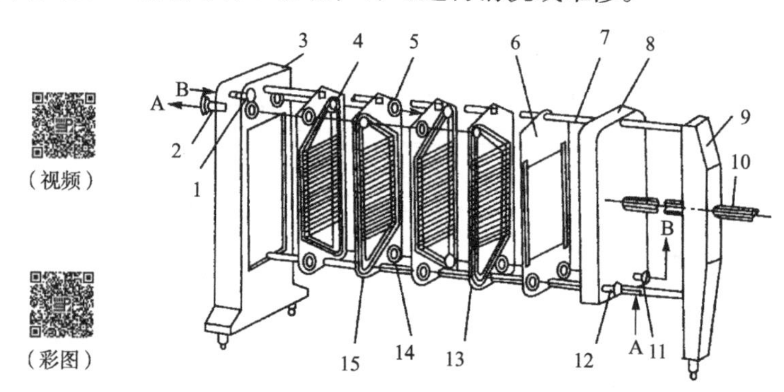

图 11-4　板式换热器组合结构示意图（张裕中，2012）

1、2、11、12. 连接管；3. 前支架（固定板）；4. 上角孔；5. 圆环橡胶垫圈；6. 分界板；7. 导杆；8. 压紧板；9. 后支架；10. 压紧螺杆；13. 板框橡胶垫圈；14. 下角孔；15. 传热板；A、B. 冷、热流体

板式杀菌设备主要应用在乳品、果汁饮料、清凉饮料及啤酒、冰淇淋的生产中，广泛应用高温短时杀菌（HTST）和超高温瞬时杀菌（UHT）。

2. 板式换热器的设计　传热板是板式换热器的主要部件，一般用不锈钢板冲压制成。其形状、轮廓、尺寸有多种形式，使用较多的有波纹板和网流板两种。

（1）波纹板和网流板

1）波纹板：如图 11-5 所示，波纹板上冲压有与流体流向垂直或成一定角度的波纹，使流体均匀地在水平方向形成条状薄膜和使流体在垂直方向形成波状流动。液体通过被多次改变方向造成激烈的湍流，从而破坏了表面滞流层，提高了板面与流体间的传热效果，流动情况如图 11-6 所示。为了防止传热板的变形，在板的表面每隔一定间隙设置凸缘，当组合压紧时，其增加了金属片的刚度，同时又保证了两金属片所需的间距。

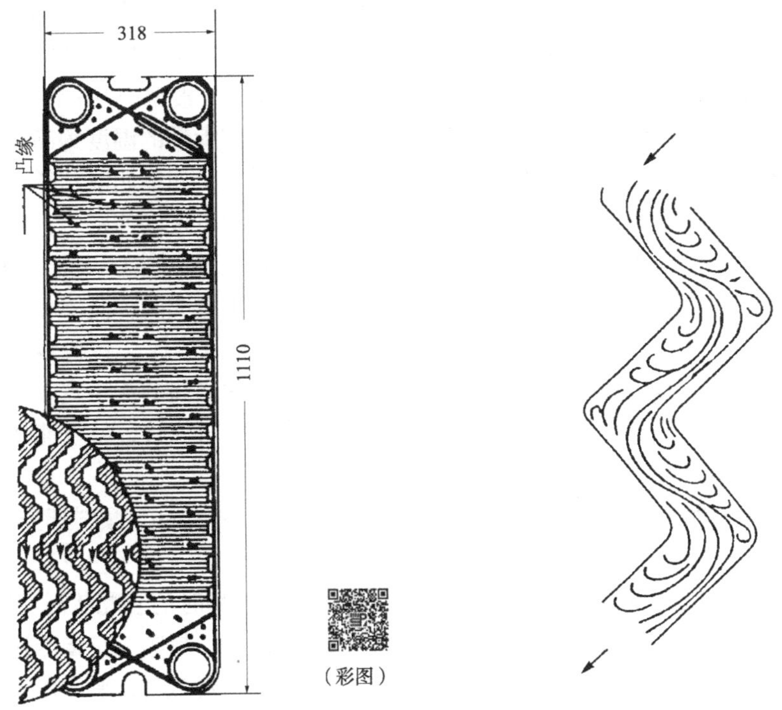

图 11-5　波纹板结构（单位：mm）

图 11-6　波纹板流体流动情况

2）网流板：网流板的表面冲压有许多凸凹状花纹，这些突出的花纹既是促使流体形成急剧湍流的结构，又是板间支承的部位。常用的网流板形式如图 11-7 所示，流动情况如图 11-8 所示。

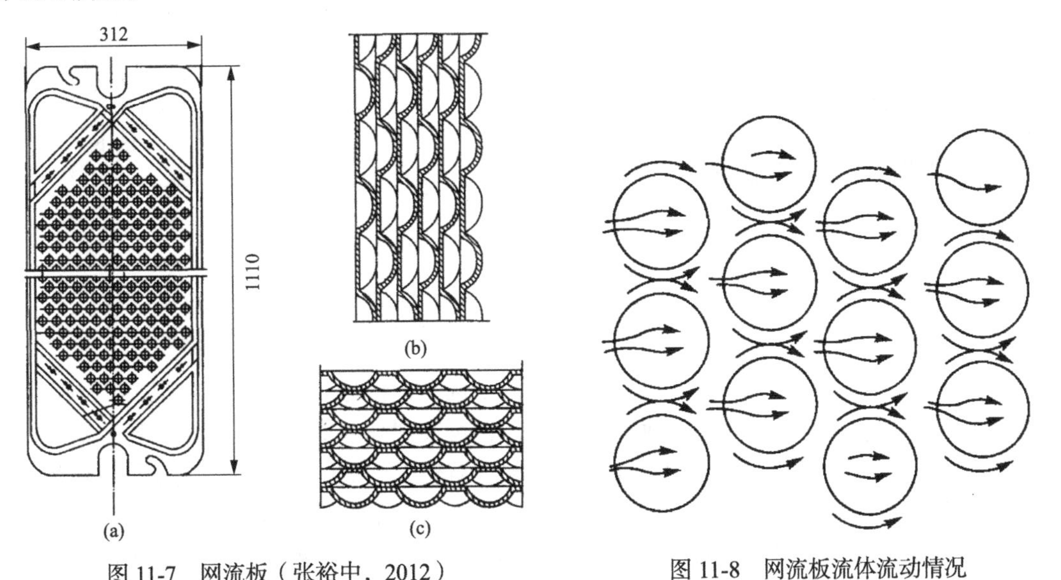

图 11-7　网流板（张裕中，2012）

（a）带球面凸纹的网流板，图中数据单位是 mm；（b）纵剖面；（c）横剖面

图 11-8　网流板流体流动情况

（2）板形尺寸　板形尺寸的确定应考虑两点：①流体通过整个传热面的均匀性；②沿板的宽度上防止出现流动死角。

有关实验结果表明：板长 L 与板宽 B 的比值以（3～4）：1 较合适。当面积一定时，增加 L/B 的值，则垫圈单位面积所需的长度按正比增加。在确定 L/B 时，还需考虑拆卸清洁及操作的方便。从这个角度出发，一般以板长 1000～1200mm、板宽 300～400mm 为宜。

（3）角孔的密封圈结构　角孔的密封圈周长较长，需承受的温度约高达 300℃，所以密封材料应采用无毒、无味、耐高温、耐酸碱、耐油的材料，如聚四氟乙烯。

角孔部位密封圈的结构如图 11-9 所示。图 11-9（a）为不正确的密封，因为在密封失效时，该形式会出现冷热两流体相互渗透，形成内漏且不易发现。图 11-9（b）为正确的密封，该形式的密封，若垫圈失效，形成外漏便于发现，且不至于造成两种流体相混的现象。

（4）传热板的加工与装配公差要求　食品杀菌用的传热板，材料多用 1Cr18Ni9 和 1Cr18Ni9Ti 不锈钢。传热板的厚度 δ 为 1～1.2mm。片与片之间的流道宽度 S=4～10mm，S 决定液层的厚度。若制造及安装误差大，在垂直方向产生相对位移，就可能使片间的缝隙变窄，造成流体流动阻力增大，甚至难以通过。

图 11-10（a）所示为两传热板正常装配状况，α=60°，S=3mm，倾斜部分 $S_0 = S\cos 60°$= 1.5mm 。

图 11-10（b）所示为两传热板在垂直部位发生 1mm 位移时的装配状况，则 S_0 一侧增大到 2.15mm（S_{01}），另一侧减少到 0.65mm（S_{02}）。因此，设计、制造、安装传热板的公差要求为：传热板基面的不平直度沿任意方向测量要求在±0.1mm。安装时，平片在导杆上垂直位置（各板上下位置），其误差为 0.2～±0.25mm。

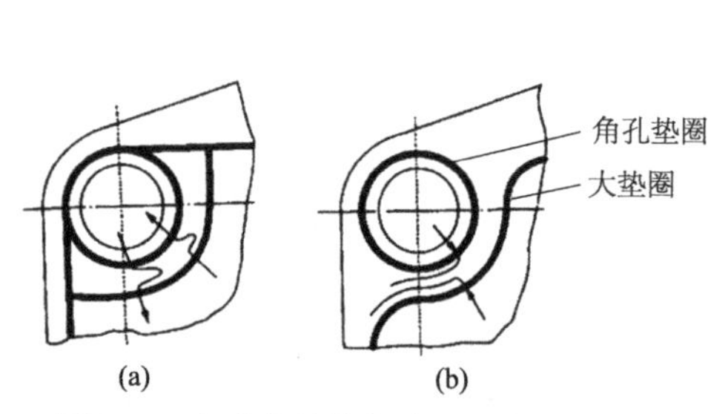

图 11-9　角孔密封结构（张裕中，2012）

（a）不正确；（b）正确

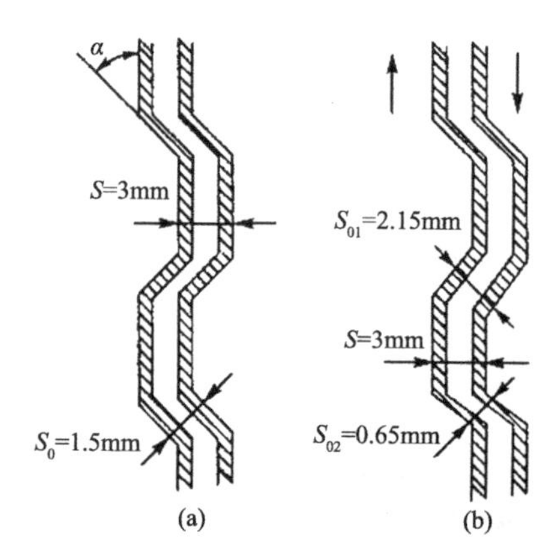

图 11-10　两传热板产生位移后缝隙变化

（a）正常装配状况；（b）发生垂直位移时的装配状况

（5）板式换热器的优点　板式换热器有以下优点：传热效率高；结构紧凑；适宜于热敏性物料的杀菌，由于热流体以高速在薄层通过，可实现高温或超高温瞬时杀菌，对热敏性物料（如牛乳、果汁等食品）不会产生过热现象；有较大的适应性，只要改变传热板的片数或改变板间的排列和组合，则可满足多种不同工艺的要求和实现自动控制；操作安全、卫生，容易清洗，由于在完全密闭的条件下操作，能防止污染；结构上的特点又保证了两种流体不会相混，即使发生泄漏也只会外泄，易于发现；直观性强，装拆简单，便于清洗。

3. 板式换热器杀菌系统　世界上第一台板式超高温瞬时杀菌装置是英国 APV 公司研制出来的，用于牛乳的高温短时灭菌，该系统流程如图 11-11 所示。

系统由平衡槽 1、均质机 4、稳定槽 3、6 组板式换热器、泵、控制柜及管道阀门等组成。

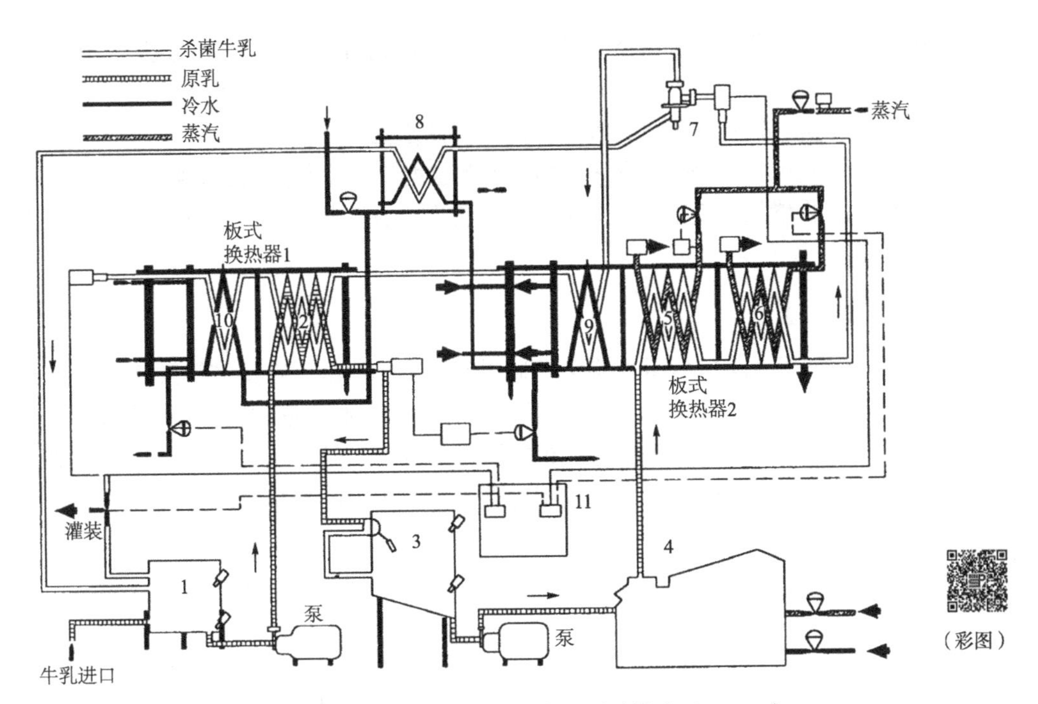

图 11-11 APV 板式换热器杀菌系统流程图（崔建云，2006）

1. 平衡槽；2. 预热段；3. 稳定槽；4. 均质机；5、6. 板式换热器；7. 转向阀；8. 辅助冷却器；9. 快速板式冷却器；10. 第二板式冷却器；11. 控制柜

加入平衡槽 1 的牛乳用泵送入第一组板式换热器的预热段（热回收段）2 加热到 85℃（加热蒸汽压为 20～30kPa）。然后进入稳定槽 3 并保持 6min，以稳定牛乳蛋白质，这可防止牛乳在第二组板式换热器的高温加热区段内产生过多的沉淀物。稳定后的牛乳用泵送入均质机 4，经均质作用后进入第二组换热器的主要加热区段 5 和 6 加热到 138～150℃（加热蒸汽压为 250～450kPa）后，然后到达转向阀 7。如果牛乳温度等于或高于杀菌温度，则进入保温管保持 2～4s，接着进入快速板式冷却器 9 用冷水冷却至 100℃左右，然后进入第一组板式换热器的预热段 2 进行热量回收，被冷却到 20℃，再经第二板式冷却器 10 进一步冷却到 5℃或 10～15℃，最后入罐或送至无菌罐装机罐装。如果由于某种原因，转向阀 7 处未被加热到杀菌所需的温度，牛乳将经过辅助冷却器 8，被冷却后返回到平衡槽 1，重新进行加工处理。整个系统由控制柜 11 控制。整个杀菌过程绘制成时间-温度曲线，如图 11-12 所示。

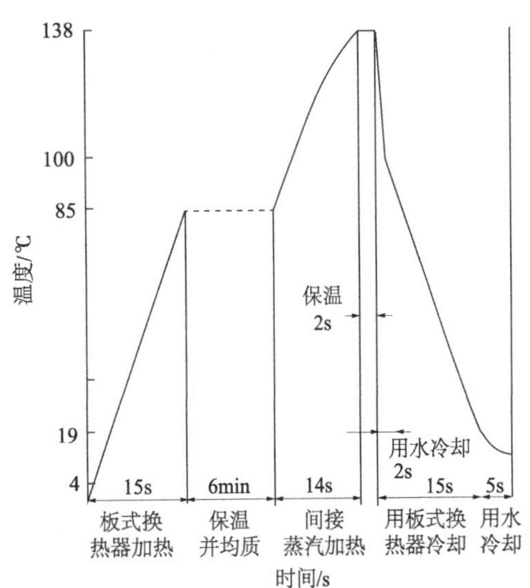

图 11-12 APV 装置时间-温度曲线

在系统中采用两个加热段是为了控制蒸汽量，准确、稳定地控制杀菌温度。设置第一冷却段是为了准确地控制进入稳定槽牛乳的温度。通过这两项控制，使系统工作时保持稳定。

在牛乳进入系统之前，需对系统进行预杀菌。系统的预杀菌是用加压水进行的，在整个系统充满水之后，蒸汽进入主加热器将循环水迅速加热到 136℃或更高的温度，在此温度下热水循环 30min，对系统进行充分杀菌。然后，冷却水进入冷却器使系统冷却到 70℃左右。保持水不断循环直至产品准备就绪，进入产品，开始杀菌。

系统存在两个问题：①热回收率不高，因此也增加了冷却负荷；②物料在 85℃时要在稳定槽保持 6min，将增加不良的牛乳焦煮味，并使营养损失增加，为此许多制造厂对这种杀菌系统进行了改造。

（三）刮板式杀菌机

此装置结构如图 11-13 所示。旋转轴通过有夹套的汽缸，在旋转轴圆周方向上布置两排活动刮板，每排 3～5 块。汽缸材料一般用不锈钢，必要时用热传导率大的纯镍。刮板用特殊不锈钢的刀具钢或聚四氟乙烯等制造。根据要求的温度，处理工艺由加热、预冷却、冷却等组成。热媒用蒸汽，冷媒用水、盐水或制冷剂（如氨等）的直接膨胀方式。

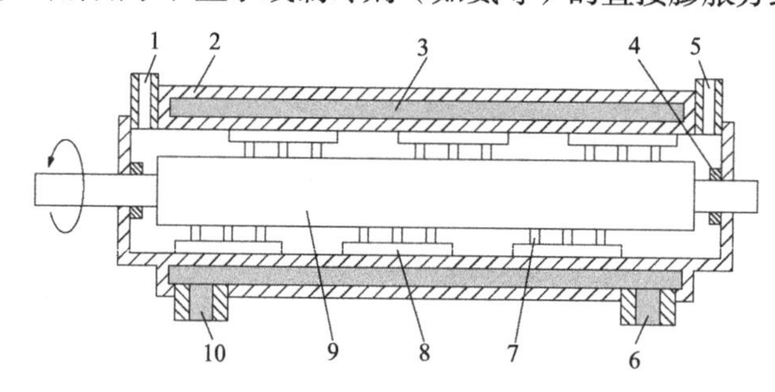

图 11-13　刮板式杀菌机结构简图

1. 物料进口；2. 物料筒；3. 夹套；4. 轴封；5. 物料出口；6. 换热介质进口；7. 刮板销栓；8. 活动刮板；9. 主轴；10. 换热介质出口

刮板式杀菌机适用于番茄酱等黏性物料或热敏性物料的超高温灭菌和快速冷却。工作时，刮板在电动机带动下旋转，转速为 500～1000r/min，视处理液的物理性质而有不同，刮板与筒壁传热面紧密接触，刮板旋转时连续刮掉传热面接触面上的物料而产生新的传热面，物料在筒内轴向和径向混流产生强烈的传热效果。工作时加热介质（如蒸汽）或冷却介质（如水）在夹套内流动，物料由定量泵压送并通过物料筒与搅拌轴之间的环形通道，通过筒壁进行热交换。物料的流动通道占物料筒截面积的 20%～40%，加热或冷却快慢通过调节轴的转速、物料流量和冷热介质压力来实现。

刮板式杀菌机具有如下特点：①能高压操作；②能处理固形物混合液；③高黏度液也能得高传热系数[2093～3373W/（m^2·℃）]；④温度差（Δt）大也能运转，不烧焦。

二、直接加热杀菌设备

直接加热杀菌的加热器有两种型式：喷射器和注入器。喷射器是把蒸汽喷射到被杀菌的料液中，注入器则是把液料注入热蒸汽中。

直接加热杀菌的优点是加热时间短，接触面积大，高温处理在瞬间进行，能最大限度地减少对热敏性物料的影响；缺点是蒸汽必须经过脱氧和过滤，以除去蒸汽中的凝结水和杂质。在热交换过程中部分蒸汽冷凝进入物料，同时物料中又有部分水分被蒸发，使易挥发的风味物质随之逸出而造成损失。因此该方式不适用于果汁杀菌，多用于牛乳等物料的杀菌。

（一）直接蒸汽喷射式杀菌装置

APV 公司的直接蒸汽喷射式杀菌装置工作流程如图 11-14 所示。

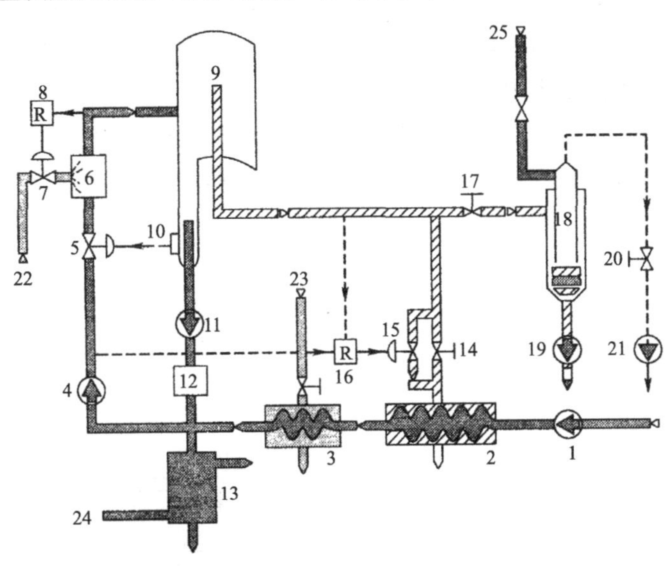

图 11-14 直接蒸汽喷射式杀菌装置工作流程图（周家春，2004）

1. 输送泵；2. 第一预热器；3. 第二预热器；4. 压力泵；5. 流量气动阀；6. 直接蒸汽喷射式杀菌器；7、15. 蒸汽气动阀；8. 杀菌温度调节器；9. 闪蒸真空罐；10. 装有液面传感器的缓冲器；11. 无菌泵；12. 无菌均质机；13. 无菌冷却器；14、17. 蒸汽阀；16. 密度调节器；18. 喷射冷凝器；19. 冷凝液泵；20. 真空调节阀；21. 真空泵；22. 高压蒸汽；23. 低压蒸汽；24、25. 冷却水；R. 反馈调节装置

物料进入恒位槽后，用输送泵 1 运送到预热器 2 和 3，预热升温到 75～80℃，然后在压力泵 4 输送下通过流量气动阀 5 进入直接蒸汽喷射式杀菌器 6，受到压力为 $10kg/m^2$ 蒸汽的加热，物料温度瞬间被加热到 150℃，在保温管中保持此温度 2.4s 后进入闪蒸真空罐 9，物料温度急剧冷却到 77℃左右。闪蒸真空罐中产生的蒸汽被喷射冷凝器 18 喷入的冷却水冷凝，部分不凝性气体被真空泵 21 排除。经灭菌处理的物料收集在膨胀罐底部并保持一定的液位，用无菌泵 11 送至无菌均质机 12，均质压强保持在 30～35MPa。均质灭菌的产品在无菌冷却器 13 中进一步冷却之后直接输入无菌灌装器，或送入无菌贮槽中。

如前所述，喷射进入物料中的蒸汽量必须和汽化时排出的蒸汽量相等，这是由控制物料喷射前和膨胀后的预定温差保持恒定决定的，使喷射入的蒸汽和真空冷却器抽出的蒸汽基本上处于平衡来实现的（图 11-15）。在直接蒸汽喷射式杀菌装置中有温差自动控制、调节和记录设施，相对密度变化精确度在±1.0%以内，如果相对密度偏差超过预定数值，机器会发出声光警报。

温度的自动调节是保证制品高度无菌的必要保障。该装置在保温管中安装了一台非常灵敏的温度传感器，作为电子自控回路的一部分，可以通过蒸汽气动阀调节改变蒸汽喷射速度，自动地保持所需的直接蒸汽喷射式杀菌温度，平均精度可达 0.5℃。物料温度如果下降到 147℃以下，装置会发出色光或音响警报，如果进一步下降到 143℃或更低温度，则原料进料阀会自动关闭，软水阀打开以充填空余管道，防止物料在装置中结焦。过一段时间，灭菌产品通向灌装机或无菌贮槽的阀门也会自动关闭，以防止未杀菌产品进入灭菌产品系统。同时由于自动联锁设计，在装置未经彻底消毒之前不能重新开始杀菌过程，产品质量因而得到完全保证。

蒸汽喷射器是整套装置的心脏，物料在其中能够瞬间升温到杀菌温度，传统的喷射头结构如图 11-16 所示，其外形是一不对称的 T 形三通，内管管壁四周分布有许多直径小于 1mm 的细孔，蒸汽通过这些细孔与物料流动方向成直角方位，在高压下强制喷射到物料中。为了防止物料在蒸汽喷射器内发生沸腾，物料必须保持在一定的压力下，而蒸汽压必须高于物料压力；物料在进入蒸汽喷射器前的压力一般保持在 4.0kg/cm^2 左右，蒸汽压力在 4.8～5.0kg/cm^2。喷射所用蒸汽必须是高纯度的，通常使蒸汽通过一离心式的过滤器，以除去任何可能存在的固体颗粒和溶解的盐类。

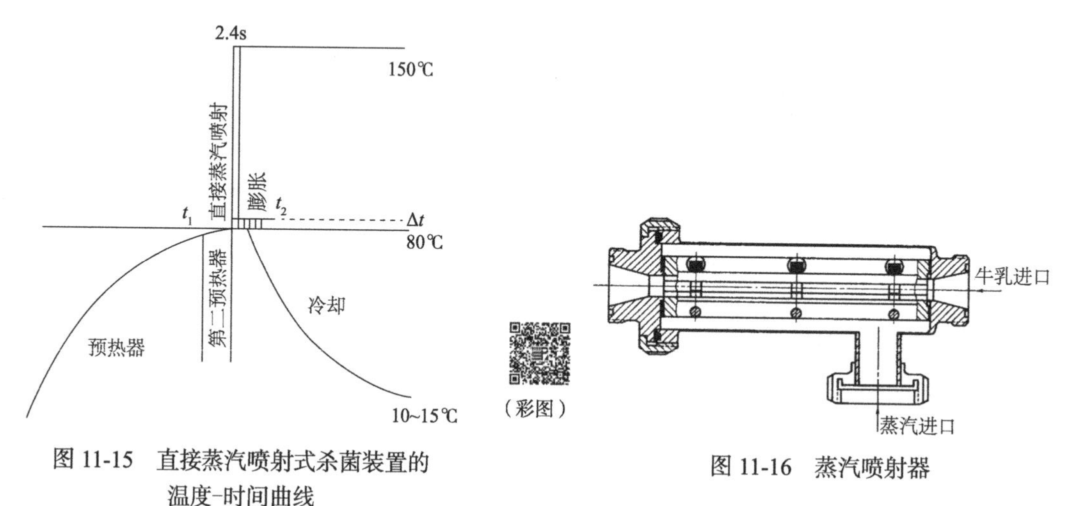

图 11-15　直接蒸汽喷射式杀菌装置的温度-时间曲线

t_1. 物料喷射前的温度；t_2. 物料膨胀后的温度；$\Delta t = t_2 - t_1$

图 11-16　蒸汽喷射器

（二）蒸汽注入式超高温杀菌

与蒸汽喷射式杀菌不同，蒸汽注入式超高温杀菌是将物料注入充满过热蒸汽的加热器中，让产品通过蒸汽层，由蒸汽瞬间加热到杀菌温度而完成杀菌过程。产品的喷射系统可以改变，但液滴大小必须均匀，才能保证换热效率均匀。除此以外，生产过程与蒸汽喷射系统类似，冷却方法也是在真空罐中通过膨胀来实现的。下面以 APV 公司的蒸汽注入式杀菌器为例作介绍。

APV 公司的蒸汽注入式杀菌器流程如图 11-17 所示。物料由恒位槽 1 被泵运送到板式换热器 2，预热升温到 75℃，然后在压力泵输送下进入蒸汽注射腔 3，受到超高温蒸汽的加热，物料温度瞬间被加热到 143℃，在保温管 4 中保持这一温度数秒后进入闪蒸真空罐 5，物料温度急剧冷却到 75℃左右。闪蒸真空罐中产生的蒸汽被冷凝管 10 冷凝，部分不凝性气体被真空泵排除，从而保证闪蒸真空罐中的压力能够始终保持在大气压以下，喷入物料中的蒸汽也全部在真空罐中汽化时除去。经灭菌处理的物料收集在膨胀罐底部，用无菌泵送至无菌均质机 6，经均质灭菌的产品在板式换热器 7 中经过二次冷却，温度降低到 25℃以下后被直接输送到无菌灌装器中灌装，或送入无菌贮罐 8 中，没有达到灭菌条件的物料通过旁路重新回到恒位槽。在板式换热器 7 中冷却灭菌产品的冷却水被产品加热后，被生蒸汽进一步升温，用作板式换热器 2 的热源，在热交换中被冷却后作为冷源用于冷却灭菌产品。

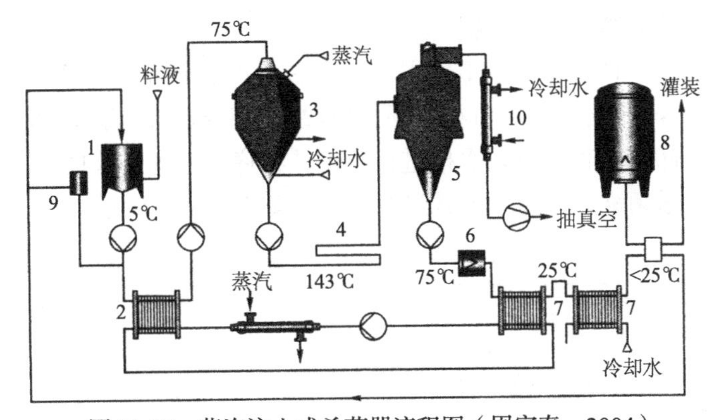

图 11-17　蒸汽注入式杀菌器流程图（周家春，2004）

1. 恒位槽；2、7. 板式换热器；3. 蒸汽注射腔；4. 保温管；5. 闪蒸真空罐；6. 无菌均质机；8. 无菌贮罐；9. 杀菌环路；10. 冷凝管

APV 公司的蒸汽注射腔锥底外壁由冷却水循环冷却，物料在加热后能迅速得到冷却，因而能防止过热现象出现。

第二节　包装食品杀菌设备

包装食品是指马口铁罐、铝罐、复合塑料软包装、玻璃瓶、聚丙烯（PP）瓶、聚对苯二甲酸乙二醇酯（PET）瓶等包装容器所包装的罐头及饮料、果酒果醋、调味品等。包装食品杀菌设备属于先包装后杀菌的设备。食品在包装后杀菌时，因需要通过包装进行间接加热，传热效率低，物料中心达到杀菌温度需要的时间长，冷却时间长，使得物料处于高温的时间比先杀菌后包装的方式长得多，因此产品营养损失较多；但其杀菌彻底，工艺成熟，适应性好，应用极为广泛。

包装食品的杀菌设备根据杀菌温度不同可分为常压杀菌设备和高压杀菌设备。常压杀菌设备的杀菌温度在 100℃以下，用于 pH 小于 4.5 的产品杀菌。高压杀菌设备一般在密闭的容器内进行，压强大于 0.1MPa，温度在 120℃左右。根据杀菌设备使用热源的不同可分为蒸汽加热杀菌设备、热水加热杀菌设备等。

包装食品杀菌设备按操作方式可分为间歇式和连续式两大类。

一、间歇式杀菌设备

间歇式杀菌设备是指间歇完成装料、杀菌、卸料等操作的杀菌设备，热源多采用蒸汽或热水，使产品在常压或加压状态下完成杀菌操作。其具有操作灵活、易于控制、对包装容器的适用面宽、生产能力低、劳动强度大等特点。

间歇式杀菌设备按杀菌锅的安装方式可分为立式杀菌锅和卧式杀菌锅。下面对常用的典型的间歇式杀菌设备分别予以介绍。

（一）立式杀菌锅

立式杀菌锅分为普通立式杀菌锅和无篮立式杀菌锅。

普通立式杀菌锅可用于常压或加压杀菌。其特点是杀菌量小，间歇式生产，常用于实验室或品种多、批量小的中小型罐头厂。但从机械化、自动化、连续化生产来看，其不是发展方向。所以这里只介绍无篮立式杀菌锅。

无篮立式杀菌锅是一种大型的、不使用杀菌篮的立式杀菌锅，一般用于高压杀菌，容积是普通立式杀菌锅的 4～5 倍。进罐口在顶部，出罐口在底部。杀菌锅底部安装有冷却水槽，以便罐头在杀菌的冷却阶段直接排入水槽进行冷却，槽底有输送罐头的输送带。通常将几只锅并排安装，可以使杀菌锅以半连续方式进行杀菌，如图 11-18 所示。

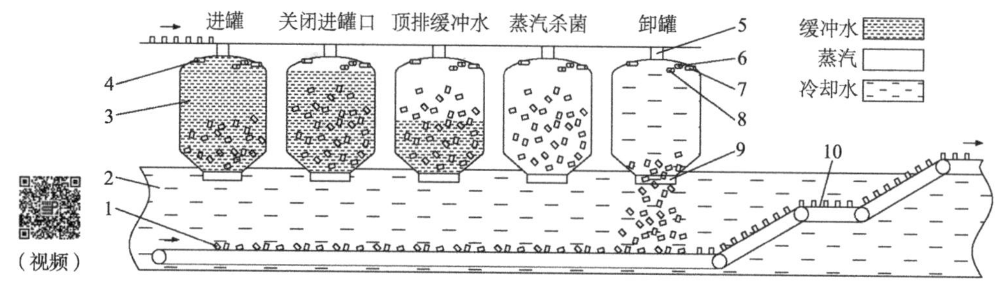

图 11-18　无篮立式杀菌过程

1. 罐头；2. 冷却水槽；3. 杀菌锅；4. 缓冲水进口；5. 进罐口；6. 空气进口；7. 蒸汽进口；8. 溢流口；9. 出罐口；10. 输送带

操作过程如下。

锅内预装一定温度的缓冲水，罐头通过输送带从锅上方进罐口投入锅内（罐头在杀菌锅中是随意堆积的），同时打开溢流口使水溢出。当杀菌锅装满罐头时，通过液压关闭进罐口盖，同时关闭溢流阀。从锅顶分配管通入蒸汽，蒸汽压力将锅内的水从锅底通过排水管排出（排出的水可以收集，供其他杀菌锅使用）。随后的杀菌过程与普通立式杀菌锅的高压杀菌操作一样，经过排气、升温、保温和冷却几个阶段。

反压冷却结束后的进一步冷却在锅下方的冷却水槽中进行。卸罐过程：锅底门打开后，罐头落入缓冲水道中，水道底的输送带再将罐头送入冷却水道，将罐头冷却到所需的温度。罐头经过提升出水，送入烘干机和包装车间。

无篮立式杀菌锅的特点：①节省劳动力，多台锅组合仅需一人操作；②节省能源，与普通立式杀菌锅相比，无篮立式杀菌锅的蒸汽耗量要少得多；③适用性、灵活性大，可以处理所有的标准罐型，可以在 135℃以下的各种温度下进行杀菌；④自动化程度高，可根据需要配备检测仪表和控制装置，从常规控制到全自动控制均可实现。

（二）卧式杀菌锅

卧式杀菌锅只用于高压杀菌，而且容量较立式杀菌锅大，因此多用于生产以肉类和蔬菜罐头为主的大中型罐头厂。卧式杀菌锅根据包装产品在锅内处置方式可分为静置式（静止式）和回转式（动态式）；根据热源的利用方式可分为蒸汽式、全水式（又称浸水式、水浴式）、淋水式（又称喷淋式）；根据锅体的组合形式不同可分为单锅式、双锅上下式、双锅并联式、三锅串联式等。本书按照第一种方法分类，并对其分别予以介绍。

1. 静置式卧式杀菌锅

（1）蒸汽杀菌（单锅式）卧式杀菌锅

1）结构：蒸汽杀菌（单锅式）卧式杀菌锅主要由锅体、锅盖、杀菌车、蒸汽系统、冷却水系统、温度和压力控制系统等组成，如图 11-19 所示。锅体为圆柱形筒体，锅体的前部铰接着可以旋转开闭的锅门，末端为椭圆形封头。锅体 15 和锅门（盖）22 的闭合方式与立式杀菌锅相似。锅体底部有两根平行导轨。导轨高于地平面，可以将杀菌车置于与导轨高度相等的小车上，小车与导轨对接，即可将杀菌车送进杀菌锅。也可以将杀菌锅置于地槽中安置，使锅内导轨与地面相平，在锅体与地面的地槽之间架设一段活动轨道，即可实现杀菌车进出杀菌锅，每次开关锅门时，活动轨道要移开。

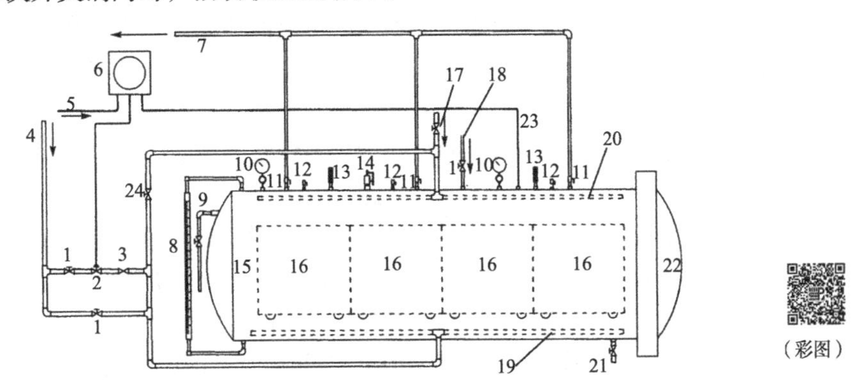

（彩图）

图 11-19　蒸汽杀菌（单锅式）卧式杀菌锅锅体结构及其管路连接图（许学勤，2013）

1、24. 截止阀；2. 蒸汽调节阀；3. 单向阀；4. 进汽管；5. 控制用压缩空气；6. 温度控制记录仪；7. 放空集气管；8. 液位计；9. 溢流管；10. 压力表；11. 排气阀；12. 泄汽阀；13. 温度计；14. 安全阀；15. 锅体；16. 杀菌车；17. 进水阀；18. 压缩空气进气管；19. 蒸汽分配管；20. 冷却水分配管；21. 排水管；22. 锅门；23. 温度传感连接管

蒸汽系统包括蒸汽管、蒸汽阀和蒸汽喷射管等。蒸汽喷射装置位于导轨下面，蒸汽从底部进入锅内两根平行的开有若干小孔的蒸汽分布管，对锅内进行加热。为便于杀菌锅的排水，在锅体周围开设一个加漏空钢板的地槽。锅体上装有各种仪表与阀门。由于采用反压杀菌，压力表所指示的压力包括锅内蒸汽和压缩空气的压力，致使温度与压力不能对应，因此还要装设温度计。

蒸汽杀菌（单锅式）卧式杀菌锅锅门除了水平回转开启式外，还有一种上下回转开启形式，如图 11-20 所示。水平开启式锅门由人工开启和关闭，上下回转开启式锅门是自动的，主要用于杀菌篮自动进出杀菌锅的场合，若与自动装篮卸篮系统、灌装封盖生产线、包装生产线等配合，可以组成自动化生产线。

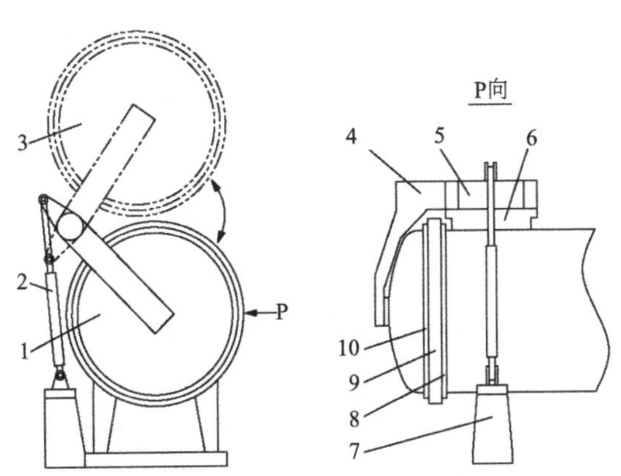

图 11-20　上下回转开启式锅门

1. 关闭后锅门位置；2. 液压油缸；3. 开启后锅门位置；4. 拐臂；5. 起重轴；6. 起重座；7. 油缸座；8. 锅体法兰；9. 密封法兰；10. 封头法兰

蒸汽杀菌（单锅式）卧式杀菌锅也可设计成双开门通过式。其结构与单开门式相似，用

于生产中流水线作业。如锅门一端在杀菌间，另一端开在包装卸料间，可使生产连续化，降低劳动强度。

2）操作：因锅内存在着空气，使锅内温度分布不均，故影响产品的杀菌效果和质量。为避免由空气造成的温度“冷点”，在杀菌操作过程采用排气的方法，通过安装在锅体上部的排气阀排放蒸汽来挤出锅内空气和通过增加锅内蒸汽的流动来提高传热杀菌效果来解决。但此过程要浪费大量的热量，一般占全部杀菌热量的 1/4～1/3，并给操作环境造成噪声和湿热污染。

蒸汽杀菌（单锅式）卧式杀菌锅的操作过程与立式杀菌锅的高压杀菌操作基本相同，主要包括装锅、升温、恒温杀菌、反压冷却和卸锅等阶段。

A. 升温阶段：同时将排气阀 11 及泄汽阀 12 打开并将蒸汽管路的截止阀 1 打开。加热蒸汽进入锅内将锅内不凝性气体排出，同时对锅内罐头进行加热升温。升温时间和排气时间均以通入蒸汽时开始计时。一般升温包括排气时间为 10～25min。

B. 恒温杀菌阶段：当锅内温度达到要求的杀菌温度，即将排气阀 11 关闭，泄汽阀 12 继续打开，使锅内的加热蒸汽部分外泄，以促进加热蒸汽在锅内流动使锅内各部分的温度均匀一致。由温度控制记录仪 6 通过蒸汽调节阀 2 控制进入的蒸汽流量，保持杀菌阶段杀菌温度均匀一致，并记录杀菌温度和时间。对有的罐头产品，为避免罐头受热后胀罐变形需打开压缩空气，增加锅内压力，进行反压控制。

C. 反压冷却阶段：一般可分为两个阶段。第一阶段：将截止阀 1 关闭停止进入蒸汽，并打开冷却水进水阀 17，冷却水进入分配管 20 对锅内进行喷淋冷却。在打开冷却水进水阀 17 前，必须先打开压缩空气进气管 18，使锅内压力保持稍高于杀菌压力，防止锅内蒸汽冷凝收缩，在锅内出现真空负压，引起胀罐、爆罐等废品。随着冷却水在锅内积累水位逐步升高，罐头中心温度逐渐下降，需逐渐降低锅内压缩空气的压力，使罐头内外压力平衡，避免由过高的锅内压力造成瘪罐废品。第二阶段：随着锅内水位升高，罐头中心温度进一步降低，可将压缩空气进气管 18 关闭，同时打开排气阀 11、截止阀 24，并打开溢流管 9 上的截止阀，使冷却水同时从锅顶部的分配管 20 和底部的蒸汽分配管 19 进入锅内，并由溢流管 9 排出，形成冷却水的环流，进一步降低罐头温度。如此继续几分钟后，可关闭截止阀 24，打开排水管 21，使冷却水从顶部进入锅内，从底部排出，达到更均匀的冷却效果。

D. 卸锅阶段：当罐中心温度达到 45℃以下，即可关闭进水阀 17，停止进水。打开锅盖，待水流尽后将杀菌车从锅内推出进行卸锅。

卧式杀菌锅用蒸汽作介质进行杀菌的最大特点是升温降温迅速、锅内温度分布均匀，因此较适用于罐型不太大的金属罐头的反压杀菌。

对于玻璃瓶或软罐头之类的产品，不宜用蒸汽直接进行杀菌，因为热（冷）冲击作用会造成包装材料（玻璃瓶、包装袋）的破损。因而，对于这类产品，通常以水为介质进行杀菌，这样可以避免以上问题。然而普通卧式杀菌锅用水作介质进行杀菌，会引出一系列需要解决的问题。首先，水自身的升温降温需要增加额外的热能和冷却时间，从而延长杀菌操作期；其次，如果冷却时将过热水全部排掉则带走了大量的热量；最后，锅内的温度分布不如蒸汽那样很均匀。因此，普通卧式杀菌锅用水作介质，需要锅体内外增加适当的辅助装置，并配以适当的管路连接，实现热水的回收使用，并使锅内罐头和热水温度分布均匀。这样既可节约热量，又能缩短加热和冷却时间。实际上，以水作介质进行杀菌的卧式杀菌锅早已设计开发出来，并在生产上得到广泛应用，典型的有两种：全水式卧式杀菌锅和淋水式卧式杀菌锅。

（2）静置全水式上下卧式杀菌锅　静置全水式上下卧式杀菌锅的主体及管路连接如图11-21所示。主体由上下两只卧式高压容器组成，安装在上方的是预热贮水罐，安装在下方的为杀菌锅。贮水罐和杀菌锅之间由管道连接，并安装了控制阀门。

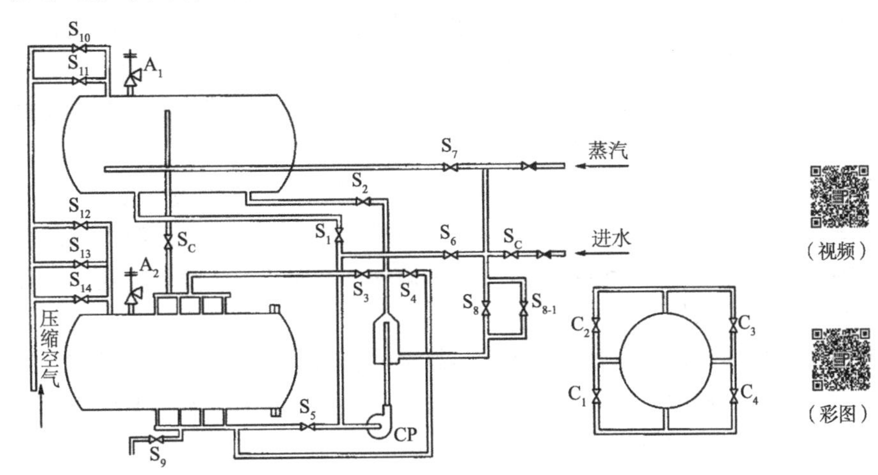

图 11-21　静置全水式上下卧式杀菌锅的主体及管路连接（许学勤，2013）

C_1～C_4. 自动切换阀（热水）；CP. 循环泵；S_1～S_6. 自动切换阀；S_7. 自动切换阀（蒸汽）；S_8、S_{8-1}. 调节阀（蒸汽）；S_9. 自动切换阀（排水）；S_{10}～S_{14}. 自动切换阀（压缩空气）；S_C. 截止阀；A_1、A_2. 液位继电器

杀菌流程如下。

1）预热：向上罐（贮水罐）加满水，并进入蒸汽升到所需温度。

2）下水：把上罐水通过管道流入下罐（杀菌锅）。

3）杀菌：循环泵将杀菌用水在贮水罐和杀菌锅之间不断循环，水浸过杀菌物，循环水可通过蒸汽混合器进入的蒸汽加热，控制在所需要的恒定的杀菌温度。罐内压力通过加压阀和排汽阀调整在需要的理想的范围内。

4）回收：把杀菌用水抽回至上罐。

5）降温：锅内开始进入凉水，杀菌物的温度被不断降低，并一直到设定好的程度。

6）排水：降温用水通过排水阀排出，锅内的压力通过排气阀泄掉。

袋装软罐头在杀菌锅内需平放在专门的多孔杀菌托盘上，托盘之间留有一定间隙作为热水流通道。

如果对上下锅卧式杀菌锅略一改造，就成为双锅并联杀菌锅，如图11-22所示。双锅并联杀菌锅与上下锅的不同之处在于两个锅在同一水平面安装，而且不分贮水锅和灭菌锅的关系，全是灭菌锅。全水杀菌时，两个杀菌锅交替使用同一批杀菌水工作，一台杀菌锅内的食品处理完后，直接将温水注入另一锅内，节省处理水量和热量损耗，比双层杀菌锅能提高2/3产能。

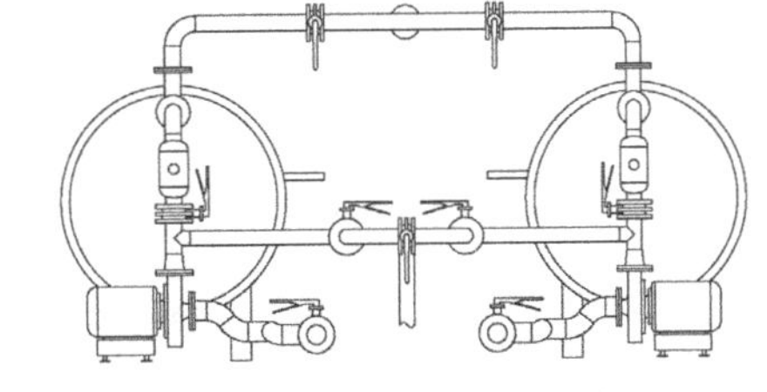

图 11-22　双锅并联杀菌锅

（3）喷淋静置单锅式杀菌锅　喷淋静置单锅式杀菌锅的结构与蒸汽式或全水式卧式杀菌锅类似，只不过其杀菌介质是喷淋热水，喷淋热水用离心泵进行高速循环，从杀菌锅底部抽到顶部，中途流经板式换热器进行加热或冷却，然后

进入杀菌锅内上部的水分配器，均匀喷淋在需要杀菌的产品上。为缩短热水流程，有些采用侧喷方式使罐头受热更为均匀，侧喷方式尤其适用于袋装食品的杀菌。

喷淋静置单锅式杀菌锅的特点：由于采用高速喷淋对产品进行加热、杀菌和冷却，温度分布均匀，提高了杀菌效果，改善了产品质量；杀菌与冷却采用同一水体，产品无二次污染的危险；采用同一间壁式换热器，循环水温度无突变，消除了热冲击造成的产品质量的降低及包装容器的破损；温度与压力为独立控制，控制比较准确；耗水量少，动力消耗小。

喷淋静置单锅式杀菌锅可用于果蔬类、肉类、鱼类、蘑菇和方便食品等的高温杀菌，其包装容器可以是马口铁罐、铝罐、玻璃瓶和蒸煮袋等。

2. 回转式卧式杀菌锅　回转式卧式杀菌锅可以提高半流质食品的热穿透能力。杀菌过程中，罐头内容物处于不断被搅动的状态下完成杀菌。其优点是杀菌均匀，杀菌时间短，产品质量高，节省蒸汽，包装容器不易变形和破损；主要缺点是设备较复杂，杀菌准备时间较长，杀菌过程热冲击较大。

罐头随转体回转，其内容物的搅动是靠罐内顶隙气体产生的。如图 11-23 所示，罐体在做跟头式运动的过程中，顶隙气体沿罐内壁上下翻滚，起到了搅动固形物的作用，从而实现罐头迅速升温、均匀受热的目的。

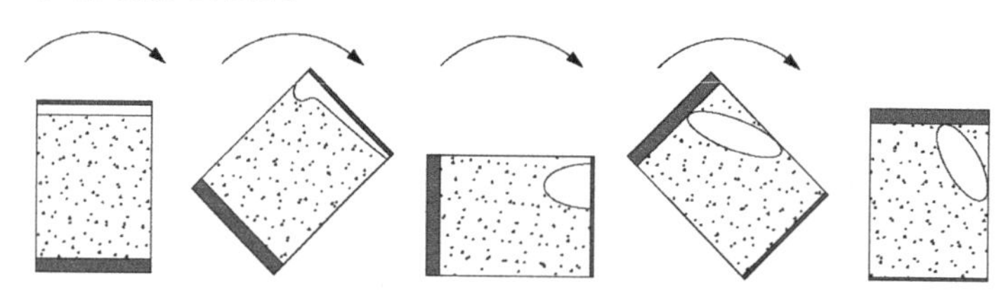

图 11-23　罐身回转时内容物搅动示意图

回转式卧式杀菌锅分为全水式回转卧式杀菌锅和淋水回转卧式杀菌锅，下面分别予以介绍。

（1）全水式回转卧式杀菌锅　全水式回转卧式杀菌锅又分为全水式单锅回转卧式杀菌锅和全水式双锅回转卧式杀菌锅。此处只介绍全水式单锅回转卧式杀菌锅。

1）结构和原理：从原理上讲，在普通卧式杀菌锅上装上回转装置，就是回转卧式杀菌锅了，由定位检测装置、锅体、支撑装置、传动装置、开门装置、回转装置、气缸压紧装置组成。回转装置的传动可以装在锅尾，见图 11-24，也可以装在锅身部位。回转装置装在锅身的全水式单锅回转卧式杀菌锅具有传动机构由中间输入、回转平稳的优点。

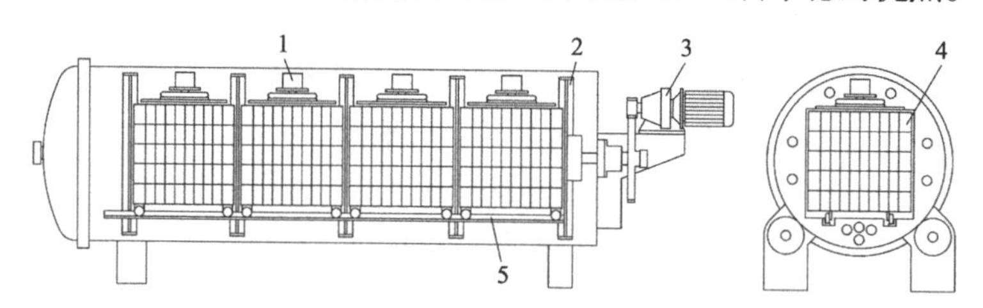

图 11-24　全水式单锅回转卧式杀菌锅（回转装置装在锅尾）

1. 气缸压紧装置；2. 旋转体；3. 减速电动机；4. 杀菌框；5. 杀菌框轨道

锅体与门盖铰接，与门盖结合的锅体端面有一凹槽，凹槽内嵌有 Y 形密封圈，如图 11-25 所示。当门盖与锅体合上后，转动夹紧转圈，使转圈上的 16 块卡铁与门盖突出的楔块完全对准，由于转圈卡铁与门盖及锅体上接触表面没有斜面，因而即使转圈上的卡铁使门盖、锅身完全吻合也不能压紧密封垫圈。门盖和锅身之间有1mm的间隙，因此关闭与开启门盖时方便省力。杀菌操作前，当向密封圈供以0.5MPa的洁净压缩空气时，Y形密封圈便紧紧压住门盖，同时其两侧唇边张开而紧贴密封腔的两侧表面，起到良好的密封作用。

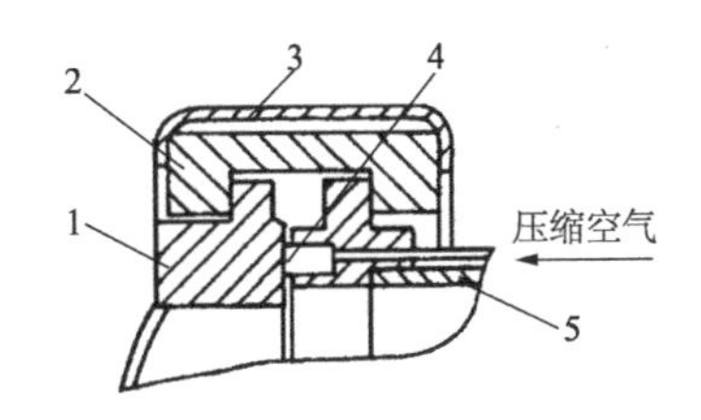

图 11-25 门盖的密封

1. 门盖；2. 卡铁；3. 夹紧转圈；4. 密封圈；5. 锅体

回转体是杀菌锅的回转部件，装满罐头的杀菌篮置于回转体的两根带有滚轮的轨道上，通过压紧装置将杀菌篮与转体固联，使之与转体间无相对运动。回转体是由4只滚圈和4根角钢组成一个焊接的框架，其中一个滚圈由一对托轮支承，而托轮轴则固定在锅身下部。

回转体由减速电动机驱动旋转。回转轴的轴向密封采用单端面单弹簧内装式机械密封。

在传动装置上设有定位装置，从而保证了回转体停止转动时，能停留在某一特定位置，使得回转体的轨道与运送杀菌篮小车的轨道接合，从杀菌锅内取出杀菌篮。

2）特点：由于全水式单锅回转卧式杀菌锅在杀菌过程中罐头呈回转状态，且压力、温度可自动调节，因而具有以下特点。

A. 杀菌均匀。由于回转杀菌篮的搅拌作用，加上热水由泵强制循环，锅内热水形成强烈的涡流，水温均匀一致，达到产品杀菌均匀的效果。

搅拌与循环方式不同时，杀菌锅呈现的温度分布情况如图11-26所示。

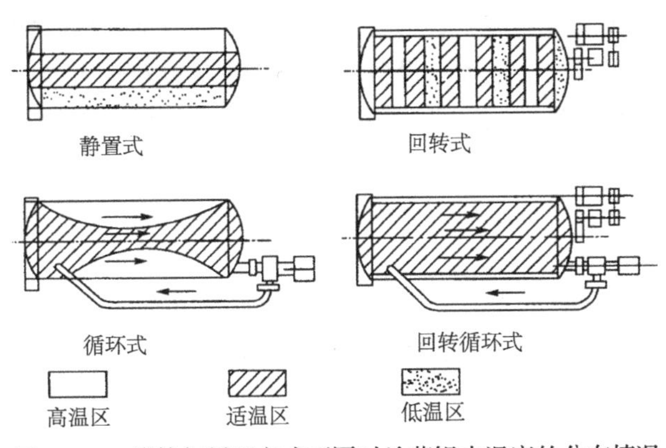

图 11-26 搅拌与循环方式不同时杀菌锅内温度的分布情况

B. 杀菌时间短。杀菌篮回转，传热效率提高，对内容物为流体或半流体的罐头更显著。

罐头的回转速度与杀菌时间的关系如图11-27所示。随着转速的增加，杀菌时间缩短。当转速增加到一定限度时，反而使杀菌时间延长。其原因是随着转速的增加，离心力达到一定程度，罐头内容物被抛向罐底，使顶隙位置始终不变，失去了内容物摇动而产生的搅拌作用，如图11-28所示。另外，每种产品都有它的合适转速范围，当超过这一范围时，就会失去内容物的均质性，出现热传导反而差的现象。

在全水式单锅回转卧式杀菌锅中，罐头的顶隙度对热传导率有一定的影响。顶隙大，内容物的搅拌效果就好，热传导就快，然而过大又会使罐头内形成气袋，产生假胖听，因此顶隙要适中。另外，罐头在杀菌篮里的排列方式对杀菌效果也有一定的影响。

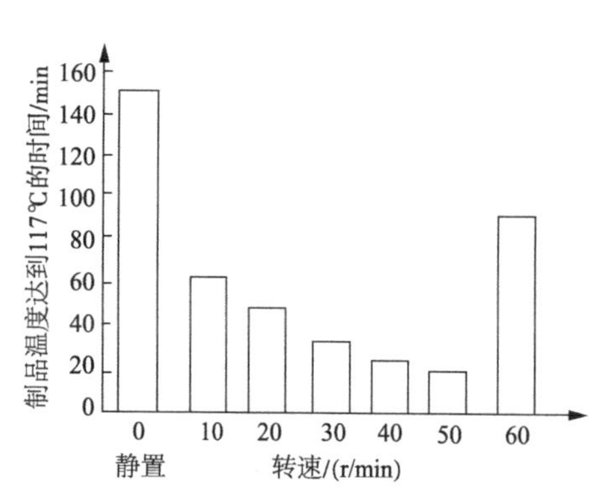

图 11-27　罐头回转速度与杀菌时间的关系

内容物：条状腊肠，加热到中心温度 117℃罐头尺寸：ϕ99mm×119mm

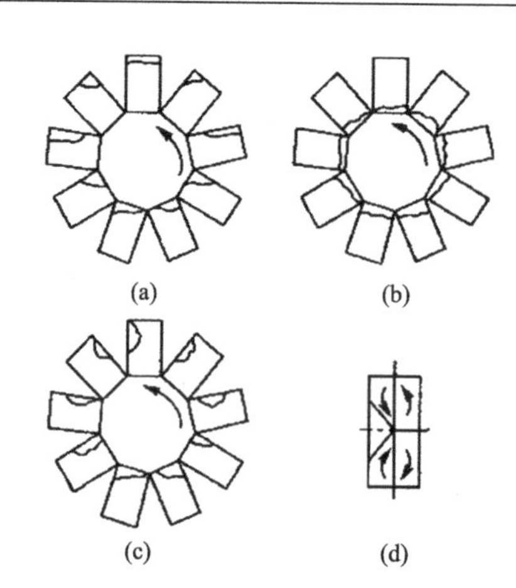

图 11-28　罐头在回转过程中内容物的搅拌情况

（a）回转速度慢；（b）回转速度过快；（c）回转速度适宜；（d）罐头顶隙在内容物中心移动时发生摇动

C. 有利于产品质量的提高。由于罐头回转，可防止肉类罐头油脂和胶冻的析出，对高黏度、半流体和热敏性的食品，不会产生因罐壁部分过热形成黏结等现象，可以改善产品的色、香、味，减少营养成分的损失。

D. 由于过热水重复利用，节省了蒸汽。

E. 杀菌与冷却压力自动调节，可防止包装容器的变形和破损。

全水式单锅回转卧式杀菌锅的主要缺点是：杀菌锅内有回转体，减小了有效容积；杀菌准备时间较长；杀菌过程热冲击较大；设备较复杂，设备投资较大。

（2）淋水回转卧式杀菌锅　淋水回转卧式杀菌锅的结构、工作原理及适用范围与静置式淋水式杀菌锅的基本相同，只不过增加了回转设计，使灭菌产品达到灭菌温度的时间更短。淋水回转卧式杀菌锅也分为单锅式和上下锅双锅式两类。这里以单锅蒸汽淋水回转卧式杀菌锅为代表作介绍。

蒸汽淋水回转卧式杀菌锅是在蒸汽杀菌锅及全水式杀菌锅的基础上研制开发的。GT7C19 蒸汽淋水回转卧式杀菌锅管路流程如图 11-29 所示。

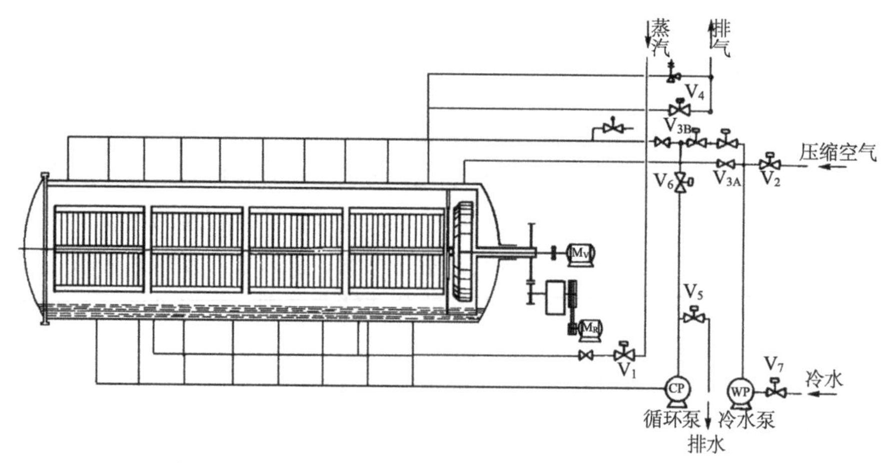

图 11-29　GT7C19 蒸汽淋水回转卧式杀菌锅管路流程图

V_1. 蒸汽阀；V_2. 压缩空气阀；V_{3A}、V_{3B}. 冷水阀；V_4. 排气阀；V_5. 排水阀；V_6. 循环阀；V_7. 进水阀；WP. 冷水泵；CP. 热水循环泵；M_R. 回转体电动机；M_V. 鼓风机电动机

蒸汽淋水回转卧式杀菌锅的工作介质是蒸汽-水-压缩空气三者的结合，热水进行循环并喷淋加热罐头；在回转体的后端安装有鼓风机的蜗壳，鼓风机的蜗壳具有两个出风口和一个半圆形进风口，进风口和出风口的位置分别位于中心线的上下两半，当回转体转动时，鼓风机的蜗壳也相应回转，使蜗壳进出风口的位置交替改变，强制杀菌锅内的气流循环，使锅内的蒸汽和空气均匀混合，从而使锅内各点温度保持均匀。在杀菌过程中，罐头与杀菌篮一起能绕着杀菌锅的轴线做回转或摆动运动。

本设备的管路有蒸汽、压缩空气、冷热水循环及排放等系统。管路中的阀门均采用气动控制蝶阀，在操作过程中不会产生泄漏。

蒸汽通过蒸汽阀 V_1 由锅体下部进入锅内，压缩空气通过压缩空气阀 V_2 由锅体上部进入锅内。冷水通过进水阀 V_7、冷水泵 WP 和冷水阀 V_{3A}、V_{3B} 由上部进入锅内，进水管共有 11 根支管，每根支管出口处装有一只浅底圆盘，水通过圆盘喷洒到杀菌篮。锅内的热水由锅体的下部引出，通过水过滤器、热水循环泵 CP、循环阀 V_6，然后从上部进入锅体内部，如此循环通过排水阀 V_5 可将锅内的水排放。排气阀 V_4 可调节锅内的压力。

整个杀菌过程分为准备、预热、杀菌、冷却Ⅰ、冷却Ⅱ、冷却Ⅲ、排水、启锅 8 个阶段。各个阶段的操作要点、阀门和泵的运行状态、工作循环如图 11-30 所示。

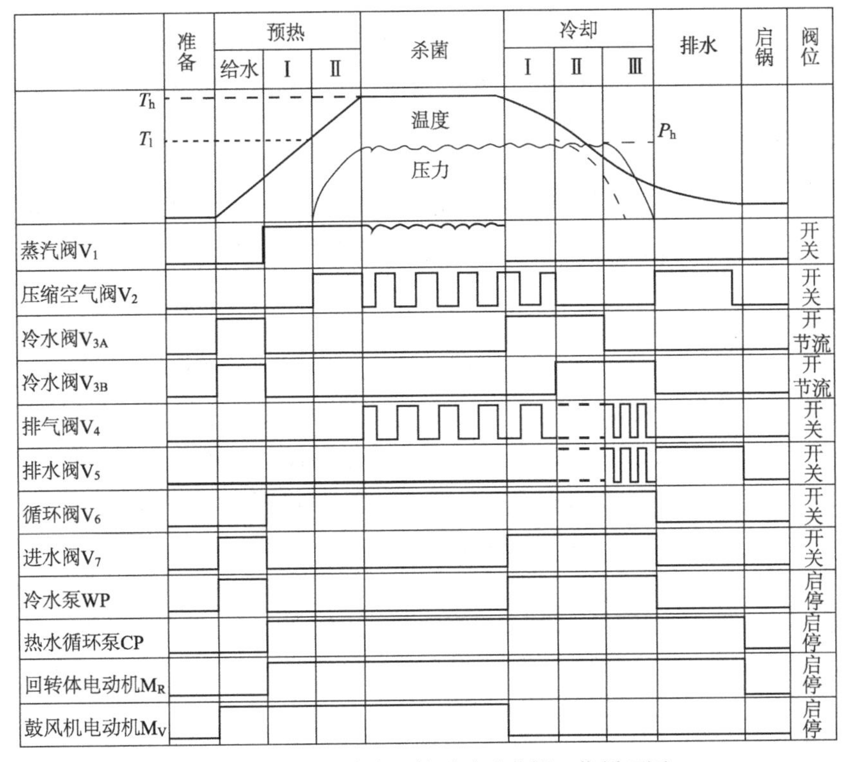

图 11-30 蒸汽淋水回转卧式杀菌锅工作循环图

T_h. 杀菌温度；T_l. 预热时压缩空气开启时对应的温度；P_h. 杀菌及冷却过程中锅内要保持的最高压力

虽然淋水式杀菌有一定的局限性，但是有许多产品适合采用这种方法杀菌。由于头顶头回转结合使用了蒸汽-水-压缩空气三位一体的加热介质，即使是高黏度产品，也容易实现高温短时杀菌，因此可以获得好的产品质量，同时节省时间、蒸汽和水。

与全水式回转卧式杀菌相比，淋水回转卧式杀菌时罐头容器缺乏浮力，这使容器增加了应力，同时也观察到由于压缩空气的存在，金属容器及杀菌锅本身会受到严重氧化。因此，有必要使用阻蚀剂，但会使生产成本略有增加。由于淋水回转卧式杀菌锅在混合杀菌介质中几乎没有浮力，因此转鼓必须非常坚固，在回转时需要防止振动，并要做好回转轴的密封。

二、连续式杀菌设备

连续式杀菌设备一般由进罐机构、运载装置、机械传动和安全装置、加热（杀菌）装置、冷却装置、出罐机构和自控系统组成。连续式杀菌设备分为常压与加压两大类设备。

（一）常压连续式杀菌设备

常压连续式杀菌设备主要用于水果类和一些蔬菜类及圆形罐头的常压连续式杀菌。按加热介质工作情况有浸水式（或水浴式）和淋水式之分；按罐头在杀菌过程中所处状态有直立式和回转式之分；按设备结构又有单层和多层形式之分。层数的多少取决于生产能力的大小、杀菌时间的长短和车间空间情况等。

1. 常压喷淋连续式杀菌机　此设备是利用巴氏杀菌原理，以热水为介质，对酸性食品进行低温连续杀菌处理的机械。应用于各种瓶装、罐装饮料，果蔬罐头、酒类、调味品等食品的常压连续杀菌。

图 11-31　常压喷淋连续式杀菌机

图 11-31 为常压喷淋连续式杀菌机的外形图，主要由机架，输送装置，喷淋水循环系统，传动装置，控制系统及进、出瓶输送带等组成。整体为隧道结构，一条运载产品的输送带穿过隧道，输送带的两端与进出罐的外围输送带相连。物料由入口处的拨罐器拨到输送带上，输送带带动罐头经过隧道时被喷射的热水（或蒸汽）加热杀菌，然后被水喷头喷出的冷水冷却后送出。在整个过程中，产品与输送链处于相对静止状态而同步移动。

对于玻璃瓶装的产品，为了避免热应力集中造成瓶子破损，加热段和冷却段要分成多个区段（如预热段 1、预热段 2、加热段、预冷段、冷却段、最终冷却段等多个工作段），以使得加热时温差在 20～50℃，冷却温差不超过 20℃。这种设备的特点是结构简单、性能可靠、生产能力大，通常可以根据工艺要求进行调节；适合于内容物流动性良好的瓶装产品的常压杀菌；占地面积较大，设备长达 20 多米，甚至更长。

2. 常压水浴连续式杀菌机　其结构见图 11-32。其常压下采用蒸汽直接与水混合产生热水进行巴氏杀菌、常温水冷却、再用冷却水冷却三段处理形式；具有杀菌温度自动控制、杀菌时间无级可调等优点；用于塑料瓶包装的果蔬果奶饮料、塑料袋装榨菜、果蔬罐头食品等。

（彩图）

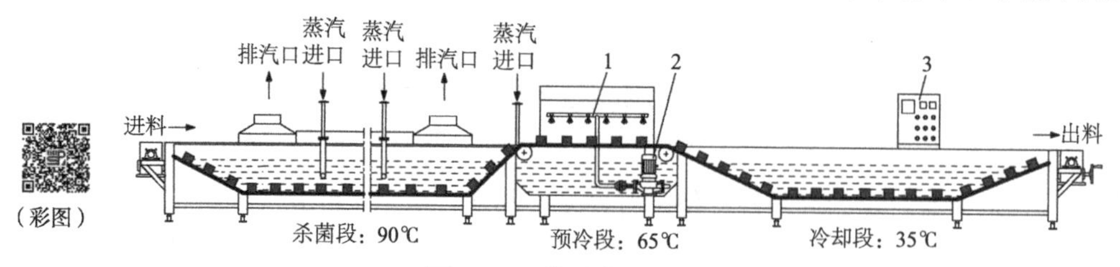

图 11-32　常压水浴连续式杀菌机

1. 喷淋管；2. 循环泵；3. 电控箱

3. 三层常压水浴连续式杀菌设备 三层常压水浴连续式杀菌设备主要由传动系统、进罐机构、送罐链、槽体、出罐机构及报警系统、温度控制系统等组成。

三层常压水浴连续式杀菌设备中的第一层为预热杀菌槽；第二层为杀菌或冷却两用槽，是考虑到罐头内容物和罐型不同、杀菌条件不同来设计的；第三层为冷却槽。封罐机封好的罐头进入送罐输送带后，由拨罐器定量地拨进槽体内，并由刮板输送链将罐头由下而上依次经过一至三层，完成杀菌全过程，最后由出罐机构将罐头卸出。

其传动系统如图 11-33 所示，电磁调速电动机 1 通过弹性联轴器 2、齿轮减速器 3、安全离合器 5、蜗轮减速器 19 和套筒滚子链驱动前端的主动轴 16。蜗轮减速器 19 的另一端输出轴经联轴器 6、蜗杆调节器 7、蜗轮减速器 8 和套筒滚子链使另一主动轴 12 同步转动，通过主动轴上的链轮带动送罐链 13 和刮板 20 推动罐头 21 滚动，完成杀菌和冷却的全过程。

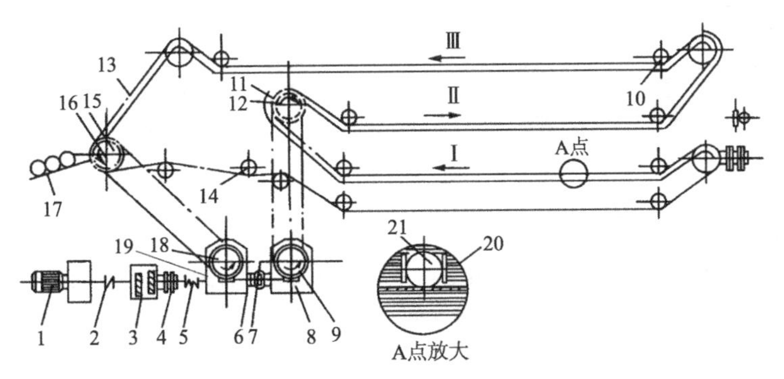

图 11-33 三层常压水浴连续式杀菌设备传动系统图

1. 电磁调速电动机；2. 弹性联轴器；3. 齿轮减速器；4、6. 联轴器；5. 安全离合器；7. 蜗杆调节器；8、19. 蜗轮减速器；9、11、15、18. 链轮；10. 压紧轮；12、16. 主动轴；13. 送罐链；14. 张紧轮；17. 出罐台；20. 刮板；21. 罐头

常压水浴连续式杀菌设备的层数以单层数为好，不会造成在同一端进罐与出罐，有利于设备组成流水线和车间布置方便。层数越多，生产能力越大，在杀菌条件和生产能力相同时，占地面积小，节约车间建筑投资费用。但层数越多，送罐链的总长度也越长，操作管理不便，结构复杂，转弯处增多，送罐链传动动力分布更复杂，也增加了卡罐故障的可能性，因而层数应适当。目前，一般不超过 5 层。国外一些工厂为节省车间面积，会把 2～3 个单层杀菌机叠置起来，这样充分利用了车间空间，使不同产品的几条线同时进行生产。

（二）连续加压杀菌设备

1. 回转式连续加压杀菌设备 加压杀菌设备要设计成自动化连续生产，罐头进出口的密封是要解决的关键性技术问题，解决这个问题的关键设备是回转密封阀，利用它可以将预热锅、加压杀菌锅、冷却锅连接起来，组合成回转式连续加压杀菌设备，如图 11-34 所示。

预热锅、加压杀菌锅和冷却锅的结构均为承受 0.2～0.3MPa 压强的圆筒体，其直径多数为 1473mm，长度为 3340～11 250mm，具体长度尺寸取决于杀菌时间、生产速率和容器大小。在各锅内具有分格装罐的回转架，沿锅内壁固定着 T 形螺旋导轨，罐头由回转密封阀从锅的一端送入，落到回转架的装罐分格内，随回转架一起回转，罐头一边自身滚动，另一边沿螺旋导轨滑动，直至被送到锅的另一端，通过回转密封阀转移至下一个锅内继续进行热处理。最后，从冷却锅中送出时就完成了整个杀菌过程。

罐头在杀菌锅内随回转架回转一周时的自身运动情况如图 11-35 所示。罐头在沿锅体内壁绕轴线运动过程中，当罐头处在杀菌锅的顶部时，它落在回转架的分格内，由于不与锅内壁接触，只随回转架同步公转；在锅侧处，由于与锅体内壁有轻微接触，罐头除随回转架公转外，还有少量的自转（滑动性滚动）；当罐头处在锅体下部时，由于重力和离心力的作用，罐头与锅体内壁有较大的接触压力，产生了较大的与运动方向相反的摩擦力，摩擦力驱使罐头以与公转相反的方向自转，即此位置既有公转又有自转（自由滚动）。

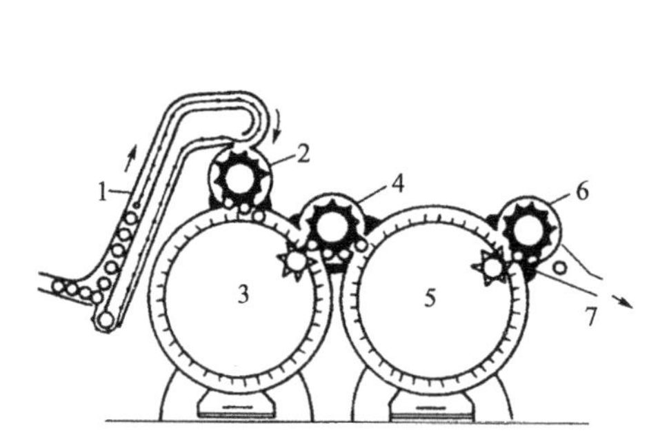

图 11-34　回转式连续加压杀菌设备剖视图

1. 提升机；2. 进罐回转密封圈；3. 加热杀菌锅；4. 中转回转密封阀；5. 冷却锅；6. 出罐回转密封阀；7. 回转架

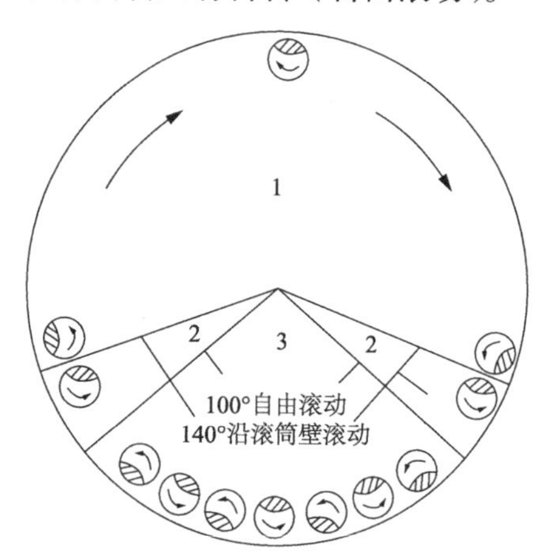

图 11-35　回转式连续加压杀菌设备内罐头运动简图

1. 回转架携带旋转区；2. 滑动性滚动区；3. 自由滚动区

回转式连续加压杀菌设备至少应有一只杀菌锅和一只冷却锅，其组合方式取决于产品种类和杀菌工艺条件。几种典型的组合方式如图 11-36 所示。

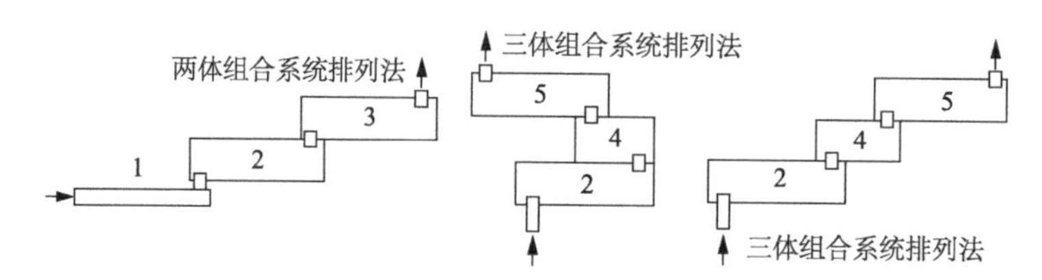

图 11-36　锅体组合方式

1. 运罐机；2. 压力杀菌锅；3. 常压或加压冷却锅；4. 加压冷却锅；5. 常压冷却锅

预热锅和加压杀菌锅通常用蒸汽作为加热介质，冷却锅则用冷却水作为冷却介质。杀菌锅装有温度自动控制仪，冷却锅内有液面控制系统。

进罐回转密封阀是回转式连续加压杀菌设备的关键部件，它既是罐头进出杀菌设备的关口，又起密封作用，以维持锅内的操作压力，如图 11-37 所示。图 11-38 为中转回转密封阀，可使罐头从一个锅体进入另一个锅体内。

回转式连续加压杀菌设备的优点如下。

1）罐头能连续地杀菌与冷却。

2）罐头在高温（127～138℃）和回转条件下杀菌，显著地缩短了杀菌时间，改善了食品品质和均一性，提高了生产能力。

3）由于杀菌、冷却的良好控制，罐头出现的损耗（胖听及瘪听）有所下降。

回转式连续加压杀菌设备的缺点如下。

1）初期投资费用大，结构复杂，维护保养要求高。

2）罐型规格（直径、长度）的适用范围受到一定的限制。

3）罐头封口线处的镀锡层因与T形导轨滑动而磨损，会发黑或生锈，影响产品外观质量。

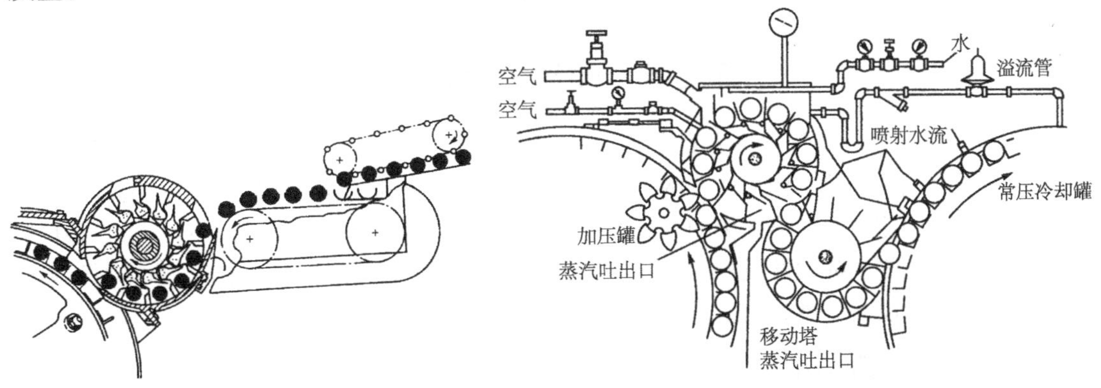

图 11-37 进罐回转密封阀

图 11-38 中转回转密封阀

2. 水封式连续加压杀菌设备 水封式连续加压杀菌设备是法国ACB公司研制的一种卧式连续杀菌设备，不仅可用于铁罐装食品的杀菌，也能用于瓶装和袋装食品的杀菌。该设备采用了一种水封式转动阀门（俗称水封阀、鼓形阀），使罐头连续不断地进出杀菌室中，又能保证杀菌室的密封，以保持杀菌室内的压力与水位的稳定。根据需要，水封式连续加压杀菌设备中的罐头可以是滚动的，因而热效率较高，对同类产品在同样杀菌温度条件下，其杀菌时间可更短些。

水封式连续加压杀菌设备如图 11-39 所示。该设备犹如将一常压连续杀菌机置于一卧式圆筒形压力杀菌锅内，并由隔板 8 将锅体分成加热杀菌室与冷却室。成排的罐头用链式输送带携带经水封阀（图 11-40）进入杀菌锅内，在保持稳定压力与充满蒸汽的加热杀菌室 4 内往返数次进行加热杀菌，杀菌时间可据要求调整输送链的速度来控制。还可根据需要在链式输送带下面装上导轨板 6，以使罐头在传送过程中可以绕自身轴线回转。杀菌后的罐头经分隔板上的转移孔进入冷却室 9 进行加压冷却，然后由同一水封阀从锅内排出，在链式输送带携带下，通过喷淋冷却（或空气冷却）区进行常压冷却。当冷却到工艺要求的温度后，由出罐机构卸出。

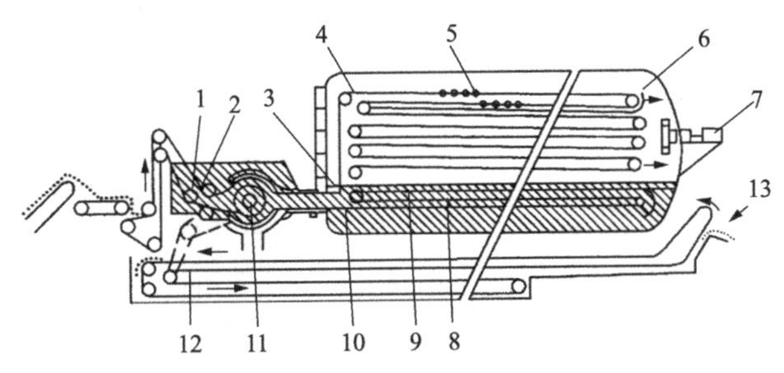

（视频）

图 11-39 水封式连续加压杀菌设备简图

1. 水封；2. 输送带；3. 杀菌锅内液面；4. 加热杀菌室；5. 罐头；6. 导轨板；7. 风扇；8. 隔板；9. 冷却室；10. 转移孔；11. 水封阀；12. 空气或水冷却区；13. 出罐处

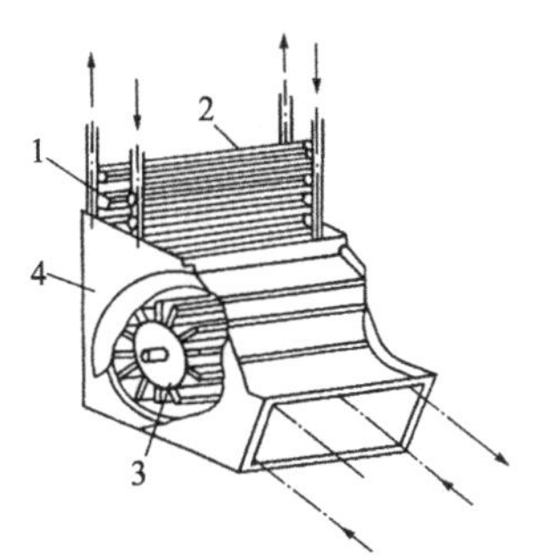

图 11-40 水封阀

1. 输送链；2. 运送器；3. 水封阀密封部；4. 外壳

该设备在对薄金属罐食品、玻璃瓶装和塑料袋装食品杀菌时，应采用空气加压，并在蒸汽加热杀菌室设有风扇，使蒸汽与空气充分混合，以保证加热的均匀性。

该设备的优点是在蒸汽和水的利用上比较经济；连续化生产，节约劳动力。其缺点是供罐头进出的水封阀要保持一定的密封压力，结构复杂，维护保养要求高。

第三节　非热力杀菌设备

非热力杀菌是一类全新的杀菌技术，它运用一些物理手段，如场（包括电场、磁场）、高压、电子、光等的单一作用或者两种以上的共同作用，在低温或常温下达到杀菌目的的方法。非热力杀菌能克服加热杀菌的一些不足之处，如食品中的热敏感成分和营养物质易被破坏、褐变反应加剧、挥发性成分损失等，它具有许多优点和广阔的发展前景。非热力杀菌设备包括高压杀菌设备、微波杀菌设备、辐照杀菌设备和远红外线杀菌设备等。

一、高压杀菌原理与设备

（一）高压杀菌原理

所谓高压杀菌，就是将食品物料以某种方式包装以后，置于高压（200MPa 以上）装置中加压处理，使之达到灭菌要求，是一种新型的杀菌技术。高压杀菌的基本原理就是压力对微生物的致死作用。高压导致微生物的形态结构（如在 0.6MPa 压强下细胞内的气体空泡会破裂）、生物化学反应（如超过 300MPa 以上压强可以引起蛋白质结构的不可逆变化）、基因机制及细胞壁膜（20～40MPa 的压强能使较大的细胞因受应力的作用，细胞壁发生机械断裂而松懈）发生多方面的变化，从而影响微生物原有的生理活动机能，甚至使原有功能被破坏或发生不可逆变化。

采用高压技术处理食品，可在灭菌的同时，较好地保持食品中的风味物质、维生素、色素及各种小分子物质的天然结构，从而使食品原有的色、香、味及营养成分几乎不受影响。此外，在柑橘类果汁的生产中，加压处理还可以避免因加热产生的异味，同时还可抑制榨汁后果汁中苦味物质的生成。高压杀菌最成功的例子是日本明治屋食品公司生产的果酱，如草莓酱、猕猴桃酱和苹果酱，在室温下以 400～600MPa 的压强对软包装密封果酱处理 10～30min，所得产品保持了新鲜水果的口味、颜色和风味。

（二）高压杀菌设备

1. 高压杀菌设备的分类　按加压方式分，高压处理装置有直接加压式和间接加压式两类。图 11-41 所示为两种加压方式的装置构成示意图。图 11-41（a）为直接加压方式的高压处理装置，高压容器与加压装置分离，用增压机产生高压水，然后通过高压配管将高压水送

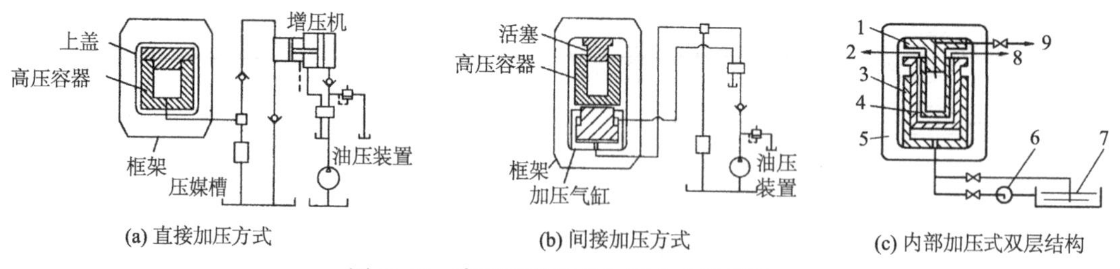

(a) 直接加压方式　(b) 间接加压方式　(c) 内部加压式双层结构

图 11-41　高压杀菌设备加压方式示意图

1. 活塞顶盖；2. 加热剂出口；3. 外筒（油压缸）；4. 高压内筒；5. 承压框架；6. 油压泵；7. 油槽；8. 加热剂进口；9. 排气阀

至高压容器，使物料受到高压处理。图 11-41（b）为间接加压方式的高压处理装置，高压容器与加压气缸呈上下配置，在加压气缸向上的冲程运动中活塞将容器内的压力介质压缩产生高压，使物料受到高压处理。

日本研制出一种内外筒双层结构高压装置，如图 11-41（c）所示，它的外筒（实际上是液压缸）是油压缸并兼有存放高压内筒的功能，它属于间接加压式，故无须高压泵及高压配管，进而简化缩小了整体结构，且内筒更换方便。

按高压容器的放置位置，高压处理设备分为立式和卧式两种，如图 11-42、图 11-43 所示。立式高压处理装置占地面积小，但物料的装卸需专门装置；与此相反，使用卧式高压处理装置，物料的进出较为方便，但占地面积较大。

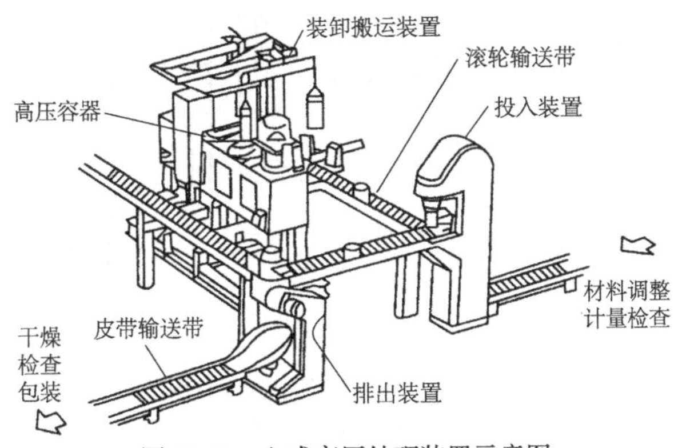

图 11-42 立式高压处理装置示意图

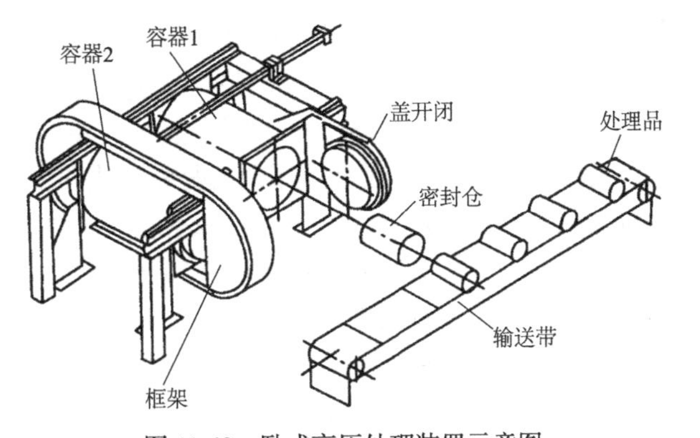

（视频）

图 11-43 卧式高压处理装置示意图

2. 高压杀菌设备的结构 高压杀菌设备主要由高压容器、加压装置及其辅助装置构成。

（1）高压容器 食品的高压处理要求数百兆帕的压强，所以压力容器的制造是关键。通常压力容器为圆筒形，材料为高强度不锈钢，为了达到必需的耐压强度，容器的器壁很厚，这使设备相当笨重。为此，一种改进型高压容器被设计出来并运用于生产，其主要特征是在容器外部加装线圈强化结构，如图 11-44 所示。这与单层容器相比，线圈强化结构不但安全可靠，而且实现了

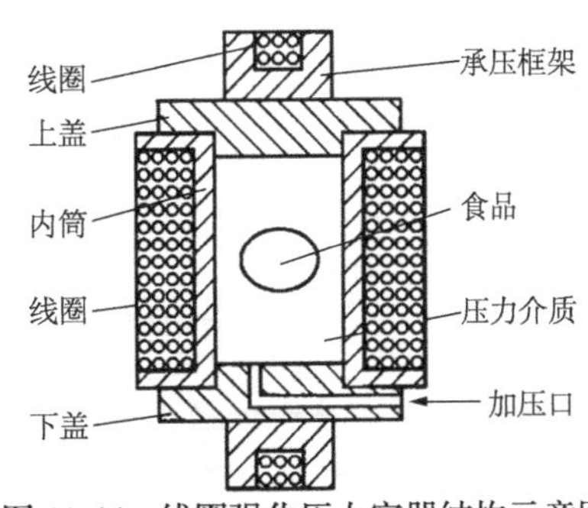

图 11-44 线圈强化压力容器结构示意图

装置轻量化。

（2）加压装置　不论是直接加压方式还是间接加压方式，均需采用高压泵产生所需高压。

（3）辅助装置　高压处理装置系统中还有许多其他辅助装置，如图 11-45 所示。

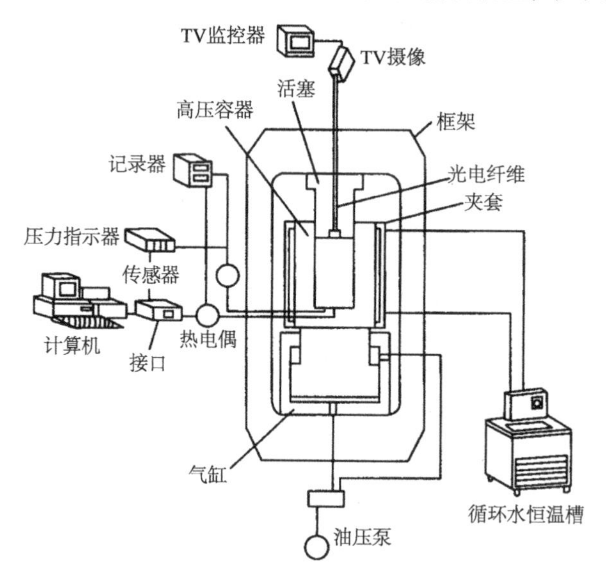

图 11-45　高压处理装置示意图

TV. television，电视

辅助装置主要包括：①恒温装置。②测量仪器，包括热电偶测温计、压力传感器及记录仪，压力和温度等数据可输入计算机进行自动控制。还可设置电视摄像系统，以便直接观察加工过程中物料的组织状态及颜色变化情况。③物料的输入输出装置，包括输送带、提升机、机械手等。

3. 高压杀菌设备的操作　按操作方式分为间歇式、连续式和半连续式三种。由于高压处理的特殊性，连续操作较难实现。目前，工业上采用的是间歇式和半连续式两种操作方式。在间歇式生产中，食品加压处理周期如图 11-46 所示。只有在升压时主驱动装置才工作，这样主驱动装置的开机率很低，浪费了设备投资。因此，在实际生产上将多个高压容器组合使用，这样可提高主驱动装置的运转率，同时提高了生产率，降低了成本。采用多个高压容器组合后的装置系统，实现了半连续化的生产方式，即在同一时间不同容器内完成从原料充填+加压处理+卸料的加工全过程，提高了设备利用率，缩短了生产周期。

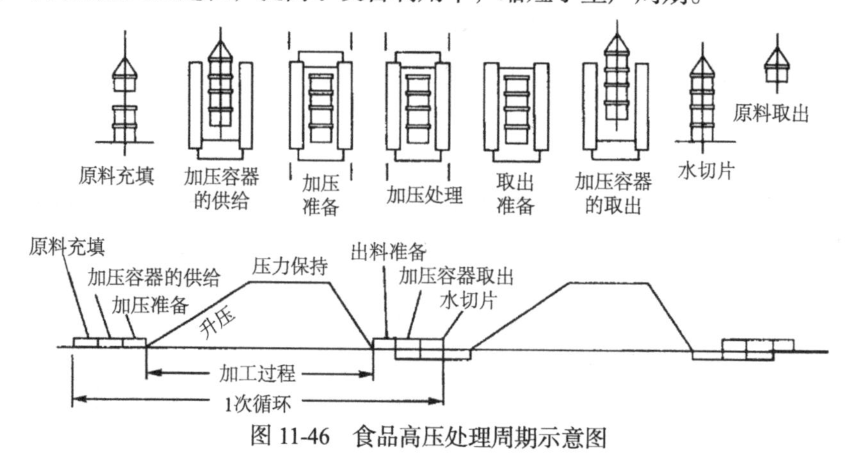

图 11-46　食品高压处理周期示意图

二、微波杀菌技术与设备

微波杀菌设备是指利用特定的电磁波（300～300 000MHz，实际应用于微波杀菌的只有915MHz和2450MHz两种频率）所产生的热效应和非热效应（也称生物效应）的共同作用，来杀灭食品有害细菌的设备。与高温杀菌相比，微波杀菌的优点是：①杀菌温度低，杀菌时间短，热效率高，内外整体杀菌；②设备操作简便，没有热惯性，易于实现自动化生产；③不破坏食品的营养成分、色泽、口感和风味。

微波的热效应是指生物体中的极性分子从原来的热运动状态转为跟随微波电磁场的交变而排列取向。例如，采用的微波频率为2450MHz，就会出现每秒24.5亿次交变，产生激烈的摩擦而生热，生物体中的虫类和菌体因吸收微波能升温而达到杀菌效果。

微波的非热效应是指微波电场改变生物体细胞膜断面的电位分布，影响细胞膜周围电子和离子浓度，从而改变细胞膜的通透性能，造成细胞营养不良，不能正常新陈代谢，细胞结构和功能紊乱，生长发育受到抑制而死亡。

微波杀菌工艺有连续微波杀菌、多次快速杀菌和脉冲微波杀菌三种。

连续微波杀菌利用微波的热效应，既可用于食品的巴氏杀菌，也可用于高温短时杀菌，在国内外杀菌技术中已得到广泛应用。其工艺流程及参数与微波功率、物料流量、灭菌时间和灭菌温度有关。

多次快速加热和冷却的微波杀菌工艺适合于对温度敏感的液体食品进行杀菌，如饮料、米酒的杀菌保鲜。其目的是快速地改变微生物生态环境的温度，让微生物处在冷、热交替的恶劣环境下致死，从而避免让物料连续长时间处于高温状态，最大限度保留物料的色、香、味及其营养成分。

脉冲微波杀菌主要是利用非热效应，其对细胞的作用主要集中在细胞膜上。脉冲微波杀菌技术能在较低的温度、较小的温升条件下对食品进行杀菌，对于热敏性物料来说具有其他方法不可比拟的优势。目前脉冲微波杀菌有两条实现途径：第一条是采用瞬时高压脉冲微波能量而平均功率很低的杀菌技术；第二条是不采用高功率脉冲微波，而是采用幅度较低的连续波微波功率，周期性地切断，处于毫秒级持续时间和毫秒级停断时间。

图11-47为隧道式微波干燥灭菌机的外形图，主要由微波加热器、微波抑制器、排风排湿系统、机械传输机构和PLC自动控制系统等组成。工作时，首先由微波发生器发生微波，经馈能装置输入微波加热器中；物料由传输系统送至加热器中，此时物料中的水分在微波能的作用下升温蒸发，水蒸气通过抽湿系统排除而达到干燥的目的，物料中的细菌则被微波电磁场作用下所产生的生物效应和热效应所杀灭。

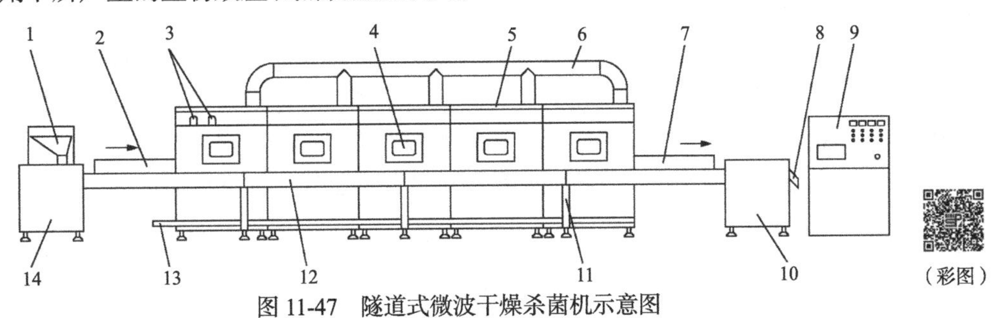

图11-47 隧道式微波干燥杀菌机示意图

1. 进料斗；2. 抑制器Ⅰ；3. 微波源；4. 微波加热腔；5. 上电源架；6. 排湿管道；7. 抑制器Ⅱ；8. 出料斗；9. 操控台；10. 动力头；11. 支脚；12. 机身；13. 冷却水管；14. 动力尾

三、辐照杀菌设备

辐照杀菌是指运用 X 射线、γ 射线或高速电子束（阴极射线）照射食品，使食品中生物体产生物理或化学反应，抑制或破坏其新陈代谢和生长发育，使细胞组织死亡，延长食品保质期的操作工艺。食品辐照经过几十年的研究已被证明是一种有效提高食品安全性和延长食品货架期的杀菌方法。和其他食品杀菌方法相比，辐照处理具有操作方便、无二次污染、安全可靠及经济适用等优点，适用于热敏性食品及不便于用其他杀菌方式杀菌的食品，包括猪肉、家禽、鸡蛋、水果、蔬菜、调味品、调料、谷物等。

食品辐照杀菌设备包括辐射源、产品传输系统、安全系统（包括联锁装置、屏蔽等）、控制系统、辐照室及其他相关的辅助设施（如通风系统、水处理系统、仓库等）。

辐照装置的核心是处于辐照室内的辐射源及产品传输系统。目前用于食品辐照处理的辐射源有产生 γ 射线的人工放射性同位素源、电子束辐照源和 X 射线辐照源。

（一）γ 射线辐照装置

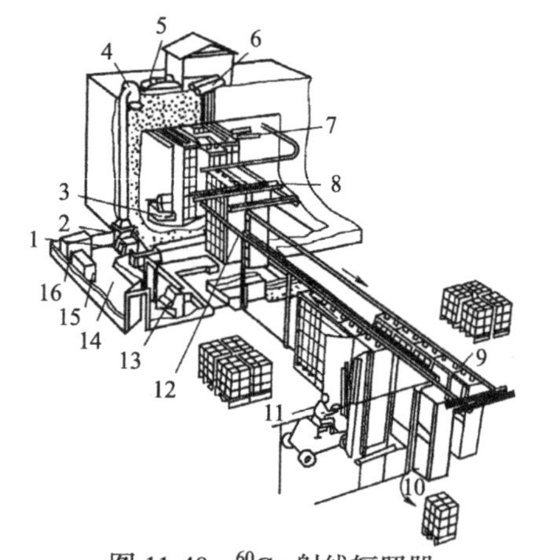

图 11-48　^{60}Co 射线辐照器

1. 去离子器；2. 空气过滤器；3. 储源水池；4. 排气风机；5. 屋顶塞；6. 源升降机；7. 辐照中的传送容器；8. 产品循环区；9. 辐照后的传送容器；10. 卸货点；11. 上货点；12. 辐照前的传送容器；13. 控制台；14. 机房；15. 空压机；16. 冷却器

典型的 γ 射线辐照装置的构成如图 11-48 所示。主体是带有很厚水泥墙的辐照室，由辐射源升降系统和产品传输系统组成，辐照室中间有一个深水井，安装了可升降的辐射源架，在停止辐照时，辐射源降至安全的贮源位置。辐照室通过迷道和产品装卸大厅相通。辐照时装载产品的辐照箱围绕源架移动，得到均匀的辐照。

目前主要使用的 γ 射线同位素放射源主要是 ^{60}Co，通常做成用双层不锈钢壳密封的棒状（称为钴棒）。单根钴棒称为线源，每根钴棒含有约 4×10^{14}Bq 的放射能量，放射强度有限，通常应用的是由多根钴棒平行排列成的板状源，一般的板状钴源放射性活度可为数十至上百万 C_i①。钴源不用时，贮存于存放井中，井一般有数十米之深，使用时，将钴源升起。被辐射物品预先放置在辐射区，或由传送带送至辐射区，根据需要变换位置以达到均匀辐射的目的。

对于大型辐射装置，受辐射的产品一般采用机械方式传输，传输系统包括：①过源机械系统，产品辐照箱在辐照室内围绕源运行的传输机械设备，通常采用有气缸推动转运箱的辊道输送系统、单轨悬挂输送系统及积放式悬挂输送系统；②迷道输送系统，将产品辐照箱从操作间（装卸料间）向辐照室转运时通过迷道的输送机械；③装卸料操作机械，在操作间将需要辐照的产品装至辐照箱上，并将已辐照过的产品从辐照箱卸下后通过迷道输送机送出的机械设备。

---

① $1C_i=3.7\times10^{10}$Bq

（二）电子束辐照装置

电子射线由电子加速器产生。电子加速器是将电子不断加速以获得较大能量的装置，通常由电子枪、加速聚焦系统和控制系统组成。常用的有静电加速器和电子直线加速器。静电加速器的能量为 1～20MeV，易调节，较稳定，但结构较复杂，束流量小。电子直线加速器则使电子在微波导管中提高能量，微波导管越长，输入微波功率越高，电子获得的能量就越大。每米加速管可达 6～12MeV。其通常发生的是脉冲电子流，能在短暂时间内产生极高的能量。

电子束辐照装置是指用电子加速器产生的电子束进行辐照杀菌的装置。电子束辐照装置包括电子加速器，产品传输系统，辐射安全系统，产品装卸和贮存区域，供电、冷却、通风等辅助设备，控制室、剂量测量和产品质量检验实验室等。典型的电子加速器辐照器如图 11-49 所示。

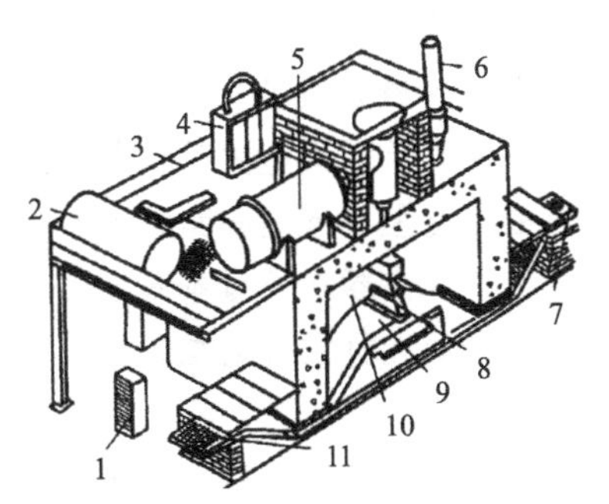

图 11-49　电子加速器辐照器

1. 控制台；2. 储气罐；3. 调气室；4. 振荡器；5. 高频高压发生器；6. 废气排放管；7. 上货点；8. 扫描口；9. 传送带；10. 辐照室；11. 卸货点

电子束辐照装置具有辐射功率大、剂量高及装置（电能）能源利用可控制等优点，其缺点是与 γ 射线相比，电子射线的穿透力较低，装置系统复杂。

为了提高电子射线的穿透力，可提高电子束的能量水平和采用双面辐射，但电子束能量不能超过 10MeV，以免被照射食品受到放射性污染（指食品被高能射线照射后自身产生放射物质）。双面辐射可以最大限度地利用能量，而且辐射强度均匀。

四、远红外线杀菌设备

远红外线杀菌是利用加热元件所发出来的远红外线（3～1000μm）照射到被加热物料上，其热能以电磁波的形式被物料分子均匀吸收，并引起食品中含氮的蛋白质、核酸等化合物吸收能量后原有的振动频率遭到破坏，导致微生物代谢障碍、活性消失，达到加热杀菌的目的。远红外线杀菌不需经过热媒，其传热可直接由表面渗透到物料内部，具有不损伤包装材料、处理时间短、杀菌均匀的优点；而且由于远红外线杀菌没有传导热，即使包装材料和食品之间有空气时也不影响红外线穿透，所以没有热损失，杀菌成本远比热杀菌低。远红外线杀菌不仅可用于一般的粉状和块状物料的杀菌，而且可用于坚果类食品（如咖啡豆、花生和谷物）的杀菌及袋状食品的杀菌。远红外线杀菌设备见第九章食品熟制设备第二节焙烤熟制设备。

思考题

1. 试分析为什么图 11-9（a）板式换热器传热板角孔部位密封圈结构是错误的？

2. 直接加热杀菌的优缺点各是什么？适合于哪些食品的灭菌？

3. 罐装食品加压杀菌锅为什么采用反压冷却？

4. 模仿蒸汽淋水回转卧式杀菌锅工作循环图（图 11-30）；绘制蒸汽杀菌（单锅式）卧式杀菌锅（图 11-19）工作循环图。

第十二章 干燥设备

内容提要

本章系统介绍了对流、喷雾、流化床、滚筒、冷冻及热泵干燥设备的原理、特点、系统组成、分类及不同型式的结构及适用范围，要求重点掌握对流、喷雾、流化床、冷冻干燥设备的主要类型、原理、结构及应用特点，气流式喷雾干燥设备、喷动床干燥器及热泵干燥设备作为了解内容。通过本章学习，要求学生在掌握基础理论的基础上，能根据生产工艺的具体要求正确进行设备选型，能正确使用、维护设备，并具有核心设备初步设计能力。

食品干燥技术是自古以来各国人民最普遍采用的食品加工技术，只不过古代主要用于食品原料（如粮食、干果）的自然干燥（日晒），而现代还用于食品的加工（如生产乳粉的喷雾干燥）。研究认为，干燥不仅可以减少物料中的水分含量，降低水分活度，抑制霉菌等微生物的生长，防止食品腐烂变质，延长食品的保藏时间，还能减少食品原料的体积和质量，便于运输、加工。现代食品加工技术把干燥技术与其他加工手段相结合，可以制成风味优良、形状各异的终端食品，如乳粉、淀粉、膨化食品等，干燥是食品加工最主要的技术手段之一。

食品干燥设备有多种类型：按操作压力分，有常压式和真空式；按操作方式分，有间歇式和连续式；按干燥介质与物料的相对运动方式分，有并流、逆流和错流干燥设备；按传热方式分，有对流传热、传导传热、辐射传热、多种组合方式传热的干燥设备。本章按传热方式分类进行讲解。

第一节 对流干燥设备

一、厢式干燥器

厢式干燥器是一种常压间歇式干燥器，小型的称为烘箱，大型的称为烘房。图 12-1 为典型厢式干燥器的构造示意图。为减少热损失，厢式干燥器的四壁用绝热材料构成。厢内有多层框架，物料盘置于其上，也可将物料放在框架小车上推入厢内，故又称为盘架式干燥器。

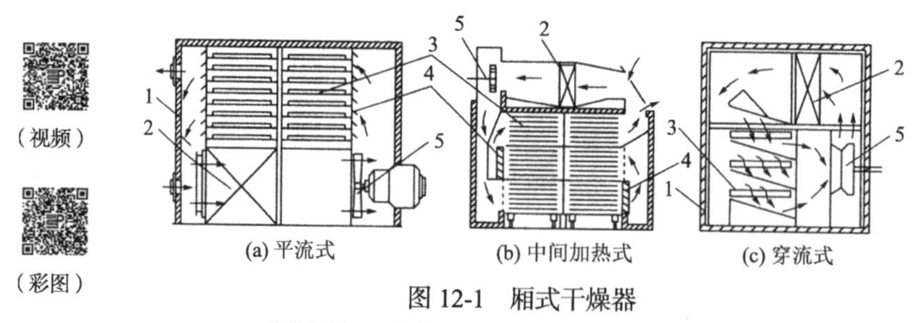

图 12-1 厢式干燥器

1. 绝热材料；2. 加热器；3. 物料盘；4. 可调节叶片；5. 风机

厢式干燥器内设有加热器，有多种型式和布置方式，可采用蒸汽、煤气或电加热方法。新鲜空气由风机送入，经加热器预热后均匀地流过物料，物料受热，其内水分蒸发从而得以干燥，空气湿度增大，部分湿空气（废气）经排出管排出，余下的与干燥器风机强制引入新鲜空气混合循环使用，废气循环量可以用吸入口及排出口的挡板进行调节。

空气流过物料的方式有平流和穿流两种。在平流式中，热空气在物料上方掠过，与物料进行湿交换和热交换，如图 12-1（a）所示。若框架层数较多，可分成若干组，空气每流经一组物料盘之后，就流过加热器再次提高温度，如图 12-1（b）所示，其为具有中间加热装置的横流式干燥器。在穿流式中，如图 12-1（c）所示，粒状、纤维状等物料在框架的网板上铺成一薄层，空气以 0.3～1.2m/s 的速度垂直流过物料层，可获得较大的干燥速率。

厢式干燥器的优点是制造和维修方便，使用灵活性大。食品工业上常用于需长时间干燥的物料、数量不多的物料及需要特殊干燥条件的物料，如水果、蔬菜、香料等。厢式干燥器的主要缺点是干燥不均匀，装卸劳动强度大，热能利用不经济（每汽化 1kg 水分，需 2.5kg 以上的蒸汽）。

二、网带式干燥机

网带式干燥机相当于一个加长、加大的干燥箱，待干燥物料被放置在输送网带上，沿着干燥室中的通道向前移动。加料和卸料在干燥室两端进行，通过时间即干燥时间。因干燥工艺的不同，网带可设计成单层、多层或多段。输送网带为不锈钢丝网或多孔板不锈钢链带，转速可调。

网带式干燥机适用于谷物、脱水蔬菜、中药材等产品的干燥。适用的物料形状可有片状、条状、颗粒、棒状、滤饼类等。

1. 单层带式干燥机　单层带式干燥机可以分为单段式和多段式。所谓多段式就是用多条循环输送带（多至 4 台）串联组成物料输送系统，和单段带式干燥机比较，同样输送速度下干燥时间长，结构和原理与单段式相同，限于篇幅，此处只介绍单段式。

单层单段网带式干燥机的结构如图 12-2 所示。全机分成两个干燥区和一个冷却区。每个干燥区由空气加热器、循环风机、热风分布器及隔离板等组成加热风循环。第一干燥区的空气自下而上经加热器穿过物料层，第二干燥区的空气自上而下经加热器穿过物料层。最后一个是冷却区，没有空气加热器。物料在干燥器内均匀运动前移的网带上，气流经加热器加热，由循环风机进入热风分布器，成喷射状吹向网带上的物料，与物料接触，进行传热传质。大部分气体循环，一部分温度低、含液量较大的气体作为废气由排湿风机排出。

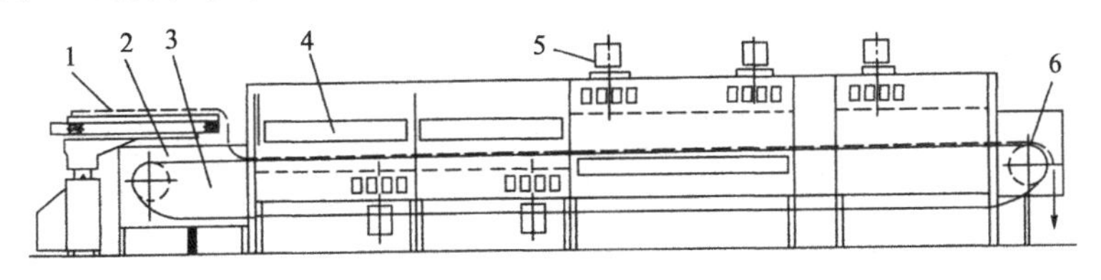

（视频）

（彩图）

图 12-2　单层单段网带式干燥机

1. 加料器；2. 网带；3. 进料段；4. 热风分布器；5. 循环风机；6. 出料段

单层单段网带式干燥机的特点是网带透气性能好，热空气易与物料接触，停留时间可任意调节。物料无剧烈运动，不易破碎。每个单元可利用循环回路控制蒸发强度。若采用红外加热，可一起干燥、杀菌，一机多用。其缺点是占地面积大，如果物料干燥的时间较长，则从设备的单位占地面积生产能力上看不是很经济，另外设备的进、出料口密封不严，易产生漏气现象。

2. 多层带式干燥机　多层带式干燥机的基本构成部件与单层带式干燥机的类似。它的输送带为多层，上下相叠架设在上下相通的干燥室内。输送带层数可达 15 层，但以 3～5 层最为常用。层间有隔离板控制干燥介质定向流动，使物料干燥均匀。各输送带的速度独立可调，一般最后一层或几层的速度较慢而料层较厚，因为这时物料的干基含水量低、温度高，干燥速率慢。

三层带式干燥机如图 12-3 所示。工作时湿物料从进料口进至输送带上，随输送带运动至末端，通过翻板落至下一输送带移动送料，依次自上而下，最后由出料口排出。外界空气经风机和加热器形成热风，通过分层进风柜调节风量送入干燥室，使物料干燥。排出的废气可对物料进行预热。

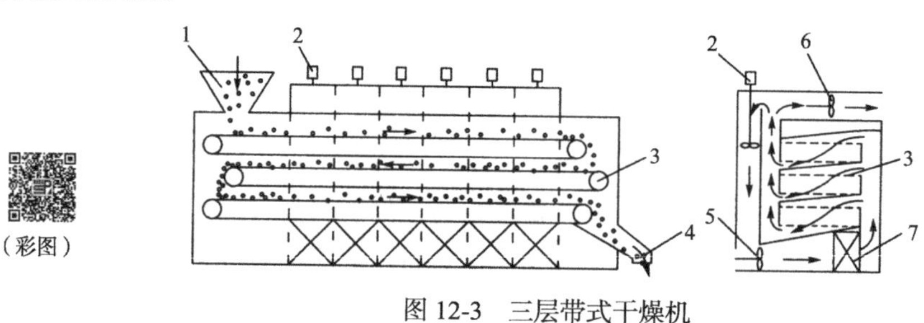

图 12-3　三层带式干燥机

1. 进料口；2. 循环风机；3. 输送带；4. 出料口；5. 进风机；6. 排风机；7. 加热器

多层带式干燥机的结构简单，常用于干燥速度低、干燥时间长的场合，广泛用于谷物类的干燥，由于操作中多次翻料，因此不适于黏性物料及易碎物料的干燥。

此外，还有一种隧道式干燥机，其原理与网带式干燥机相似，不同的是运输工具，被干燥物料放置在小车内、架子上或挂在移动的钩子上等，沿着干燥室中的通道向前移动，并一次通过通道，进行干燥。

第二节　喷雾干燥设备

喷雾干燥是指将液态食品物料通过机械的作用（如施加压力和离心力等）分散成雾一样的细小液滴（直径为 10～20μm），使物料的表面积大幅度增加，当与热空气接触时水分瞬时被去除的干燥方法。

喷雾干燥与其他干燥方法相比较具有以下优点：①干燥速度快，物料受热时间短。由于食品原料被雾化成微细液滴，表面积很大（如将 1L 物料雾化成 50μm 的液滴，表面积可增大到 120m^2），在与高温（150～200℃）的热空气接触后，0.01～0.04s 的时间内就能蒸发 95%～98%的水分。②喷雾干燥的产品，粒径通常可以控制，无须进行磨碎等操作。喷雾干燥的缺点是：①干燥室庞大，使车间的面积相对较大，甚至可能需要多层建筑，一次性投资大。②回收被废气夹带的成品粉末，需要高效的回收装置，投资较大。

根据喷雾器的雾化方法，喷雾干燥设备的型式可分为压力喷雾干燥设备、离心喷雾干燥设备和气流喷雾干燥设备三种类型。

一、压力喷雾干燥设备

压力喷雾干燥设备具有操作简单、技术成熟和生产能力高的特点，在我国的食品行业，特别是乳品工业中被广泛应用。

（一）压力雾化的原理及特点

1. 压力雾化的原理　利用高压泵使料液获得很高的压强（2～20MPa），从切线方向进入喷嘴的液体旋转室，如图 12-4 所示，或者通过具有螺旋槽的喷嘴芯进入喷嘴的旋转室。这时，液体的部分静压能转化为动能，使液体产生强烈的旋转运动。根据旋转动量矩守恒定律，旋转速度与旋涡半径成反比。因此，越靠近轴心，旋转速度越大，其静压力越小，如图 12-5 所示，结果在喷嘴中央形成一股压力等于大气压的空气旋流，而液体静压能在喷嘴处转变为向前运动的动能，形成旋转的环形薄膜。随着液膜的延长，空气的剧烈扰动所形成的薄膜不断发展，液膜变薄、拉成细丝；受湍流径向分速度和周围空气相对速度的影响，液丝断裂，受表面张力和黏度的作用形成无数小雾滴（10～200μm）。如图 12-6 所示，小雾滴分散在干燥室的热空气中，与热空气直接接触传热传质使表面水分汽化，达到临界含水率后表面开始结壳而形成颗粒，内部水分汽化受阻，随着内部水蒸气压力的升高，从外壳表面薄弱部位逸出，得到中空的球状颗粒。

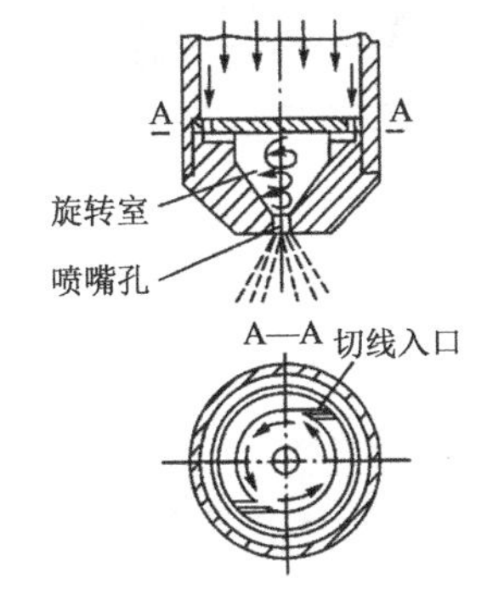

图 12-4　喷嘴的工作原理示意图

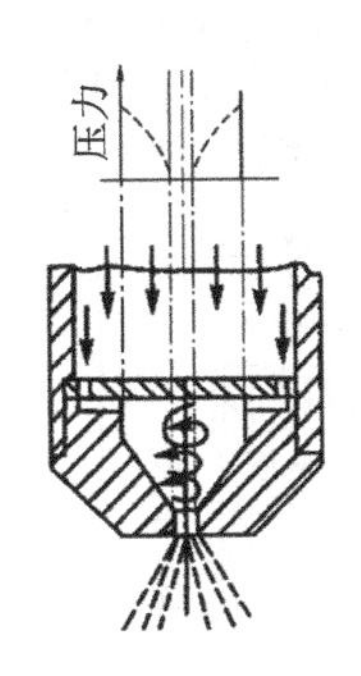

图 12-5　旋转室内压力分布

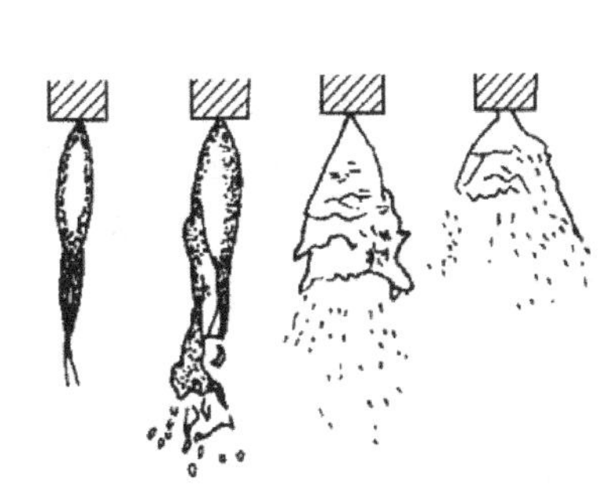
图 12-6　雾化形成过程示意图

料液的雾化取决于料液流的湍流速度，而影响料液湍流的因素有液流压力、流速、喷嘴孔径的几何形状，以及物料的物理性质——表面张力、黏度、密度等。压力喷雾时的雾化压强一般为 1～2MPa，喷雾孔径一般为 0.5～6mm，特殊结构的大孔径喷嘴为 12mm。

2. 压力雾化的特点　压力雾化的优点是：结构简单，工作时无噪声，制造成本低；改变喷嘴的内部结构，容易得到所需要的喷雾形状；生产量大时，可以采用多喷嘴喷雾。

压力雾化的缺点是：生产过程中流量难以调节；喷嘴孔径小于 1mm 时，易产生堵塞；不适宜用于黏度高的食品物料。

（二）压力喷雾干燥设备的系统配置

压力喷雾干燥设备的系统配置如图 12-7 所示，包括如下几类。

1）送风系统：由鼓风机、空气加热器（以蒸汽为热源）、空气过滤器、空气（热风）分配器等组成。

2）送料系统：由平衡槽、料液过滤器、三柱塞高压泵等组成。

3）雾化器：为压力式喷雾器。

4）干燥室：为立式干燥塔。

5）排料系统：由鼓形阀（又称旋转阀、锁气排料阀等）、碎粉器、吹粉器、罗茨鼓风机、流化床和筛粉机组成。

6）排风系统：由旋风分离器、引风机等组成。旋风分离器的作用是分离回收排出气流中夹带的少量的产品微粒，达到减少损失、保护环境的目的。

对核心部件结构和原理详细介绍如下。

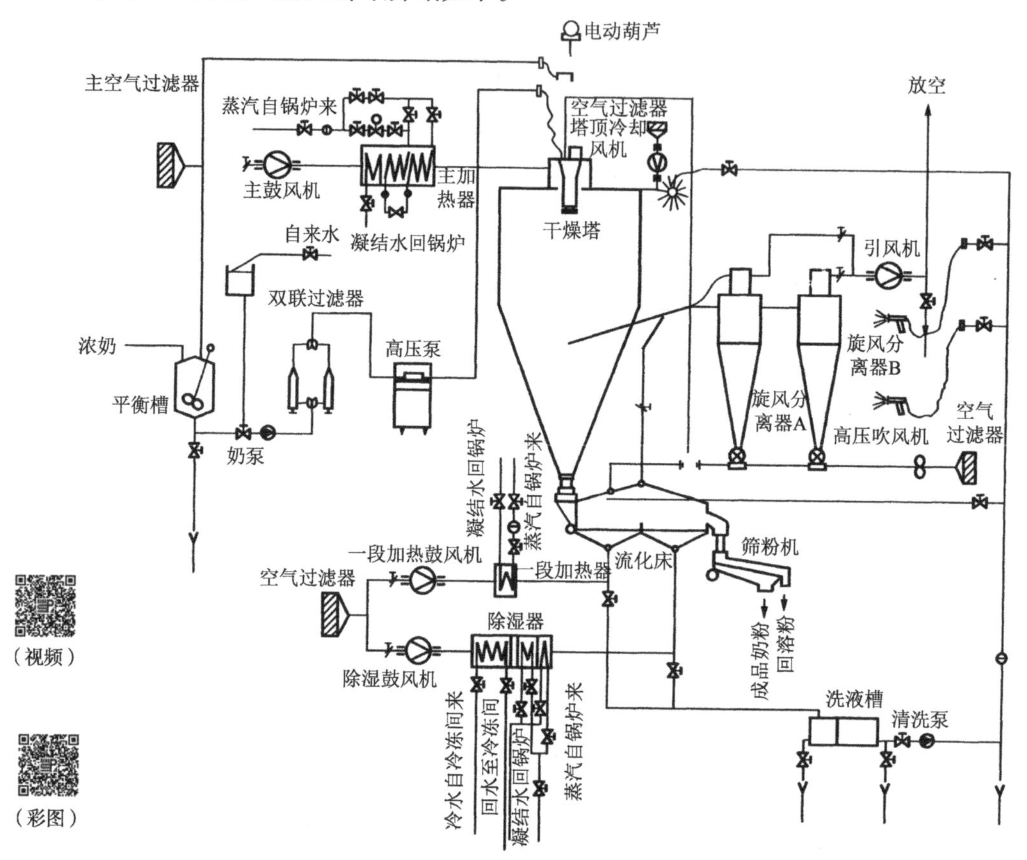

图 12-7　压力喷雾干燥设备的系统配置

1. 压力式喷雾器　　压力式喷雾器俗称压力喷嘴。它在结构上的共同特点是使液体获得旋转运动，即液体获得离心惯性力，然后由喷嘴高速喷出。其结构型式较多，但以旋涡式和离心式最为常用。

（1）旋涡式压力喷雾器　　该喷雾器的结构如图 12-8 所示。其雾化过程为：料液在高压泵的作用下，以切线或接近切线的角度进入旋涡室，料液在旋涡室一面急剧旋转，一面通过下部孔口形成液膜喷出，而在圆锥形雾液中心形成空气芯，即空心圆锥形的喷雾形式。

（2）离心式压力喷雾器　　这种喷雾器主要由喷片和喷芯组成，喷片上开有小锥角孔，喷芯上具有螺旋状或斜槽形的小沟，液体通过喷芯做旋转运动，产生离心作用，在喷孔出口处喷雾，形成中空圆锥体。采用这种喷雾器雾化料液，压力较高时，喷嘴孔径越小，所得的雾滴越小；压力较低时，喷嘴孔径越大，所得雾滴越大。雾滴的大小取决于产品的要求。离心式压力喷雾器目前在我国主要有 M 型和 S 型两种型号。

1）M 型（Monarch）离心式压力喷雾器：M 型离心式压力喷雾器的结构如图 12-9 所示。

这种结构在孔板下形成一旋转室，孔板上导沟的轴线与水平面垂直，喷嘴座内有由 4 条导沟组成的切向通道，其宽度和深度随流量的不同而异。4 条导沟轴线垂直但不相交于喷头的轴线，其目的是以此增加喷雾时溶液的湍流度。

M 型离心式压力喷雾器本体一般用不锈钢制造，分配孔板用硬质合金制造，喷嘴可以采用不锈钢、碳化钨或钨钢制造，近年来多采用人造宝石以激光钻孔方法制造而成。

M 型离心式压力喷雾器的流量大(喷雾孔径为 0.8～2mm)，适用于生产能力较大的设备。采用人造宝石喷嘴，耐磨性好，喷孔内光滑，雾化状况好，可以提高产品的产量和质量。

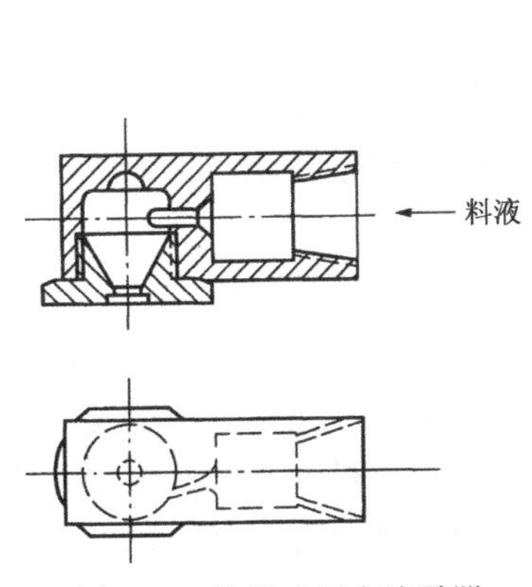

图 12-8　旋涡式压力喷雾器

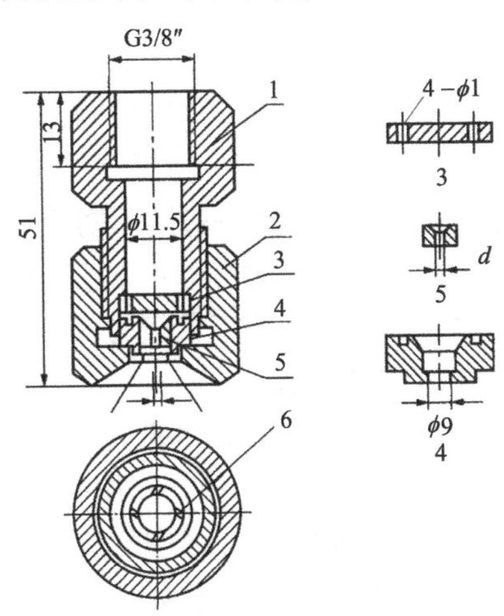

图 12-9　M 型离心式压力喷雾器（单位：mm）

1. 管接头；2. 螺帽；3. 分配孔板；4. 喷嘴座；5. 人造宝石喷嘴；6. 喷嘴导沟；*d*. 喷嘴的孔径

2）S 型离心式压力喷雾器：S 型离心式压力喷雾器的结构与 M 型离心式压力喷雾器不同的是，S 型离心式压力喷雾器在旋转室之上不设分配孔板，而在喷芯上开有导沟，导沟的轴线与水平面成一定的角度，见图 12-10；旋涡片和斜槽内插头喷嘴装配图如图 12-11 和图 12-12 所示。喷芯和喷嘴之间为旋转室。

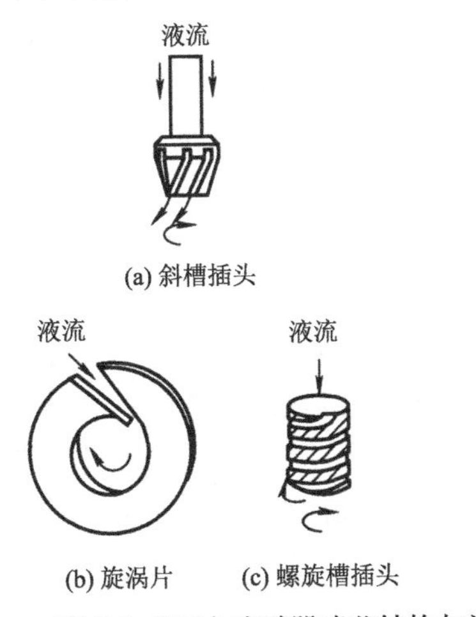

图 12-10　S 型离心式压力喷雾器喷芯结构与类型

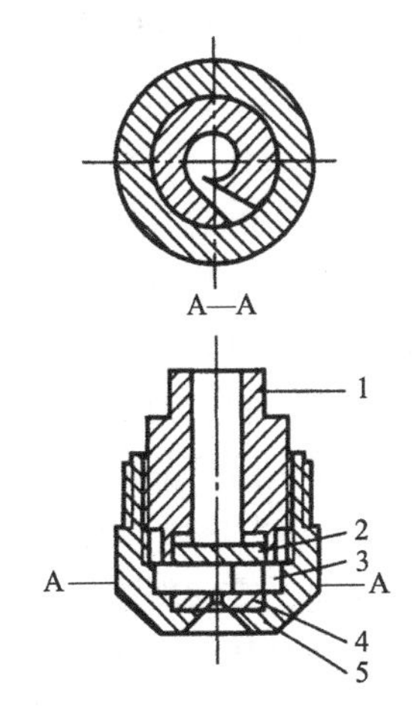

图 12-11　旋涡片内插头喷嘴装配图

1. 螺纹接头；2. 端片；3. 旋涡片；4. 分配孔板；5. 喷嘴体

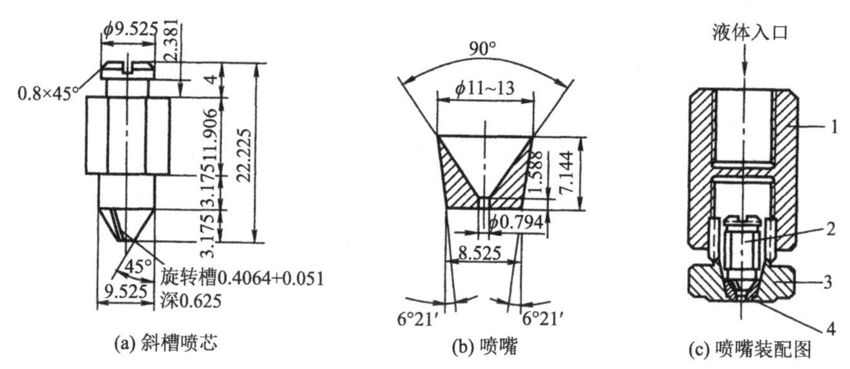

(a) 斜槽喷芯　(b) 喷嘴　(c) 喷嘴装配图

图 12-12　斜槽内插头喷嘴装配图（于才渊等，2013）（单位：mm）

1. 连接螺母；2. 斜槽喷芯；3. 喷嘴套；4. 喷嘴

S 型离心式压力喷雾器一般用不锈钢制造，喷嘴孔径一般为 0.5～1.2mm。由于小孔径的不锈钢喷嘴内孔易磨损，喷雾器正常工作的寿命较短。近年来，也使用硬质合金制造的 S 型离心式压力喷雾器，但制造工艺较为困难。

2. 压力式喷雾干燥室

（1）压力式喷雾干燥室的结构　压力式喷雾干燥室分卧式和立式两类，我国常为立式结构，故又称干燥塔，见图 12-7。塔体一般用厚度为 2.5～3mm 的不锈钢焊制而成。塔体上设有灯孔、窥视孔、吹料的压缩空气管道等，塔体使用绝热材料（硅藻土、泡沫塑料等轻质材料）保温。干燥室（塔）由均风装置、冷却夹套、物料粘壁清除装置、排料装置等组成。

（2）干燥室热风与料液的干燥型式　根据热风的进风流向与料液的进口流向、接触形式、进行热交换的情况，干燥室热风与料液的干燥型式分为顺流型、逆流型和混流型三种。

1）顺流型（又称并流型）：是指热风与雾化料液的运动方向一致，如图 12-13（a）所示。由于雾滴刚进入干燥室就与温度较高、含液量低的热风进行热交换，干燥的推动力大。随着双方运动的进行，干燥的推动力逐渐减弱，最后的产品温度取决于干燥室的排风温度。顺流型喷雾干燥装置适用于热敏性物料的干燥，如乳粉、蛋粉、果汁粉的生产，在食品工业使用最多。

2）逆流型：是指热风与雾化料液的运动流向相反，通常是热风从下而上，而雾滴则是从上而下，如图 12-13（b）所示。被雾化的料液进入干燥室后，先与含液量较大、温度较低的热风进行接触。而在出口端，已被部分干燥的含液量较低的物料则与含液量低、温度高的热风接触。在整个干燥过程中，干燥的推动力相差不大，干燥曲线分布均匀。被干燥后的物料，较大的颗粒沉于干燥室的底部，细小微粒则随废气排走，由回收装置回收。由于料液在干燥过程中先接触温度较低、湿度较高的热风，故有可能在干燥过程中夹杂其他颗粒而形成多孔状的粗颗粒干燥物，对提高速溶性有帮助。但由于干燥后的成品在下落过程中仍与高温的热气流接触，易引起产品的过热而焦化。此干燥方法不适宜热敏性物料的干燥。

3）混流型：是指热风与雾化料液的运动流向呈不规则状况，热风通常具有先下后上或先上后下两个流向，雾化料液则是从上而下一个流向；或者反之，雾化料液具有先上后下两个流向，而热风则是从上而下的流向，如图 12-13（c）所示，这种结构又常被称作“喷泉式喷雾干燥器”。

热风与雾化料液的这种接触方式，可以在运动过程中产生交混，接触充分，提高干燥效果。但同时这种交混也会造成雾滴的运动紊乱，易出现涡流，使雾滴流动半径加大，出现粘壁现象或造成焦化。

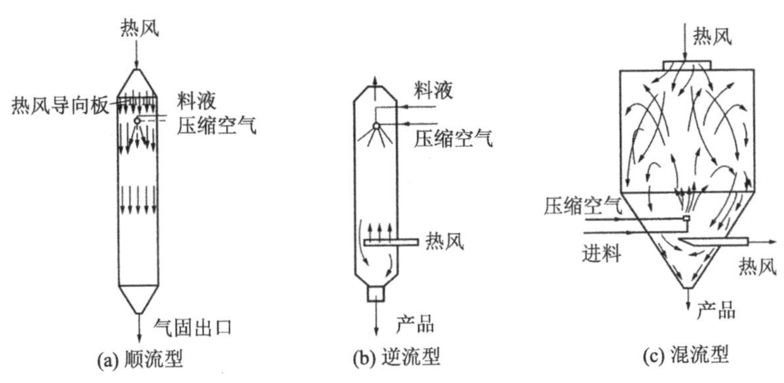

图 12-13　干燥室热风与料液的干燥型式

3. 热风分配器　热风分配器的作用是使进入干燥室后的热风在室内分配均匀且不产生涡流，热风与雾滴能充分地进行热交换。

喷雾干燥技术的关键问题之一就是液滴和热风间的有效混合程度，其主要影响因素是各种雾化器喷雾轨迹和热风导入形式，而热风导入形式与热风分配器有关。热风分配器应能够使热风均匀地与液滴接触，防止气流在塔内形成涡流以避免或尽量减少粘壁现象，或迫使热风在塔内按需要作直线或螺旋线状流动。根据热风流入干燥塔内的轨迹，热风分配器分为直流型和螺旋型。

压力喷雾干燥系统常用直流型热风分配器，其形成的热风与干燥塔轴线呈平行的直线流动，热风流动速度均匀，所用热风分配器一般为平面孔板和直导板结构，如图 12-14 所示，开孔率为 20%～40%，气流速度在 0.4m/s 以下。

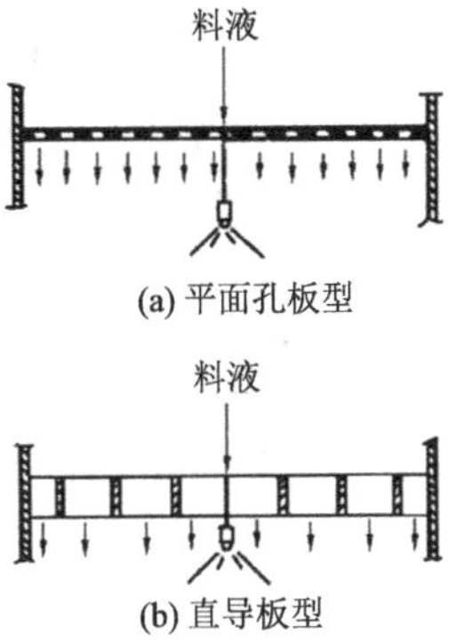

直流型热风气流使得物料粘壁现象不易发生，但为保证足够的干燥时间，要求干燥塔高度较大，在设计上热风一般以 6～10m/s 流速进入干燥室，经热风分配器均匀分配后，干燥室内风速应以 0.2～0.5m/s 为宜，排风速度以 5～8m/s 为宜。

料液

(a) 平面孔板型

料液

(b) 直导板型

图 12-14　垂直向下型热风分配器

4. 粘壁清除装置　由于设计的原因、物料的原因（如被干燥物料熔点低）、制造的原因（如干燥塔内壁粗糙及产品和塔壁之间产生静电吸引作用），产品往往会出现粘壁现象，若不去除，会产生焦粉。所以，喷雾干燥塔上有如下清壁装置。

（1）*冷却夹套*　在干燥塔上设置夹套，夹套中通有冷空气，使壁面上粘粉迅速冷却而不会出现焦粉现象。

（2）*空气清扫器*　在干燥塔内安装空气清扫器，空气清扫有两种方式：一种是在塔底出粉口的入口通入沿塔壁环绕的管子，管子对准塔内壁处开有许多小孔，冷空气从孔中喷出，将粘粉扫落，并使壁面冷却；另一种是使冷却空气沿塔内壁切线吹入。当然，冷空气应进行过滤、除湿、杀菌等处理。

（3）*振动器*　在塔内安装振动器，一种是空气振动器，利用压缩空气推动柱塞上下运动，产生锤击和振动将塔壁的粘粉振落；另一种是电磁振动器，利用激磁线圈通入交流电后，衔铁受电磁力的作用而吸向铁芯，与衔铁连成一体的锤头即锤击塔壁而产生振动。当电源切断后，锤头复位，如此反复进行锤击。一般电磁铁的吸引力为 250～450N，锤击次数为 5～20 次/min。

二、离心喷雾干燥设备

离心喷雾是在水平方向做高速旋转运动的圆盘上注入料液，使料液在离心力作用下以高速甩出，形成薄膜、细丝或液滴。被甩出的料液，受到因圆盘高速转动而带动旋转的空气的摩擦、阻碍和撕裂等作用而被分散成微小的液滴。

（一）离心雾化的机理及特点

1. 离心雾化的机理　图 12-15 所示为一高速旋转圆盘，当在盘上注入液体时，液体受离心力、重力、旋转圆盘对液体向上的支持力、旋转圆盘对液体的摩擦力共 4 个力作用，其中重力和支持力相互平衡而抵消，所以只考虑剩下的两个力——离心力和摩擦力，离心力使液体沿径向加速，离开盘面时径向速度为 u_r，而摩擦力带动液体沿盘面的旋转方向加速，离开盘面时旋转速度为 v_t，方向为盘边的切线方向，最终液体离开盘面时速度的大小和方向是 u_r 和 v_t 的合速度 u_h（u_h 和 v_t 的夹角为 α）的大小和方向。液体在离心力和圆盘摩擦力合力作用下得到合速度 u_h 并进一步分裂雾化，称为离心雾化；同时，液体离开盘面以后，受到重力和空气摩擦力的作用，重力使液体下落，液体和周围空气的接触面处的空气摩擦力也能促使液体形成雾滴，这种雾化称为速度雾化。所以，离心雾化和速度雾化这两种雾化同时存在，离心雾化得到的粒子大小要比压力雾化均匀。离心雾化与料液的物性、流量、圆盘直径、转速及周边形状有关。雾化的发生有三种情况，如图 12-16 所示。

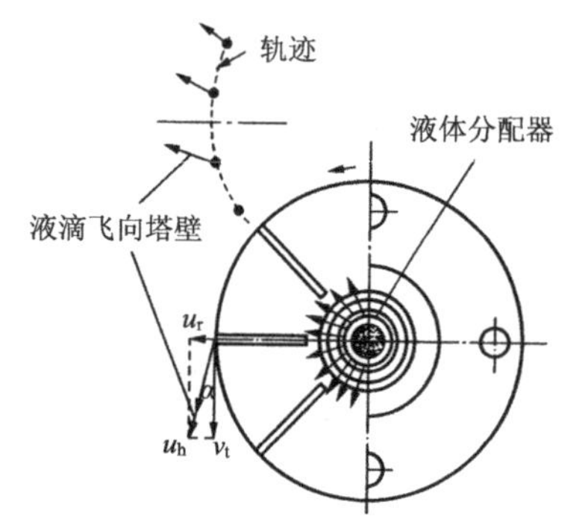

图 12-15　离心喷雾液滴在离心盘上的运动轨迹

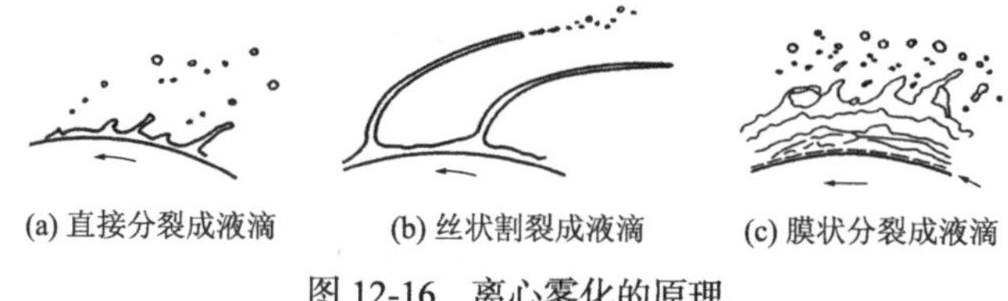

图 12-16　离心雾化的原理

（1）直接分裂成液滴　当料液流量很小时，料液受离心力作用，在圆盘周边上隆起成半球状，其直径取决于离心力和料液的黏度及表面张力。当离心力大于表面张力时，圆盘周边的球状液滴立即被抛出而分裂雾化，液滴中伴随着少量大液滴，如图 12-16（a）所示。

（2）丝状割裂成液滴　当料液流量较大而转速加快时，半球状料液被拉成许多丝状射流。液量增加，圆盘周边的液丝数目也增加，如果液量达到一定数量后，液丝就变粗，而丝数不再增加。抛出的液丝极不稳定，在离周边不远处即被分裂雾化成球状小液滴，如图 12-16（b）所示。

（3）膜状分裂成液滴　当液体流量继续增加时，液丝数量与丝径均不再增加，液丝并成薄膜，抛出的液膜离圆盘周边一定距离后，被分裂成分布较广的液滴。若将圆盘速度提高，液膜便向圆盘周边收缩。若液体在圆盘表面上的滑动能减到最小，则可使液体以高速度喷出，如图 12-16（c）所示。工业生产大多数采用高速转盘及大液量操作，属速度雾化过程。

为了保证液滴的均匀性，离心式雾化器应满足下列条件：圆盘要加工精密，动平衡好，旋转时无振动；旋转时产生的离心力必须大于物料的重力；给料必须均匀且圆盘表面都要被料液所润湿；盘及沟槽必须平滑光洁；保证雾化均匀，圆盘的圆周速度应取 60m/s 以上，一般为 90～170m/s。

2. 离心雾化的特点

1）调整转速就可以调整雾化料液的粒径，转速高则液滴细，液相的比表面积就大，从而可以提高干燥的传热传质效率。

2）物料黏度的适应性比压力喷雾干燥广，既可以处理低黏度的料液，对高黏度浓缩料液进行雾化干燥的效果也较好，因此可以提高雾化料液的浓缩程度。

3）喷雾器的材料要求具有质轻而强度高的性能，对材质的要求高。

4）工艺上应用的高速旋转雾化器的转速一般为 10 000～40 000r/min。高转速对轴系及传动系统的选材、制造精度、安装精度的要求严格。

（二）离心喷雾干燥设备的系统配置

离心喷雾干燥与压力喷雾干燥的生产流程没有本质的区别，其区别在于雾化装置和干燥塔塔径、塔高的设计。

1. 离心式雾化器

（1）离心式雾化器的结构形式

1）光滑圆盘：流体的通道表面是光滑的，没有任何限制流体运动的结构。光滑圆盘包括平板型、盘型、碗型、杯型，如图 12-17 所示。

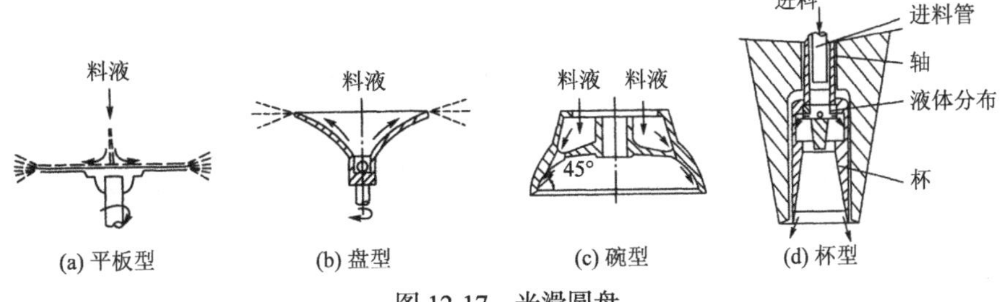

图 12-17 光滑圆盘

这类离心转盘有较大的润湿表面，使溶液形成扁平的薄膜，可以得到比较均匀的喷雾，结构简单。缺点是表面平整，溶液在盘面上产生较大的滑动，越接近盘缘，线速度越高，液体的滑动就越大，因而喷雾速度不高。为减少溶液的滑动，可在盘面上做些浅槽，使雾滴变小，但也增大了溶液雾化的不均匀性。

2）多叶圆盘：多叶圆盘如图 12-18 所示，在盘盖和圆盘间有许多叶片分隔，使喷雾时对周边的影响小。这种多叶圆盘的结构比较合理。在离轴中心一定距离处设置叶槽，目的是防止料液滑动，增加湿润面的周边，使薄膜沿叶槽垂直面移动，并借助叶槽高度来提高喷雾能力。图 12-19 所示的尼罗（Niro）式离心盘也属于多叶圆盘。

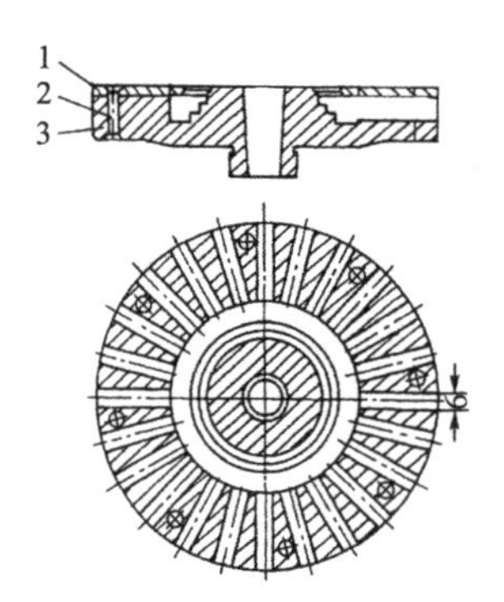

图 12-18　多叶圆盘（单位：mm）

1. 盘盖；2. 铆钉；3. 圆盘

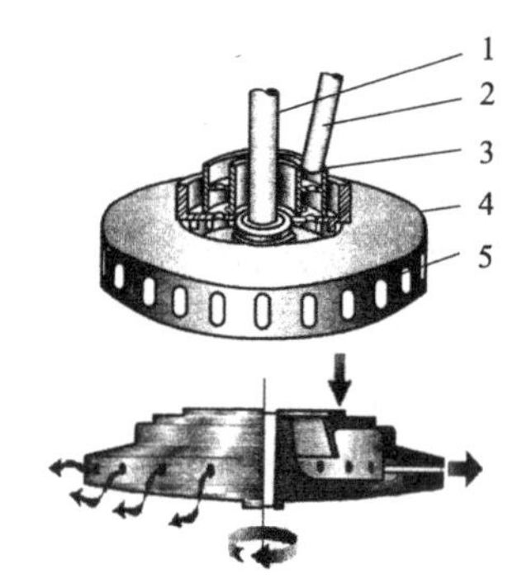

图 12-19　尼罗式离心盘结构图

1. 主轴；2. 进料管；3. 分槽；4. 转盘；5. 喷孔

3）多管圆盘：在圆盘周边嵌入许多喷管，溶液受离心力作用由盘周边的喷管高速喷出，喷出的雾滴较为均匀。喷管可长可短，其孔径大小影响雾滴的粗细，适用于粒度大小要求均匀的场合。这种雾化器的喷管由特殊合金制造，如图 12-20 所示。

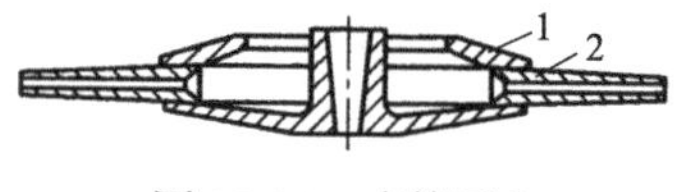

图 12-20　多管圆盘

1. 圆盘；2. 喷管

4）多层圆盘：在生产能力较大的情况下，以设计多层管式圆盘较为合适。根据处理量的大小有双层和三层两种。这种圆盘的特点是在不增大圆盘直径且喷矩相同的情况下增加喷雾量，其结构如图 12-21 和图 12-22 所示。设计离心喷雾圆盘时，尽可能不要增大圆盘直径。直径增大，圆盘质量加重，因而对动平衡要求提高（要求小于 0.2g/m）；高速离心机对圆盘和机组的加工精度要求很高；圆盘直径的增大，使雾滴在干燥塔中的分布也不均匀。

实践证明，平直叶片圆盘的功率消耗小，且结构简单，加工方便，能得到良好的喷雾效果。

（2）离心式雾化器的驱动方式　工业上常用的是用电动机直联驱动，如图 12-23 所示，这种传动方式具有下述特点：节能；采用变频调速技术，转速无级调节；雾化器装置结构紧凑，体积小，质量轻；性能稳定，操作可靠，温升低。采用特殊的冷却方式，可同时减小电动机产生的温升及干燥室高温产生的雾化器装置外表的温升，提高了装置的使用寿命。

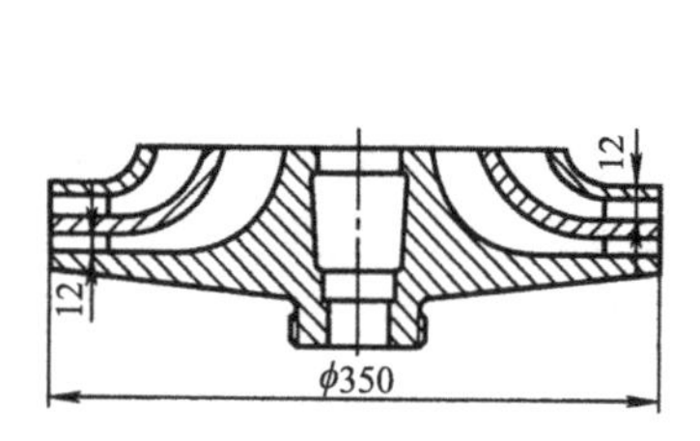

图 12-21　双层矩形通道圆盘（单位：mm）

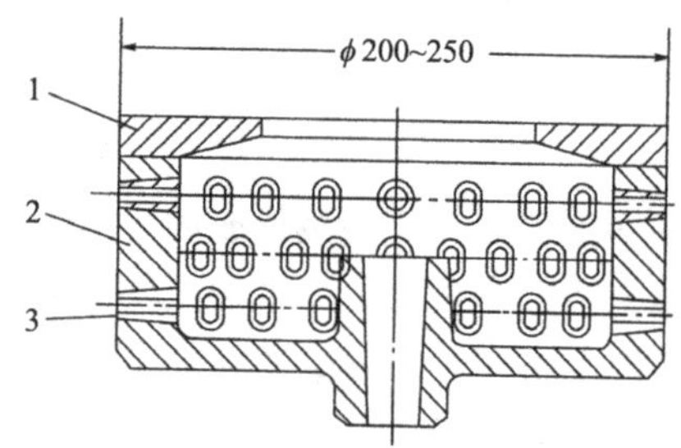

图 12-22　三层圆盘（单位：mm）

1. 盖板；2. 圆盘；3. 喷管

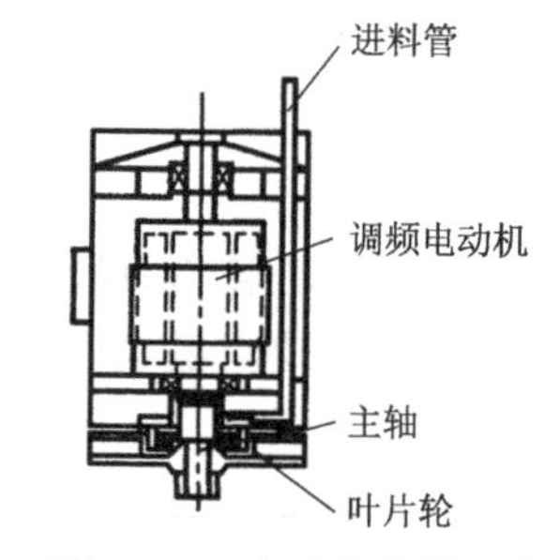

图 12-23　电动机直联驱动

2. 喷雾室　喷雾室的直径与离心喷盘的转速快慢有关，液滴直径与转速成反比，液滴射程与液滴直径成正比，即转速小时，液滴的射程就大，而塔径是随射程（或称喷矩）的增大而增大，因此喷盘转速越小，喷雾室直径就越大。在某一半径的圆周内，有 90%～95%液滴微粒下落，此时则不再具有水平速度，这个半径距离称为喷距。只要干燥塔直径大于喷距时，绝大部分液滴就不会碰壁。一般情况下，喷雾室内截面风速以 0.1～0.4m/s 为宜。

3. 热风分布器 采用气流旋转型分布器。气流旋转型的特点是，热空气旋转地进入干燥室，热空气和雾滴在旋转流中进行热量与质量交换，效果较好。气流的旋转显著地延长了雾滴在塔内的停留时间。设计时，应注意旋转直径，不要产生严重的半湿物料粘壁现象。

图 12-24 所示的热风盘即气流旋转型分布器。热风以 6～10m/s 的高速度进入热风分配盘，然后通过风向调节板进入塔内。风向调节板向下倾斜的角度可调节，进入塔内的热风风向与喷盘甩出的料液方向可以相同，也可以相反。热风进塔后分配不均匀是造成物料焦化和塔内局部粘壁的主要原因，因此要求进入塔内的速度相等，尽量避免与减少涡流形成。为了使热风在热风盘进入塔内的速度相等，热风盘一般设计为蜗壳形。热风盘应与喷雾盘配合安装，一定要使热风进口与喷盘位置尽量靠近。热风盘的出口风速一般为 8～12m/s。喷盘高速旋转，中心形成负压，使抛出的物料卷起，粘在喷盘上，即此处是热风吹不到的死角，设计时应考虑在喷盘的周围送入少量热风，以避免粘壁现象的产生。

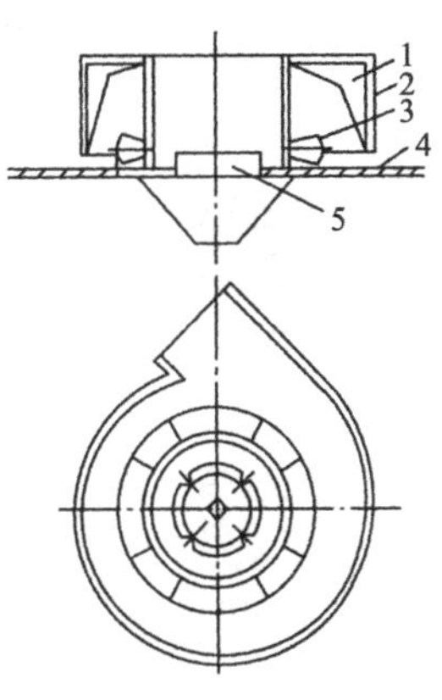

图 12-24 热风盘结构

1. 热风分配盘；2. 保温层；3. 风向调节板；4. 塔顶壁；5. 喷雾机座

（三）离心喷雾干燥机的工作流程

以有冷却床系统的尼罗离心喷雾干燥机生产全脂奶粉、脱脂奶粉、速溶奶粉等为例，如图 12-25 所示，介绍离心喷雾干燥机的工作流程。

（1）牛乳流程 浓乳从物料贮槽 1，经双联过滤器 2 滤去浓乳中的杂质后，由螺杆泵 4 至塔顶离心喷雾机 9，将浓乳喷成雾状，与经蜗壳式进风盘 10 送入的热空气进行热交换，瞬时被干燥成粉粒落入干燥塔 11 下部锥体部分，由激振器 3 输送到冷却沸腾床 31 进一步干燥、冷却，再送至振动筛 29 过筛后，落入集粉箱 27。

（2）热风流程 新鲜空气经空气过滤器 22 过滤后，由燃油热风炉进风机 21 鼓入燃油热风炉 18 加热，使温度提高到 220℃左右，输入蜗壳式热风盘 10 进入干燥塔 11，与雾状浓乳热交换后，由主旋风分离器 14 回收夹带的粉尘，废气则由排风机 13 排入大气。

冷却沸腾床 31 所用冷空气，先经空气过滤器 25 过滤，由通风机 26 鼓入减湿冷却器 30 降低所含水分后进入冷却沸腾床 31。从干燥塔 11 来的粉粒在床上呈沸腾状态得到进一步的干燥和冷却，排出的废气由细粉回收旋风分离器 15 回收夹带的细粉后经排风机 19 排入大气。

（3）废气中粉尘回收 主旋风分离器 14 和细粉回收旋风分离器 15 回收的细粉，分别经鼓形阀 23 和 24 卸出，混入细粉回收管道中，被吹入干燥塔 11 内与离心喷雾机 9 喷成雾状的浓乳雾滴进行聚合，重新干燥，形成大颗粒乳粉。这种乳粉颗粒大、容重小、速溶性好。

该设备的技术参数：水分蒸发量为 250kg/h，燃油热风炉耗油量为 28～30kg/h，热风温度为 220℃，排风温度为 88℃，干燥塔直径为 3m，总高 6.9m，电动机总功率为 29.5kW。

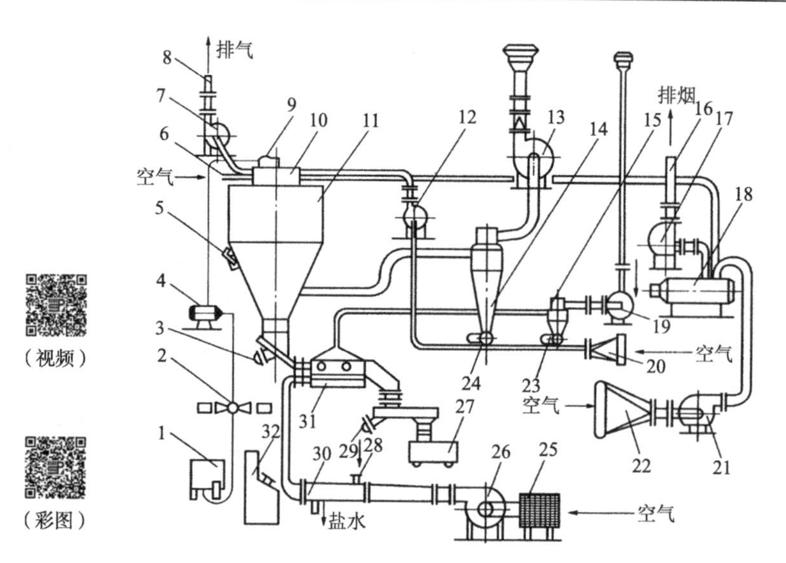

图 12-25　有冷却床系统的尼罗离心喷雾干燥机的工作流程图

1. 物料贮槽；2. 双联过滤器；3. 激振器；4. 螺杆泵；5. 振荡器；6. 冷却风圈进风口；7. 冷却风圈排风口；8. 冷却风圈排风管；9. 离心喷雾机；10. 蜗壳式热风盘；11. 干燥塔；12. 通风机；13. 排风机；14. 主旋风分离器；15. 细粉回收旋风分离器；16. 排烟管；17. 燃油炉排风机；18. 燃油热风炉；19. 排风机；20. 空气过滤器；21. 燃油热风炉进风机；22. 空气过滤器；23、24. 鼓形阀；25. 空气过滤器；26. 通风机；27. 集粉箱；28. 冷盐水管；29. 振动筛；30. 减湿冷却器；31. 冷却沸腾床；32. 仪表控制台

三、气流喷雾干燥设备

（一）雾化机理

气流喷雾又称二流体喷雾，它是利用蒸汽或压缩空气的高速运动（一般为 200～300m/s）使料液在喷嘴出口处与其相遇，由于料液速度不大，而气流速度很高，两种流体存在着相当高的速度差，液膜被拉成丝状，然后分裂成细小的雾滴。雾滴的大小取决于相对速度和料液的黏度，相对速度越高，雾滴越细，黏度越大，雾滴越大。

气流喷雾料液的分散度取决于气体的喷射速度、料液和气体的物理性质、雾化器的几何尺寸及气流量之比。一般来说，提高气体的喷射速度，可得到较细的雾滴；增加气液的质量比，则可得到均匀的雾滴；在一定范围内，液体出口管越大，雾滴也越细；液滴的直径还随气体黏度的减小或气体密度的增加而减小。

使用蒸汽的压强为 0.3～0.7MPa，使用压缩空气的压强为 0.2～0.5MPa，液滴平均直径为 10～60μm。

（二）气流喷雾干燥设备的结构

气流喷雾干燥塔的主体结构与压力式和离心式主体基本相同，一般都是立式塔体结构，不同之处主要是雾化器。典型的气流式雾化器（喷嘴）的结构如图 12-26 所示。气流式雾化器可分为内部混合型、外部混合型、内外混合相结合的三流型。图 12-26～图 12-28 分别是二流内混合式、三流内外混合式、四流式喷嘴。

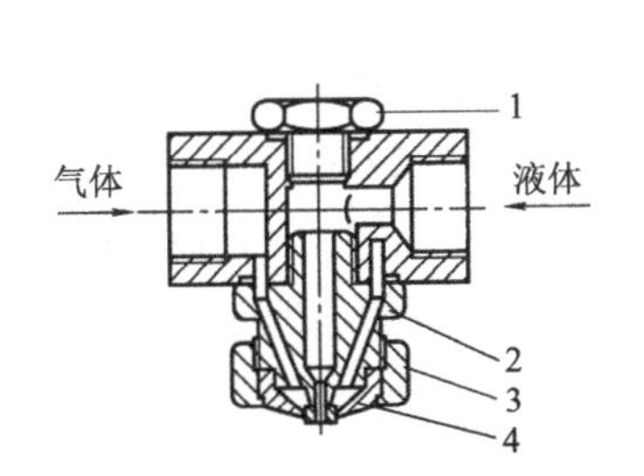

图 12-26　气流式雾化器（二流内混合式）

1. 锁紧帽；2. 喷嘴主体；3. 螺帽；4. 喷嘴

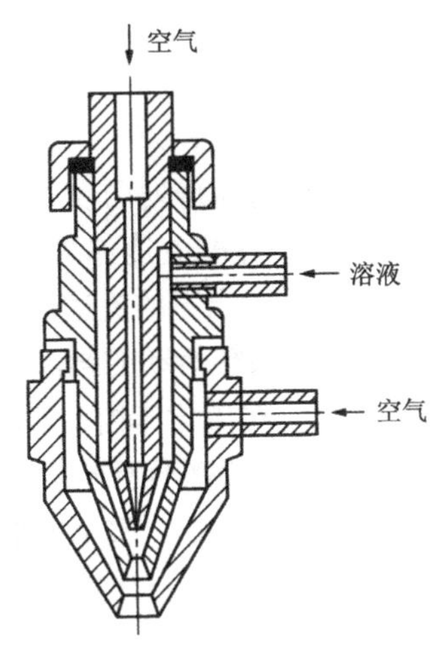

图 12-27　三流内外混合式喷嘴

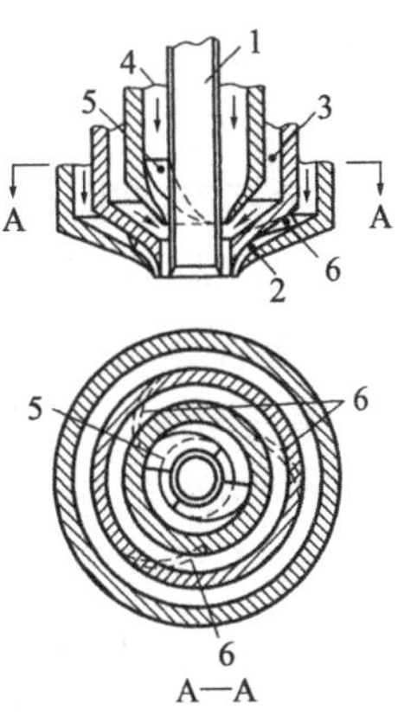

图 12-28　四流式喷嘴

1. 干燥用空气；2、4. 压缩空气；3. 液体；5、6. 导向叶片

第三节　流化床干燥设备

在一个干燥设备中，将颗粒物料堆放在多孔分布板上，当气体由设备下部通入床层，随着气流速度加大到某种程度，固体颗粒在床层内就会产生沸腾状态，这种床层称为流化床。采用这种方法进行物料的干燥称为流化床干燥。

一、流化床干燥的原理

物料颗粒在多孔分布板的支撑下，气体自下而上穿过床层时，随流速的逐渐增加，流体通过床层总压力损失也会发生相应的变化，若对随着流体空塔速度 v_0（体积流量除以空床横截面积）的增大，流体通过床层总压力损失 Δp 的变化情况进行测定，并把这种一一对应关系按坐标描绘在双对数标纸上，就会得到 Δp–v_0 的关系曲线，如图 12-29 所示，观察此曲线，则可看出床层可存在三种状态。

1. 第一阶段——固定床阶段　当流体速度较低时，在床层中固体颗粒虽与流体相接触，但固体颗粒的相对位置不发生变化，这时固体颗粒的状态称为固定床。在固定床状态下，Δp 随 v_0 的增大而上升，成一倾斜直线的关系，如图 12-29 的 AB 段所示。

2. 第二阶段——流化床阶段　当通入的气流速度进一步增大，达到 B 点并超过 B 点以后，固体颗粒就会产生相互间的位置移动，若再增加流体速度，而床层的压力保持不变，固体颗粒在床层中就会产生不规则的运动，这时的床层状态就处于流态化，即流化床。随着流体流速的增加，固体颗粒的运动则更为剧烈，在流速的一定范围内，固体颗粒仍停留在床层内而不被流体带走。床层的高度和空隙率则随流速的增大而增大，但流体通过床层的压力损失 Δp 基本上不随流速的增大而发生变化，大约等于床层横截面（S）上单位面积所承受的固体颗粒平均质量（G）。这时，在床层中能保持一个能见到的固体颗粒界面。

固体颗粒在床层中开始蠕动，刚刚出现流化的一点（图 12-29 中的 B 点），称为临界流化点。而 B 点是 Δp-v 关系的转折点，若再提高流速，其压力损失基本上保持一定值 Δp_{mf}，直到 C 点。

若从流化状态开始降低流体流速，直到 D 点，床层就会转变为固定床。和 B 点的差别甚小，这是由于经过流态化后，固体颗粒重新排列而较为疏松。若继续降低流体流速，则遵循 DE 线的关系而变化。故通常把对应于 D 点的流速称为临界流速 v_{mf}。从工程上应用方便起见，可认为 D 点同 B 点是重合的。而 DC 是相当宽的流速范围，在这一范围内，固体颗粒在床层总是保持着流化状态，当然流体与固体颗粒运动的剧烈程度是随流速的大小而不同的。

3. 第三阶段——气流输送阶段　在流化床内，若流速超过图 12-29 的 C 点，即表示流速大于固体颗粒的悬浮速度，这时固体颗粒就不能继续停留在容器内，而将被气流带出容器。

这时，从多孔分布板上方直到流体出口处，整个容器充满着固体颗粒，它们相互间的碰撞和摩擦较小，而是以一个向上的净速度运动。床层也失去了界面，而床层的 Δp 迅速下降，床层内的固体颗粒密度降低，此状态也称为稀相流化床，如图 12-30 所示。

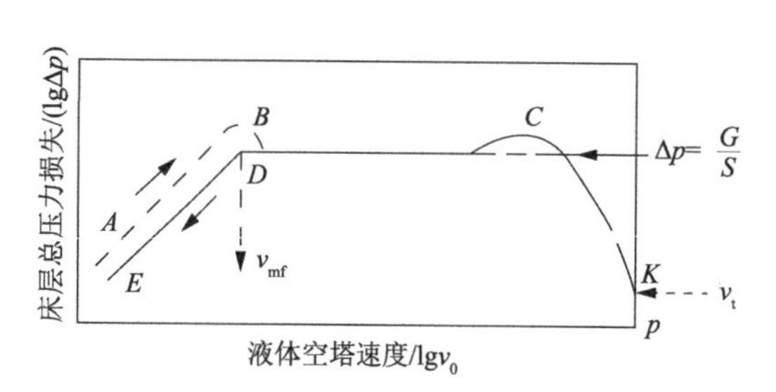

图 12-29　流体通过固体颗粒层的关系

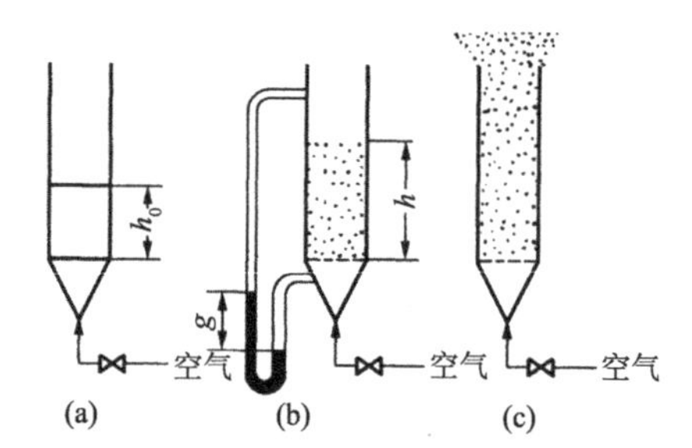

图 12-30　固体颗粒与流通气体的变化

（a）固定床阶段；（b）流化床阶段；（c）气流输送阶段；h_0、h. 固体颗粒的高度；g. 床层总压力损失

二、流化床干燥设备的类型

（一）单层流化床干燥器

单层流化床干燥器结构简单，操作方便，生产能力大，在食品工业中应用广泛。

单层流化床干燥器直径为 3000mm，物料的最初含水量为 7%，干燥后含水量为 0.5%，生产能力为 350t/d。其工艺流程和主要设备如图 12-31 所示。

湿物料由胶带输送机送到抛料机的加料斗上，再经抛料机送入流化床干燥器内。空气经空气过滤器由鼓风机送入空气加热器，加热后的热空气进入流化床底部分布板，以干燥湿物料。干燥后的物料经溢流口由卸料管排出。干燥后空气夹带的粉尘经 4 个并联的旋风除尘器分离后，由抽风机排出。

生产操作条件：进风温度 150～160℃，排风温度 50～60℃，颗粒度 40～60 目，操作气速 1.2m/s，床层高度 300～400mm，操作风量 30 000m^3/h，床层压强 0.6～0.7kPa（负压），操作压强损失 4kPa，物料停留时间 120s。

根据被干燥介质的不同，单层流化床干燥器的生产能力可达每平方米分布板从物料中干燥水分 500～1000kg/h。这种干燥器适宜于湿粒状且不易结块的物料干燥。单层流化床干燥器的缺点是干燥后的产品湿度不均匀。针对这个缺点，出现了多层流化床干燥器。

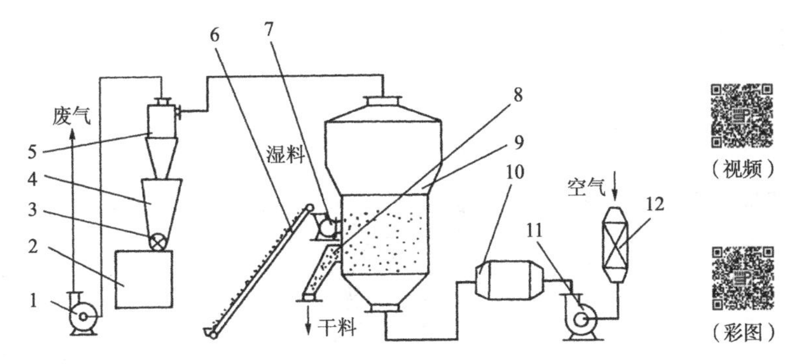

图 12-31 单层流化床干燥流程图

1. 抽风机；2. 料仓；3. 星形下料器；4. 集灰斗；5. 旋风除尘器（4个）；6. 胶带输送机；7. 抛料机；8. 卸料管；9. 流化床；10. 空气加热器；11. 鼓风机；12. 空气过滤器

（二）多层流化床干燥器

多层流化床干燥器的流程见图 12-32 所示。干燥器的结构分为溢流管式和穿流板式。国内目前均以溢流管式为多。

1. 溢流管式多层流化床干燥器 溢流管式多层流化床干燥器的操作过程为：物料由料斗送入，有规律地自上溢流而下；热空气则由底部进入，自下而上运动而将湿物料沸腾干燥；干燥后的物料由出料管卸出。这种型式的干燥器，溢流管为主要部件，其结构有菱形堵头式、铰链活门式、自封闭式溢流管，如图 12-33 所示。为了防止堵塞或气体穿孔而造成下料不稳定，破坏沸腾床，溢流管下面一般装有调节装置。

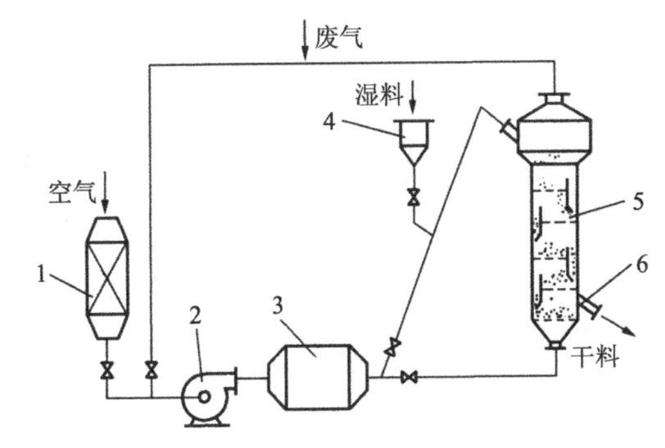

图 12-32 溢流管式五层流化床干燥流程图

1. 空气过滤器；2. 鼓风机；3. 电加热器；4. 料斗；5. 干燥器；6. 出料器

（1）菱形堵头式溢流管 如图 12-33（a）所示。调节堵头上下位置，可以改变下料孔自由截面积，从而控制下料量，但需人工调节。

（2）铰链活门式溢流管 如图 12-33（b）所示。根据溢流量的多少，可自动开大或关小活门，但需注意活门可能轧死而失灵。

（3）自封闭式溢流管 如图 12-33（c）所示。溢流管采用侧向溢流口，其空间位置设于空床气速较低的床壁处，再加上侧向溢流口的附加阻力，使气体倒窜的可能性大为减少。同时，溢流管采用不对称方锥管，既可防止颗粒架桥，又可因截面自下而上不断扩大而气速不断降低，减少喷料的可能性。若在溢流管侧壁上开一串侧风孔，由床层内自动引入少量气体作为松动风，也可起到松动物料的作用。

2. 穿流板式多层流化床干燥器 如图 12-34 所示，其操作过程为物料直接从筛板孔由上而下流动，气体则通过筛孔由下而上运动，在每块板上形成沸腾床。故其结构简单，但操作控制的要求严格。

为使物料能通过筛板孔流下来，筛板孔径应比物料粒径大 5～30 倍。一般孔径为 10～12mm，开孔率为 30%～35%。气体通过筛板孔的速度 v 和物料颗粒带出速度 v_t 之比值，上限为 2，下限为 1.1～1.2。颗粒的直径为 0.5～5mm。干燥能力为每平方米床层截面可干燥 1000～

10 000kg/h 的物料。

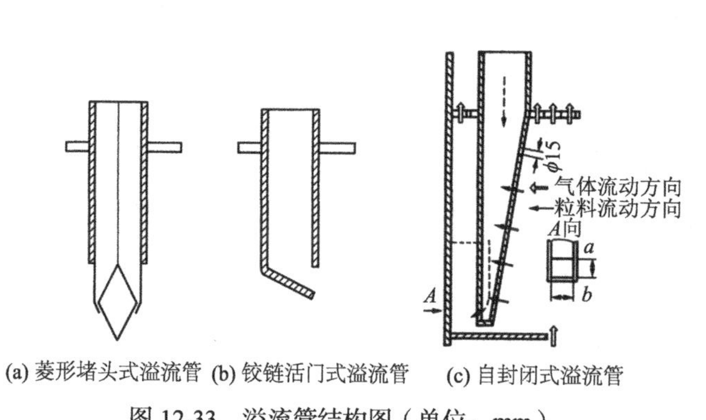

图 12-33　溢流管结构图（单位：mm）

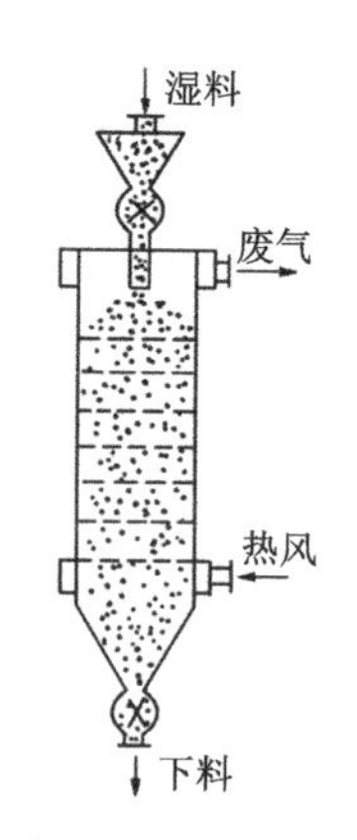

图 12-34　穿流板式多层流化床干燥器

（三）喷动床干燥器

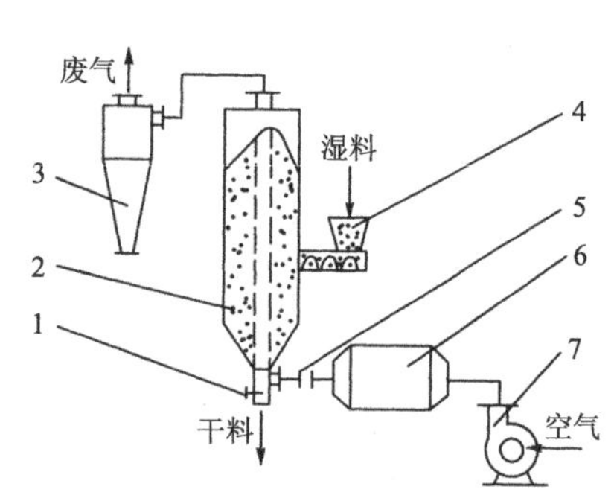

图 12-35　喷动床干燥器

1. 放料阀；2. 喷动床；3. 旋风分离器；4. 螺旋加料器；5. 碟阀；6. 加热炉；7. 鼓风机

对于粗颗粒和易黏结的物料，因其流化性能差，在流化床内不易流化干燥，可采用喷动床干燥器。

喷动床干燥器底部为圆锥形，上部为圆筒形。气体以高速从锥底进入，夹带一部分固体颗粒向上运动，形成中心通道。在床层顶部颗粒好似喷泉一样，从中心喷出向四周散落，然后沿周围向下移动，到锥底又被上升气流喷射上去。如此循环以达到干燥的要求。

喷动床干燥器的结构如图 12-35 所示，可用于谷物、玉米胚芽等物料的干燥。

其干燥过程如下：空气由鼓风机经加热炉加热后鼓入喷动床底部，与由螺旋加料器加入的湿玉米胚芽接触喷动干燥。操作为间歇式，当干燥达到要求后，由底部放料阀推出物料，然后再进行下批湿物料的干燥。湿玉米胚芽水分高达 70%，流化性能差，且易自行黏结。采用喷动床后，因没有分布板，避免了湿玉米胚芽与分布板的黏结，减小加料速度，并用高风速（约为 70m/s）由底部通入，促使湿玉米胚芽很快分散和流动，从而达到干燥的目的。

（四）振动流化床干燥机

普通流化床干燥机在干燥颗粒物料时，可能会存在下述问题：当颗粒粒度较小时形成沟流或死区；颗粒分布范围大时夹带会相当严重；由于颗粒的返混，物料在机内滞留时间不同，干燥后的颗粒含液量不均；物料湿度稍大时会产生团聚和结块现象，而使流化恶化等。为了克服上述问题，出现了数种改型流化床，其中振动流化床就是一种较为成功的改型流化床。

振动流化床就是将机械振动施加于流化床上。调整振动参数，使返混较严重的普通流化床在连续操作时能得到较理想的活塞流。同时由于振动的导入，普通流化床的上述问题会得到相当大的改善。

图 12-36 所示为对流型振动流化床干燥机及流程。

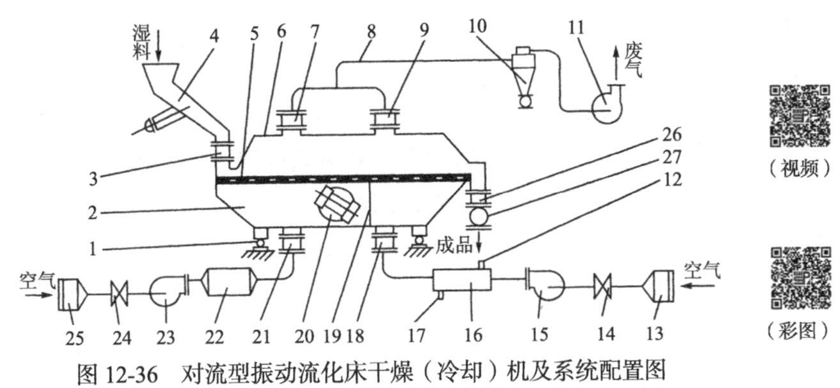

图 12-36 对流型振动流化床干燥（冷却）机及系统配置图

1. 减振器；2. 振床；3、7、9、18、21、26. 软接头；4. 振动给料器；5. 振槽；6. 槽盖；8. 连接管路；10. 旋风分离器；11. 引风机；12. 冷却液进口；13. 空气净化器；14. 风量调节器；15. 风机；16. 除湿冷却器；17. 冷却液出口；19. 冷热风隔板；20. 振动装置；22. 热交换器；23. 风机；24. 风量调节阀；25. 空气净化器；27. 排料阀

对流型振动流化床工作时，由振动电动机或其他方式提供的激振力，使物料在空气分布板上跳跃前进，同时与分布板下方送入的热风接触，进行热、质传递。下箱体为床层提供了一稳定的具有一定压力的风室。调节引风机 11，使上箱体中床层物料上部保持微负压，维持良好的干燥环境并防止粉尘外泄。空气分布板支撑物料并使热风分布均匀。

操作时，物料经振动给料器均匀连续地加到振动流化床中，同时空气经过滤后，被加热到一定温度，由给风口进入干燥机风室中。物料落到分布板上后，在振动力和经空气分布板均匀的热气流双重作用下，呈悬浮状态与热气流均匀接触。调整好给料量、振动参数及风压、风速后，物料床层形成均匀的流化状态。物料粒子与热介质之间进行着激烈的湍动，使传热和传质过程得以强化，干燥后的产品由排料口排出，蒸发掉的水分和废气经旋风分离器回收粉尘后，排入大气。调整各有关参数，可在一定范围内方便地改变系统的处理能力。

振动流化床干燥机可设计为由分配段、沸腾段和筛选段三部分组成，在分配段和筛选段下面都有热空气。

振动流化床干燥机的特点如下。

1）由于施加振动，最小流化气速降低，因而可显著降低空气需要量，进而降低粉尘夹带量，配套热源、风机、旋风分离器等也可相应缩小规格，成套设备造价会较大幅度下降，节能效果显著。

2）振动有助于物料分散，如选择合适的振动参数，易团聚或产生沟流的物料有可能顺利流化干燥。

3）可调整振动参数来改变物料在机内滞留时间，其活塞流式的运行降低了对物料粒度均匀性及规则性的要求，易于获得均匀的干燥产品。

4）由于无激烈的返混，气流速度较低，对物料粒子损伤小。

5）缺点：振动会产生噪声，同时机器个别零件的寿命短于其他类型干燥机。

三、流化床干燥器的主要部件

1. 分布板 分布板的主要作用为：支承固体颗粒物料；使气体通过分布板时得到均匀分布；分散气流；在分布板上方产生较小的气泡。分布板型式有以下两种。

（1）直流式 直流式分布板的结构如图 12-37 所示，厚度（b）一般为 20mm，其孔道长（孔径为 d），刚度大，结构简单，制造容易。但因气流方向正对床层，易产生小沟流，也易堵塞，停车时易产生泄漏现象，性能较差。分布板的阻力压强一般为 500～1500Pa。

（2）风帽侧流式　风帽侧流式分布板的结构如图 12-38 所示，风帽上开有 4～8 个小孔，气体呈水平方向从小孔流出，故在合适的孔速和风帽间距下，气体可以扫过整个分布板面，消除死床。同时由于风帽群占去部分空间，因此气速较高，形成一个良好的起始流化条件，且不易堵塞气孔和泄漏物料。但风帽结构复杂，不易制造。

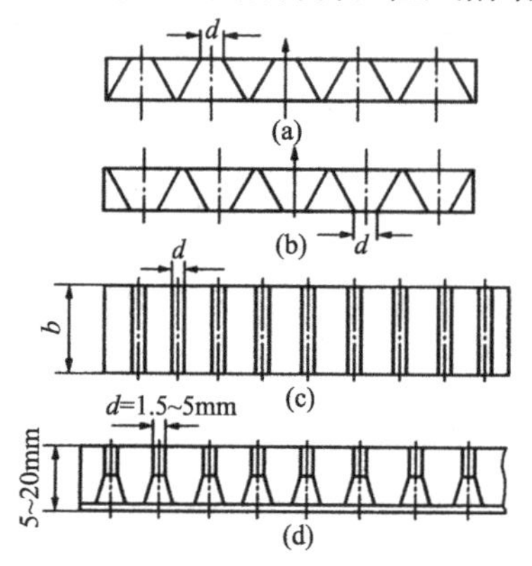

图 12-37　各种直流式分布板的结构（蒋迪清和唐伟强，2005）

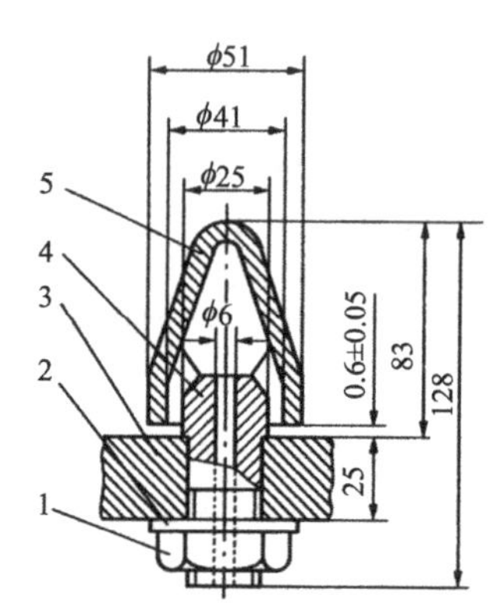

图 12-38　风帽侧流式分布板（蒋迪清和唐伟强，2005）（单位：mm）

1. 螺帽；2. 垫片；3. 分布板；4. 中心管；5. 风帽

2. 气体预分布器　气体预分布器的作用是避免气体进入流化床时流速过高而设置的，它通过把进入流化床的气体先分布一次，使其均匀进入流化床。其结构如图 12-39 所示。

3. 加料器　加料器有图 12-40 所示的三种型式供选择。

4. 热风吸入口　图 12-41 所示为热风吸入口结构示意图。

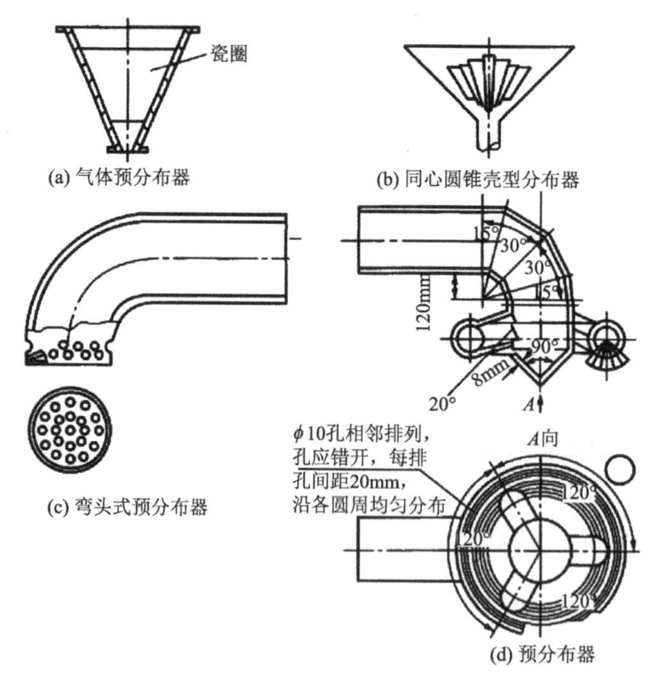

图 12-39　气体预分布器结构图

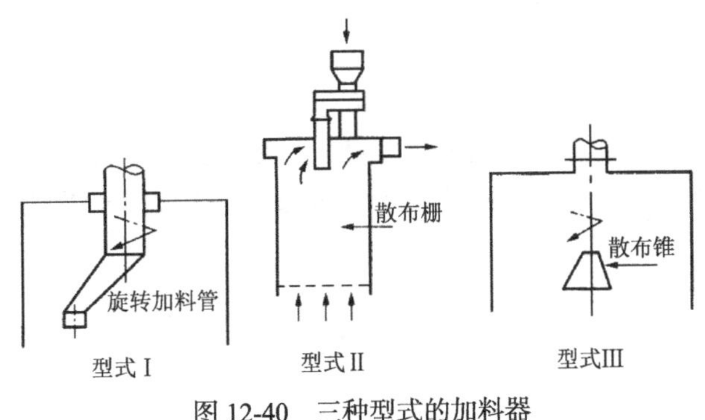

图 12-40　三种型式的加料器

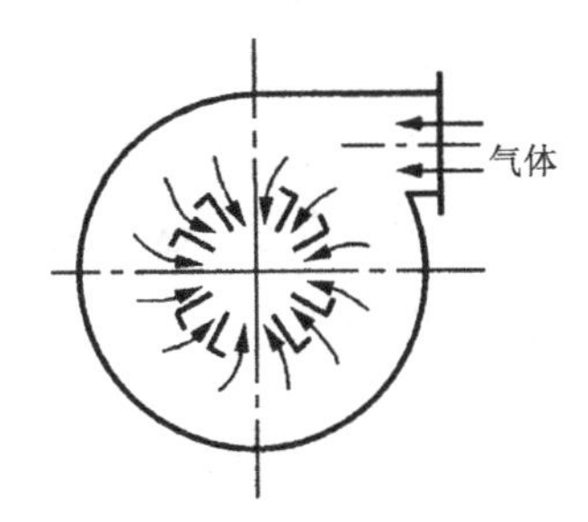

图 12-41　热风吸入口结构示意图

第四节　滚筒干燥设备

滚筒干燥机是一种接触式内加热传导型的干燥机械，在干燥过程中，热量以传导的方式由内向外进行传递，对滚筒表面所附着的物料进行干燥，滚筒每旋转一周，料液即可完成干燥，属于一种连续性干燥机械，主要应用于液态或膏状食品物料。

一、滚筒干燥机的工作原理及特点

（一）工作原理

滚筒干燥机将浓缩处理后的料液由高位槽流入滚筒干燥器的受料槽内，由布膜装置使物料薄薄地（膜状）附在滚筒表面，滚筒内通有蒸汽等加热介质，对筒壁的物料进行加热使其水分蒸发，滚筒在一个转动周期中完成布膜、汽化、脱水等过程，干燥后的物料由刮刀刮下，送至成品贮存槽，最后进行粉碎或直接包装。

滚筒对膜状料液的干燥过程分为预热、等速和降速三个阶段进行。干燥初期筒内加热介质对筒外料液加热，蒸发作用不明显，此为预热阶段。当料液得到热量时，温度升高，料液中的水分子获得能量，分子运动加快；当水分子所具的动能大到足以克服它们之间的引力和水分子与固态物料之间的引力时，水分子向外扩散，并由内向外迁移，蒸发作用即开始，膜表面汽化，出现传热和传质；料液的水分传热和传质方向一致，传热速度越大，传质速度也越大，并维持恒定的汽化速度，这时干燥过程表现为等速阶段。当膜内扩散速度小于表面汽化速度时，进入降速阶段的干燥。

滚筒干燥机一般用饱和水蒸气作为热源，压强为 0.2～0.6MPa（120～150℃），对某些要求在低温下干燥的物料，可采取热水作为热媒。

（二）特点

滚筒干燥机具有热效率高、干燥速率大、产品的干燥质量稳定的优点；缺点是由于滚筒的表面温度较高，对一些制品会因过热而有损风味或产生不正常的颜色。若使用真空干燥器，成本较高，仅适用于热敏性非常高的物料的处理。此外，刮刀易磨损，使用周期短。筒体受到料液腐蚀及刮刀切削状态下的磨损后，必须更换。

二、滚筒干燥机的型式

滚筒干燥机有不同的分类方式，按滚筒的数量分为单滚筒、双滚筒、多滚筒干燥机；按操作压力分为常压式和真空式干燥机；按滚筒的布膜方式分为浸液式、喷溅式、铺辊式、顶槽式和喷雾式干燥机等。这里主要介绍单滚筒干燥机、双滚筒干燥机和真空式滚筒干燥机。

（一）单滚筒干燥机

单滚筒干燥机是指由一只滚筒完成干燥操作的机械，其组成如图 12-42 所示。

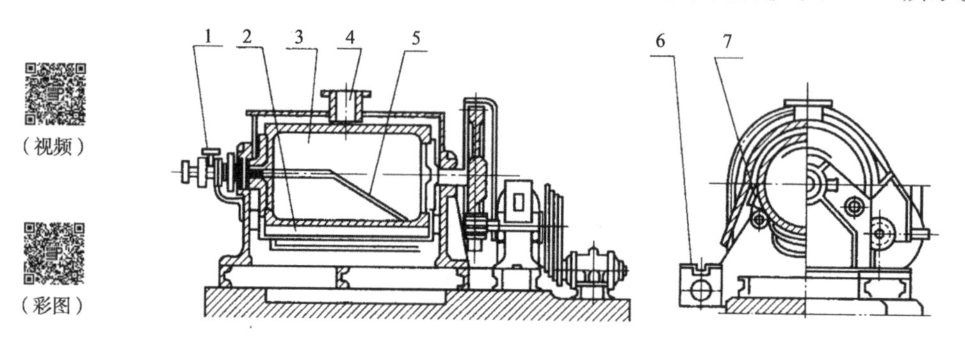

图 12-42　单滚筒干燥机（杨公明和程玉来，2014）

1. 进汽头；2. 料液槽；3. 滚筒；4. 排气管；5. 排液虹吸管；6. 螺旋输送器；7. 刮刀

干燥机的重要组成部分是滚筒，滚筒为一中空的金属圆筒。滚筒筒体用铸铁或钢板焊制，用于食品生产的滚筒一般用不锈钢钢板焊制。滚筒直径为 0.6～1.6m，长径比（L/D）为 0.8～2.0。布料形式可视物料的物性而使用顶部入料或浸液式、喷溅式上料等方法，附在滚筒上的料膜厚度为 0.5～1.5mm。加热介质大部分采用蒸汽，蒸汽的压强为（2～6）$\times10^5$Pa，滚筒外壁的温度为 120～150℃。驱动滚筒运转的传动机构为无级调速机构，滚筒的转速一般为 4～10r/min。物料被干燥后，由刮料装置将其从滚筒刮下，刮刀的位置视物料的进口位置而定，一般在滚筒断面的Ⅲ、Ⅳ象限，与水平轴线交角为 45°～300°。滚筒内供热介质的进出口，采用聚四氟乙烯密封圈密封。滚筒内的冷凝水，采取虹吸管并利用滚筒蒸汽的压力与疏水阀之间的压差，使之连续地排出筒外。图 12-42 所示为常压式单滚筒干燥机。还可以根据操作条件的要求，设置全密封罩，进行真空操作。

（二）双滚筒干燥机

双滚筒干燥机是指由两只滚筒同时完成干燥操作的机械。干燥机的两个滚筒由同一套减速传动装置，经相同模数和齿数的一对齿轮啮合，使两组相同直径的滚筒相对转动而操作。

图 12-43 所示为对滚式双滚筒干燥机，料液存在两滚筒中部的凹槽区域内，四周设有料堰挡料（布膜器）。两筒的间隙一般为 0.5～1mm，由一对节圆直径与筒体外径一致或相近的啮合轮控制，不允许料液泄漏。滚筒的转动方向可根据料液的实际和装置布置的要求确定。滚筒转动时咬入角位于料液端时，料膜的厚度由两筒之间的空隙控制。咬入角若处于反向时，两筒之间的料膜厚度由设置在筒体长度方向上的堰板与筒体之间的间隙控制。该型式的干燥机适用于有沉淀的浆状物料或黏度较大物料的干燥。

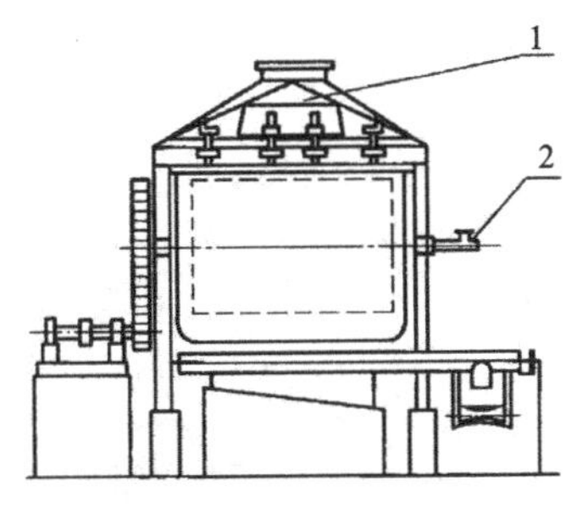

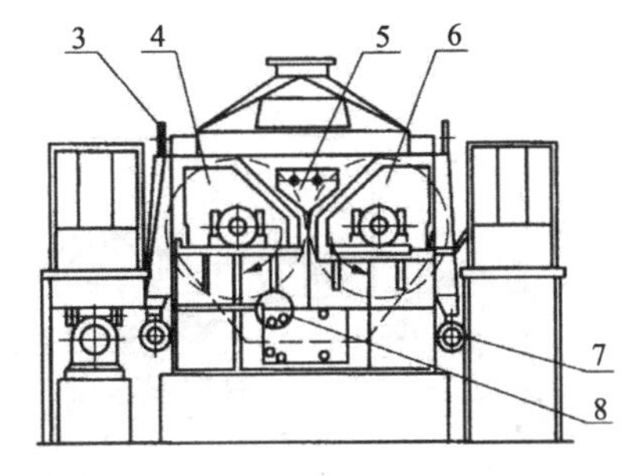

（彩图）

图 12-43　对滚式双滚筒干燥机（杨公明和程玉来，2014）

1. 密闭罩；2. 进汽头；3. 刮料器 ；4. 主动滚筒；5. 料堰；6. 从动滚筒；7. 螺旋输送器；8. 传动小齿轮

双滚筒干燥机的滚筒直径一般为 0.5～2m；长径比（L/D）为 1.5～2.0。转速、滚筒内蒸汽压力等操作条件与单滚筒干燥机的设计相同，但传动功率为单滚筒的 2 倍左右。双滚筒干燥机的进料方式与单滚筒干燥机有所不同，若为上部进料，由料堰控制料膜厚度的双滚筒干燥机可在干燥机底部的中间位置设置一台螺旋输送器，集中出料；下部进料的对滚式双滚筒干燥机则分别在两组滚筒的侧面单独设置出料装置。

双滚筒干燥机的生产流程如图 12-44 所示。

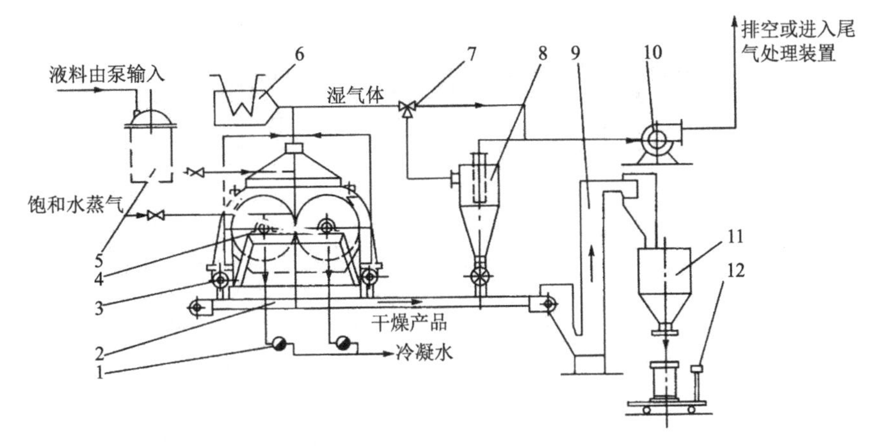

图 12-44　双滚筒干燥机生产流程示意图（张裕中，2012）

1. 疏水器；2. 皮带输送器；3. 螺旋输送器；4. 滚筒干燥器；5. 料液高位槽；6. 湿空气加热器；7. 切换阀；8. 捕集器；9. 提升机；10. 引风机；11. 干燥成品贮斗；12. 包装计量装置

（三）真空式滚筒干燥机

真空式滚筒干燥机是将滚筒全密封在真空室内，出料方式采取贮斗料封的形式间歇出料。滚筒干燥机在真空状态下，可大大提高传热系数，如在滚筒内温度为 121℃（0.2MPa 蒸汽压）、8.7×10^5Pa 的真空条件下操作，传热系数是在常压操作下的 2～2.5 倍。但由于真空式滚筒干燥机的结构较复杂、干燥成本高，故一般只限用于果汁、酵母、婴儿食品之类热敏性高的物料的干燥。图 12-45 为真空双滚筒干燥机，其干燥流程如图 12-46 所示。

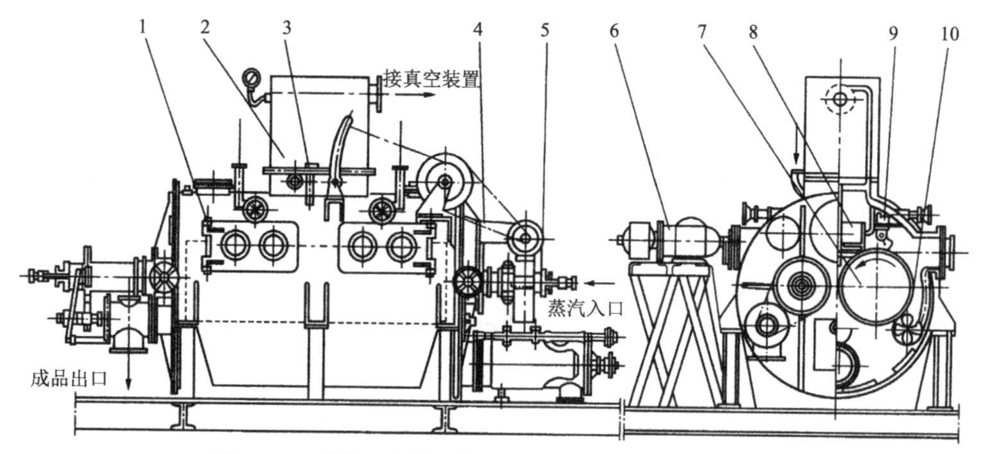

图 12-45　真空双滚筒干燥机（杨公明和程玉来，2014）

1. 密闭罩；2. 蒸汽水集器；3. 搅拌装置；4. 调节器；5. 进汽头；6. 主传动装置；7. 滚筒；8. 料液槽；9. 刮料器；10. 螺旋输送器

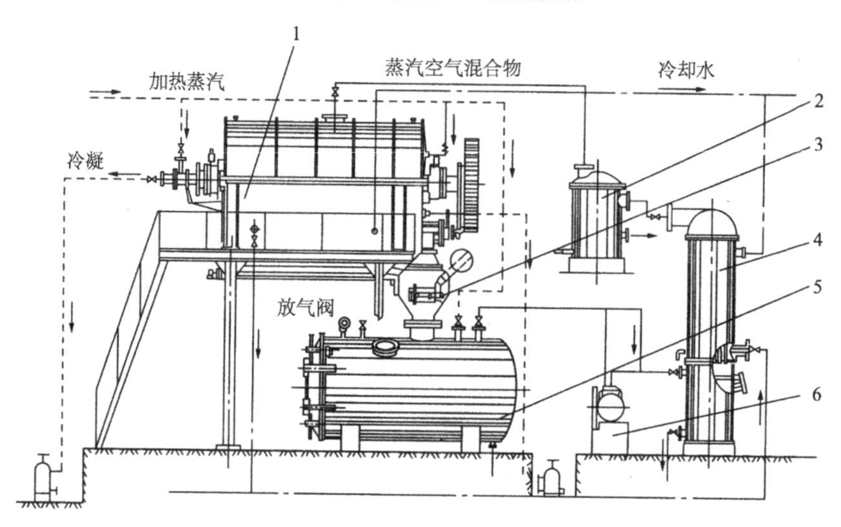

图 12-46　真空双滚筒干燥机的干燥流程（杨公明和程玉来，2014）

1. 真空干燥器；2. 分离捕集器；3. 真空放料阀；4. 冷凝器；5. 贮料箱；6. 真空泵

第五节　冷冻干燥设备

一、冷冻干燥的原理、流程、特点及应用

冷冻干燥，也称升华干燥，它是将湿物料或溶液在较低的温度下（−50～−10℃）冻结成固态，然后在高真空（0.133～133Pa）下，将其中水分不经液态直接升华成气态而脱水的干燥过程。这种干燥方法由于处理温度低，对热敏性物质特别有利。最原始的真空冷冻干燥食品的设备于 1943 年出现在丹麦，随着科学技术的发展和人们对高品质食品的追求，冷冻干燥技术在食品干燥中的应用日益广泛。

（一）冷冻干燥的原理

根据热力学中的相平衡理论，水的三种相态（固态、液态和气态）之间达到平衡时要有一定的条件。由实验可知，随着压力的不断降低，冰点变化不大，而沸点则越来越低。靠近冰点，当压力下降到某一值时，沸点即与冰点相重合，冰就可不经液态而直接转化为气态，这时的压强称为三相点压强，其相应的温度称为三相点温度，实验测得水的三相点压强为609.3Pa，三相点温度为0.0098℃。

图12-47是水的物态三相图。从图中可以看出，当干燥过程的压强控制在609.3Pa以上（*OD*线以上）时，冰需先转化为水，水再转化成汽，即先融化、后蒸发。当压强控制在*OD*线以下时，冰将由固态直接升华为气态。*OB*线称为升华曲线，*OA*线称为汽化曲线，*OC*线则称为融化曲线。因此，干燥过程的工艺参数控制在*OD*线以上时，属于真空蒸发干燥；反之，当工艺参数控制在*OD*线以下时，则为真空冷冻干燥。或者说，实现真空冷冻干燥的必要条件是干燥过程的压强应低于操作温度下冰的饱和蒸汽压，常控制在相应温度下冰的饱和蒸汽压的1/4～1/2。例如，−40℃时干燥，操作压强应为2.67～6.67Pa。

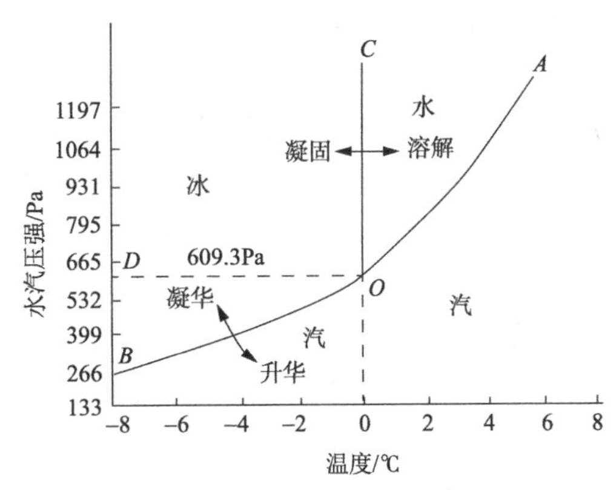

图12-47 水的物态三相图

冷冻干燥也可将湿物料不预冻，而是利用高度真空时水分汽化吸热而将物料自行冻结。这种冻结能量消耗小，但对液体物料易产生泡沫或飞溅现象而遭受损失，同时也不易获得多孔性的均匀干燥物。冷冻干燥中升华温度一般为−35～−5℃，其抽出的水分可在冷凝器上冷冻聚集或直接被真空泵排出。若升华时需要的热量直接由所干燥的物料供给，这种情况下物料温度降低得很快，以至于冰的蒸汽压很低而使升华速率降低。一般情况下，热量由加热介质通过干燥室的间壁供给，因此既要供给湿物料的热量以保证一定的干燥速率，又要避免冰的融化。

（二）冷冻干燥的流程

冷冻干燥过程一般分三个阶段进行：预冻阶段、升华干燥阶段和解析干燥阶段。

1. 预冻阶段 预冻的目的是将物料溶液中的自由水分固化，使干燥后的产品与干燥前的形态基本相同，防止在抽真空干燥时出现气泡、浓缩、收缩和溶液移动等不可逆的现象，减少由温度下降而引起的物质可溶性降低和生命特征的变化。在这一阶段，从冰点到物质的共熔点温度需要快速冷却。冷却的速度根据不同物料而定，一般通过试验找出一个合适的冷却速率。

预冻的温度选择低于物料的共熔点 5℃左右。若温度达不到要求，则冻结不彻底。预冻时间约2h，因每块搁板温度不同，需给予充分的时间，从低于共熔点温度算起，预冻速度控制在1～4℃/min，过高或过低对产品不利。

2. 升华干燥阶段 在这一阶段中，把冻结后的产品置于密闭的真空容器中加热，物料的冰晶就会升华成为水蒸气逸出而使产品脱水，脱水是从外表面开始逐步向内推移，冰晶升华后残留下的空隙成为后续升华的水蒸气逸出的通道。在干燥过程中，已被干燥的干燥层和冻结部分的结合部（界面）称为升华界面，升华界面在升华干燥中以一定的速率向下推进，当全部冰晶除去时，升华干燥阶段结束，升华干燥阶段有 98%～99%的物料水分均在此时除去。

升华干燥阶段温度几乎不变，排除冻结水分，是恒速过程。由冰直接汽化也需要吸收热量，故需要加热，保持温度在接近而又低于共熔点。若不给予热量，物料温度下降，则干燥速度下降，延长时间，产品水分不达标。若加热过度，则物料的温度上升，超过共熔点，局部融化，体积缩小和起泡。由于 1kg 冰在 13.3Pa 时产生 9500L 的水汽，体积很大，用普通机械泵排除是不可能的。若用蒸汽喷射泵需高压蒸汽和多级串联，使成本增加。故采用冷凝器，用冷却的表面来凝结水蒸气使其成为冰霜，保持在–40℃或更低。冷凝器中蒸汽压降低，干燥箱内蒸汽压升高，形成压差，故大量水汽就能不断地进入冷凝器了。

3. 解析干燥阶段 此阶段的目的是加热蒸发剩余水分。在此阶段中将物料温度逐渐升到或略高于室温（此时物料中的水分已很低，不会再融化），在被干燥物料的内外形成大的蒸汽压差，可使用更高真空的方法加以推动。因为冻结水分已全蒸发，产品已定型，所以加热速度可以加快。蒸发尚未冻结的水分时，干燥速度下降，水分不断排除，温度逐渐升高（一般不超过 40℃），温度到 30～35℃后，停留 2～3h，干燥结束。此时可破坏真空，取出成品。该阶段干燥完成后，产品的含水率一般为 0.5%～4%。

在冷冻干燥中，冷冻干燥曲线关系到干燥效率，由于每一种食品物料的冷冻干燥曲线不同，因此，在冷冻干燥操作上，要先在小型的冷冻干燥机上试验出冷冻干燥曲线，再用此曲线指导大生产。

（三）冷冻干燥的特点及应用

冷冻干燥法与常规干燥法相比具有如下特点。

1）干燥温度低，能最大限度地保存食品的色、香、味；特别适合于对热敏性物质进行干燥。

2）能保持原物料的外观形状。形成稳定的固体骨架，不失原有的固体结构，无干缩现象；此外，在干燥过程中，物料中溶于水的溶质就地析出，避免了一般干燥方法中因物料水分向表面转移而将无机盐和其他有效成分带到物料表面，产生表面硬化现象。

3）冻干制品具有多孔结构，有理想的速溶性和快速复水性，复水后易于恢复原有的性质和形状。

4）因物料处于冰冻的状态，升华需要热量，可以利用外界的热量或采用常温或温度稍高的液体或气体为加热剂，热能利用经济。干燥设备也不需绝热，甚至材料导热性较好时反而有利于利用外界热量。

5）在真空和低温下操作，物料成分不易氧化，微生物的生长和酶的作用受到抑制。

6）冷冻干燥法能排除 95%～99%的水分，产品能长期保存而不变质。

冷冻干燥的缺点是设备投资高、干燥周期长，能耗较大，产量小、加工成本高。

冷冻干燥主要用于以下食品：土特产品，如菌类食品、野菜类食品等；快餐类食品，如快食面中的蔬菜、葱、胡萝卜等；调味品，如香精、天然色素、汤汁等；保健品，如全鳖粉、花粉、名贵中草药的提取物等；饮料类，如麦乳精、其他颗粒类的饮料冲剂等；特殊用途的食品，如远洋、宇航、探险、野外作业等行业用的食品。另外，其在旅游食品和婴儿商品加工上也有很好的发展前景。

二、冷冻干燥设备的主要结构和型式

(一)冷冻干燥设备的主要组成

冷冻干燥设备主要由冷冻系统、真空系统、水汽去除系统和加热系统(干燥室)4 部分组成。典型的冷冻干燥流程如图 12-48 所示。预冷冻和干燥均在一个箱内完成。待干燥的物料放入干燥室 1 内,开动预冷用冷冻机 10 对物料进行冷冻,随之开启冷凝器 2 和真空装置 5~7,实现升华干燥操作。加热器 8 作冷凝器内化霜之用。第二阶段升华干燥结束后,开启油加热循环泵 11 对干燥室加热升温,使之汽化排除剩余的水分,即开始第三阶段的解析干燥。这种冷冻干燥系统为间歇式操作,设备结构简单,投资少,但效率不高,适用于 $50m^2$ 以下的设备。另一种为连续式冷冻干燥系统,即冷冻部分在速冻间完成,升华除水则在干燥室内进行,这类系统效率高、产量大,但设备复杂、投资较大。

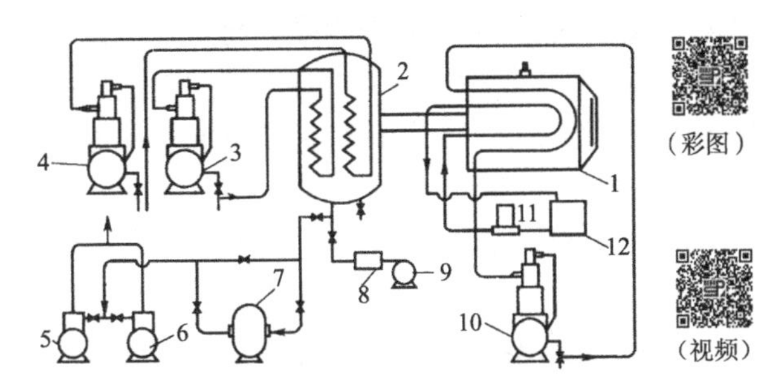

图 12-48 LGJ-Ⅱ A 型冷冻干燥机流程图

1. 干燥室;2. 冷凝器;3、4. 冷凝器用冷冻机;5、6. 前级真空泵;7. 后级真空泵;8. 加热器;9. 风扇;10. 预冷用冷冻机;11. 油加热循环泵;12. 油箱

1. 冷冻系统 冷冻干燥中,冷冻及水汽的冷凝都离不开冷冻过程,冷冻是在干燥箱进行,水汽的冷凝是在冷凝器内进行。

常用的制冷方式为蒸汽压缩式制冷,其原理与设备在本书第十四章有详细介绍,这里不再赘述。常用的冷冻剂有氨、氟利昂,若蒸发温度高于−40℃,可用单级制冷压缩机,以 F-22 为冷冻剂。若要达到更低温度应采用双级制冷压缩机系统,双级系统以氨为冷冻剂时,最低蒸发温度可达−50℃;以 F-22 为冷冻剂时,则可达−70℃。在此要指出的是,为确保人类生存的地球环境不再恶化,根据蒙特利尔公约,对于氟利昂 F-22,我国将要在 2030 年前淘汰,F-22 正在被新型环保制冷剂如 R404A(HFC)、N40(R448A,氢氟烯烃 HFO 共混物)、L40X(R455a)等所取代。

2. 真空系统 冷冻干燥时干燥箱中的压强应为冻结物料饱和蒸汽压的 1/4~1/2。一般情况下,干燥箱中的绝对压强为 1.33~13.3Pa。质量好的真空泵可达到最高真空极限,约为 1.33×10^{-3}Pa,如国产的 2X 型滑片式真空泵的极限真空度可达 6.67×10^{-2}Pa,完全可以用于冷冻干燥。在实际操作中,为了提高真空泵的性能,可在高真空泵排出口再串联一个粗真空泵(前级泵),此时高真空泵(次级泵)犹如一台增压器。多级蒸汽喷射泵也可达到较高的真空度,通常设置 4~5 级,由前级增压后用冷凝器冷凝,后面几级以排除空气为主。四级蒸汽喷射泵的真空度可达 66.6Pa,五级的可达 6.67Pa。但蒸汽喷射泵工作不太稳定,而且需大量压强为 1MPa 以上的蒸汽及冷水,其优点为可直接抽出水汽而不需冷凝器。

3. 水汽去除系统 干燥过程中升华的水分必须连续快速地被排除。在 13.3Pa 的压强下,1g 冰升华可产生 $10m^3$ 的蒸汽,若直接采用真空泵抽吸,则需要极大容量的抽气机才能维持所需的真空度,因此必须有脱水装置。低温冷凝器(冷阱)正是实现在低温条件下除去大量水分的装置。

冷凝器的冷却介质可以是载冷剂，如低温乙醇，最好是直接膨胀制冷的制冷剂。实质上，制冷剂对冷冻干燥系统而言是冷凝器。冷凝温度理论上应低于升华温度（一般应比升华温度低 20℃），这样才能使物料冻结层表面的蒸汽压大于冷阱内的蒸汽分压，从物料中升华出的蒸汽在通过冷阱时被冷凝分离，否则水汽不能被冷凝。实际上冷凝温度可以达到–80～–40℃，水蒸气从冷阱经过时不是被冷凝，而是直接在管外或夹套内壁冻结为霜，即凝华。剩下的一小部分蒸汽和不凝性气体则由真空泵抽走。这种冷阱–真空泵组合的抽气系统被认为是冷冻升华干燥的标准系统。除了这种标准系统外，也有不采用冷阱而直接抽气的系统，如采用蒸汽喷射泵的真空系统。

冷凝器本质上属于间壁式热交换器，它可作为一个独立单元置于干燥室与真空泵之间，即外置式冷凝器；也可以直接安装在干燥室内，这种冷凝器称为内置式冷凝器。

冷凝器的结构有列管式、螺旋管式、盘管式、板式及带有刮刀的夹套式（可连续地把霜刮去）。螺旋管式冷凝器的结构如图 12-49 所示，外形呈圆筒状，具有一大一小两个管口，它们都属于外置式冷凝器。

内置式冷凝器可避免用管道连接所带来的流导损失。常见的两种内置列管式冷凝器与干燥箱配置如图 12-50 所示。

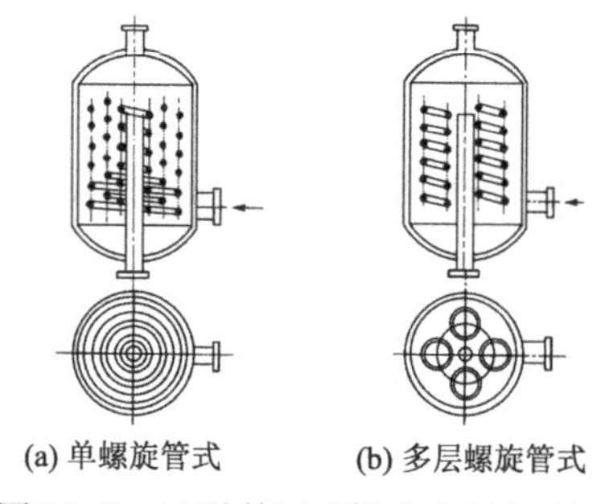

(a) 单螺旋管式　　(b) 多层螺旋管式

图 12-49　两种外置式低温冷凝器结构示意图（许学勤，2013）

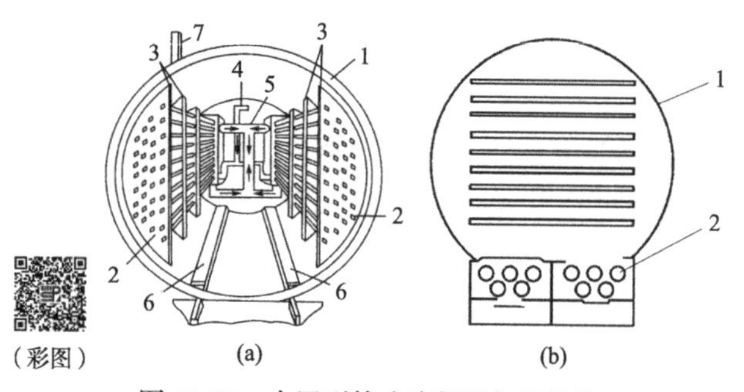

图 12-50　内置列管式冷凝器与干燥箱配置图

1. 干燥箱体；2. 冷凝列管；3. 支撑板；4. 制冷剂入口端；5. 制冷剂出口端；6. 产品盘架导轨；7. 出口管

内置式冷凝器只能在干燥周期末进行除霜，后期霜层较厚；外置式冷凝器的干燥箱可与多个冷凝器连接，可轮换除霜，不会使霜层太厚。

低温冷凝器在运行过程中，积聚的霜应及时除去，因为霜的导热系数低，仅为 8.37kJ/(m·h·℃)，霜层越厚，冷凝效果就越差，导致水汽难以去除。因此，冷冻干燥设备的最大生产能力往往由冷凝器的最大附霜量决定。一般来说，霜的厚度不能超过 6mm。

除霜方式有间歇式和连续式两种，几种常用的类型如图 12-51 所示。除了有刮刀的夹套冷凝器可以一边工作一边除霜，一般冷凝器不能直接把霜除去，必须停下来以后除霜。除霜的热源可以是热空气也可以是热水。对于较小的冷冻干燥系统，通常在冷冻干燥周期结束后，用一定温度（常温也可）的水来冲霜，并将其排除，然后进行下一个周期的操作。这种冲水式除霜装置投资成本低，除霜操作简便。在较大的冷冻干燥系统内安装有两组低温冷凝器，一组正常运行时，另一组则在除霜。利用切换装置，实现工作状态的转换。这种连续式除霜装置是全自动控制的，可以将冷凝器的霜层厚度控制在不超过 3mm，从而使霜层表面的温差损失减少，降低了制冷的能耗，同时使冷凝器的能力维持恒定，使单位面积冷冻干燥能力维持在最大值。

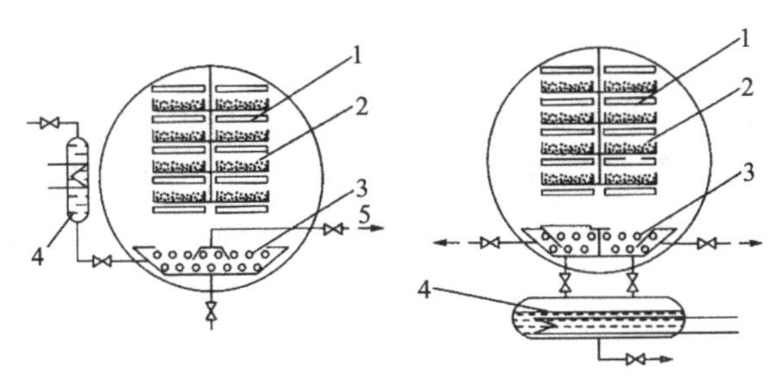

图 12-51　Atlas 除霜装置（许学勤，2013）

1. 加热板；2. 物料及料盘；3. 冷凝器；4. 热水贮槽；5. 接真空系统

冷冻干燥中冻结物料升华出来的水汽，主要是用冷凝法加以去除，所采用的冷凝器实际上是制冷系统的蒸发器，又称冷阱，形式有列管式、螺旋管式或内有旋转刮刀的夹套罐。

冷凝器的冷却介质（载冷剂）是低温的空气或乙醇，最好是直接借制冷剂膨胀制冷，其温度应低于升华温度（一般应比升华温度低 20℃），可以达到–80～–40℃，否则水汽不能被冷凝。冷却介质应在冷凝器的管程或夹套内流动，水汽则在管外或夹套内壁冻结为霜。

带有刮刀的夹套冷凝器可连续地把霜刮去，而一般冷凝器不能把霜除去，因此在操作过程中霜的厚度将不断增加，最后使水汽难以去除。冷凝器还常附有热风装置，干燥完毕后可用以化霜，可以通过热空气吹入装置排出内部融化水分并吹干内部。

4. 加热系统——干燥室　在冷冻干燥装置中为了使冻结后的制品水分不断地升华出来，必须要不断地提供水分升华所需的热量（蒸发热+熔解热）。供给升华热时，应保证传热速率使冻结层表面达到尽可能高的蒸汽压，但又不致使它融化。所以，热源温度应根据传热速率来决定。加热的方法有借夹层加热板的传导加热、热辐射面的辐射加热及微波加热等三种，传导加热的加热剂一般为热水或油类，其温度应不使冻结物料融化，在干燥后期允许用较高温度的加热剂。还可以利用压缩机的排气作为搁板加热热源，非常节省能耗。

干燥室一般为箱式，但也有钟罩式的，箱体用不锈钢制作，干燥室的门及视镜要求制作得十分严密、可靠，否则不能达到预期真空度；如干燥室兼作预冻室（一般都是这样的）时，夹层搁板中还应有制冷剂的蒸发管或载冷剂的导管。

国产 LGJ-ⅡA 型冷冻干燥机（图 12-48）的干燥室 1 为不锈钢制方形箱体，箱体尺寸为 910mm×760mm×760mm，内有 670mm×670mm 箱板 4 块，搁板内有制冷循环管路及加温油循环管路，可在–40～80℃调温，箱内有感温电阻，顶部有真空管，箱底有真空隔膜阀，并连接空气过滤器，可将空气放入箱内。箱内空载真空度可达 1.33Pa 以下。冷凝器 2 为不锈钢制圆筒，内有紫铜螺旋管两组，分别与两组循环制冷系统相连。冷凝器与干燥箱连通的管道中有真空蝶阀，冷凝器底部与真空泵相连，另有热风管路以作化霜之用。冷凝器的工作温度为–60～–40℃，最大吸水量约 30kg。机组中有 2F-6.3 水冷式制冷压缩机组三台，每台制冷量为 16 744kJ/h，均以 F-22 为制冷剂，其中两台供冷凝器降温用，可使冷凝管温度达-60～–45℃，一台供搁板降温用，可使其温度下降至–40～–30℃，后级真空泵 7 为 ZL-8 型罗茨真空泵，它宜在低压范围内工作，具有较大的压缩比，故作为增压泵用，其抽气速率为 150L/S，极限真空为 6.67×10^{-2}Pa，前级真空泵 5 及 6 为 2X-5 型滑片泵，其抽气速率为 15L/S，极限真空为 6.67×10^{-2}Pa，作前级泵用，平时只用一台，另一台备用。

（二）冷冻干燥装置的型式

冷冻干燥装置的型式主要分为间歇式和连续式两类。

1. 间歇式冷冻干燥机　间歇式冷冻干燥机是一种可单机操作的冷冻干燥设备，这种设备适应多品种、小批量的生产；能满足季节性强的食品生产的需要；便于控制食品物料干燥不同阶段的加热温度和真空度。因此，大多数食品冷冻干燥均采用间歇式装置。但由于装料、卸料、启动等预备操作占用时间长，设备利用率低。图 12-48 所示 LGJ-ⅡA 型冷冻干燥机就属于间歇式冷冻干燥机。

2. 连续式冷冻干燥机　连续式冷冻干燥机从进料到出料连续进行，相对间歇式的箱式干燥器，处理量大，设备利用率高；适宜单品种大批量的生产和浆状或颗粒状食品物料的干燥；便于实现生产的自动化。虽在连续生产中能根据干燥过程实现不同干燥阶段的不同温度控制，但不能控制不同的真空度。

连续式冷冻干燥机典型的型式有以下几种。

（1）隧道式连续式冷冻干燥机　图 12-52 为隧道式连续式冷冻干燥机的简图。该冷冻干燥机一般为水平放置。其干燥机由可隔离的前后级真空锁气室、冷冻干燥隧道、干燥加热板、冷凝室等装置组成。其冻干过程如下。

在机外的预冻间冻结后的食品物料用料盘送入前级真空锁气室，当前级真空锁气室的真空度达到隧道干燥室的真空度时，打开隔离闸阀，使料盘进入干燥室。这时，关闭隔离闸阀，破坏锁气室的真空度，另一批物料进入。进入干燥室后的物料被冷冻干燥，干燥后从干燥机的另一端进入后级真空锁气室，这时后级真空锁气室已被抽真空达到隧道干燥室的真空度，当关闭隔离闸阀后，后级真空锁气室的真空被破坏，移出物料到下一工序。如此反复，在机器正常操作后，每一次真空锁气室隔离闸阀开启，将有一批物料进出，形成连续操作。

（2）螺旋式连续式冷冻干燥机　如图 12-53 所示，该机一般为垂直放置。这种干燥机特别适合冷冻颗粒状的食品物料。螺旋式连续式冷冻干燥机的中心干燥室上部设有两个密封的、交替开启的进料口，下部同样设有两个交替开启的出料口，两侧各有一个相互独立的冷阱，通过大型的开关阀门与干燥室连通，交替进行融霜，干燥室中央立式放置的主轴上装有带铲的搅拌器。

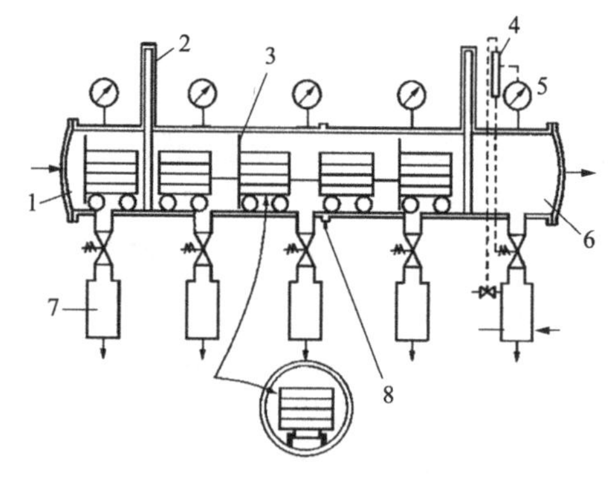

图 12-52　隧道式连续式冷冻干燥机

1. 前级真空锁气室；2. 闸阀；3. 蒸汽压缩板；4. 电子控制器；5. 真空表；6. 后级真空锁气室；7. 冷凝室；8. 真空连接（管道部分）

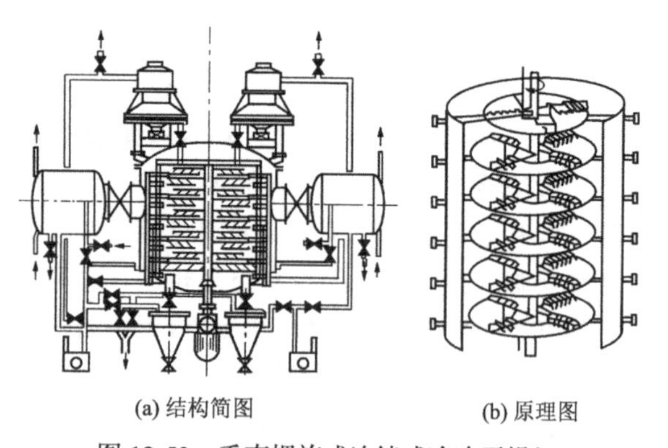

(a) 结构简图　(b) 原理图

图 12-53　垂直螺旋式连续式冷冻干燥机

其冻干过程为：预冻后的颗粒物料，因顶部的两个进料口交替地开启从而交替地进入顶部圆形加热盘上，位于干燥室中央主轴上带铲的搅拌器转动，使物料在铲子的铲动下向加热盘外缘移动，从边缘落到直径较大的下一块加热盘上，在这块加热盘上，物料在铲子的作用下向干燥室中央移动，从加热盘的内边缘落入其下的一块直径与第一块板直径相同的加热板上。

物料如此逐盘移动，在移动中逐渐干燥，直到最后的底板后落下，从交替开替的出料口中卸出，完成整个螺旋运动的干燥过程。

第六节 热泵干燥设备

借用水泵将水从低水位抽至高水位的含义，热泵可以将热量从低温送至高温，然后来加热干燥介质（一般是空气），干燥介质与湿物料接触，传热传质，实现湿物料的干燥。

一、热泵干燥的原理

热泵装置实质上就是一套制冷系统，只不过制冷系统主要是用蒸发器吸收热量而实现制冷，而热泵主要是用冷凝器释放热量而实现干燥。另外，热泵还常利用蒸发器给来自干燥室的空气通过降温冷凝的方法除湿，得到的干空气再被冷凝器加热后被送到干燥室循环利用。所以热泵的原理和核心装置与制冷基本一样，对应于制冷设备种类，热泵有机械压缩式、蒸汽喷射式和吸收式等类型，目前工业上广泛应用的主要是机械压缩式，所以本章只介绍压缩式热泵干燥的基础知识和应用情况。

热泵干燥装置主要由热泵和干燥机（对流或传导干燥设备）两大部分组成，其工作原理如图 12-54 所示。热泵是指由压缩机、除湿蒸发器、冷凝器和膨胀阀等组成的闭路循环系统，系统内的工作介质首先在蒸发器吸收来自干燥过程所排放废气的热量后，由液体蒸发为蒸汽；经压缩机压缩后送到冷凝器中；在高压下，热泵工作介质冷凝液化，放出高温的冷凝热去加热来自除湿蒸发器降温去湿后的低温干空气，把低温干空气加热到要求的温度后进入干燥室内作为介质循环使用；液化后的热泵工质经膨胀阀再次返回到除湿蒸发器中，反复循环；废气中的大部分水蒸气在除湿蒸发器中被冷凝后直接排走。

由于热泵干燥机回收了干燥室空气排湿放出的热量，因此它是一种节能干燥设备，与常规干燥相比，热泵干燥机的节能率在 40%～70%。

二、热泵干燥机的类型

1. 按热源分 热泵干燥机按热源的不同可分为单热源与双热源两大类。单热源热泵干燥机如图 12-54 所示，它只能回收干燥室湿空气脱湿时放出的热量，难以实现干燥室升温，当干燥室需要供热升温而不必除湿时，如果没有蒸汽或其他辅助热源，一般需要启动辅助电加热器，故电耗较高。双热源热泵干燥机如图 12-55 所示，它与单热源热泵干燥机的主要区别在于具有除湿和热泵两个工作循环，有两个蒸发器（除湿蒸发器 2 和热泵蒸发器 8）、两个热源 （干燥室湿空气和外界大气环境），并具有使干燥室除湿和升温两种功能。当干燥室需要排湿时，除湿系统工作，与单热源热泵干燥机相同。当干燥室需要升温时，可启动热泵系统，热泵蒸发器 8 内的制冷工质从大气环境采热，通过压缩机送至冷凝器 4 放出热量，加热空气使干燥室升温。热泵供热的多少取决于环境温度 T_0 和供热温度 T_1，T_0 越高供热越多，

T_1-T_0越小，压缩机能耗越低。

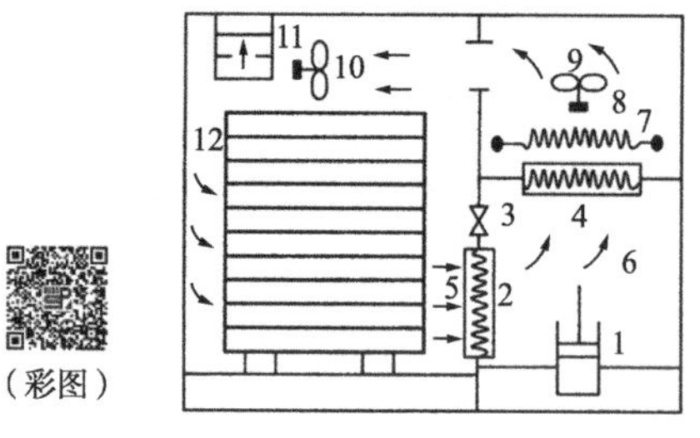

（彩图）

图 12-54　单热源热泵干燥机
（伊松林和张壁光，2011）

1. 压缩机；2. 除湿蒸发器；3. 膨胀阀；4. 冷凝器；5. 通过蒸发器的湿空气；6. 脱湿后的干空气；7. 助电加热器；8. 除湿机风机；9. 除湿机送干燥室热风；10. 干燥室风机；11. 辅助排风扇；12. 被干物料

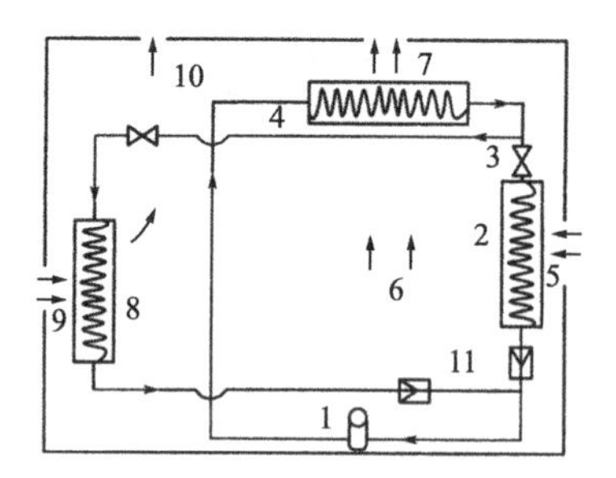

图 12-55　双热源热泵干燥机
（伊松林和张壁光，2011）

1. 压缩机；2. 除湿蒸发器；3. 膨胀阀；4. 冷凝器；5. 湿空气；6. 脱湿后的干空气；7. 送干燥室热风；8. 热泵蒸发器；9. 外界空气；10. 排出冷空气；11. 单向阀

双热源热泵干燥机虽然也备有辅助电加热器，但它使用时间短，一般在干燥初期、冬季气温较低时或干燥所需热量超过热泵供热量时使用。

热泵干燥机组利用热泵的冷凝热与蒸发热的差值来提升干燥温度，但当达到预定的干燥温度后，其余部分的热量成为多余的热量。如果干燥温度需要保持稳定或需要调节，多余的这部分热量应当被除去。可以通过设计辅助冷凝器和废气排放两种方法来除去干燥过程中多余的热量。

2. 按空气循环方法分　根据热泵干燥机制冷系统外部的空气循环方法，其又可分为封闭式循环和半开式循环两大类。图 12-56（a）和（b）所示为空气的封闭式循环，其中图 12-56（a）为热泵干燥机放于干燥室内；图 12-56（b）为热泵干燥机放于干燥室外，通过风管与干燥室连接。热泵干燥机在这种情况下工作时，冷凝器内制冷工质的冷却，一部分来自经蒸发器脱湿后的空气，又称一次风；另有一部分补充空气称二次风，这里的二次风直接经风阀来自干燥室。图 12-56（c）所示为空气的半开式循环，这里的二次风来自外界环境的新鲜空气，又称新风。半开式循环的热泵干燥机工作时，补充新风的进气扇与干燥室排气扇相互连动、同时工作（又称换气），即从外界补充新风的同时，从干燥室排出等量的湿空气。

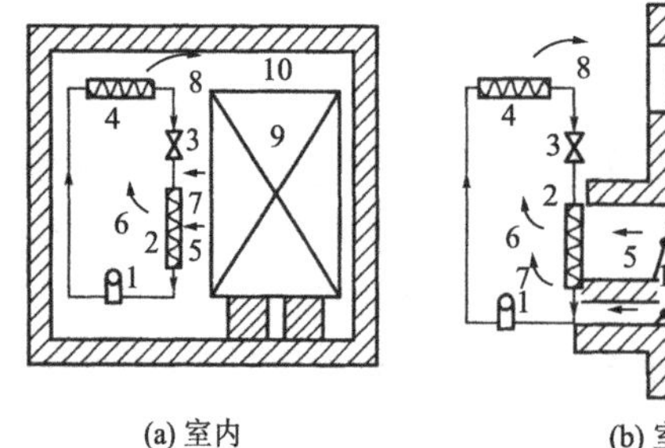

(a) 室内

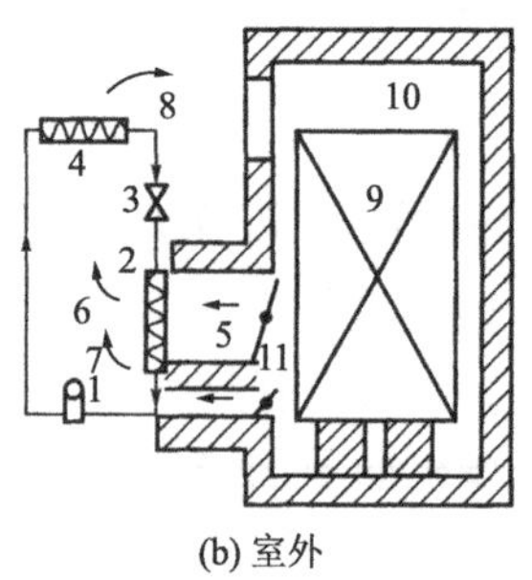

(b) 室外

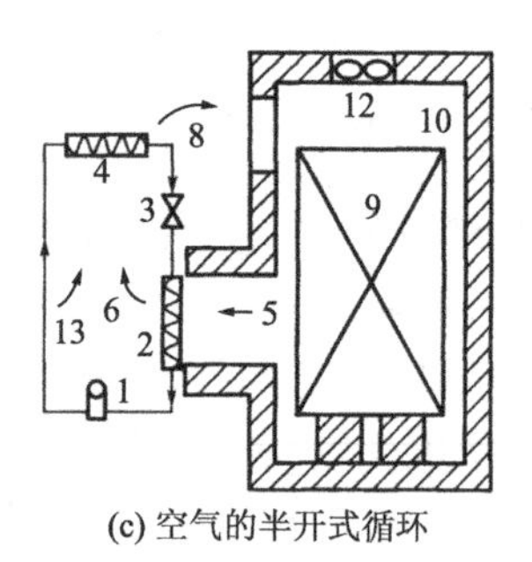

(c) 空气的半开式循环

图 12-56　热泵干燥机两种空气循环（伊松林和张壁光，2011）

1. 压缩机；2. 蒸发器；3. 膨胀阀；4. 冷凝器；5. 湿空气；6. 脱湿空气；7. 二次风；8. 热风；9. 被干物料；10. 干燥室；11. 空气阀；12. 排气扇；13. 外界新风

与常规的干燥方法相比，热泵干燥装置具有一系列的特点。

1）能耗低，节能显著。

2）可以用较低的温度干燥食品，食品不会产生化学分解和被氧化等现象，食品的风味特别是颜色保存完整，尤其有利于热敏性物料、健康食品和生物制品的干燥。

3）使用闭路式循环系统，在干燥过程中物料不会被污染，干燥介质也不会污染环境。

4）低温环境下工作的热泵，运行的寿命长。

热泵干燥装置的缺点是干燥物料需要较长的时间。

总之，用热泵干燥装置干燥物料时干燥质量好，安全、无污染、无火灾危险。作为一种节能的干燥技术，其已得到国内外专家学者的广泛认同。

思考题

1. 试比较压力雾化器和离心雾化器喷雾原理的差异，以及适用物料的特点。
2. 高黏度浆状物料可用哪些类型的设备干燥？
3. 哪些措施可以避免或缓和流化床干燥设备内已干物料与湿物料的混合碰撞？
4. 冷冻干燥和热泵干燥都要用到制冷系统，它们制冷的作用是否相同？试比较说明。

第十三章 挤压设备

内容提要

本章主要介绍单螺杆挤压机的结构、原理、螺杆和机筒的结构设计；双螺杆挤压机的类型、结构、传动、加热与冷却系统设计；挤压加工系统调控操作。要求学生掌握单螺杆挤压机的结构、原理，双螺杆挤压机的结构，熟悉挤压加工系统调控操作，了解螺杆和机筒的结构设计、加热与冷却系统设计。会正确进行设备选型、使用及保养维护。

挤压加工技术作为一种经济实用的新型加工方法广泛应用于食品生产中，1936年第一台应用于谷物加工的单螺杆挤压机问世，以后就得到迅速发展。采用挤压技术来加工谷物食品，在原料经初步粉碎和混合后，即可用一台挤压机一步完成混炼、熟化、破碎、杀菌、预干燥、成型等工艺，制成膨化、组织化产品或制成不膨化的产品，这些产品再经烘干、调味、油炸（也可不经油炸）后即可上市销售，只要简单地更换挤压模具，即可很方便地改变产品的造型。与传统生产工艺相比，挤压加工极大地改善了谷物食品的加工工艺，缩短了工艺过程，丰富了谷物食品的花色品种，同时也改善了产品的组织结构，提高了产品质量。

第一节 挤压加工的基本概念

一、挤压加工的原理与特点

（一）挤压加工的原理

食品挤压加工是指将食品物料置于挤压机的高温高压状态下，然后突然释放至常温常压，使物料内部结构和性质发生变化的过程。这些物料通常以谷物原料（如大米、小麦、豆类、玉米、高粱等）为主体，粉碎到一定粒度，添加水、脂肪、蛋白质、微量元素等配料混合而成。挤压加工方法是借助挤压机螺杆的推动力，将物料向前挤压，物料受到混合、搅拌和摩擦及高剪切力作用，使得淀粉粒解体，同时机腔内温度压力升高（温度可达150～200℃，压强可达到1MPa以上），然后从一定形状的模孔瞬间挤出，由高温高压突然降至常温常压，其中游离水分在此压差下急骤汽化，水的体积可膨胀大约2000倍。膨化的瞬间，谷物结构发生了变化，它使生淀粉（β-淀粉）转化成熟淀粉（α-淀粉），同时变成片层状疏松的海绵体，谷物体积膨大几倍到十几倍。

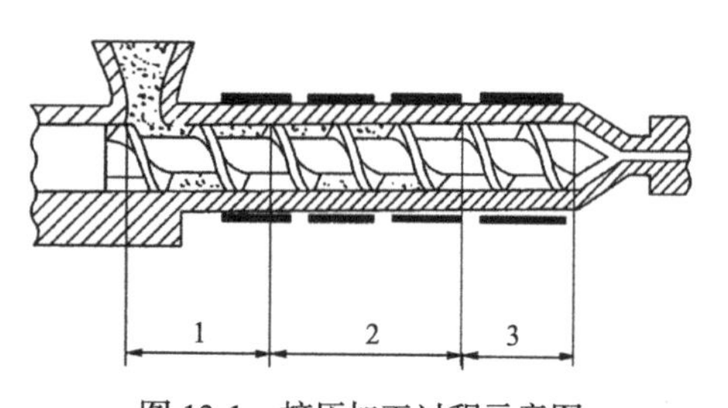

图 13-1 挤压加工过程示意图

1. 加料输送段；2. 压缩熔融段；3. 计量均化段

如图13-1所示，当疏松的食品原料从加料斗进入机筒内时，随着螺杆的转动，沿着螺槽方向向前输送，称为加料输送段。与此同时，由于受到机头的阻力作用，固体物料逐渐压实，又由于物料受到机筒外部加热及螺杆与机筒的强烈搅拌、混合、剪切等作用，温度升高、开始熔融，直至全部熔融，称为压缩熔融段。由于螺槽逐渐变浅，继续升温升压，食品物料得到蒸煮，出现淀粉糊化，脂肪、蛋白质变性等一系列复杂的生化反应，组织进一步均化，最后定量、定压地由机头通道均匀挤出，称为计量均化段。上述即食品挤压加工过程的三个阶段。

图 13-2 较详细地说明了以膨化为主的食品挤压加工过程。在第一级螺旋输送区内，物料的物理、化学性质基本保持不变。在混合区内，物料受到轻微的低剪切，但其本质仍基本不变。在第二级螺旋输送区内，物料被压缩得十分致密，螺旋叶片的旋转又对物料进行挤压和剪切，进而引起摩擦生热及大小谷物颗粒的机械变形。在剪切区内，高剪切的结果使物料温度升高，并由固态向塑性态转化，最终形成黏稠的塑性熔融体。所有含水量在 25%以下的粉状或颗粒状食品物料，在剪切区内均会产生由压缩粉体向塑性态的明显转化。对于强力小麦面粉、玉米碎粒或淀粉来说，这种转化可能发生在剪切区的起始部分；而对于弱力面粉或那些配方中谷物含量少于 80%的物料来说，转化则发生在剪切区的深入区段。转化时，淀粉颗粒内部的晶状结构先发生熔融，进而引起颗粒软化，再被压缩在一起形成黏稠的塑性熔融体。这种塑性熔融体前进至成型模头前的高温高压区内，物料已完成全流态化，最后被挤出模孔，压力降至常压而迅速膨化。

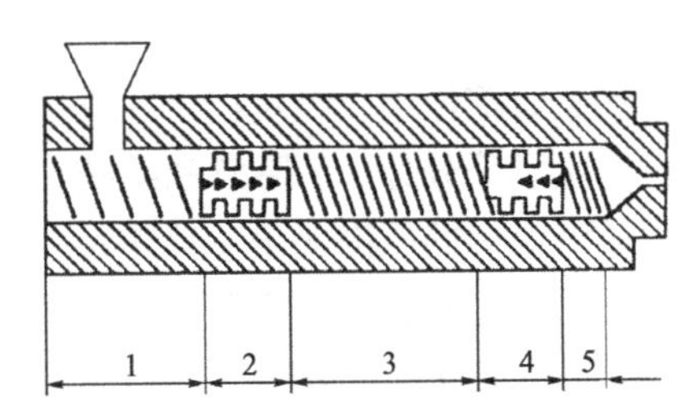

图 13-2　挤压膨化过程示意图

1. 第一级螺旋输送区；2. 混合区；3. 第二级螺旋输送区；4. 剪切区；5. 高温高压区

如果产品不需要过大的膨化率，就用冷却的方法控制受挤压物料的温度不至于过热（一般不超过 100℃），以达到挤压产品不膨化或少膨化的目的。

在挤压过程中将各种食品物料加温、加压，使淀粉糊化、蛋白质变性，并使贮藏期间能导致食品劣变的各种酶的活性钝化，一些自然形成的毒性物质如大豆中的胰蛋白酶抑制因子也被破坏，最终产品中微生物的数量也就减少了。在挤压期间，食品可以达到相当高的温度；但在这样高的温度下滞留时间极短（5～10s）。因此，挤压加工过程常被称为 HTST 过程。它们使食品加热的有利影响（改进消化性）趋于最大，而使有害影响（褐变、各种维生素和必需氨基酸的破坏、不良风味的产生等）趋于最小。

（二）挤压加工的特点

食品挤压加工有许多特点，现主要归纳为如下六大方面。

（1）*应用范围广*　根据不同的生产目的和产品需要，利用挤压机可生产出膨化或不膨化的组织化的成品或半成品。此外，经过简单的更换模具，即可改变产品形状，生产出不同外形和花样的产品。

（2）*生产率高*　由于挤压加工集供料、输送、加热、成型为一体，又是连续生产，因此生产率高。

（3）*原料利用率高，无污染*　挤压加工是在密闭容器内进行的，在生产过程中，除开机和停机时需投少许原料作头料和尾料，使设备操作过渡到稳定生产状态和顺利停机外，一般不产生原料浪费现象（头料和尾料可进行综合利用），也不会向环境排放废气和废水而造成污染。

（4）营养损失小，有利于消化吸收　由于挤压膨化属于高温短时的加工过程，食品中的营养成分几乎不被破坏。外形发生变化，内部的分子结构和性质也改变了，其中一部分淀粉转化为糊精和麦芽糖，便于人体吸收。又因挤压膨化后食品的质构呈多孔状，分子之间出现间隙有利于人体消化酶的进入。例如，未经膨化的粗大米，其蛋白质的消化率为75%，经膨化处理后可提高到83%。

（5）口感好，食用方便　谷物经挤压膨化过程后，由于在挤压机中受到高温、高压和剪切、摩擦作用，以及在挤压机挤出模具口的瞬间膨化作用，这些成分彻底地被微粒化，并且产生了部分分子的降解和结构变化，使水溶性增强，改善了口感。经膨化处理后，由于产生了一系列的质构变化，其体轻、松酥、具有独特的焦香味道。对于大豆制品，通过挤压过程中的瞬间高温可以将大豆内部的脂肪氧化酶破坏，从而也就防止了其催化产生氧化反应所产生的豆腥味；此外，一些自然形成的毒性物质，如大豆中的胰蛋白酶抑制因子等，也同样会遭到破坏。膨化后的制品，不管是直接食用还是冲调食用均较方便。

（6）不易回生，便于贮藏　利用挤压加工技术，由于加工过程中高强度的挤压、剪切、摩擦、受热作用，淀粉颗粒在水分含量较低的情况下，充分溶胀、糊化和部分降解，再加上挤出模具后，物料由高温高压状态突变到常压状态，便发生瞬间的“闪蒸”，这就使糊化后的α-淀粉不易恢复其β-淀粉的颗粒结构，而仍保持其α-淀粉分子结构，故不易产生“回生”现象。挤压过程温度可高达200℃左右，即使时间很短（通常在10s以下），也可破坏原料中的微生物。膨化后的产品含水量低，一般为5%～8%，这种状态也不利于微生物的生产繁殖。因此，只要保存方法得当，便可较长时间保存。

二、挤压机的分类

挤压机有若干种设计，目前应用于食品工业的主要是螺杆挤压机，它的主体部分是一根或两根在一个紧密配合的圆筒形套筒中旋转的螺杆。食品挤压机类型很多，主要有以下分类方法。

1. 按螺杆数量分类　这是一种最为常用的分类方法，可将挤压机分为单螺杆挤压机、双螺杆挤压机和多螺杆挤压机。其中以单螺杆挤压机和双螺杆挤压机最为常见。

2. 按挤压机的受热方式分类　其可分为自然式挤压机和外热式挤压机。

（1）自然式挤压机　挤压过程所需的热量来自物料与螺杆之间、物料与机筒之间、物料与物料之间的摩擦，温度不易控制，产品质量不稳定，主要用于小吃食品的生产。

（2）外热式挤压机　是依靠外部热源提高挤压机机筒和物料的温度。加热方式很多，如采用蒸汽加热、电磁加热、电热丝加热、油加热等。根据挤压过程各阶段对温度参数要求不同，可设计成等温式挤压机和变温式挤压机。等温式挤压机的筒体温度全部一致，变温式挤压机的筒体分为几段，分别进行加热或冷却，分别进行温度控制。

实际生产中螺杆数和受热方式是结合起来的，如双螺杆外热式挤压机。

第二节　单螺杆挤压机

一、单螺杆挤压机的结构

单螺杆挤压机的结构如图13-3所示。

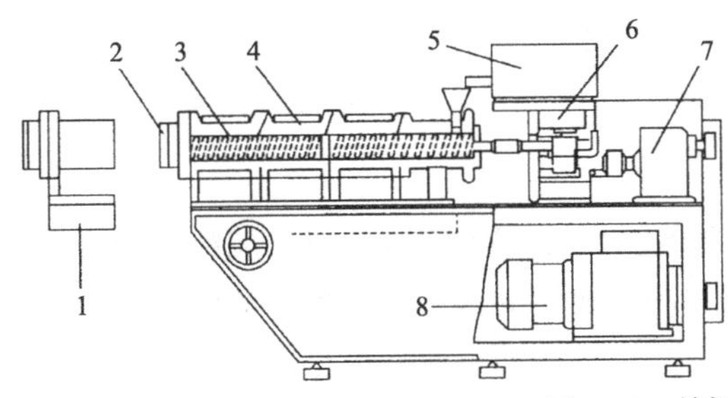

图 13-3　单螺杆挤压机的结构

1. 切粒机；2. 模头；3. 螺杆；4. 机筒；5. 喂料器；6. 传动齿轮箱；7. 减速器；8. 电动机

1. 喂料装置　该装置把贮存于料仓的各种易黏结、不能自由流动的混合配料均匀而连续地喂入机器中，确保挤压机稳定地操作。常用的喂料装置有振动喂料器、螺旋喂料器、液体计量泵。

2. 预调质装置　预调质装置属密封容器，各种配料在其中与水、蒸汽或其他液体混合，以提高物料的含水量和温度。预调质装置有常压和加压之分，当在加压条件下操作时，必须要用旋转阀等来保持其内部与周围环境之间的压差。在其中心轴上装有螺旋带式叶片或扁平的搅拌桨，在混合物料使之组分均匀、受热均匀的同时，把物料输送到挤压装置的进口处。可根据具体情况来确定挤压机是否配备预调质装置。

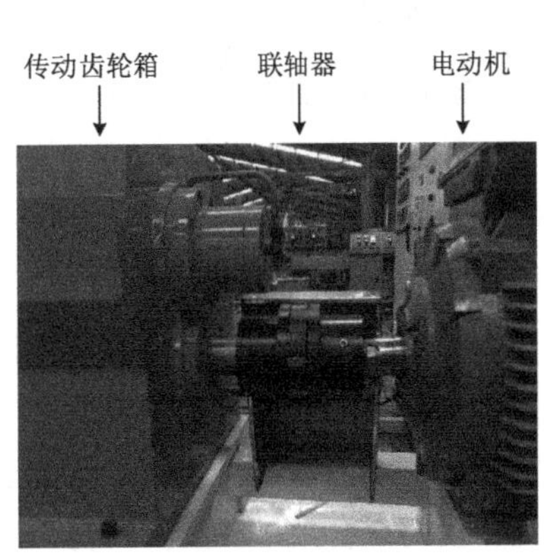

图 13-4　传动装置

3. 传动装置　传动装置如图 13-4 所示，其作用是驱动螺杆，保证螺杆在工作过程中所需要的扭矩和转速。电动机是传动装置的动力源，其大小取决于挤压机的生产能力，成型挤压机的电动机功率可达 300kW。可选用可控硅整流的直流电动机、变频调速器控制的交流电动机、液压马达、机械式变速器等方法来控制传动装置输出轴的转速，以达到控制螺杆转速的目的。

4. 螺杆

（1）螺杆结构及其主要参数　从外形上来看，螺杆的形状并不复杂，在一般情况下，它是一个较长的圆柱形零件。双头螺杆螺纹的几何参数如图 13-5 所示。螺杆的外径为 D，机筒的内径为 D_b，螺杆和机筒之间的单面间隙为 δ，机筒内壁和螺杆根径之间的距离为 H。在研究挤出理论时，在大多数情况下，可以略去间隙 δ 不计，此时往往用机筒内径 D_b 代替螺杆外径 D，而 H 便相当于螺槽深度。

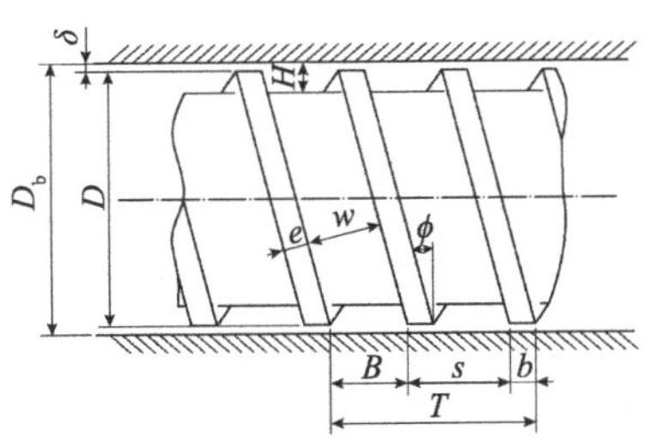

图 13-5　双头螺杆螺纹的几何参数

当螺杆旋转一圈时，螺棱上的任何一点沿轴向前进的距离为导程 T，显然导程 T 等于螺纹头数 M 和螺距 s 的乘积。螺棱的轴向宽度为 b，法向宽度为 e。螺棱和螺棱之间的轴向距离为 B，法向距离为 w。螺旋升角为 ϕ。

（2）螺杆的类型

1）按螺纹升程和螺槽深度的变化分类，可分为三种型式：等距变深螺杆、等深变距螺杆、变深变距螺杆，如图 13-6 所示。

(a) 等距变深螺杆

(b) 等深变距螺杆

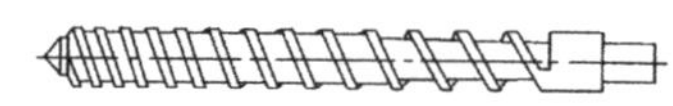

(c) 变深变距螺杆

图 13-6　普通螺杆

A. 等距变深螺杆：等距变深螺杆的螺槽深度沿物料前进方向逐渐变小。加料段的第一个螺槽深度大，有利于进料。由于螺纹升程相等，物料与机筒的接触面积大，从外加热的热机筒上吸收的热量多，有利于固体物料的熔融和能够均匀地压缩、塑化物料。其缺点是不能用于压缩比大的小直径螺杆结构上，否则螺杆的强度受到影响。它相对于其他型式的螺杆来说，加工制造容易、成本低。见图 13-6（a）。

B. 等深变距螺杆：等深变距螺杆指螺槽深度不变，螺距从加料段第一个螺槽开始至均化段末端是从宽逐渐变窄，主要优点是由于螺杆的螺槽等深，在加料口位置上的螺杆有足够的强度，有利于进一步增大螺杆转速来提高生产能力。变距有利于设计大的压缩比。其缺点是由于均化段的螺槽深度较大，故在同等压缩比的条件下，熔料的倒流量较大。均化段螺槽深度对物料进一步的均化作用较差。见图 13-6（b）。

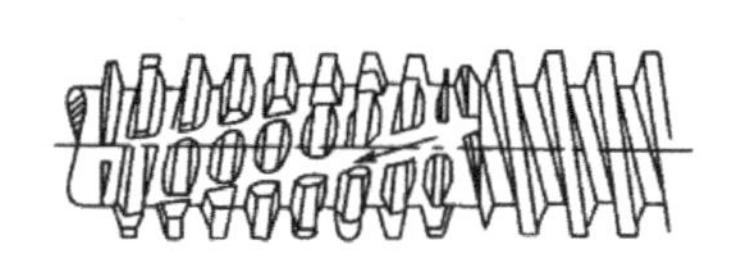

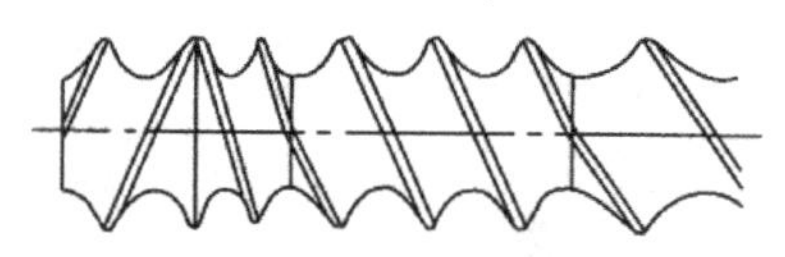

图 13-7　带反向螺纹的螺杆

C. 变深变距螺杆：变深变距螺杆指螺槽深度和螺纹升程从加料开始至均化段末端都是逐渐变化的，即螺纹升程从宽逐渐变窄，螺槽深度由深逐渐变浅。这一类型的螺杆具有前两类螺杆的特点，可得到比较大的压缩比（8∶1）。见图 13-6（c）。

2）按螺纹旋转方向的一致性分类，可分为普通螺杆和带反向螺纹的螺杆。普通螺杆的螺纹旋转方向是一致的，如图 13-6 所示；图 13-7 所示为带反向螺纹的螺杆，其压缩熔融段或计量均化段加设反向螺纹，使物料产生倒流趋势，进一步提高挤压及剪切强度，提高混合效果。为扩大物料对流混合区域，通常在此处螺纹上开设沟槽。

5. 机筒　机筒的结构类型如下。

（1）整体式机筒　其结构如图 13-8 所示。其特点是长度大，加工要求比较高，在加工精度和装配精度上容易得到保证（特别是螺杆和机筒的同轴度要求），也可简化装配工作，在机筒上设置外加热器不易受到限制，机筒受热均匀。机筒内表面磨损后难以修复。

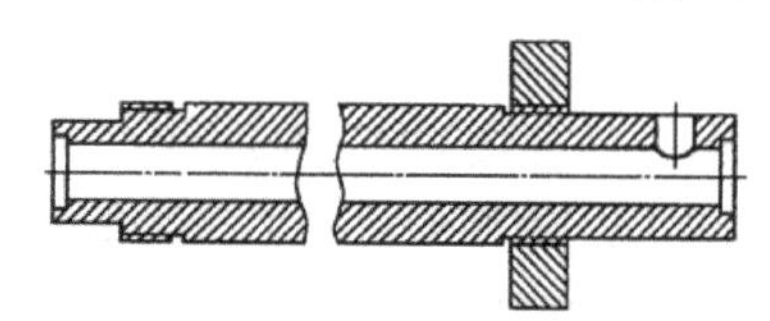

图 13-8　整体式机筒结构图

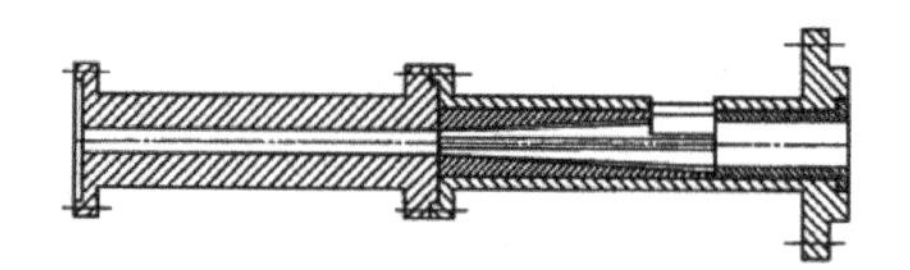

图 13-9　分段式机筒结构图

（2）分段式机筒　分段式机筒如图 13-9 所示，其是将机筒分成几段加工，然后各段用法兰或其他型式连接起来。

这种机筒型式的机械加工比整体式机筒容易，便于改变长径比。多用于需要改变螺杆长径比或实验室用的机型，以及在后面将要讨论的强制式轴向开槽进料套的机筒。其主要缺点是分段太多时难以保证各段的对中，法兰连接处影响了机筒的加热均匀性。

（3）轴向开槽锥形套筒　以上机筒结构是普通机筒的结构型式，即机筒内表面都是光滑的圆柱面。固体输送理论的研究和生产实践表明，挤压系统加料段固体输送效率很低（只有 20%～40%），这不但与螺杆的结构和几何参数有关，而且与该段机筒的结构和几何参数等有更重要的关系。一种轴向开槽锥形套筒的结构能进一步提高固体输送效率，能更充分地发挥螺杆的工作效能，从而进一步提高挤压系统的生产能力和挤压物的质量。物料在螺槽与套筒所组成的环形间隙中的形状，类似于带翅的圆螺母套在丝杆上，而圆螺母的翅是卡在凹槽中可以滑动的，当丝杆转动时，圆螺母沿丝杆做轴向运动。

6. 加热与冷却装置　在双螺杆挤压机部分介绍。

7. 成型装置　成型装置又称挤压成型模板，它具有一些使物料从挤压机流出时成形的小孔。物料经过模孔时便由原来的螺旋运动变为直线运动，有利于物料的组织化作用。模孔处为挤压机最后一处剪切作用区，进一步提高了物料的混合和混炼效果。模孔的形状可根据产品形状要求而改变，最简单的是一个孔眼，环形孔、十字孔、窄槽孔、动物造型等各种形状决定着产品的横断面形状。为了改进所挤压产品的均匀性，模孔进料端通常加工成流线形开口。模孔的内部结构影响到产品的表面结构，常见的模孔内部结构如图 13-10 所示，具体如下。

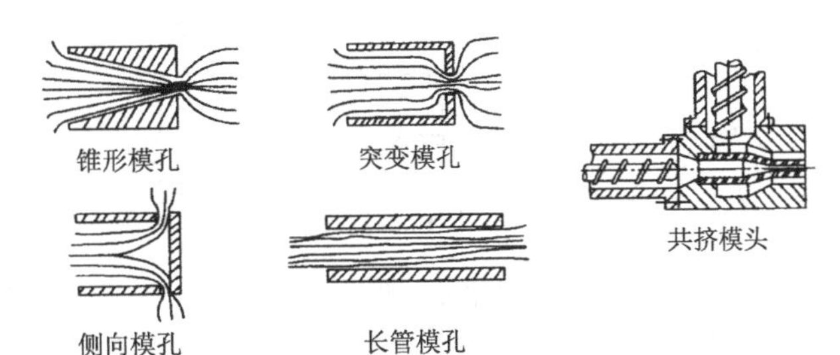

图 13-10　常见模孔结构

1）锥形模孔：无死角，不易产生堵塞现象，模孔内压力无突变，产品表面光滑。

2）突变模孔：有利于进一步提高混炼、混合效果，产品质地更为均匀、微细，但易堵塞。

3）侧向模孔：可提高产品外形层次感和纤维化结构。

4）长管模孔：可减少产品的膨化程度，提高组织化程度。

5）共挤模头：用于生产夹心产品。

8. 切割装置　挤压加工系统中常用的切割装置为端面切割器，切割刀具旋转平面与模板端面平行。通过调整切割刀具的旋转速度和挤压产品的线速度来获得所需挤压产品的长度。根据切割器驱动电动机位置和割刀长度的不同，可分为飞速和中心两种切割器。飞速切割器的电动机装在模板中心轴线外面，割刀臂较长，以很高的线速度旋转。中心切割器的刀片较短，并绕模板装置的中心轴线旋转。具体如图 13-11 所示。

(a) 切割刀具及传动系统外形图

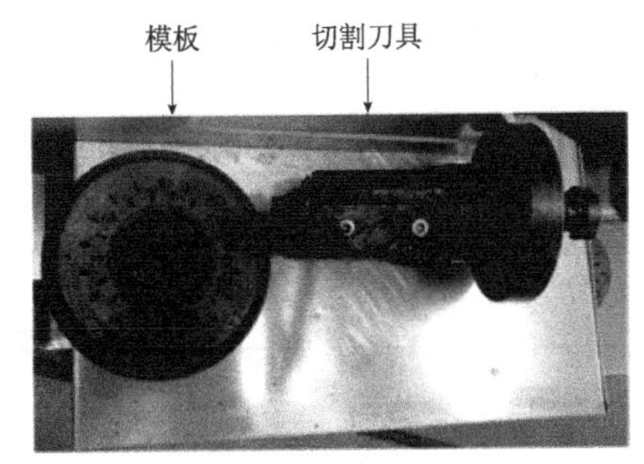

(b) 切割刀具及配套模板（拆开图）

图 13-11　切割装置

9. 控制装置　挤压加工系统控制装置主要由微电脑、电器、传感器、显示器、仪表和执行机构等组成，其主要作用是：控制电动机，使其满足工艺所要求的转速，并保证各部分协调地运行；控制温度、压力、位置和产品质量；实现整个挤压加工系统的自动控制。

二、单螺杆挤压机的原理

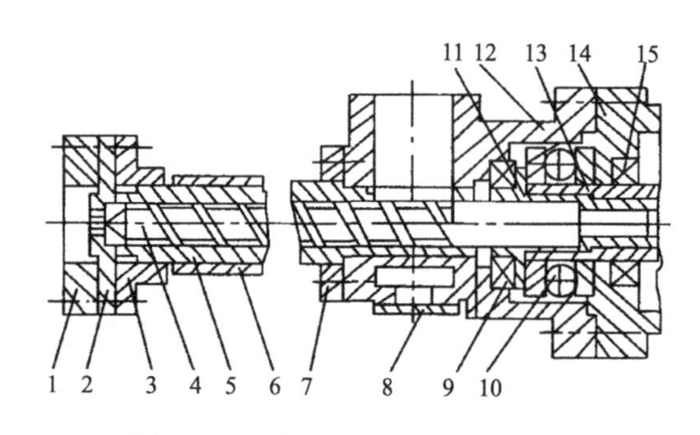

图 13-12　单螺杆挤压机主要构件图

1. 模板固定套；2. 挤出模板；3、6. 机筒座；4. 螺杆；5. 机筒；7. 连接法兰；8. 盖板；9. 向心轴承；10. 推力轴承；11. 止口；12. 机座；13. 驱动轴；14. 减速器箱体；15. 向心轴承

单螺杆挤压机的主要工作构件如图13-12所示，机筒及机筒中旋转的螺杆构成挤压室。在单螺杆挤压室内，物料的移动依靠物料与机筒、物料与螺杆及物料自身间的摩擦力完成。螺杆上螺旋的作用是推动可塑性物料向前运动，由于螺杆或机筒结构的变化，以及由于出料模孔截面比机筒和螺杆之间空隙横截面小得多，物料在出口模具的背后受阻形成压力，加上螺杆的旋转和摩擦生热及外部加热，使物料在机筒内受到了高温高压和剪切力的作用，最后通过模孔挤出，并在切割刀具的作用下形成一定形状的产品。

在单螺杆挤压机中，物料基本上紧密围绕在螺杆的周围，形成螺旋形的连续带状物料。因此，类似螺杆螺母之间的关系，在物料与螺杆的摩擦力大于机筒与物料的摩擦力时，物料将与螺杆一起旋转，这就不可能实现物料的输送。在模头附近高压或高温的情况下，反压力还易使物料逆流。物料的水分、油分越高，这种趋势就越显著。因此，单螺杆挤压机为避免这些问题，在螺杆上采取了增加螺旋头数的措施。所谓螺杆的螺旋头数，是指螺杆旋转一圈中螺杆齿板对物料的拨动次数。显然，头数越多的螺杆推送物料的性能越好，适用于黏性比较大的物料。但与此同时，因为螺杆在机筒内留出的空间体积减小了，所以物料输送的绝对量也就降低了。这说明完全没有必要使螺杆从进料口至模头间的螺旋头数都保持一致，而应选择各种螺杆的放置型式，以适应机腔内物料的变化情况。另外，为了避免物料跟随螺杆一起旋转，在物料方面采取的措施就是降低其水分及油分，以减小物料与机筒内壁的润滑作用。同时，应将物料的粒度分布控制在某个范围之内，即当物料充满螺杆与机筒之间的空间时，应使后续物料的传输比例降低，物料各粒子得以分散，从而可降低物料围绕螺杆的紧密程度。

三、螺杆挤压机的材料

我国目前常用的一些螺杆（包括单螺杆和双螺杆）与机筒的材料及其主要性能如表 13-1 所示。

表 13-1　我国螺杆和机筒的常用材料

性能	材料类型		
	45#	40Cr 镀铬	38CrMoAlA 渗氮
屈服强度	360	800	850
硬度不变时的最高使用温度/℃		500	500
热处理硬度（HRC）		基体≥45 镀铬层＞55	＞65

续表

性能	材料类型		
	45#	40Cr 镀铬	38CrMoAlA 渗氮
耐 HCl 腐蚀性	不好	较好	中等
热处理工艺	简单	较复杂	复杂
线膨胀系数/（10^{-6}/℃）	12.1	基体 13.8 铬层 8.2～9.2	14.8
相对价格	1	1.5	2.5

对于一些要求不高的螺杆和机筒采用过 45#钢，虽然成本低、取材容易，但其耐磨性、强度和耐腐蚀性较差。40Cr 钢经过镀铬（一般铬层为 0.05～0.1mm）后，其抗磨性能和耐腐蚀性能大大提高，但对铬层厚度的要求较高。厚度过薄时，质地疏松；过厚时，又容易剥落；而且铬层的剥落更加速其磨损。38CrMoAlA 氮化钢的综合性能较好，故使用较广泛。

对螺杆和机筒表面的硬度要求有所不同。由于机筒难以加工和更换，因此要求机筒比螺杆有较高的硬度，螺杆表面硬度（HRC）为 60～65，机筒内表面硬度应为 65 以上。

国外的螺杆和机筒广泛采用氮化钢制造，如 34CrAlNi7 和 31CrMoV，其强度极限为 900MPa 左右。加工后进行渗氮，表面硬度可达 1000～1100HV，且进一步提高了耐腐蚀性能。但是，在氮化处理不当时，氮化层易变脆。因此，还要考虑使用比氮化钢更耐磨的材料。

目前，国外还采用浇铸式机筒的合金层、在螺棱顶面上堆焊合金硬层以提高机筒或螺杆的耐磨性能。

第三节　双螺杆挤压机

前面介绍过，食品原料一般多是不定型、不均匀、高水分、高油分、多成分类的物料，采用单螺杆挤压机挤压，当物料与螺杆的摩擦力大于机筒与物料的摩擦力时，物料将与螺杆一起旋转，这就不可能实现物料的输送，可以说在机理上还存在着一定的问题，实际上食品的挤压膨化、成型加工，更理想的是采用双螺杆挤压机。

双螺杆挤压机的整体结构如图 13-13 所示，它由机筒、螺杆、加热器、机头连接器（包括筛板，即多孔板）、传动装置（包括电动机、减速箱和推力轴承）、加料装置（包括料斗、加料器和加料器传动机构）和机座等部件组成，各部件的职能与单螺杆挤压机相似。

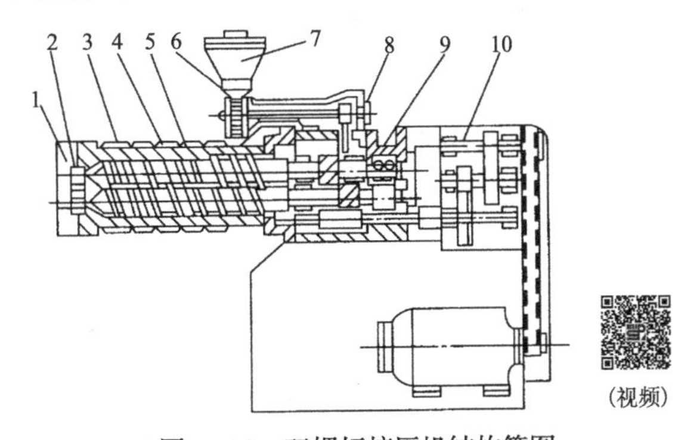

图 13-13　双螺杆挤压机结构简图

1. 机头连接器；2. 多孔板；3. 机筒；4. 加热器；5. 螺杆；6. 加料器；7. 料斗；8. 加料器传动机构；9. 推力轴承；10. 减速箱

双螺杆挤压机与单螺杆挤压机的主要差别如表 13-2 所示。

表 13-2　双螺杆挤压机与单螺杆挤压机的主要差别

项目	单螺杆挤压机	双螺杆挤压机
输送效率	小	大
物料允许水分	10%～30%（最大可达 40%）	5%～95%
热分布	温差较大，不均匀	温差较小，均匀
混合作用	小	大
自洁作用	无	有
逆流产生程度	高	低
剪断力	强	弱
压延作用	小	大
制造成本	小	大
磨损情况	不易磨损	较易磨损
排气	难	易

一、双螺杆挤压机的类型

（一）非啮合型、部分啮合型和全啮合型

根据两根螺杆的相对位置可将双螺杆挤压机分为非啮合型、部分啮合型和全啮合型，如图 13-14 所示。

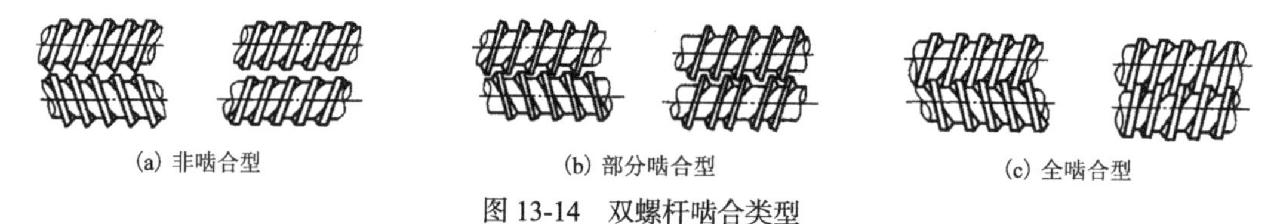

(a) 非啮合型　(b) 部分啮合型　(c) 全啮合型

图 13-14　双螺杆啮合类型

全啮合双螺杆的中心距为

$$A=r+R$$

部分啮合双螺杆的中心距为

$$r+R\leqslant A\leqslant 2R$$

非啮合型双螺杆的中心距为

$$A\geqslant 2R$$

式中，A 为中心距；r 为螺杆根半径；R 为螺杆顶半径。

非啮合型的双螺杆挤压机的工作原理基本与单螺杆挤压机相似，实际中使用少。

（二）同向旋转型与反向旋转型

双螺杆挤压机按螺杆旋转方向不同，可分为同向旋转与反向旋转两大类。反向旋转的双螺杆挤压机又可分为向内和向外两种，如图 13-15 所示。

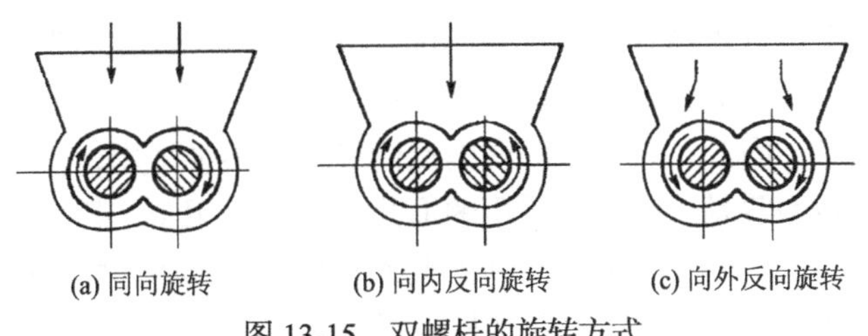

图 13-15　双螺杆的旋转方式

1. 同向旋转型　同向旋转型双螺杆啮合部的压力区性质不同，各螺杆进入啮合区为加压，脱离啮合区为减压（图 13-16）。旋转时，螺杆和机筒共同将物料分割成若干个 C 形扭曲空间，如图 13-17 所示。在同向旋转型双螺杆挤压室内，螺杆 1 进入啮合区与螺杆 2 脱离啮合区相邻。反之，螺杆 2 进入区和螺杆 1 脱离区相邻。在这种压力分布情况下，螺杆 1 推送的 C 形物料将在螺杆 1 和螺杆 2 啮合形成的压力差下，由螺杆 1 向螺杆 2 螺槽转移，在螺杆 2 的 C 形空间内形成新的物料段，接着又在螺杆 2 推动下，于螺杆 2 和螺杆 1 啮合区向螺杆 1 螺槽转移。从宏观上看，熔融的物料围绕螺杆 1 和螺杆 2 成“8”字形螺旋向前运动。在 8 字形螺旋道内，原料在来自机筒的热和物料间摩擦热的作用下熔融后，以正流和逆流的组合形态流动，与此同时，啮合型双螺杆挤压机中漏流是不可忽略的。双螺杆螺槽内物料的流动见图 13-18。

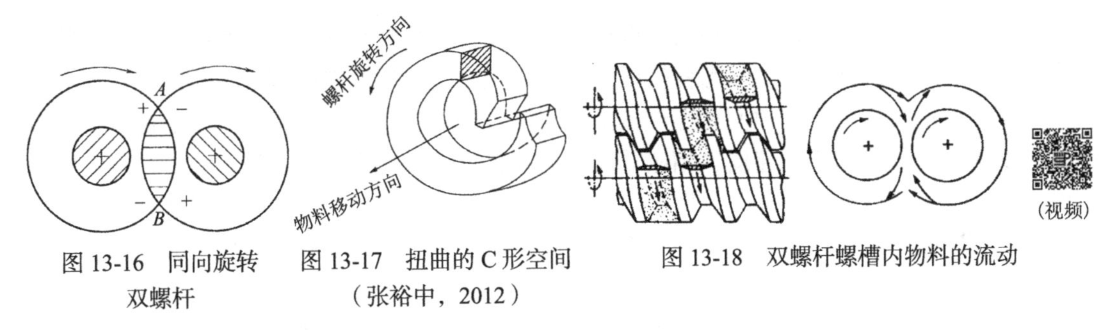

图 13-16　同向旋转双螺杆　图 13-17　扭曲的 C 形空间（张裕中，2012）　图 13-18　双螺杆螺槽内物料的流动

从表面来看，这时与单螺杆挤压机一样，具备了物料与螺杆发生共转的条件，但对双螺杆挤压机而言，继续进入的物料体积一旦与 C 形空间体积大致相等时，就会产生内压力，在 C 形空间开口处因为有另一螺杆的螺旋齿板同向旋转着，即一螺杆的螺旋齿板对应另一螺杆 C 形空间中的物料，起着挡板作用，因此物料不会与螺杆出现共转。这样一来，机筒内表面可做成光滑的表面，可避免不必要的摩擦，降低运转所耗能量。同时，还可把螺杆与机筒的间隙做成最小，减少物料沿间隙逆向漏流，即使对高水分、高油分类的食品物料也不易产生逆流与漏流，提高承载压力的范围，甚至还可能进行更高温度的处理。螺杆转动，C 室前移（轴向移动），螺杆转动一周，C 室向前移动一个导程距离。

在同向旋转型双螺杆挤压室内，无法形成封闭腔，连续的螺纹通道允许物料从一个螺杆的螺槽进入另一个螺杆的螺槽，形成漏流，切向压力建立不起来。物料本身使螺杆处于料筒中央，螺杆与料筒之间和螺杆与螺杆之间允许间隙存在，仍具有自洁作用。在啮合区没有局部高剪切作用，从而减少了机械磨损。螺杆的自洁作用防止了物料黏附于螺杆之上，避免了热敏性物料烧焦，加速了物料的扩散分布，进而缩短了停留时间分布。

2. 反向旋转型　反向旋转型双螺杆挤压机一般采用两根尺寸完全相同、但螺纹方向相反的螺杆，向内反向旋转和向外反向旋转两种型式的主要区别在于压力区位置的不同。向内反向旋转型双螺杆在上部进入啮合，建立高压区，在下部双螺杆脱离啮合，产生低压区。物料在通过双螺杆时，受到类似于碾轮产生的挤压作用，但螺杆啮合紧密，势必形成极高的入口压力，造成进料困难。因此，目前这种向内反向旋转型很少采用，仅用于非啮合双螺杆挤压机上。向外反向旋转型曾是一种广为采用的形式，特别适用于干粉料的加工。这种旋转式建立的高压区在下部，低压区在上部，有利于喂入物料。挤压中，物料受到类似碾轮产生的挤压捏合作用。和同向旋转不同，物料在螺杆内形成的 C 形段，由于两根螺杆旋向相反，不可能从一根螺杆移向另一根螺杆，而只能在一根螺杆内向排料口作轴向平移，直至从排料口挤出。牵引产生的正流和反压产生的逆流只能在 C 形腔室内进行，被阻挡在啮合区的物料经受一根螺杆螺纹顶面与另一根螺杆螺纹根部及啮合螺纹侧面的碾压和捏合。显而易见，反向旋转型双螺杆挤压机的物料产生的混合程度比同向旋转型所产生的混合程度要小。

3. 两种类型的比较

1）双螺杆之间受力不同。反向旋转型双螺杆上下部产生的压力差，造成螺杆向两侧偏移的分离力 F，螺杆在 F 作用下压向机筒，增加了机筒和螺杆的磨损。螺杆转速越高，分离力越大，磨损则越大。因而反向旋转型双螺杆的转速受到限制，一般设计在较低转速范围工作，如最高转速为 35～45r/min。而同向旋转型双螺杆挤压机在两螺杆之间没有碾压作用，不存在分离两螺杆的压力，故磨损较小，所以同向旋转型双螺杆挤压机可以以很高速度旋转，并能得到很高的产量。

2）螺杆自洁的有效程度不相同。为了避免物料黏附在螺杆的底圆上，螺杆应有自洁能力，因为随着滞留时间的延长，黏附在螺杆底圆上的食品物料会变质。单螺杆挤压机不能进行自洁，而反向和同向旋转型双螺杆挤压机均可实现自洁，但其有效程度不相同。在反向旋转型双螺杆挤压机中，螺纹顶面和螺纹根部之间产生的一种碾压作用，由于相对速度低，擦断界面物料层所需要的剪切速度也相应较低。另外，物料被拽入螺杆间隙，并受挤压而黏附于螺杆表面，因此自洁能力并不太理想。在同向旋转型双螺杆挤压机中，一根螺杆的螺顶口以稳定的切向相对滑动速度刮擦另一螺旋的侧面，由于具有较高的相对速度，有足够高的剪切速度去刮掉界面的物料层。此外，这一系统中因为没有碾压作用和由此而引起的将物料碾压在螺杆表面的现象，所以比反向旋转型双螺杆的自洁能力更为有效和稳定。

由上可见，同向旋转较反向旋转，其优越性是很明显的，但这并非说同向旋转不存在问题。首先是推送效率的问题，反向旋转型双螺杆的挤压建立在类似于齿轮泵的原理之上，物料在双螺杆内的流动不是由于摩擦牵引作用，而是因为螺旋的强制推送，物料能均匀分配给两螺杆，所以推送效率高。但双螺杆同向旋转时，按螺杆旋转方向，物料只送往螺杆转向端，物料分布偏向一方，其推送性只及反向旋转的一半左右。其次是物料进入机筒的喂入性问题，在同向旋转的情况下，在螺杆的旋转方向一侧，容易出现架桥现象，妨碍顺畅供料。对于前者，如果物料是具有流动性的液体时，问题基本不存在，但因为多数食品原料是粉体或细片状的，故问题不容忽视。同样，对于后者，如果落入进料口的物料是松散的粉状物料时，问题基本不存在，但当原料是畜肉、鱼肉或含油分、水分高的容易结团的物料时，则问题不容忽视。为了减轻这些问题，前者应该在进料口附近采用尽可能把物料分配给两根螺杆的螺旋曲线料道。后者则应该尽可能减薄螺旋齿的厚度，因为螺杆螺旋齿的厚度使进入机筒的物料偏离，这是导致架桥的主要原因。

增大产量和降低螺杆转速能缩小扩散速度分布，使剪切更加一致，物料更均匀。同向旋转型双螺杆挤压机输送作用不如反向旋转型，但混合效果好，同时漏流使螺杆与料筒间的摩擦力减小，所以挤压机转速可高达 500r/min。其可通过提高转速来弥补产量的不足。

因为同向旋转型双螺杆挤压机的混合特性好、磨损小、剪切率高、产量大及更灵活，所以这类挤压机被食品挤压熟化普遍采用。

（三）整体式螺杆型和积木式螺杆型

根据螺杆装配型式，双螺杆挤压机可分为整体式螺杆和积木式螺杆两种类型。

1. 整体式螺杆型　所谓整体式螺杆，就是把螺杆形状的各要素都加工制造在一根轴上，不可拆卸，如图 13-19 所示。螺距、螺槽深、升角等参数都不能有大的误差，否则在运转时就会干涉。整体式螺杆最大的不足是两根螺杆很昂贵，由于其上的螺距变化规律、剪切处位置和数量都固定不变，因而在使用时，只能适应较少的品种和原料；若想要增加生产品种，就要增加新的挤压机或者更换整根螺杆，这既不经济、也不方便。目前食品加工用的双螺杆挤压机的螺杆采用整体式螺杆的较少，多采用积木式螺杆。

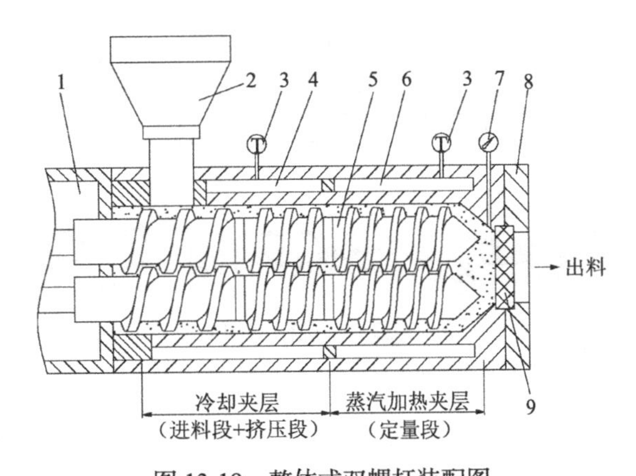

图 13-19　整体式双螺杆装配图

1. 减速机；2. 料斗；3. 温度计；4. 夹套（冷却水）；5. 螺杆；6. 夹套（蒸汽）；7. 压力表；8. 模头；9. 筛板

2. 积木式螺杆型　为了克服整体式螺杆的缺点，近几年人们设计制造出了积木式螺杆，就是将一根螺杆分成芯轴、螺套和紧固螺钉三大主要部分，将起强化、剪切、混炼效果的不同揉搓元件依照一定组合方式套在同一轴上组装而成，其数量也可按要求增减，如图 13-20 所示。

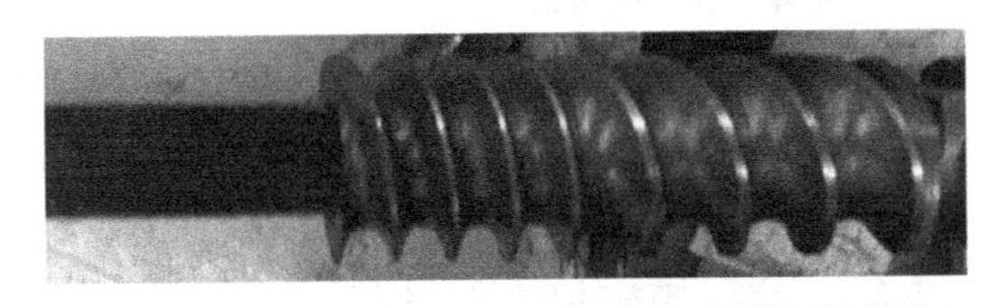

图 13-20　积木式螺杆及螺套

螺杆采用积木式结构后，就可以根据不同食品产品的不同工艺要求确定螺套的大小和数量，剪切块的位置不同可实现不同的压缩比和不同的剪切要求，组装出所需要的螺杆。在使用过程中，当某个螺套被磨损失去作用时，只需把该螺套更换就可以恢复使用，更加经济实用。

例如，在压缩段的螺杆上安装 1～3 段反向螺杆和混捏元件，如图 13-21 所示。混捏元件一般为薄片状椭圆或三角形捏合块（图 13-22），可以加大对物料的剪切作用，增强对物料的混合和搅动。

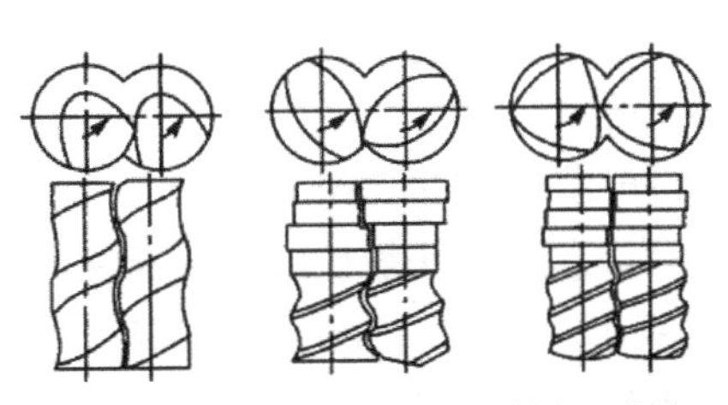

图 13-21　安装有捏合元件的双螺杆

图 13-22　捏合元件

二、双螺杆挤压机的结构

双螺杆挤压机和单螺杆挤压机一样，螺杆和机筒是挤压机的核心部件。

（一）螺杆

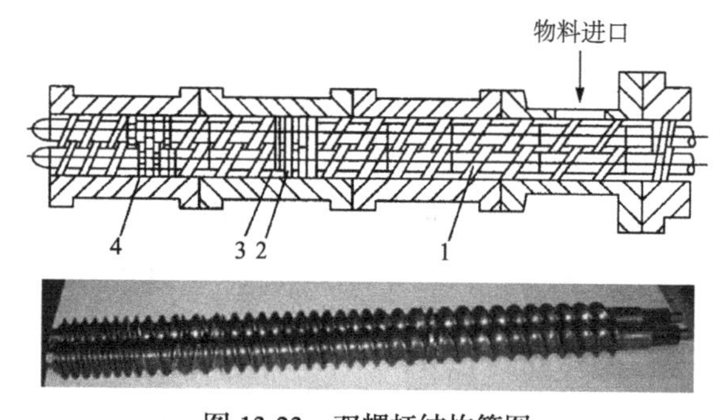

图 13-23　双螺杆结构简图

1. 输送螺纹；2. 捏合块；3. 挡环；4. 齿形混合盘

1. 双螺杆的结构　双螺杆的结构现基本都采用积木式，一般都分几段，各段由不同职能的基本结构元件组成。不同用途的螺杆，采用的基本结构元件也不同。同一类基本结构元件，根据不同的加工对象和加工要求，其具体结构也不相同。改变用途时只需更换元件或改变组合方式即可。

图 13-23 所示为双螺杆结构简图，它由输送、剪切、混合等结构元件组成。从料斗加入的物料，由输送螺纹推送至剪切和混合元件——捏合块处，使物料和添加剂在此处得到剪切、混合和塑化。挡环起阻挡料流的作用，升高前段料压，以强化捏合块的剪切作用。最后，齿形混合盘起混合均化的作用。

目前，双螺杆的螺杆直径 D_S 为 45～400mm。

2. 双螺杆的压缩比　压缩比指的是加料段一个螺距的螺槽容积与挤出段一个螺距的螺槽容积之比，不计过渡圆弧的影响，双螺杆挤压机实现压缩比的方法如下。

1）采用不同螺距的三段螺杆，阶梯式改变螺距。在螺距转变处，螺纹断开，如图 13-24（a）所示，物料在螺纹断开处重新组合进入下一段螺纹。

2）采用连续的渐变螺距，如图 13-24（b）所示。

3）螺距不变，连续地改变螺纹厚度，以改变螺槽的容积，如图 13-24（c）所示。

4）间断地、阶梯式地改变螺杆直径和螺槽深度，以改变螺槽的容积，如图 13-24（d）所示。

5）连续地改变螺杆的内、外直径，使螺槽容积逐渐变小，如图 13-24（e）所示。锥形双螺杆挤压机的螺杆即采用此原理达到要求的压缩比。

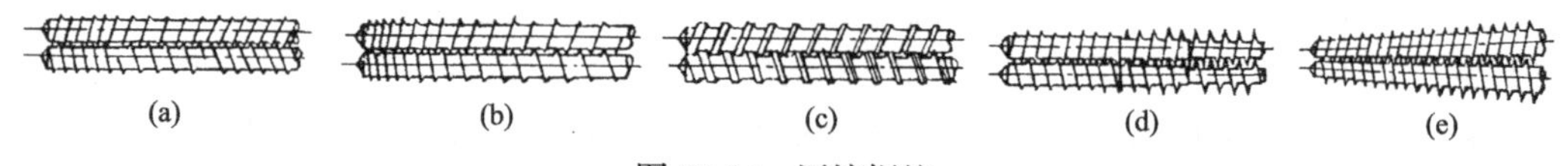

图 13-24　压缩螺纹

（a）阶梯式地改变螺距；（b）渐变螺距；（c）螺距不变，螺纹厚度改变；（d）螺杆直径和螺槽深度均改变；（e）锥形螺杆

6）螺杆转速：转速增加，产量也增大，但对反向旋转的双螺杆，“压延效应”是随螺杆转速的增加而加剧的。因此，反向旋转双螺杆挤压机的转速为 8～50r/min，比较低；同向旋转型双螺杆挤压机的转速比较高，可达 300r/min。

7）双螺杆的中心距 A：它取决于螺杆的直径和对间隙值的要求，一般单螺纹双螺杆 $A=(0.7\sim1)D_S$；双螺纹的双螺杆 $A=(0.71\sim1)D_S$；三头螺纹的双螺杆 $A=(0.87\sim1)D_S$。

8）螺杆与机筒之间的间隙 δ：δ 一般取 0.3～2mm（小直径的螺杆取大值，大直径的螺杆取小值），或用计算式表示为：$\delta=(0.002\sim0.005)D_S$。

3. 双螺杆的材料 双螺杆的材料与前面介绍过的单螺杆的相同。双螺杆挤压机中螺杆和机筒的磨损比单螺杆挤压机的严重，因此国外双螺杆挤压机的螺杆经渗氮后，还需在螺棱和螺槽的底部镀铬或镀镍，以提高螺杆耐磨和耐腐蚀能力，螺纹顶部的硬度 HRC 达 68（应比机筒内壁的低 2°～3°）。

（二）机筒

双螺杆挤压机的机筒，内孔的横断面呈“8”字形，因此加工比较困难，锥形双螺杆挤压机的机筒加工更为困难，国外采用双金属机筒，机筒内壁涂有高强度合金，具有耐磨、耐腐蚀的性能，以延长机筒的使用寿命。

（三）轴承

对于全啮合双螺杆挤压机，一旦两根螺杆的外径、根径（或螺槽深度）初步确定，则为两螺杆提供转速和扭矩的传动箱与两螺杆相连接的输出轴之间的中心距也就初步确定了。双螺杆挤压机工作时，由于螺杆末端处熔体静压力的存在，以及沿螺杆轴向附加动载的存在，螺杆受到很大的轴向推力。以螺杆直径为 53mm 的双螺杆挤压机为例，若螺杆末端的熔体压强为 10MPa，则每根螺杆的轴向推力约为 22kN，该力最终由传动箱中的止推轴承承受。一般止推轴承的承载能力与其直径有关，直径越大，承载能力越大。在双螺杆挤压机上使用的止推轴承，其直径受两螺杆中心距的限制，这就造成既要承受很大的轴向推力，又不能选择较大的直径，而小直径又不能承受大的轴向力的矛盾。目前，解决这一矛盾的通常方法就是将同规格的几个小直径的止推轴承串联使用，由几个轴承一起承受大的轴向力。

使用串联止推轴承来承受轴向力，一个核心问题是必须使每个推力轴承所承受的载荷均匀相等。否则工作时，有的轴承受力大，有的轴承受力小，就有可能使其中个别轴承超载而提前破坏，一旦某个轴承破坏，其所应承受的载荷就加到其他轴承上，使它们超载，发生联锁性破坏，整个串联轴承组就被破坏了，不能工作。其后果将是严重的，有可能使两根螺杆发生轴向相对位移，使螺棱接触受力，严重时会损坏螺杆。要使每个轴承受载均匀相等，与诸多因素有关，如轴承串的设计合理与否、轴承的制造精度、将几个轴承隔开又串在一起的弹性元件的设计、制造精度及各支撑零件的制造、装配精度等。由于双螺杆挤压机中的止推轴承串是在苛刻的工作条件（有限的安装空间、大的轴向力、高的运转速度、不良的散热条件等）下工作，它们应具有低的摩擦功耗和较长的工作时间，而这又与轴承及弹性元件的设计、制造精度、材质、热处理工艺及工作时的润滑状态有关。

下面，以目前国内外生产双螺杆挤压机的厂家大多采用的圆柱套筒作为弹性元件的止推轴承组为例，对止推轴承的结构和原理予以介绍。

以圆柱套筒作为弹性元件的止推轴承组如图 13-25 所示。三个止推轴承的均载（各承受总轴向载荷的 1/3）是靠壁厚或形状不同的圆柱套筒元件的变形来实现的。开始受载时，由于弹性元件的支撑及传压盘与轴承辊子之间存在间隙，前面的轴承辊子不受力，轴向力由最后一个轴承承受。当轴

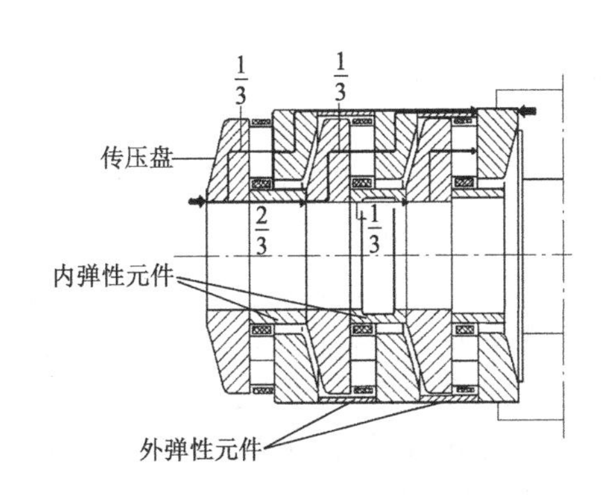

图 13-25 采用圆柱形弹性元件的止推轴承组
（张裕中，2012）

向力达到某一定值（若 n 为串列轴承个数，则每一个轴承承受的轴向力为总轴向力的 $1/n$），弹性元件开始变形，把其本身能够承受的轴向力以外的力传向倒数第二、第三个轴承。各轴承之间的弹性元件将根据承受力的大小，依次达到要求的变形量，从而将轴向力依次向各轴承传递分配。最后，当轴向力达到额定值时，每个轴承都均匀承受总载荷的 $1/n$。

由图 13-25 可以看出，其外边的弹性元件都是壁厚均匀的圆柱套筒元件，但自左向右，壁厚递增；而里边的弹性元件，由左向右，第一、第三个是壁厚均匀的圆柱套筒元件，但壁厚递减，第二个弹性元件不是壁厚均匀的圆柱套筒状，其内壁切出状如退刀槽的槽。

圆柱套筒弹性元件有以下优点。

1）圆柱套筒弹性元件总的轴向变形小，故在螺杆工作过程中的轴向窜动量很小，变形均匀。

2）各种圆柱套筒弹性元件与轴承的接触面积大，因而使用可靠。

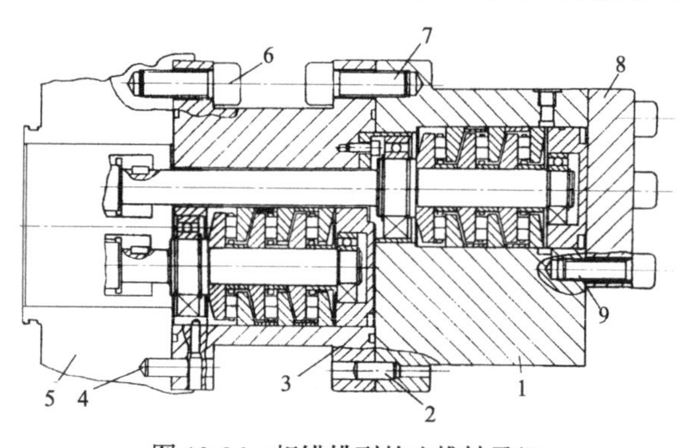

图 13-26　相错排列的止推轴承组
（张裕中，2012）
1、3. 轴承座体；2、4. 销钉；5. 箱体；
6、7、9. 连接螺钉；8. 轴承盖

3）随着使用时间的推移，圆柱套筒弹性元件制造精度不够高而造成各推力轴承受力不均匀的现象，会因辊子跑合磨损而自动补偿调整，使各轴承受载仍趋于均匀。

总之，以圆柱套筒为弹性元件的止推轴承组的结构简单、紧凑、安装调整方便、承受轴向负荷能力大、使用可靠，故国内外生产双螺杆挤压机的厂家大多采用这种止推轴承组。

止推轴承的具体应用见 Bitruder 型异向旋转双螺杆挤压机传动箱中两组止推轴承的布置，如图 13-26 所示。

（四）加热与冷却装置

双螺杆挤出过程是一个热过程，在这一过程中要向物料提供由固态转变为黏流态的热量。而双螺杆挤出过程的这种热量来源有两个，一个是外加热器提供的传导热，另一个是由于螺杆对物料的剪切，把电动机的机械能转变成的热能。

最理想的挤出过程是由加热器提供的热能加上机械能转化成的热能正好使物料完成由固态向黏流态的转变，而不要多于实现这一状态转变所需要的热量。但由于螺杆高速旋转，在有的情况下，由机械能转变成的热能加上加热器提供的热能大于状态转变所需的热能，这时非但不需要外加热器继续提供热量，还要采取措施把多余的热量移走，否则会造成物料过热分解，就是说需要冷却。

因此，挤出过程实际上是一种满足设定温度条件下的热过程。为提供这一温度条件，就需要加热和冷却装置及控制系统。一般是在机筒上设计加热与冷却装置，也有设计在螺杆上的，比如在螺杆中心打孔，形成环形通道，通以加热或冷却载体进行换热，但这种方式只能用于整体式双螺杆，现在的挤压机多采用积木式螺杆，所以此处只介绍机筒加热和冷却设计。

1. 加热装置

（1）电阻加热　　电加热中用得最多的是电阻加热器，它包括带状加热器（电阻丝加云母片)、陶瓷加热器、铸铜(铁)加热器等，如图 13-27 所示。它们的构造和优缺点在此不再赘述。

图 13-27　电阻加热

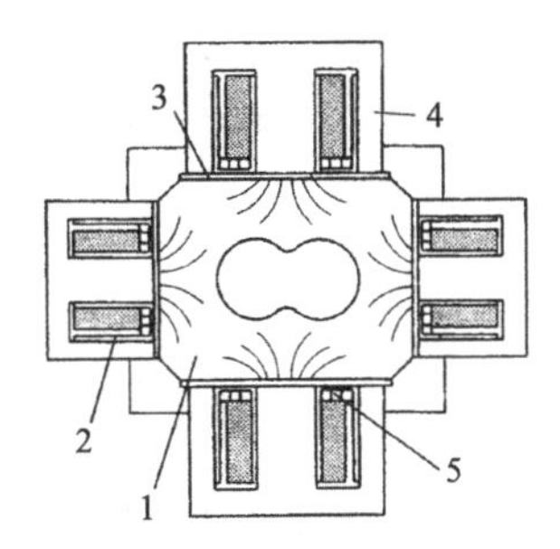

图 13-28　感应加热器(张裕中，2012)

1. 螺杆机筒；2. 励磁线圈；3. 绝热层；4. 电磁芯；5. 水冷系统

(2)感应加热　如图 13-28 所示，感应加热的工作原理是通过电磁感应在机筒内产生感应涡流而使机筒发热，从而加热机筒中的物料。由于感应加热器是由机筒直接加热物料的，因此预热升温时间短。据介绍，这种加热器比电阻加热器能提供多于两倍的电能。

(3)载体加热　所谓载体加热，就是用加热的流体介质来加热机筒(螺杆)，常用的载体是矿物油和过热水。对机筒来说，若用油加热，常用的结构是在圆柱形机筒外壁上开上螺旋沟槽，在螺旋沟槽中绕上紫铜管，在紫铜管中通以热油，先加热机筒，再加热物料。载体加热，需要封闭热油循环系统。这种加热方式的优点是加热均匀、柔和、稳定，被加热对象不会有局部过热点，但多了一套油循环系统。它多用于啮合异向双螺杆挤压机，啮合同向双螺杆挤压机很少应用。

2. 冷却装置　冷却装置有风冷、水冷和油冷三种方式。

(1)风冷　风冷可用于机筒的冷却，风冷系统由风机和风道组成。其冷却效果柔和、环境干净，但效率比较低，多用于中小型圆柱形机筒的双螺杆挤压机。为了提高冷却效率，可在机筒外壁安装轴向多排、周向紧密排列的多片导热性好的散热铜片。

(2)水冷　水冷在啮合同向双螺杆挤压机上用得较多，水冷系统包括机筒上开的冷却水孔、循环水供应站、换热器和配管。整个系统是封闭循环式，采用软化水。换热器应具有足够的冷却能力，如果冷却能力不够或通水过急，会导致机筒冷却水孔中的水迅速汽化或冷却水迅速消耗。这种冷却方式效率高，但冲击较大，温度波动大。由于配管皆为硬管，且已固定安装，故若经常进行机筒组合，拆卸安装水路不太方便。

(3)油冷　油冷比较柔和，适于加工制品要求高的场合。油冷系统可与加热系统分开设立，也可以把加热和冷却两种功能合并起来，由同一系统完成，通过控制油温来控制机筒温度。

(五)电动机

双螺杆挤压机中常用的电动机有直流电动机、交流变频调速电动机、滑差电动机、整流电动机等，其中以直流电动机和交流变频调速电动机用得最多。

1. 直流电动机　可实现无级调速，且调速范围宽，启动较平稳。改变电枢电压时可以得到恒扭矩调速；改变激磁电压时可以得到恒功率调速，此时随着转数升高，其功率不变，但扭矩相应地减小。20 世纪 80 年代以后生产的 Z4 系列电动机，其低速性能稳定，在双螺杆挤压机中得到广泛采用。

2. 交流变频调速电动机　有专用变频电动机，也可用标准三相异步电动机替代，但后者在中低速、高负荷时电动机有过热倾向。交流变频调速电动机由一个静态变频器来控制，它设有集流环及电刷，可以不需要像直流电动机和变速交流电动机那样进行维修。变频调速系统的工作性能稳定，运转平稳。关键是变频器的质量，变频调速系统的成本与直流调速系统差不多。

第四节　挤压加工系统调控操作

食品挤压加工设备对其操作的基本要求是运行平稳、使用寿命长和维修迅速。不同型号、不同制造厂家的挤压机有着不同的自身特点，这就需要操作者切实了解和掌握制造厂家提供的操作规程。

1. 开机前的准备　螺杆和机筒装配后，用手转动以确保挤压机螺杆机筒和其他零部件之间不得有任何摩擦或卡死现象。

在启动前切割装置就需安装到位，切刀相对于模头的调整要十分精确，通常切刀和模板表面之间保持有很小的间隙（0.05～0.2mm）。

应在干原料加料器上加金属探测及去除设备以除去金属物，防止飞流金属进入机内。

2. 启动操作　挤压机在开始喂料前需要进行预热，使机温达到稳定操作状态的温度。开始时，干物料组分以高水分状态并以低于额定所需的进料速率加进喂料器，因此，启动是在低产量、高水分条件下开始。在设备运行中物料没有充满会导致挤压螺杆很快磨损，因此必须限定启动时间并使之缩短。

物料进入挤压机之前，所有后道设备都需要顺序启动和运行，包括成品切割装置、输送带、干燥机、冷却机等。由于干燥机有时要预热，因此干燥机等可比挤压机提前启动。

挤压机的最初作用是喂料作用，螺杆推着物料前进，直到物料完全充满挤压室的空腔。操作者要监视电动机的动力负荷和挤出物的情况，一旦出现螺杆充满物料的情况（模孔中有湿挤压物出现），喂料量就以每隔 1～2min 的间隔少量、缓慢地增加，同时相应调节好加水量和黏结剂量，逐步使产品达到最终所需的含水量。

挤压机的传动功率、模板温度、模板处的挤出压力及被挤压产品的状态是可观察的关键参数，这些参数将由操作人员依据正常运行时参数变化要求，迅速朝着平衡状态进行调节。通常，调节至平衡状态自物料入机始需要 10～20min。

因为螺杆、机筒及其他组件的质量大大超过制品质量，所以实现热平衡是一个相当缓慢的过程。挤压正常运行的调节是对蒸汽量、干物料成分的喂入量及挤压螺杆速度等进行一系列的综合调节。

3. 稳定运行操作　一旦挤压机按规范操作，这时只需较少的调整，就可处于稳定运行状态。挤压机的操作人员，在保证挤压机正常生产的过程中，一般每隔 1h 就要把影响运行的关键性参数记录下来。偏离标准值就必须进行调整，避免技术条件的突然变化。需要校正加工状态时，应每隔 5～10min 缓慢地进行精细微调，如果调整过快，会引起加工的混乱，因为系统有着较大的惯性。

4. 停机操作　挤压机的停机过程在许多方面与其启动过程刚好相反，将通入夹套预调质器和机筒的蒸汽关掉，喂料加进过量水分，直到出料温度降低到 100℃以下才终止喂料，此时挤压机需继续运转，直到模孔出现湿冷物品为止。

有时，螺杆停转后常常拆下模板，拆模板时需仔细，因为挤压机是热的，当拧松机头连接螺栓时，机内压力突然急剧释放会对操作者有潜在的危险。如果在拆模时机内还有压力，需要将链条或其他制动机具放置于机头部位，使机头在拆模时相对位置保持不变，直到压力完全消失。模板拆下后，接着开动螺杆把机内剩余物料旋转出来。为便于清理，有时用硬的干渣或整粒大豆喂入，敞开出料口把机筒内的剩余物料挤推出来，达到清扫螺旋槽的目的。

在所有的传动、水源、汽源、料源都关闭好后，再把挤压机拆开清理和检查。拆卸挤压机筒体和螺杆等零件时严禁用力太大或猛烈撬击，否则可能产生咬死现象，或使挤压机零件遭到机械损坏。如螺杆咬死可采用液压拉模，或螺旋千斤顶均匀持续用力，将螺杆拉出。

拆卸或安装时要防止螺栓和其他金属件突然落入挤压机中，以免引起下次开车产生的严重危险。

挤压机螺杆、机筒部件及模板都浸泡在大桶里清洗，高压清洗装置可用来清洗复杂的模板。要避免用硬质金属物件或钻头清洗模孔或其他精密零件，以免零件表面擦伤。洗净干燥好的零件，常常放在植物油中或干燥环境中贮藏。

5. 故障排除

1）挤压机工作功率的大小可从示功器来观察，当看见功率在上升并超限时，建议采用以下调整措施：喂料量稍微减小或加水量稍微增加，最终效果是生产出较湿的挤压物。因为功率随黏度降低而下降，而黏度则随水分的增加而降低。

2）产品产生不规则形状是由许多原因引起的，可能是在进料的开始阶段原料组分和水没有充分拌和均匀，改变混合状况可解决这一问题；也可能是由生产过程有较大的波动、破碎板或模板堵塞、切刀运转不当等原因所引起的，这时就要拆下模板和破碎板进行清理或更换。或者调整切刀间隙或予以更换。

3）挤压机的操作不稳定经常与动力和模头压力的急剧升降相关，许多波动是高温挤压操作过程中所形成的蒸汽通过螺杆向进料斗逸出，由于蒸汽流动干扰了螺旋槽内被压缩的物料，由此造成短时出料减少，这种状况有时称为“蒸汽反流”。通常，在喂料斗发现有蒸汽，就可以确认发生了“蒸汽反流”。有时，这种波动可通过冷却喂料段、瞬时冷却挤压机出料端或增加喂料量等方法来解决。

4）有时挤压机的加工条件发生了急剧变化，为了避免机械损坏和造成难以清理的局面，要求采取果断而强烈的措施。由于减小喂料量会引起许多混乱，最有效的方法是加水或加大蒸汽量，因为物料太干燥会引起挤压机阻塞或电动机过载。因此在这种情况下，操作者必须迅速变换物料或恢复加水。生产实践中是宁可加水也不让挤压机产生阻塞现象。

思考题

1. 什么是挤压加工技术？它有何优点？

2. 单螺杆挤压机在工作时反压力易使物料逆流，如何从设计上和操作上克服这一现象？

3. 为什么说双螺杆挤压机在挤压时物料不会与螺杆出现共转？

4. 为什么现代食品挤压熟化普遍采用的是同向旋转型而不是反向旋转型双螺杆挤压机？

5. 双螺杆挤压机工作时，为什么螺杆会受到很大的轴向推力？这种轴向推力是有利还是有害的？请说明有利或者有害的原因；如果有害，试举例回答设计时如何解决这一问题。

第十四章　制冷机械与设备

内容提要

本章主要介绍了蒸汽压缩制冷原理及设备，在此基础上介绍了食品速冻技术及设备。其中蒸汽压缩制冷原理及设备是重点内容，要求学生从工程热力学的深度理解制冷原理；在制冷设备中，制冷压缩机是整个系统的“心脏”，要求学生掌握其结构、原理、操作方法，了解其控制。食品速冻技术及设备部分，要求学生了解各种速冻方法及相应设备，以及各种设备适用产品范围，具备设备选型能力。

制冷机械与设备在食品工业中应用相当广泛，食品的冷藏、食品加工过程中冷却或冻结、冷冻干燥、冷冻浓缩、冷冻粉碎工艺都要用到制冷技术，商业冷库、肉联厂、速冻食品厂、乳品厂、啤酒厂等几乎所有的食品厂都有冷冻机房及冷藏库。此外，在食品运销方面，冷链已经成为现代食品工业终产品的主要流通途径之一，冷链所涉及的贮运和展示设备均需配备制冷机械与设备。

第一节　制冷原理与设备

一、制冷技术的基本概念

1. 制冷量　制冷量是指制冷机（或制冷系统）单位时间内从被冷却物体或空间提取的热量，也就是制冷系统中蒸发器单位时间所吸取的热量。

制冷量确切地说是指制冷速率，是用来度量制冷机（或制冷系统）制冷能力的大小。

制冷量通常采用的符号是 Q，单位是 W。

2. 制冷系数　制冷机（或制冷系统）的制冷量 Q 与输入功率 P 之比称为制冷系数。制冷系数用 ε 表示。

$$\varepsilon=\frac{Q}{P}$$

制冷系数是衡量制冷机（或制冷系统）的重要技术经济指标。例如，制冷系数为 3 的制冷机，即表示每消耗 1kW 的能量可以获得 3kW 的制冷量。

3. 制冷剂和载冷剂

（1）制冷剂　制冷剂又称制冷工质，它是在制冷系统中完成制冷循环的工作介质。制冷剂在蒸发器内汽化吸收被冷却介质的热量而制冷，又在高温下把热量放给周围介质，重新成为液态制冷剂，不断地进行制冷循环。

目前，常用的制冷剂有氨、氟利昂等，现代工业上大中型制冷系统常用的制冷剂为氨（R717），中小型制冷系统常用的制冷剂基本上都是氟利昂。

1）氨：氨具有良好的热力性能，汽化潜热大，单位容积制冷量大，压力适中，在标准大气压下对应的蒸发温度为-33.35℃，适用温度为-65～10℃。氨易溶于水，在0℃时每升水能溶解1300L氨气，同时放出大量溶解热。当氨液中有少量水分时，在制冷系统中不会结冰而堵塞管道通路，但氨中有水分时会使蒸发温度升高，并对锌、铜及铜合金（磷青铜除外）有腐蚀作用，一般规定，液氨中含水量不超过0.2%。

氨是典型的难溶于润滑油的制冷剂，因此氨制冷系统中的管道换热器的传热表面会积有油膜，影响传热效果。氨液的密度比润滑油小，运行中润滑油会积存在冷凝器、贮液器和蒸发器等设备的下部，因此应定期放出这些设备中的润滑油。

氨蒸气无色，有强烈的刺激性臭味。在空气中的容积浓度达到0.5%～0.6%时，人在其中停留半小时就会引起中毒。氨与空气混合的容积浓度在11%～14%时具有可燃性，在16%～25%时遇明火会有爆炸危险，目前规定氨在空气中的质量浓度不应超过 20mg/m^3。氨在常温下不易燃烧，但加热到530℃，则分解为氮和氢气，氢气与空气中的氧混合会发生爆炸。

氨容易获得，价格便宜，是目前我国最广泛使用的中温制冷剂。

2）氟利昂：氟利昂包括氟氯烃（CFC）、氢氟氯烃（HCFC）、氢氟烃（HFC）。但因为氟利昂对大气中的臭氧有破坏作用，会产生温室效应，所以根据联合国《蒙特利尔公约》和国际公约强制规定，我国已于2010年全面禁止CFC[如R12（二氟二氯甲烷）]，对于HCFC{如R22[二氟一氯甲烷（$CHClF_2$）]}按规定发达国家将要在2020年淘汰，我国将要在2030年前淘汰。R22正在被新型环保制冷剂所取代，如R404A[HFC]，但根据2012年7月11日欧盟在布鲁塞尔“关于防温室效应而规定相应条件的提议”，HFC的GWP＜1500，GWP（global warming potential）表示全球变暖潜能值，由于R404A的GWP为3922，其将被更新型环保的制冷剂如Honeywell公司提出的N40、L40等所取代。R12替代物还有R134a（1,1,1,2-四氟乙烷，属于HFC）。此外，R22还有一种新型环保替代品为R600a（异丁烷），R600a是碳氢化合物类的制冷剂，其毒性非常低，但在空气中可燃，所以在其使用场合要注意防火防爆。

（2）载冷剂　载冷剂是在制冷系统中用以传送制冷量的中间介质，又称冷媒。理想的载冷剂应该具备以下条件：比热容大、热导率高、黏度低、凝固点低、腐蚀性小；物理化学性质稳定，无毒、无害，对人体无刺激作用；来源充足，价格低廉。食品工业上常用的载冷剂有水、盐水溶液（一般由氯化钠、氯化钙等溶解于水配制而成）、醇水溶液（乙醇、乙二醇或丙三醇的水溶液）。

二、制冷原理

在食品工业上，制冷又称冷冻操作。制冷技术是利用某种装置，以消耗机械功或其他能量来维持某一物料的温度低于周围自然环境的温度。这种技术是建立在热力学基础上的，是现代食品工程的重要基础技术之一。在食品工业上，人们通常把冷冻分为两种，即冷冻温度在0℃以上的一般冷冻和冷冻温度低于0℃的低温冷冻。

制冷的方法有多种，一般常用的是蒸汽压缩制冷方法，蒸汽压缩制冷的热力学原理是逆卡诺循环。一般情况下，根据制冷温度的高低，蒸汽压缩式制冷又分为以下两种形式：单级蒸汽压缩式制冷和双级蒸汽压缩式制冷。

（一）单级蒸汽压缩式制冷

单级蒸汽压缩式制冷过程分为压缩、冷凝、膨胀、蒸发4个阶段，如图14-1所示。当压缩机由电动机驱动进行时，从蒸发器中吸入饱和蒸汽（状态1），并经压缩机绝热压缩后成为高温高压的过热蒸汽[图14-1（a）～（c）状态2]，这一过程为等熵过程；过热蒸汽送入冷凝器中被冷却为饱和蒸汽[图14-1（b）（c）状态2′]、饱和蒸汽继续被冷凝为饱和液体[图14-1（a）～（c）状态3]，这一过程制冷剂把热量传递给冷却介质（水或者空气），此过程为等压过程；冷凝液体经膨胀阀节流后压力降低到蒸发压力，制冷剂因沸腾蒸发吸热，使其自身温度下降，温度降到与之相对应的饱和温度，此时已成为两相状态的气液混合物[图14-1（a）～（c）状态4]，这一过程为等焓过程；然后，低温低压的气液混合物送入蒸发器中吸收周围介质的热量而汽化为饱和蒸汽[图14-1（a）～（c）状态1]，从而使周围空气或物料温度降低而实现制冷，这一过程为等温等压过程；低温低压的饱和蒸汽再由压缩机吸入，被压缩成高温高压的过热蒸汽（状态2），形成一个往复循环过程。

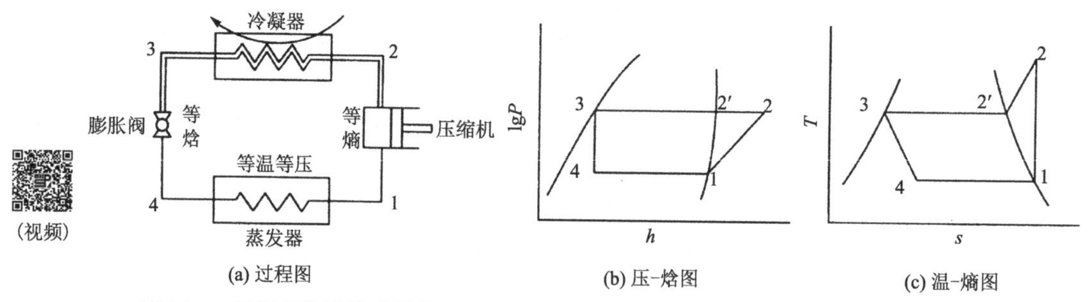

图 14-1　单级蒸汽压缩式制冷过程图、压（P）-焓（h）图及温（T）-熵（s）图

上述的四大部件是构成单级蒸汽压缩式制冷系统最基本的元素，在实际工业生产上，如果只用这四大部件组成一个制冷系统，会产生以下问题。

1）湿冲程：又称为液击、敲缸，指的是当压缩机吸汽压力过低时，蒸发器中有一少部分低温低压的制冷剂液体来不及蒸发就和制冷剂蒸汽一起被抽吸进制冷压缩机，制冷剂液体一部分进入压缩机曲轴箱，继续蒸发制冷使得曲轴箱内冷冻机油因温度降低而黏度增加，从而使润滑恶化，进而损坏摩擦部件。例如，拉毛气缸、连杆大头轴瓦内涂的巴氏合金因干磨生热熔化而产生严重的抱轴现象，以至于损坏曲轴和连杆，外观可以看到曲轴箱外表结霜；制冷剂液体另一部分进入活塞与气缸压缩空间，像钢球一样敲击气缸内表面、活塞端面及吸排汽阀片，从而使阀片断裂、活塞和汽缸受损。所以，湿冲程对制冷剂危害巨大，一定要避免其产生，在系统设计及安装方面常用的避免措施有：在蒸发器与压缩机之间设置氨液分离器去除氨液；使回汽管道保持一定的坡度，从蒸发器到压缩机吸汽口由低逐渐升高，使携带的氨液回流；在回汽管道设置U形管，使氨液沉降到U形管底部而分离氨液；最后一种方法是采用过热的方法，使回汽中夹杂的氨液汽化。什么是过热？在蒸汽压缩式制冷理论循环中，制冷剂离开蒸发器进入压缩机时的状态是干饱和蒸汽，如果让干饱和蒸汽在进入压缩机之前吸收热量，使其温度上升至高于蒸发压力所对应的饱和温度，成为该压力下的过热蒸汽，这样的制冷循环称为过热循环，给干饱和蒸汽进行加热就称为过热。过热可以除去回汽中夹杂的氨液，工程上常采用的过热方法是不给回汽管道包保温层，让外界空气与回汽管道进行热交换，给回汽管道微微进行加热，从而使回汽中夹杂的氨液汽化。但必须清楚，从蒸发器到压缩机吸汽口这段距离的过热一般情况下是有害过热，因为制冷剂吸收的这部分热量未被利用，从而使制冷系数降低，过热度越大则制冷系数降低得越多，所以通常情况下，吸汽管道是要包隔热保温层的。小型制冷系统还常采用热集成的方法（如空调），把回汽管道和供液管道并排安装在一起，外加保温层，通过热交换使回汽管道过热，使供液管道过冷。过冷就是对从冷凝器出来的冷凝液进一步进行冷却，降低节流前液体制冷剂的温度，使其低于冷凝压力下所对应的饱和温度，成为该压力下的过冷液体（如图 14-4 状态 7，图 14-4 将在随后内容中详细讲解），这样可以减少经节流后产生的闪发气体，从而在蒸发器中蒸发时会吸收更多的热量，使单位制冷工质制冷量增大。

2）压缩机中的润滑油会随温度升高而汽化进入系统中，由于润滑油与氨液不相溶，润滑油会附着在管道内表面，且由于润滑油的传热系数低、热阻大，冷凝器和蒸发器的换热效率大大降低。解决此问题的方法是在压缩机排汽口与冷凝器之间加装油分离器。

3）由于没有制冷剂的贮存设备，整个系统的工作会变得不稳定。工业上一般在冷凝器之后安装一台贮液罐，除保证系统运行平稳外，还可以方便地为多处制冷场所提供制冷剂。

4）制冷系统中，特别是低温或低于大气压下运行的系统，不可避免地会混进空气等不凝性气体，空气传热系数低，热阻大，阻碍制冷剂与周围介质的热交换，且空气会在设备内占据一定的空间，从而降低设备利用率。所以，一般在制冷系统的冷凝器与膨胀阀之间加装空气分离器用以去除空气。氨制冷系统中常用的是四套管式空气分离器。对于活塞式小型制冷系统通常不设置空气分离器，而直接从冷凝器、高压贮液器或排汽管上的放空阀放出空气等不凝性气体，这样不可避免要放出一些制冷剂，但制冷系统相对要简单些。

图 14-2 所示为实际工业生产中的单级氨压缩制冷系统。图中氨液分离器除分离回汽中的液体外，还有利用重力给蒸发器供液的作用。

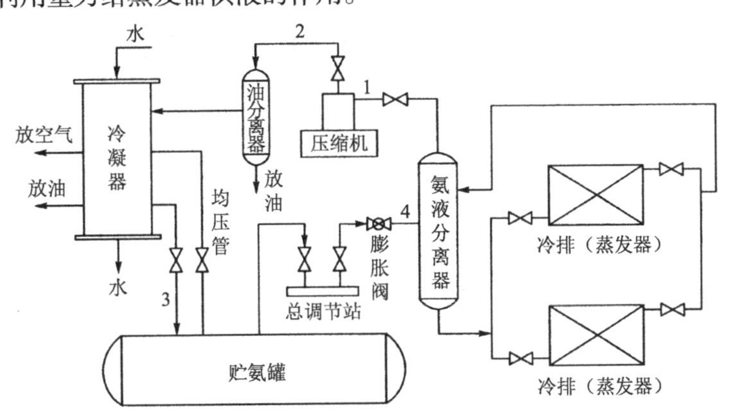

图 14-2　单级氨压缩制冷系统

1～4. 同图 14-1 中 1～4

（二）双级蒸汽压缩式制冷

单级蒸汽压缩式制冷系统的蒸发温度一般只能达到−40～−20℃，如果想获得更低的蒸发温度，单级蒸汽压缩式制冷系统就无能为力了，其主要原因是活塞式压缩机的压缩比（压缩机排汽压力与吸汽压力之比）不能过大。制冷循环若以压缩机和膨胀阀为界，可粗略地分成高压高温和低压低温两个区，如果忽略设备、管道和管件阻力，高压区压力等于排汽压力，低压区压力等于吸汽压力，所以压缩比也等于冷凝压力与蒸发压力之比。由于制冷机的冷凝压力取决于冷凝温度，而冷凝温度又取决于环境介质的温度，由于环境介质的温度变化范围有限，因此冷凝压力变化不大。当冷凝压力一定时，随着蒸发温度的降低，蒸发压力也相应地随之降低，因而使压缩比明显上升，压缩比过大会产生以下问题。

1）压缩机的输汽系数大为降低，实际压缩过程与理论等熵压缩过程的偏离程度增大，制冷系数下降。当压缩比达到 20 时，输汽系数接近于 0，也就是说压缩机已吸不进汽体。

2）压缩机的排汽温度很高，润滑油变稀，使润滑条件变坏，甚至会引起润滑油的碳化而出现拉缸、阀片上结碳等现象，油温的升高还会使更多油蒸汽进入制冷系统，附着在热交换器的内表面，油热阻比较大，从而使换热器的传热性能降低。

3）液体制冷剂节流时的损失增加，单位工质制冷量大为降低。

因此，单级蒸汽压缩式制冷机所能达到的蒸发温度是有限的，一般来说，单级氨制冷压缩机最大压缩比不超过 8。为了要获得比较低的蒸发温度，又要使压缩机的压缩比控制在一个合适的范围内，就需要采用两级压缩制冷循环，甚至多级压缩制冷循环。采用两级压缩制冷循环一般可获得−70～−40℃的蒸发温度。

图 14-3 为双级压缩制冷循环图，所谓双级压缩，实质上就是对来自蒸发器的饱和蒸汽进行两次压缩，双级压缩可以采用两台压缩机完成，也可以用一台压缩机组成双级系统来完成。采用两级压缩将会使高压级排汽温度太高，所以在两级压缩之间设置了中间冷却器以对低压级排汽进行冷却。同时采用两级节流。

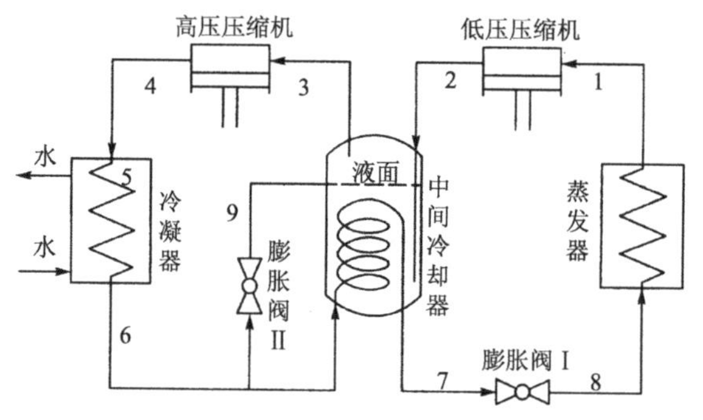

图 14-3　双级压缩制冷循环图

1～9. 同图 14-4 中的 1～9

双级压缩氨制冷系统通常采用中间完全冷却的方式，即低压级排出的过热蒸汽，被冷却成中间压力时的饱和蒸汽。下面结合压-焓图和温-熵图（图 14-4）介绍双级压缩制冷循环系统（图 14-3）的工作过程。

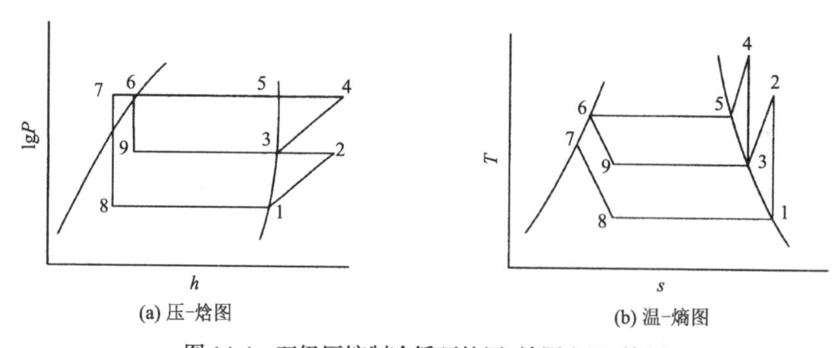

(a) 压-焓图　　(b) 温-熵图

图 14-4　双级压缩制冷循环的压-焓图和温-熵图

1-2：来自蒸发器的氨蒸汽被一级（低压级）压缩机吸入，压缩成较高温度和中间压力的过热蒸汽；此过程理论上认为是绝热的，熵不变[图 14-4（b）]。

2-3：低压压缩机排汽进入中间冷却器液面以下，由于液体制冷剂的汽化吸热而被冷却到与中间压力相对应的饱和温度，成为饱和蒸汽 3；此时部分饱和蒸汽 3 会冷凝为不饱和液体 9，不饱和液体 9 会汽化成饱和蒸汽 3，二者在中间压力下处于一种平衡状态；此过程压强不变，温度下降[图 14-4（b）]。

3-4：从中间冷却后出来的饱和蒸汽 3 进入 2 级（高压级）压缩机，被压缩成高温高压的过热蒸汽[图 14-4（a）]。此过程熵不变。

4-5-6：从 2 级（高压级）压缩机压缩后排出的高温高压蒸汽进入冷凝器冷却为干饱和蒸汽 5，再由 5 冷凝为饱和液体 6。

6-9：从冷凝器出来的饱和液体 6 分为两路，一路是 6-9，另一路是 6-7。其中，6-9 这一支路是经过膨胀阀（或节流阀）节流，节流到中间压力，进入到中间冷却器中，给中间冷却器供液，并维持一定液位。此过程焓不变[图 14-4（a）]。

9-3：在中间冷却器中，一级节流以后的液体蒸发汽化，冷却低压级压缩机的排汽和盘管内的高压液体。

6-7：从冷凝器出来的高压饱和液体 6 从这一支路进入中间冷却器中的螺旋形盘管，通过间接换热被冷却成过冷液体 7。

7-8：过冷液体 7 经过膨胀阀（或节流阀）进行二级节流，节流到蒸发压力，变成低温低压的不饱和液体 8，进入蒸发器中。此过程焓不变[图 14-4（a）]。

8-1：二级节流后的不饱和液体 8 在蒸发器中吸热蒸发，变成干饱和蒸汽 1。此过程压强 P 和温度 T 不变[图 14-4（a）]。接着进入下一轮循环。

三、制冷系统的主要设备

制冷系统是由许多设备组成的，包括压缩机、冷凝器、膨胀阀和蒸发器等主要而必需的设备，还包括油分离器、贮液器、排液桶、气液分离器、空气分离器、中间冷却器、凉水装置等附属设备，这些附属设备都是为了提高制冷效率、保证制冷机安全和稳定设置的，见图 14-2。

（一）压缩机

压缩机是制冷装置中的核心设备。根据压缩部件的形式及运转方式的不同，蒸汽压缩式制冷压缩机分为活塞式、螺杆式、转子式和涡旋式等，食品工业中应用较多的为活塞式和螺杆式。

1. 活塞式压缩机

（1）活塞式压缩机的分类　按压缩机气缸分布形式可分为直立式、V 型、W 型、S 型（扇形）压缩机等；按气缸数分类，有单缸、双缸和多缸压缩机；按压缩部分与驱动电动机组合形式可分为全封闭式、半封闭式和开启式压缩机；按压缩级数又可分为单机单级和单机双级压缩机；按制冷量可分为小型（制冷量小于 2.09×10^5kJ/h）、中型（制冷量为 2.09×10^5～1.67×10^6kJ/h）和大型压缩机（制冷量大于 1.67×10^6kJ/h）。

（2）活塞式压缩机的结构　活塞式压缩机如图 14-5 所示，其零部件可以分为以下几部分。

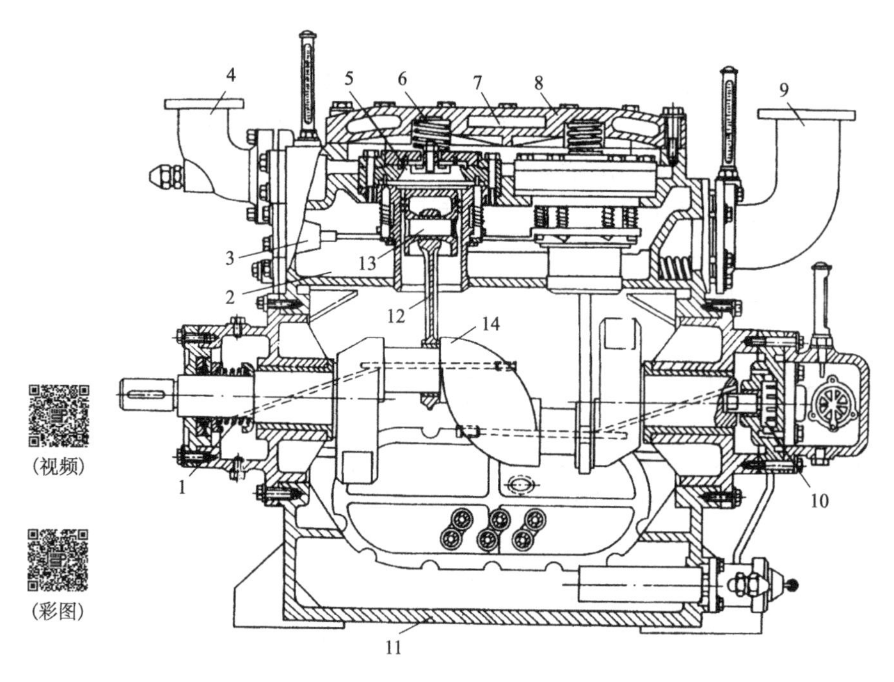

图 14-5　8AS12.5 型活塞式压缩机剖面图

1. 轴封；2. 进气腔；3. 油压推杆机构；4. 排气管；5. 气缸套及进排气阀组合件；6. 缓冲弹簧；7. 水套；8. 气缸盖；9. 进气管；10. 油泵；11. 曲轴箱；12. 连杆；13. 活塞；14. 曲轴

1）机体：压缩机的机身用来安装和支承其他零部件及容纳润滑油，通常为整体铸造。

2）传动机构：包括曲轴、连杆和活塞等部件，如图 14-6 所示。曲轴前后的两个主轴承分别压配在轴承座上，作为轴承的两个支承点支撑着曲轴。曲轴的轴颈与连杆大头连接，连杆小头通过活塞销与活塞连接。当曲轴在皮带轮或电动机的直接驱动下旋转时，活塞将通过连杆的传递作用在气缸（或气缸套）内做往复运动（图 14-6 中仅以一只活塞为代表）。

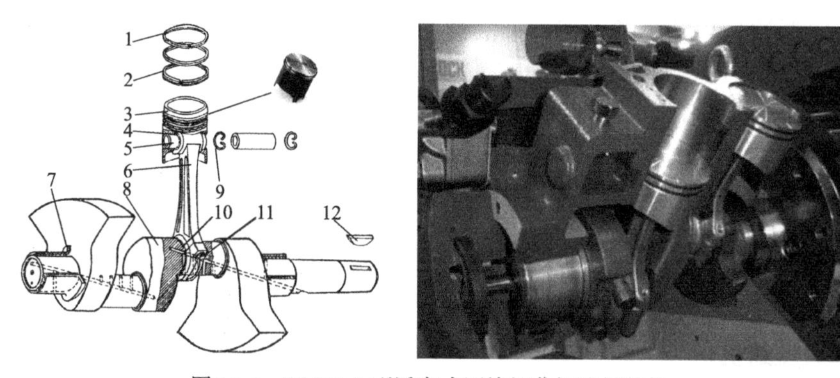

图 14-6　8AS12.5 型活塞式压缩机曲柄连杆机构

1. 气环；2. 油环；3. 活塞；4. 连杆小头铜套；5. 活塞销；6. 连杆；7. 主轴承；8. 曲轴；9. 活塞销挡圈；10. 连杆大头轴瓦；11. 连杆螺栓；12. 键

为了防止活塞在压气过程中的高压气体向曲轴箱泄漏，活塞上装有几道活塞环（或称气环），活塞环外圆面依靠其本身弹力和气体压力紧贴在气缸壁上。随着活塞的往复运动，活塞环的一个端面与环槽端面相贴，当几道环连在一起时，造成了层层阻挡的曲折途径，从而达到了气密要求。因其气密，气环也有一定的泵油作用。活塞环上还装有一道油环（在最后一道活塞环的下面)，用来收刮气缸壁上的润滑油，使其重新回流到曲轴箱中，以免气缸排出的气体中含油量过高。油环的刮油作用是依靠环的结构及其与环槽的配合来实现的。气环的泵油过程和油环的刮油过程如图 14-7 和图 14-8 所示。

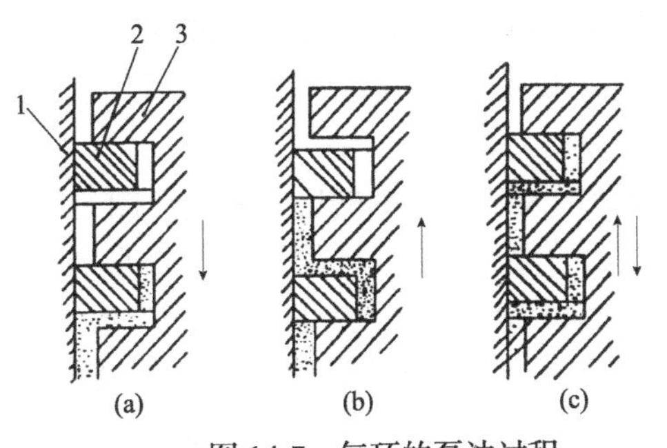

图 14-7　气环的泵油过程

1. 汽缸；2. 气环；3. 活塞；箭头表示活塞行进方向

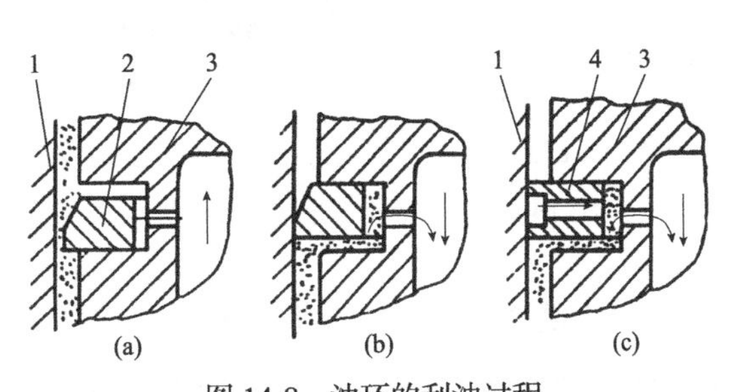

图 14-8　油环的刮油过程

1. 汽缸；2. 斜面式油环；3. 活塞；4. 槽式油环

3）配气机构：它是保证压缩机实现吸气、压缩、排气过程的配气部件，它包括吸、排气阀片，阀板和气阀弹簧等。

压缩机的配气机构随压缩机的形式和大小有较大区别，目前使用的比较典型的形式有以下两种：第一种是月牙形和舌形阀片阀板组，这种形式的配气机构主要应用在小型封闭式制冷压缩机中；第二种是环形阀片阀板组，如图 14-9 所示，这种形式的配气机构主要用在大中型制冷压缩机中（如 8AS12.5 型压缩机）。

环形排气阀片、限止器、弹簧等通过螺栓连接并组合在一起。吸气阀片和弹簧安放在阀板和吸气阀片限止器之间，限止器用过盈配合压在气缸口周围，它既是限止器，又是吸气阀片的弹簧座。吸排气组合式气阀和气缸套如图 14-10 所示。

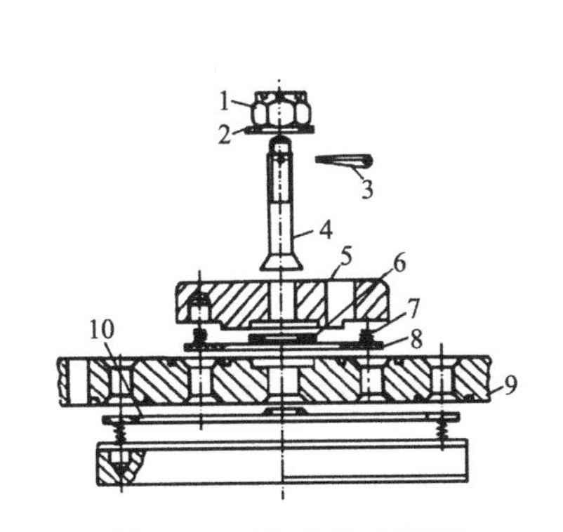

图 14-9　环形阀片阀板组

1. 螺母；2. 垫圈；3. 开口销；4. 螺栓；5. 限止器；6. 排气阀片限位器；7. 弹簧；8. 排气阀片；9. 阀板；10. 吸气阀片

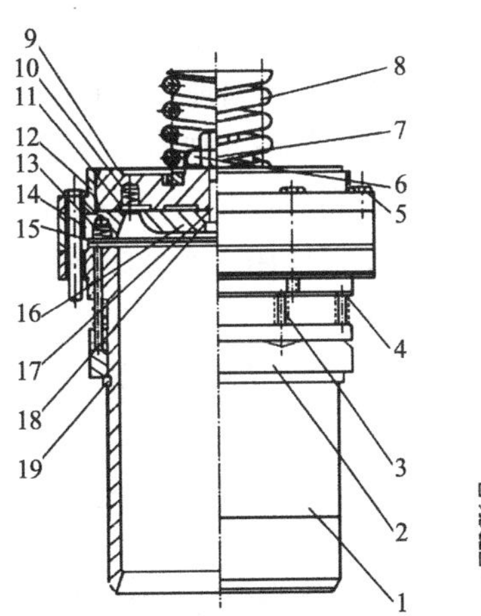

(彩图)

图 14-10　组合式气阀和气缸套

1. 气缸套；2. 转动环；3. 顶杆；4. 顶杆弹簧；5. 内六角螺栓；6. 套圈；7. 六角螺母；8. 假盖弹簧；9. 假盖；10. 排气阀片弹簧；11. 环形排气阀片；12. 导向环；13. 吸气阀片弹簧；14. 排气阀外阀座；15. 环形吸气阀片；16. 排气阀内阀座；17. 螺栓；18. 垫片；19. 垫圈

环形阀片的工作条件优于月牙形和舌形阀片，只要不发生严重液击现象，使用寿命就比较长。

4）润滑油系统：它是对压缩机各传动摩擦耦合件进行润滑的输油系统，包括油泵、油

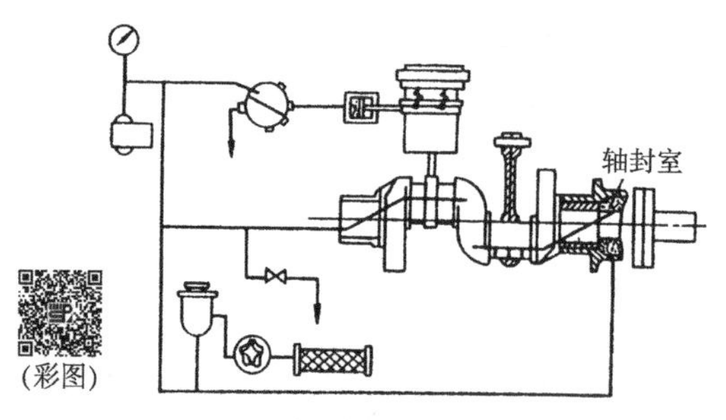

图 14-11　齿轮油泵压力润滑系统

过滤器和油压调节部件等，如图 14-11 所示。

用油泵供油润滑的制冷压缩机，其曲轴内部钻有油道，连杆内部也有油孔，润滑油借助油泵的供油压力经油道或油孔向主轴承、轴颈和活塞销等各个摩擦部件供应润滑油。

润滑油泵装在曲轴的后轴承端（图 14-6 所示曲轴的左端），油泵的转轴嵌在曲轴槽中，当曲轴转动时，油泵也随之旋转、供油。

5）卸载装置：它是对压缩机气体进行卸载、调节冷量、便于启动的传动机构，包括卸载油缸、油活塞、推杆、顶针和转环等零件。

6）轴封装置：在开启式压缩机中，轴封装置用来密封曲轴穿出机体处的间隙，防止泄漏，包括托板、弹簧、橡胶圈和石墨环等。

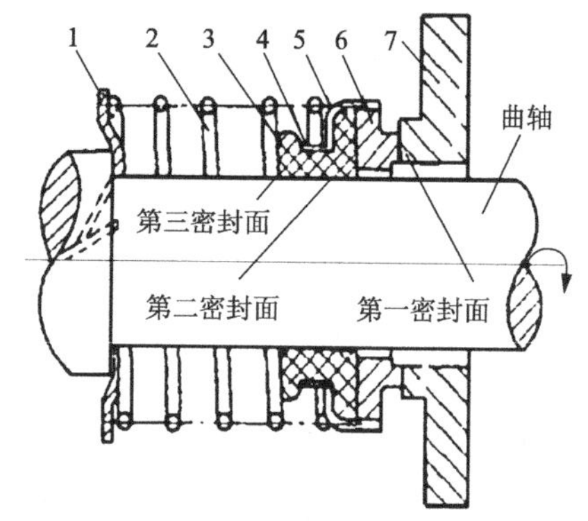

图 14-12　弹簧式轴封装置

1. 托板；2. 轴封弹簧；3. 轴封橡胶圈；4. 紧圈；5. 钢壳；6. 石墨环；7. 轴封外盖压板

图 14-12 是目前广泛使用的弹簧式轴封装置结构图，由图 14-12 可知，该装置由托板、轴封弹簧、紧套在轴上的轴封橡胶圈、石墨环及轴封外盖压板等零部件组成。整个轴封装置安装在伸出机体的曲轴段，轴封外盖压板用螺栓紧固在机体上，使弹簧处在被压缩状态。轴封装置有三个密封面，保证了曲轴与机体之间的密封。第一密封面是石墨环与轴封外盖压板之间的密封面，由于石墨环随曲轴一起旋转，因此它是一个动密封面；第二密封面是石墨环与橡胶圈端面之间靠弹簧紧压的密封面，它是一种径向静密封面；第三密封面是橡胶圈和曲轴之间的密封面，它是一种轴向静密封面。如果这三个径向和轴向密封面都能保持密封状态，则曲封装置就不会产生泄漏。

弹簧式轴封装置的易损部件是石墨环和橡胶圈，当石墨环被磨损或橡胶圈老化、发胀时，均可能危及轴封装置的密封作用，产生泄漏现象，到时必须拆下检修。

2. 螺杆式制冷压缩机

（1）螺杆式制冷压缩机的结构　螺杆式制冷压缩机的结构如图 14-13 所示。

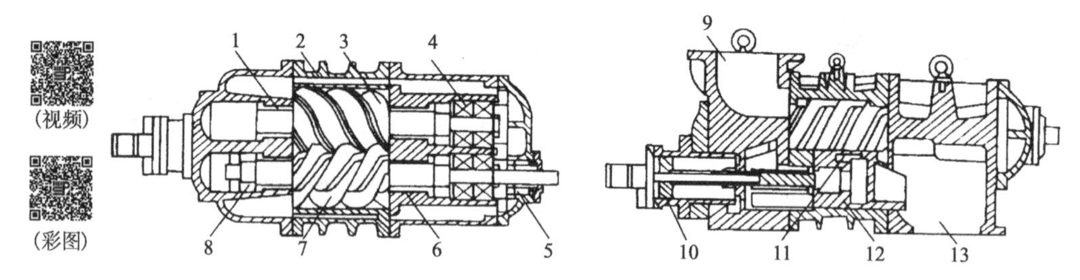

图 14-13　双螺杆制冷压缩机

1、6. 滑动轴承；2. 机体；3. 阴转子；4. 推力轴承；5. 轴封；7. 阳转子；8. 平衡活塞；9. 吸气孔；10. 能量调节用卸载活塞；11. 喷油孔；12. 卸载滑阀；13. 排气口

螺杆式制冷压缩机的气缸呈“∞”字形，在气缸内配置有一对按一定传动比相互啮合、

反向旋转的螺旋形齿的转子，其齿面凸起的转子称为阳转子，齿面凹进的转子称为阴转子。若与活塞式压缩机相比，其转子的齿就相当于活塞，齿槽、机体内壁面和端盖等共同构成的工作容积就相当于气缸。在机体的两端分别设有一定形状和大小的吸、排气口，呈对角线布置。此外，还有平衡活塞、调节滑阀、轴承和轴封等。主动轴可以是阳转子，也可以是阴转子。目前，一般的螺杆式压缩机都以阳转子为主动转子，以阴转子为从动转子，这时称为阳驱动，阳转子与阴转子的齿数比多为 4∶6。

由于螺杆有较好的刚性和强度，吸、排气口又无阀门，故一旦液体制冷剂通过时，不会产生“液击”。一般螺杆式制冷压缩机均采用压力喷油润滑，因此运动部件能得到良好的润滑、冷却，同时压缩机的排气温度较低。由于螺杆式制冷压缩机没有吸、排气阀，也没有像活塞式压缩机那样的余隙容积，强度又较大，故能适应高压缩比的要求。

（2）螺杆式制冷压缩机的工作原理　螺杆式制冷压缩机的主要运动部件是装于机体内的相互啮合的一对转子。转子的齿槽与机体内圆柱面及端壁面之间的空间容积，构成了压缩机的工作容积，称为基元容积。阳转子的齿周期性地侵入阴转子的齿槽，并且随着转子的旋转，空间接触线不断地向排气端推移，致使转子的基元容积逐渐缩小，基元容积内气体的压力不断提高，达到压缩气体的目的。它的整个工作过程可分为吸气、压缩、排气三个阶段，如图 14-14 所示。

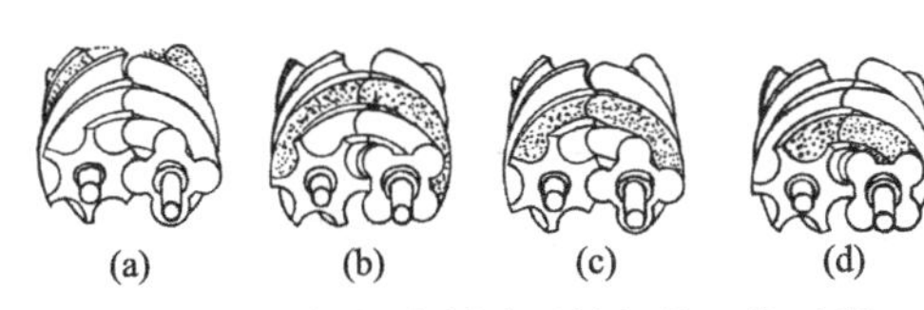

图 14-14　螺杆式制冷压缩机的工作过程

（a）吸气过程；（b）吸气过程结束，压缩过程开始；（c）压缩过程结束，排气过程开始；（d）排气过程

1）吸气过程：初时气体经吸气孔口分别进入阴、阳螺杆的齿间容积，随着转子的回转，这两个齿间容积各自不断扩大，当这两个容积达到最大值时，齿间容积与吸气孔口断开，吸气过程结束。

2）压缩过程：转子继续回转，阴、阳转子齿间容积连通（连通后的齿间容积称为齿间容积对），呈“V”字形的齿间容积对，因齿的相互侵入，其容积值逐渐缩小，从而实现了气体的压缩过程，直到该齿间容积对与排气孔口相连通为止。

3）排气过程：在齿间容积对与排气孔口连通后，排气过程即开始。由于转子回转时容积的不断缩小，将压缩后具有一定压力的气体送至排气管，此过程一直延续到该容积达到最小值时为止。

（二）冷凝器

冷凝器的作用是将制冷压缩机排出的高温高压的制冷剂气体冷凝成中温高压的液体，冷却介质一般是水或者空气，所以对应于不同的冷却介质，冷凝器可分为水冷式冷凝器和风冷式冷凝器。大中型制冷系统一般用水冷式冷凝器，小型制冷装置一般用风冷式冷凝器。

在食品工业上，常用的水冷式冷凝器是壳管式冷凝器和淋水式冷凝器。壳管式冷凝器又包括立式壳管冷凝器和卧式壳管冷凝器两种。

1. 壳管式冷凝器

（1）立式壳管冷凝器　立式壳管冷凝器的结构如图 14-15 所示，筒体为立式结构，其上下两端各焊一块管板，两管板之间焊接或胀接有许多根小口径无缝钢管结构的换热管，冷却水从冷凝器上部送入管内吸热后从冷凝器下部排出。冷凝器的顶端装有配水箱，它能使冷却水均匀地分配到各个管口，每根管子的管口上装有一个带有斜槽的分水器，如图 14-16 所示。冷却水通过分水器上的斜槽沿管内壁面以螺旋线状向下流动，这样可以增加冷却水和管内壁面之间的换热系数，从而提高冷凝器的冷却效果。在冷凝器的外壳上设有进气、出液、放空气、均压、放油和安全阀等管路接头，与相应的管路和元件相连接。

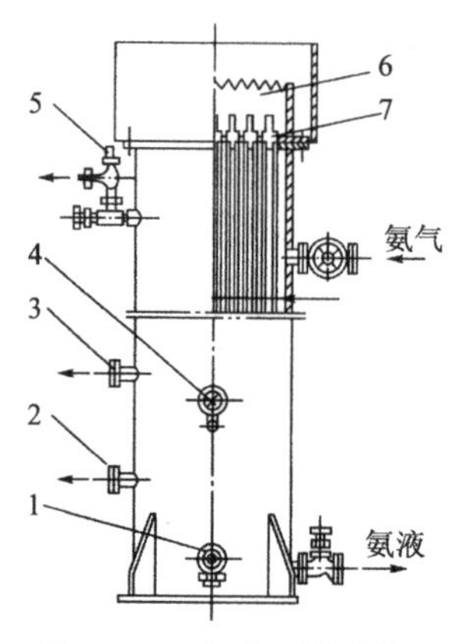

图 14-15　立式壳管冷凝器

1. 放油；2. 混合气；3. 均压管；4. 压力表；5. 安全阀；6. 配水箱；7. 分水器

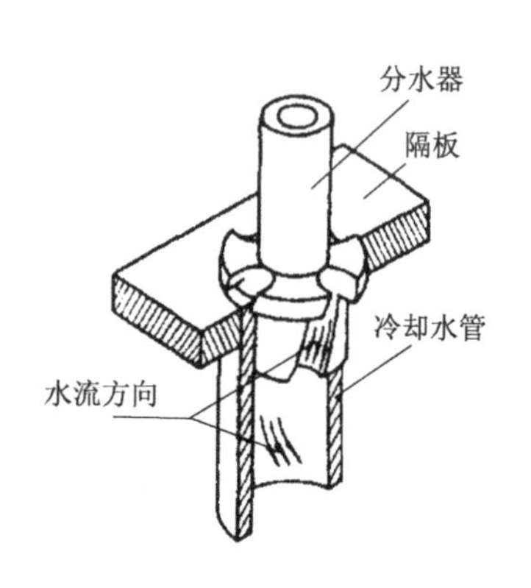

图 14-16　分水器结构图

制冷剂蒸汽从上面的进气管进入冷凝器的壳体内，在换热管表面凝结成液体。冷凝后的液体制冷剂沿着管壁外表面下流，积于冷凝器底部，从出液管流出。这种冷凝器的冷却水流量大、流速高，制冷剂蒸汽与凝结在换热管上的液体制冷剂流向垂直，能够有效地冲刷钢管外表面，不会在管外表面形成较厚的液膜，传热效率高，且占地面积小，可安装在室外；冷却水自上而下直通流动，便于清除铁锈和污垢，对使用的冷却水质要求不高，清洗时不必停止制冷系统的运行。但冷却水用量大，体型较笨重。目前大中型氨制冷系统大多采用这种冷凝器。这种冷凝器传热管的高度为 4～5m，冷却水温升为 2～4℃。

（2）卧式壳管冷凝器　卧式壳管冷凝器的外形结构如图 14-17 所示，结构和工作原理与立式壳管冷凝器类似。端盖顶部的放气阀 1 用于供水时排出其内的空气。放空气管 2 用于排出冷凝器壳程内不凝性气体（空气），连接至空气分离器进一步分离排出。下部的放水阀用于冷凝器在冬季停止使用时积水的放出，以防冷却水管冻裂。

2. 淋水式冷凝器　利用水和空气作为冷却介质，水以喷淋方式进行冷却，空气在风机作用下强制流动，流动有助于水在冷却管表面汽化，并将汽化后的蒸汽带走，在冷凝外壁形成一种伴有相变的对流换热机制，从而使管内氨气释放热量得以冷凝。其结构如图 14-18 所示。

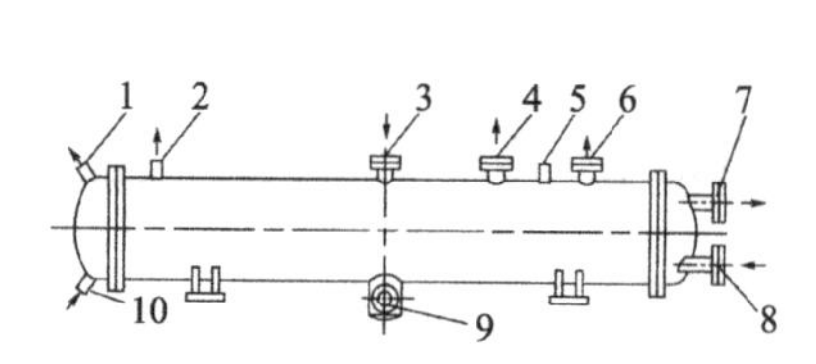

图 14-17　卧式壳管冷凝器

1. 放空阀；2. 放空气管；3. 氨气进口；4. 均压管；5. 压力表；6. 安全阀；7. 水出口；8. 水进口；9. 氨液出口；10. 放水阀

1
2
3
4
制冷剂气体
制冷剂液体
干空气
5
6

（视频）

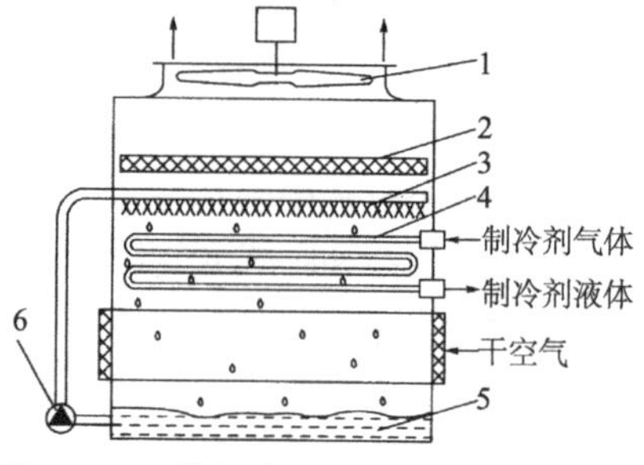

图 14-18　淋水式冷凝器结构图

1. 风机；2. 挡水板；3. 喷淋装置；4. 冷凝盘管；5. 接水槽；6. 水泵

（三）膨胀阀

手动膨胀阀是一种针阀，如图 14-19 所示。根据蒸发器热负荷的变化，手动旋转阀杆使阀芯向上或向下移动从而调整手动膨胀阀的开度，可使其缓慢地增大或减小。如果蒸发器出口处制冷剂蒸汽的过热度过高，需要调大阀口，使较多的制冷剂液体进入蒸发器，从而降低蒸发器出口处制冷剂蒸汽的过热度；反之亦然。膨胀阀的阀芯形状如图 14-20 所示。

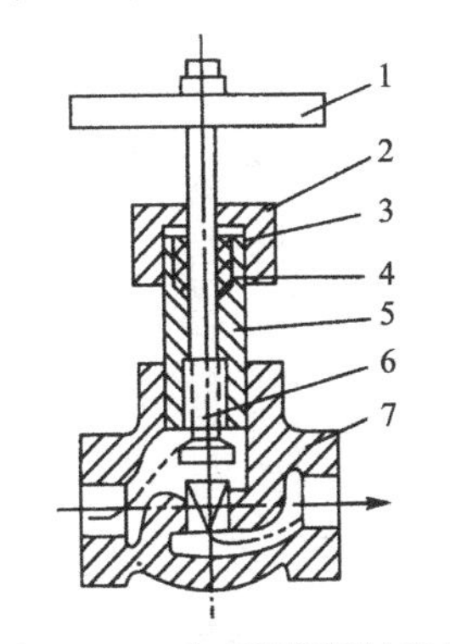

图 14-19　手动膨胀阀结构图

1. 手轮；2. 螺母；3、5. 填料函；4. 填料；6. 钢阀杆；7. 外壳

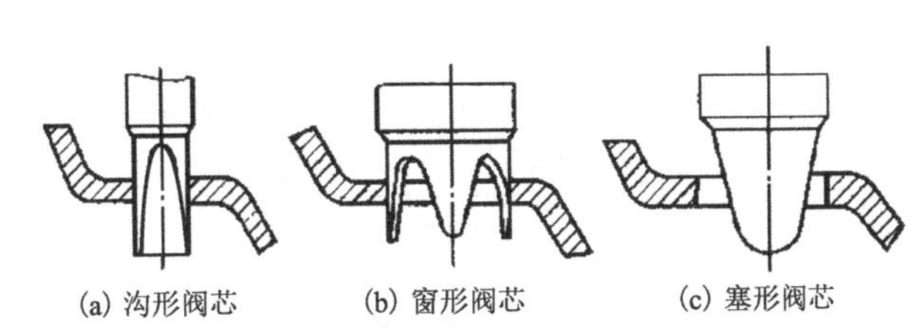

图 14-20　膨胀阀的阀芯形状

（四）蒸发器

蒸发器是制冷系统中的热交换部件之一，节流后的低温低压液体制冷剂在蒸发器管路内蒸发吸热，达到制冷降温的目的。按被冷却介质类型，蒸发器可分为冷却空气蒸发器（如盘管式蒸发器、冷风机）和冷却液体蒸发器（如立管式蒸发器）两大类。

1. 冷却空气蒸发器

（1）盘管式蒸发器　　如图 14-21 所示，多采用无缝钢管制成，横卧蒸发盘管或翅片盘管通过 U 形管卡固定在竖立的角钢支架上，气流通过自然对流进行降温。其结构简单，制作容易，充氨量小，但排管内的制冷气体需要经过冷却排管的全部长度后才能排出，而且空气流量小，制冷效率低。盘管式蒸发器常在冷库用作顶排或墙排。

（2）冷风机　　冷风机属于强制对流蒸发器，常用于冷库或速冻场所，图 14-22 所示为一种用于冷库的冷风机的外形，空气在风机的作用下流过冷风机内的翅片蒸发排管，主要通过强制对流方式传热。

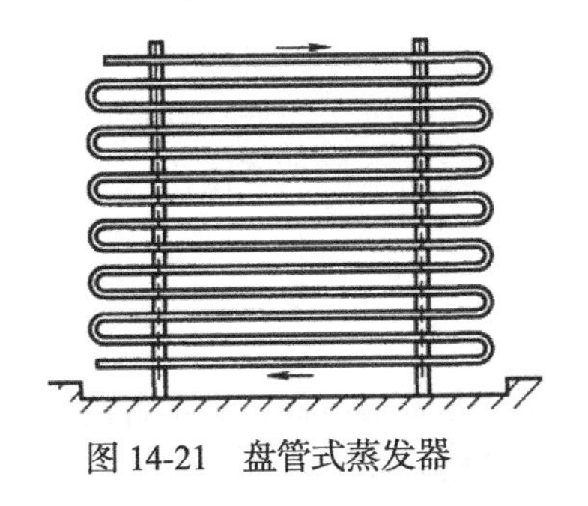

图 14-21　盘管式蒸发器

图 14-22　冷风机

2. 冷却液体蒸发器　　常见的是立管式蒸发器，其结构如图 14-23 所示，主要用于氨制

冷系统，一般用无缝钢管制造。氨液从上总管穿过中间一根直立粗管直接进入下总管，均匀地分布到每根蒸发立管，如图 14-24 所示。各立管中液面高度相同，汽化后的氨蒸汽上升到上总管，经氨液分离器，气体制冷剂被制冷压缩机吸回。这种立管式蒸发器中的制冷剂汽化后，气体易于排出，从而保证了蒸发器的传热效果，减少了过热区。但是，当蒸发器较高时，因液柱的静压力作用，下部制冷剂压力较大，蒸发温度高，制冷温度较低时的制冷效果较差。

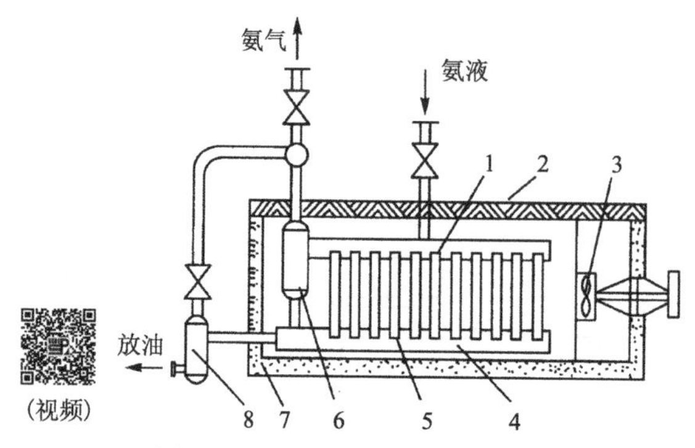

图 14-23　立管式蒸发器结构图

1. 上总管；2. 木板盖；3. 搅拌器；4. 下总管；5. 直立短管；6. 氨液分离器；7. 软木；8. 集油器

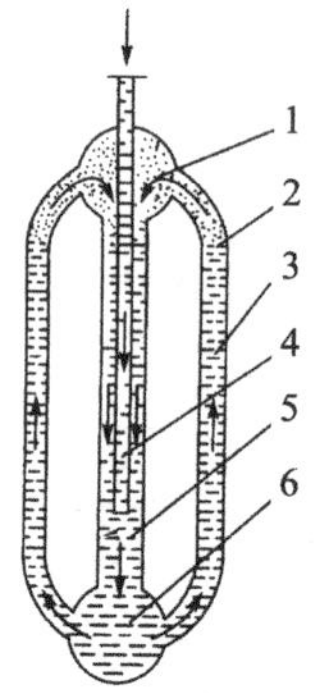

图 14-24　立管式制冷剂循环流动示意图

1. 上总管；2. 液面；3. 立管；4. 导液管；5. 直立粗管；6. 下总管

立管式蒸发器常用于冷却水或者盐水等载冷剂。其缺点是用盐水作载冷剂时，系统易被腐蚀。

四、制冷系统的附属设备

制冷系统除四大主件（压缩机、冷凝器、膨胀阀、蒸发器）外，还必须有其他的附属设备，常用的几种简介如下。

（一）油分离器

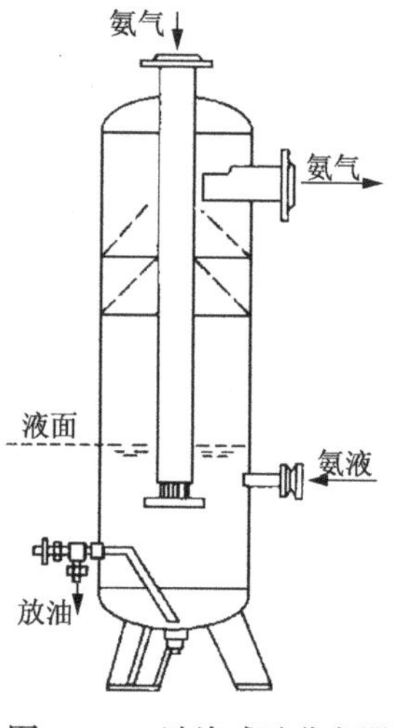

图 14-25　洗涤式油分离器

油分离器也称为分油器，它的作用是分离压缩后制冷剂气体中所带出的润滑油，保证油不进入冷凝器，如果油进入，会在管道内壁形成一层油膜，从而导致传热系数大大降低。油分离器有多种形式。图 14-25 所示为洗涤式油分离器，用于氨制冷系统。它由钢制圆柱壳体、上下封头、放油口和氨液进口、伞形挡板等构成，进气管道通到液面以下。工作时，筒内必须保持一定高度的氨液，自压缩机来的带油的混合气体进入分离器中，由氨液进行洗涤降温，油滴被分离出来，因其相对密度比氨液大，逐渐降沉于筒底；筒内的氨液在洗涤时与氨油混合气体产生热交换而被汽化，随同被洗涤的氨气经伞形挡板由出气口排出。这种油分离器的分离率为 80%～85%。

（二）贮液器

贮液器的作用是贮存和调节供给制冷系统内各部分的液体制冷剂，满足各设备的供液安全运行。贮液器可分为高压贮液器、低压贮液器、排液桶和循环贮液桶。

各种贮液器的结构大致相同，见图 14-2 中“贮氨罐”，都是用钢板焊成的圆柱形容器，筒体上装有进液、出液、放空气、放油、平衡管及压力表等管接头；但各种贮液器的作用不同。例如，高压贮液器设在冷凝器之后，与冷凝器排液管直接连通，使冷凝器内的制冷剂液体能通畅地流入高压贮液器，这样可充分利用冷凝器的冷却面积，提高其传热效果。

（三）气液分离器

其结构简图见图 14-2 中“氨液分离器”。气液分离器的作用，一方面是分离来自蒸发器的氨液，防止氨液进入压缩机产生湿冲程而损坏压缩机；另一方面是分离节流后的低压氨液中所带的无效蒸汽，以提高蒸发器的传热效果，还能起到重力供液及调剂分配氨液的作用。

（四）空气分离器

制冷循环系统虽是密封的，但在首次加氨前，不可能将整个系统抽成绝对真空。补充润滑油与制冷剂时，也有空气进入系统。润滑油与制冷剂在很高的排气温度下，也会分解产生不凝性气体。工作时低压管路压力过低，系统不够严密，也会渗入空气。以上情况往往在冷凝器与高压贮液器等设备内聚集有气体，从而降低冷凝器的传热系数，引起冷凝温度升高，增加压缩机的功耗。空气分离器是用来分离排出系统中的不凝性气体，保证制冷系统的正常运行。

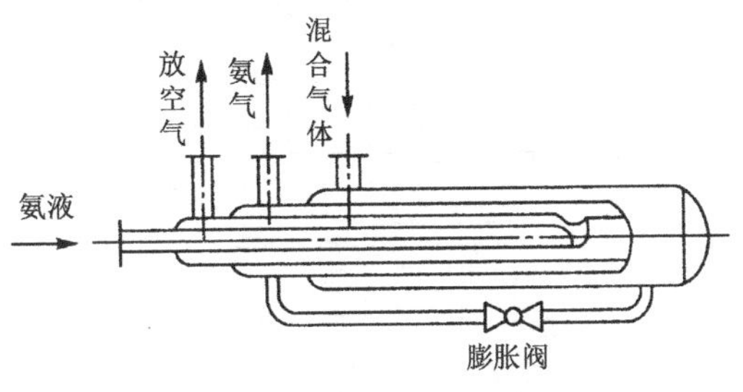

图 14-26　四重管式空气分离器

空气分离器的形式很多，图 14-26 所示为四重管式空气分离器，它由 4 个同心套管焊接而成，从内向外数，第一管与第三管、第二管与第四管分别接通，第四管与第一管间接接通，其上装有膨胀阀。工作时来自膨胀阀的氨液，进入第一、三管蒸发吸热而汽化，氨气由第三管上的出口被压缩机吸走。来自冷凝器与高压贮液器的混合气体，进入第二、四管，其中氨气因受冷凝结为液体由第四管下部经膨胀阀再回收引到第一管中蒸发，分离出来的不凝性气体（主要是空气）由第二管引入存水的容器中放出，从水中气泡的多少和大小可以判断系统中的空气是否已放尽，当系统中的空气接近放尽时，水中无大气泡，当水温升高时，说明有氨气放出，应停止放气操作。

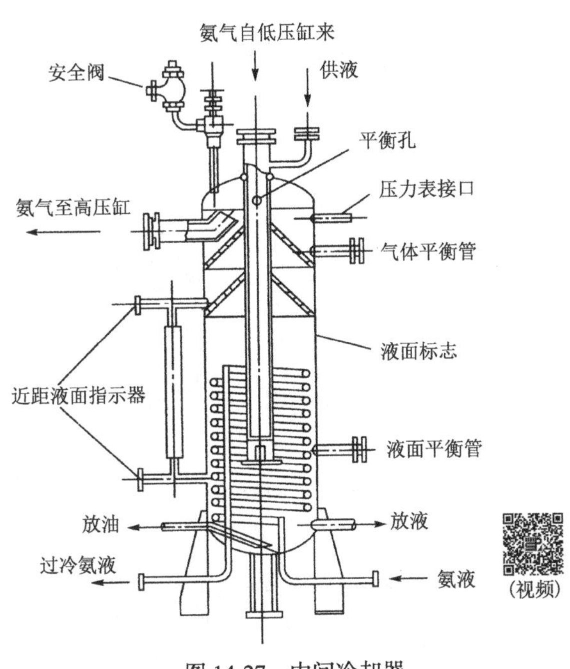

图 14-27　中间冷却器

（五）中间冷却器

中间冷却器装在双级（或多级）压缩制冷系统中，用来冷却低压级压缩机排出的过热气体进行级间冷却，以保证高压级压缩机的正常工作（图 14-27）。在氨制冷系统中，中间冷却器均采用氨液冷却的方法。来自低压级缸的过热蒸气进入中间冷却器内，并伸入氨液液面以下，经氨液的洗涤而迅速被冷却，部分氨气被冷凝为液态；同时，中间冷却器内的氨液由于被过热蒸气加热而部分汽化，汽化的氨气与被洗涤冷却的蒸汽一同上升，遇器内伞形挡板，将其中夹带的润滑油分离出来以后进入高压级压缩机。用于洗涤的氨液从器顶部输入，高压贮液器的氨液从器下部进入蛇管；蛇管浸于低温中，使蛇管内的高压氨液过冷。

（六）凉水装置

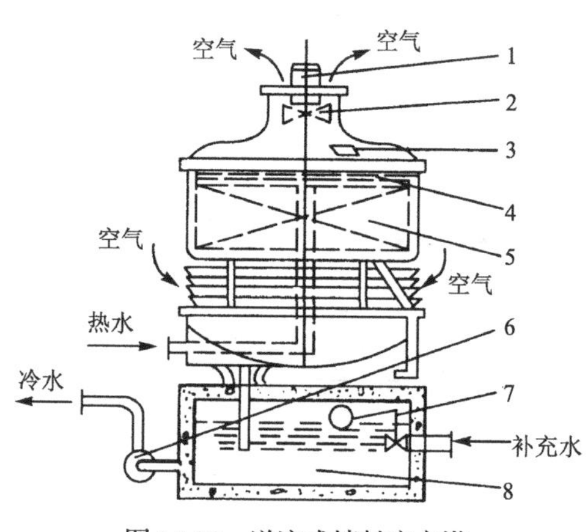

图 14-28　逆流式填料凉水塔

1. 电动机；2. 风扇；3. 视孔；4. 喷水管（旋转布水器）；5. 填料层；6. 水泵；7. 浮球阀；8. 水池

制冷系统中的冷凝器、过冷器及制冷压缩机的气缸等，都需要不断地用大量水冷却，而这些冷却水吸热后温升至 3～4℃，通常是用凉水装置将吸热后的冷却水降温后重复使用。

凉水装置的型式很多，常用的有逆流式填料凉水塔，如图 14-28 所示。它是依靠水-水气对流换热和蒸发冷却原理使水降温的高效冷却装置。为增大水与空气的接触面积，在冷却塔内装满淋水填料层。填料一般是压成一定形状的塑料薄板。水通过布水器淋在填料层上，空气由下部进入冷却塔，在填料层中与水逆向流动，这种冷却塔的结构紧凑，冷却效率高。从理论上讲，冷却塔可以把水冷却到空气的湿球温度，实际上冷却塔的极限出水温度比空气的湿球温度高 3.5～5℃。由于水有比较大的汽化潜热，如把水冷却 5℃，蒸发的水量不到被冷却水量的 1%，但是由于空气夹带水滴和滴漏损失，冷却塔的补充水量为冷却水量的 2%～3%。

五、制冷压缩机的控制

1. 高低压压力控制器　图 14-29 所示为目前应用较普通的 KD 型高低压压力控制器。其工作原理是制冷剂蒸汽通过毛细管将压力作用到波纹管上，使波纹管产生变形；如果低压气体压力高于调定值上限时，波纹管受压缩，通过传动棒芯、传动杆，克服弹簧的压力，将微动开关按钮按下，此时电路接通，压缩机正常运转。如果低压气体压力低于调定值下限时，低压调节弹簧的弹力超过波纹管的压力，使波纹伸长、传动棒抬起，微动开关按钮也随之抬起，电路被断开，压缩机停止运行。高压部分的动作原理与低压部分相同。

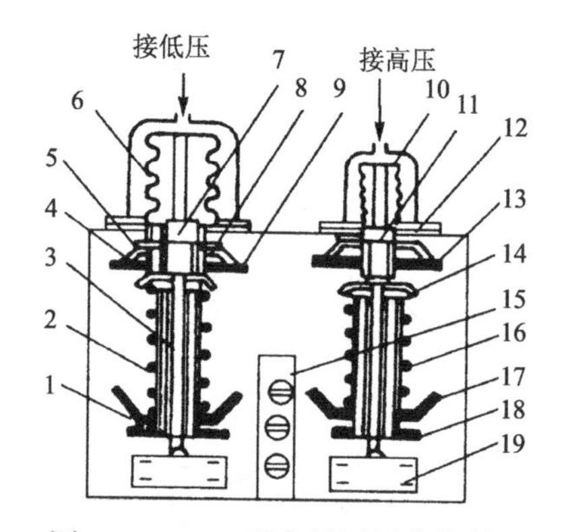

图 14-29　KD 型高低压压力控制器

1. 低压调节盘；2. 低压调节弹簧；3. 传动杆；4. 蝶形弹簧；5. 调整垫片；6. 低压波纹管；7. 传动芯棒；8. 调节螺丝；9. 低压压差调节盘；10. 高压波纹管；11. 传动螺丝；12. 垫圈；13. 高压压差调节盘；14. 弹簧座；15. 接线架；16. 高压调节弹簧；17. 高压调节盘；18. 支架；19. 微动开关

2. 压差控制器　压差控制器是压缩机润滑油系统的保护元件，也称油压压差保护器，当压缩机的润滑油压力不能保持比曲轴箱压力高出某一值时，便能自动切断电动机电源，从而起到保护作用。

图 14-30 是国产 JC3.5 型压差控制器的外形图及电气控制原理图。压差控制器的工作原理是：低压波

纹管与曲轴箱相连，高压波纹管 2 与润滑油泵的出口相连，它们之间的高低压力差由主弹簧来平衡，当压差值大于给定值时，杠杆 15 把开关 K 与 DZ 接通，延时开关 K_{SK} 与 X 相通，电流由 b 点经 K、DZ 回到 a 点，正常信号灯 14 亮；另一路由 b 点经交流接触器 C 的线圈 13、X、K_{SK}、S_X 再回到 a 点，所以交流接触器 C 的常开触点 c 闭合，压缩机电动机的电源接通，压缩机正常运转。当压差值小于给定值时，杠杆 15 处在虚线位置，开关 K 与 YJ 接通，正常信号灯 14 熄灭，电流由 b 点经 K、YJ、加热器 5、D_1、K_{SK}、S_X 再回到 a 点，另一路电流由 b 点经交流接触器 C 的线圈 13、X、K_{SK} 再回到 a 点，此时压缩机仍然继续运转。但当加热器通电发热，加热器双金属片 6 约经过 60s 的加热，使双金属片向右侧弯曲，推动延时开关 K_{SK} 与 S_1 接通，这时交流接触器 C 的线圈 13 的电源被切断，交流接触器 C 的常开触点 c 脱开，压缩机停止运转，事故信号灯亮。在延时开关 K_{SK} 被推向右侧使与 S_1 接通的同时，加热器 5 的电源被切断，停止加热双金属片，由于延时开关 K_{SK} 有自锁装置，使控制器不能自动复位，再次启动压缩机，只有待故障排除后，按动手动复位按钮 7，使 K_{SK} 回到与 X 接通的位置，使交流接触器 C 的线圈 13 通电，才能将压缩机启动。

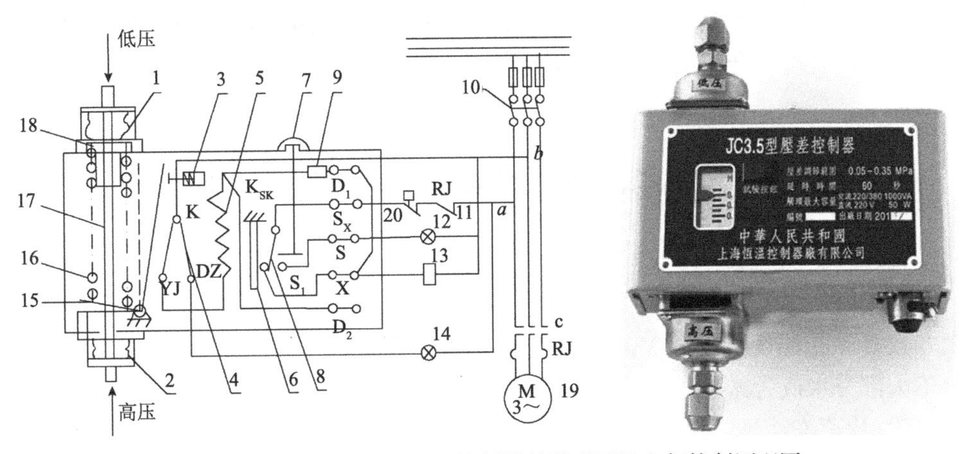

图 14-30　国产 JC3.5 型压差控制器的外形图及电气控制原理图

1. 低压波纹管；2. 高压波纹管；3. 试验按钮；4. 压力差开关；5. 加热器；6. 双金属片；7. 手动复位按钮；8. 延时开关；9. 降压电阻（380V 电源用）；10. 压缩机电源开关；11. 热继电器（RJ）；12. 事故信号灯；13. 交流接触器 C 的线圈；14. 信号灯；15. 杠杆；16. 主弹簧；17. 顶杆；18. 压差调节螺丝；19. 压缩机电动机；20. 高低压控制器

延时机构的作用是保证压缩机能在无油压下正常启动，也就是说允许压缩机从启动后 60s 内润滑油压有一个正常的适应过程，若在 60s 内建立起油压，压缩机正常运转，否则使压缩机停车。

六、制冷系统的操作

制冷系统的操作包括两个方面，一是对主要设备的操作，如制冷压缩机、空气分离器等的操作；二是对整个制冷系统的操作，如正常制冷及系统管道结霜后的热氨除霜等。热氨除霜是一项难度较大、较复杂的操作，操作正确的前提条件是一定要熟悉制冷原理和整个制冷系统，下面对热氨除霜予以介绍。

空气冷却用的蒸发器，当蒸发表面低于 0℃，且空气湿度大时，表面就会结霜。霜层导热性很低，影响传热，当霜层逐步加厚时将堵塞通道，无法进行正常的制冷。

蒸发器除霜的办法很多，对空气冷却用的蒸发器可采用人工扫霜、中止制冷循环除霜、

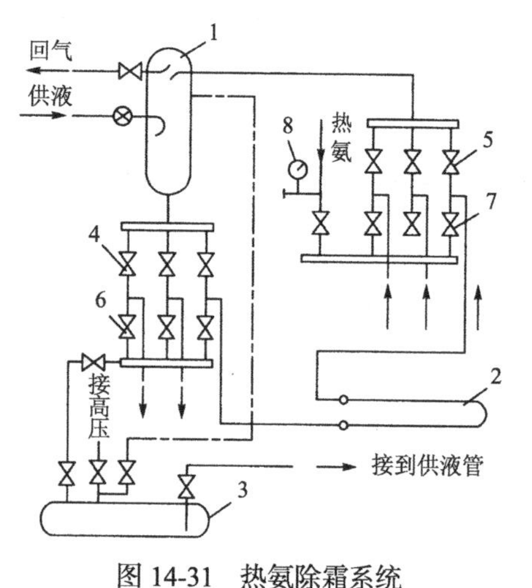

图 14-31　热氨除霜系统

1. 氨液分离器；2. 蒸发器；3. 贮氨罐； 4. 供氨阀；5. 回气阀；6. 排液阀；7. 热氨阀；8. 压力表

水冲霜、电热除霜等办法。对于大型的冷风机等蒸发器，霜冻发生在壳内，冷库的墙排顶排等位置太高，难以采用上述办法，而常选用热氨除霜法。所谓热氨除霜法即将压缩机排出的高压高温气体引入蒸发器内，提高蒸发器内的温度，以达到使冰融化的目的。图 14-31 为重力供氨制冷系统中的热氨除霜系统。

正常工作时，凡有可能使热氨进入系统的阀门均处于关闭状态，如排液阀 6、热氨阀 7。当需要除霜时，原正常供氨的阀门关闭，如供氨阀 4、回气阀 5，开启排液阀 6、热氨阀 7，使热氨气经热氨阀 7 到蒸发器，由于热氨压力高，靠压差将液氨经排液阀 6 流回贮氨罐。

操作时应注意，热氨除霜时，以提高系统温度、脱离冷媒的冰点即可，不可过度通入热氨气，否则压力可能过高，有可能会超出管道允许的承压值，不安全。

第二节　食品速冻设备

一、食品速冻的原理、特点和方法

大多数食品在温度降到−1℃时开始冻结，并在−4～−1℃大部分水成为冰晶，即最大冰晶生成区温度为−4～−1℃，快速冻结要求此阶段的冻结时间尽量缩短，以最快速度排除这部分冰晶生成所产生的热量。因而，快速冻结和缓慢冻结在温度-时间曲线中是明显不同的，如图 14-32 所示。

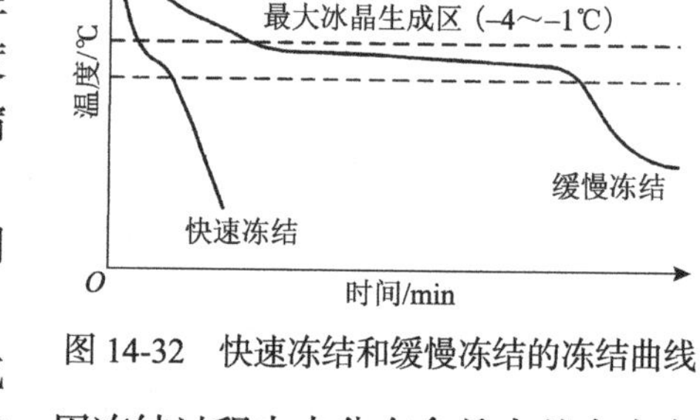

图 14-32　快速冻结和缓慢冻结的冻结曲线

所谓速冻，是指使食品尽快通过其最大冰晶生成区，并使平均温度尽快达到−18℃而迅速冻结的方法。因冻结过程中水分在食品内基本未产生迁移，速冻食品内形成的冰晶细小均匀，不会在细胞间生成过大的冰晶体，细胞内水分析出少，从而减少了解冻时汁液流失。并且短时间内完成整体冻结，避免了冻藏期间的缓慢冻结效应，细胞组织内部浓缩溶质和食品组织、胶体及各种成分相互接触的时间显著缩短，最大程度地降低了浓缩的危害性。食品的速冻已成为食品冻藏的重要技术措施。

二、典型的食品速冻设备

食品速冻方法随食品的形状、大小与性质的不同而不同。一般常用的速冻方法有空气冻结法、接触冻结法、浸渍冻结法等。下面分别介绍各种冻结方法及与之相对应的设备。

（一）空气冻结法速冻设备

空气冻结法是利用冷空气与物料的温度差，以强制或自然对流的方式与食品换热来冻结食品的方法。一般速冻器的冻结温度为-40～-30℃。空气冻结法是目前最广泛运用的一种冻结方法。属于空气冻结法的速冻设备有隧道式连续速冻器、螺旋式冻结装置、流态化冻结装置。

1. 隧道式连续速冻器　图 14-33 所示为隧道式连续速冻器，它是一种空气强制循环的速冻器，生产冷冻蔬菜的能力是 1t/h。隧道式连续速冻器主要由绝热隧道、蒸发器、液压传动、输送轨道、风机 5 部分组成。速冻温度为-35℃，隧道内装有 4 组蒸发器，每组蒸发器配置 6 台鼓风机。

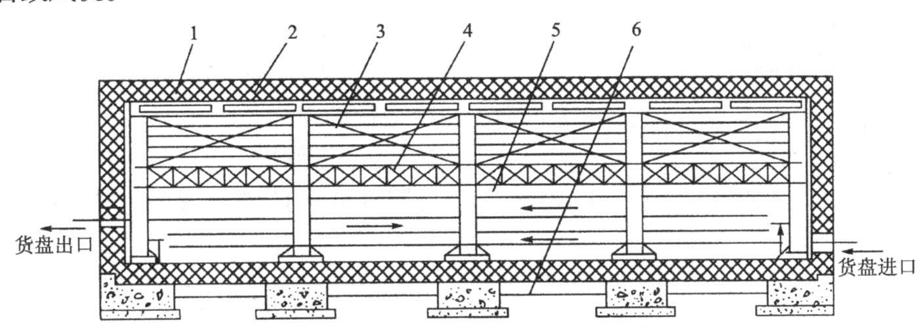

图 14-33　隧道式连续速冻器

1. 绝热层（厚 300mm）；2. 冲霜淋水管；3. 翅片蒸发排管；4. 鼓风机；5. 集水箱；6. 水泥空心板（防冻通风道）

速冻器用绝热材料包裹成一条绝热隧道，其外形尺寸为 14.2m×4m×2.8m。绝热结构墙壁及顶棚的材料用聚苯乙烯泡沫塑料，地坪用软木，绝热层厚度约为 300mm。隧道内有两条轨道，每次同时进盘两只，每次又同时出盘两只。轨道上有板条推进器，推进销子将载货铝盘缓慢推进。铝盘在轨道上往复走三层，完成冻结过程。推进、提升的动作由液压传动系统完成。

隧道式连续速冻器的特点是操作连续，节省冷量，设备紧凑，速冻隧道空间利用较充分，但不能调节空气循环量。

图 14-34 是法国 Samifi Babcock 公司 SBL 隧道式冷冻设备。此设备主要由一个隔离舱组成，内有蒸发螺旋管、风机、两条输送带、控制和安全装置及快速除霜装置。输送带完全密闭在舱室内，其速度可由水力减速齿轮进行调节。输送带和风机的电动机装在舱室的外面。舱室采用在内外两层金属内注入聚氨酯进行隔离，其上开有进出门、小的检查门和观察窗。

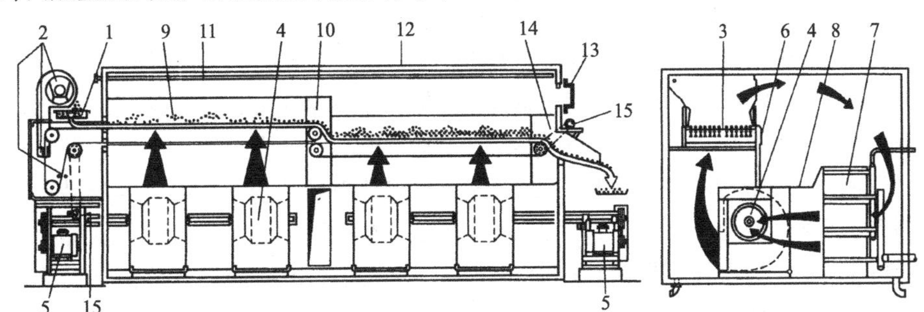

图 14-34　SBL 隧道式冷冻设备的工作原理及主要结构示意图

1. 带不锈钢分配器的料斗（振动频率可调）；2. 自动清洗和烘干输送带的装置；3. 表面有特殊不锈钢孔的输送带；4. 速度可调的离心风机；5. 风机马达；6. 输送带的检查和控制门；7. 不同间距带有平板翅片的蒸发螺旋镀锌钢管；8. 检查平台；9. 产品；10. 两段的转换点；11. 蒸汽除霜管；12. 隔离外壳；13. 冷冻控制窗口（可视）；14. 不锈钢卸料端口；15. 速度可调的带驱动的减速齿轮箱

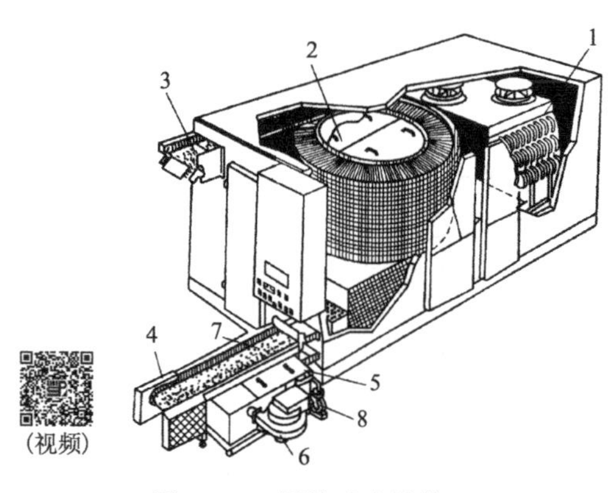

图 14-35　螺旋式冻结装置

1. 空气冷却器；2. 转筒；3. 产品出口；4. 传送链张紧装置；5. 自动清洗装置；6. 干燥器；7. 产品入口；8. 液压泵

2. 螺旋式冻结装置　螺旋式冻结装置如图 14-35 所示，结构如图 14-36 所示，主要由转筒、蒸发器、轴流风机、传送带及附属设备等组成。其主体部分为转筒，传送带由不锈钢扣环组成，按宽度方向成对接合，在纵横方向上都具有挠性。运行时拉伸带子的一端就压缩另一边，从而形成一个围绕着转筒的曲面。借助摩擦力及传动力，传送带随着转筒一起运动，由于传送带上的张力小，故驱动功率不大，传送带的寿命长。传送带的螺旋升角约为 20°，近于水平，食品不会下滑。传送带缠绕的圈数和速度决定了设备的产量和冻结时间。

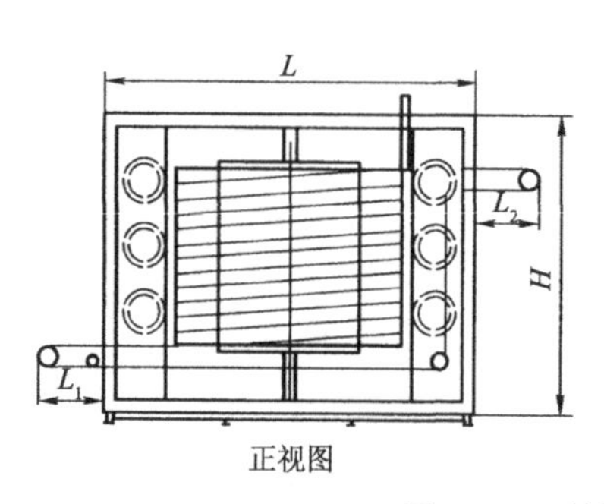

正视图

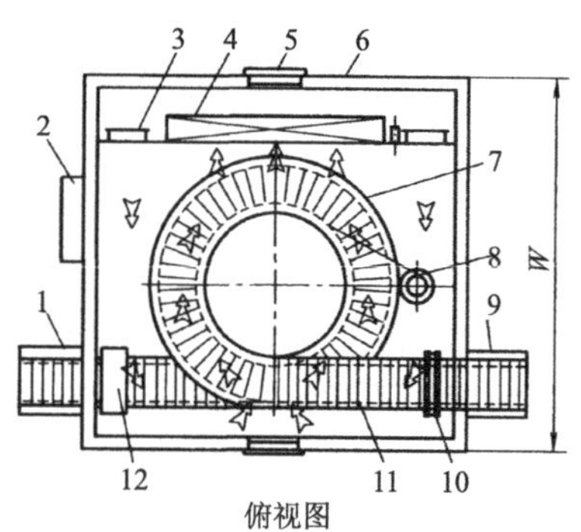

俯视图

图 14-36　单螺旋式速冻机的结构

1. 进料装置；2. 电控箱；3. 轴流风机；4. 蒸发器；5. 库门；6. 围护结构；7. 转筒；8. 驱动装置；9. 出料装置；10. 张紧机构；11. 传送带；12. 压力平衡装置。L、H、W 分别为其长度、高度和宽度。L_1 和 L_2 分别为进料装置和出料装置的长度

被冻结的食品可直接放在传送带上，也可采用冻结盘，食品随传送带进入冻结装置后，由下盘旋而上逐渐冻结，冻好的食品从出料口排出。冷风则由上向下吹，与食品逆向对流换热，提高了冻结速度。与空气横向流动相比，冻结时间可缩短 30%左右。美国约克公司改进了螺旋式冻结装置吹风方式，将冷气流分为两股，其中一股从传送带下面向上吹，另一股经转筒中心到达上部由上向下吹，最后两股气流在转筒中间汇合，并回到风机。这样，最冷的气流分别在转筒上下两端与最热和最冷的物料接触，使刚进入的食品尽快达到表面冻结，减少干耗，也减少了装置的结霜量。两股冷气流同时吹至食品上，提高了冻结速度，比常规气流快 15%～30%。

螺旋式冻结装置有以下特点：结构紧凑，占地面积小，仅为一般水平输送带的 25%；运行平稳，产品与传送带相对位置保持不变，适于冻结易碎食品和不许混合的产品；可以通过调整传送带的速度来改变食品的冻结时间，用以冷却不同种类的食品；进料、冻结等在一条生产线上连续作业，自动化程度高；冻结速度快，干耗小，冻结质量好；但不锈钢材料消耗大、投资大，小批量生产时运行成本较高。

适用于处理体积小而数量多的食品，如饺子、肉丸、贝类、水果、蔬菜、肉片、鱼片、冰淇淋和冷点心等。

3. 流态化冻结装置　流态化速冻是在一定流速的冷空气作用下，使食品在流态化操作

条件下得到快速冻结的一种冻结方法。食品流态化速冻的前提有两个：一是作为冷却介质的冷空气在流经被冻结食品时必须具有足够的流速，并且必须是自下而上通过食品；二是单个食品的体积不能太大，对于单个体积较大的食品，在冻结前要切成块或片。流态化冻结装置与隧道式冻结装置相比，具有冻结速度快，冻结产品质量好，耗能低，易于冻结球状、圆柱状、片状及块状颗粒食品等优点，尤其适合果蔬类单体食品的冻结加工。

食品流态化冻结装置属于强烈吹风快速冻结装置，按其机械传送方式主要可分为带式、振动式、斜槽式流态化冻结装置。本书主要以带式和振动式为例进行介绍。

（1）带式流态化冻结装置　传送带往往由不锈钢网带制成，按传送带的条数可以在冻结装置内安排为单流程和多流程形式，按冻结区可分为一段和两段的带式冻结装置。

早期的流态化冻结装置的传输系统只用一条传送带，且只有一个冻结区，属于单流程一段带式冻结装置，该装置结构简单，但配套动力大、能耗高、食品颗粒易黏结，现已很少使用。

多流程一段带式流态化冻结装置也只有一个冻结区段，但有两条或两条以上的传送带，传送带摆放位置为上下串联式，图 14-37 所示为双流程和三流程带式流态化冻结装置传送带的排列形式。与单流程式相比，这种结构外形总长度较短，配套动力小，并且在防止物料间和物料与传送带黏结方面也有所改善。

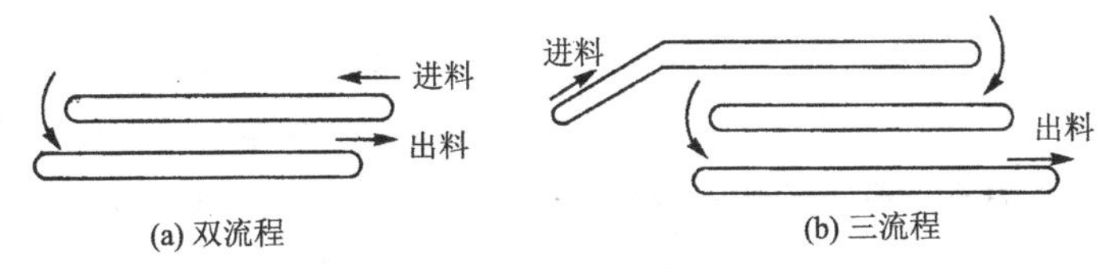

图 14-37　多流程一段带式流态化冻结装置传送带的排列

两段带式流态化冻结装置是将食品分成两区段冻结：第一区段为表层冻结区；第二区段为深层冻结区。颗粒状食品流入冻结室后，首先进行快速冷却，即表层冷却至冰点温度，然后表面冻结，使颗粒间或颗粒与传送带不锈钢网间呈散离状态，彼此互不黏结，最后进入第二区段深层冻结至中心温度为−18℃，完成冻结。此装置适用范围广泛，可用于青刀豆、豌豆、豇豆、嫩蚕豆、辣椒、黄瓜片、油炸茄块、芦笋、胡萝卜块、芋头、蘑菇、葡萄、李子、桃子、板栗等果蔬类食品的冻结加工。

传送带造成的黏结现象，可通过在传送带上的附设“驼峰”得到改善。

（2）振动式流态化冻结装置　振动式流态化冻结装置以振动槽作为物料水平方向传送手段。由于物料在行进过程中受到振动作用，因此这类形式的速冻装置可显著地减少冻结过程中黏结现象的出现。

振动槽传输系统主要由两侧带有挡板的振动筛和传动机构构成。由于传动方式的不同，振动筛有两种运动形式：一种是往复式振动筛，另一种是直线振动筛。后者除有使物料向前运动的作用以外，还具有使物料向上跳起的作用。

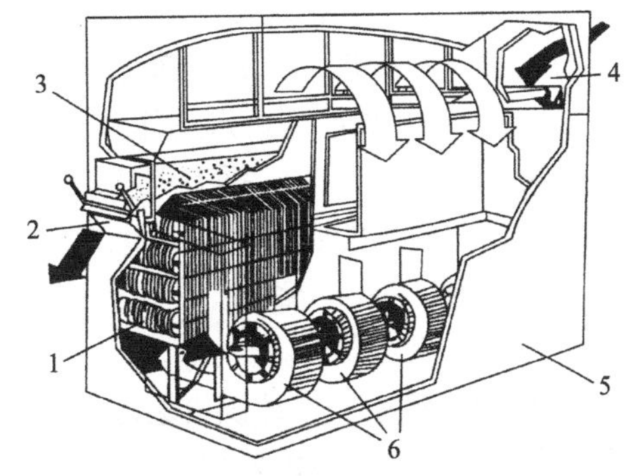

图 14-38　MA 型往复式振动流态化冻结装置

1. 蒸发器；2. 出料口；3. 物料；4. 进料口；5. 隔热层；6. 风机

图 14-38 所示为瑞典 Frigoscandia 公司制造的 MA 型往复式振动流态化冻结装

置。这种装置的特点是结构紧凑、冻结能力大、耗能低、易于操作，并设有气流脉动旁通机构和空气除霜系统，是目前世界上比较先进的一种冻结装置。

（二）间接接触式冻结设备

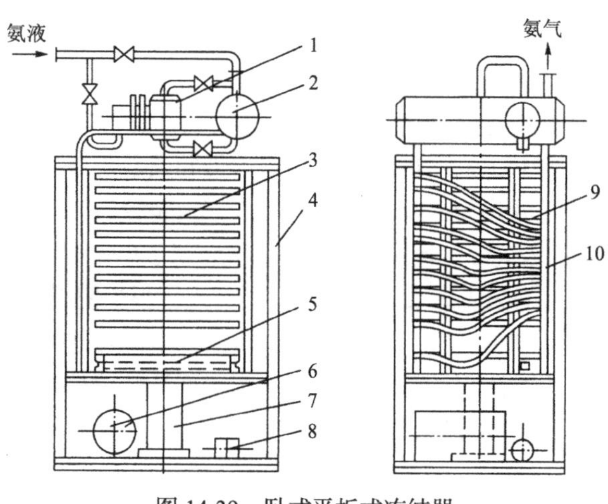

图 14-39　卧式平板式冻结器

1. 浮球阀；2. 氨液分离器；3. 冻结平板；4. 外壳；5. 升降台；6. 油箱；7. 油压罐；8. 油泵；9. 氨液进管；10. 软橡皮垫

间接接触式冻结法是将食品与表面温度达-40～-25℃的冷却板密切接触，完成食品的冻结。冷却板为中空结构，内部通以一次或二次冷媒。冻结速度非常快，冻结效果好，因冻结过程中食品与空气接触的机会少，可避免氧化效应，但要求食品平坦整齐。

常见的间接接触式冻结设备有平板式冻结器、回转式冻结器和冰淇淋凝冻机等。

1. 平板式冻结器　平板式冻结器是以一组与制冷剂管道相连的空心平板（冻结平板）作为蒸发器的冻结装置，将冻结食品放在两相邻的平板间，并借助液压系统使平板与食品紧密接触。由于金属平板具有良好的导热性能，故其传热系数高。当接触压强为 7～30kPa 时，传热系数可达 93～120W/（m^2·K）。根据平板取向，这种冻结装置分为卧式平板式冻结器和立式平板式冻结器。

卧式平板式冻结器如图 14-39 所示，整体为厢式结构，冻结平板水平安装，一般有 6～16 块。平板间的位置由液压装置控制。被冻食品装盘放入两相邻平板之间后，启动液压油缸，使被冻食品与冻结平板紧密接触进行冻结。为了防止压坏食品，相邻平板间装有限位块。

立式平板式冻结器的结构原理与卧式平板式冻结器的相似，只是冻结平板呈垂直状态平行排列。卧式和立式两种平板式冻结器均为间歇式冻结装置，也可设计成连续操作的机型。

2. 回转式冻结器　图 14-40 所示为圆筒型回转式冻结器，同平板式冻结器一样，利用金属表面直接接触冻结的原理冻结产品。其主要部件为一回转筒，载冷剂由空心轴输入，待冻品由投入口排列在转筒表面上，转筒回转一周，冻品完成冻结过程。冻品转到刮刀处被刮下，刮下的冻品由传送带输送到预定位置。

转筒的转速根据冻品所需的冻结时间调节，每转 1min 或几分钟。载冷剂可选用盐水、乙二醇等，最低温度可达-45～-35℃。据有关资料介绍，用该设备冻结产品所引起的质量损失为 0.2%，冷量消耗指标为 100kJ/kg 食品。该装置适用于冻结鱼片、块肉、虾、菜泥及流态食品。

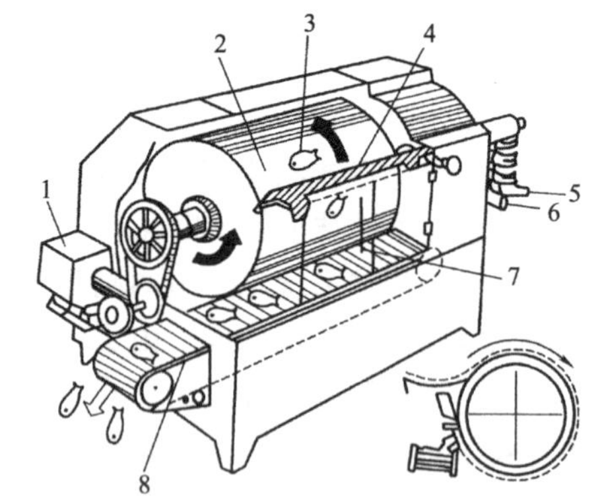

图 14-40　圆筒型回转式冻结器

1. 电动机；2. 滚筒冷却器；3. 产品入口；4、7. 刮刀；5. 盐水入口；6. 盐水出口；8. 出料传送带

3. 冰淇淋凝冻机　冰淇淋凝冻机有卧式和立式之分。卧式冰淇淋凝冻机如图 14-41 所示，主要由进料槽、星月泵、凝冻器、空气混合泵、冷气系统、

电气控制系统等部分组成。冻筒呈水平布置。图 14-41 所示机型无内置制冷压缩机。来自老化缸的冰淇淋浆料进入贮料槽后，通过安在贮料槽与凝冻器之间的星月泵。该机共装有两台星月泵，其中一台为供料泵，接在贮料箱下面；另一台为混合泵，与供料泵相通。两泵结构相同，而混合泵的泵腔较大，转速也较高，泵的转速通过无级变速器调节，转子与星轮的运动由一对共轭齿廓为圆弧的齿轮内啮合完成，内外齿轮的圆心偏离 7～10mm，中间隔有月牙形泵盖，将进、出料端隔开，从结构上看呈“星”和“月”状，故称星月泵。

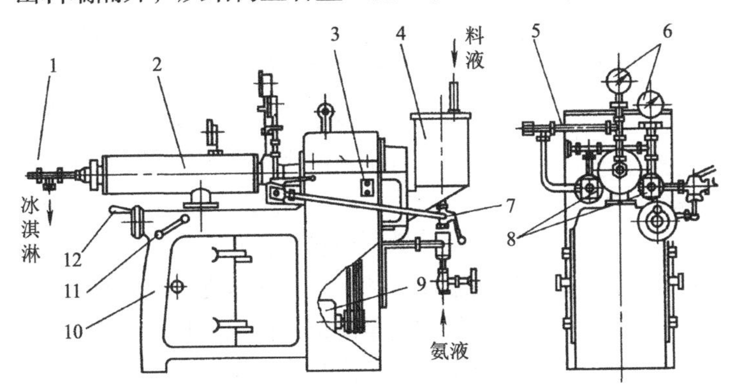

图 14-41　YL6L300 型冰淇淋凝冻机

1. 调节螺钉；2. 凝冻器；3. 按钮；4. 贮料槽；5. 空气阀；6. 压力表；7. 进料阀；8. 星月泵；9. 电动机；10. 机身；11、12. 手柄

浆料到达混合泵后，混合泵将其与空气均匀混合后送入凝冻器中，在凝冻器内高速旋转的两片刮刀的搅拌下，空气以气泡的形式均匀分散于浆料中，引起体积膨胀，使冰淇淋保持一定的疏松度。由于凝冻器夹层中氨的蒸发，浆料与凝冻器内壁接触，其中的水分在筒壁内表面冻结形成冰晶，并迅速被旋转的刮刀刮下。在连续进料的压力下，浆料在凝冻器内被不断凝冻、刮下和混合，直至从出口压出，进入下一道工序。

凝冻器由三根无缝钢管套装而成，如图 14-42 所示，由里向外，分别为凝冻管 5、内冷却管 4 和外冷却管 3。在凝冻管的中央安有搅刮轴 7，上面安有 2 把不锈钢刮刀 6，搅刮轴的转速为 700～800r/min。在内冷却管 4 上开有数个小孔，以把制冷剂蒸气排在内、外冷却管之间的通道。凝冻器最外层是不锈钢外壳 2，在外壳与外冷却管之间充填有绝热层。

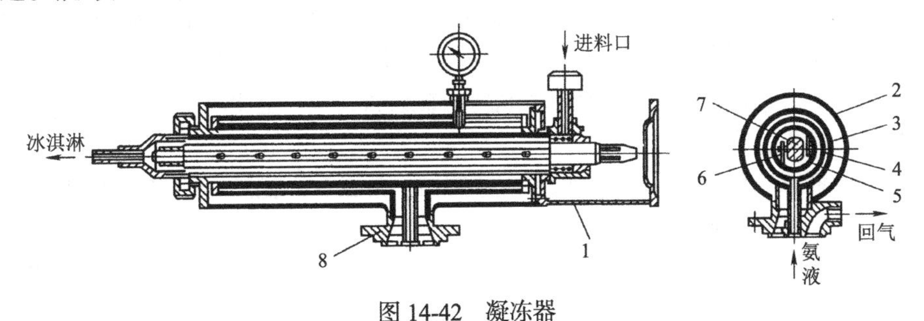

图 14-42　凝冻器

1. 联结器；2. 外壳；3. 外冷却管；4. 内冷却管；5. 凝冻管；6. 刮刀；7. 搅刮轴；8. 法兰

（三）直接接触式冻结设备

直接接触式冻结设备的特点是食品直接与冷媒接触进行冻结。所用的冷媒可以是载冷剂，如食盐溶液，也可以是低温制冷剂的液化体气体，如液氮、液体 CO_2 等。冷媒与食品接触的方式有浸渍式和喷淋式两种。

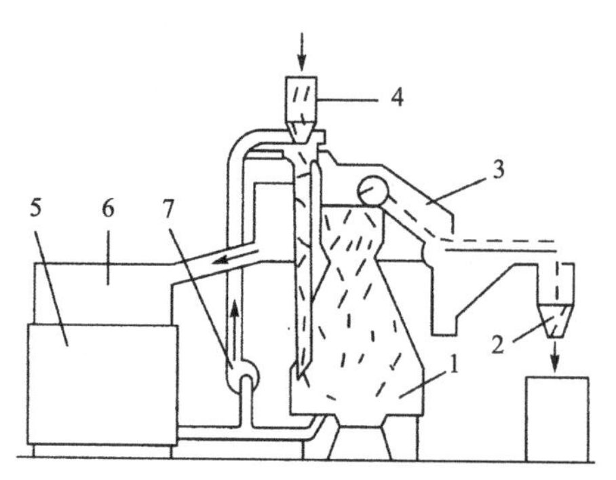

图 14-43　盐水浸渍冻结食品装置
1. 冻结器；2. 出料口；3. 滑道；4. 进料口；5. 盐水冷却器；6. 除鳞器；7. 盐水泵

1. 浸渍式冻结装置　浸渍式是将拟冻结的食品浸入低温冷媒（如盐水、甘油等）中，有时为加速冻结，辅以搅拌使冷媒流动，完成食品的冻结；或喷射冷却介质于食品表面，如利用液氮等液化气体喷淋在食品上，获得超速冻结；这种方法中冷媒与食品直接接触，因此效率非常高，但只适用于不受冷却介质影响的食品，或使用适当的耐水防湿包装材料密封包装的食品。

盐水浸渍冻结食品装置如图 14-43 所示。该装置主要用于鱼类的冻结，与盐水接触的容器用玻璃钢制成，有压力的盐水管道用不锈钢，其他盐水管道用塑料，从而解决了盐水的腐蚀问题。鱼由进料口与盐水混合后进入进料管，进料管内盐水涡流下旋，使鱼克服浮力而到达冻结器的底部。冻结后鱼体密度减小，浮至液面，由出料机构送至滑道，在此鱼和盐水分离由出料口排出。冷盐水被泵送到进料口，经进料管进入冻结器，与鱼体换热后盐水升温密度减小，冻结器中的盐水具有一定的温度梯度，上部温度较高的盐水溢出冻结室后，与鱼体分离进入除鳞器，经除去鳞片等杂物的盐水返回盐水槽，与盐水冷却器换热后降温，完成一次循环。其特点是冷盐水既起冻结作用又起输送鱼的作用，冻结速度快，干耗小；缺点是设备的制造方法比较特殊。

2. 喷淋式速冻器　喷淋式速冻器是将被冻结物直接和温度很低的液化气体或液态制冷剂接触，从而实现快速冻结。这种冻结方法所获得的产品质量比通常的冻结方法好，所以日趋被广泛采用。

喷淋式速冻器常使用液氮进行超快速冻结。氮是一种无色无臭的气体，液氮是无色液体，与其他物质不起化学作用。常压下，其沸点为−195.8℃。液氮冻结的主要优点是速度极快，而且质量好。在大多数情况下，只要把被冻结物和液氮做相反方向移动，使被冻结物先和低温气态氮接触，进行预冷，再向被冻结物喷淋液氮，就可达到有效的冻结效果。当液氮喷淋到食品后，以 200℃左右的温差进行强烈的热交换，故冻结时间可比氨压缩制冷系统快 20～30 倍。由于温度极低，热交换强度大，故在细胞内和细胞间隙中的水分能同时冻结成细小的冰晶体，这种细小的冰晶体对细胞几乎无破坏作用，食品解冻后，仍能回复到原来的新鲜状态，故保鲜程度很高，冻结食品质量优良。另外，这种方法不需要压缩机等机械设备，应用上比较简单，所以除用于速冻器外，还应用在冷藏车、船上。

除液氮外，液态二氧化碳也可用于喷淋式速冻器。常压下，液态二氧化碳的沸点是−78.5℃。目前，对于液态二氧化碳的回收利用问题已基本解决，但液氮的回收问题尚未完全解决。

液氮喷雾式食品流态化速冻装置由隧道、喷淋装置、纵贯于隧道的网格传送带、无级变速器、搅拌风机、离心排风机、电磁阀、电气控制箱等部件组成，如图 14-44 所示。

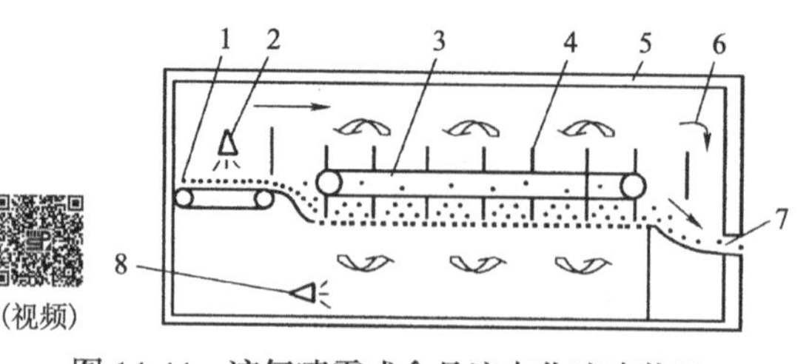

图 14-44　液氮喷雾式食品流态化速冻装置
1. 预冻段；2、8. 液氮喷淋头；3. 网格传送带；4. 刮板；5. 隧道；6. 排废气口；7. 出料口

液氮喷雾式食品流态化速冻装置主要由液氮喷淋与流态化冷冻两部分组成。首先，食品经过输送进入预冻段 1，该段主要是液氮喷淋区域，液氮由液氮喷淋头 2 喷出；由于液氮喷淋换热系数较大，约为 425W/（m^2·K），几十秒后，食品材料的表面形成冰膜，因而机械强度大大增加。接着预冻后的食品进入流态化速冻阶段，并由刮板 4 推动前行。作为冷源的液氮从液氮喷淋头 2、8 喷出，雾化后的低温氮气与风机送风混合后形成的低温气体吹过食品层，使之流态化并迅速冷冻。整套装置中，由于冷结食品的刮板推动前行，全流态化操作可以实现。

为了使速冻的速度加快，隧道内设置有风机对液氮均匀地搅拌吹拂。排风机的抽风使气流方向与传送带上的食品逆向流动，以便余冷的充分利用。食品的厚薄、体积大小不同，速冻时间不同。故装置设有无级变速器以控制食品在传送带上的移动速度，同时可改变贮罐压力，以控制喷嘴中液氮喷淋量。为盛接喷淋后残存液氮，于喷淋区传送带下的隧道内有一长形浅槽。装置入口和出口处装有数层硅橡胶幕帘。

液氮速冻装置具有低温特性，要求采取措施，以防止因温度应力造成局部的扭曲变形。隧道的内外壁用不锈钢板制成，夹层间充填厚的聚氨基甲酸乙酯隔热。隔热层质量和施工的好坏，直接影响到速冻的速度和装置的经济性能。

喷淋装置由不锈钢制的管路、喷嘴组成。一般情况下喷嘴不会堵塞，如发生冰阻现象，可打开隧道喷淋区两边隔热侧门进行清理，然后喷射液氮 15～20min 预冷隧道，干燥喷口，再进行食品的速冻。

利用液氮冻结食品的特点为：冻结食品质量高、干耗小、占地面积小、初投资低、装置效率高，但液氮冻结成本高，不宜冻结廉价食品。

思考题

1. 为什么要采用二级压缩制冷？有些二级压缩制冷系统为什么只有一台压缩机？
2. 冷凝温度越低，制冷效果越好，试从制冷理论予以分析。
3. 双螺杆制冷压缩机的优缺点各是什么？
4. 活塞式压缩机活塞、曲轴滑动轴承、连杆大头与轴颈之间的摩擦部位如何润滑？
5. 制冷压缩机出现湿冲程会有什么危害？是何种原因造成的？应如何处置？
6. 为什么要进行热氨冲霜，请介绍其原理及操作要点。
7. 速冻设备和一般制冷设备的区别是什么？试从制冷原理和设备两个方面予以比较分析。

第十五章 食品包装机械

内容提要

本章主要介绍液体食品和固体食品的包装机械，在此基础上介绍先进的无菌包装设备，从计量、灌装、制袋成型到压合封口，从袋装到刚性容器，介绍了设备的结构、原理、适用范围，要求学生掌握这些设备的结构和原理，会正确地选用、使用、维护和保养设备。

食品包装就是采用适当材料、容器和包装技术把食品包裹起来，以便食品在运输和贮藏过程中保持其价值和原有状态，以防止食品变质、保证食品质量。

食品包装过程包括成型、灌装、充填、包裹等主要包装工序，以及清洗、干燥、杀菌、贴标、捆扎、集装等辅助工序。能够完成食品全部或部分包装过程的机械就称为食品包装机械。本章主要介绍灌装、充填、封口包装机械和无菌包装机械。

第一节 液体灌装技术与机械

将液体产品装入包装容器的操作称为灌装，而灌装机械通常是指将液体按预定的量，自动完成计量、充填、封盖等功能的机器。

一、灌装的定量方法

液体物料进行灌装时，需要精确定量，目前定量多采用容积式定量法，具体实现方式有以下三种。

（一）液位控制定量法

这种方法是通过控制被灌容器中液位的高度以达到定量灌装的目的。

图 15-1 为消毒鲜牛奶、鲜果汁等的灌装机构。瓶口上升，顶住橡皮垫 5 并继续向上推动，带动滑套 6 上升并挤压弹簧 4 使其收缩，灌装头 7 打开并开始灌料；随着液料的继续灌入，液面超过排气管嘴，瓶口部分的剩余气体只得被压缩，一旦压力平衡，液料就不再进入瓶内而沿排气管上升，根据连通器原理，一直升至与贮液箱内液位水平为止；然后瓶子下降，灌装头 7 关闭，排气管内的液料也滴入瓶内，从而完成了一次定量灌装。对于这种定量方法，若改变每次的灌装量，则只需改变排气管嘴进入瓶中的位置即可。该种方法结构简单，使用广泛，但对于要求定量准确度高的产品不宜采用，因为瓶子的容积精度直接影响灌装量的精度。

（二）定量杯定量法

这种方法是先将液体注入定量杯中进行定量，然后再将计量的液体注入待灌瓶中，因此每次灌装的容积等于定量杯的容积。

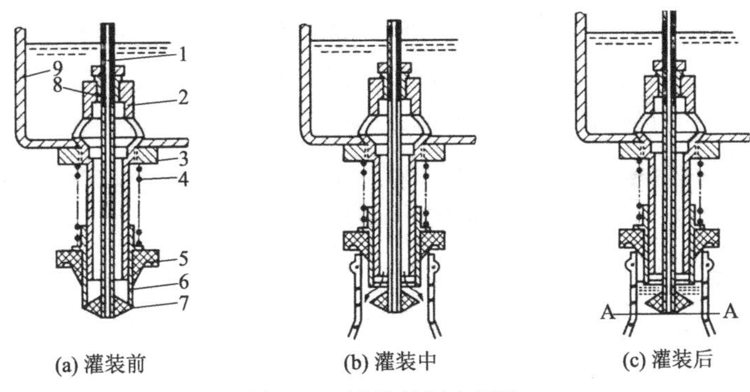

图 15-1　液位控制定量法

1. 排气管；2. 支架；3. 锁紧螺母；4. 弹簧；5. 橡皮垫；6. 滑套；7. 灌装头；8. 调节螺母；9. 贮液箱

其具体原理如图 15-2 所示，当瓶子未进入灌装机时，定量杯 1 的上沿由于弹簧 7 的作用而处于贮液箱液面以下，杯内充满液体。瓶子上升并顶起灌装头 8 同进液管 6，使定量杯上沿超出贮液液面。同时，进液管内隔板 11 及其上下二通孔 12 和 10 恰好位于阀体 3 的中间槽 13 之内，而形成液料通路，于是杯中液料被灌入瓶中（从定量调节管 2 流经上孔 12、槽孔、下孔 10 进入瓶中），瓶中空气从灌装头上的透气孔 9 排出。当杯中液面降至定量调节管 2 的上端时，便完成了一次定量灌装。调整定量调节管 2 的相对高度或更换定量杯，即可改变灌装量。

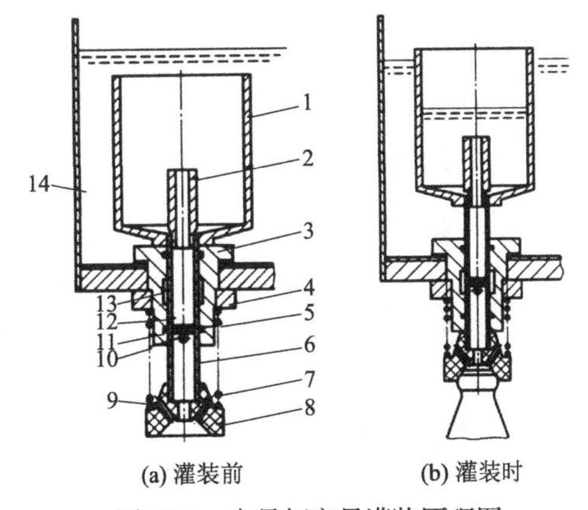

图 15-2　定量杯定量灌装原理图

1. 定量杯；2. 定量调节管；3. 阀体；4. 紧固螺母；5. 密封圈；6. 进液管；7. 弹簧；8. 灌装头；9. 透气孔；10. 下孔；11. 隔板；12. 上孔；13. 中间槽；14. 贮液箱

这种方法避免了瓶子本身的制造误差带来的影响，故定量精度较高。但对于含气饮料，因贮液箱内泡沫较多，不宜采用。

（三）定量泵定量法

这是采用活塞泵活塞缸容积定量的一种压力灌装方法。每次灌装物料的容积与活塞往复运动的行程成正比。如图 15-3 所示，活塞 9 由凸轮或其他机构驱动。活塞向下运动时，液料在自动和压差双重作用下从贮液箱 1 的底孔经滑阀 4 的弧形槽 5 进入活塞缸体 8 内。当容器顶起灌装头 7 和滑阀 4 时，弧形槽也随之上升，贮液箱和活塞缸之间的通路被隔断，而滑阀的下料孔 6 与活塞缸接通。活塞向上移动，迫使液料从活塞缸流到容器中。容器内的空气可经灌装头上的孔隙排出。

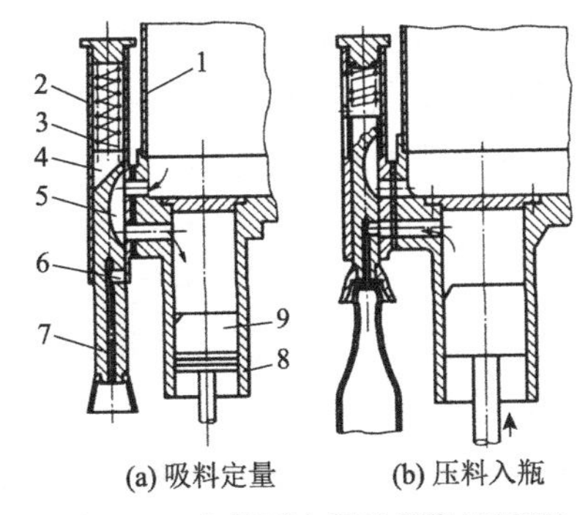

图 15-3　定量泵定量法灌装原理图

1. 贮液箱；2. 阀室；3. 弹簧；4. 滑阀；5. 弧形槽；6. 下料孔；7. 灌装头；8. 活塞缸体；9. 活塞

若无容器，因活塞缸与下料孔不相通，即使活塞往复移动，料液也只能在贮液箱 1 和活塞缸体 8 之间移动，而不会从灌装头 7 排出。调节活塞行程，即可改变灌装定量。

选择定量方法时，首先应考虑产品所要求的定量精度，此定量精度与产品特性有关，如番茄酱罐头，质量误差不能超过 ± 3%；640ml 的啤酒，容量误差不能超过 ± 10ml；高档酒类，液位误差不超过 ± 1.5ml。另外，还需考虑液料的灌装工艺性。

二、灌装机的主要机构

（一）包装容器的升降机构

升降机构的作用是将送来的包装容器上升到规定的高度进行灌装，然后再把灌装完的包装容器下降到规定位置。目前常用的升降机构有机械式、气动式和气动-机械混合式三种形式。限于篇幅，此处只介绍常用的气动-机械混合式。

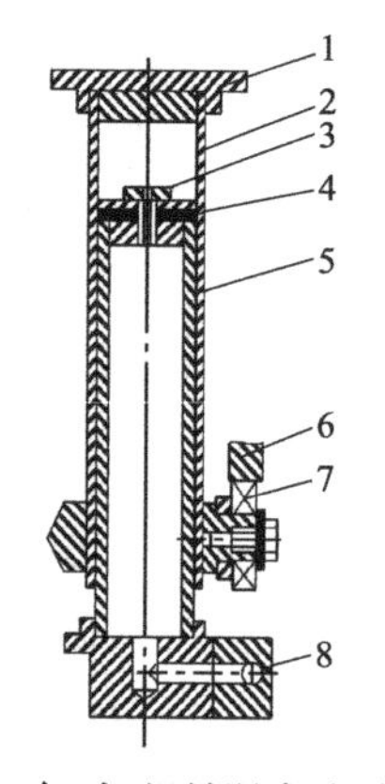

图 15-4　气动-机械混合式升降机构

1. 托瓶台；2. 套筒；3. 空心螺钉；4. 密封垫；5. 柱塞；6. 凸轮导轨；7. 滚动轴承；8. 环管

图 15-4 所示为气动-机械混合式升降机构示意图。柱塞 5 是固定的，套筒 2 是可以滑动的。压缩空气从环管 8 进入，经柱塞 5 内腔、密封垫 4 和空心螺钉 3 内的中心孔进入套筒 2 的上部空间，使套筒 2 和托瓶台 1 以柱塞 5 为导柱上升；灌装结束后，为减少能量消耗，立即停止供送压缩空气并打开减压排气阀，由凸轮导轨 6 的下降廓形与滚动轴承 7 控制托瓶台与套筒的下降。

瓶罐在上升的最后阶段依赖于压缩空气作用，由于空气的可压缩性，当调整好的机构出现距离增大误差时依然能够保证瓶子与灌液阀紧密接触；而出现距离减小误差，瓶子也不会被压坏。下降时，凸轮将使托瓶台运动平稳，速度可得到良好的控制。这种升降机构的结构较为复杂，但整个升降过程稳定可靠，因而得到广泛应用。

（二）灌装供料装置

1. 等压法供料装置　图 15-5 所示为大型含气液料灌装机的供料装置简图。输液总管 3 与灌装机顶部的分配头 9 相连，分配头下端均布 6 根输液支管 14 并与环形贮液箱 12 相通。在未打开输液管总阀 2 前，通常先打开支管上的液压检查阀 1 以调整液料流速和判断其压力的高低。待压力调好后，才打开输液总阀。无菌压缩空气管 4 分两路：一路为预充气管 7，它经分配头直接与环形贮液箱相连，可在开前对贮液箱进行预充气，使之产生一定压力，以免液料刚灌入时因突然降压而冒泡，造成操作的混乱。当输液管总阀 2 打开后，则应关闭截止阀 5。另一路为平衡气压管 8，它经分配头与高液面浮子 13 上的进气阀 11 相连，用来控制贮液箱的液面上限。若气量减少、气压偏低而使液面过高时，该浮子即打开进气阀，随之无菌压缩空气即补入贮液箱内，结果液面有所下降。反之，若气量增多、气压偏高而使液面过低时，低液面浮子 16 即打开放气阀 18，使液位有所上升。这样，贮液箱内的气压趋于稳定，液面也能基本保持在视镜 17 的中线附近。在工作过程中，截止阀 6 始终处于被打开位置。

灌装机工作时，环形贮液箱 12 随主轴 15 一起转动，但输液中心管及各管路都是静止的。两者之间要有良好的密封措施。

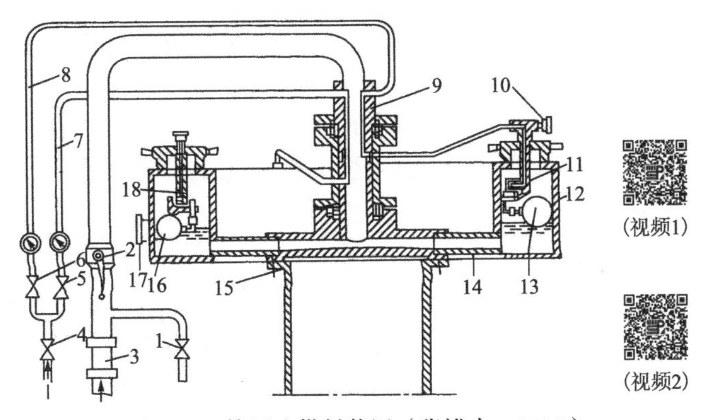

图 15-5　等压法供料装置（张裕中，2012）

1. 液压检查阀；2. 输液管总阀；3. 输液总管（透明段）；4. 无菌压缩空气管（附单向阀）；5、6. 截止阀；7. 预充气管；8. 平衡气压管；9. 分配头；10. 调节针阀；11. 进气阀；12. 环形贮液箱；13. 高液面浮子；14. 输液支管；15. 主轴；16. 低液面浮子；17. 视镜；18. 放气阀

2. 压力法灌装的液料供送机构　图 15-6 所示为压力法灌装供料系统简图，它由稳压装置Ⅰ、旋塞阀Ⅱ、推料活塞Ⅲ和充填器Ⅳ几个主要部分组成。

物料由人工或泵送入贮液箱内，在灌装时因进料压力不稳，会产生定量误差，因此常采用图 15-6 所示的稳压装置来稳定供料压力，提高灌装精度。物料由供料泵送至三通管 9，在三通管的上端有一个稳压活塞 10，压缩空气经过减压调整后进入气缸 11，对稳压活塞形成一定的压力，当三通管内出料压力增加或减少时，与稳压活塞杆相连的感应板则要上升或下降，上、下无触点开关 12 则要发出信号控制供料泵运转或停转。因此供料的压力始终保持稳定，保证了灌装质量。

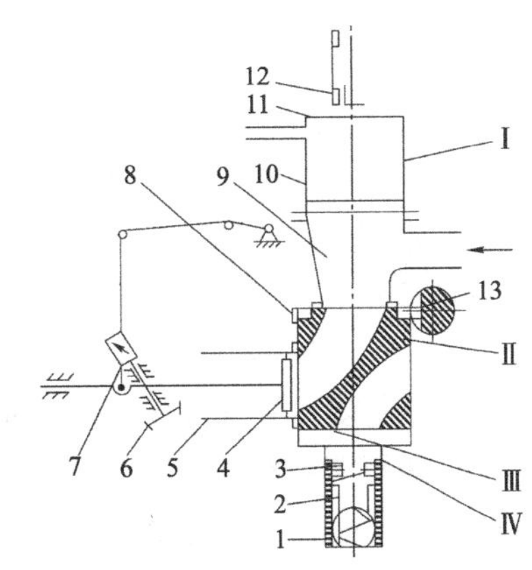

图 15-6　压力法灌装供料系统简图

1. 滚球；2. 顶杆；3. 凸轮；4. 活塞；5. 活塞缸；6. 伞齿轮；7. 可调螺母；8. 齿轮；9. 三通管；10. 稳压活塞；11. 气缸；12. 上、下无触点开关；13. 齿条；Ⅰ. 稳压装置；Ⅱ. 旋塞阀；Ⅲ. 推料活塞；Ⅳ. 充填器

对于炼乳、番茄酱等的灌装，在供料系统中可省略稳压装置，旋塞阀由往复运动的齿条 13 经齿轮 8 带动作来回摆动，一个位置沟通三通管 9 及活塞缸 5，这时活塞 4 正好在连杆机构带动下向左运动，物料由三通管被吸入活塞；旋塞阀的另一个位置沟通活塞及充填器，这时活塞 4 正好又在连杆机构带动下向右运动，物料被推送至灌装容器内。活塞 4 的运动行程可调节，是通过调节伞齿轮 6 使可调螺母 7 移动而实现的。为了防止物料的滴漏，在充填器底部特意安装一只有孔道的滚球 1，当旋转阀来回摆动时，带动凸轮 3 也一起来回摆动，从而使顶杆 2 上下串动，压迫滚球 1 实现快速启闭，提高了灌装精度。

3. 真空法灌装的液料供送装置　真空法灌装机的供料系统有单室、双室、三室等多种形式，单室属于重力真空式灌装，其余属于压差真空式灌装。限于篇幅，此处只介绍单室式。

单室式真空灌装机如图 15-7 所示，这是一种真空室与贮液箱合为一室的供料系统。被灌液体经进料管 1 送入贮液箱 5 内，箱内液面依靠浮子 4 液位控制器控制基本恒定，箱内液面上部空间的气体由真空泵经真空管 2 抽走，从而形成真空，当待灌瓶子被瓶托 8 顶升压合灌

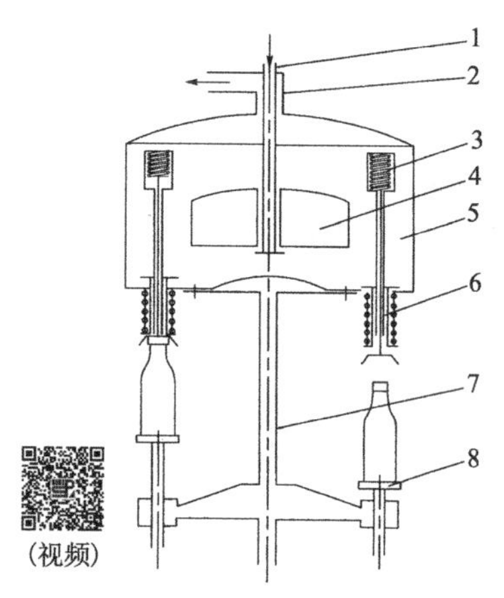

图 15-7　单室式真空灌装机

1. 进料管；2. 真空管；3. 气阀；4. 浮子；5. 贮液箱；6. 液阀；7. 主轴；8. 瓶托

装阀时，瓶内空气被灌装阀的中央气管抽走，进入贮液箱液面上部空间，并进一步被真空泵经由真空管 2 抽走；接着瓶子继续上升并打开液阀 6，当瓶内真空度与贮液箱上部空间真空度近似相等时，贮液箱内液料靠重力流入瓶内，进行装填灌注。

单室式真空灌装机的优点是结构简单，清洗容易，对破损瓶子（由于无法抽气）不会造成误灌装。但由于贮液箱兼作真空室，使液料挥发面增大，对需要保持芳香气味的液料（如果蔬原汁等）会造成不良影响。

（三）灌装阀

灌装阀是自动灌装机执行机构的主体部件，它的功能在于根据灌装工艺要求，以最快的速度接通或切断贮液箱、气室和灌装容器之间流体流动的通道，保证灌装工艺过程的顺利进行。不同类型的液料，其物理、化学性质各不相同，因此对灌装工艺要求存在差异，形成了对灌装阀的不同要求。下面介绍几种典型的灌装阀。

1. 常压灌装阀　采用常压法灌装的工艺过程是：进液回气—停止进液—排除余液。如图 15-8 所示，它是一种液位定量式滑阀式常压灌装阀。其进液管及排气管的开闭通过瓶子的升降实现。当瓶子在低位时，由弹簧通过套筒将阀门（密封圈 15 处）关闭；瓶子上升将阀打开，进行灌装，瓶内的空气通过排气管排出；完成后阀门随着瓶子的下降回到关闭状态。

2. 等压灌装阀　等压罐装首先向包装容器中充气，使其压力等于贮液箱内气相压力，然后再打开进液口，使液料在自重作用下沉入包装容器内。按控制气液通路的阀构件运动形式，常见的等压灌装阀分为旋转式和移动式。限于篇幅，此处只介绍旋转式。

旋转式等压灌装阀如图 15-9 所示。总体呈旋塞式结构，阀体 11 密封固定在贮液箱下面，内有三条通道，分别为进气管 2、排气管 3，中间为进液管 1。阀体下面安装的下接头 5，也有与阀体相对应的三条通道，下部开有环形槽，在此处进气与排气通道相通，并与下面导瓶罩 9 内的螺旋环形通道连通。接头与导瓶罩之间用垫圈密封，导瓶罩内的橡胶圈 10 用于灌装时密封瓶口。在旋塞 4 上加工有三个不同角度的通孔，由弹簧压紧在阀体内。旋塞转柄 13 由安装在机架上的固定挡块拨动，使旋塞根据工艺要求的时刻及角度进行旋转。

等压灌装过程如图 15-10 所示，具体步骤如下。

1）充气等压。接通进气管 2，贮液箱内的气体充入瓶内，直至瓶内气压与贮液箱内气压相等，如图 15-10（a）所示。

2）进液回气。接通进料管 1 和排气管 4，贮液箱内液体经进料管 1 流向瓶内，瓶内气体由排气管 4 排入贮液箱的空间内。当瓶内液面上升至 h_1 时，淹没了排气管 4 的孔口，瓶内液面上的气体无法排出，液面停止上升，液体沿排气管 4 上升至与贮液箱的液面相同为止，停止灌液，如图 15-10（b）所示。

3）排气卸压。接通进气管 2，瓶子上部借助进气管 2 和排气管 4 同贮液箱气室相通，排气管 4 内的液体流入瓶内，瓶内液面升至 h_2 处，而瓶内相对应的气体沿进气管 2 排回贮液箱内，如图 15-10（c）所示。

4）排除余液。旋塞 3 转至进料管 1、进气管 2 和排气管 4 都与贮液箱隔开，当瓶子下降时，旋塞 3 下部进料管 1 内的液体流入瓶内，使瓶内液位升至 h_3，完成全部灌装过程，如图 15-10（d）所示。

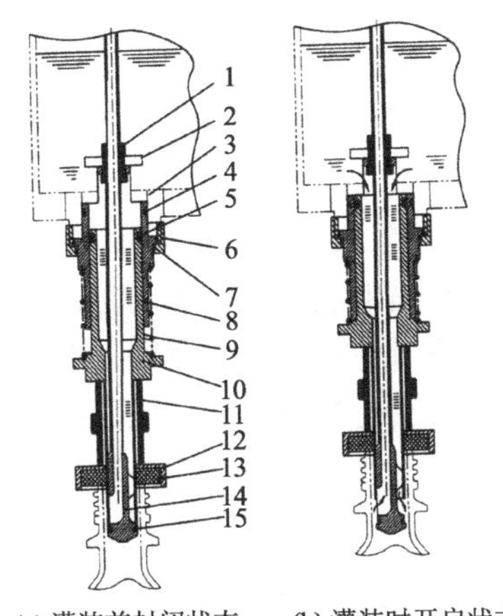

(a) 灌装前封闭状态　(b) 灌装时开启状态

图 15-8　滑阀式常压灌装阀结构原理图

1. 排气管；2. 卡环；3. 安装座；4、5、7. 密封圈；6. 锁紧螺母；8. 固定套筒；9. 弹簧；10. 滑动套筒；11. 定位套；12. 环套；13. 橡胶环；14. 注液头；15. 密封圈

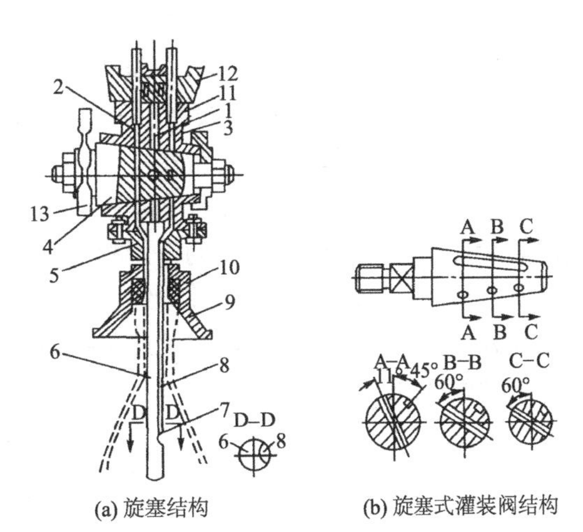

(a) 旋塞结构　(b) 旋塞式灌装阀结构

图 15-9　旋塞式容器自身计量等压灌装阀（崔建云，2006）

1. 进液管；2. 进气管；3. 排气管；4. 旋塞；5. 下接头；6. 注液管；7. 管口；8. 排气管；9. 导瓶罩；10. 橡胶圈；11. 阀体；12. 上接头；13. 旋塞转柄

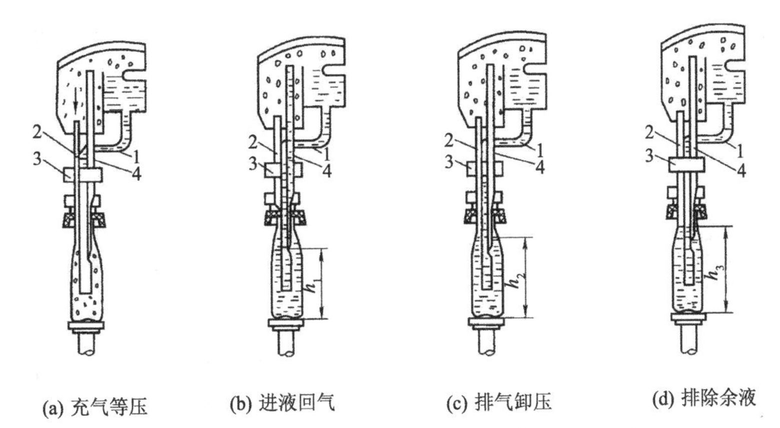

(a) 充气等压　(b) 进液回气　(c) 排气卸压　(d) 排除余液

图 15-10　等压灌装过程示意图（崔建云，2006）

1. 进料管；2. 进气管；3. 旋塞；4. 排气管

等压灌装过程中三个阀管的启闭靠旋塞 3 调节，启闭状态如表 15-1 所示。

表 15-1　等压灌装过程中三个阀管的启闭状态

阀管	充气等压	进液回气	排气卸压	排除余液
进气管 2	开	闭	开	闭
进料管 1	闭	开	闭	闭
排气管 4	闭	开	闭	闭

3. 真空灌装阀　在真空灌装阀中需要首先完成瓶罐口部的密封，并对内部实施抽真空，使之达到规定的真空度后才灌入料液，故设置有抽气通道。

定量杯真空灌装阀的结构如图 15-11 所示，图示为初始位置，此时的贮液箱 10、待装容器 5、真空系统三者互不相通。当阀芯 2 受压上升后，其上的孔口 6 首先对准抽气口 7，待装容器 5 中空气被抽出而建立一定的真空度。随后，阀芯 2 继续上升，孔口 6 离开抽气口 7，待装容器 5 与真空系统断开；而孔口 8 和孔口 9 通过阀座 11 内的环形槽而连通，定量杯 1 中液料在压差作用下流入待装容器。装料完毕后，容器下降，在压缩弹簧 3 的作用下，阀芯 2 下降至原位，定量杯 1 再次浸没在贮液箱 10 的液面之下，充满液料，为再次灌装做好定量工作。此灌装阀要求贮液箱内为常压。

图 15-12 所示为另一种型式的液体真空灌装阀。当瓶子上升至瓶口与灌液口紧密闭合时，料箱内的量杯 5 也同时由凸轮 2 的作用相应升起，并将量杯 5 提出液面。与此同时，负压系统接通使之抽去瓶子内的空气，并继续由于负压的作用将量杯内的液体吸入瓶内。然后，瓶子与量杯分别下降复位。由于此时负压仍接通，因此灌装口即使还有若干液滴也将被吸入管内而不致滴漏在外。

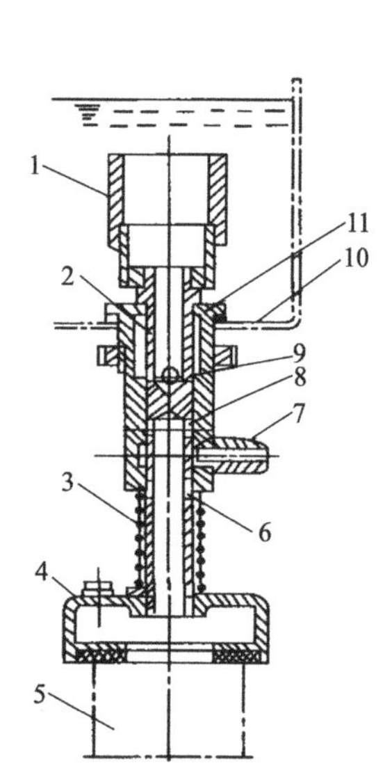

图 15-11　定量杯真空灌装阀

1. 定量杯；2. 阀芯；3. 压缩弹簧；4. 压盖；5. 待装容器；6、8、9. 孔口；7. 抽气口；10. 贮液箱；11. 阀座

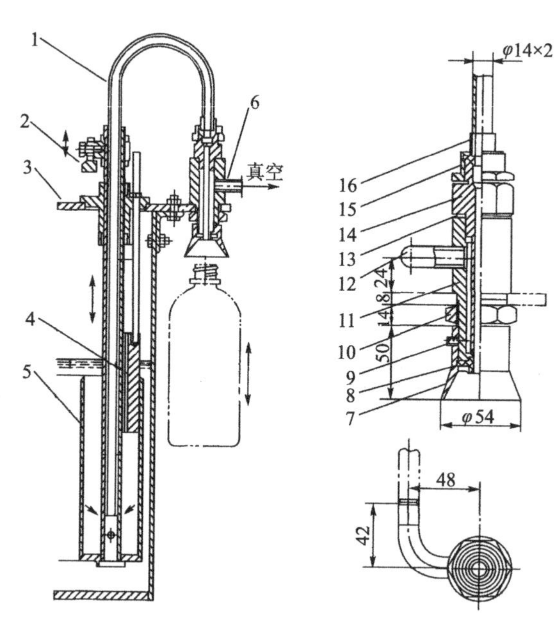

图 15-12　液体真空灌装阀（单位：mm）

1. 吸料管；2. 凸轮；3. 料箱；4. 计量调整块；5. 量杯；6. 灌装头组件；7. 瓶套；8. 密封垫圈；9. 平面紧定螺钉；10. 六角螺帽；11. 套管；12. 真空引进管；13. 垫片；14. 灌头芯；15. 锁紧螺帽；16. 接管头

第二节　食品袋装技术与机械

袋装是软包装中应用最为广泛的工艺方法之一。袋装作业是将粉末料、半液体料充填到用柔性材料制成的袋形容器中，再根据包装内容物质量要求排气或充气，最后做袋口封缄和切断，完成对物料的包装。袋形包装计量范围广，小至几克大至几十千克。

常用的袋装机械的包装袋外形如图 15-13 所示，扁平袋和枕形袋适合于粉料、颗粒料、黏稠料产品的包装；立式袋适合于灌装液态产品，与螺旋口盖组合，可替代盒、瓶等刚性容器的包装，便于后续装箱工艺的完成和产品陈列。

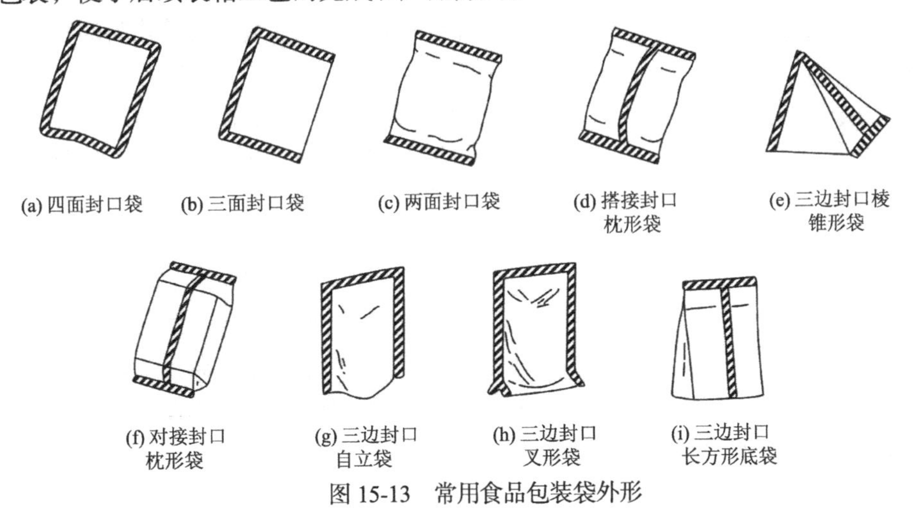

图 15-13　常用食品包装袋外形

一、计量方法与装置

充填入袋的各种产品总有一定量的规格，不是对尺寸数量的要求，就是对质量或容积方面的要求。用以保证充填量的设备称为计量装置。计量装置可以是充填机的一个组成部分，也可以做成独立的设备，以称量机的形式出现，然后与各种充填机或其他包装设备配套。

充填包装常用计量方式有三种，即定容法、称重法与计数法。

（一）定容法

定容法是指按预定容量将物料充填到包装容器的一种方法，常用于密度稳定的粉状、颗粒状和液体、膏体状物料的计量。定容法装置常采用量杯式、螺杆式及转鼓式等结构形式，这类装置具有结构简单、投资较少、调试及维修容易、计量速度高等优点，但也具有精度差的缺点。

1. 量杯式充填机　图 15-14 所示为可调量杯式充填机示意图。它采用由固定量杯 11（上量杯）和活动量杯 12（下量杯）组成的可调式量杯。当料盘 10 转动时，料斗 9 内的物料靠自重直接灌入量杯，并由刮板 8 刮去杯顶面的物料。当转到卸料位时，由凸轮（或活门导柱）打开活动量杯 12 的活门，物料靠自重经下料斗 13 卸入包装容器 14 内。旋转手轮 3 可通过凸轮让活动量杯 12 的连接支架在垂直轴上做上下升降运动，实现上下量杯相对位置的调整，即计量容积的调整。

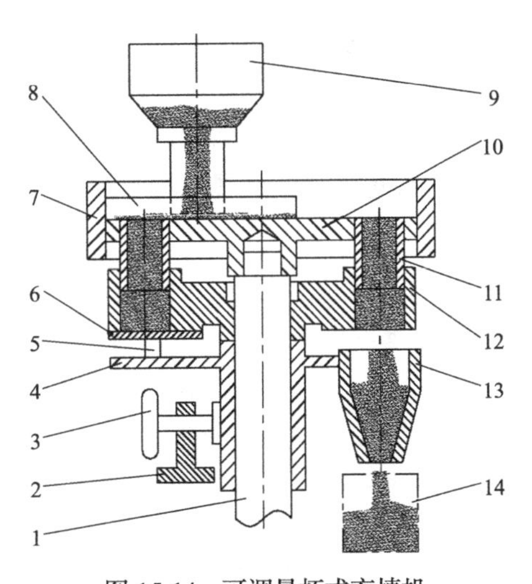

图 15-14　可调量杯式充填机

1. 转轴；2. 手轮支座；3. 旋转手轮；4. 调节支架；5. 活门导柱；6. 活门；7. 护圈；8. 刮板；9. 料斗；10. 料盘；11. 固定量杯；12. 活动量杯；13. 下料斗；14. 包装容器

量杯式充填机适用于小颗粒状且计量精度要求不高的物料计量。

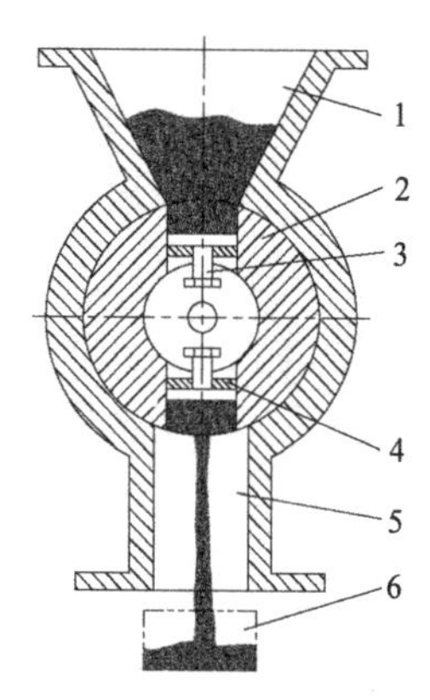

图 15-15　转阀式充填机

1. 料斗；2. 转阀；3. 调节螺钉；4. 活门；5. 出料口；6. 包装容器

2. 转阀式充填机　转阀式充填机也叫计量泵充填机，转阀的形状有圆柱形、齿轮形及叶轮形，可做成容积可调式的。如图 15-15 所示，这种装置适合充填粉料，也适用于黏稠流体的充装。装填物料的容积可通过调节螺钉调节。

3. 气流式充填机　气流式充填机是利用真空吸粉原理量取定量容积产品，并采用净化压缩空气将产品充填到包装容器内的机器，可以理解为按气流方式充填的量杯式充填机。

气流式充填机的工作原理如图 15-16 所示。工作时，充填转鼓做匀速间歇转动。当转鼓量杯杯口与料斗对接时，配气阀与真空管接通，使容器保持真空而使物料被吸入量杯。当量杯转到包装容器 4 上方时，量杯中的物料被经过配气阀输送来的净化压缩空气吹入包装容器中。

气流式充填机主要用于保健品行业粉料的计量，优点是计量精度高，可减少物料的氧化，延长物料的保存期，还可防止物料粉尘弥散到大气中。

此外，计量装置还有螺杆式充填机和柱塞式充填机。

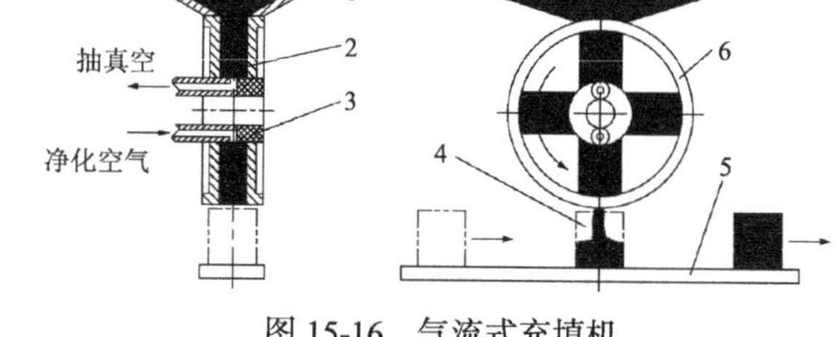

图 15-16　气流式充填机

1. 料斗；2. 量杯；3. 密封垫；4. 包装容器；5. 托瓶台；6. 充填转鼓

（二）称重法

对于易吸潮结块、粒度不均匀、密度变化较大或计量精度要求略高（0.1%～1%）的粉粒状充填物料，必须采用称重法进行计量。对变化或运动中的物料进行称重，称为动态称重，反之则称为静态称重。

称重式充填机的结构如图 15-17 所示。物料从储料斗 1 经进料器 2 连续不断地送到计量斗 4 上称重；当达到规定的质量时，就发出停止送料信号，称准的物料从计量斗上经落料斗 5 落入包装容器 6。净重充填的计量装置一般采用机械秤或电子秤，用机械装置、光电管或限位开关来控制规定质量。

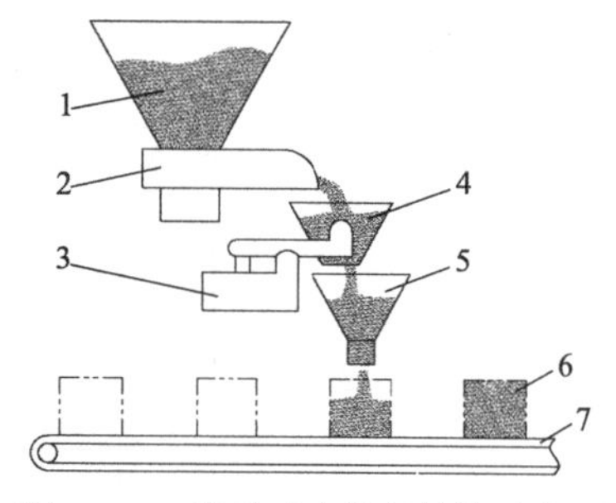

图 15-17　称重式充填机结构示意图

1. 储料斗；2. 进料器；3. 称量机构；4. 计量斗；5. 落料斗；6. 包装容器；7. 传送带

为达到较高级的充填精度，可采用分级进料的方法，先将大部分物料快速落入计量斗，再用微量进料装置，将物料慢慢倒入，直至达到规定的质量。也可以用电脑控制，对粗加料和精加料分别称重、记录、控制。

称重式充填机按操作方式分为间歇式和连续式两类。

1. 间歇式称重　间歇式称重操作分批完成，常见的称重装置有普通电子秤和杠杆秤。为了减小惯性力的影响，常采用粗、细两级喂料方式，如分别由两个螺旋完成，再通过计量料斗称重。

2. 连续式称重　连续式称重有定时式计重、多头组合秤、复室组合秤三种方式，定时式计重常用皮带秤或螺旋秤来实现，它们都是通过控制物料的稳定流量及其流动时间间隔进行计量的。这里只介绍后二者。

（1）多头组合秤　多头组合秤最早起源于日本，1973 年石田公司率先开发出组合称重解决了青椒定量包装的问题。由于采用组合式计量的称重方式，解决了普通电子称重精度与速度的矛盾，达到又快又准的目的。组合秤以 10 头和 14 头为主，可编程逻辑控制器（programmable logic controller，PLC）或微控制单元（microcontroller unit，MCU）对称重结果进行组合运算，选出最接近目标值的一个组合（一般为 3～5 个斗）。其适用于颗粒和条块状物料的高精度计量。

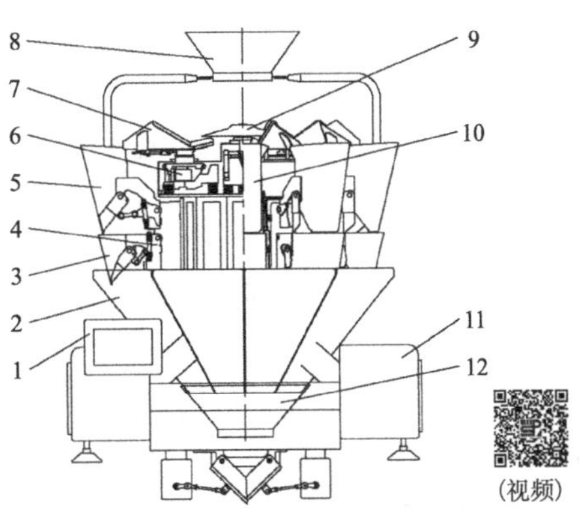

图 15-18　多头组合秤结构示意图

1. 操作显示器；2. 集料斗；3. 称重斗；4. 称重传感器；5. 存料斗；6. 线振机；7. 线振盘；8. 进料斗；9. 主振盘；10. 主振机；11. 主电路箱；12. 出料斗

多头组合秤的结构如图 15-18 所示，组合秤包括进料斗、主振盘、主振机、线振盘、线振机、存料斗、称重斗、称重传感器、集料斗、出料斗、料位光电开关及微机控制系统等组成。

物料通过提升机（如螺旋提升机等）落入组合秤的进料斗 8 内，料位光电开关控制提升机的输送运动进而控制料位的高低。物料通过主振机 10 振动，在锥形盘上被均匀分配到各线性进料器的线振盘 7 中。物料按预先设定的范围送到每个存料斗 5 中后，步进电动机开始工作，打开存料斗 5 将物料一次性送入称重斗 3 中。这样做的好处是既可以加快供料速度，又可使称重斗由动态称重转变为近似静态称重，大大提高系统的计量精度。产品在称重斗中，通过传感器产生质量信号，并传送到控制设备的主板上，主板上的中央处理器（CPU）记录每个称重斗的质量，再通过计算、分析、组合，选出最接近目标质量的组合称重斗。打开被选中的称重斗，产品进入集料斗 2 或直接进入包装机。

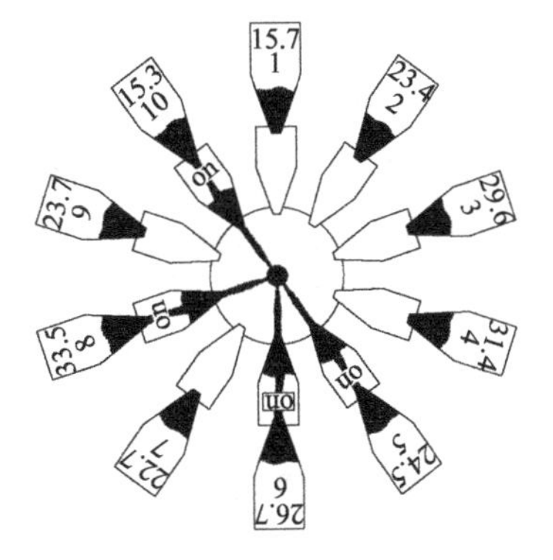

图 15-19　被选中的称重斗“on”

假设目标质量为 100g，由于秤体圆周方向同时分布有多个称重斗（以 10 个为例），这样就同时有 10 个主控信号输入主控制器，由主控制器通过分析，并进行随机组合运算，以最快的速度找出最接近目标质量的称重斗组合数，进行 A 组合，如图 15-19 所示，选中了 5 号、6 号、8 号、10 号称重斗为“on”，质量和为 100g，选中组合的称重斗内物料进入包装机中。其余的称重斗又开始了 B 组合运算，找出最接近目标质量的称重斗，此时进行了 A 组合的空料斗已经加料，这样周而复始达到高速、高准确度的定量称重计量。

（2）复室组合秤　复室组合秤的称量原理如图 15-20 所示。在这个系统中，每个秤盘都分成 A 室和 B 室。首先，产品被送入 A 室进行称量，取得一个计量值（W_A）后，记入储存器中；接着，产品被送入 B 室，经称量得到 A、B 两室总质量 W，通过计算式 $W_B=W-W_A$，便又得到 B 室的计量值 W_B。这样就能达到只用一个秤斗即可得到两个称量值的目的（如包括 W，则为 3 个称量值）。

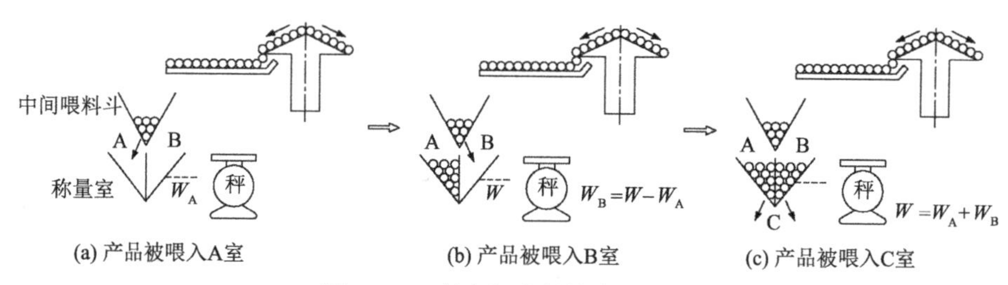

图 15-20　复室组合秤的称量原理

例如，当秤斗数量为 10 时，得到组合数为 $2^{10}-1=1023$；如用复室组合称量技术，组合数就会变成 $2^{20}-1=1\ 048\ 575$，即为原来组合数目的 1000 多倍。通过独有的计算方式，便于作最佳选择，并可提供高达 130 包/min 的称量速度，精度达 0.3g。

（三）计数法

计数充填，是将形状规则的产品按预定数目装入包装容器的操作过程（如 10 小包茶叶包装成一盒）。适用于条状、块状、片状、颗粒状等规则物品包装的计量充填，也适用于包装件的二次包装，如装盒、装箱等。计数装置是计数式充填机的主要部分，由三个基本功能系统组成：内装物计数检测、内装物件数显示、产品的递送。其中计数检测仪有光学系统和非光学系统两大类。

在实际充填中，通常根据填充数的件数分为单件计数和多件计数。单件计数是采用机械、光学、电感应、电子扫描等方法或其他辅助方法逐件计算产品件数，并将其充填到包装容器中，即产品每通过一件便计一次数，并显示已装件数，主要用于颗粒状、块状物品的计数。多件计数是利用辅助量具或计数板等，确定产品的件数，产品的规格、形状不同，计数的方法也不同。

多件计数，对于有规则排列的食品可以按长度等度量计数，比如对有固定厚度的饼干、糕点的装盒或包装件的二次包装；无规则排列则可以用计数板。无规则计数装置主要有转鼓式、转盘式和履带式，三者原理大同小异，此处以转盘计数为例予以介绍。

转盘计数充填机的转盘上平均分布的扇形区面内均布一定数量的小孔，形成若干组均分的间隔孔区。改变每一扇形区的孔数就可以改变计量数量，如图 15-21 所示。转动的定量盘 2 在通过料箱底部时，料箱中的物料在重力的作用下就落入定量盘上的小孔中，定量盘上的小孔分为均匀分布的三组，当两组进入装料工位时，必有一组处于卸料工位，物料通过卸料槽 1 进入充填。当物料直径变化或每次充填数量发生改变时，只需更换定量盘即可。本原理常用于糖球等规则颗粒状物料的计数定量包装。

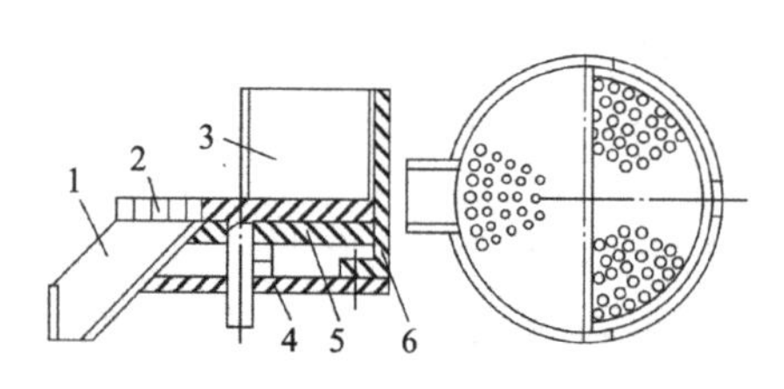

图 15-21　转盘计数充填机示意图

1. 卸料槽；2. 定量盘；3. 料斗；4. 底盘；5. 卸料盘；6. 支架

二、制袋-充填-封口包装机

制袋-充填-封口包装机是将挠性包装材料制成袋，然后进行物料的充填和封口的机器。包装袋形式的多样性，决定了完成袋装机械的机型和结构形式繁多。其机器的主要构成部分有：包装物料的供送装置、包装材料的供送装置、制袋成型器、产品定量和充填装置、封袋

（纵封、横封）与切断装置、成品输送装置等。此类型包装机形式多样，主要区别在于袋成型方式上。一种袋成型方式对应一种袋成型器，常用的袋成型器有翻领成型器、三角成型器、U形成型器、象鼻成型器、截取成型器，这里以翻领成型器为例，对制袋成型器的结构和工作原理予以详细介绍。

翻领成型是比较常见的一种制袋成型。翻领成型器的最大优点是薄膜卷可安装于较低位置上，从下往上进入成型器。如图 15-22 所示，平张薄膜经导辊引入翻领成型器 2，被折弯后由纵封器 5 将两侧边搭接封合，使薄膜成卷筒状。物料经加料管 1 充入袋内。横封器 4 在做横向热封与分切的同时将袋筒间歇地向下牵引，最后形成如图 15-13（d）所示的枕形袋。

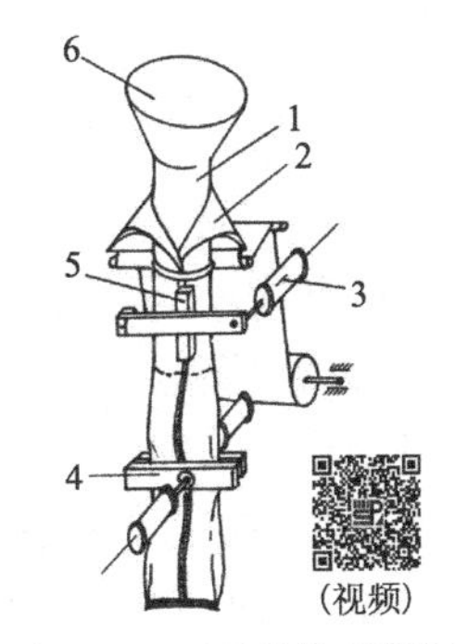

图 15-22　翻领成型袋装机（枕形袋）示意图

1. 加料管；2. 翻领成型器；3. 液压缸；4. 横封器；5. 纵封器；6. 加料斗

三、旋转式真空包装机

图 15-23 是旋转式真空包装机工作示意图，该机由充填和抽真空两个转台组成，两转台之间装有机械手将已充填物料的包装袋转移至抽真空转台的真空室。充填转台有 6 个工位，取袋吸嘴 2 从贮袋库 1 取袋，并将袋转成直立状，交给工序盘上的夹袋手，然后在各工位上停歇时依次完成打印、开袋、充填固体物料、注射汤汁、预封（封口缝的部分长度）5 个动作，再由送袋机械 11 帮助转移入真空封口工序盘的真空室，真空室内抽真空后进行电热丝脉冲封口、冷却。最后真空解除，真空室打开，夹袋手张开释放出包装成品。

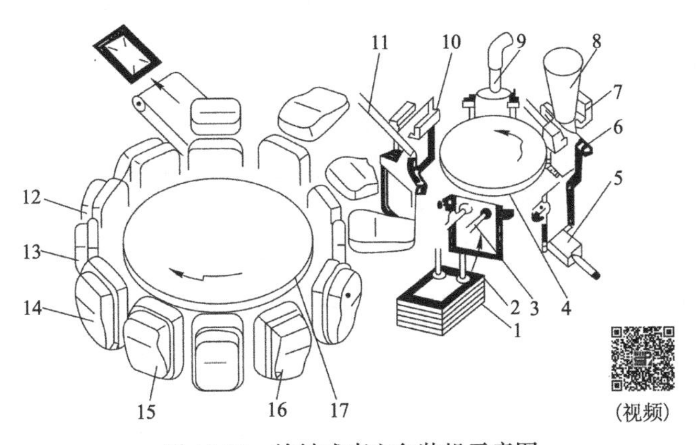

图 15-23　旋转式真空包装机示意图

1. 贮袋库；2. 取袋吸嘴；3. 上袋吸头；4. 充填转盘；5. 打印器；6. 夹袋手；7. 开袋吸头；8. 加料管；9. 加液管；10. 预封器；11. 送袋机械；12、13. 冷却室；14. 热封室；15. 第二级真空室（100kPa）；16. 第一级真空室（93.3kPa 左右）；17. 真空密封转盘

该机器的生产能力达到 40 袋/min。由于机器的生产能力较高，国外机型配套定量杯式充填装置，预先将固体物料称量放入定量杯中，然后送至充填转台的充填工位装入包装袋内。

扁平袋、自立袋进入工序盘或工序链必须让袋开口成型，袋开口成型由开袋装置来完成。开袋时大部分利用真空吸盘将袋口打开。吸盘少则一对，多则两对，视袋口尺寸而定。吸盘成对安装在支承件上，经真空通道与真空系统相连通，当吸盘内通真空时，袋口两层薄膜被吸持住，随着吸盘的相向运动将袋打开成型。

第三节　刚性容器封口技术与机械

封口机械是在包装容器内盛装产品后，对产品进行封口的机械。通常按包装容器口部形状、封口方式及是否使用封口材料可将封口机械分为两类：第一类是无封口材料封口，即直接用包装容器口壁部分材料经热熔、粘接或折叠扭结等方法实施封口，这类封口可在相应的裹包机或装袋机上直接完成，也可用手工或专用包装器具将装填好的食品在专用封口机上完成封口；第二类是有封口材料封口，封合物包装适用于刚性包装容器封合的盖和适用于塑料半刚性包装容器的复合软塑盖材，用于食品包装的复合软塑盖材主要有纸/铝箔/PE（聚乙烯）/BOPP（双向拉伸聚丙烯薄膜）/PE。

食品包装对封口的一般要求为：外观平整、启封方便、封合材料无毒、安全等。现代封口技术还兼备传达信息及防偷换等功能。本节主要介绍刚性容器（瓶罐类）的封口。

根据刚性容器密封方法的不同，封口的形式主要有下列几种：卷边封口、压盖封口、压塞封口、滚纹封口、滚边封口、旋盖封口，如图 15-24 所示。下面主要介绍最常用的卷边、压盖、旋盖、滚纹（滚压）封口设备。

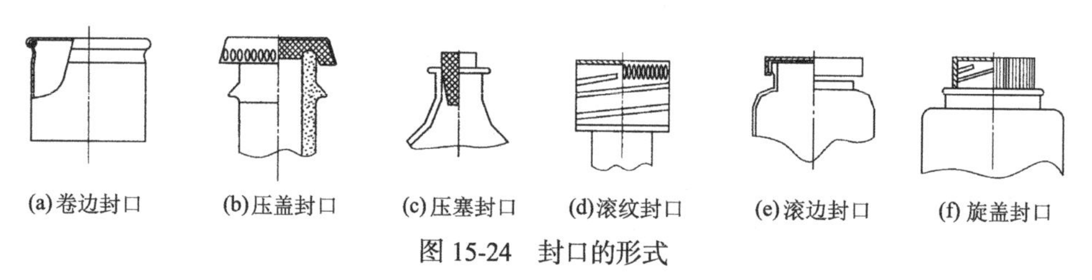

图 15-24　封口的形式

一、卷边封口机

食品包装用的金属容器有二片罐、三片罐，马口铁容器一般为三片罐（由上盖、下底、罐身组成）。马口铁罐、铝箔罐等金属容器的罐体与底或盖之间卷边封合密封是在完成罐身筒端部边缘翻边、罐底或盖圆边注胶烘干后才进行的，采用的是二重卷边封口法。卷边封口指的是将翻边的罐身与涂有密封填料的罐盖内侧周边互相钩合、卷曲并压紧而使容器密封。

二重卷边封口的原理如图 15-25 所示，以马口铁金属罐二重卷边封口为例，卷边封口时，首先将已加盖的罐体由送罐机构送至封罐机工作，封罐机的上、下压头将罐体与罐盖压住，借助传动机构及径向送进装置，使卷封滚轮向罐体和罐盖上的待卷封凸缘行进。卷封滚轮与罐体做相对转动，同时卷封滚轮向罐体中心做相对的径向进给运动。头道卷封作用时，头道滚轮将罐体盖的卷封凸缘滚挤至罐体的凸缘之下，使两者凸缘相叠合并卷曲成所要求的形状。头道卷封作用完成后，头道滚轮立即撤离，开始二道卷封作业，二道滚轮在凸轮作用下向罐体中心做径向进给运动，使已卷曲的罐体和罐盖凸缘向罐体贴合靠拢并持续滚压，形

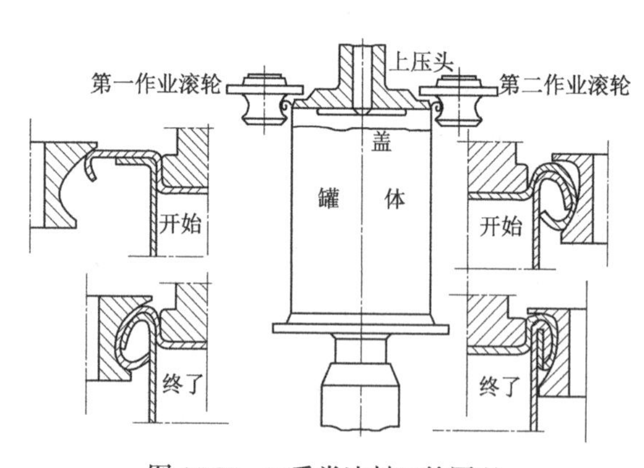

图 15-25　二重卷边封口的原理

成紧密钩连的卷边封口。圆形罐封罐机的卷封机构如图 15-26 所示。

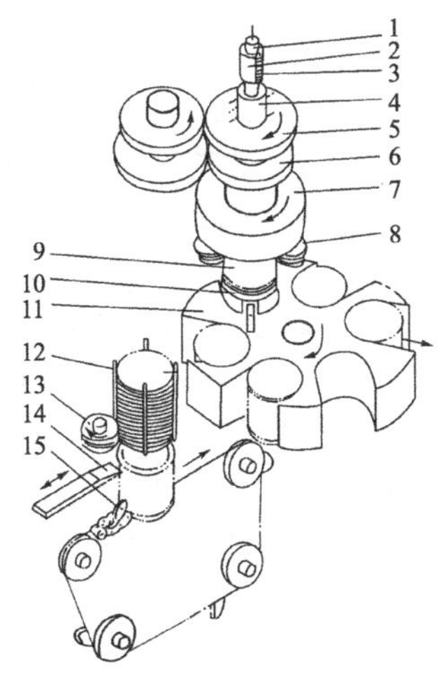

图 15-26　圆形罐封罐机的卷封机构

1. 压盖杆；2. 套筒；3. 弹簧；4. 上压头固定支座；5、6. 齿轮；7. 封盘；8. 卷边滚轮；9. 罐体；10. 托罐盘；11. 六槽转盘；12. 罐盖存槽；13. 分盖器；14. 推盖板；15. 推头

二、压盖封口机

压盖封口是通过封口机构，将封口盖正压并与容器口形状贴全，形成密闭包装容器。压盖封口的瓶盖一般称为皇冠形瓶盖，所谓皇冠形瓶盖是预压成的冠状金属圆盖，边缘有褶皱，盖内浇注有密封环料。

（一）封口原理

1. 皇冠形瓶盖　其封口原理如图 15-27 所示，封口时，皇冠形瓶盖加在待封瓶口上，由机械施以压力，促使位于盖与瓶口间的密封垫产生较大的弹性挤压变形，瓶盖结构上的波纹形周边被挤压而变形，卡在瓶子封口凸棱的下缘，造成盖与瓶身间的机械钩连，得到牢固且紧密的密封性封口。其密封性能好、制作简易、成本低，是啤酒、瓶装饮料等玻璃瓶最常见的封口形式。

2. 铝制圆帽盖　瓶嘴部分有 2～3 圈外螺纹和一圈外凸缘，铝制圆帽盖内有弹性密封垫片。其封口形式如图 15-28 所示，封口原理如图 15-29 所示，挤压头由压盖心轴 3、压头 4、挤压模座 5、挤压环 6 及垫环 7 组成。压盖时，由压盖机施力（P）于压盖心轴 3，把铝制圆帽盖 1 压紧在瓶口上；同时，压头挤挤压环，使之发生弹性形变，挤压铝盖圆柱表面，促使其贴靠于瓶子封口连接表面，产生收缩性塑性变形，与瓶子封口结构外螺纹及凸缘构成紧固连接，实现压盖封口作业。

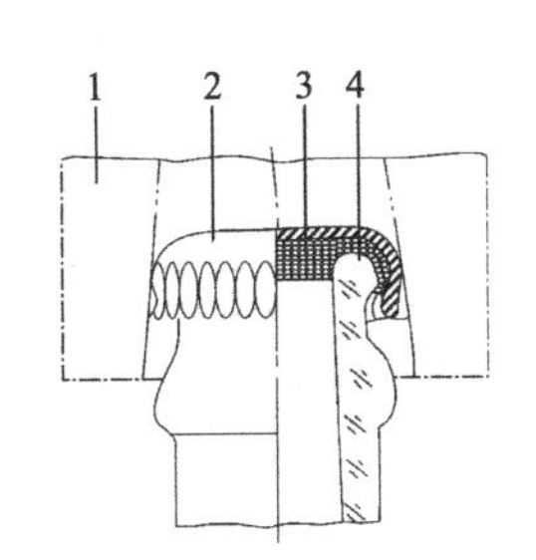

图 15-27　皇冠形瓶盖压盖封口原理

1. 压盖模；2. 皇冠盖；3. 密封垫片；4. 瓶口

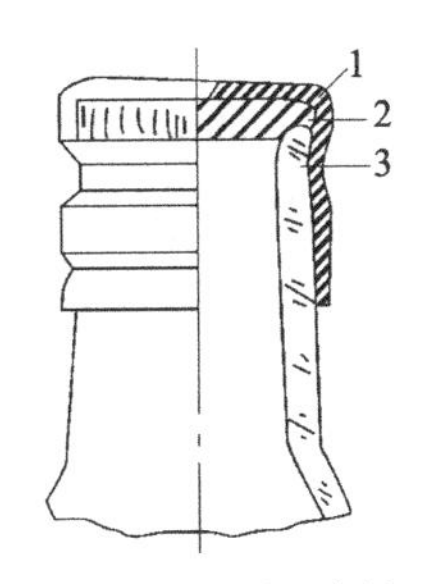

图 15-28　铝制圆帽盖封口形式

1. 圆帽盖；2. 密封垫片；3. 瓶口

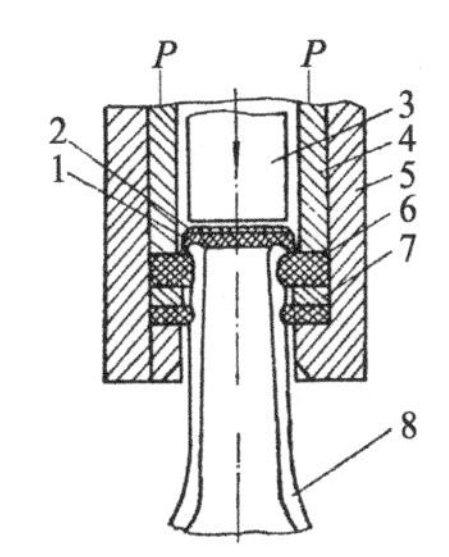

图 15-29　铝制圆帽盖封口原理图

1. 铝制圆帽盖；2. 密封垫片；3. 压盖心轴；4. 压头；5. 挤压模座；6. 挤压环；7. 垫环；8. 瓶体

（二）压盖封口机的结构

图 15-30 是皇冠压盖封口机的结构简图，主要由皇冠盖的压盖机主体、压盖机头、输供瓶盖装置（常采用自动料斗）、进瓶和出瓶装置等组成。

完成灌装后的瓶子，由链带输送至供瓶装置 4，经变螺距螺杆隔开，被进瓶拨轮 5 转送到压盖转盘 6 上；封口用的瓶盖，在储盖箱 1 中经槽式电振给料器振动后送出，被磁性带 2 吸附，连续向上提升，经斗式振动给料器 3，使杂堆放的瓶盖沿螺旋滑道自动定向排列输出，并由滑道送到压盖机头 7 的导向环槽中定位。当瓶子随转盘回转进入导向环下部时即被加盖，并在压盖机头下降

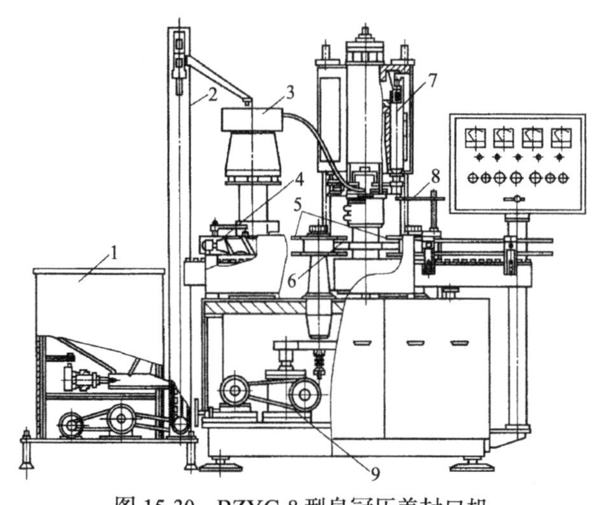

图 15-30　BZYG-8 型皇冠压盖封口机

1. 储盖箱；2. 磁性带；3. 斗式振动给料器；4. 供瓶装置；5. 进瓶拨轮；6. 压盖转盘；7. 压盖机头；8. 吊瓶安全装置；9. 无级变速器

运动时（由机身的凸轮控制）完成封口，然后由出瓶拨轮输出。

三、旋盖封口机

旋盖封口是用螺纹连接来实现瓶罐容器封口的一种方式。瓶罐容器的封口部位制作有外螺纹，瓶盖一般采用金属薄板或塑料制造，瓶盖上加工有相应的内螺纹，瓶盖内通常衬有弹性密封垫（新型带密封结构的螺口塑料及用塞作密封元件的瓶盖结构可不设弹性密封垫）。旋盖封口时，将带密封垫的螺旋拧在待封口的瓶罐上，旋拧产生的压力使置于瓶口与盖底部间的弹性封垫发生弹性变形，得到封口要求的密封性连接。这种封口形式主要用于盖子为塑料或金属件，而罐身为玻璃、陶瓷、塑料或金属件组合的容器，如瓶装饮料、奶粉等。

下面以塑料瓶封口机为例介绍旋盖封口机的结构及工作原理。

塑料瓶的封口器材通常是带有单螺纹的瓶盖（图 15-31），以旋拧的方式旋紧在带有螺纹的瓶口或罐口上。瓶盖旋合过程中，封口盖与瓶口间的运动是螺旋运动，相互间既有转动，同时又有轴向的位移行进运动。旋合封口时，要求确保封口有足够的密封强度，同时又不产生过度的旋紧，以免瓶盖或瓶被挤破，因此当瓶盖与夹持器，或瓶与夹持器间的旋拧力矩超过许可值时，通常使它们之间产生打滑来确保封口质量。

图 15-32 所示为应用摩擦驱动盖或瓶做旋合运动的示意图。图 15-32（a）中使瓶身不动，采用主动滚轮施加摩擦力，带动瓶盖反向旋转，从而使容器封口；图 15-32（b）中转盘槽中的瓶身在转盘和静止侧板作用下，由于瓶身两侧存在速度差而旋转（角速度为 ω），达到封口目的；图 15-32（c）中由两条平行等速（v）但方向相反的输送带夹持着瓶身，使瓶身做旋转运动，瓶盖上方的压盖板能阻止盖转动并能使盖做轴向送进，这样可使瓶转动、盖做轴向送进，完成旋合封口。

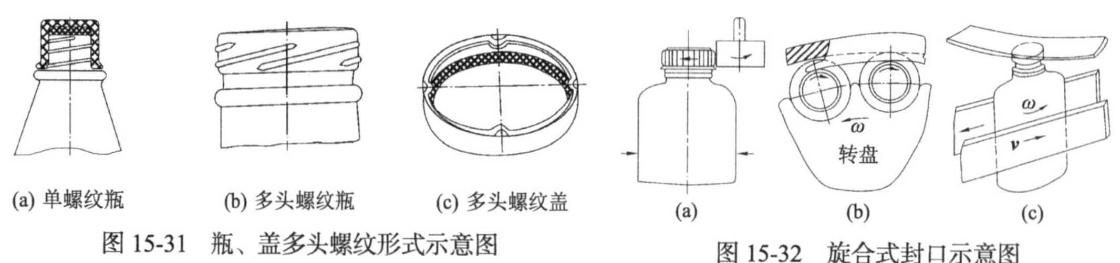

图 15-31　瓶、盖多头螺纹形式示意图

图 15-32　旋合式封口示意图

四、滚压封口机

滚压封口机是指用滚轮滚压金属盖使之变形以封闭包装容器的机器。它是将容易成型的薄金属盖壳套在瓶颈顶部，操作压盖头，利用夹头内滚轮在盖上轧出螺纹。

图 15-33 所示为滚压防盗封盖形式示意图。其封口盖与螺旋盖相似，但螺纹（或波纹）

是由滚轮环绕薄金属盖坯进行滚轧，使盖的形状与瓶子表面已经制成的螺纹、瓶口唇缘、唇边或其他凸出部分的形状一致。

图 15-34 所示为滚压封口机示意图。当包装容器运动到夹头 4 下面时，压盖头下降；夹头中心的压紧件 2 随之下降，压在圆筒状盖壳上并紧紧地夹住盖壳，使盖壳紧顶在容器口上；螺纹轧轮 1 向盖壳上部靠拢并将软金属向包装容器口上的螺纹挤压；夹头 4 转动，螺纹轧轮 1 沿螺纹向下移动，在瓶盖上压出螺纹；防盗包装轧轮 3 向盖壳靠拢，并沿瓶颈在金属盖的底边滚轧，使容器封口；完成轧盖封口后，轧轮离开，夹头上升，包装后的容器被输送出去。

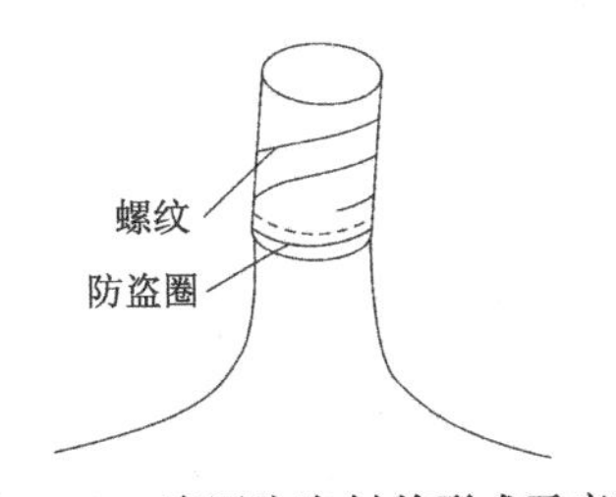

图 15-33　滚压防盗封盖形式示意图

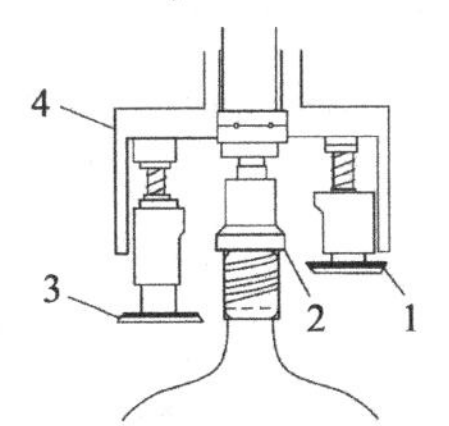

图 15-34　滚压封口机示意图
1. 螺纹轧轮；2. 压紧件；3. 防盗包装轧轮；4. 夹头

滚压封口盖特别适于软饮料瓶、啤酒瓶上作防盗封盖用。滚压盖制成防盗式样的方法是利用带孔瓶盖的延伸部分滚轧在瓶子唇缘的周围形成密封，如果不先将防盗圈与瓶盖分离，瓶子就不能打开。滚压盖旋下来后，还可以重新旋在瓶子上。

第四节　无菌包装技术与机械

无菌包装是在被包装物品、被包装容器（材料）和辅料、包装设备均无菌的情况下，在无菌的环境中进行充填和封合的一种包装技术。它常用于乳品、乳制品、果汁、饮料、食品及某些药品等的包装。尤其适于液态食品经过短时高温灭菌或巴氏灭菌后包装，所含维生素能保存 95%，其色、香、味的损失均比包装后灭菌损失少，不会破坏食品的营养成分，对食品的质量没有影响。无菌包装所采用的包装容器有杯、盘、袋、桶、缸、盒等，容积从几毫升到几升甚至到上百升不等；包装材料主要采用塑料/铝箔/纸/复合薄膜。其中被包装的食品可在常温条件下储存 12～18 个月不会变质，保存 6～8 个月不损失风味。无菌包装也存在一些缺点：很难用于流动性差的高黏度包装物品；设备复杂，规模较大，造价高，因此起始成本高；对操作管理要求十分严格，一旦发生污染，整批产品就要全部报废。

无菌包装可细分为 4 个过程：一是无菌包装材料的预杀菌；二是食品物料的预杀菌；三是包装、充填环境的无菌；四是包装封口，其主要目的是彻底关闭（隔绝）包装物内物料与外界的双向传递通道，是无菌包装工序中最后一个环节，也是最重要和最关键的一个环节。

无菌包装应在无菌环境中进行。食品及医药品的无菌充填室一般达到级别 100，温度控制在 18～26℃，相对湿度为 45%～65%。过滤处理的无菌空气送入洁净室内，应保持室内与室外的静压差大于 10Pa，以免室外不洁空气进入室内。无菌洁净室内的充填设备均需要严格消毒灭菌，且包装作用完成后要用 0.5%～2%的 NaOH 热溶液进行循环清洗，然后用稀 HCl 溶液进行中和，最后用蒸汽杀菌。次日使用前还要再次进行杀菌。特定的阀门、旋塞等在碱洗之前要卸下清洗。包装设备本身的彻底杀菌操作是进行无菌包装时最重要的工作。

无菌包装设备的结构和功能主要包括以下两个方面：一是能给包装材料（或容器）灭菌；

二是完成制袋（或制盒）-充填-填口包装，如果包材是容器，此步骤只完成充填和封口。在无菌包装前，包装机首先要达到自身无菌，因此包装前所有直接或间接与无菌物料相接触的机器部位都要进行灭菌。下面以纸盒无菌包装机为例对无菌包装设备予以介绍。

纸盒无菌包装型式与包装机械分为纸板卷材制盒无菌包装机和预制纸盒无菌包装机两种。

一、纸板卷材制盒无菌包装机

纸板卷材制盒无菌包装型式（roll-fed carton packaging）与包装机械的典型代表主要是瑞典利乐（Tetra Pak）公司的纸盒无菌包装机、L-TBA 系列的无菌包装机和国际纸业（Internation Paper）的 SA-50 无菌包装机。下面以著名的利乐 L-TBA/8 型无菌包装机为例，介绍纸板卷材制盒无菌包装机的结构及工作过程。

1. 机器的灭菌　无菌包装开始前，所有直接或间接与无菌物料相接触的机器部位都要进行灭菌。先喷入 35%的 H_2O_2 溶液（双氧水），再用无菌热空气干燥的方法，其过程如图 15-35 所示。首先，空气加热器预热和纵向纸带加热器预热，当达到 36℃工作温度后，将预定的 35%的 H_2O_2 溶液通过喷嘴分布到无菌腔及机器其他待灭菌部位。H_2O_2 的喷雾量及喷雾时间采用自动控制，以确保最佳的灭菌效果。喷雾之后，用无菌热空气干燥。整个机器灭菌的时间约为 45min。

2. 包装材料的灭菌　如图 15-36 所示，在包装材料引入过程中要通过一个充满 H_2O_2 溶液（温度约 75℃）的深槽，其行进时间根据灭菌要求可预先在机械上设定。包装材料经由灭菌槽之后，再经挤压去水辊和空气刮刀，除去残留的 H_2O_2，然后进入无菌腔。

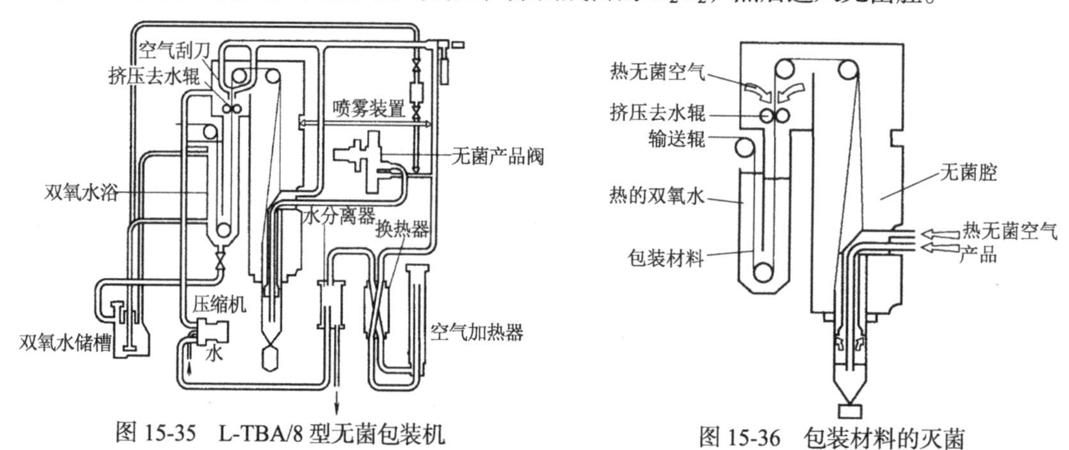

图 15-35　L-TBA/8 型无菌包装机　　　图 15-36　包装材料的灭菌

3. 包装的成型、充填、封口和割离　包装材料经转向辊进入无菌腔。依靠三件成型元件形成纸筒，纸筒在纵向加热元件上密封。无菌产品通过进料管进入纸筒，纸筒中制品的液位由浮筒控制。每个包装产品的封口均在物料液位以下进行，从而获得内容物完全充满的包装。产品移行靠夹持装置。纸盒的横封利用高频感应加热原理，即利用周期约 200ms 的短暂高频脉冲，加热包装覆材内的铝箔层，以熔化内部的聚乙烯层，在封口压力下被粘到一起。因而所需加热和冷却的时间就成为机器生产能力的限制性因素。

最好的设备既可充填高黏度的产品，也可充填带颗粒或纤维的产品。对这类物料的充填，必须采用有顶隙的包装。包装过程中，产品按预先定的流量进入纸管。引入包装内部顶隙的是无菌空气或惰性气体。下部的纸管可借助于特殊密封环而从无菌腔中割离出来。密封环对密封后的包装略施轻微的高压，使之最后成型。

4. 单个包装的最后折叠　割离出来的单个包装被送至两台最后的折叠机上，用电热法加热空气，进行包装物顶部和底部的折叠成角并下屈与盒体粘接。完成了小包装的产品送到下道工序进行大包装。

二、预制纸盒无菌包装机

预制纸盒无菌包装（carton packaging from sleeve）不用卷筒材料，而是用预先压痕并接缝的筒形材料，在机器无菌区之外预先成型，然后用 H_2O_2 和加热杀菌，用于牛乳和果汁饮料之类的无菌包装。此类型的典型设备是瑞士 SIG 公司的 Combibloc 无菌包装设备和国际液装（Liquid-Park International）公司的无菌包装机。瑞士 SIG 公司 Combibloc 无菌包装机如图 15-37 所示，前端为预制纸盒过程，其纸盒主要由卷筒纸、PE、铝箔等几种材料重合经挤出、印刷、压痕、开孔、纵封后制成。预制后的纸盒后段即进入无菌包装过程。

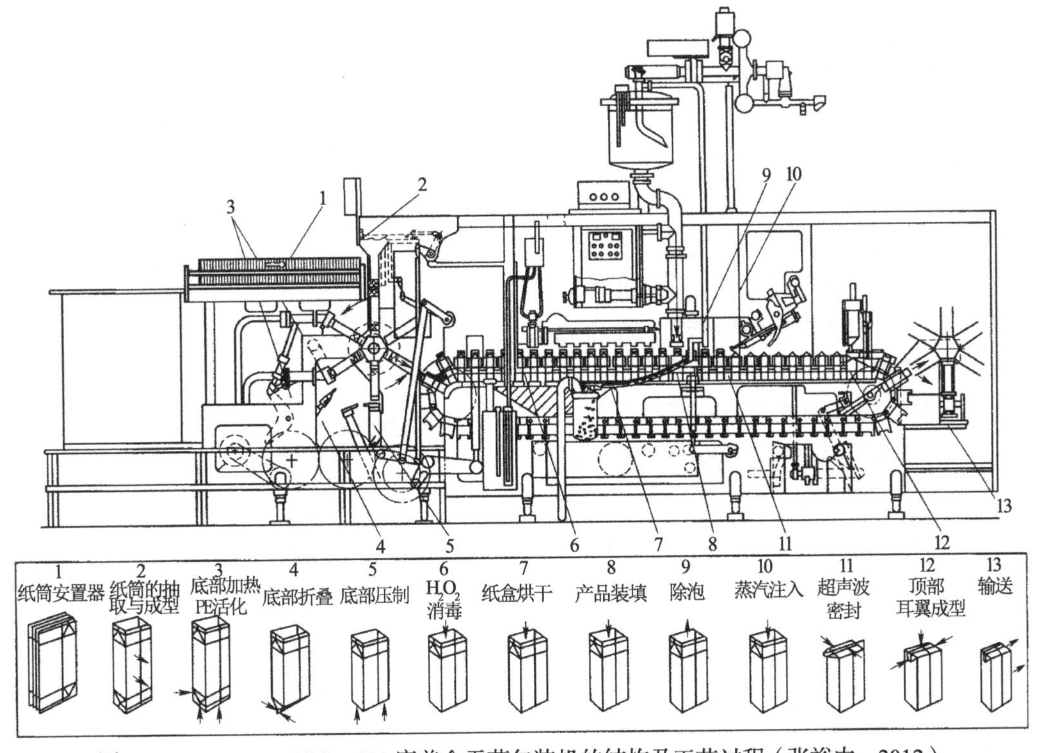

图 15-37　SIG Combibloc 100 康美盒无菌包装机的结构及工艺过程（张裕中，2012）

1. 机器的灭菌　包装机的无菌区指的是从容器灭菌到密封之间的区域，在机器工作之前，无菌区采用 H_2O_2 蒸气和热空气的混合物进行灭菌。在正常运转期间，为减少该开放系统无菌区内的细菌含量，采用特殊设计的与空气净化系统相连的无菌空气分布系统，并使无菌空气流动尽可能呈层流状并保持该区域处于正压，从而达到保证无菌的目的。

2. 容器的灭菌　康美盒容器材料已预制成纸筒，康美盒系统的特点是纸盒容量灵活，可以改变包装容量，且能包装带有黏性或果粒的产品。经预热纸盒用 H_2O_2 溶液和热空气混合冲洗，可避免 H_2O_2 溶液滴落在容器壁面上。灭菌后用热的无菌空气使之干燥。H_2O_2 和无菌空气的流量由微型压缩机控制。H_2O_2 残留量小于 0.5mg/kg。若设备系统出现差错，则纸盒不能进入充填部位，机器内的包装将被分隔出来，机械便停下来。当故障消除之后，再开始生产，但必须重新进行机器的灭菌。纸盒灭菌流程如图 15-38 所示。

3. 无菌充填系统　康美盒无菌包装机的充填也在其无菌区内完成。充填系统由缓冲罐、

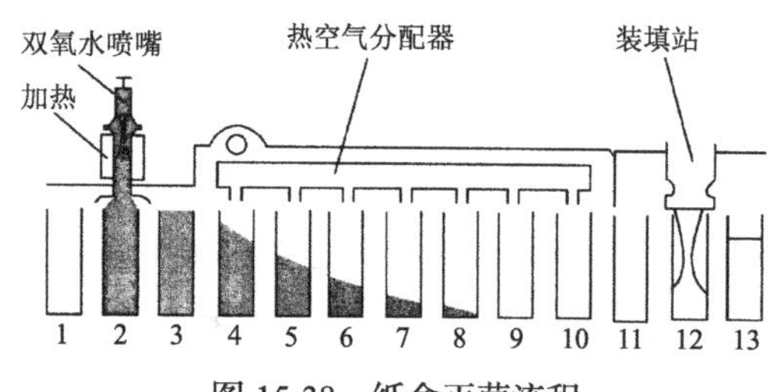

图 15-38　纸盒灭菌流程

定量活塞泵和灌装头等组成。此灌装系统有两个灌装头，可单独对包装盒灌装。但一般采用两头同时灌装，即每一头灌装每盒容量的一半。

图 15-39 所示为双阀式灌装系统的结构，缓冲罐上部充入无菌空气以防造成真空或受环境大气污染。罐中的搅拌器用于保证含颗粒物料中的颗粒在液体中均匀分布。充填过程中的定量有两种方式，对于含颗粒料液或黏度大的料液采用柱塞式容积泵定量，对于黏度小的料液采用定时流量法。

灌装阀需要根据产品类型而定。已有灌装阀可供黏度为 80～100Pa · s、内含最大粒径 20mm 的含颗粒料液的灌装。其允许的颗粒含量最高达 50%。

对于易起泡沫产品，灌装后用除泡器吸取泡沫并送回另一贮槽回用。

4. 容器顶端的密封　康美盒无菌包装系统可以轻易地调整盒内顶部空隙，所采用的方法是在顶部密封之前，先注入蒸汽。容器封顶是无菌区内的最后工位。对充填好的容器，采用超声波进行顶缝密封。超声波密封法由于热量可直接发生在密封部位上，故可保护包装材料。密封发生在声极与封砧之间。声极振动频率为 20 000Hz，从而使 PE 变得柔软。密封时间约为 1/10s。超声波可以绕过小粒子或纤维而不影响密封质量。

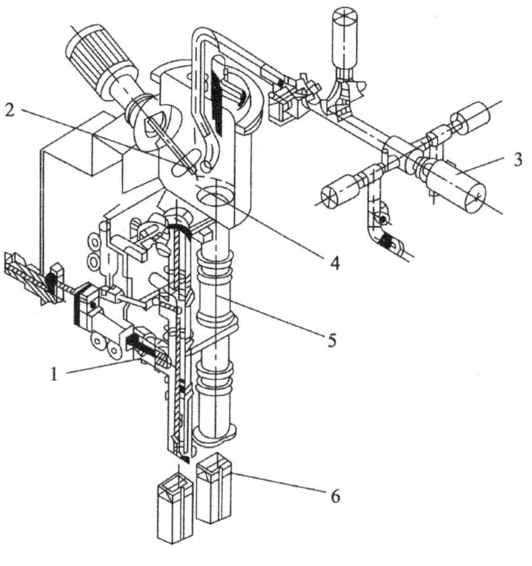

图 15-39　双阀式灌装系统的结构（张裕中，2010）
1. 定量活塞泵；2. 搅拌器；3. 物料进口管；4. 缓冲罐；5. 灌装阀；6. 纸盒

康美盒无菌包装机可进行多种规格的产品包装。目前市场上有 4 种不同截面积的包装规格，其容积为 150～2000ml。该机生产能力为 5000～16 000 盒/h。

预制纸盒无菌包装机有以下优点：①灵活性大，可以适应不同大小的包装盒，变换时间仅需 2min；②纸盒外形较美观，且较坚实；③产品无菌性可靠；④生产速度较快，而设备外形高度低，易于实现连续化生产。不足之处是必须用制好的包装盒，从而会使成本有所增加。

思考题

1. 试举例说明不同液态食品宜采用的灌装设备。

2. 液体食品常用的灌装方式有哪些？

3. 双室真空法灌装与单室真空法灌装相比有何优缺点？

4. 假定秤斗数量为 10 时，要称量包装的食品物料为 100g，试举例介绍复室组合秤的称量原理。

5. 保证包装产品无菌的条件有哪些？以 L-TBA 无菌包装机为例，介绍无菌包装机哪些关键区域需要无菌化？

第十六章 典型食品生产线成套设备

内容提要

本章是在前面章节基础上的综合和具体实践应用，用食品生产工艺之“线”串起功能各样的设备之“珠”。书中举例介绍了从工艺出发，进行设备选型，最后组成完整生产线的方法，对前面没有介绍过的关键或专用设备作了详细介绍。要求学生掌握果蔬、方便面、肉制品、啤酒、乳制品加工生产线中关键设备的选型方法，归纳生产线的设计方法，培养理论用于实践、解决工程中单元操作及复杂问题的能力。

前面介绍的是各种类型设备，限于篇幅，难以尽数概括，而且设备与设备之间、设备与具体食品产品生产之间，设备如何选用，如何组成一条完整的生产线，其实更是一项综合的比较难的工作。这项工作必须建立在食品生产工艺、物料衡算、能量衡算的基础上，必须严格遵守生产质量管理规范（GMP），特殊时还要考虑到车间的具体空间、位置，同时还应充分了解本行业发展的最新动向，最终确定设备的型式、生产能力、计算设备的台数、选定设备的材质等。总之，设备选型的原则是：经济上合理，技术上先进，运行上稳定可靠，易于清洗、消毒、维修，尽量采用经过实践考验，证明确实性能优良的设备。

本章举例讲解了几条典型的生产线的设计方法，对生产线中前面没有介绍过的关键设备作了重点介绍。需要指出的是，生产线中的设备型式不是唯一的，而是根据实践需要及行业发展而变化的。

第一节 果蔬加工类生产线

一、柑橘汁生产线

（一）柑橘汁生产工艺流程

天然柑橘汁是指 100%原果汁，又称 NFC（not from concentrate，非浓缩还原）果汁，其生产工艺流程如图 16-1 所示。

其工艺要点如下。

（1）除油、榨汁　柑橘果实的结构比苹果的复杂，种子中含类柠檬苦素，果皮中含有果皮油和橘苷的苦味成分。在榨汁中要尽量避免果核混入果汁中，以免造成果汁有苦味。目前在制作柑橘汁时，通常在榨汁前先用除油机通过针刺果皮使油流出，再用喷淋水带走，去除皮油。然后用专用的柑橘榨汁机榨汁，常用的榨汁机有美国食品机械公司（Food Machinery Corporation，FMC）榨汁机、布朗榨汁机、剖分式榨汁机等。

（2）过滤与离心分离　不同的榨汁方式，果汁中所含有的碎果皮、粗果肉颗粒、种子等的含量也不同。果汁中含有的粗颗粒物质一般采用打浆机和粗滤去除，然后在精滤机中精滤或用离心机分离。

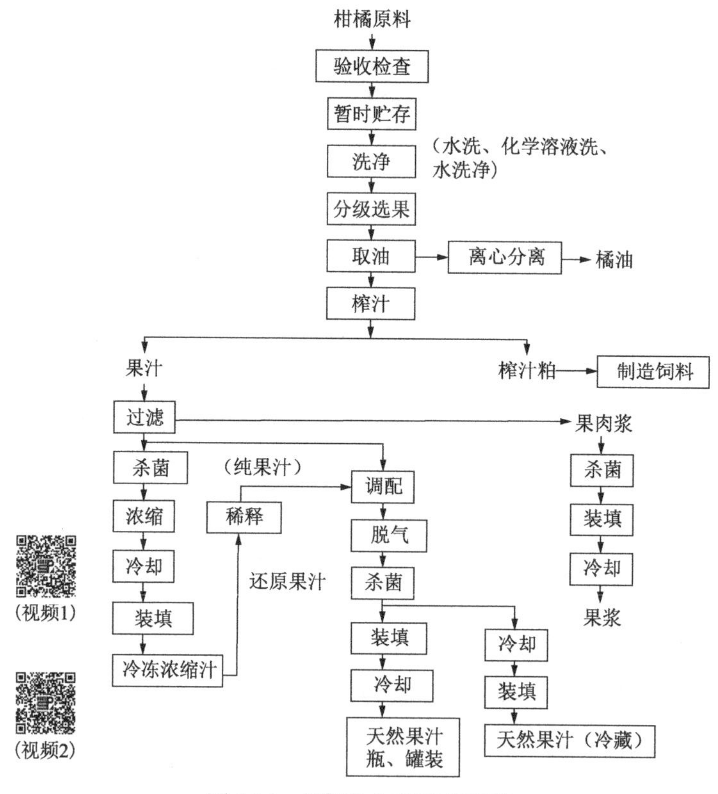

图 16-1　柑橘汁生产工艺流程

（3）调配　精滤后的果汁在调配罐中进行调配，调整果汁的糖度、酸度和其他理化指标，以保证不同批次的果汁品质和成分一致。

（4）脱气　柑橘汁在生产过程中，会有氧气溶解于柑橘汁中，并吸附在果浆和胶体粒子表面，造成果汁氧化，降低产品的质量。因此，通常将柑橘汁在真空条件下进行脱气。对于含油量低的柑橘汁，可在常温下进行真空脱气；对于含油量较高的柑橘汁，可在进行脱气的同时完成脱油。

（5）杀菌　经过脱气处理的柑橘汁用板式或管式换热器进行高温短时杀菌，以抑制细菌的繁殖，提高柑橘汁的稳定性。

（6）浓缩　为了避免柑橘汁的风味发生变化，柑橘汁一般采用低温短时的浓缩方式，可以采用双效降膜管式蒸发器、离心薄膜蒸发器等进行浓缩。研究表明，采用 50～60℃的蒸发温度、3～5s 浓缩时间的离心薄膜蒸发器更适合柑橘汁的浓缩，加工出的浓缩汁的质量也比较好。

（7）冷冻　柑橘浓缩汁一般采用冷冻的方式进行贮存，称为冷冻浓缩柑橘汁。在加工冷冻浓缩汁过程中，常添加一些新鲜果汁到浓缩汁中，并添加浓缩时回收的芳香成分，以弥补浓缩时失去的芳香成分，提高浓缩汁的质量。柑橘汁冷却以后再装填进包装容器或储罐，然后再冷冻保藏。

（二）柑橘汁关键设备选型

1. 辊子浮选机　辊子浮选机（图 16-2）从结构上可以看成由一个洗槽和一个辊子输送

机构成。辊子输送机与带式输送机的结构相似，只是其输送带是两根链条中间安装许多的圆柱形辊子，当驱动链轮带动滚子链运动时，物料便在其上随之运动。输送机分为三段，下倾斜段的下部浸在洗槽3中，上倾斜段接入破碎机，中间水平段为拣选段。在倾斜段装有喷淋水管，喷淋水管上开有喷水孔。

浮洗机一般配备流送槽输送水果。工作时流送槽将原料预洗、输送并经提升机1送入洗槽3前半部分浸泡，经翻果轮2将水果拨入洗槽后半部分，此处装有高压水管7，其上分布有许多距离相同的小孔，高压水从小孔喷出，使水果翻滚并与水摩擦，水果间也相互摩擦，使表面污物洗净，辊子输送机6载着的水果被喷淋水管4喷出的高压喷淋水再度洗刷干净，之后进入拣选台5拣出烂果和修整有缺陷的水果，再经喷淋后送入下道工序。

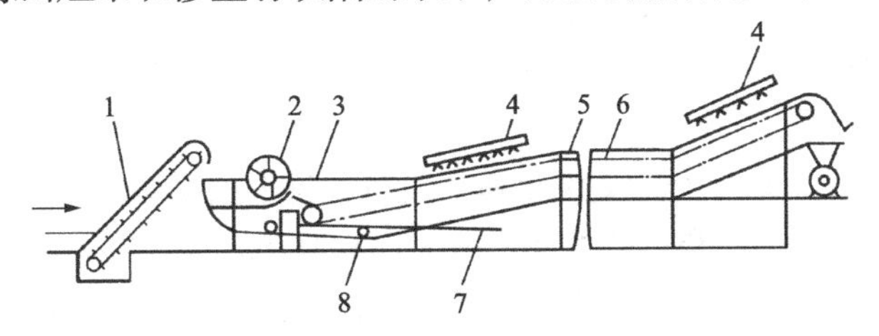

图16-2 辊子浮选机

1. 提升机；2. 翻果轮；3. 洗槽；4. 喷淋水管；5. 拣选台； 6. 辊子输送机；7. 高压水管；8. 排水管

2. 磨橘油机 磨橘油机是一种通过尖齿刺破柑橘表皮油囊后提取芳香油的一种设备，该法比压榨法或萃取法获得的芳香油品位好、价值高，在获得芳香油后，不破坏果品的完整，果肉仍然可以加工成橘子罐头或果汁。磨橘油机按其作用原理可分为两种类型：一种是圆盘摩擦式，柑橘落在带齿的旋转圆盘上，由于物料的重力及转动时产生的离心力，柑橘表皮与圆盘及圆筒壁齿板的摩擦，刺破表皮而取得油汁，柑橘是间歇定时进出，生产能力低；另一种是直线振动式，柑橘在水平输送时，由于齿条的振动与果品产生撞击，刺破表皮而取得油汁，柑橘是连续进出，生产能力高，下面重点介绍后一种——直线振动式磨橘油机。

1）工作原理：经过清洗后的柑橘，进入料斗后，经进料滚筒均匀分配后，落在振动的齿条床上，由于输送链刮板的推送及齿条的振动，柑橘在输送过程中不停地跳动和翻转，被齿条的齿尖刺破表皮油囊，通过一组喷淋管，把油汁冲洗下来汇集到贮汁槽，经分离后即可取得橘油。柑橘随着输送链通过上下两层齿条床后，由下层出口端送出。

2）主要结构：如图16-3所示。料斗装在设备的上端，内部装有一只十等分的进料滚筒8，柑橘进入料斗后，被均匀分隔后落料。输送装置采用大节距套筒滚子链等距安装，无级变速器经链轮、齿轮减速后，分别带动进料滚筒8及输送链轮。进料滚筒8转动一格与输送刮板移动一个间距的位置相匹配。该机前后共有两套振动装置，每套振动装置支承在4根弹簧15上，并分别由一台电动机16带动，电动机16通过带轮带动轴12，在轴的两端各装有一组偏重块10、11。当轴旋转时，由于偏重，振动装置及上下两组不锈钢齿条13产生一定频率的振动。在输送链的上面装有一组喷水管9，由喷嘴使喷淋水把柑橘表面的油汁冲洗下来，汇集到集液槽后，由出液斗17流出，经离心分离后，水通过水泵循环使用，以节约用水。

由于柑橘品种不一，果皮紧密度及含油率也不相同，取油机能使柑橘表皮刺破的强度及刺破时间在一定范围内进行调节。

振动装置振幅通过轴12上的一对偏重块10、11进行调节。柑橘被刺时间由输送链的输送速度来控制。速度快慢由无级变速器进行调速。

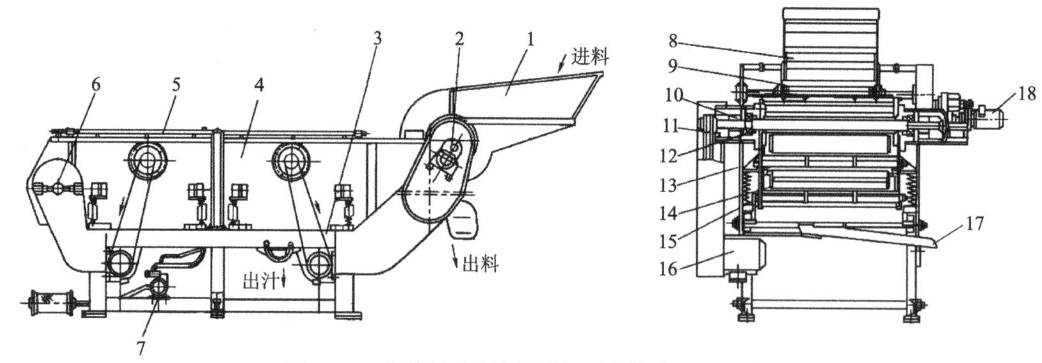

图 16-3　直线振动式磨橘油机（张裕中，2012）

1. 料斗；2. 传动装置；3. 机架；4. 振动装置；5. 喷淋装置；6. 输送链；7. 水泵；8. 进料滚筒；9. 喷水管；10. 固定偏重块；11. 调节偏重块；12. 轴；13. 齿条；14. 输送刮板；15. 弹簧；16. 电动机；17. 出液斗；18. 传动电动机

3. 榨汁设备　柑橘汁生产的关键是榨汁设备，需根据柑橘的品种、外形（圆或椭圆）、表皮特征（宽皮或紧皮）选择合适的榨汁设备，以提高出汁率及在榨汁过程中避免表皮和种子产生破碎，导致果汁产生苦涩味，影响品质。柑橘汁的榨汁工艺有两种方法：全果取汁法和切半取汁法。这里主要介绍第一种取汁方法及设备——柑橘全果榨汁机。

柑橘全果榨汁机是果汁生产线中的专用设备，用于榨取柑、橘、橙、柠檬等果实的原汁，具有独特的榨汁原理。榨汁时不必将水果切开，而是对整个果子挤压获取果汁。经过专门的装置，压榨过的水果将被分成 4 部分：果皮，果皮油乳化液，橘膜、籽和果皮块，果浆、果汁。由于果皮基本不参与压榨，果汁中混入的果皮油甚少，因而该机与其他的榨汁机相比，结构简单，所榨出的果汁风味好，质量高，其榨汁率也比其他机械高。所以该机对提高果汁的质量和产量，以及充分利用原料具有独到之处。

其工作原理如下。

柑橘全果榨汁机的工作原理如图 16-4（a）所示。待榨汁的柑橘按大小规格分级后，用有 10° 倾斜的输送带，通过导向隔板进入振动料斗 21。料斗的振动使水果排列整齐，并使其滚动到尾架处，再由拨果爪 25 送入下榨杯 6，没能进入下榨杯 6 的水果落到下面的栅条上，由此再回到进果输送带。

柑橘进入下榨杯 6 后，上榨杯 8 迅速下移，接触到柑橘后速度减慢，进入挤压行程。此时上下两榨杯的杯指交叉，将柑橘全部包住，上下榨杯的独特形状能保证均匀榨汁而不可咯破果皮。安装在上下榨杯中的管形切割器分别在柑橘的上下部各割出一小孔，柑橘被挤压后，上下两块果皮、果汁、膜瓣和籽通过下榨杯的管形切割器被推入过滤管 3。

在榨汁过程中，安装在上榨杯 8 上面的喷水装置始终进行喷淋。果皮通过杯指和割刀之间进入上榨杯 8，然后由上榨杯 8 排出。同时落在下榨杯 6 周围的是黄色的果皮液，一般称为油乳化液，如果需要，可通过再加工回收果皮油。

当上榨杯 8 处于最低位置，上下管形切割器交叉套合时，下横梁 1 带动空心管 2 由下向上运动，挤压在过滤管 3 中的果肉，使果汁通过过滤管 3 被挤出，进入集汁器然后经管道流出。果皮块、籽和膜瓣从空心管 2 下方侧边的开口排出。

当下横梁 1 接近其行程的上止点时，上榨杯 8 开始向上移动，为下一只进料水果让出位置。下横梁 1 随后迅速下落，使过滤管 3 放空，准备接受下一个水果的浆汁。

经过全果榨汁机处理过的水果被分成 4 部分：①果皮，由上榨杯 8 排出；②黄色的果皮油乳化液，落在下榨杯6周围，并由出料槽排出；③橘膜、籽和果皮块，从空心管2下端排出；④果浆、果汁，由集汁器4收集并排出。上述4部分中，④为主要产品，其余为副产品。①和②经过再加工可回收果皮油，然后与③一起再加工，可得到饲料。如不回收皮油，也可直接将①②③一起加工后制成饲料。

在榨汁过程中，由于不利于果汁风味的两小块果皮、种子已被分离，而新鲜的果肉在管内与空间隔绝的状态下榨汁，因此能保持柑橘的香气成分，果汁的黏度小。

柑橘全果榨汁机的榨汁部件如图16-4（b）所示。

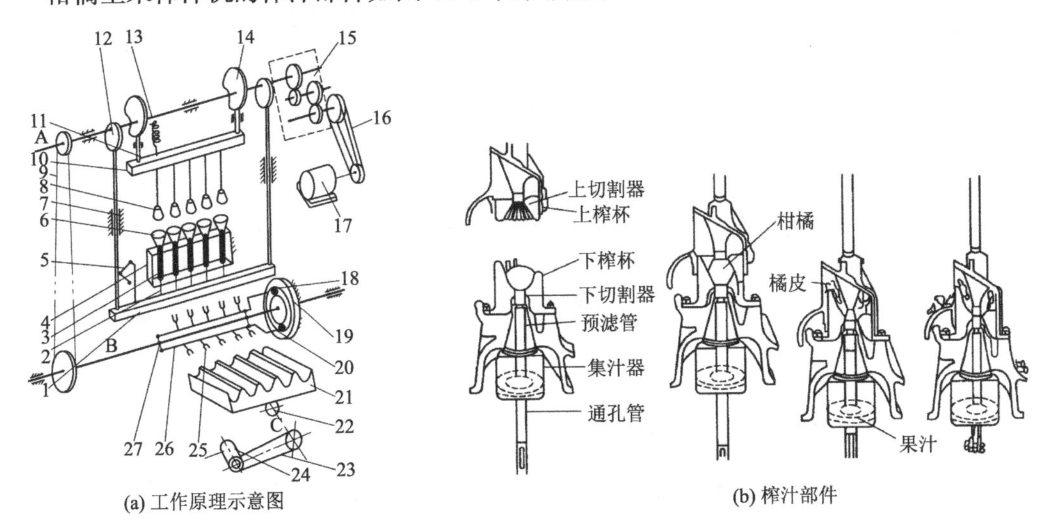

图16-4　GT6G10柑橘全果榨汁机的工作原理示意图及榨汁部件（张裕中，2010）

1. 下横梁；2. 空心管；3. 过滤管；4. 集汁器；5. 扭弹簧；6. 下榨杯；7、11. 导柱；8. 上榨杯；9. 链传动；10. 上横梁；12. 小凸轮；13. 拉弹簧；14. 大凸轮；15. 减速箱；16、23. 带传动；17、24. 电动机；18. 滚子；19. 拨果凸轮；20. 曲柄；21. 振动料斗；22. 偏心轮；25. 拨果爪；26. 拨爪轴；27. 拨果转盘

（三）柑橘汁生产线设计

根据柑橘汁生产工艺流程图，完成设备选型后，就可以绘制设备工艺流程图（生产线）了，柑橘汁生产线如图16-5所示。

二、糖水橘子罐头生产线

（一）生产工艺及设备选型

糖水橘子罐头的生产工艺要点及关键设备选型如下。

（1）原料验收、分级　柑橘原料进入车间，首先将未成熟青色的、腐烂的、半腐烂的，以及病虫和枯萎的果实剔出；然后对柑橘进行分级，以保证成品的形态、大小均匀一致，以提高成品的质量，分级可在滚筒分级机中进行。

（2）清洗　经分级后的橘子放在水槽中，用流动清水洗去果面的灰尘污物，然后再在0.1%的高锰酸钾溶液中浸渍3～5min，以消灭果皮表面上的微生物。

（3）烫橘　剥皮、分级消毒后的柑橘原料，立即浸入沸水中烫漂，烫漂时间依品种不同而不同。一般柑橘为30～60s，蕉橘需1～3min。烫漂的目的为将橘皮中原果胶的一部分水解成果胶，果皮软化容易剥去，以降低破碎率。

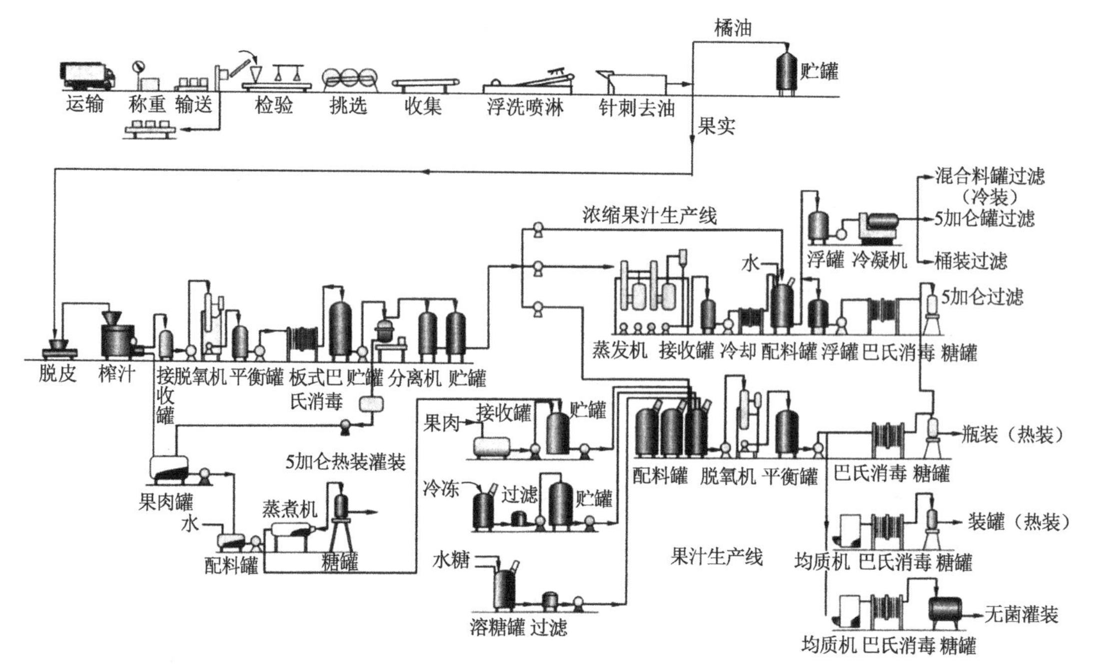

图 16-5　柑橘汁生产设备工艺流程图

1 加仑（gal）为 4.546 09L（UK）、3.785 43L（US）或 4.405L（US，dry）

（4）剥皮分瓣　烫漂完的柑橘应趁热立即剥皮分瓣，先从果蒂部开始将果皮剥去，然后将果肉分瓣，去净橘络，在操作过程中须特别注意不要将果肉弄破。将分瓣完的橘瓣再进行分级，以利于装罐。

（5）去瓤衣　分瓣后的果肉要除去瓤衣。目前生产糖水橘子罐头有半去瓤衣和全去瓤衣两个品种。去瓤衣的方法主要有化学法和酶处理法，但目前化学法采用得较多。

1）碱处理法。将橘瓣放入沸腾的 1% NaOH 溶液中浸泡 30～40s，待橘瓣凹入部为白色时立即取出，放入流动水中进行漂洗除去碱液，脱下瓤衣。可用 1%柠檬酸或酒石酸溶液来中和碱性。

2）酸碱混合处理法。在碱液处理前先浸酸，可以促进果胶物质的分解，有助于碱液去瓤衣，减少破碎，提高原料利用率。方法为将橘瓣先浸入 0.2%盐酸溶液中浸泡 40min，取出用清水冲洗 15min，再浸入 0.3%氢氧化钠溶液中 50～60s，温度在 40～50℃，待橘瓣背部凹入部均呈白色，取出立即放入流动水中漂洗以除去碱液和瓤衣。

（6）装罐、封罐、杀菌　经漂洗检查后的橘瓣，按罐型定量装入罐内，加入浓度为 25%～35%、80～90℃的热糖液。同时加入 0.2%左右的柠檬酸。送到封罐机中进行密封，然后在杀菌锅中进行杀菌。

糖水橘子罐头的杀菌公式是：净重 312g，罐型 781：5min—13min—10min/100℃；净重 850g，罐型 9121：5min—23min—15min/100℃。

（二）生产线设计

根据糖水橘子罐头生产工艺进行设备选型，绘制设备工艺流程图（生产线），如图 16-6 所示。

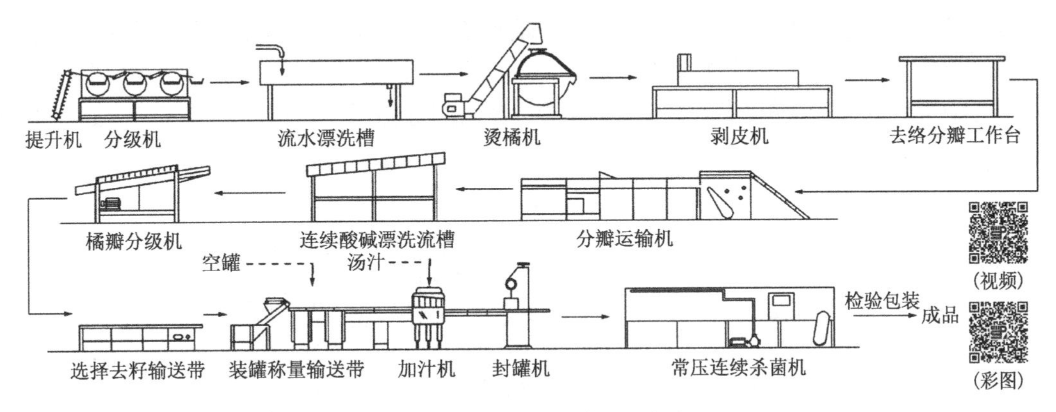

图 16-6　糖水橘子罐头生产线

第二节　方便面生产线

方便面按干燥工艺可分为油炸方便面、热风干燥方便面和水煮方便面三类。油炸方便面的复水性好，但贮存期较短，长期食用不利于人体健康，但其目前在国内市场占主要地位，所以这里以油炸方便面为代表，介绍方便面设备选型及生产线设计。

一、油炸方便面生产工艺及关键设备选型

设备选型是以工艺为依据的，油炸方便面的生产工艺流程图如图 16-7 所示。

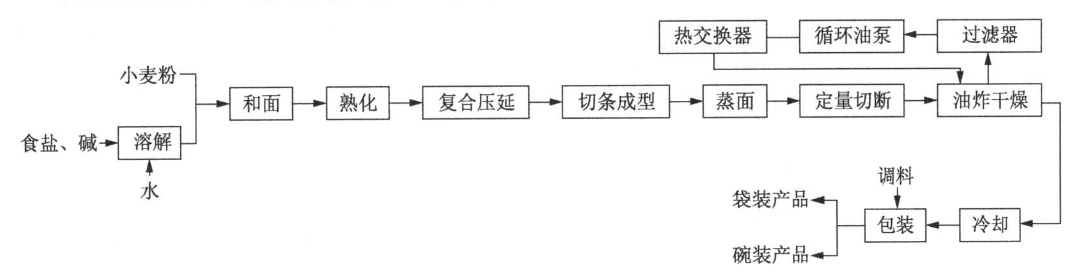

图 16-7　油炸方便面的生产工艺流程图

按照其工艺流程，将油炸方便面的关键设备分别介绍如下。

（一）和面机

和面机按容器内的压力可分为常压和面机和真空和面机两大类，按搅拌轴的位置又可分为卧式和面机和立式和面机这两类，按搅拌轴的个数可分为单轴式和面机和双轴式和面机，另外按工作方式还可分为间歇式和面机和连续式和面机。

1. 卧式双轴和面机

（1）工作原理　　当小麦粉与水接触时，在接触表面形成面筋膜，这种膜能阻碍水的浸透和其他蛋白质的相互作用。和面机的搅拌桨叶能破坏这层面筋膜，使水化作用得以不断进行。与此同时，利用机械桨的有力旋转，使小麦粉、水和添加剂以较快的速度在机体内进行碰撞与翻腾，使之充分混合。小麦粉在此生产过程中充分吸水膨胀，形成面筋质和淀粉颗粒被面筋网络所包围的面团结构。

（2）结构　全机由机壳双缸体、双搅拌轴和角度叶片组成。浆叶用螺母紧固在主轴的径向孔内成为搅拌器，主轴端连有传动装置，双缸底部安置开卸料门装置，加水装置安装在面缸上方中央。与面粉接触的双缸体、搅拌器、卸料门等均用不锈钢制造。其结构如图 16-8 所示。

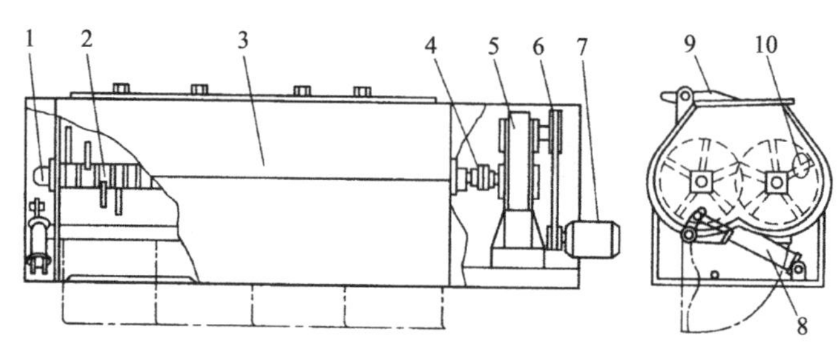

图 16-8　卧式双轴和面机的结构

1. 轴承座；2. 搅拌轴；3. 箱体；4. 联轴器；5. 减速器；6. 皮带及大小链轮；7. 电动机；8. 气缸；9. 盖；10. 搅拌桨叶

（3）工作过程　卧式双轴和面机工作时，两根搅拌轴中一根做顺时针方向旋转，另一根做逆时针方向旋转，形成相向交替式的两边向下、中间向上的连续搅拌。与此同时，轴向的两端面通过两对螺旋线形叶片，一方面不断地翻滚物料，另一方面能把两端的物料不断地向中间输送，使面粉与水分及其他添加物借助此杆的离心作用产生周而复始的上下翻动，左右混合。经过一段时间，面粉与水分充分作用，吸水后膨胀，相互粘连，逐步形成具有韧性、弹性、黏性、延伸性和可塑性的面料。它装有定时报警装置，搅拌到规定的 15min 会自动产生信号，可以满足时间上的要求。

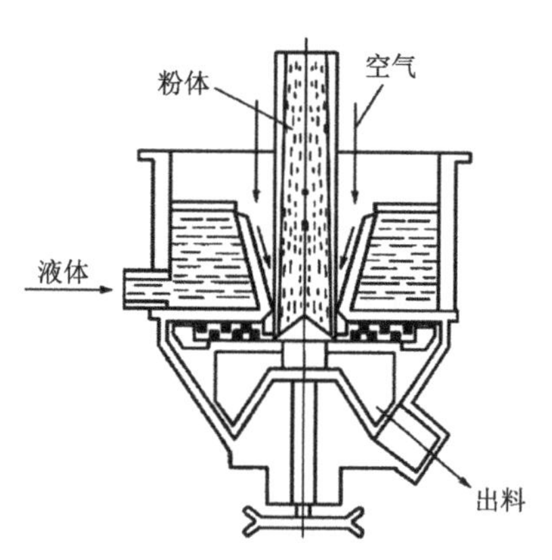

图 16-9　立式连续式和面机原理示意图

卧式双轴和面机具有容量大、转速低、和面时间长及能耗省、残留量小、运转平稳、噪声低等优点，可以较好地满足各项工艺条件，已被选定作为制面机械中的标准化设备。

2. 立式连续式和面机　该设备是日本粉研株式会社于 20 世纪 70 年代研制成功的，如图 16-9 所示。它用先进的原理和特殊的结构，让小麦粉和水按比例进入和面机，在 1200r/min 的高速旋转下产生气流，使小麦粉和水在雾化状态下接触，因而小麦粉能以很快的速度十分均匀地吸水，并使水分子很快进入非水溶性蛋白质内，蛋白质快速吸水形成面筋，淀粉快速吸水浸润并被蛋白质网络包络形成加工性能良好的面团。

（二）熟化机

1. 熟化机理　熟化是进一步改善面团的加工性能，提高产品质量的重要环节之一。熟化即自然成熟的意思，也就是借助时间的推移来改善原料、半成品或者成品品质的过程。

对于面团来讲，熟化是和面过程的延续。由于在和面过程中，面团受和面机搅拌齿的打击和面团之间及其与机壳的互相碰撞，面团中初步形成的面筋质受到挤压和拉伸作用而产生应力，若以这种面团直接加工面条，面条内部结构不稳定，易变形，若经过熟化过程，便可消除这种应力。在方便面生产中，面团的熟化是这样实现的，把和面后的如散豆腐渣状的面团放入一个低速搅拌的容器中，在低温、低速条件下搅拌，即可完成熟化。

熟化工艺的要求是：熟化时间一般为 15min，最少为 10min，如设备条件许可，时间长一些更好。熟化后的面团不结成大块，整个熟化过程不升高温度。

2. 熟化设备　熟化设备上承和面机，下接复合压片机，是生产方便面的关键设备之一，熟化机的形式主要有卧式和立式两种。卧式熟化机的结构与单轴和面机类似，但与单轴和面机相比，减少了搅拌齿的数量，增加了搅拌齿的间距，降低了转速。而且比单轴和面机长得多，一般长度为 2m 左右，也有长达 3m 的。

立式熟化机又称圆盘式熟化机或盆式熟化喂料机。其传动轴是立式装置，传动轴上装有两根长短不一的搅拌杆，该设备的特点是转速低，利于熟化工艺，因而熟化效果好，和卧式熟化机相比，其结构比较复杂，在工作过程中易结块，给喂料带来困难，但其结构紧凑，占地面积较小，同时这种设备的清扫易于操作。生产上一般采用圆盘式熟化机。所以这里只介绍圆盘式熟化机。

（1）结构　主要由机体、搅拌杆、卸料装置、传动装置等部分组成，其结构如图 16-10 所示。圆盘高 250～300mm，直径为 1000～1800mm。在出料口上方装有一个安全盖，安全盖下装有一个接触式微动开关与搅拌器电动机接通，当料门堵塞需用手伸入盘内排除堵塞时，必须打开安全盖，这时微动开关脱离接触，搅拌器就停止转动，可有效地防止伸入盘内的手被搅拌器轧伤。和面机的顶部不加盖以利于散热。

全机与物料接触部位均采用不锈钢材料制作，机内装有一根搅拌杆，中部曲拱。喂料器的容积不可太小，要相当于生产线每小时产量的 1/3。

熟化机的传动装置是先通过一级齿轮变速，然后再由蜗轮蜗杆减速箱进行第二次减速。

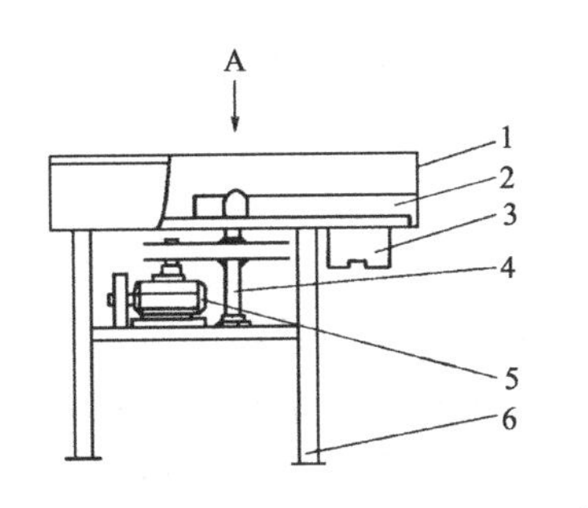

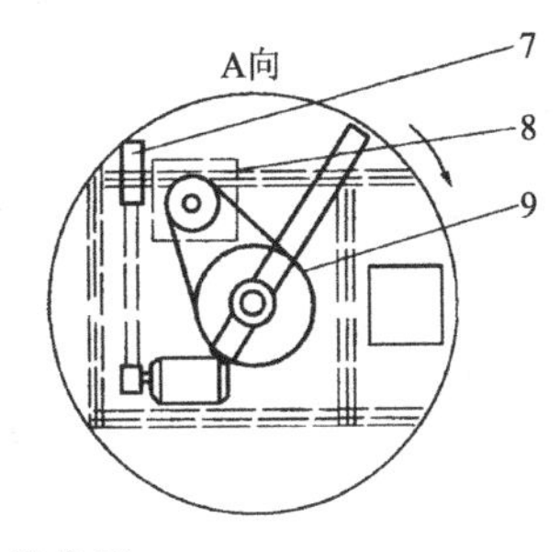

图 16-10　圆盘式熟化机

1. 搅拌槽；2. 搅拌杆；3. 出料口；4. 支柱；5. 电动机；6. 支架；7. 皮带轮；8. 小链轮；9. 大链轮

（2）工作原理　工作时，将和面机中的面料放入圆盘式熟化机中，由于熟化过程要求在低温静态下进行，因此搅拌杆转速很低，搅拌杆按逆时针方向慢速转动，主轴转速只有 5～8r/min，这样既保证均匀喂料，又能轻轻松动物料，使物料保持松散的颗粒状态。面料在搅拌桨叶的作用下形成散粒、块装面团，并向位于底部圆周边缘处出料口送料，卸料门的大小用插板进行调节。总之，可以根据容积大小、出料口大小及搅拌杆转速大小控制熟化时间，从而达到熟化的目的。面料在熟化机中的停留时间通常为 15～45min。

（三）复合压延设备

1. 结构　在方便面生产中，复合压延设备一般由两部分组成，一是复合机，如图 16-11（a）所示；二是连续压片机，如图 16-11（b）所示。复合压延设备的结构大体上都由喂料装置、轧距调节装置、机架、传动装置等部分组成。

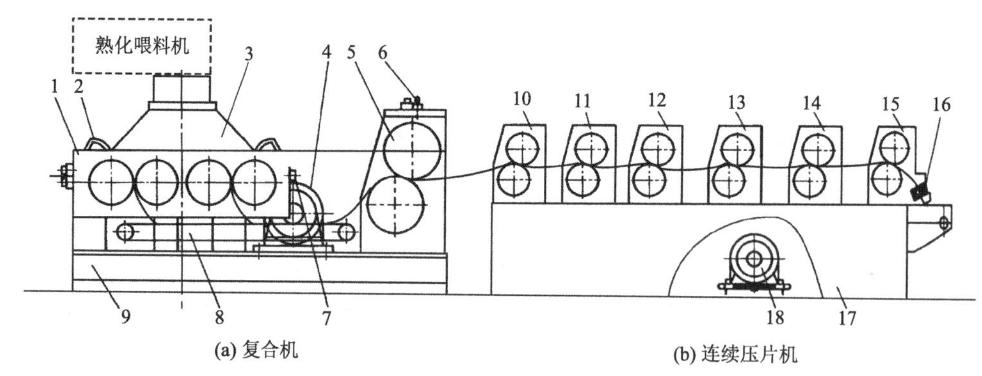

(a) 复合机　　(b) 连续压片机

图 16-11　熟化、复合、连续压片及成型设备配置及结构

1. 压片机构；2. 插面机构；3. 接料斗；4. 传动装置；5. 复合装置；6、7. 调节丝杆；8. 输送胶带；9. 机架；10～15. 压片装置；16. 成型装置；17. 机架及外罩；18. 传动装置

2. 工作原理　复合机和压延机是形成面片的主要设备，从熟化机下料管落下的面料分别进入两对轧辊，通过轧辊的挤压，将散状面料挤压成两条面带，使面带的面筋网状结构均匀分布，再由复合辊把两片面片重叠，以较大的压延比(50%左右)挤压复合为一条厚度为 4～5mm 的面片，这样使得压成的面片有较强的柔韧性和强度，接下来再由 5～7 对轧辊组成的直径逐步减小、转速逐步提高的连续压延机把面片压薄到工艺所要求的厚度，最后切条、折花完成面条的成型。

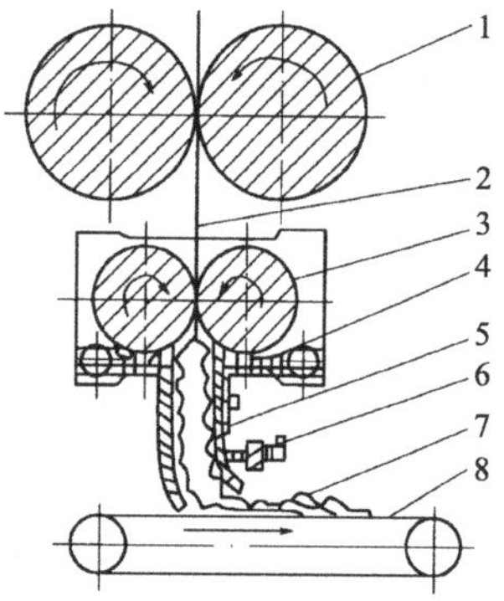

图 16-12　切条折花成型设备

1. 末道轧辊；2. 面带；3. 面刀；4. 铜梳；5. 成型导箱；6. 调整压力的重锤；7. 已成波纹的面块；8. 可调速的不锈钢丝成型网带

（四）切条折花成型设备

1. 结构　方便面切条折花成型设备有两类，一类为自然成型，另一类为强制成型。两种成型设备的成型原理相似。自然成型是面条从圆辊齿槽下来后进入轨道式导箱，而后进入变速网带，强制成型设备不沿轨道式导箱，而在分统齿的引导下，直接落入变速网带。切条折花成型设备如图 16-12 所示，从图中可以看出，其主要是由面刀、成型导箱、压力门和变速网带组成的。

把经过若干道轧辊成型的薄面片，纵向切成一定形状和横向切成一定长度的过程称为切条。切条设备一般由面刀、篦齿、切断刀及传动部件等组成。

面刀是全套面条设备中的关键件和易损件，面刀结构如图 16-13 所示。面刀的表面粗糙度、硬度和配合间隙的大小，往往直接影响切面的效果。

切条成型的要求是：面条光滑、无并条、波纹整齐、密度适当、分行相等、行行之间不连接。

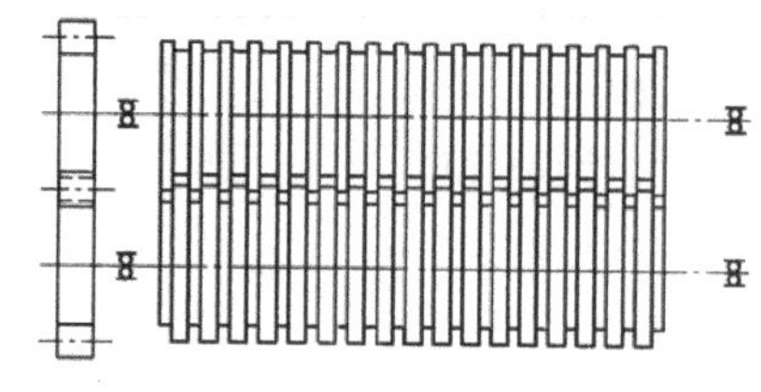

图 16-13　面刀的结构

2. 基本原理　首先使复合压延后的面带通过相互啮合、具有间距相等的多条凹凸槽的两根圆辊(面刀)，如图 16-13 所示，由于两辊做相对旋转运动，齿辊凹凸槽的两个侧面相互紧密配合而具有剪切作用，从而使面

带成为纵向面条。在齿辊下方装有两片对称而紧贴齿辊凹槽的铜梳，以清除被剪切下的面条，不让其黏附在齿辊上，保证切条能连续进行下去。利用面刀切割出来的面条具有一些前后往复摆头的特点，使之通过一个特殊设计的截面为扁长方形的成型器，成型器下方装有一条可以无级变速的不锈钢丝编成的细孔网带，网带的线速度小于面条的线速度。由于存在着速度差，通过成型器的面条受到一定阻力而前后摆动，扭曲堆积成一种波峰竖起、前后波峰相靠的波浪形面层。由于网带速度大于面条在成型器中的速度，因而将面条逐步拉开，形成了一种波纹状的花纹，而后将其输送至蒸面机，通过蒸煮，把波纹状花纹基本固定下来。

（五）蒸面机

制造方便面的基本原理是将成型的生面糊化，然后迅速脱水得到产品。糊化的程度对产品质量，尤其是对其复水性有明显的影响。蒸面就是使波纹面层在一定温度下适当加热，在一定时间内使生面条中的淀粉糊化，蛋白质产生热变性。所谓淀粉糊化，实际上是俗话讲的“蒸熟”，用科学术语讲，就是把β化状态的淀粉变成α化状态的淀粉。α化状态的面条具有较好的复水性，用开水泡一段时间，能够恢复到原来蒸熟时的状态，即可食用。蒸面工序是方便面生产中的重要环节，它不但影响方便面的糊化度及复水性，对方便面的含油量也有很大影响。热风干燥方便面和油炸方便面都要有蒸面工序。

蒸面工艺一般要求蒸煮后波纹面条的糊化度在85%以上（油炸方便面要求糊化度在90%以上），影响蒸面效果的主要因素有蒸箱中的温度、蒸箱中面条含水量、蒸面时间、面条花纹及面条直径大小等。在实际生产中，应尽量提高面条糊化度（这不仅能改善面条的复水性，而且可以降低方便面的含油量），还要考虑蒸汽的消耗、蒸面设备的占地面积和使用与维护是否方便简捷。

蒸面机按操作压力分为高压和常压两类，高压蒸面机可以在较高温度下工作，因而蒸面效果好，但由于要求有密封装置，只能用于间歇式生产，不能应用于连续化的工业生产，现在已很少采用。

常压蒸面机又分为单层直线式和多层往复式，多层往复式结构复杂，对面条波纹形状有一定的影响，使用、维修和保养比较复杂，使用寿命相对较短。如果场地允许，尽可能优先选用单层直线式蒸面机。

单层直线式蒸面机的基本结构如图16-14所示，主要由蒸箱体、蒸面网带、机架、供汽系统、排汽管等部分组成。蒸箱体通常是一条不锈钢制造的隧道，由数节组装而成，长度为12～30m。蒸箱有锅体和上盖，均用不锈钢制成夹板结构，中间充填优质保温材料，减少散热损失。上盖可以手动、机动或气动打开。箱盖内顶部必须有一定斜度，使冷凝水沿斜度流到蒸箱侧壁，再顺侧壁流到箱底排出，防止冷凝水滴在面带上使局部变色，影响外观质量。单层直线式蒸面机可以实现连续式生产。

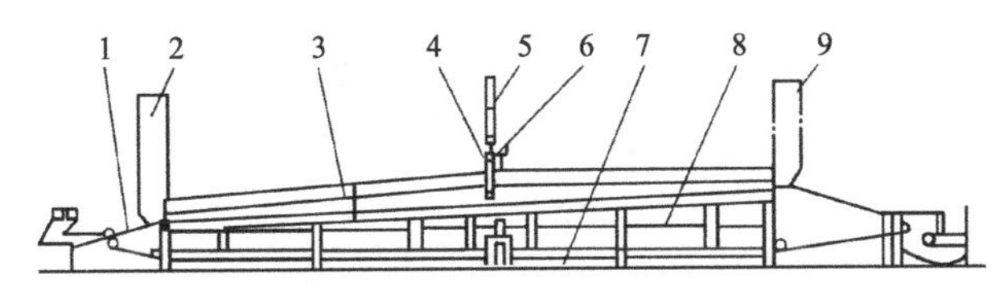

图16-14 单层直线式蒸面机

1. 输送带；2、9. 排汽管；3. 上盖；4. 蒸汽流量计；5. 阀门；6. 压力表；7. 支架；8. 进汽管

（六）定量切断设备

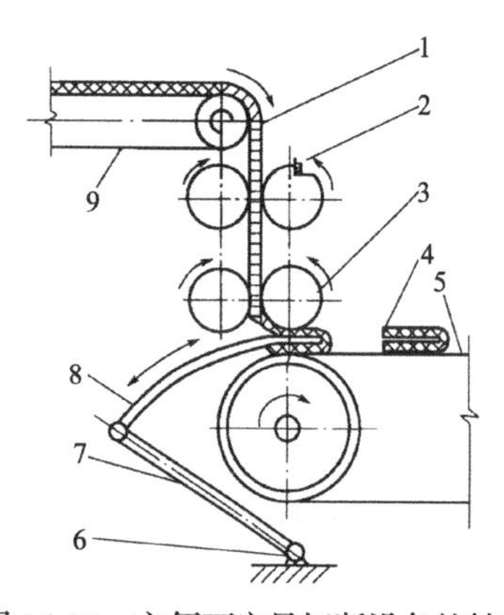

图 16-15　方便面定量切断设备的结构

1. 蒸熟的面条；2. 回转式切刀；3. 引导定位滚轮；4. 已折叠成型的面块；5. 分排输送网带；6. 摆杆轴；7. 摆杆；8. 往复式折叠导板；9. 进给输送带

1. 作用　定量切断的作用有4个，首先将从蒸面机出来的波纹面连续切断以便包装；以面块长度定量；然后将面块折叠为两层；最后分排输出。

2. 结构及工作原理　定量切断设备由面条输送网带、切断刀、折叠板、托辊、调整电动机及分排网链等部分组成，其结构如图 16-15 所示。

从蒸面机中出来的熟面带通过一对做相对旋转的切刀和托辊，被按一定长度切断。在切断的同时，利用装在曲柄连杆机构上的折叠板做往复运动，使折叠板插在切断面带的中间处，并插入折叠导辊与分排输送网带之间，把蒸熟切断的面带对折起来分排输出，送往下道干燥工序。定量切断的工艺要求是定量基本准确，折叠整齐，进入自动油炸机或热风干燥机时落盒基本准确。

（七）油炸脱水设备

1. 油炸脱水的基本原理　油炸脱水就是把定量切断的面块放入自动油炸机的链盒中，使之连续通过高温油槽，面块被高温的油包围起来，本身温度迅速上升，其所含水分迅速汽化。原来在面条中存在的水分迅速逸出，使面条中形成了多孔性结构，同时也进一步增加了面条中淀粉的糊化率。在面块浸泡时，热水很容易进入这些微孔，因而具备了很好的复水性。油炸的快速干燥，固定了蒸熟后淀粉的糊化状态，大大降低了方便面在运输期间的老化速度，保持了方便面的复水性。脱水的目的就是降低水分以利于贮存，同时改善其产品质量。

油炸的工艺要求是：油炸均匀、色泽一致、面块不焦不煳、含油少、复水性良好，其他指标符合有关质量标准。

2. 油炸脱水设备的结构　油炸脱水设备实质上就是油炸设备（或油炸机），油炸机是油炸方便面自动生产线中的一个重要设备，它由主机、油加热系统（列管式换热器或螺旋板式换热器）、循环用油泵、粗滤器和贮油罐等部分组成。

油炸机由支架、油锅、油锅罩、传动链条型模盒、型模盖、电动机等部分组成，其内部及外形结构如图 16-16 和图 16-17 所示。

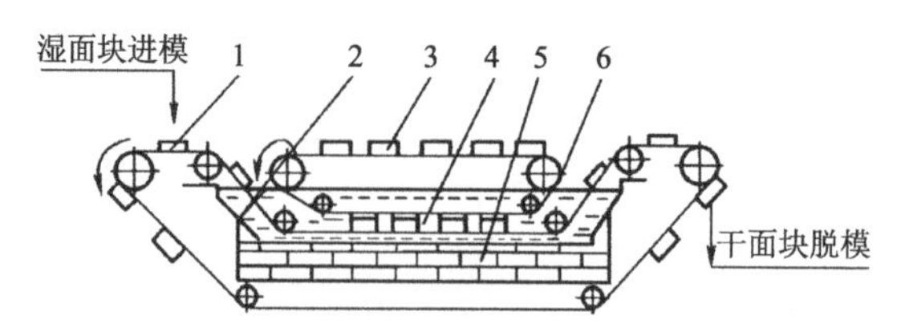

图 16-16　油炸机的内部结构

1. 模盒输送链；2. 油锅；3. 模盖输送链；4. 模盖与模盒；5. 加热装置；6. 炸面食油

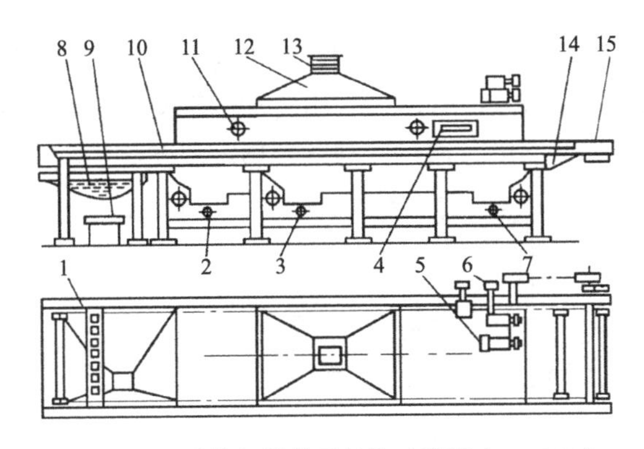

图 16-17　油炸机的外形结构（张裕中，2010）

1. 模盒；2、7. 进油口；3. 出油口；4. 观察孔；5. 电动机；6. 减速器；8. 接油盘；9. 接油槽；10. 支架；11. 油锅；12. 油锅罩；13. 烟囱；14. 摇摆夹；15. 输送带

主机全部用角钢、钢板焊接而成，通过电动机带动链条及油盒、油盒盖从油锅进口经过加热的油锅至出口，然后再从下部返回到进口，这样循环往复地进行。油盒上部是油盒盖，上下两条链同步运行，在油中运行时，一个盒与一个盖正好配合。由于离合器与制动器的作用，输送链产生间歇运动，以便与定量切断的面块速度相配合。油炸机上盖可以自动开启，以便于清理。

油炸机的工作过程是：从切割分排机出来的面块进入油炸机的模盒，随着链条的传动逐渐进入油锅之中，此时安装在模盘上方链条上的模盖同步转动，把盒中面块盖住，以防止面块在油炸时由于上浮而脱离模盒，由于模盒与盒盖上面有许多小孔，保证了面块与油的良好接触状态，盒中的面块随链条一起运行时被热油加热，使其中的水分达到蒸发状态成为水蒸气从烟囱中排出，从而达到脱水干燥的目的。当模盘转到油槽出口时，盒盖与模盒脱离。当模盒转到盒口朝下时，面块即脱盒进入下一道工序。

油的加热方式有两种。一种是蒸汽外加热式，即间接加热式。循环间接加热式油锅底部设有三个口。两端的为进油口，经外加热器加温的油经管路、泵输送到油锅，对方便面进行加热。中间为油的出口，为了防止面渣、油污及其他杂质进入油泵或热交换器，在油锅出口处附加一台过滤器，过滤杂质后的油由循环泵送至热交换器中加热，然后返回油锅中，控制适当就能保证工艺所要求的油炸温度。另一种是直接加热式，在油锅底部设计炉灶式装置，以煤气、燃油等燃料直接燃烧加热油脂。油炸方便面的油炸工序多采用间接加热，其优点是油温稳定、油温分布均匀、安全可靠、操作方便、节省能源。

（八）冷却设备

方便面油炸以后温度一般还在 80～100℃，按工艺要求必须进行冷却，冷却后的面块温度接近室温或略高于室温 5℃左右，一般采用冷却机强制冷却。

冷却机的结构及其技术特性如下。

冷却机一般有两种类型：一种是机械风冷，就是采用若干直冷式风扇，通过电风扇吹到冷却室的冷风，起到面块被冷却的目的；另一种是强制风冷，就是采用两个大型冷风机，其中一个当吹风机，另一个当引风机，在冷却室内形成冷风对流。这两种冷却机均属于机械强制冷却，后一种冷却机的成本偏高。

目前国内冷却机一般采用的是风扇强制冷却方式，其外形和结构如图16-18、图16-19所示。冷却机主要由机架、冷却隧道、不锈钢网带、传动电动机、变速箱和若干个直冷式风扇组成，由干燥机来的高温面块进入冷却隧道，由传动网带使面块输送到另一端，在输送过程中与冷风进行能量交换而降低温度，通过冷却达到预定温度。

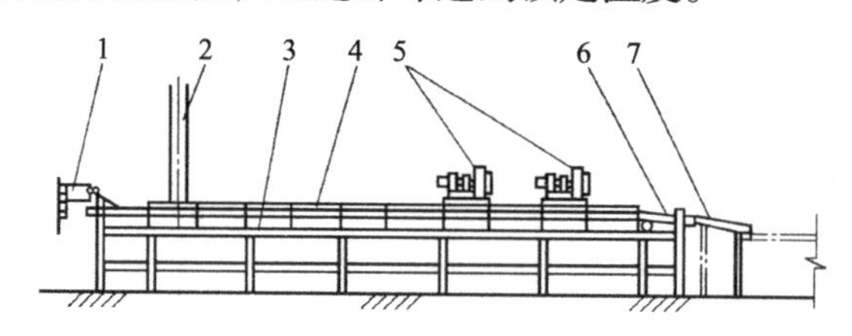

图 16-18　冷却机的外形

1. 油炸机；2. 排气管；3. 风罩；4. 底架；5. 风机；6. 输送带；7. 过液滑板

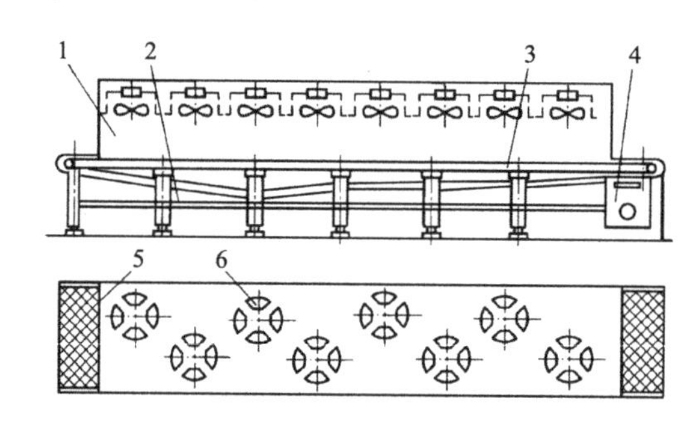

图 16-19　冷却机的结构

1. 冷却隧道；2. 碎面接槽；3. 机架；4. 无级变速机构；5. 不锈钢网带；6. 电风扇

二、油炸方便面生产线成套设备

以 120 000 包/8h 油炸型方便面生产线（BFP-12Y 油炸型）为例，其设备组成如表 16-1 所示。

表 16-1　方便面生产线设备组成

序号	名称	数量	规格、参数
1	面粉的输送设备	1 套	可分别选用气力输送设备、垂直螺旋输送机、斗式提升机
2	盐水装置	1 套	含两个盐水搅拌缸，一个定量缸，全部为不锈钢制造，气动件控制
3	双轴和面机	2 台	每次和面粉 250kg，动力：11kW 带摆线针轮减速器电动机，气动、手动开门，桶体、搅拌轴、密封板用不锈钢制造
4	喂料机	1 台	圆盘直径 800mm，高 400mm，贮粉量 > 750kg，动力：2.2kW，桶体、搅拌叶用不锈钢制造
5	复合压片机	1 台	由三组合金轧辊组成，宽度 530mm，直径为 239mm × 2、299mm × 1，动力：7.5kW 变频调速电动机，安全罩用不锈钢制造
6	连续压片机	1 台	由 6 组合金轧辊组成，宽度 530mm，直径为 240mm × 1、200mm × 2、161mm × 2、139mm × 1，面片切条后分成 5 列，面刀直径 80mm，动力：11kW 带摆线针轮减速器的变频调速电动机，安全罩用不锈钢制造
7	多层蒸面机	1 台	由长约 7m 长方形不锈钢箱式蒸锅组成，网宽 600mm，往复三层，网带、链条、排潮管等均用不锈钢制造，蒸面时间 100～110s，动力由切割分排机分配

续表

序号	名称	数量	规格、参数
8	切割分排机	1台	将面带切断折叠成双层，切断面块≥250块/min（无级可调），15000块/h，切刀长600mm，动力:2台1.5kW带摆线针轮减速器变频调速电动机，并同时带动蒸面网。分排架长约2500mm。外封板用不锈钢制造
9	油炸机	1台	油锅长约6.8m，整机长约12.3m，每排链盒成10格，每格尺寸为124mm×100mm×25mm（长×宽×高），油锅设有4个进油口，油炸时间70s，传送动力：2.2kW带摆线针轮减速器变频调速电动机，升降动力2.2kW，管道泵15kW，含油加热循环系统、贮油箱、滤油器、外封板及排潮系统用不锈钢制造。热交换器最大压强1MPa，设有自动控温装置，保持油温在150℃以上，切割分排机与油炸机之间采用电气联动同步控制
10	整理输送机	1台	长约1.35m，直轴拨杆输送机将面块一排一排地整齐拨送到风冷机
11	风冷机	1台	长约10m，不锈钢网式输送机，网带宽1.29m，装有16台0.3kW冷却风扇。传送动力：1.5kW变频调速电动机，外封板用不锈钢制造

组装成的油炸方便面生产线如图16-20所示。

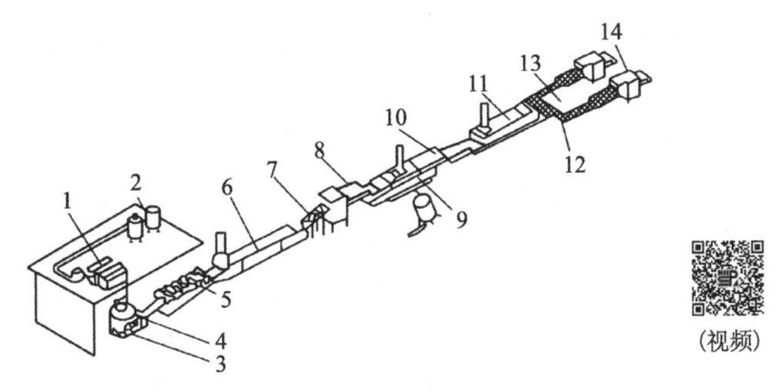

图16-20　油炸方便面生产线

1. 和面机；2. 供水系统；3. 喂料熟化机；4. 复合压片机；5. 连续压片成型机；6. 蒸面机；7. 连接架；8. 切割分排机；9. 油炸机；10. 整理机；11. 冷却机；12. 分流输送机；13. 检查输送带；14. 枕式包装机

第三节　肉制品加工生产线

一、午餐肉罐头生产线

（一）生产工艺及设备选型

午餐肉罐头是典型的以肉类为主原料的罐头制品。其生产工艺流程如图16-21所示。

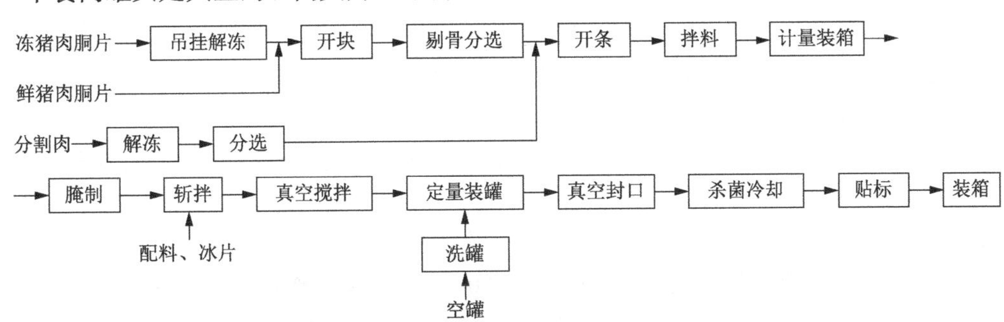

图16-21　午餐肉罐头生产工艺流程图

其工艺要点及设备选型如下。

（1）吊挂解冻　解冻工序使用吊挂解冻（温度 15～20℃），以滑轮吊钩冻猪肉胴片，并以机械输送和人式推送相结合，实现解冻工序连续化操作，并配有自动计量系统。

（2）开块、剔骨及分选　使用带锯或圆片锯进行开块，然后在剔骨输送带上人工去皮、剔骨、去筋、去除肋条肉部位过多的脂肪及淋巴组织。这样得到的肉有两种类型：由腿肉得到的净瘦肉和由肋条肉得到的肥瘦肉。处理室温不超过 15℃。

（3）开条　大块的净瘦肉和肥瘦肉在切肉机上进行切块。一般要求将净瘦肉和肥瘦肉切成适当大小的（3～4cm 见方的）肉块或（截面 3～4cm 的）肉条，目的是腌制及满足后道斩拌操作的投料要求。

此步骤可以选用能够实现纵切和横切功能的切肉机。

（4）腌制　将上述切好的小肉块用混合盐腌制。此步骤可以采用拌盐机将混合盐按 2.25%的比例与肉块混合。腌制的工艺条件是在 0～2℃条件下腌制 24～36h。腌制容器一般可用不锈钢桶（缸）或食品级塑料箱。

（5）斩拌　腌制后的肉块，可以经过绞肉机进行绞碎处理，也可以直接进入斩拌机进行斩拌。两者都能使肉块得到碎解，但作用的效果不一样。一般而言，绞肉机对肉细胞破碎的作用较大，这有利于可溶性蛋白的释放。斩拌机对肉细胞无多大的破碎作用，得到的肉糜富有弹性感。因此，此工段一般根据具体产品工艺要求，决定腌制肉块使用绞肉机处理和使用斩拌机处理的比例。斩拌机斩拌时，同时加入除盐以外的其他配料，与肉糜一起拌和均匀。常用的配料有淀粉、胡椒粉及玉米淀粉等。需要指出的是，斩拌需要加入一定量的冰屑，以防在斩拌过程中肉糜发热变性。

斩拌过程中为防止空气进入肉糜，在杀菌过程中引起物理胀罐，此步骤可以选用真空斩拌机。也可以选用常压斩拌机，但后面还需选用一台真空搅拌机脱气。真空搅拌机国产的型号有 GT6FA、GT6E5B、GT6E6；国外以奥地利的拉斯加（LASKA）公司为例，其中小型系列机采用两根 Z 型搅拌器，出料采用翻缸形式，如 ME130、ME250、ME400 及 800K；其大中型机采用两根 Z 型搅拌器、螺旋带式搅拌器或者螺旋桨式搅拌器，出料采用出料活门或安装在缸体底部的螺旋出料装置，如 ME800、ME1200、ME1800、ME2000、ME3000 及 ME4500 系列机型。真空搅拌机脱气的工艺条件是一般在 0.033～0.047MPa 真空度下搅拌脱气 1min 左右。

（6）定量装罐　真空搅拌后的肉糜倒入肉糜输送机。肉糜输送机实际上是一种特殊形式的滑板泵，它可将加于料斗的肉糜及时送往定量装罐机。定量装罐机将肉糜装入经过清洗消毒的空罐，自动将肉糜刮平后，再用真空封口机进行封口。当罐体与封罐机接触后，先进行抽真空工作（真空度为 0.040MPa），然后进行卷边封口。此步骤可选用 HY-B6H 型高速自动封罐机，生产能力可以达到 300 罐/min。

（7）杀菌冷却　密封之后罐头可以采用卧式双筒体自动回转式杀菌锅进行高压杀菌和反压冷却。

杀菌公式依装罐量不同而不同，具体如下：净重 198g，20—50—反压冷却/121℃（反压 0.15MPa）（表示升温时间 20min，恒温时间 50min，杀菌操作温度 121℃，冷却反压力 0.15MPa）；净重 340g，20—55—反压冷却/121℃（反压 0.15MPa）；净重 397g，25—70—反压冷却/121℃（反压 0.15MPa）；净重 1588g，35—150—反压冷却/121℃（反压 0.11MPa）。

（二）生产线成套设备

午餐肉罐头生产线成套设备如图 16-22 所示。

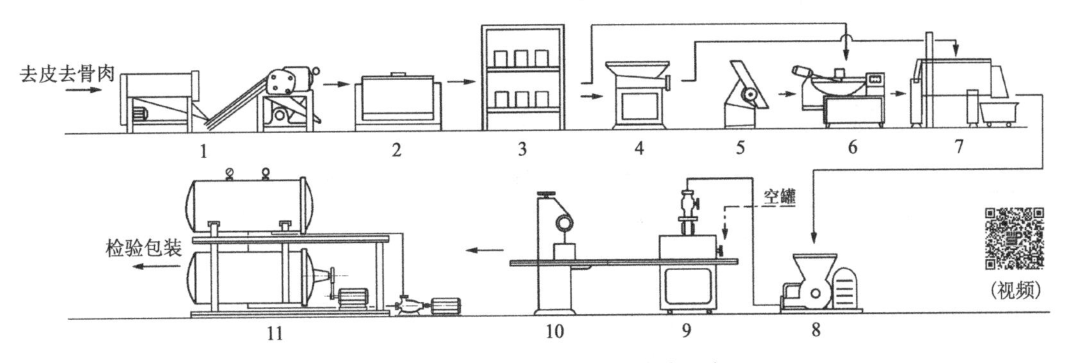

图 16-22　午餐肉罐头生产线成套设备

1. 切肉机；2 拌盐机；3. 腌制室；4. 绞肉机；5. 碎冰机；6. 斩拌机；7. 真空搅拌机；8. 肉糜输送机；9. 装罐机；10. 封罐机；11. 卧式双筒体自动回转式杀菌锅

二、香肠生产线

世界上最好的香肠生产线是美国汤森（Townsend）公司的 Supermatic 热狗肠生产线。此外，克维尼亚食品机械公司出品的灌肠加工和包装生产线、伊莱克斯德（Elecster）公司出品的香肠生产线也久负盛名。下面以 Elecster 公司的香肠生产线为例，对其生产线和设备配置予以介绍。

（一）Elecster 公司香肠生产线

Elecster 公司香肠生产线如图 16-23 所示。

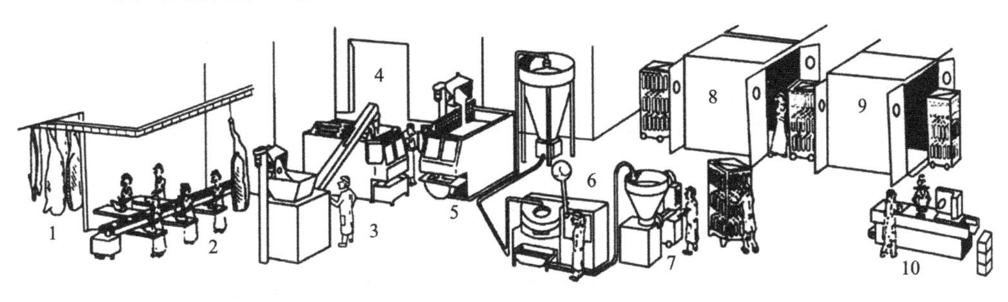

图 16-23　Elecster 公司香肠生产线（张裕中，2010）

1. 胴体；2. 切割、去骨；3. 绞碎；4. 腌制；5. 混合；6. 乳化；7. 灌肠；8. 熟化、烟熏；9. 冷却、风干；10. 包装

其生产过程如下。

（1）切割、去骨　在封闭式车间里切割胴体、去骨，根据用途和肉的特性分类。

（2）绞碎　绞碎用于制作熟化肠的肉并将其送入混料器风干。

（3）腌制　掺入盐化配料后的肉通常放在贮存槽或贮存箱内过夜。

（4）混合　在混料器里将制作香肠的肉和配方中所有的原料、添加剂混合。

（5）乳化　在切割器里绞碎、乳化香肠肉。

（6）灌肠　将备好的肉灌入各种天然的或人工的肠衣。

（7）熟化、烟熏　香肠放进自动熟化箱中熟化、干燥、熏化、预冻。

（8）冷却、风干　在高速箱中最后冷却，将水喷到产品的表面，悬挂起来，用冷却风机吹干。

（9）包装　冷却后，将具有透气性肠衣的香肠真空包装。

（二）生产线设备组成

以去皮小红肠罐头生产线为例，其主要设备组成如表 16-2 所示。

表 16-2　去皮小红肠罐头生产线的主要设备

序号	设备名称	型号规格
1	冻猪片吊挂解冻系统 附：计量装置	铝合金或不锈钢道轨式电子秤
2	开块机	SGTBB2 圆锯或 BDJ-Ⅰ带锯
3	割爪机	BGZJ-Ⅱ带锯
4	剔骨输送机式工作台	无毒 PVC 塑料台板
5	绞肉机 附：提升机	SGI3Bl，1800kg/h 螺杆式
6	拌盐机 附：提升机	SGT3Dl，3360kg/h 液压翻斗式
7	斩拌机	GT6D21，GT6D22
8	自动灌肠机	DB-2A ZYG-300-I 型
9	烘熏房	YX-1
10	预煮锅	
11	冷却槽	
12	去皮机	
13	装罐台	
14	封罐机	TG4B12
15	杀菌锅	15
16	空罐清洗系统	16

Elecster 公司的香肠生产线占地面积约 8400m²，胴体冷冻或鲜肉接收系统采用车运或轨道运送，冷冻胴体的解冻通道容量约为每批 80t，解冻的不同阶段温度不同；双班生产，密封间每班容纳 50t 胴体，每班切割、包装发送量为 10t，去皮肉每班 25t 在连续生产线上熟化和冷却，其他熟肠每班 15t。

其关键设备如下。

1. 自动灌肠机（充填结扎挂肠机）

（1）结构　自动灌肠机的结构如图 16-24 所示。其要完成的功能是将肉糜由物料泵以

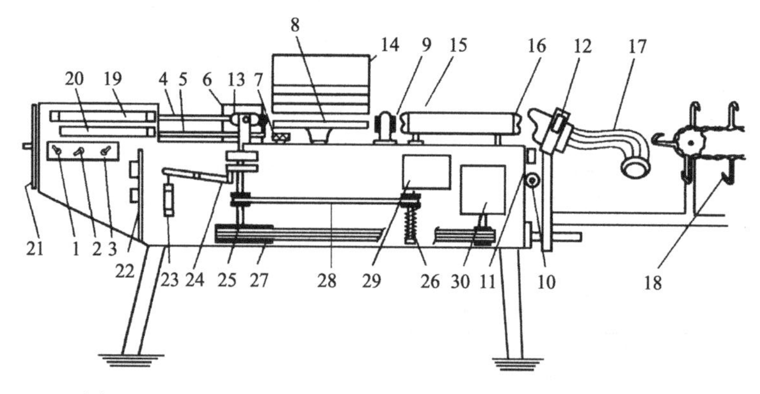

图 16-24　DB-2A 自动灌肠机结构示意图（张裕中，2010）

1. 主电钮；2. 电动机手动电钮；3. 复位开关；4. 灌肠管；5. 随动杆；6. 计量泵；7. 质量控制旋钮；8. 肠衣夹板；9. 拧肠夹头；10. 手控开关；11. 紧急停车开关；12. 计量泵启动开关；13. 灌肠管座；14. 肠衣料斗；15. 拧肠装置；16. 拧肠链；17. 挠肠筒；18. 挂钩输送链；19. 灌肠气缸；20. 随动杆气缸；21. 控制箱门；22. 控制板；23. 计量泵离合器气缸；24. 计量泵离合器；25. 主传动轴；26. 从动轴及弹簧；27. 主传动带；28. 第二级带传动；29. 减速箱；30. 电动机

恒定的压力送入灌肠机的计量泵，通过灌肠管灌入肠衣里，再由拧肠机构以等距离拧出规定尺寸的肠段（香肠成型），最后由挂肠机构以等量一串串挂起来。

（2）传动及控制　工作时，设备由两种能源驱动。由压缩空气气缸分别驱动计量泵离合器 24、灌肠管 4、随动杆 5 和肠衣夹板（肠衣定心装置）8。由电动机分别驱动计量泵 6、拧肠夹头 9、拧肠装置 15、挠肠筒 17 及挂钩输送链 18。

整个工作程序由电气开关、继电器及电磁阀进行控制。设备具有两挡速度：一挡是固定的；另一挡是可调的。计量泵的转速是固定的，故输出的肉糜量也是固定的。肠衣的送料速度（可调）控制每节肠的质量。质量控制旋钮 7 可使拧肠夹头 9、拧肠装置 15、挠肠筒 17 及挂钩输送链 18 同步增速或减速，以与每节香肠所要求的质量相匹配。

（3）工作过程　①将电气开关拨至下列位置，件号 1 向上；件号 2 向上；件号 3 向上；件号 10 向上；件号 11 置于中间位置；②肠衣夹板 8 将肠衣引至中心位置，以便灌肠管 4 进入孔的中心；③灌肠管进入肠衣；④肠衣夹板 8 重新打开；⑤带有推环的随动杆 5 进至肠衣末端，并向拧肠夹头 9 压紧，电动机 30 启动，这时除计量泵 6 外，件号 9、15、17 及 18 开始动作，肠衣在固定的灌肠管 4 外回转；⑥当挠肠筒 17 挡圈上的圆头螺钉与计量泵启动开关 12 的滚子接触，使计量泵离合器闭合，计量泵开始转动；⑦灌肠结束，当随动杆 5 前进至终点位置时，电动机停转；⑧随动杆 5 后退至起点位置；⑨灌肠管 4 后退至起点位置；⑩肠衣料斗 14 中有料且电气开关仍处于原来启动位置，工作程序将重复进行。

生产自动灌肠机的著名厂家有美国 Townsend 公司、德国 Vemag 公司和 Handt-marm 公司等。

2. 烘熏房　烘熏房结构基本相同，主要由烟熏室、烟雾发生器、热风发生器和控制系统等组成。烘熏房具有干燥、烟熏、熟化、蒸煮等综合功能，对香肠进行热加工处理，可使香肠具有一定的风味及特色的外观。

烘熏房不仅用于灌肠类肉制品，也可用于其他肉类制品和鱼制品的焙烤和烟熏。国际上较为著名的生产烘熏房设备的公司有德国的 Atmos 公司、Vemag 公司等。

烘熏房有间歇式和连续式两种，烟雾发生器置于炉外，通过风机和管道将烟强制送入烟熏炉。根据工艺要求，烘熏房可外接蒸汽发生器，蒸汽通过蒸汽管道进入炉体，实现对产品的蒸煮功能；或安装电加热器，采用轴流风机和导流板（管）使热量在炉内循环，实现烘干功能。这类烘熏设备一般带有全自动控制系统，能够按照预先设定的程序全自动控制烘熏温度和相对湿度，使物料在制造过程中不受外界气候变化的影响，从而使产品能快速和均匀地烘干及熏制。

在目前连续生产系统中，已有专供生香肠制品用的连续烘熏房设备，如图 16-25 所示。这种系统能够连续完成烟熏、蒸煮、冷却，其生产能力通常可达到 1.5～5t/h，温度和相对湿度专门控制，烟熏部分是另外配置烟雾发生器，可在不停产的情况下清理和检修，能连续生产并能较好地控制香肠制品的干缩度。该系统的优点是占地面积比生产量相同的烘熏房要小，节省劳动力，生产率高，适合大规模生产，能够适宜不同产品的工艺要求，但设备投资费用较大。

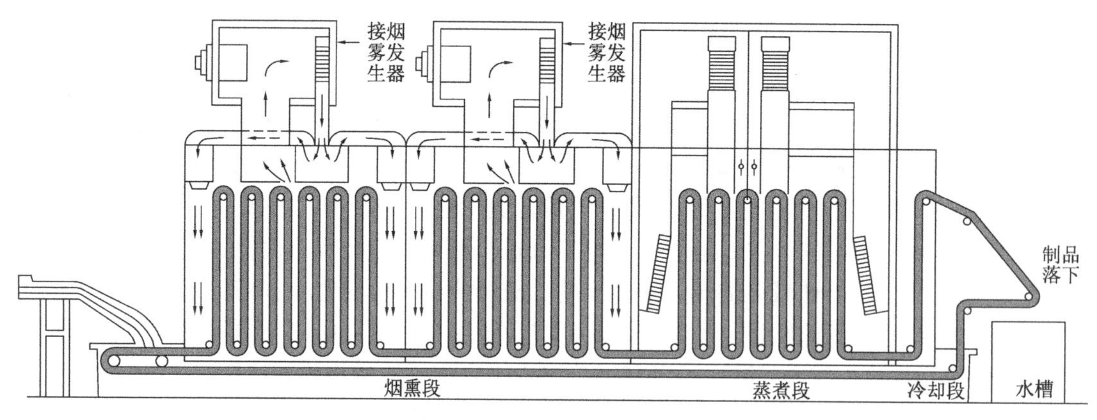

图 16-25 连续烘熏房设备

第四节 啤酒生产线

啤酒因其乙醇含量低、营养丰富、口感独特、清爽解渴，深受国内外消费者喜爱，啤酒在我国生产规模较大，且已呈现品牌集聚效应。

一、啤酒生产工艺流程

典型的啤酒生产工艺流程如图 16-26 所示。

（视频）

（彩图）

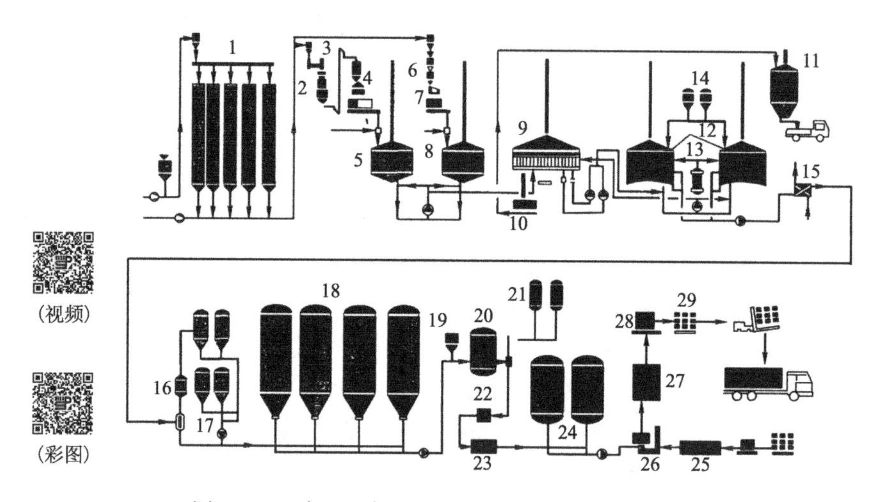

图 16-26 啤酒生产工艺流程图（张裕中，2010）

1. 原料（麦芽、大米）贮仓；2. 麦芽筛选机；3. 提升机；4. 麦芽粉碎机；5. 糖化锅；6. 大米筛选机；7. 大米粉碎机；8. 糊化锅；9. 过滤槽；10. 麦糟输送；11 . 麦糟贮罐；12. 煮沸/回旋槽；13. 外加热器；14. 酒花添加罐；15. 麦汁冷却器；16. 空气过滤器；17. 酵母培养及添加罐；18. 发酵罐；19. 啤酒稳定剂添加罐；20. 缓冲罐；21. 硅藻土添加罐；22. 硅藻土过滤机；23. 啤酒精滤机；24. 清酒罐；25. 洗瓶机；26. 灌装机；27. 啤酒杀菌机；28. 贴标机；29. 装箱机

二、啤酒生产设备

啤酒生产设备大多都是专用设备，前面第七章食品发酵设备详细介绍了啤酒发酵的最主要设备——啤酒发酵罐。此外，麦芽汁的制备也是啤酒生产的另一个关键环节，此处主要介绍麦芽汁的制备设备。

麦芽汁是啤酒酵母的培养基，为有利于啤酒酵母的生长及淀粉等大分子成分的降解转化，须通过糖化工序将麦芽汁中的非水溶性成分转化为水溶性成分，如将淀粉转化成能被酵母利用的可发酵性糖。麦芽汁的制备包括原料加水糊化、糖化、糖化醪的过滤和麦汁的煮沸整个过程，下面就把以上工艺所对应的设备——糊化锅、糖化锅、麦芽汁煮沸锅和糖化醪过滤槽一一予以介绍。

（一）糊化锅

糊化锅用来加热煮沸辅助原料（一般为大米粉或玉米粉）和部分麦芽粉醪液，使其淀粉液化和糊化。糊化锅的结构如图 16-27 所示，锅身为圆柱形，锅底为弧形（或球形），并设有蒸汽夹套；为顺利地将煮沸而产生的水蒸气排出室外，顶盖也做成弧形，顶盖中心有直通到室外的升气筒，升气筒的截面积一般为锅内料液面积的 1/50～1/30。粉碎后的大米粉、麦芽粉和热水由下粉筒 3 及进水管混匀后送入，借助旋桨式搅拌器 8 的作用，使之充分混合，使醪液的浓度和温度均匀，保证醪液中较重粒子的悬浮，防止靠近传热面处醪液的局部过热。底部夹套的蒸汽入口为 4 个，均匀分布于周边。完成的糊化醪经锅底出口用泵压送至糖化锅。升气筒下部的环形的污水槽 14 是收集从升气筒内壁上流下来的污水，收集的污水由排出管排出锅外。升气筒根部还设有风门 15，根据锅内醪液升温或煮沸的情况，控制其开启程度。顶盖侧面有带拉门的人孔（观察孔）。糊化锅圆筒和夹套外部包有保温层。糊化锅的制作材料多采用不锈钢。微型扎啤酒坊则多以紫铜加工，其外观给人以美观、大方、庄重和古朴典雅的感觉。

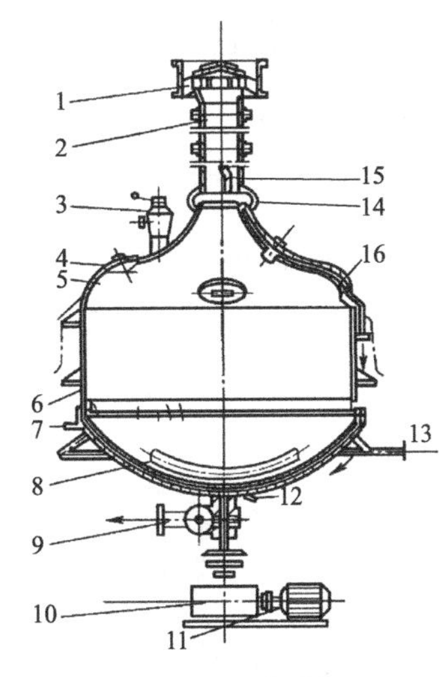

图 16-27　糊化锅

1. 筒形风帽；2. 升气管；3. 下粉筒；4. 人孔双拉门；5. 锅盖；6. 锅体；7. 不凝气管；8. 旋桨式搅拌器；9. 出料阀；10. 减速箱；11. 电动机；12. 冷凝水管；13. 蒸汽入口；14. 污水槽；15. 风门；16. 环形洗水管

糊化锅的锅底之所以设计成弧形，是因为弧形锅底对流体传热循环的影响。如图 16-28 所示，在锅底中心部位和靠近锅倾斜壁处各取一微小直径的液柱，中心部位的液柱 h_1 较深，但相对应的加热面积 f_1 较小；而靠近锅倾斜壁处的液柱 h_2 较浅，但相对应的加热面积 f_2 较大。因此在锅底周围较快发生气泡，将液体向上推，而形成中心的液体向下的自然循环。为了节省搅拌动力消耗，锅底最好做成球形，能够促进液体循环。球形锅底还有利于清洗和排尽液体。

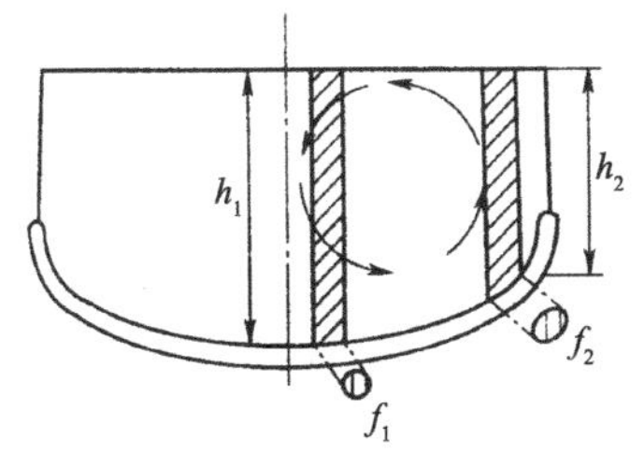

图 16-28　球形锅中麦芽汁的循环

糊化锅的直径与圆筒部分高度之比为 2∶1，这样有利于液体的循环和有更大的加热面积。

（二）糖化锅

啤酒糖化锅的用途是使麦芽粉与水混合，并保持一定温度进行蛋白质分解和淀粉糖化。其结构、外形加工材料都与糊化锅大致相同，如图 16-29 所示。

一般糖化锅体积比糊化锅大约 1 倍。锅底可做成平的，也有做成球形蒸汽夹套的。糖化

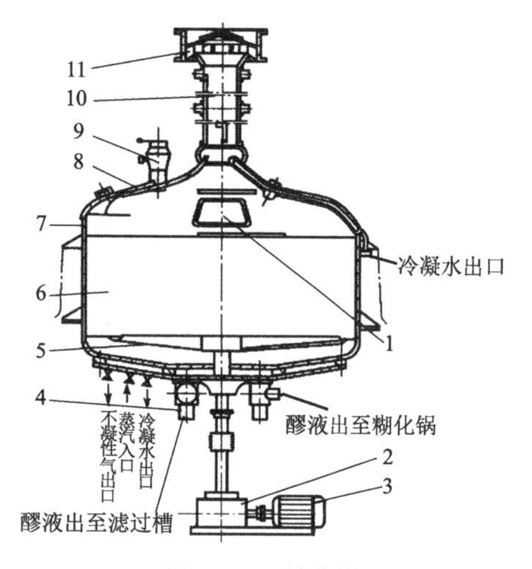

图 16-29　糖化锅

1. 人孔单拉门；2. 减速箱；3. 电动机；4. 出料阀；5. 搅拌器；6. 锅身；7. 锅盖；8. 人孔双拉门；9. 下粉筒；10. 排汽管；11. 筒形风帽

锅也可以设计成糖化、糊化两用锅，以提高糖化锅的利用率。

（三）麦芽汁煮沸锅

麦芽汁煮沸锅又称浓缩锅，用于麦芽汁的煮沸和浓缩，功能是把麦芽汁中多余水分蒸发掉，使麦芽汁达到要求的浓度，并加入酒花，浸出酒花中的苦味及芳香物质。另外，其还有加热凝固蛋白质、灭菌、灭酶的作用。

1. 夹套式圆形煮沸锅　如图 16-30 所示。其结构和糊化锅相同，因其需要容纳包括滤清汁在内的全部麦芽汁，体积较大，锅内有搅拌装置。

2. 有外加热器的麦芽汁煮沸锅　图 16-31 是有外加热器的麦芽汁煮沸锅。此种锅在国外已广泛采用，欧洲约 70%的啤酒厂已采用有外加热器的麦芽汁煮沸锅。

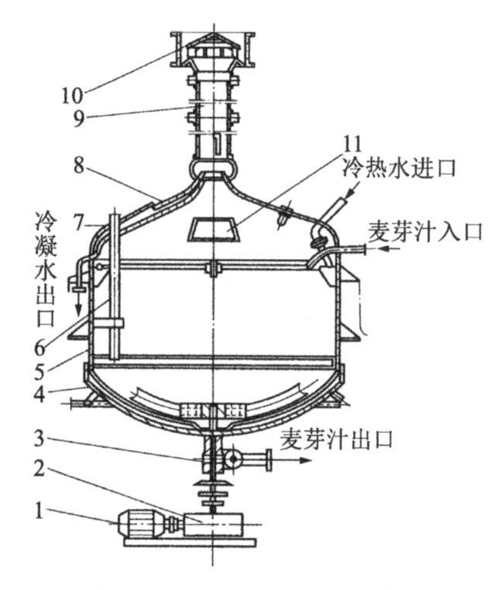

图 16-30　夹套式圆形煮沸锅

1. 电动机；2. 减速箱；3. 出料阀；4. 搅拌装置；5. 锅体；6. 液量标尺；7. 人孔双拉门；8. 锅盖；9. 排气管；10. 筒形风帽；11. 人孔单拉门

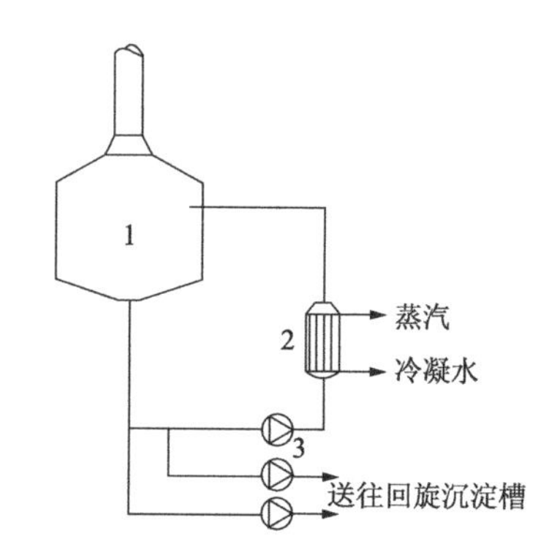

图 16-31　有外加热器的麦芽汁煮沸锅

1. 麦芽汁煮沸锅；2. 外加热器；3. 麦芽汁泵

采用外加热煮沸系统，麦芽汁的温度可达 106～108℃，可缩短煮沸时间 60～70min；由于密闭煮沸，可使麦芽汁色度降低，提高 α-苦味酸的异构化，提高酒花利用率；蛋白质凝固物较好分离，因而发酵良好，啤酒过滤性能得到改善；选择适当的管径和液体流速，可获得较高的自身清洁程度，每周可只清洗一次，节省清洗碱液和时间。

采用内外加热器煮沸锅，酒花需使用粉碎酒花、颗粒酒花、酒花浸膏或酒花油，以免堵塞热交换器。

（四）糖化醪过滤槽

糖化醪的过滤是啤酒厂获得澄清麦汁的一个关键设备。国内对糖化醪过滤主要有两种设备，即有平底筛的过滤槽和板框过滤机。有平底筛的过滤槽是一常压过滤设备，如图 16-32 所示，具有圆柱形槽身，弧形顶盖，平底上有带滤板的夹层。上半部的形状与糊化锅、糖化锅、煮沸锅基本相同。在过滤槽平底上方 8～12cm 处水平铺设过滤筛板。槽中设计有耕糟机，用于疏松麦糟和排出麦糟。一般麦糟层厚 0.3～0.4m，每 100kg 干麦芽所需过滤面积为 0.5m^{2}左右。

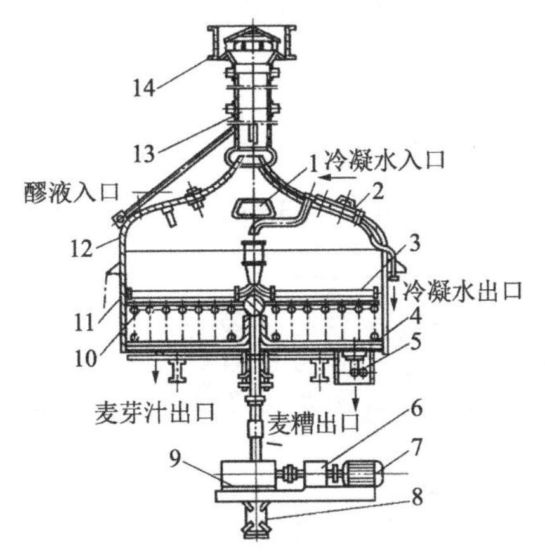

图 16-32　糖化醪过滤槽

1. 人孔单拉门；2. 人孔双拉门；3. 喷水管；4. 滤板；5. 出糟门；6. 变速箱；7. 电动机；8. 油压缸；9. 减速箱；10. 耕糟装置；11. 槽体；12. 槽盖；13. 排气管；14. 筒形风帽

第五节　乳制品加工生产线

一、乳制品生产工艺

常见的乳制品为巴氏杀菌乳、冰淇淋、脱脂或全脂奶粉、酸奶，以上几种乳制品生产工艺如下。

1. 全脂巴氏杀菌乳生产工艺　全脂巴氏杀菌乳生产工艺如图 16-33 所示。

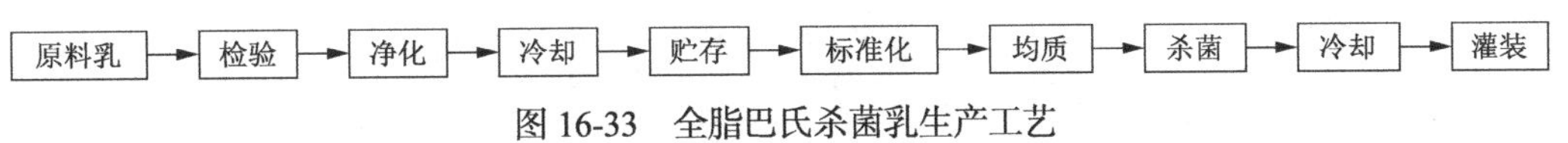

图 16-33　全脂巴氏杀菌乳生产工艺

2. 冰淇淋生产工艺　冰淇淋生产工艺如图 16-34 所示。

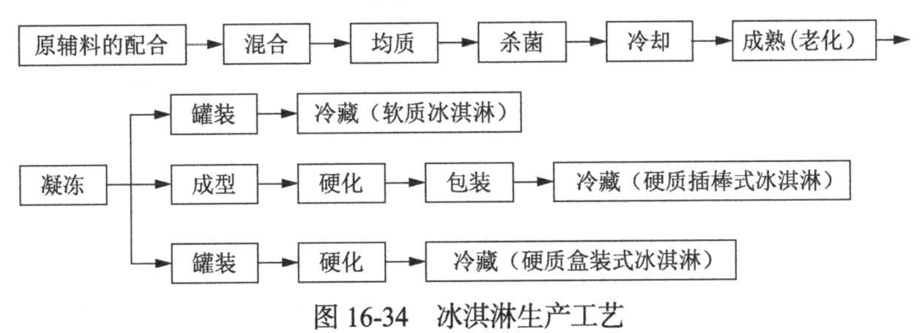

图 16-34　冰淇淋生产工艺

3. 脱脂奶粉生产工艺　脱脂奶粉生产工艺如图 16-35 所示。

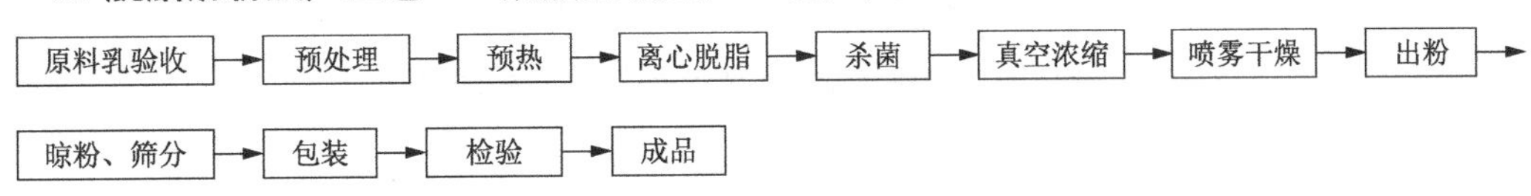

图 16-35　脱脂奶粉生产工艺

4. 凝固型酸奶生产工艺　凝固型酸奶生产工艺如图 16-36 所示。

原料乳 → 净乳 → 标准化 → 配料 → 预热（50～60℃）→ 均质（15～20MPa）→ 杀菌（119～120℃，3～5s）→ 冷却（43～45℃）→ 接种（2%～5%）→ 灌装 → 发酵（42～43℃，2.5～4h）→ 冷却 → 冷藏后熟（2～7℃）

图 16-36　凝固型酸奶生产工艺

二、乳制品生产线成套设备

按照全脂巴氏杀菌乳、冰淇淋、脱脂奶粉、凝固型酸奶的生产工艺，进行设备选型（略），并绘制设备工艺流程图，如图 16-37 和图 16-38 所示。

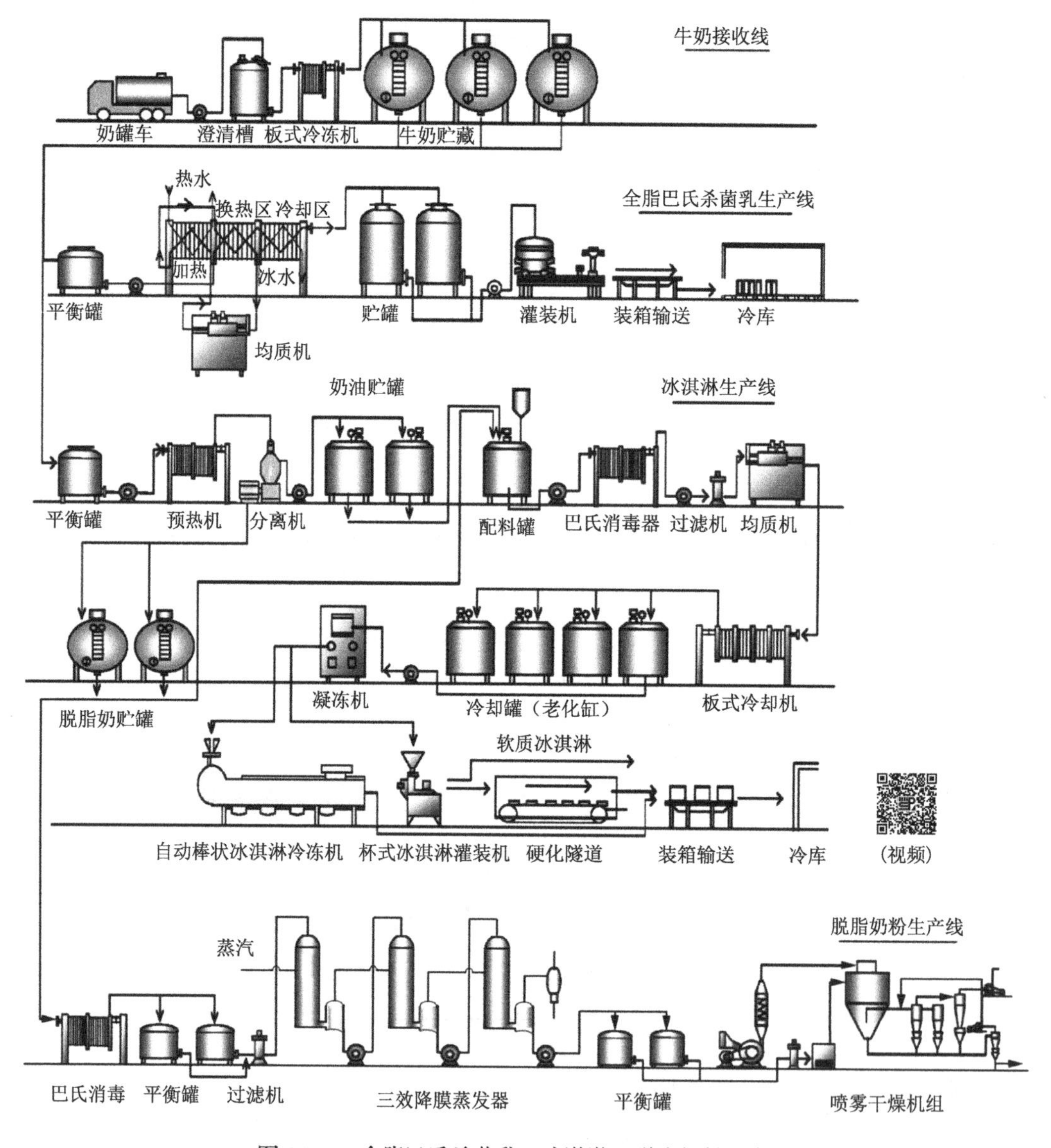

图 16-37　全脂巴氏杀菌乳、冰淇淋、脱脂奶粉生产线

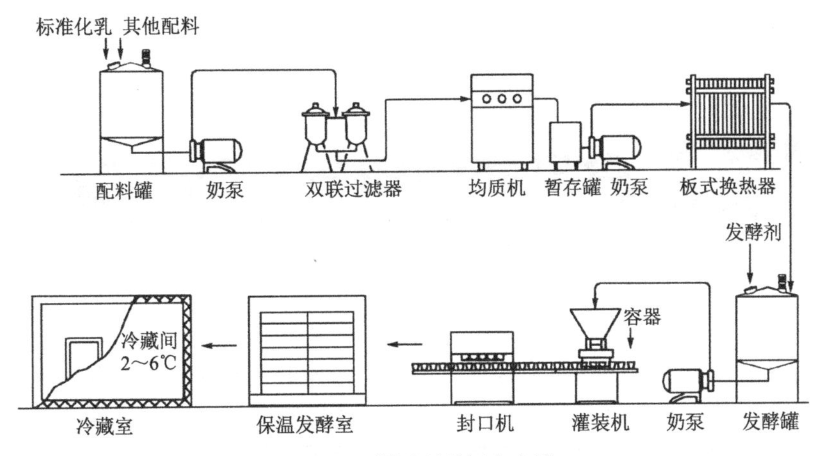

图 16-38　凝固型酸奶生产线

思考题

1. 柑橘汁生产线榨汁设备可选用福乐伟榨汁机吗？请分析原因。
2. 午餐肉罐头生产过程中，要对切块肉进行斩拌，该选用何种设备？请分析原因。
3. 啤酒生产中所应用的糊化锅能否兼作糖化锅？能否兼作麦芽汁煮沸锅？为什么？
4. 试归纳总结食品生产线的设计方法。

第十七章　食品机械电气自动控制技术

内容提要

控制是食品机械非常重要的组成部分，相当于人体的大脑或神经中枢。本章主要介绍了电气控制技术和可编程控制器及其控制技术，前者是重点，后者作为了解内容。通过本章的学习，要求学生掌握食品机械典型的控制电路，会识图，认识常用的电子元器件，并能与生产实践相结合，能进行一般控制电路的设计，能胜任设备电气方面的维修和保养工作。

前面章节介绍的均是各类食品机械的原理、结构、传动及应用，概括起来，就是两个字——机械，但是任何一台机械，都离不开控制，机械越复杂，控制也就越复杂，特别是到了21世纪，随着电气技术（如微电子技术和传感器技术）及计算机技术的发展，食品机械发展趋势的特点之一就是自动化控制程度越来越高，可以说离开了控制，机械就成了不能执行任何功能的一堆废铁。所以，控制对于食品机械，就好像动物大脑对于躯体四肢，有非常重要的地位及作用。

第一节　电气控制技术

用电气图形符号绘制的图称为电气图。电气图是电工领域中最主要的提供信息的方式，它提供的信息内容可以是功能、位置、设备制造及接线等。

电气控制系统是由电气设备及电器元件按照一定的控制要求连接而成的。为了表达设备电气控制系统的组成结构、工作原理及安装、调试、维修等技术要求，需要用统一的工程语言，即用工程图的形式来表达，这种工程图是一种电气图，叫作电气控制系统图，电气控制系统图一般有三种：电路图（电气原理图）、电气接线图、电器元件布置图。电气原理图是编制其余两种图纸的根本和依据，是电气控制系统中最重要的一种电气图，在设计单位和生产现场得到广泛应用。限于篇幅，本章只介绍电气原理图。

电气原理图是根据电气控制系统的工作原理，采用电器元件展开的形式绘制的。电气原理图并不按电器元件实际布置绘制，而是根据电器元件在电路中所起的作用画在不同的部位上，用于分析研究系统的组成和工作原理，并为寻找电气故障提供帮助。

电气原理图一般分主电路和控制电路两部分。主电路是设备的驱动电路，包括从电源到用电设备的电路，是强电流通过的部分。控制电路是由按钮，接触器和继电器的线圈，各种电器的常开、常闭触点等组合构成的控制逻辑电路，实现所需要的控制功能，是弱电流通过的部分。主电路、控制电路和其他辅助的信号指示电路、保护电路一起构成电气控制系统电气原理图。

电气原理图中的电路可以水平布置或垂直布置。水平布置时，电源线垂直画，其他电路水平画，控制电路中的耗能元件（如接触器的线圈）画在电路的最右端。垂直布置时，电源线水平画，其他电路垂直画，控制电路的耗能元件画在电路的最下端。

电气原理图中的所有电器元件不画出实际的外形图，采用国家标准规定的图形符号和文字符号表示，如表 17-1 所示。同一电器的各个部件可根据需要画在不同的地方，但必须用相同的文字符号标注。若有多个同一种类的电器元件，可在文字符号后加上数字序号加以区分。

表 17-1　常用电气图形符号

名称	图形符号	文字符号	名称	图形符号	文字符号	名称	图形符号	文字符号
一般三级电源开关	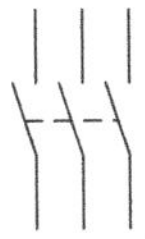	QK	接触器　线圈	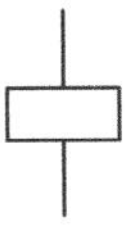	KM	中间继电器　线圈	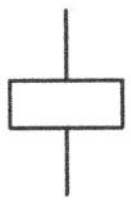	KA
直流电动机		M	主触点			常开触点		
三相异步电动机		M	常开辅助触点			常闭触点		
变压器	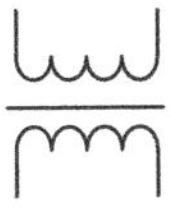	T	常闭辅助触点			信号灯		HL
熔断器		FU	时间继电器　常开延时闭合触点		KT	转换开关	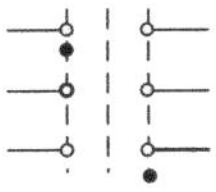	SA
按钮　启动		SB	常闭延时打开触点			电磁铁	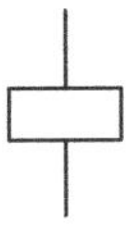	YA
停止			常闭延时闭合触点			热继电器　热元件	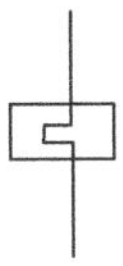	FR
复合	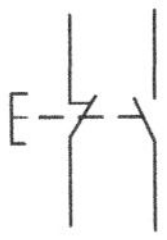		常开延时打开触点			常闭触点	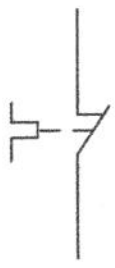	

电气原理图中所有电器元件的可动部分通常以电器处于非激励或不工作的状态和位置的形式表示，其中常见的器件状态如下。

1）继电器和接触器的线圈在非激励状态。

2）断路器和隔离开关在断开位置。

3）零位操作的手动控制开关在零位状态，不带零位的手动控制开关在图中规定的位置。

4）机械操作开关和按钮在非工作状态或不受力状态。

5）保护类元器件处在设备正常工作状态，特别情况在图样上加以说明。

电气原理图中元器件的数据和型号，一般用小号字体标注在电器元件符号的附近，需要标注的元器件的数量比较多时，可以采用设备表的形式统一给出。

前面已介绍，食品机械要实现某一动作或功能，是依靠传动系统来完成的，传动系统中，电动机（工业上常用三相异步电动机）是动力源，所以下面主要以三相异步电动机为控制对象，介绍其基本控制电路。

一、启动、停止控制电路

三相笼型异步电动机的启动、停止控制电路既是应用最广泛的、也是最基本的控制电路，主要有直接启动和减压启动两种方式。

（一）直接启动控制电路

一些控制要求不高的简单机械，如输送带、循环泵等常采用开关直接控制电动机的启动和停止，如图 17-1（a）所示。图中熔断器 FU 用作电路的短路保护，开关 Q 可选刀开关、铁壳开关等。它适用于不频繁启动的小容量电动机，不能远距离控制和自动控制。如 Q 选为具有电动机保护用断路器则可实现电动机的过载保护，并可不用熔断器 FU。

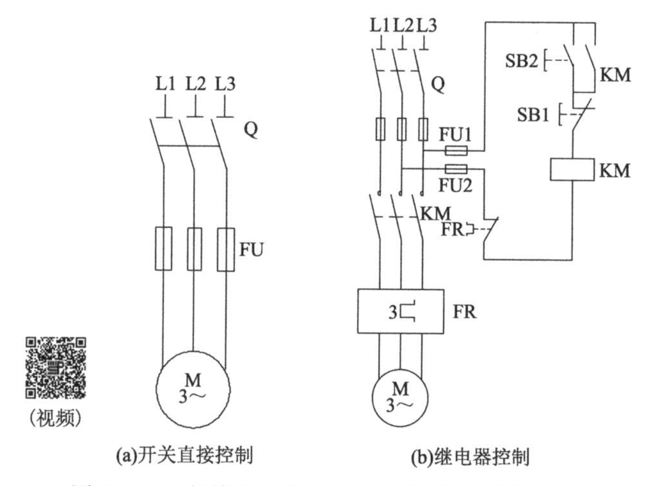

(a)开关直接控制　　(b)继电器控制

图 17-1　三相笼型异步电动机启动、停止控制电路

图 17-1（b）是采用接触器的电动机直接启动、停止控制电路。其中 Q 仅作分断电源用，电动机的启停由接触器 KM 控制。电路的工作原理是：合开关 Q，按下启动按钮 SB2，接触器 KM 的线圈得电，其主触点闭合使电动机通电启动；与此同时并联在 SB2 两端的自锁触点 KM 也闭合给自身的线圈送电，使得即使松开 SB2 后接触器 KM 的线圈仍能继续得电以保证电动机工作。

要使电动机停止，按下停止按钮 SB1，接触器 KM 线圈断电，其主触点断开使电动机停止工作，辅助触点断开解除自锁。

控制电路中的热继电器 FR 实现电动机的过载保护。熔断器 FU1、FU2 分别实现主电路与控制电路的短路保护，如果电动机容量小，可省去 FU2。自锁电路在发生失电压或欠电压时起到保护作用，即当意外断电或电源电压跌落太大时接触器释放，因自锁解除，当电源电压恢复正常后电动机不会自动投入工作，以防意外事故发生。

（二）减压启动控制电路

异步电动机在接入电网启动的瞬时，由于转子处于停止状态，定子旋转磁场以最快的相对速度（同步转速）切割转子导体，在转子绕组中感应出很大的转子电势和转子电流，从而引起很大的定子电流，一般启动电流是额定电流的 5～7 倍。

较大容量的笼型异步电动机一般都采用减压启动的方式启动，具体实现的方案有：星-三角变换减压启动、定子串电阻或电抗器减压启动、自耦变压器减压启动、延边三角形减压启动等。

1. 星-三角变换减压启动控制电路　图17-2（a）是星-三角变换减压启动控制电路的主电路，其主导思想是：让全压工作时为三角形联结的电动机在启动时将其定子绕组接成星形以降低电动机的绕组相电压，进而限制启动电流，当反映启动过程结束的定时器发出指令时再将电动机的定子绕组改接成三角形联结实现全压工作。图17-2（b）是一种控制电路，其控制的工作流程如图17-3（a）所示。

可以看出，主电路中存在着一种隐患：如 KM2 与 KM3 的主触点同时闭合，则会造成电源短路，控制电路必须能够避免这种情况的发生。图 17-2（b）的控制电路似乎已经做到了这一点（时间继电器 KT 的延时动断触点和延时动合触点不会使 KM3 和 KM2 的线圈同时得电），其实不然。由于接触器的吸合时间和释放时间的离散性，电路的工作状态存在不确定性。

通常在分析电气控制电路的工作原理时，一般不用考虑元件的动作时间，认为只要一有输入信号，其触点即可完成动作（除时间继电器外）。这在绝大多数情况下是允许的，不影响分析的结果。但实际上，由于电磁时间常数和机械时间常数的存在，任何继电器和接触器从线圈得电或失电到其触点完成动作都需要一定的时间，即吸合时间和释放时间。

所谓吸合时间是指从线圈接收电信号到衔铁及触点（动合触点）完全吸合时所需的时间；释放时间是指从线圈失电到衔铁及触点完全释放时所需的时间。它们的数量级对于继电器来说一般为十几到几十毫秒，对于接触器来说则为几十到数百毫秒，要随电器元件的型号和机械结构的磨损程度而定。假设 KM2 的吸合时间是 15ms，KM3 的释放时间是 25ms，时间继电器 KT 的延时动断触点和延时动合触点同时动作（忽略其时间差），那么在进行星-三角变换时主电路中的 KM3 和 KM2 的主触点就将有约 10ms 的时间是同时接通的，这是绝对不许可的。若将 KM3 的动断辅助触点串联在 KM2 的线圈控制电路中，则只有当 KM3 的衔铁及触点释放完毕（动断辅助触点接通）后才允许 KM2 得电，上述问题就可以得到解决。对 KM3 的线圈采用类似的方法，保证电路工作可靠。另外，在启动完成后时间继电器 KT 已无得电的必要，但图 17-2（b）中 KT 在工作期间一直得电，浪费能源。改进后的电路的工作流程图如图 17-3（b）所示，与其相对应的实用控制电路如图 17-2（c）所示。

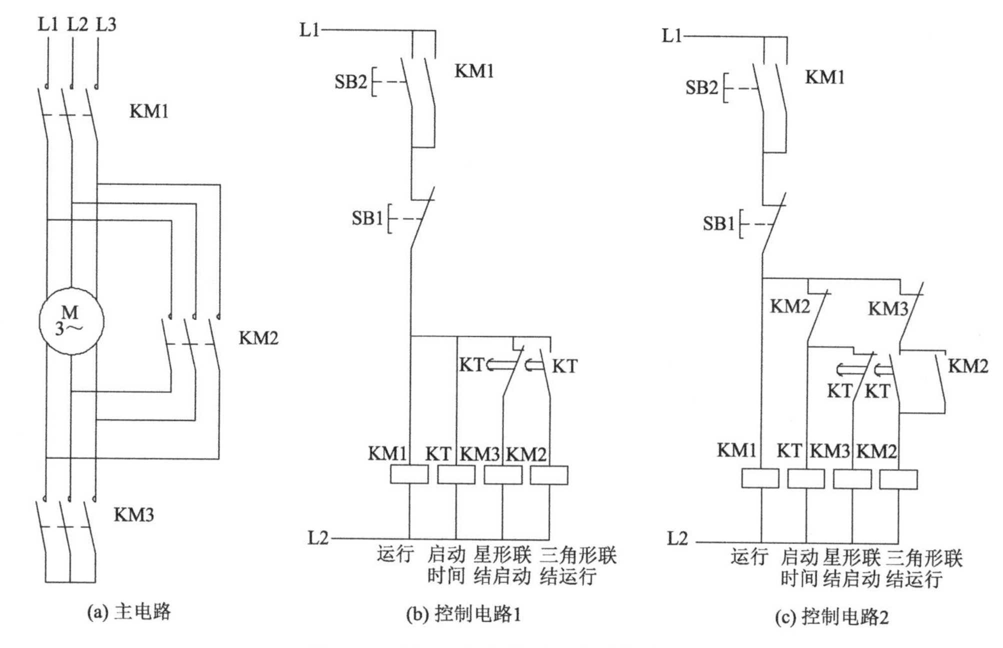

(a) 主电路　　(b) 控制电路1　　(c) 控制电路2

图 17-2　星-三角变换减压启动控制电路

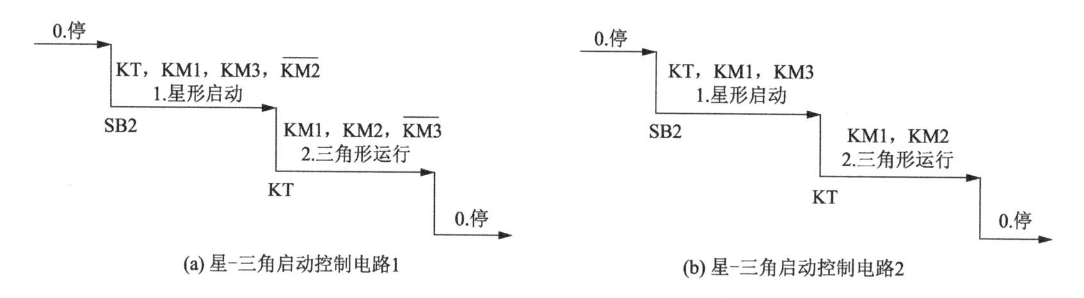

(a) 星-三角启动控制电路1　　(b) 星-三角启动控制电路2

图 17-3　星-三角变换减压启动工作流程图

图 17-4 是用两个接触器和一个时间继电器进行的星-三角变换减压启动控制电路。电动机绕组连成星形或三角形都是由接触器 KM2 完成的：KM2 断电时电动机绕组由 KM2 的动断辅助触点连接成星形进行启动，KM2 通电后电动机绕组由 KM2 动合主触点连接成三角形正常运行。因辅助触点容量较小，4～13kW 的电动机可采用该控制电路，电动机容量大时应采用三个接触器的控制电路。

如果完全依靠 KM2 进行星-三角形变换，其辅助动断触点在断开时就要承担分断负载电流的任务，于是电弧的烧蚀将会缩短辅助触点的寿命。

如让 KM1 的主触点承担分断时的大电流，KM2 的辅助动断触点只在空载或小电流的情况下断开，就无忧虑了。从系统工作的主要环节看，首先经过星形启动、星-三角变换（KM2 得电），然后电动机就正常工作了，但要详细弄清该电路的工作原理，还需要考虑电路的暂态过程。因此，将电路的工作流程图的第二工步分成 4 个阶段，如图 17-5 所示。

为了说明方便，给部分触点符号加了附注脚标。按下按钮 SB2 后电动机先进行星形启动。启动完成时，时间继电器动作，进入第二工步。在第二工步的第一阶段，时间继电器 KT 的延时动断触点首先使 KM1 线圈失电（时间继电器 KT 的延时动合触点在 KM1 的自锁触点断

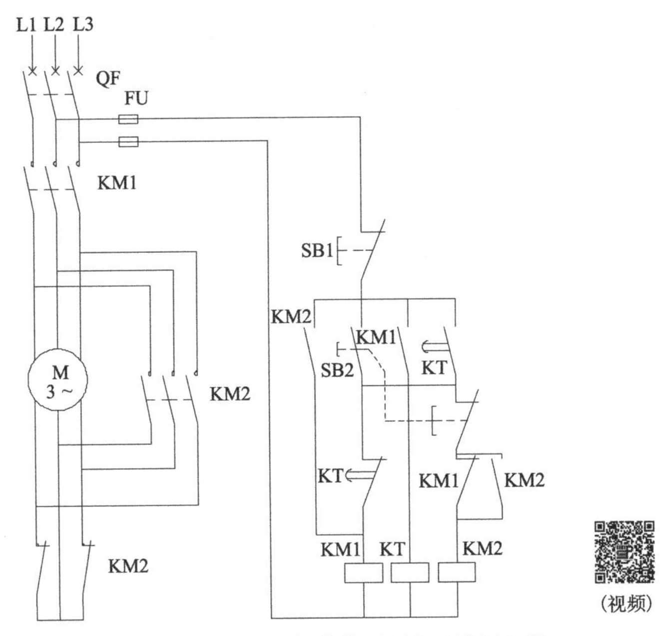

图 17-4　星-三角变换减压启动控制电路

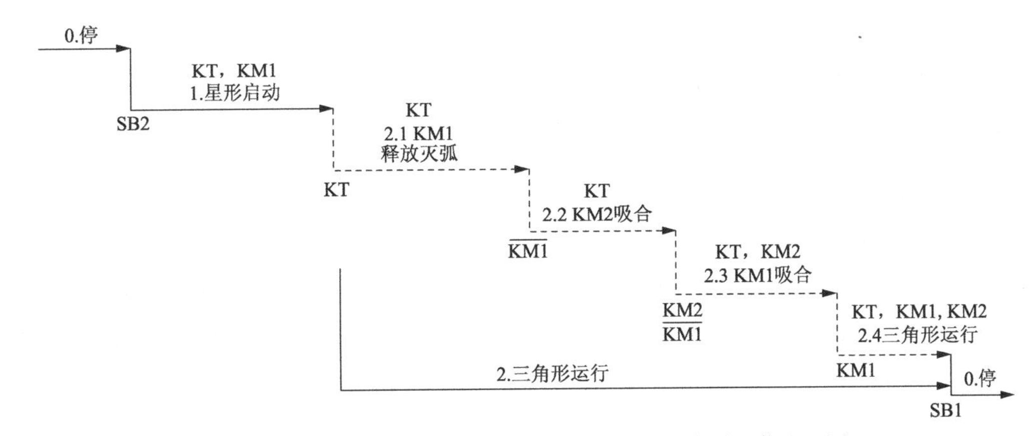

图 17-5　用两个接触器控制的星-三角变换减压启动工作流程图

开前已闭合实现 KT 的自锁），KM1 的主触点断开，开始分断电动机的定子电流，电弧在 KM1 的主触点间熄灭，而此时 KM2 的动断辅助触点仍在接通，于是该触点间无电弧产生。当 KM1 的主触点完全断开时，其辅助动断触点 KM1 才接通，进入第二阶段。在第二阶段，KM2 的线圈得电衔铁开始吸合，主电路中进行星-三角形变换，当 KM2 两个动断辅助触点断开时，主触点及辅助动合触点吸合（变换完成），进入第三阶段。在第三阶段，KM2 闭合使 KM1 线圈再次得电，同时 KM2 用另一个动合辅助触点实现自锁。当 KM1 的主触点再次接通三相电源时，电动机就在三角形联结下全压运行了，此时为第四阶段。

2. 定子串电阻减压启动控制电路　图17-6是定子串电阻减压启动控制电路。电动机启动时在三相定子电路中串接电阻可降低绕组电压，以限制启动电流；启动后再将电阻短路，电动机即可在全压下运行。这种启动方式由于不受电动机接线方式的限制，设备简单，因而得到广泛应用。在机械设备做点动调整时也常采用这种限流方法以减轻对电网的冲击。

在图 17-6（b）的控制电路的工作过程中，只要 KM2 得电就能使电动机正常运行。图 17-6

（b）中的 KM1 与 KT 在电动机启动后一直得电工作，这虽不妨碍电路工作但浪费电能。图 17-6（c）解决了这个问题：KM2 得电后，其动断触点使 KM1 和 KT 失电，KM2 的辅助触点形成自锁，达到既节能又实现控制要求的目的。

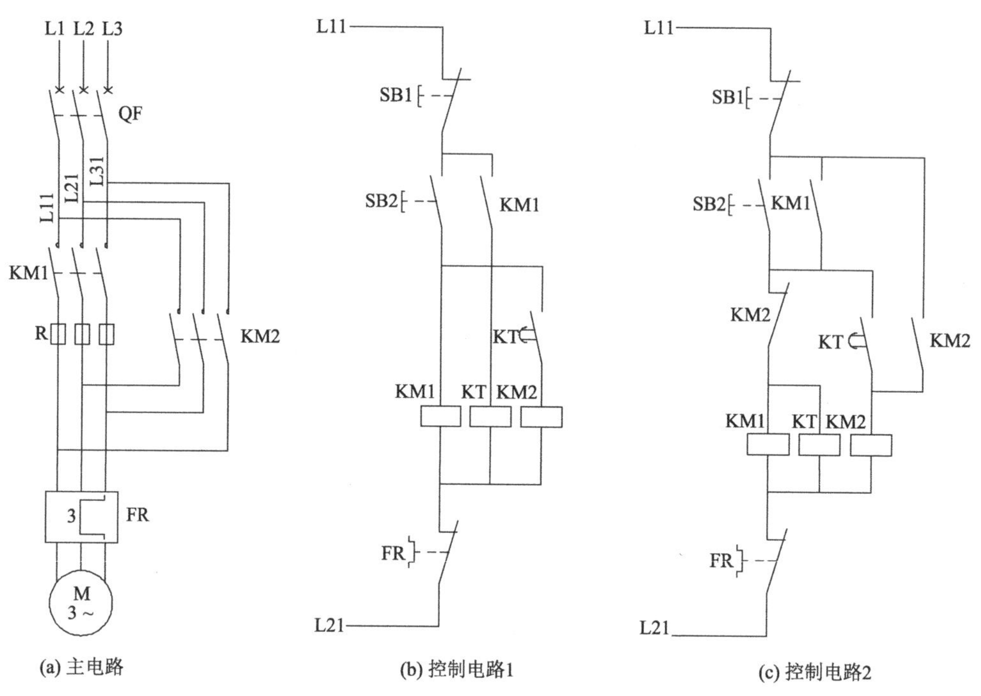

(a) 主电路　　(b) 控制电路1　　(c) 控制电路2

图 17-6　定子串电阻减压启动控制电路

二、正、反转控制电路

许多生产机械都有可逆运行的要求，由电动机的正、反转来实现生产机械的可逆运行是很方便的。为满足生产机械的可逆运行要求，需使拖动电动机可以两个方向运行。把电动机定子三相绕组所接电源任意两相对调，改变电动机的定子电源相序，就可改变电动机的转动方向。

如果用 KM1 和 KM2 分别完成电动机的正、反向控制，那么由正转与反转启动电路组合起来就成了正、反转控制电路。

从主电路图[图 17-7（a）]可知，若 KM1 和 KM2 分别闭合，则电动机的定子绕组所接两相电源对调，结果电动机转向不同。关键要看控制电路部分如何工作。

图17-7（b）由相互独立的正转和反转启动控制电路组成，也就是说两者之间没有约束关系，可以分别工作。按下 SB2，正转接触器 KM1得电工作；按下 SB3，反转接触器 KM2得电工作；先后或同时按下 SB2、SB3，则 KM1与 KM2同时工作，但这时观察一下主电路可以看出：两相电源供电电路被同时闭合的 KM1与 KM2的主触点短路，这是不允许的。因此不能采用这种既不安全又不可靠的控制电路。

图17-7（c）把接触器的动断辅助触点相互串联在对方的控制电路中，就使两者之间产生了制约关系：一方工作时切断另一方的控制电路，使另一方的启动按钮失去作用。接触器通过动断辅助触点形成的这种互相制约关系称为“联锁”或“互锁”。正转、反转接触器通过互锁避免了同时接通造成主电路短路的可能性。

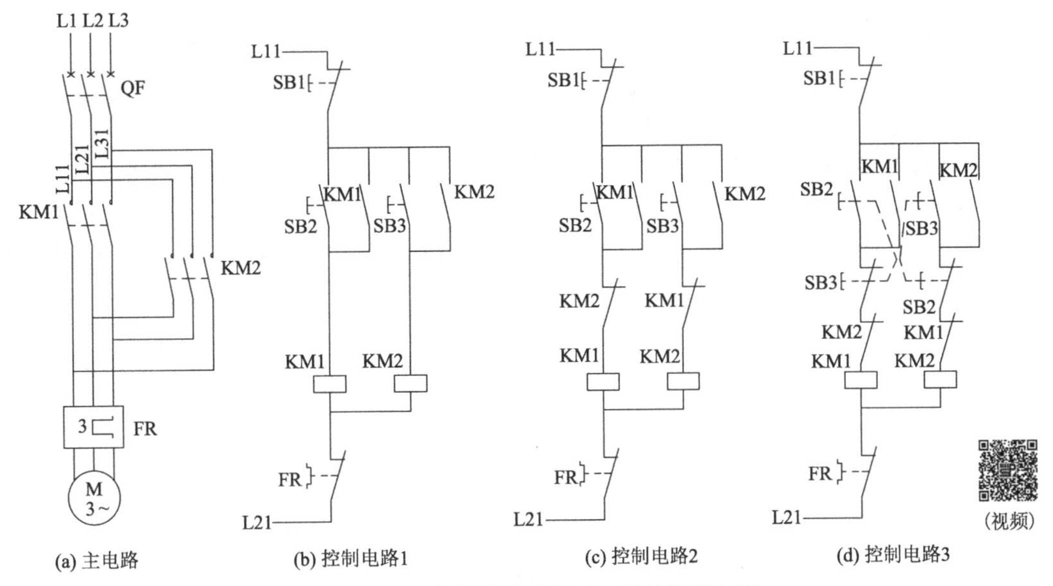

(a) 主电路　(b) 控制电路1　(c) 控制电路2　(d) 控制电路3

图 17-7　三相异步电动机正、反转控制电路

在生产机械的控制电路中，这种联锁关系应用极为广泛。凡是有相反动作的生产机械，都需要类似的联锁控制。

在图 17-7（c）中，正、反转切换的过程中间要经过“停”，显然操作不方便。图 17-7（d）利用复合按钮 SB2、SB3 就可直接实现由正转变成反转，反之亦然。

显然，采用复合按钮也可起到联锁作用。这是由于按下 SB2 时，KM2 线圈电路被切断，只有 KM1 可得电工作。同理可分析 SB3 的作用。

在图17-7（d）中如取消两接触器间的互锁触点，只用按钮进行联锁是不可靠的。在实际工作中可能出现这种情况，由于负载短路或大电流的长期作用，接触器的主触点被强烈的电弧“烧焊”在一起，或者接触器的动作机构失灵，使衔铁卡住总是处在吸合状态，这都可能使主触点不能断开，这时如果另一接触器线圈通电工作，其主触点正常闭合就会造成电源短路事故。采用接触器动断辅助触点进行互锁，不论什么原因，只要一个接触器的触点（主触点与辅助触点在机械上保证动作一致）是吸合状态，它的互锁动断触点（此时处于断开状态）就必然将另一接触器线圈电路切断，这就能避免事故的发生。所以，采用复合按钮后，接触器辅助动断触点的互锁仍是必不可少的。

有些类型的接触器备有机械联锁附件，将两只接触器用机械联锁附件连接起来，则当一只接触器的铁心做吸合动作时，通过机械联锁附件顶住另一只接触器的铁心使之不能吸合，从而避免两只接触器同时工作。

三、电动机制动控制电路

许多生产机械，如起重机械、搬运机械等，都要求能迅速停车或准确定位。这就要求对电动机进行制动，强迫其迅速停车。制动停车的方式有两大类，即机械制动和电气制动。机械制动采用机械抱闸、液压或气压制动；电气制动有反接制动、能耗制动、电容制动等，其实质是使电动机产生一个与转子原来的转动方向相反的制动转矩。

（一）能耗制动控制电路

能耗制动是在三相笼型异步电动机切断三相电源的同时，给定子绕组接通直流电源，利用转子感应电流与静止磁场的作用以达到制动的目的。

图 17-8 中用变压器 TC 和整流器 VC 为制动提供直流电源，KM2 为制动用接触器。主电路相同，但实现控制的策略可能有多种。图 17-8（b）采用手动控制：要停车时按下 SB1 按钮，到制动结束时放开。电路简单，但操作不便。图 17-8（c）中使用了时间继电器 KT，根据电动机带负载后制动过程所用时间的长短设定 KT 的定时值，就可实现制动过程的自动控制。其制动过程工作流程图如图 17-9 所示。

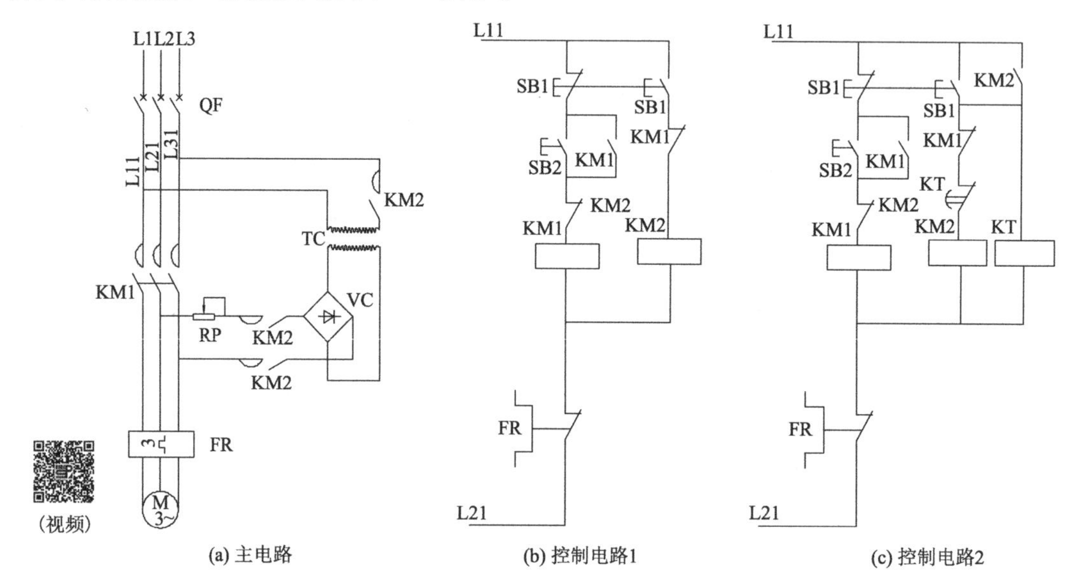

(a) 主电路　(b) 控制电路1　(c) 控制电路2

图 17-8　能耗制动控制电路

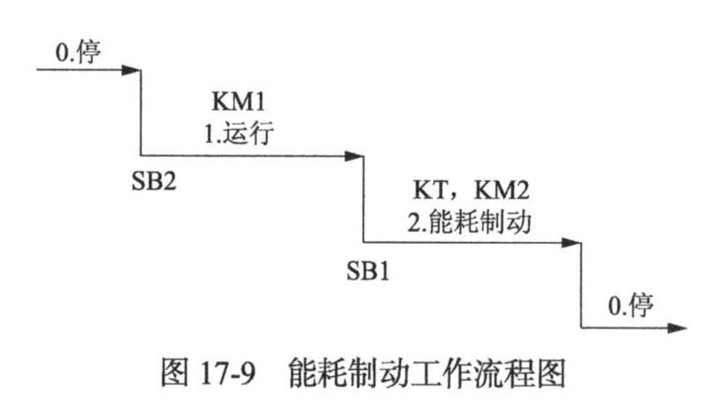

图 17-9　能耗制动工作流程图

按下按钮 SB2，继电器线圈 KM1 得电并自锁，其主电路动合触点 KM1 闭合，电动机三相电路连通并开始运转。正常运行时，若按下停止按钮 SB1，电动机由于 KM1 断电释放而脱离三相交流电源，而直流电源则由于接触器 KM2 线圈通电使其主触点闭合而加入定子绕组，时间继电器 KT 线圈与 KM2 线圈同时通电并自锁，电动机进入能耗制动状态。当其惯性速度接近于零时，时间继电器延时打开的常闭触点断开接触器 KM2 的线圈电路。由于 KM2 常开辅助触点的复位，时间继电器 KT 线圈的电源也被断开，电动机能耗制动结束。

可以通过调节整流器输出端的电位器 RP，得到合适的制动电流。

（二）反接制动控制电路

反接制动实质上是改变电动机定子绕组中的三相电源相序，产生与转子转动方向相反的转矩，因而起制动作用。

反接制动过程为：停车时，首先切换三相电源，当电动机的转速下降接近零时，及时断开电动机的反接电源。因为在电动机的转速下降到零时如不及时切除反接电源，则电动机就要从零速反向启动运行了。因此，需要根据电动机的转速进行反接制动的控制，此时要用速度继电器作检测元件（用时间继电器间接反映制动过程很难准确停车，因为负载转矩等的变化将影响减速过程的时间长短）。

图 17-10（b）（c）都为反接制动的控制电路。其中图 17-10（a）的工作流程图如图 17-11 所示。

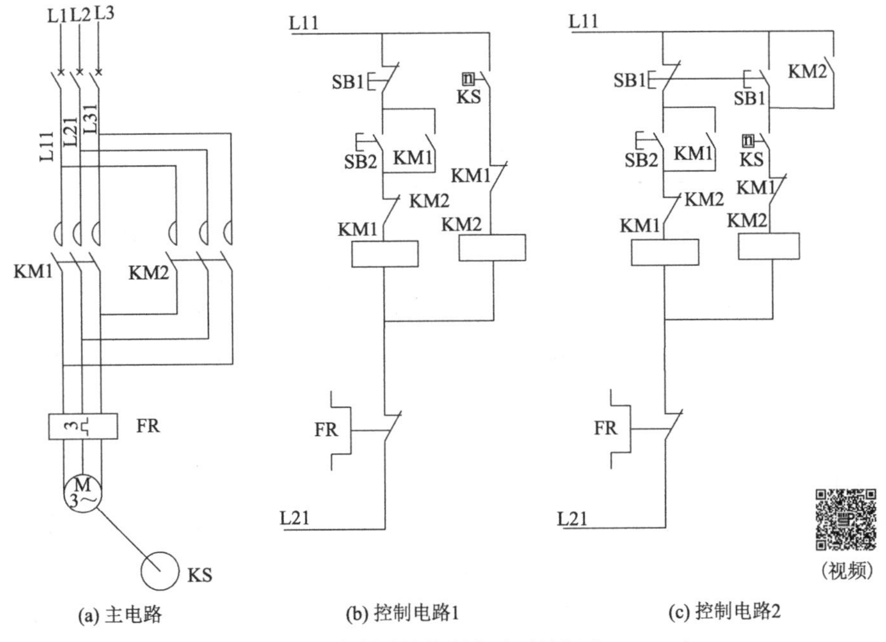

(a) 主电路　(b) 控制电路1　(c) 控制电路2

图 17-10　反接制动的控制电路（漆汉宏，2013）

在图 17-11 的第二工步（运行），电动机运行后速度继电器 KS 的动合触点就已闭合，为制动做好了准备，但此时 KS 对系统来说是个干扰，不限制它，它就要影响系统正常工作。用串联 KM1 的动断触点的方法禁止它。

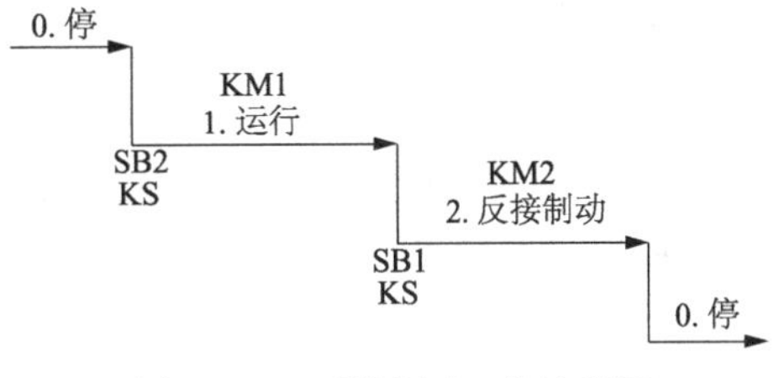

图 17-11　反接制动工作流程图

图 17-10（b）的电路存在这样一个问题：在停车期间，如为调试需用手转动设备主轴时，速度继电器的转子也将随着转动，一旦达到速度继电器的动作值，其动合触点就将闭合，接触器 KM2 得电工作，电动机接通电源发生制动作用，不利于调试工作。图 17-10（c）的电路解决了这个问题。控制电路中停止按钮使用了复合按钮 SB1，并在其动合触点上并联了 KM2 的自锁触点。这样当用手转动电动机轴时，虽然 KS 的动合触点闭合，但只要不按停止按钮 SB1，KM2 就不会得电，电动机也就不会反接于电源；只有按 SB1 时 KM2 才能得电，制动电路才能接通。

因电动机反接制动电流很大（约为启动电流的 2 倍），故在主电路的制动回路中串入限流电阻 R，以防止制动时对电网的冲击和电动机绕组过热。在电动机容量较小且制动不是很频繁的正、反转控制电路中，为了简化电路，限流电阻可以不加。

反接制动时，旋转磁场的相对速度很大，定子电流也很大，因此制动效果显著。但在制动过程中有冲击，对传动部件不利，能量消耗较大，故用于不太经常启、制动的设备。

能耗制动与反接制动相比，具有制动准确、平稳、能量消耗小等优点。但其制动力较弱，特别是在低速时尤为突出。另外，它还需要直流电源，故其适用于要求制动准确、平稳的场合。

典型案例：变频调速与变频器（扫码见内容）。

第二节 可编程控制器及其控制技术

在可编程控制器问世之前，继电器-接触器控制在工业控制领域中占有主导地位。继电器-接触器控制系统是采用固定接线的硬件实现控制逻辑，如果生产任务或工艺发生变化，就必须重新设计，改变硬件结构，这样会造成时间和资金的浪费。另外，大型控制系统用继电器-接触器控制，使用的继电器数量多，控制系统的体积大，耗电多，且继电器触点为机械触点，工作频率较低，在频繁动作情况下寿命较短，造成系统故障，系统的可靠性差。

世界上第一台可编程控制器是 1969 年被美国数字设备公司（DEC）研制出来的，并在通用汽车公司汽车自动装配线上试用，最终获得成功。其后，可编程控制器得以迅速发展。目前已成为现代工业控制的三大支柱[PLC、工业机器人和 CAD（computer aided design，计算机辅助设计）/CAM（computer aided manufacturing，计算机辅助制造）]之一。

在 1987 年国际电工委员会（International Electrotechnical Committee）颁布的《PLC 标准草案》中对 PLC 做了如下定义：PLC（programmable logic controller）是一种专门为在工业环境下应用而设计的数字运算操作的电子装置，即可编程逻辑控制器。它采用可以编制程序的存储器，在其内部存储执行逻辑运算、顺序运算、计时、计数和算术运算等操作的指令，并能通过数字式或模拟式的输入和输出，控制各种类型的机械或生产过程。PLC 及其有关的外围设备都应该按易于与工业控制系统形成一个整体，易于扩展其功能的原则而设计。

PLC 具有如下特点。

1）可靠性高、抗干扰能力强，据调查统计，到目前为止没有任何一种工业控制设备可达到 PLC 的可靠性。

2）程序可变、具有柔性。

3）编程简单、使用方便。PLC 采用与继电器控制逻辑图非常接近的“梯形图”进行编程，顾及了多数电气技术人员的读图习惯和计算机应用水平，易被大众接受。

4）功能完善。具有数字量及模拟量的输入输出、逻辑运算、联网通信、人机对话、自检、记录和显示等功能。

5）组合灵活、扩充方便。PLC 除模块化外，还具有各种扩充单元，I/O（输入/输出）点数及各种 I/O 方式、I/O 量均可选择，可以方便地适应不同的控制对象。

6）体积小、质量轻、成本低、环境要求低。一般 PLC 的功能若用继电器来实现，需用 3 或 4 个 1.8m 高的大继电器控制柜，减少了设计、施工、调试、检修、维护的工作量。

PLC 按产地可分为日本系列、欧美系列、韩国系列、中国系列等。其中，具有代表性的日本有 Toyooki、Omron、Panasonic、光洋电子工业株式会社等；美国有 AB（Allen Bradley）、GM（Gould Modicon）、GE（GE-Fanuc）、TI 仪器（Texas Instruments，德州仪器）等；德国有西门子（Siemens）等；韩国有 LG 等；中国有和利时集团、浙江中控技术股份有限公司等。

一、可编程控制器的工作原理

（一）PLC 与继电器控制系统的比较

继电器控制系统是一种“硬件逻辑系统”，如图 17-12（a）所示，继电器控制系统采用的是并行工作方式。

PLC 控制接线示意图（梯形图）如图 17-12（b）所示，它与继电器控制图的逻辑含义是一样的，即图 17-12（b）是图 17-12（a）的等效电路，但具体表示方法有本质区别。PLC 控制图中的继电器、定时器、计数器不是实物的继电器、定时器、计数器，这些元件实际上是 PLC 存储器中的存储位，因此称为软元件。PLC 的工作原理是建立在计算机工作原理基础上的，即通过执行反映控制要求的用户程序来实现的，CPU 以分时操作方式处理各项任务，计算机在每一时序瞬间只能做一件事，程序的执行是按程序顺序依次完成相应各电器的动作，属于串行工作方式。

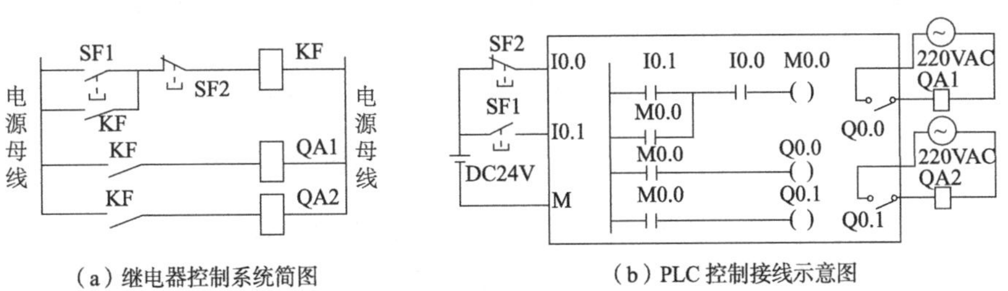

（a）继电器控制系统简图　　（b）PLC 控制接线示意图

图 17-12　PLC 控制系统与继电器控制系统的比较

KF、QA 表示继电器线圈；SF 表示启动开关；AC 表示交流电

（二）PLC 的工作方式

图 17-13 的运行流程图表明 PLC 工作的全过程。整个过程分为以下三部分。

1）上电处理：机器上电后，PLC 系统进行初始化，包括硬件初始化、I/O 模块配置检查、停电保持范围设定和系统通信参数配置及其他初始化处理等。

2）扫描过程：PLC 进入扫描工作过程后，先完成输入处理，其次完成与其他外设的通信处理，最后进行时钟、特殊寄存器更新。CPU 处于 STOP 方式时，转入执行自诊断。CPU 处于 RUN 方式时，还要完成用户程序的执行和输出处理，再转入执行自诊断。

3）出错处理：PLC 每扫描一次，执行一次自诊断，确定 PLC 自身的动作是否正常，如检查出异常，CPU 面板上的 LED 及异常继电器会接通，在特殊寄存器中存入出错代码，当出现致命错误时，CPU 被强制为 STOP 方式，停止扫描。

总之，PLC 是按集中输入、集中输出、周期性循环扫描的方式进行工作的。每一次扫描所用的时间称为扫描周期或工作周期。

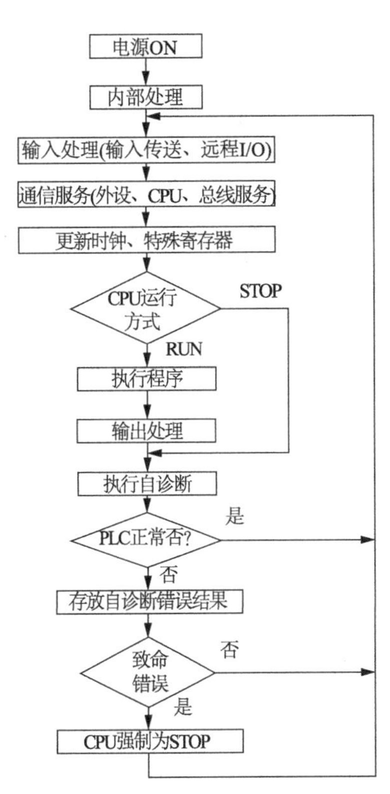

图 17-13　PLC 运行流程图

（三）PLC 的工作过程

典型的 PLC 工作过程如图 17-14 所示。如果暂不考虑远程 I/O 特殊模块、更新时钟和其他通信服务等，则扫描过程只有“输入采样”“程序执行”和“输出刷新”三个阶段，这三个阶段是 PLC 工作过程的中心内容。

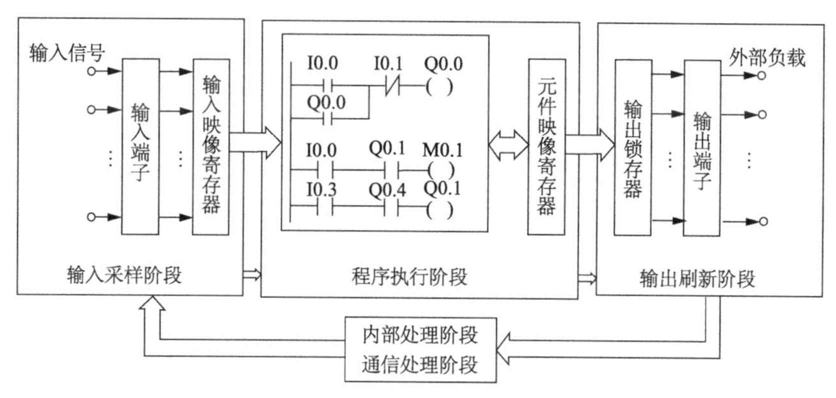

图 17-14　PLC 工作过程示意图

1. 输入采样阶段　PLC 在输入采样阶段，首先扫描所有输入端子，并将各输入状态存入相对应的输入映像寄存器中，随后系统进入程序执行阶段，在此阶段和输出刷新阶段，输入映像寄存器与外界隔离，无论输入信号如何变化，其内容都保持不变，直到下一个扫描周期的输入采样阶段才重新写入输入端的新内容。

2. 程序执行阶段　进入程序执行阶段后，PLC 按从左到右、从上到下的步骤顺序执行程序。指令中涉及输入、输出状态时，PLC 就从输入映像寄存器中“读入”对应输入端子的状态，从元件映像寄存器“读入”对应元件的当前状态，然后进行相应的运算，将最新运算结果存入相应的元件映像寄存器中，对元件映像寄存器来说，每一个元件（“软继电器”）的状态会随着程序执行过程而刷新。

3. 输出刷新阶段　用户程序执行完毕后，元件映像寄存器中所有输出继电器的状态（接通/断开，也可用“输出状态表”表示）在输出刷新阶段一起转存到输出锁存器中，通过一定方式集中输出，最后经过输出端子驱动外部负载。在下一个输出刷新阶段开始之前，输出锁存器的状态不会改变，因而相应输出端子的状态也不会改变。

例如，程序经前一扫描周期的运行的 I/O 点状态被刷新成如图 17-15 中所示状态。

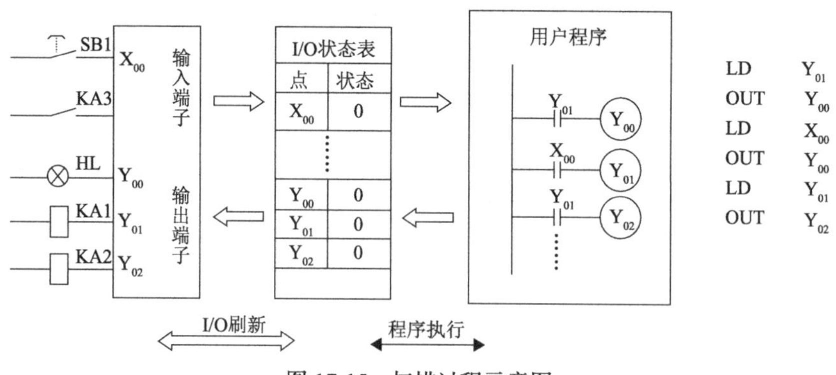

图 17-15　扫描过程示意图

输入信号 X_{00} 点的状态在后续的 5 个扫描周期中分别被刷新为 1、1、0、0、0，输出点 Y_{00}—Y_{02} 的输出状况情况分析如下。

（1）假定，第 0 扫描周期中：I/O 点状态被刷新为

$X_{00(0)}$—0　　$Y_{00(0)}$—0　　$Y_{01(0)}$—0　　$Y_{02(0)}$—0

在每一扫描周期内，用户程序是按梯形图，从头开始由左到右、由上到下逐条执行，直至程序结束。根据梯形图逻辑，每个周期程序执行的结果是

$Y_{00(N)}=Y_{01(N-1)}$　　$Y_{01(N)}=X_{00(N)}$　　$Y_{02(N)}=Y_{01(N)}$

用状态表列出（表 17-2）。

（2）假定：$X_{00(0)}=1$　　$X_{00(1)}=1$

$X_{00(2)}=1$　　$X_{00(3)、(4)、(5)}=0$

所以，第一周期的结果是

$Y_{00(1)}$ —0　　$Y_{01(1)}$—1　　$Y_{02(1)}$—1

[$Y_{00(1)}=Y_{01(0)}=0$; $Y_{01(1)}=X_{00(1)}=1$; $Y_{02(1)}=Y_{01(1)}=1$]

同理可得，第 2～5 周期的输出结果是

$Y_{00(2)}=1$　　$Y_{01(2)}=1$　　$Y_{02(2)}=1$

$Y_{00(3)}=1$　　$Y_{01(3)}=0$　　$Y_{02(3)}=0$

$Y_{00(4)}=0$　　$Y_{01(4)}=0$　　$Y_{02(4)}=0$

$Y_{00(5)}=0$　　$Y_{01(5)}=0$　　$Y_{02(5)}=0$

表 17-2 I/O 点状态表

周期号	I/O			
	X_{00}	Y_{00}	Y_{01}	Y_{02}
0	0	0	0	0
1	1	0	1	1
2	1	1	1	1
3	0	1	0	0
4	0	0	0	0
5	0	0	0	0

二、可编程控制器的硬件及分类

世界各国各生产厂家生产的 PLC 虽然外观各异，但作为工业控制计算机，其硬件结构都大体相同，主要由中央处理器（CPU）、存储器[用户程序（RAM）、系统程序（ROM）]、输入输出单元（I/O）接口、电源及外围编程设备等几大部分构成。PLC 的硬件结构框图如图 17-16 所示。

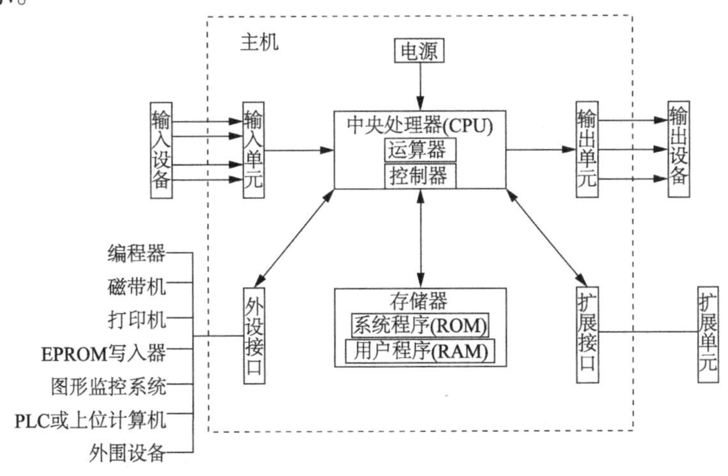

图 17-16 PLC 的硬件结构框图

EPROM. erasable programmable read-only memory，可擦除可编程只读存储器

1. 中央处理器 中央处理器是可编程控制器的核心，它在系统程序的控制下，诊断电源、PLC 内部电路的工作状态；接收、诊断并存储从编程器输入的用户程序和数据；用扫描

方式接收现场输入装置的状态或数据，并存入输入映像寄存器或数据寄存器；在 PLC 进入运行状态后，从存储器中逐条读取用户程序，经过命令解释后，按指令规定的任务产生相应的控制信号，去启闭有关控制门电路，分时分渠道地去执行数据的存取、传送、组合、比较和变换等动作，完成用户程序中规定的逻辑或算术运算等任务；根据运算结果，更新有关标志位的状态和输出映像寄存器的内容，再由输出映像寄存器的位状态或数据寄存器实现输出控制、制表、打印或数据通信等。

2. 存储器 存储器是 PLC 存放系统程序、用户程序及运算数据的单元。和一般计算机一样，PLC 的存储器有只读存储器和用户程序存储器两大类。只读存储器是用来保存那些需永久保存，即使机器断电后也需保存的程序的存储器，一般为掩膜只读存储器和电可擦除只读存储器。只读存储器用来存放系统工作程序、模块化应用功能子程序、命令解释、功能子程序的调用管理程序及按对应定义存储各种系统参数（I/O、内部继电器、计时/计数器、数据寄存器等）等功能。用户程序存储器的特点是写入与擦除都很容易，但在断电情况下存储的数据就会丢失，一般用来存放用户程序及系统运行中产生的临时数据，通常 PLC 产品资料中所指的存储器形式或存储方式及容量，是针对用户程序存储器而言的。为了能使用户程序及某些运算数据在 PLC 脱离外界电源后也能保持，在实际使用中都为一些重要的随机读写存储器配备电池或电容等断电保持装置。

PLC 的存储器区域按用途不同，又可分为程序区及数据区。程序区为用来存放用户程序的区域，一般有数千个字节。用来存放用户数据的区域一般要小一些。在数据区中，各类数据存放的位置都有严格的划分。由于 PLC 是为熟悉继电接触器系统的工程技术人员使用的，可编程控制器的数据单元都叫作继电器，如输入继电器、时间继电器、计数器等。不同用途的继电器在存储区中占有不同的区域，每个存储单元有不同的地址编号。

3. 输入输出（I/O）接口 输入输出接口是 PLC 和工业控制现场各类信号连接的部分。输入接口用来接收生产过程的各种参数。输出接口用来送出 PLC 运算后得出的控制信息，并通过机外的执行机构完成工业现场的各类控制。由于 PLC 在工业生产现场工作，对输入输出接口有两个主要的要求，一是接口有良好的抗干扰能力，二是接口能满足工业现场各类信号的匹配要求，因而可编程控制器为不同的接口需求设计了不同的接口单元，主要有开关量输入接口、开关量输出接口、模拟量输入接口、模拟量输出接口和智能输入输出接口。

4. 电源 PLC 的电源包括为 PLC 工作单元供电的开关电源及为断电保护电路供电的后备电源，后者一般为锂离子电池。

5. 外围设备

（1）编程器 PLC 的特点是它的程序是可变更的，能方便地加载程序，也可方便地修改程序，编程设备就成了 PLC 工作中不可缺少的设备。

编程器除了编程以外，一般都还具有一定的调试及监视功能，可以通过键盘调取及显示 PLC 的状态、内部器件及系统参数。它经过接口与处理器联系，完成人机对话操作。

（2）其他外围设备 PLC 还可能配设其他一些外围设备，如盒式磁带机（用于记录程序或信息）、打印机（用于打印程序或制表）、EPROM 写入器（用于将程序写入用户 EFROM 中）和高分辨率大屏幕彩色图像监控系统（用于显示或监视有关部分的运行状态）等。

由图 17-16 可以看出，PLC 的组成结构和计算机差不多，故 PLC 可看成用于工业控制的专用计算机。

三、PLC的编程语言

PLC提供了完整的编程语言，以适应PLC在工业环境中使用。利用编程语言，按照不同的控制要求编制不同的控制程序，这相当于设计和改变继电器控制的硬接线电路，这就是所谓的“可编程序”。程序由编程器送入PLC内部的存储器中，它也能方便地读出、检查与修改。

由于PLC是专为工业控制需要而设计的，因而对于使用者来说，编程时完全可以不考虑微处理器内部的复杂结构，不必使用各种计算机语言，而把PLC内部看作由许多“软继电器”等逻辑部件组成，利用PLC所提供的编程语言来编制控制程序。所以PLC既突出了计算机可编程的优点，又使对计算机不太了解的电气技术人员也能得心应手地使用PLC，这就是PLC编程语言的特点。PLC使用的编程语言共有5种，即梯形图、指令语句表、步进顺控图、逻辑符号图和高级编程语言。

梯形图是最直观、最简单的一种编程语言，它类似继电接触器控制电路的形式，逻辑关系明显，在继电接触器控制逻辑基础上使用简化的符号演变而来，具有形象、直观、实用等优点，电气技术人员容易接受，是目前使用较多的一种PIC编程语言。本书只介绍梯形图编程语言。

下面以三菱FX系列PLC为例，介绍PLC的梯形图编程语言。

（一）梯形图使用的符号、概念

梯形图沿用了继电器逻辑图的一些画法和概念。

（1）母线　梯形图的两侧各有一垂直的公共母线（bus bar），有的PLC省却了右侧的垂直母线（如OMRON系列的PLC），母线之间是触点和线圈，用短路线连接。

（2）触点　PLC内部的I/O继电器、辅助继电器、特殊功能继电器、定时器、计数器、移位寄存的常开/闭触点，都用表17-3所示的符号表示，通常用字母数字串或I/O地址标注，字母X、Y分别表示输入、输出继电器触点（端子）。触点实质上是存储器中某一位，其逻辑状态与通断状态间的关系见表17-3，这种触点在PLC程序中可被无限次地引用。触点放置在梯形图的左侧。

（3）继电器线圈　对PLC内部存储器中的某一位写操作时，这一位便是继电器线圈，用表17-3中的符号表示，通常用字母数字串，输出点地址，存储器地址标注，线圈一般有输出继电器线圈、辅助继电器线圈。它们不是物理继电器，而仅是存储器中的1bit。一个继电器线圈在整个用户程序中只能使用一次（写），但它还可当作该继电器的触点在程序中的其他地方无限次引用（读），既可常开，也可常闭。继电器线圈放置在梯形图的右侧。

表17-3　触点、线圈的符号

名称	符号	说明
常开触点	—‖—	1为触点“接通”，0为触点“断开”
常闭触点	—‖̸—	1为触点“断开”，0为触点“接通”
继电器线圈	—○—	1为线圈“得电”激励，0为线圈“失电”不激励

（4）能流　能流是梯形图中的“概念电流”，利用“电流”这个概念可以帮助我们更好地理解和分析梯形图。假想在梯形图垂直母线的左、右两侧加上直流电（DC）电源的正、负极，“概念电流”从左到右流动，反之不行。

梯形图的使用应注意以下事项。

1）梯形图中的触点、线圈不是物理触点和线圈，而是存储器中的某一位。相应位为 1/0 时表示的意义参见表 17-3。

2）用户程序的运算是根据 PLC 的 I/O 状态表存储器中的内容，而不是外部 I/O 开关的状态。

3）梯形图中用户逻辑运算结果，可以立即被后面用户程序所引用。

4）输出线圈只对应输出状态表存储器中的相应位，并不是用该编程元件直接驱动现场执行机构。该位的状态是通过输出刷新，输出到输出模块上，控制对应的输出元件（继电器、可控硅、晶体管），是输出元件驱动现场执行机构。

（二）梯形图编程规则

梯形图编程规则如下。

1）从左至右。梯形图的各类继电器触点要以左母线为起点，各类继电器线圈以右母线为终点（可允许省略右母线）。从左至右分行画出，每一逻辑行构成一个梯级，每行开始的触点组构成输入组合逻辑（逻辑控制条件），最右边的线圈表示输出函数（逻辑控制的结果）。

2）从上到下。各梯级从上到下依次排列。

3）线圈不能直接接左母线，线圈右边不能有触点，否则将发生逻辑错误。

4）双线圈输出应慎用。如果在同一个程序中，同一个元件的线圈被使用两次或多次，则称为双线圈输出。这时前面的输出无效，只有最后一次有效。双线圈输出在程序方面并不违反输入，但输出动作复杂，因此应谨慎使用。如图 17-17（a）所示为双线圈输出，可以通过变换梯形图避免双线圈输出，如图 17-17（b）所示。

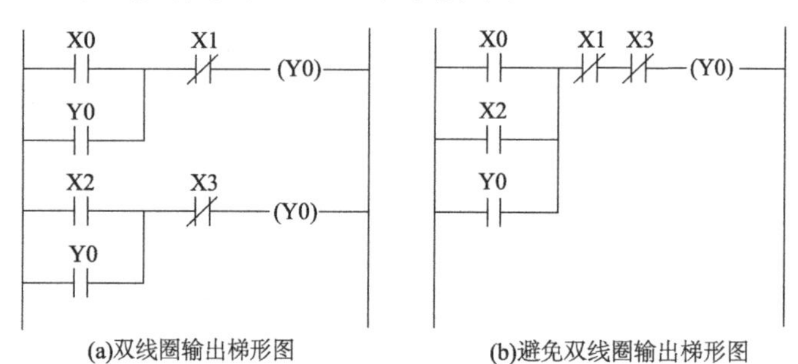

(a)双线圈输出梯形图　(b)避免双线圈输出梯形图

图 17-17　双线圈输出

5）水平放置编程元件。触点画在水平线上（主控触点除外），不能画在垂直线上，如图 17-18 所示。

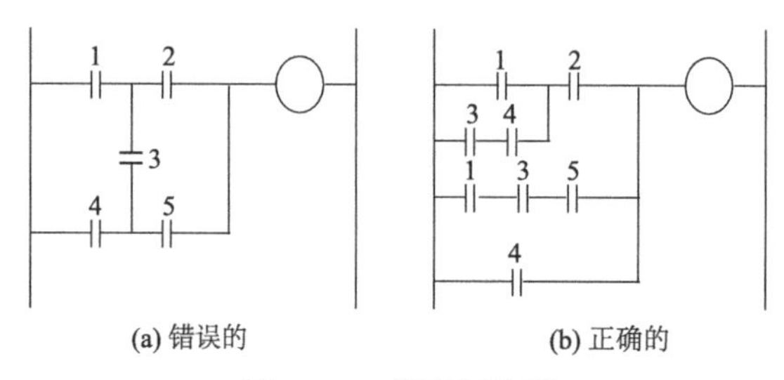

(a) 错误的　(b) 正确的

图 17-18　梯形图举例

6）梯形图中能流总是从左到右流动。在两行触点的垂直短路线上，能流可从上到下，也可从下到上流动。图 17-19 中虚线那样的路径不会成为能流的流动路径，这点与继电器逻辑图有较大的差别。

7）PLC 是串行运行的，PLC 程序的顺序不同，其执行结果有差异，如图 17-20 所示。程序从第一行开始，以从左到右、从上到下的顺序执行。图 17-20（a）中，X0 为 ON，Y0、Y1 为 ON，Y2 为 OFF；图 17-20（b）中，X0 为 ON，Y0、Y2 为 ON，Y1 为 OFF。而继电接触控制是并行的，带能源接通，各并联支路同时具有电压，同时动作。

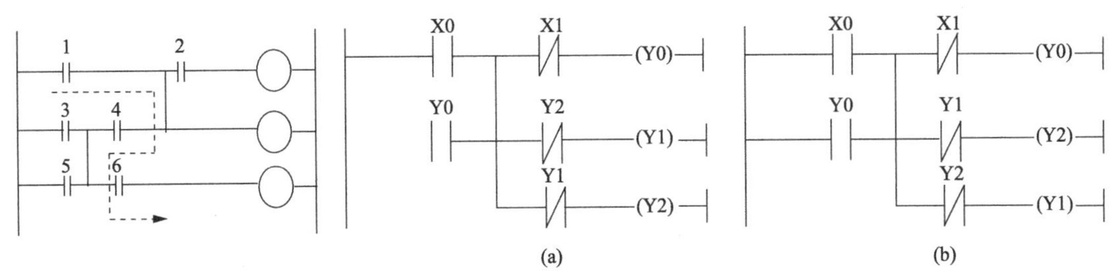

图 17-19　能流路径

图 17-20　串行运行差异

8）触点使用次数不限。触点可以串联，也可以并联。所有输出继电器都可以作为辅助继电器使用。

9）合理布置。串联多的电路放在上部，并联多的电路移近左母线，可以简化程序，节省存储空间，如图 17-21 所示。

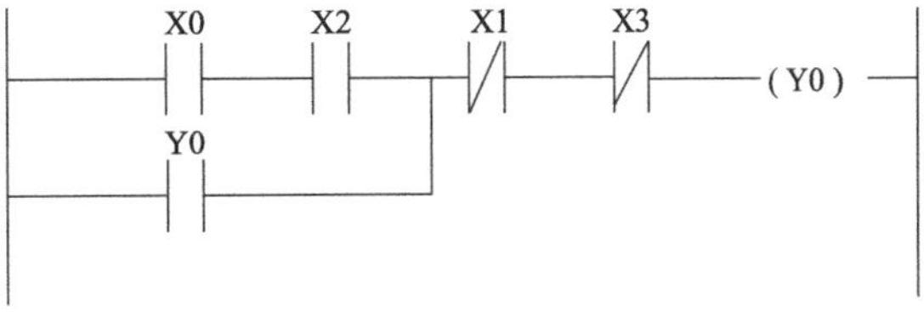

图 17-21　合理布局

10）梯形图网络可由多个支路组成，每个支路可容纳多个编程元件。每个网络允许的支路条数、每条支路容纳的元件的个数，各 PLC 限制不一样。例如，OMRON 系列 PLC 的限制是：每个网络最多允许 16 条支路，每条支路能容纳的元件个数最多为 11 个。

11）[END]表示程序结束，返回 0 步。

随着微型计算机与 PLC 的进一步结合使用，特别是在某些特殊的可编程控制器应用中，如注重数学计算、数据传输、子程序、程序循环及具有许多判定分支算法的应用中，使用梯形图语言不大方便，已开始使用高级字符串语言来编程，具有 Basic 语言（或 C 语言）的某些特性，并且保留了梯形逻辑所必需的个位处理功能。这些字符串语言对那些已掌握梯形图语言、Basic 语言或 C 语言的用户来说是很容易掌握的。

（三）三菱 FX 系列 PLC 程序编制举例

三菱 FX 系列 PLC 程序编制是在电脑编程软件（Gx Developer）上进行的，该软件能对包括 FX3U 等多种机型的梯形图、指令表和顺序功能图（SFC）进行编程，并能自由地进行切换。该软件还可以对程序进行编辑、改错及核对，并可将计算机屏幕上的程序写入 PLC 中，或从 PLC 中进行读取；还可以对运行中的程序进行监控及在线修改等。

下面以典型的三相异步电动机 Y-△（星形-三角形）减压启动电路（简称为 Y-△电路）为例，通过把继电器控制电路改造成 PLC 程序控制，对比学习 PLC 控制程序的编制方法。

1. Y-△电路 如图 17-22 所示，当按下启动按钮 SB2 时，KM1、KM3 和 KT 同时吸合并自锁，此时电动机接成 Y 连接启动。随着转速升高，电动机电流下降，KT 延时达到整定值，其延时断开的常闭触点断开、常开触点闭合，从而使 KM3 断电释放，KM2 通电吸合自锁。此时，电动机转换成△连接正常运行。停止时，只要按下停止按钮 SB1，KM1 和 KM2 相继断电释放，电动机停止。在实施控制时，接触器 KM2 与接触器 KM3 不能同时通电，否则会造成电源短路。

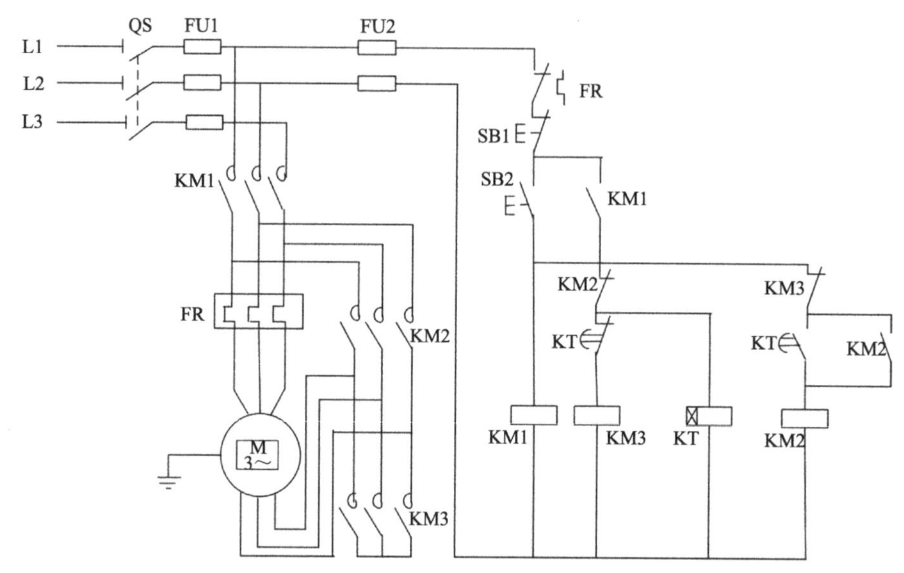

图 17-22 三相异步电动机 Y-△（星形-三角形）减压启动电路

2. Y-△电路改造为 PLC 程序控制步骤

（1）首先建立 I/O 分配表（表 17-4）

表 17-4 Y-△电路 I/O 分配表

输入信号			输出信号		
名称	代号	输入点编号	名称	代号	输入点编号
停止按钮	SB1	X001	接触器	KM1	Y001
启动按钮	SB2	X002	接触器	KM2	Y002
			接触器	KM3	Y003

（2）绘制 PLC 接线图 PLC 接线图如图 17-23 所示。

（3）按控制要求编制梯形图

1）创建及保存项目。

2）编辑符号表。

3）编写并输入梯形图程序。

控制梯形图如图 17-24 所示。

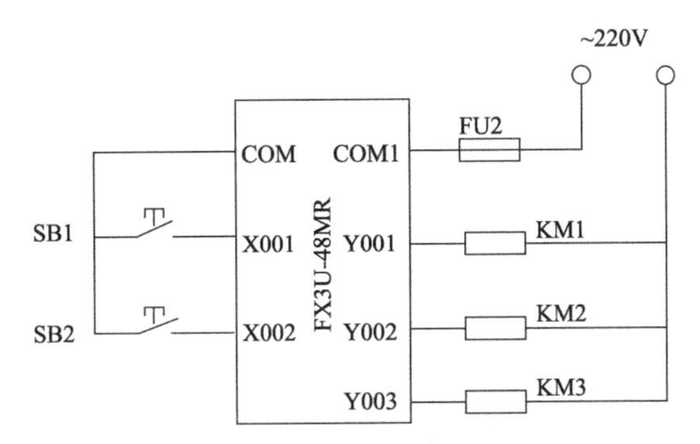

图 17-23　PLC 接线图（许火勇和黄伟，2018）

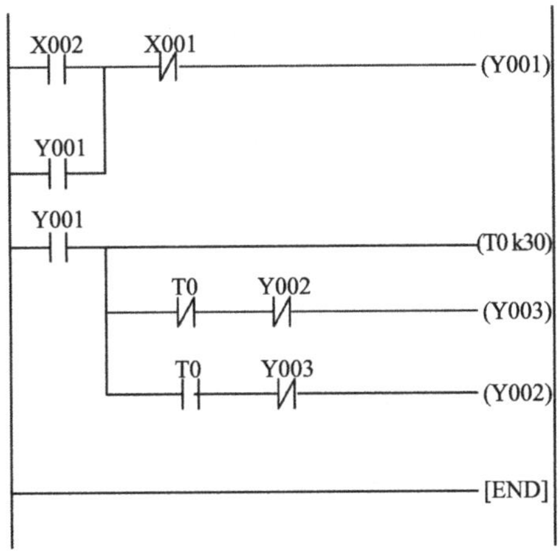

图 17-24　控制梯形图（许火勇和黄伟，2018）

思考题

1.“点动”“自锁”“互锁”各适用于什么场合?

2. 三相笼型异步电动机在什么情况下采用降压启动？几种降压启动方法各有什么优缺点?

3. 试分析 PLC 可编程控制器与其他工业控制系统的异同及优缺点。

4. 举例说明继电器和接触器的吸合时间与释放时间对控制电路的影响，并提出对应的解决办法。

5. 试找一继电器控制电路图，将其改造成 PLC 控制梯形图。

主要参考文献

陈从贵，张国治. 2009. 食品机械与设备. 南京：东南大学出版社
陈国豪. 2006. 生物工程设备. 北京：化学工业出版社
崔建云. 2006. 食品加工机械与设备. 北京：中国轻工业出版社
德国标准化委员会. 2002. 输送散状物料的带式输送机计算及设计基础. ICS 53. 040. 10
窦履豫，张元培. 2005. 布勒公司的新型磨粉机——MDDP/MDDQ 简介. 面粉通讯，(5)：46
房桂芳. 2014. 分离机械维修手册. 北京：化学工业出版社
高福成. 1998. 食品工程原理. 北京：中国轻工业出版社
龚仲华. 2011. S7-300/400 系列 PLC 应用技术. 北京：人民邮电出版社
蒋迪清，唐伟强. 2005. 食品通用机械与设备. 广州：华南理工大学出版社
李诗久，周晓君. 1992. 气力输送理论与应用. 北京：机械工业出版社
李云飞，葛克山. 2009. 食品工程原理. 2 版. 北京：中国农业大学出版社
梁世中. 2011. 生物工程设备. 北京：中国轻工业出版社
刘成梅，陈斌. 2015. 食品加工机械与设备. 2 版. 北京：机械工业出版社
刘毅，余荣斌，王娜，等. 2013. 我国食品机械产业发展策略研究. 广东科技，(18)：157，161
马海乐. 2011. 食品机械与设备. 北京：中国农业大学出版社
马荣朝，杨晓清. 2012. 食品机械与设备. 北京：科学出版社
漆汉宏. 2013. PLC 电气控制技术. 2 版. 北京：机械工业出版社
史伟勤. 2014. 关于真空冷冻干燥机新型环保制冷剂的思考. 干燥技术与设备，12(1)：3-5
孙智慧，晏祖根. 2012. 包装机械概论. 北京：印刷工业出版社
王猛. 2014. 柑橘汁生产线加工设备综述. 科技创新与应用，26：133
吴业正. 2015. 制冷原理及设备. 西安：西安交通大学出版社
武建新. 2000. 乳品技术装备. 北京：中国轻工业出版社
席会平，田晓玲. 2010. 食品加工机械与设备. 北京：中国农业大学出版社
肖旭霖. 2000. 食品加工机械与设备. 北京：中国轻工业出版社
徐文尚. 2014. 计算机控制系统. 2 版. 北京：北京大学出版社
许赣荣，胡文锋. 2009. 固态发酵原理、设备与应用. 北京：化学工业出版社
许火勇，黄伟. 2018. PLC 应用技术. 北京：北京理工大学出版社
许学勤. 2013. 食品工厂机械与设备. 北京：中国轻工业出版社
杨公明，程玉来. 2014. 食品机械与设备. 北京：中国农业大学出版社
杨宁，胡学军. 2005. 单片机与控制技术. 北京：北京航空航天大学出版社
伊松林，张壁光. 2011. 太阳能及热泵干燥技术. 北京：化学工业出版社
殷涌光. 2006. 食品机械与设备. 北京：化学工业出版社
于才渊，王宝和，王喜忠. 2013. 喷雾干燥技术. 北京：化学工业出版社
张国全. 2013. 包装机械设计. 北京：印刷工业出版社
张国治. 2005. 方便主食加工机械. 北京：化学工业出版社
张国治. 2011. 食品加工机械与设备. 北京：中国轻工业出版社
张裕中. 2010. 食品制造成套装备. 北京：中国轻工业出版社
张裕中. 2012. 食品加工技术装备. 2 版. 北京：中国轻工业出版社
赵宇驰. 2014. 计算机控制实用技术. 北京：中国电力出版社
郑裕国. 2007. 生物工程设备. 北京：化学工业出版社
周家春. 2004. 食品工业新技术. 北京：化学工业出版社
朱复华. 1984. 螺杆设计及其理论基础. 北京：中国轻工业出版社
朱宏吉，张明贤. 2011. 制药设备与工程设计. 2 版. 北京：化学工业出版社
朱瑞琪. 2009. 制冷装置自动化. 西安：西安交通大学出版社
朱锁坤. 2001. MDDK 磨粉机喂料辊转速的计算. 粮食与饲料工业，(6)：3
Saravacos G D, Kostaropoulos A E. 2003. Handbook of Food Processing Equipment. Holland: Kluwer Academic/Plenum Publishers